MATHÉMATIQUES
&
APPLICATIONS

Directeurs de la collection :
G. Allaire et J. Garnier

67

AF511207

MATHÉMATIQUES & APPLICATIONS
Comité de Lecture 2008–2011/Editorial Board 2008–2011

RÉMI ABGRALL
INRIAet Mathématiques, Univ. Bordeaux 1, FR
abgrall@math.u-bordeaux.fr

GRÉGOIRE ALLAIRE
CMAP, École Polytechnique, Palaiseau, FR
gregoire.allaire@polytechnique.edu

MICHEL BENAÏM
Mathématiques, Univ. de Neuchâtel, CH
michel.benaim@unine.ch

OLIVIER CATONI
Proba. et Mod. Aléatoires, Univ. Paris 6, FR
catoni@ccr.jussieu.fr

THIERRY COLIN
Mathématiques, Univ. Bordeaux 1, FR
colin@math.u-bordeaux1.fr

MARIE-CHRISTINE COSTA
UMA, ENSTA, Paris, FR
marie-christine.costa@ensta.fr

ARNAUD DEBUSSCHE
ENS Cachan, Antenne de Bretagne
Avenue Robert Schumann,
35170 Bruz, FR
arnaud.debussche@bretagne.ens-cachan.fr

JACQUES DEMONGEOT
TIMC, IMAG, Univ. Grenoble I, FR
jacques.demongeot@imag.fr

NICOLE EL KAROUI
CMAP, École Polytechnique, Palaiseau, FR
elkaroui@cmapx.polytechnique.fr

JOSSELIN GARNIER
Proba. et Mod. Aléatoires, Univ. Paris 6 et 7, FR
garnier@math.jussieu.fr

STÉPHANE GAUBERT
INRIA, Saclay, Îles-de-France, Orsay et
CMAP, École Polytechnique, Palaiseau, FR
stephane.gaubert@inria.fr

CLAUDE LE BRIS
CERMICS, ENPC et INRIA
Marne la Vallée, FR
lebris@cermics.enpc.fr

CLAUDE LOBRY
INRA, INRIA, Sophia-Antipolis et
Analyse Systèmes et Biométrie
Montpellier, FR
lobrinria@wanadoo.fr

LAURENT MICLO
Analyse, Topologie et Proba., Univ. Provence, FR
miclo@cmi.univ-mrs.fr

FELIX OTTO
Institute for Applied Mathematics
University of Bonn, DE
otto@iam.uni-bonn.de

VALÉRIE PERRIER
Mod.. et Calcul, ENSIMAG, Grenoble, FR
valerie.perrier@imag.fr

BERNARD PRUM
Statist. et Génome, CNRS, INRA, Univ. Evry, FR
bernard.prum@genopole.cnrs.fr

PHILIPPE ROBERT
INRIA, Domaine de Voluceau, Rocquencourt, FR
philippe.robert@inria.fr

PIERRE ROUCHON
Automatique et Systèmes, École Mines, Paris, FR
pierre.rouchon@ensmp.fr

ANNICK SARTENAER
Mathématiques, Univ. Namur, BE
annick.sartenaer@fundp.ac.be

ERIC SONNENDRÜCKER
IRMA, Strasbourg, FR
sonnen@math.u-strasbg.fr

SYLVAIN SORIN
Combinat. et Optimisation, Univ. Paris 6, FR
sorin@math.jussieu.fr

ALAIN TROUVÉ
CMLA, ENS Cachan, FR
trouve@cmla.ens-cachan.fr

CÉDRIC VILLANI
UMPA, ENS Lyon, FR
cedric.villani@umpa.ens-lyon.fr

ENRIQUE ZUAZUA
Basque Center for Applied
Mathematics, Bilbao, Basque, ES
enrique.zuazua@uam.es

Directeurs de la collection :
G. ALLAIRE et J. GARNIER

Instructions aux auteurs :
Les textes ou projets peuvent être soumis directement à l'un des membres du comité de lecture avec copie à G. ALLAIRE OU J. GARNIER. Les manuscrits devront être remis à l'Éditeur sous format LATEX2e (cf. ftp://ftp.springer.de/pub/tex/latex/svmonot1/).

Walter Tinsson

Plans d'expérience: constructions et analyses statistiques

Springer

Walter Tinsson
Université de Pau et des Pays de l'Adour
Laboratoire de Mathématiques et leurs Applications
UMR CNRS 5142 - Bâtiment IPRA
Avenue de l'Université
BP 1155
64013 Pau Cedex, France
walter.tinsson@univ-pau.fr

ISSN 1154-483X
ISBN 978-3-642-11471-7 e-ISBN 978-3-642-11472-4
DOI 10.1007/978-3-642-11472-4
Springer Heidelberg Dordrecht London New York

Library of Congress Control Number: 2010922453

Mathematics Subject Classification (2000); 62K, 62J, 05B05, 05B15, 05B20

© Springer-Verlag Berlin Heidelberg 2010
Tous droits de traduction, de reproduction et d'adaptation réservés pour tous pays.
La loi du 11 mars 1957 interdit les copies ou les reproductions destinées à une utilisation collective.
Toute représentation, reproduction intégrale ou partielle faite par quelque procédé que ce soit, sans le consentement de l'auteur ou de ses ayants cause, est illicite et constitue une contrefaçon sanctionnée par les articles 425 et suivants du Code pénal.

Maquette de couverture: SPi Publisher Services

Imprimé sur papier non acide

Springer est membre du groupe Springer Science+BusinessMedia (www.springer.com)

Table des matières

Partie I Généralités

Partie IV Optimalité des plans d'expérience

Partie V Annexes

Préface

Les plans d'expérience sont de plus en plus utilisés dans l'industrie et dans les laboratoires de recherche. Ils permettent en effet de modéliser au mieux un phénomène aléatoire, le plus souvent complexe, à l'aide d'un minimum d'essais. Ils s'incrivent donc dans la démarche constante d'amélioration de la qualité ou de la productivité.

Cet ouvrage a pour but de présenter les bases théoriques de la méthode des plans d'expérience. Il se positionne entre les ouvrages pratiques pour ingénieurs (très riches en exemples mais masquant le plus souvent la théorie) et les ouvrages pour mathématiciens (de lecture parfois trop ardue pour les non-spécialistes). Il est structuré autour d'une vision globale des techniques de planification en abordant les grands thèmes suivants :

plans d'expérience pour facteurs quantitatifs,

plans d'expérience pour facteurs qualitatifs,

plans d'expérience en blocs,

plans d'expérience pour mélanges,

plans d'expérience optimaux.

Ces diverses techniques sont illustrées à l'aide d'une multitude d'exemples pratiques. La plupart des résultats mathématiques sont aussi démontrés dans des annexes, ceci permet au lecteur d'avoir divers niveaux de lecture de l'ouvrage.

Il s'adresse à un public varié : étudiants de second cycle universitaire ou d'école d'ingénieurs, chercheurs souhaitant approfondir certaines connaissances théoriques sur les plans d'expérience, ingénieurs voulant mieux maîtriser et comprendre les fondements de la planification des expériences ou encore étudiants de cycles techniques scientifiques de type BTS, IUT ou licences professionelles (en omettant dans ce cas les annexes théoriques).

Ce livre a été initialement développé sur la base de notes de cours rédigées pour un enseignement en Master 2ème année MSID (Méthodes Stochastiques et Informatiques pour la Décision) de l'Université de Pau et des Pays de l'Adour ainsi que pour un enseignement à l'école ingénieurs ENSGTI basée aussi à Pau.

Je tiens enfin à remercier tout particulièrement mes collègues Bénédicte Puig, Astrid Jourdan et Christian Paroissin pour leur lecture minutieuse des premières versions du manuscrit.

Que soit aussi remerciée mon épouse, Natacha, pour ses encouragements et sa patience.

PAU, Octobre 2009 *Walter TINSSON*

Exemple de culture de diverses essences d'arbres en milieu montagnard selon un carré latin 5 × 5 (Beddgelert Forest en 1929).

Source :
J.F. Box, R.A. Fisher: The Life of a Scientist, NewYork: Wiley 1978.

Partie I

Généralités

1 La notion de plan d'expérience

1.1 Introduction

Ce premier chapitre aborde la notion générale de planification expérimentale en utilisant peu de notions mathématiques. Il est principalement destiné aux lecteurs novices ayant besoin, dans un premier temps, de bien cerner la problématique et les objectifs de cette méthode.

Le chapitre débute par une présentation très générale de la démarche de planification expérimentale ainsi que du vocabulaire de base (facteurs, réponse, domaine expérimental, *etc...*). Les principaux écueils à éviter en pratique (réaliser trop d'expériences, méthode "un facteur à la fois", réalisation des expériences sans stratégie fiable, *etc...*) sont présentés. Cette première partie est suivie par un bref historique des plans d'expérience. La structure de l'ouvrage est ensuite présentée en précisant clairement quels sont les sujets abordés et ceux qui ne le sont pas. Une présentation des logiciels scientifiques pouvant être utilisés dans le cadre des plans d'expérience (SAS, Nemrod, R, *etc...*) figure aussi afin de faciliter le choix du lecteur souhaitant réaliser de tels traitements informatiques.

Un exemple d'étude classique menée à l'aide d'un plan d'expérience est proposé pour terminer le chapitre. Cette étude, réalisée à l'aide du logiciel Nemrod, permet au lecteur d'avoir une première idée des techniques utilisées lors de la mise en oeuvre pratique d'un plan d'expérience. Des références sont de plus données tout au long de cet exemple afin de pouvoir se reporter aux divers chapitres correspondants.

Le lecteur souhaitant une introduction plus orientée vers les aspects industriels de la méthode des plans d'expérience pourra consulter aussi les premiers chapitres des ouvrages de Goupy [45] ou [46], de Pillet [72] ainsi que Sado et Sado [82].

W. Tinsson, *Plans d'expérience: constructions et analyses statistiques*, Mathématiques et Applications 67, DOI 10.1007/978-3-642-11472-4_1,

© Springer-Verlag Berlin Heidelberg 2010

1.2 La démarche de planification expérimentale

1.2.1 Objectifs

A l'époque actuelle bon nombre de procédés de fabrication ou d'expériences en laboratoire deviennent de plus en plus complexes car ils dépendent d'un grand nombre de variables difficiles à régler intuitivement. Ceci concerne, par exemple :

le problème de la mise au point de moteurs atmosphériques dépendant d'un nombre croissant de réglages électroniques,

le pilotage optimal de machines-outil,

la détermination des proportions d'un mélange chimique,

la recherche des conditions environnementales optimales pour la production agricole, *etc...*

Seule la réalisation d'expériences va permettre d'appréhender et de modéliser de tels phénomènes complexes. Si ces expériences sont effectuées sans une méthodologie rigoureuse il est fort probable qu'elles vont soit conduire à des impasses (modèle impossible à ajuster, résultats incohérents, *etc...*) soit à des résultats de qualité décevante. C'est pourquoi la **méthode des plans d'expérience** est préconisée afin d'optimiser ce type de démarche. L'objectif principal de cette méthode peut être résumé par la devise :

"obtenir un maximum d'information en un minimum d'expériences"

Une autre vision du problème est la recherche de variations simultanées pour toutes les variables controlées afin, une nouvelle fois, d'extraire un maximum d'information en un minimum d'essais. Une telle problématique est primordiale dans le milieu industriel où minimiser le nombre d'expériences à réaliser est synonyme de gain de temps et de productivité. Réaliser des productions de la meilleure qualité possible au coût le plus bas est de plus une quête universelle pour tous les fabriquants.

1.2.2 Réponse

On qualifie de **réponse** la grandeur qui est observée pour chaque expérience réalisée. On supposera toujours ici que cette grandeur est numérique et qu'une seule réponse à la fois est observée (des techniques de planification multiréponses existent aussi voir, par exemple, le chapitre 7 de Khuri et Cornell [56]). Il appartient aux spécialistes du phénomène étudié de cerner au mieux ce qui les intéresse et de fournir le type de réponse étudié ainsi que l'objectif souhaité vis-à-vis de celle-ci. Cet objectif est dans la plupart des cas une recherche d'extremum.

Citons quelques exemples. Pour l'étude de l'acidité d'un jus de fruit il est possible de mesurer son pH afin de quantifier ce problème. L'objectif souhaité est alors la minimisation de la réponse. Pour le cas d'une production agricole la réponse est, par exemple, le rendement à l'hectare et l'objectif est de maximiser cette réponse.

1.2.3 Facteurs

On qualifie de **facteur** toute variable, obligatoirement **contrôlable**, susceptible d'influer sur la réponse observée. La différence fondamentale entre la notion classique de variable et celle de facteur tient donc dans le fait que tout facteur doit pouvoir être modifié sans difficulté. Cette hypothèse est obligatoire pour les plans d'expérience puisque nous allons par la suite proposer une liste des expériences à réaliser. Il est donc impératif que l'expérimentateur puisse s'y tenir en adaptant les facteurs aux diverses valeurs données. A titre d'exemple lorsqu'une réaction chimique dépend de la pression ambiante, il s'agit alors d'un facteur si l'expérience est menée dans un local où la pression peut être modifiée ou bien d'une variable si le local n'est pas équipé d'un tel dispositif (la pression est alors la pression atmosphérique que l'on peut mesurer mais qu'il est impossible de faire varier).

Remarquons que les facteurs peuvent être **quantitatifs** lorsqu'ils sont naturellement exprimés à l'aide de valeurs numériques (pression, température, durée, *etc...*) ou bien **qualitatifs** dans le cas contraire (couleur, type de matériau, sexe, *etc...*). Il est classique de transformer des facteurs qualitatifs en facteurs quantitatifs à l'aide d'un codage approprié (par exemple en affectant la valeur 0 pour "Homme" et la valeur 1 pour "Femme" dans le cas du sexe), tout ceci sera détaillé dans la suite.

Lorsqu'un facteur varie on dit qu'il change de **niveau**. La connaissance de l'ensemble de tous les niveaux utilisés par chaque facteur est nécessaire pour la réalisation des expériences. Supposons que le facteur quantitatif "température" peut prendre les valeurs suivantes :

Température	$20°C$	$30°C$	$40°C$	$50°C$

Ce facteur est alors à 4 niveaux. On qualifie souvent de **niveau bas** la température minimale de $20°C$ et de **niveau haut** la température maximale de $50°C$. Considérons cette fois le facteur qualitatif "couleur" ayant les modalités suivantes :

Couleur	*bleu*	*vert*	*rouge*

Ce facteur est à 3 niveaux. Dans ce cas on ne parlera pas de niveau bas et de niveau haut puisqu'il est impossible d'ordonner naturellement ces diverses modalités.

1.2.4 Domaine expérimental

Considérons un ensemble de m facteurs quantitatifs utilisés afin d'expliquer au mieux un phénomène complexe. Le i-ème facteur (pour $1 \leq i \leq m$) est alors le plus souvent à valeurs dans un intervalle de la forme $[a_i, b_i]$ où a_i et b_i sont respectivement ses niveaux bas et haut. En pratique cet intervalle est simplement la plage de variations autorisée pour le facteur. Il appartient aux spécialistes du phénomène étudié de fournir ces informations préalables. Cela peut être, par exemple, une vitesse de rotation comprise dans l'intervalle $[500, 800]$ (en tours/minute) d'après les caractéristiques d'une machine-outil ou bien une quantité de fertilisant comprise dans l'intervalle $[10, 90]$ (en mg/unité de surface) d'après l'expertise des ingénieurs agronomes. Remarquons que, d'après ce qui vient d'être vu dans la section précédente, les niveaux sélectionnés pour le facteur i doivent alors obligatoirement être des éléments de l'intervalle $[a_i, b_i]$.

Puisque m facteurs sont considérés une **expérience** est donc entièrement définie par la donnée d'un vecteur de $\mathbb{R}^m$ contenant tous les niveaux des différents facteurs. On appelle **domaine expérimental** tout sous-ensemble de $\mathbb{R}^m$ (noté $\mathcal{E}$ par la suite) dans lequel il est possible de réaliser les expériences. Une méthode élémentaire afin d'obtenir un tel domaine consiste simplement à croiser les diverses plages de variations. On obtient par produit cartésien :

$$\mathcal{E} = [a_1, b_1] \times [a_2, b_2] \times ... \times [a_m, b_m] .$$

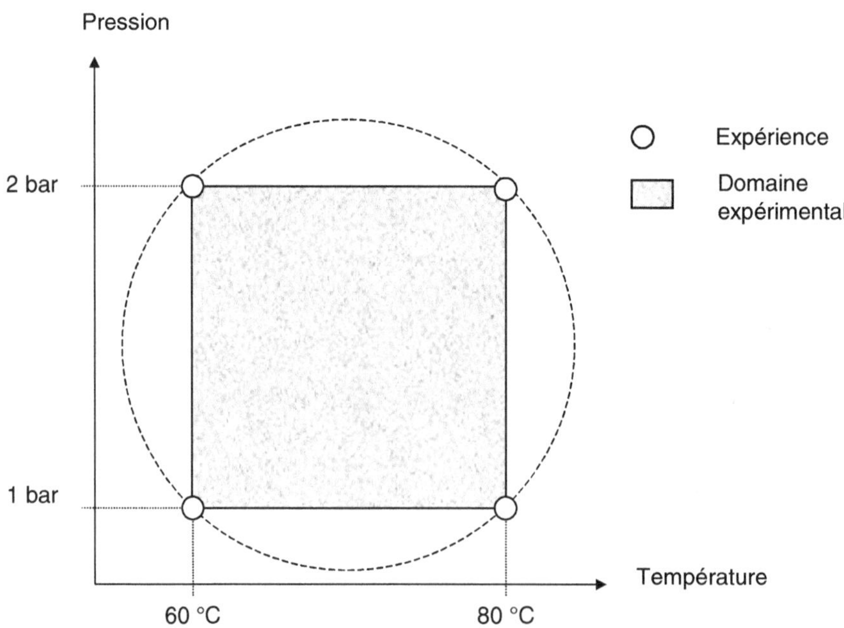

Fig. 1.1. Plan d'expérience et domaine expérimental.

La figure 1.1 est un exemple lorsque les $m = 2$ facteurs "température" et "pression" sont considérés. Le domaine expérimental obtenu par cette méthode est alors le rectangle grisé. Toute expérience est donc naturellement associée à un point de ce rectangle. Si seulement 4 expériences sont réalisées un choix optimal consiste à placer ces expériences aux sommets de ce rectangle. L'ensemble des expériences proposées constitue un **plan d'expérience** (appelé plan factoriel complet ici).

On considèrera souvent par la suite des domaines expérimentaux sphériques car ils permettent d'obtenir des propriétés mathématiques plus faciles à manier. Dans le cadre de cet exemple le domaine considéré peut être, par exemple, limité par le cercle représenté en pointillés (sous réserve, bien entendu, qu'il soit réellement possible de mener des expériences dans tout ce nouveau domaine).

Remarquons enfin que lorsque les différents facteurs sont qualitatifs la notion de domaine expérimental est cette fois plus simple puisqu'on peut alors l'obtenir en croisant les ensembles des diverses modalités possibles pour chacun des facteurs (une représentation graphique a donc moins d'intérêt dans ce cas).

1.2.5 Réalisation des expériences

Présentons ici sous forme d'un exemple la problématique de la réalisation des expériences. Considérons une entreprise produisant une colle industrielle qui a la fâcheuse tendance de se solidifier durant le processus de fabrication. Afin de s'opposer à cette tendance trois additifs sont introduits durant le procédé industriel et les débits injectés sont contrôlables à l'aide de trois vannes prenant les niveaux suivants :

Faible / Moyen / Fort.

Utilisons dans la suite les codages 0, 1 et 2 afin de désigner plus facilement ces trois niveaux respectifs. La réponse mesurée en sortie est ici une mesure de la fluidité du produit mis au point. L'objectif est de maximiser cette quantité. Supposons maintenant que cette fluidité obéit au modèle mathématique additif donné ci-dessous (où Y désigne la réponse observée et i_1, i_2, i_3 sont les niveaux des trois facteurs c'est-à-dire les positions des diverses vannes) :

$$Y = Y(i_1, i_2, i_3) = \beta_0 + \beta_1^{[i_1]} + \beta_2^{[i_2]} + \beta_3^{[i_3]} + \beta_{12}^{[i_1 i_2]}$$

avec les différents effets tels que :

$$\begin{cases} \beta_0 = +120, \\ \beta_1^{[0]} = 0, \quad \beta_1^{[1]} = +10, \quad \beta_1^{[2]} = -20, \\ \beta_2^{[0]} = 0, \quad \beta_2^{[1]} = -20, \quad \beta_2^{[2]} = +10, \\ \beta_3^{[0]} = 0, \quad \beta_3^{[1]} = -10, \quad \beta_3^{[2]} = -30, \\ \beta_{12}^{[22]} = +60, \beta_{12}^{[i_1 i_2]} = 0 \quad \text{sinon.} \end{cases}$$

Le fait de ramener systématiquement les divers niveaux bas à 0 est une technique classique avec ce type de modèle où lorsqu'un facteur est à h modalités il suffit alors d'en estimer les $(h-1)$ effets (voir le chapitre 8 pour plus de détails). En d'autres termes on suppose donc ici à l'aide du modèle postulé que :

i) il existe un "effet moyen général" d'une valeur de 120 (traduisant le fait que si tous les débits sont au niveau faible alors la fluidité est de 120),

ii) les trois facteurs présentent divers "effets simples" influençant directement la réponse mesurée (par exemple l'additif 3 seul semble avoir un effet néfaste sur la fluidité lorsqu'il est utilisé en grande quantité puisque plus son débit est grand plus la fluidité diminue),

iii) il existe un "effet d'interaction" entre les additifs 1 et 2 car s'ils sont utilisés simultanément avec un débit élevé alors une nette augmentation de la fluidité apparaît (+60). Ceci peut être dû, par exemple, à une réaction chimique se produisant uniquement lorsque les quantités de ces deux additifs sont assez élevées.

Remarquons qu'un tel exemple est présenté uniquement à titre pédagogique et deux grandes hypothèses simplificatrices ont été utilisées. Premièrement il est bien entendu évident que dans la réalité le modèle mathématique expliquant le phénomène étudié est généralement inconnu. Deuxièmement on a supposé ici que le modèle mathématique est déterministe (*i.e.* si deux expériences identiques sont réalisées alors les réponses observées sont les mêmes). Là aussi c'est rarement le cas dans la réalité car répéter une expérience conduit généralement à des résultats différents à cause de diverses sources de variations externes (erreurs humaines, facteurs non-contrôlés, erreurs dues aux appareils de mesure, *etc...*). Des modèles plus complexes, dits **modèles statistiques**, seront étudiés et utilisés dans la suite de l'ouvrage (voir le chapitre 2).

Supposons maintenant que les valeurs des différents paramètres du modèle sont inconnues et qu'un utilisateur cherche à les retrouver par le biais de l'expérimentation. Voici diverses façons classiques pour réaliser des expériences afin de collecter des informations sur le phénomène étudié.

1) Utilisation de toutes les expériences

La méthode la "plus sûre" afin d'étudier le phénomène consiste à réaliser la totalité des expériences possibles. Ceci conduit donc (puiqu'il y a ici 3 modalités par facteur) à la réalisation exhaustive des 27 expériences présentées dans la table 1.1 (où la notation DV1 désigne le débit fixé pour la vanne 1, *etc...*).

Table 1.1. Réalisation de toutes les expériences.

Exp.	DV1	DV2	DV3	Rep.
1	Faible	Faible	Faible	120
2	Moyen	Faible	Faible	130
3	Fort	Faible	Faible	100
4	Faible	Moyen	Faible	100
5	Moyen	Moyen	Faible	110
6	Fort	Moyen	Faible	80
7	Faible	Fort	Faible	130
8	Moyen	Fort	Faible	140
9	**Fort**	**Fort**	**Faible**	**170**
10	Faible	Faible	Moyen	110
11	Moyen	Faible	Moyen	120
12	Fort	Faible	Moyen	90
13	Faible	Moyen	Moyen	90
14	Moyen	Moyen	Moyen	100
15	Fort	Moyen	Moyen	70
16	Faible	Fort	Moyen	120
17	Moyen	Fort	Moyen	130
18	Fort	Fort	Moyen	160
19	Faible	Faible	Fort	90
20	Moyen	Faible	Fort	100
21	Fort	Faible	Fort	70
22	Faible	Moyen	Fort	70
23	Moyen	Moyen	Fort	80
24	Fort	Moyen	Fort	50
25	Faible	Fort	Fort	100
26	Moyen	Fort	Fort	110
27	Fort	Fort	Fort	140

Les 8 paramètres non-nuls du modèle (β_0, $\beta_1^{[1]}$, $\beta_1^{[2]}$, $\beta_2^{[1]}$, $\beta_2^{[2]}$, $\beta_3^{[1]}$, $\beta_3^{[2]}$ et $\beta_{12}^{[22]}$) vont pouvoir facilement être déterminés puisque les expériences réalisées permettent d'établir un système linéaire de 27 équations. Les équations obtenues, par exemple, à l'aide des trois premières expériences réalisées sont :

$$\begin{aligned} \beta_0 &= 120 \\ \beta_0 + \beta_1^{[1]} &= 130 \\ \beta_0 + \beta_1^{[2]} &= 100 \end{aligned}$$

Puisque aucune expérience n'a été omise, il est donc possible de déterminer les réglages optimaux en sélectionnant tout simplement l'expérience qui conduit à maximiser la réponse. Il s'agit ici de l'expérience 9 associée aux débits ci-dessous :

Débit 1 : Fort / Débit 2 : Fort / Débit 3 : Faible.

Une telle démarche pose cependant le problème du **nombre d'expériences** à réaliser qui peut devenir rapidement trop important. On peut en effet supposer ici que chaque expérience est longue et coûteuse à mettre en oeuvre. Il est alors beaucoup trop lourd de réaliser concrètement 27 expériences alors que seulement 8 paramètres sont à déterminer. Remarquons de plus que le problème est ici assez simple car seulement 3 facteurs à 3 modalités interviennent. Pour 5 facteurs à 6 modalités le nombre total d'expériences est cette fois de $6^5 = 7776$. Lorsque les facteurs sont quantitatifs continus (pression, température, ...) il devient impossible de réaliser toutes les expériences disctinctes puisqu'il en existe une infinité.

2) Utilisation de la technique "un facteur à la fois"

L'expérimentateur devant faire face à une situation où la réalisation de toutes les expériences est beaucoup trop lourde se rabat souvent sur ce type de technique. Comme son nom l'indique elle consiste à faire varier chacun des facteurs, l'un après l'autre, en lui affectant toutes les modalités possibles. Puisqu'ici chaque facteur est à 3 modalités ceci conduit donc à la réalisation d'un total de 9 expériences données dans la table 1.2.

Table 1.2. Technique "un facteur à la fois".

Exp.	DV1	DV2	DV3	Rep.
13	**Faible**	Moyen	Moyen	90
14	**Moyen**	Moyen	Moyen	100
15	**Fort**	Moyen	Moyen	70
11	Moyen	**Faible**	Moyen	120
14	Moyen	**Moyen**	Moyen	100
17	Moyen	**Fort**	Moyen	130
5	Moyen	Moyen	**Faible**	110
14	Moyen	Moyen	**Moyen**	100
23	Moyen	Moyen	**Fort**	80

La démarche suivie consiste ici à fixer systématiquement au niveau moyen les deux facteurs ne variant pas. L'expérience numéro 14 a ainsi été répétée à trois reprises. Dans un contexte déterministe cela n'a aucun intérêt (puisque la réponse mesurée est trois fois la même) mais une telle démarche n'est pas inutile dans un contexte statistique afin de quantifier l'importance des sources de variations externes non-controlées. Les expériences se traduisent par les 7 équations linéaires :

$$\begin{cases} \beta_0 & & +\beta_2^{[1]} & +\beta_3^{[1]} & = 90 \\ \beta_0 & +\beta_1^{[1]} & +\beta_2^{[1]} & +\beta_3^{[1]} & = 100 \\ \beta_0 & +\beta_1^{[2]} & +\beta_2^{[1]} & +\beta_3^{[1]} & = 70 \\ \beta_0 & +\beta_1^{[1]} & & +\beta_3^{[1]} & = 120 \\ \beta_0 & +\beta_1^{[1]} & +\beta_2^{[2]} & +\beta_3^{[1]} & = 130 \\ \beta_0 & +\beta_1^{[1]} & +\beta_2^{[1]} & & = 110 \\ \beta_0 & +\beta_1^{[1]} & +\beta_2^{[1]} & +\beta_3^{[2]} & = 80 \end{cases}$$

On vérifie sans peine que ce système d'équations permet de retrouver les valeurs exactes de l'effet moyen général ainsi que des divers effets linéaires. Par contre l'effet d'interaction ne peut être déterminé (ce qui est logique puisque aucune expérience ne fait intervenir simultanément les débits forts pour les additifs 1 et 2). Remarquons que même si le niveau des deux facteurs fixés à chaque expérience avait été "fort" au lieu de "moyen" alors l'estimation de cet effet d'interaction aurait encore été impossible car 7 équations distinctes ne permettent pas de déterminer les 8 paramètres inconnus. Ceci est le principal défaut de ce type de technique. De manière générale les inconvénients associés à cette technique sont les suivants :

i) faire varier les facteurs un par un masque les éventuels effets d'interactions entre plusieurs facteurs,

ii) le choix du niveau pour les facteurs ne variant pas ("moyen" ici) n'est pas évident et peut avoir un effet sur la qualité des résultats obtenus,

iii) le plan d'expérience obtenu présente le problème d'être déséquilibré dans le sens où ici le niveau "moyen" est sur-représenté au détriment des deux autres niveaux.

Remarquons enfin que l'utilisation de la table 1.2 conduit à une mauvaise modélisation du phénomène étudié puisque, l'effet d'interaction étant omis, la plus grande réponse théorique prédite par le modèle vaut 140 pour la situation suivante :

Débit 1 : Moyen / Débit 2 : Fort / Débit 3 : Faible.

D'après la totalité des expériences de la table 1.1 il est clair que ce résultat est faux puisqu'il ne s'agit pas du meilleur choix possible.

3) Utilisation d'un sous-ensemble quelconque d'expériences

L'utilisateur n'ayant pas réalisé toutes les expériences pour des raisons de coût et n'étant pas satisfait des résultats donnés par la méthode "un facteur à la fois" se trouve souvent désemparé et s'oriente la plupart du temps vers le choix d'un sous-ensemble d'expériences. Ce choix est bien souvent réalisé de manière empirique : des expériences peuvent être rajoutées à celles de la technique "un facteur à la fois" dans le but d'améliorer les résultats, un sous-ensemble d'expérience peut être déterminé de manière aléatoire, *etc...* Généralement, tout choix d'un sous ensemble d'expériences qui n'est pas guidé par une méthodologie rigoureuse peut entraîner les problèmes suivants :

i) un tel choix peut conduire à sélectionner des expériences qui ne permettront pas d'estimer tous les paramètres inconnus du modèle étudié,

ii) même si tous les paramètres inconnus du modèle étudié peuvent être estimés la qualité des résultats obtenus ne sera généralement pas optimale.

Illustrons ceci à l'aide des 9 expériences présentées dans la table 1.3. Ce choix peut paraître, à priori, plus judicieux que celui de la table 1.2 dans le sens où la configuration présentée ici est équilibrée puisque chacun des niveaux des facteurs apparaît le même nombre de fois. Déterminons maintenant les divers paramètres du modèle. L'expérience 1 permet immédiatement de retrouver la valeur $\beta_0 = 120$ pour l'effet moyen général. De même les expériences 10 et 19 conduisent aux divers effets de l'additif 3 puisque :

$$\beta_3^{[1]} = -10 \text{ et } \beta_3^{[2]} = -30.$$

Table 1.3. Utilisation d'un sous-ensemble d'expériences.

Exp.	DV1	DV2	DV3	Rep.
1	Faible	Faible	Faible	120
10	Faible	Faible	Moyen	110
19	Faible	Faible	Fort	90
8	Moyen	Fort	Faible	140
17	Moyen	Fort	Moyen	130
26	Moyen	Fort	Fort	110
6	Fort	Moyen	Faible	80
15	Fort	Moyen	Moyen	70
24	Fort	Moyen	Fort	50

Les 6 autres expériences conduisent à seulement deux équations distinctes supplémentaires données par :

$$\begin{cases} \beta_1^{[1]} + \beta_2^{[2]} = 20 \\ \beta_1^{[2]} + \beta_2^{[1]} = -40 \end{cases}$$

On constate donc que les 9 expériences sélectionnées ici ne permettent pas d'estimer tous les paramètres du modèle. Ceci est dû au fait que dans la table 1.3 les facteurs 1 et 2 sont "liés" car ils changent de niveau en même temps ce qui rend impossible l'estimation de leurs effets respectifs (on montrera plus tard que les expériences sélectionnées forment une fraction du plan complet ayant une résolution trop basse pour permettre ce type d'estimation). Il serait en pratique possible de rajouter des expériences afin de résoudre ce type de problème mais ce serait en contradiction avec l'objectif principal qui est d'avoir peu d'expériences à réaliser.

4) Utilisation d'un plan d'expérience

Toutes les démarches vues précédemment présentent systématiquement un certain nombre d'inconvénients, il est alors fortement recommandé d'utiliser un protocole expérimental "optimal" donné par un plan d'expérience tel que celui présenté dans la table 1.4. Les expériences proposées ici sont choisies selon la technique des fractions régulières (on a en fait la fraction régulière du plan complet définie par la relation $\mathbb{I}$ =123). Il en résulte un petit nombre d'expériences (9) permettant de réaliser l'estimation de tous les paramètres inconnus du modèle (effet d'interaction compris). La qualité de ce plan d'expérience réside à la fois dans le fait qu'il est équilibré pour les traitements (*i.e.* chaque traitement est utilisé 3 fois pour chaque facteur) mais aussi pour les couples de traitements (*i.e.* chaque couple de traitements est testé une fois pour chaque couple de facteurs). C'est cette dernière propriété (qualifiée généralement d'orthogonalité) qui assure que, contrairement aux tables 1.2 et 1.3, il existe bien ici une expérience faisant intervenir les niveaux hauts des facteurs 1 et 2 et permet ainsi de détecter l'effet d'interaction qui leur est associé.

Table 1.4. Utilisation d'un plan d'expérience.

Exp.	DV1	DV2	DV3	Rep.
1	Faible	Faible	Faible	120
6	Fort	Moyen	Faible	80
8	Moyen	Fort	Faible	140
12	Fort	Faible	Moyen	90
14	Moyen	Moyen	Moyen	100
16	Faible	Fort	Moyen	120
20	Moyen	Faible	Fort	100
22	Faible	Moyen	Fort	70
27	Fort	Fort	Fort	140

Un plan d'expérience consiste donc aussi à proposer peu d'expériences tout en faisant varier tous les facteurs **simultanément** afin d'obtenir un maximum d'informations (cette démarche est diamétralement opposée à celle de la technique "un facteur à la fois"). Enfin, la détermination de tous les paramètres inconnus du modèle permet ici de retrouver de manière purement théorique

que la valeur maximale de la réponse devrait être de 170 lorsque les différents réglages suivants sont effectués :

Débit 1 : Fort / Débit 2 : Fort / Débit 3 : Faible.

Il est donc possible de déterminer les conditions optimales de fonctionnement sans même avoir réalisé l'expérience correspondante.

1.3 Historique

Réaliser des expériences afin d'étudier et de comprendre un phénomène est une démarche qui remonte à la nuit des temps. Dès le moyen-âge Nicolas Oresme (1325-1382) aborde cette question dans ses écrits. Inspirateur de Descartes et Leibnitz, Francis Bacon (1561-1626) est un des précurseur de la méthode expérimentale. En 1627 il fait, par exemple, macérer des grains de blé dans neuf concoctions différentes afin d'étudier leur effet sur la rapidité de germination. Arthur Young (1746-1820) cherche ensuite à systématiser le procédé et aborde la notion de répétabilité des expériences afin de prendre en compte leur variabilité. Ses travaux concernent surtout l'agronomie et la mise en œuvre de méthodes "modernes" de culture, basées plus sur l'expérimentation que sur des préjugés ou l'habitude. Citons aussi les travaux de Cretté de Palluel (1741-1798) qui publie en 1788 un "*Mémoire sur les avantages et l'économie que procurent les racines employées à l'engrais des moutons à l'étable*". L'auteur propose un protocole expérimental destiné à comparer les mérites des pommes de terre, des turneps, de la betterave et de la chicorée dans l'engrais des moutons de l'étable. C'est ensuite principalement au 19ème siècle que les méthodes expérimentales se démocratisent. Citons à titre d'exemple les expériences médicales menées par Claude Bernard (1813-1878) ainsi que son ouvrage "*Principes de médecine expérimentale*".

Les méthodes rigoureuses d'expérimentation, basées sur l'utilisation des plans d'expérience, sont dues aux travaux de Sir Ronald Fisher (1890-1962). Ce brillant mathématicien, très productif dans le domaine de la Statistique, a été amené à s'intéresser aux techniques d'expérimentation suite à son emploi, en 1919, à la "Rothamsted Experimental Station", centre de recherche agronomique situé au nord de Londres. Il cherche alors à augmenter les rendements agricoles en combinant divers types d'engrais, de variétés végétales, de méthodes de cultures, de types de sols, *etc...* Face à l'impossibilité de réaliser la totalité des expériences ceci l'amène à proposer des configurations expérimentales basées sur des modèles statistiques rigoureux (tels que les carrés latins). Ceci constitue le point de départ de la méthode théorique des plans d'expérience. Un célèbre ouvrage sur le sujet a été publié en 1935 [41]. Une synthèse des travaux de Fisher dans le domaine des plans d'expérience a été réalisée par D. A. Preece [74].

Divers chercheurs ont par la suite marché dans les traces de Fisher afin de promouvoir et développer l'utilisation des techniques de planification expérimentales dans d'autres domaines que l'agronomie. Dès les années 50 les travaux de Box et de ses collaborateurs (principalement sur les surfaces de réponse) ont entrainé bon nombre d'application pratiques. Mais ce sont certainement les travaux de G. Taguchi qui ont permi une vaste diffusion des plans d'expérience, notamment dans le milieu industriel. Travaillant, entre autre, comme consultant pour de multiples entreprises japonaises G. Taguchi a eu l'idée de réaliser des tables de configurations expérimentales de référence facilement utilisables par des non-spécialistes. Il a de plus inclu l'expérimentation au sein d'une démarche plus large de "qualité totale" amenant à la conception de produits fiables et de bonne qualité. Ses idées ont été mises en œuvre dans bon nombre d'industries japonaises dès les années 70.

De nombreux chercheurs contemporains ont continué le développement de cette branche de la Statistique dans des voies diverses et variées : adaptation des plans d'expérience pour les problèmes de mélanges, introduction d'effets de blocs, utilisation de modèles non-linéaires, utilisation de modèles contenant des effets de voisinage, plans d'expérience pour expériences simulées, *etc* ...

Voici une liste, non-exhaustive, d'ouvrages ayant fait avancer l'état de l'art dans ce domaine lors des dernières années (ces références, ainsi que d'autres, seront rappelées par la suite dans les divers chapitres correspondants) : Benoist et *al.* [3], Collombier [19], Cox [24], Cox et Reid [25], Cornell [22], Dagnelie [27], Dodge [29], Federer et King [39], John [52], Khuri et Cornell [56], Phan-Tan-Luu et Mathieu [71], Pukelsheim [75], Saporta et *al.* [84], *etc...*

1.4 Guide de lecture de l'ouvrage

1.4.1 Positionnement

Cet ouvrage a pour objectif de présenter une vision très générale de la méthode des plans d'expérience. Pour cela un grand nombre de configurations sont étudiées (plans pour criblage, plans à effets d'interactions, plans pour surfaces de réponse, plans en blocs, plans pour mélanges, plans pour facteurs qualitatifs, plans pour facteurs qualitatifs en blocs, *etc* ...) ainsi qu'un grand nombre de notions mathématiques (estimation, prédiction, fractions régulières, isovariance, efficacité ...). Cette approche est originale car beaucoup d'ouvrages actuels sur ce sujet se cantonnent bien souvent à un thème précis (les surfaces de réponse par exemple) et séparent souvent le cas des facteurs quantitatifs du cas des facteurs qualitatifs. Une synthèse des méthodes de planification est ici proposée dans ces divers contextes en essayant de les unifier au maximum (notion de "plans usuels" par exemple).

Des approches originales, ou rarement traitées, sont de plus proposées pour diverses notions telles que, entre autres, le blocage d'un plan d'expérience, l'estimation des effets de blocs, la définition rigoureuse des fractions régulières pour des facteurs à plus de deux niveaux, *etc* ... Une autre originalité de l'ouvrage réside dans le fait que quasiment tous les résultats énoncés sont démontrés (dans des annexes figurant à la fin de chacun des chapitres). Remarquons enfin que cet ouvrage offre, de par sa structure, plusieurs niveaux de lecture. Il peut en effet être abordé :

1) de manière linéaire dans une approche pédagogique d'apprentissage des techniques de planification (les compléments et démonstrations en annexes peuvent alors être omis),

2) de manière approfondie en s'intéressant aux résultats théoriques présentés en annexe (le lecteur expérimenté pourra dans ce cas omettre la lecture des deux premiers chapitres),

3) de manière ponctuelle en allant chercher directement l'information nécessaire dans un des chapitres (les diverses notations sont rappelées au début de chacun d'eux afin de les rendre relativement autonomes),

4) de manière transversale si l'utilisateur doit se documenter sur une notion générale abordée dans plusieurs chapitres (pour acquérir, par exemple, des informations sur les plans en blocs on pourra se référer à la fois aux chapitres 6 pour des facteurs quantitatifs et 9 pour des facteurs qualitatifs).

1.4.2 Structure

Cet ouvrage est structuré en quatre grandes parties présentées brièvement ci-dessous. La première partie aborde un certain nombre de généralités utiles pour une bonne compréhension de la méthode de planification expérimentale. Elle est décomposée en deux chapitres.

Chapitre un : "**La notion de plan d'expérience**".
Il s'agit du présent chapitre. Il propose une introduction à la méthode de planification expérimentale en présentant le cadre de cette méthode, ses objectifs ainsi que le vocabulaire et le contexte de base. Toutes les notions traitées ou non traitées dans cet ouvrage sont clairement exposées. Un exemple, basé sur une étude complète à l'aide d'un plan d'expérience, est proposée à la fin.

Chapitre deux : "**Outils mathématiques pour les plans d'expérience**".
Ce chapitre a pour objet de présenter les principales notions d'algèbre, de probabilité et de statistique nécessaires à une bonne compréhension de la mise en oeuvre et de l'analyse d'un plan d'expérience. Le lecteur

familiarisé avec la statistique mathématique pourra sans peine omettre une lecture approfondie de cette partie.

La deuxième partie de l'ouvrage aborde le problème, très courant en pratique, des plans d'expérience pour facteur quantitatifs. Elle est constituée des cinq chapitres présentés ci-dessous.

Chapitre trois : "**Plans d'expérience pour modèles d'ordre un**".
Ce chapitre aborde les techniques adaptées à l'ajustement du modèle polynomial le plus simple c'est-à-dire de degré (ou d'ordre) égal à un. Les plans factoriels, les fractions régulières de plans factoriels, les plans de Plackett et Burman ainsi que les plans simplexes sont les principales structures étudiées dans ce chapitre. Les résultats explicites concernant l'ajustement du modèle avec de tels plans sont démontrés.

Chapitre quatre : "**Plans d'expérience pour modèles à effets d'interactions**".
On s'intéresse cette fois à l'ajustement des modèles polynomiaux obtenus en rajoutant tous les termes croisés associés aux interactions entre deux facteurs distincts. Il est alors prouvé que les plans factoriels complets ainsi que certaines fractions régulières judicieusement choisies permettent d'ajuster un tel modèle de façon extrèmement simple. Une généralisation aux interactions plus complexes est proposée.

Chapitre cinq : "**Plans d'expérience pour surfaces de réponse**".
Ce chapitre aborde le problème de l'ajustement d'un polynôme d'ordre deux complet. Les plans d'expérience classiques (composite centrés, Box et Behnken, *etc...*) sont présentés. Leur analyse est réalisée à l'aide d'une théorie unifiée. Diverses propriétés statistiques telles que l'isovariance par transformations orthogonales sont étudiées en détail.

Chapitre six : "**Plans d'expérience en blocs**".
Les plans d'expérience abordés dans ce chapitre permettent de s'adapter aux situations dans lesquelles les observations ne sont pas issues de conditions expérimentales homogènes. On partitionne classiquement de tels plans en sous-ensembles homogènes appelés blocs. Diverses techniques de construction des blocs sont présentées afin de rester au sein d'une classe de plans d'expérience faciles à analyser. Une attention particulière est portée aux plans d'expérience bloqués orthogonalement.

Chapitre sept : "**Plans d'expérience pour mélanges**".
On s'intéresse cette fois au problème du choix des diverses proportions des composants d'un mélange. Différents modèles pour mélange sont présentés en détail. Les réseaux de Scheffé ainsi que les réseaux centrés de Scheffé sont ensuite étudiés afin de déterminer les divers estimateurs des paramètres des modèles mis en oeuvre.

Une troisième partie est consacrée aux plans d'expérience pour facteurs qualitatifs. Elle est constituée par les deux chapitres présentés ci-dessous.

Chapitre huit : "**Plans d'expérience pour facteurs qualitatifs**".
Ce chapitre présente les dispositifs expérimentaux adaptés à ce type de facteurs. Le modèle additif est étudié en détails principalement concernant la propriété d'orthogonalité. Les plans d'expérience factoriels complets sont présentés puis la théorie des fractions régulières est étendue au cas de ces facteurs qualitatifs. Diverses situations "non-standard" (fraction pour nombre de modalités non premier, pour nombres de modalités différents, *etc...*) sont étudiées. Le modèle à effets d'interactions est brièvement présenté.

Chapitre neuf : "**Plans d'expérience en blocs pour facteurs qualitatifs**".
Tout comme pour les facteurs quantitatifs il est possible que les observations ne soient pas issues de conditions expérimentales homogènes. Il est alors nécessaire d'effectuer des regroupements en sous-ensembles homogènes encore appelés blocs. Les plans d'expérience permettant d'analyser facilement un modèle à effets de blocs sont présentés. Ce chapitre s'intéresse tout particulièrement aux plans en blocs complets, aux plans en blocs incomplets équilibrés, aux plans en blocs partiellement équilibrés et enfin aux plans en blocs cycliques.

Une dernière partie aborde enfin le problème très général de l'optimalité des plans d'expérience. Elle est constituée par l'unique chapitre présenté ci-dessous.

Chapitre dix : "**Optimalité des plans d'expérience**".
Les éléments mathématiques permettant de juger de la qualité d'un plan d'expérience sont introduits tout au long de ce chapitre. Les notions d'optimalité uniforme, de ϕ_q-optimalité (incluant les A, D et E-optimalités) ainsi que d'optimalité universelle sont présentées. Il est pris soin d'expliciter le lien entre ces différentes optimalités ainsi que les outils techniques permettant de rechercher des plans optimaux. La dernière partie de ce chapitre revient sur les principales configurations étudiées tout au long de l'ouvrage pour montrer qu'elles sont le plus souvent optimales pour bon nombre de critères.

Trois annexes, désignées par annexes A, B et C, figurent ensuite à la fin de l'ouvrage. Ces différentes annexes sont dédiées aux thèmes présentés ci-dessous.

Annexe A : "**Plans factoriels et représentation linéaire des groupes**".
Cette annexe est consacrée à des rappels sur la théorie algébrique de représentation linéaire des groupes finis ainsi qu'à son application aux

plans factoriels complets ou bien aux fractions régulières de ce type de plans. Certaines démonstrations déjà présentées dans divers chapitres sont reprises dans cette nouvelle optique. Des résultats primordiaux relatifs aux fractions régulières sont ensuite démontrés.

Annexe B : "**Plans d'expérience classiques**".
Cette annexe résume brièvement les diverses grandes classes de plans d'expérience présentés dans l'ouvrage.

Annexe C : "**Notations utilisées**".
Cette annexe fait le bilan des diverses notations utilisées. Le lecteur est prié de s'y reporter afin d'éviter toute confusion relative aux notations ainsi qu'à la terminologie utilisée dans les différents chapitres.

Les références bibliographiques ainsi qu'un INDEX sont enfin regroupés à la fin de cet ouvrage.

La plupart des chapitres contiennent un exemple final afin d'illustrer concrètement les résultats théoriques. Ces exemples sont soit tirés de la littérature existante soit des exemples à but pédagogique (tout en restant pour la plupart inspirés de situations déjà rencontrées en réalité). Il permettent à la fois de mener une analyse complète à partir de toutes les notions présentées mais aussi d'introduire les codes informatiques nécessaires.

Dans le but de ne pas alourdir les chapitres des compléments contenant les démonstrations ainsi que certains aspects théoriques sont présents à la fin de chacun d'eux. Ces compléments contiennent les démonstrations des résultats **signalés par le symbole** [$\lhd$].

1.4.3 Analyse des exemples

Afin de ne pas alourdir inutilement ce livre l'analyse des différent exemples est focalisée sur la mise en oeuvre et l'interprétation des résultats découlant de la planification expérimentale réalisée. Le lecteur ayant de bonnes connaissances en statistique ne s'étonnera donc pas du fait qu'une **analyse exhaustive** des résultats n'a volontairement pas été menée. Citons les principaux traitements statistiques qui ne sont pas abordés dans les exemples mais qui peuvent s'avérer très utiles pour enrichir et interpréter avec rigueur toute étude.

1) Afin de juger de la qualité du modèle ajusté à l'aide d'un **indicateur numérique** on se limite à l'utilisation du coefficient de corrélation linéaire multiple R^2. Il est bien connu que ce coefficient est à manier avec précaution (principalement dans les cas où le modèle est saturé ou proche de la saturation) donc il est plus prudent de l'accompagner en pratique par le calcul d'autres coefficients tels que le coefficient de corrélation linéaire multiple ajusté R^2_a, le coefficient

PRESS (pour *Prediction Error Sum of Square*) mesurant cette fois les capacités prédictives du modèle, le R^2 de prédiction calculé à partir du PRESS, *etc...*

2) Toujours pour évaluer la qualité du modèle ajusté un certain nombre **d'indicateurs graphiques** peuvent aider l'utilisateur. Il s'agit principalement du nuage de points des résidus estimés permettant de visualiser ou non une bonne répartition des résidus ou encore du nuage de points des résidus studentisés plus adapté à la détection de mesures aberrantes. De même, des graphiques du type droite de Henry ou QQ-plot (pour *quantile-quantile*) permettent de juger la validité de l'hypothèse de normalité des observations.

3) Une fois le meilleur modèle déterminé le détail des diverses **techniques d'optimisation** conduisant à la recherche du ou des extrema n'est pas présenté. En effet en dehors du cas des modèles linéaires particulièrement simples (tels les modèles de degré un) le problème de l'optimisation (sous la contrainte de rester au sein du domaine expérimental) est un sujet très vaste qui pourrait faire l'objet à lui seul d'un ouvrage spécialisé. Le lecteur souhaitant se documenter plus en détail sur ces diverses techniques pourra se référer au chapitre 5 de l'ouvrage de Khuri et Cornell [56] concernant la méthode générale dite "d'analyse canonique" basée sur un changement de repère facilitant l'analyse d'un modèle polynomial d'ordre deux. La méthode classique qualifiée de "ridge analysis" y est aussi présentée. Concernant l'optimisation de manière plus générale on pourra se référer à l'ouvrage de Ciarlet [18] pour la présentation de la technique des multiplicateurs de Lagrange ainsi qu'un certain nombre d'algorithmes classiques (gradient, relaxation, *etc...*).

Le lecteur souhaitant en savoir plus sur ces diverses méthodes peut aussi consulter l'étude menée à la fin de ce chapitre ou bien se référer à la plupart des ouvrages de statistique générale tels que celui de Saporta [83] (ou Khuri et Cornell [56] pour une approche plus orientée vers les plans d'expérience).

1.5 Thèmes non abordés dans l'ouvrage

Le but premier de cet ouvrage est de proposer au lecteur de solides bases permettant d'appréhender la méthode des plans d'expérience sous ses aspects les plus généraux et les plus classiques. Il en résulte qu'un certain nombre de thèmes plus spécialisés ne sont pas abordés ici. Il s'agit principalement des thèmes cités ci-dessous.

1.5.1 Plans pour modèles mixtes

Le chapitre six de cet ouvrage aborde la problématique des plans d'expérience en blocs pour facteurs quantitatifs. Le modèle considéré est alors le modèle le plus classique, appelé modèle à effets de blocs fixes (puisque les effets des traitements ainsi que les effets des divers blocs sont supposés inconnus mais non-aléatoires).

Une alternative consiste à supposer cette fois que les effets des blocs sont aléatoires. Le modèle ainsi obtenu, mélangeant effets fixes pour les traitements et effets aléatoires pour les blocs, est souvent qualifié de **modèle mixte**. Concrètement un tel modèle peut être intéressant dans toutes les situations où un **grand nombre de blocs** interviennent et on ne veut tester qu'un petit nombre de blocs choisis aléatoirement dans la population totale. Un exemple concret est proposé par Khuri [55] pour une usine produisant des barres d'acier en continu. Il est alors tout à fait naturel de regrouper dans ce cas en blocs les productions supposées *a priori* homogènes, c'est-à-dire issues d'un même arrivage de matière première. Ceci conduit cependant à la distinction d'un trop grand nombre de blocs différents. Le service qualité de l'entreprise préfère alors vérifier la qualité de fabrication des barres produites uniquement sur certains lots choisis aléatoirement dans la production totale. Le modèle mixte est dans ce cas mieux adapté à une telle étude que le modèle classique à effets de blocs fixes.

Les travaux de Khuri [55] ou Tinsson [99] ont montré qu'un tel modèle peut être analysé de manière relativement aisée à l'aide de la plupart des plans d'expérience classiques pour modèles d'ordre deux à effets de blocs fixes (plans composites centrés, plans de Box et Behnken, *etc...*). Une grande partie de ces configurations sont présentées en détail dans cet ouvrage.

1.5.2 Plans pour modèles non linéaires

Cet ouvrage est consacré exclusivement à l'étude de plans d'expérience pour modèles linéaires (polynomiaux d'ordre un ou deux le plus souvent). Cette hypothèse est très courante dès lors qu'une modélisation statistique est requise car elle permet de traduire matriciellement le problème étudié et d'utiliser ensuite un grand nombre de résultats théoriques établis dans le cadre linéaire. Il est de plus naturel d'approcher une fonction inconnue, mais relativement régulière, par un polynôme de degré fixé afin d'obtenir ainsi un développement limité. Lorsque cependant la fonction expliquant le phénomène étudié semble être très irrégulière, ou bien qu'une modélisation linéaire n'a pas donné de bons résultats, une possibilité consiste à s'orienter vers l'ajustement de **modèles non linéaires**.

Beaucoup de travaux de recherche ont abordé cette vaste problématique (le lecteur pourra, par exemple, consulter les chapitres relatifs à ce sujet de l'ouvrage de Saporta et *al.* [84], et principalement le chapitre 8 écrit par Gauchi [43]). La difficulté principale réside dans le fait qu'il n'existe pas de configuration "optimale" pour l'ajustement de n'importe quel modèle. Pour chaque modèle non-linéaire postulé il convient donc de mettre au point une méthode proposant un plan d'expérience adapté. Beaucoup de ces méthodes sont basées sur des constructions algorithmiques recherchant des plans d'expériences optimaux selon divers critères (voir le chapitre 10 de cet ouvrage pour la notion d'optimalité d'un plan d'expérience). Une difficulté supplémentaire liée à cette démarche est qu'il n'est pas forcément évident de choisir *a priori* un modèle non-linéaire bien adapté au phénomène étudié. C'est pourquoi une autre approche de la non-linéarité consiste à utiliser toujours des modèles polynomiaux mais pour modéliser cette fois non plus la réponse mesurée mais la transformée de cette réponse par une application bien choisie (appelée fonction de lien). On dit alors que l'on considère un modèle linéaire généralisé. Il a été prouvé dans un article de Dossou-Gbété et Tinsson [30] qu'un choix judicieux de ces fonctions de lien permet d'utiliser très facilement les plans d'expérience classiques afin d'ajuster ces nouveaux modèles non-linéaires. Ceci permet de s'adapter de manière rigoureuse à un certain nombre de situations non-standard comme, par exemple, le cas de réponses binaires.

1.5.3 Plans à effets de voisinage

Une autre grande classe de plans d'expérience est celle des configurations dites à effets de voisinage. Dans un cadre agronomique de tels plans d'expérience correspondent à des situations où l'on s'intéresse à l'effet du traitement (direct) appliqué à une parcelle donnée mais aussi aux traitements appliqués aux parcelles voisines. Ces deux derniers effets sont les **effets de voisinage** à droite et à gauche (lorsque ces effets n'interviennent que dans une direction). Pour une expérience se déroulant au fil du temps l'utilisation de tels modèles est utile lorsque la réponse de la i-ème expérience peut être influencée par la réponse obtenue préalablement pour la (i-1)-ème expérience (une telle situation est par exemple courante en agro-alimentaire où une personne goûtant un aliment peut être influencée par le dernier produit gouté). D'un point de vue mathématique la situation s'interprète alors comme une généralisation du contexte des plans d'expérience en blocs pour facteurs qualitatifs (voir le chapitre 9) par adjonction d'un ou de plusieurs effets de voisinage. Ces nouveaux effets rendent évidemment la recherche de configurations optimales bien plus difficile que dans le cas classique. De telles configurations (lorsqu'elles existent) sont plus lourdes en terme de nombre d'expériences que les plans usuels à cause des effets supplémentaires introduits dans le modèle.

Les premiers travaux sur cette problématique et l'introduction de plans dits en "cross-over" sont l'oeuvre de Hedayat et Afsarinejad [49] ou [50]. Le lecteur souhaitant approfondir ce sujet et disposer d'une bibliographie plus importante pourra aussi consulter le thèse de doctorat de Druilhet [36].

1.5.4 Plans d'expérience numériques

Le développement de l'informatique et des moyens de calcul a entraîné l'élaboration de simulateurs de phénomènes physiques de plus en plus complexes (basés sur des lois de la physique, de la chimie, des systèmes d'équations différentielles, *etc...*). Il résulte de cette complexification que la réalisation de simulations peut devenir longue en terme de temps de calcul (et donc coûteuse). Une des solutions permettant de résoudre un tel problème consiste à réaliser un ensemble de simulations bien choisies afin d'obtenir à moindre coût des informations sur le phénomène simulé. Ce choix d'un petit nombre de simulations donnant un maximum d'information entre une nouvelle fois dans la problématique des plans d'expérience.

Notons que la spécificité de ce contexte résulte de la nature déterministe du phénomène étudié (puisque deux expériences identiques réalisées par le simulateur vont donner deux réponses égales). Ceci amène à considérer des modèles souvent différents des modèles classiques, en introduisant notamment des corrélations spatiales. Une analyse de toute cette problématique a été effectuée dans la thèse de doctorat de Jourdan [53]. Il y apparaît que des plans d'expérience adaptés à une telle situation sont, par exemple, des fractions régulières de plans complets (présentés dans les chapitres 3, 4 et 8 de cet ouvrage), d'où l'intérêt, une nouvelle fois, de bien maîtriser au préalable les techniques classiques.

1.6 Logiciels pour les plans d'expérience

L'outil informatique est nécessaire à la réalisation rapide et précise d'une étude menée à l'aide d'un plan d'expérience. Ceci peut être utile tout d'abord pour bénéficier d'une assistance à la création du plan d'expérience (plan classique, plans optimaux, *etc...*), puis pour réaliser tous les calculs fastidieux (recherche des estimateurs, tests d'hypothèses, *etc...*) et enfin pour obtenir tous les types de sorties conviviales existant (diagrammes de Pareto, représentations graphiques des surfaces de réponses, *etc...*). Présentons ici brièvement diverses solutions logicielles.

1) Logiciels non-spécialisés.

Certains utilisateurs ne disposent parfois d'aucun logiciel spécialisé dans le traitement des données statistiques. Les résultats présentés dans cet ouvrage sont cependant quasiment tous donnés de manière explicite à l'aide de formules mathématiques. Il est donc tout à fait possible de programmer ces diverses formules puis de les utiliser sur des données réelles. Ceci peut être fait à l'aide de simples tableurs tels que **Excel** ou **OpenOffice** d'ailleurs très conviviaux afin d'écrire facilement le plan d'expérience ainsi que les observations. Tout langage de programmation (**C**, **C++**, **Pascal, Fortran**, *etc...*) permet aussi de programmer aisément les divers résultats présentés.

2) Logiciels spécialisés en statistique.
Un grand nombre de logiciels spécialisés en statistique existent sur le marché. Des codes **SAS** sont la plupart du temps utilisés dans cet ouvrage afin de réaliser les traitements proposés. Ce choix a été fait par rapport aux performances et à la richesse de ce logiciel mais aussi en tenant compte de sa popularité dans de nombreuses entreprises. Si l'utilisation de ce logiciel n'est pas possible l'utilisateur peut alors se tourner sans crainte vers le logiciel **R** qui a la particularité d'être totalement gratuit. D'autres logiciels statistiques peuvent évidemment aussi être utilisés tels que : **S-Plus**, **SPSS**, **Statgraphics**, **Genstat**, *etc...*

3) Logiciels spécialisés en plans d'expérience.
Il est enfin possible d'utiliser des logiciels directement spécialisés dans la problématique des plans d'expérience. Il s'agit le plus souvent de modules particuliers des logiciels de statistique présentés précédemment. Pour reprendre l'exemple du logicial **SAS** le module SAS/QC (dédié au contrôle de la qualité) permet d'avoir accés a de multiples procédures relatives à la construction de plans d'expérience (ce module n'est par contre pas fourni dans le "package" de base SAS).

Il existe cependant un logiciel en langue française, **Nemrod**, qui est exclusivement dédié à la construction et l'analyse des plans d'expérience. Il présente de plus l'avantage d'être continuellement amélioré par une équipe active dans la "méthodologie de la recherche expérimentale" (http://www.nemrodw.com/). Ce logiciel est utilisé, parallèlement à SAS, pour traiter certains exemples de l'ouvrage. Comme tout logiciel très spécialisé il présente l'avantage d'être rapidement utilisable pour traiter une étude menée à l'aide d'un plan d'expérience et très convivial (quelques "clics" de souris suffisent). Ses points forts sont de plus les plans d'expérience pour mélanges ainsi que les sorties graphiques très claires (2D et 3D simultanées). Evidemment un tel logiciel va s'avérer par contre parfois difficile à utiliser pour des situations non-standard, c'est pourquoi dans ce cas l'utilisation de **SAS** (en mode programmation) sera préférable.

1.7 Présentation d'une étude

Terminons ce chapitre par la présentation complète d'une étude menée à l'aide de la méthode des plans d'expérience. Considérons une entreprise fabriquant des pièces en plastique. L'objectif est la conception de pièces les plus rigides possibles. Le phénomène étudié ici étant *a priori* complexe à étudier une série d'expérimentations est réalisée afin de mieux le cerner. Chaque expérience correspond concrètement à l'arrêt de la chaîne de production, à un nouveau réglage des diverses machines-outil, à la fabrication d'une ou plusieurs pièces et enfin à l'analyse des pièces fabriquées. Tout ceci a donc un coût relativement important, c'est pourquoi la réalisation d'un petit nombre d'expériences judicieusement choisies est vivement souhaité. D'où l'intérêt de mettre en oeuvre un plan d'expérience.

Toute l'analyse présentée dans cette partie a été menée à l'aide du logiciel Nemrod ("Generation de matrices d'expérience en fonction des objectifs et traitement des réponses expérimentales", Version 2000, Didier Mathieu, Jean Nony et Roger Phan-Than-Luu, LPRAI, Marseille, France) qui permet de générer bon nombre de plans d'expérience et de réaliser la plupart des traitements statistiques classiques.

Tout au long de cette section des références du type [*voir* 2.4.3] sont proposées. Ceci indique au lecteur que la notion utilisée est étudiée en détails au paragraphe 2.4.3 de cet ouvrage (*i.e.* au chapitre 2, quatrième section et troisième sous-section).

1.7.1 Facteurs et réponse

Les ingénieurs spécialistes du phénomène étudié estiment que trois facteurs influent principalement sur la rigidité des pièces fabriquées :

$$\begin{cases} \text{la température} & \text{(mesurée par } x_1 \text{ en } {}^\circ C\text{)}, \\ \text{la pression dans la presse} & \text{(mesurée par } x_2 \text{ en } g/cm^2\text{)}, \\ \text{la durée de l'opération} & \text{(mesurée par } x_3 \text{ en secondes)}. \end{cases}$$

La réponse est quantifiée par l'élasticité de la pièce fabriquée. L'objectif est la minimisation de cette réponse afin d'obtenir les pièces les plus rigides possible.

1.7.2 Domaine expérimental

Concernant maintenant le domaine expérimental voici les **valeurs de fonctionnement** classiquement utilisées sur la chaîne de production :

$$60 \leq x_1 \leq 70 \ , \ 20 \leq x_2 \leq 30 \ , \ 5 \leq x_3 \leq 8.$$

Ces diverses valeurs vont être utilisées maintenant comme valeurs de référence (afin de réaliser l'opération dite de codage des variables). Il convient en pratique d'être prudent vis-à-vis de ces valeurs, le plus souvent issues de l'expérience acquise par les utilisateurs, qui parfois peuvent aussi les induire en erreur. C'est pourquoi une majorité des expériences vont être réalisées en restant dans ces plages de fonctionnement mais certaines d'entre elles seront hors de ces modes de fonctionnement courants (si bien entendu cela est techniquement possible). Ceci pourra être le cas ici puisque les spécialistes du phénomène étudié donnent les valeurs suivantes associées cette fois aux **contraintes techniques** du procédé industriel (il s'agit donc des valeurs à respecter obligatoirement) :

$$30 \leq x_1 \leq 90 \ , \ x_2 \leq 60$$

Ceci montre, par exemple, que la presse utilisée ne peut techniquement pas fonctionner au delà de 60 g/cm^2. Il n'y a bien sur dans l'absolu aucune contrainte pour la durée de l'opération x_3 si ce n'est qu'elle doit être positive.

1.7.3 Codage des facteurs

Afin de ramener chacun des facteurs à un même intervalle, de supprimer leurs unités, de permettre leur comparaison et enfin de simplifier l'analyse mathématique à venir on va systématiquement les **coder** [*voir* 3.2.1]. Cette opération classique est résumée dans la table 1.5 où diverses valeurs initiales et codées sont présentées. Comme indiqué précédemment les codages ont été réalisés de manière à ce que les valeurs ± 1 soient systématiquement associées aux niveaux hauts et bas des valeurs de fonctionnement. Les valeurs codées ± 1.68 figurent aussi dans ce tableau car elles vont être utilisées par la suite.

Table 1.5. Codage des facteurs.

Température (°C)	56.6	60.0	62.5	65.0	67.5	70.0	73.4
Pression (g/cm^2)	16.6	20.0	22.5	25.0	27.5	30.0	33.4
Durée (s)	3.98	5.00	5.75	6.50	7.25	8.00	9.02
Valeur codée	−1.68	−1.00	−0.50	0.00	0.50	1.00	1.68

1.7.4 Plan d'expérience utilisé

Une fois les facteurs clairement identifiés et la réponse connue on peut proposer un plan d'expérience, c'est-à-dire une liste d'expériences à réaliser afin de cerner au mieux le phénomène étudié. Dans l'absolu le choix d'un plan d'expérience n'a pas de sens tant qu'il n'est pas subordonné au choix préalable d'un **modèle mathématique**. Les modèles les plus classiques sont les modèles polynomiaux (le plus souvent de degré inférieur ou égal à deux).

Supposons que pour l'étude réalisée ici on ait, *a priori*, aucune idée précise concernant le choix d'un modèle approprié. Afin de pouvoir ajuster plusieurs modèles polynomiaux il est possible d'utiliser un plan d'expérience très classique, de type composite centré [*voir* 5.3], présenté dans la table 1.6. Ce plan d'expérience est constitué par un total de 17 expériences écrites ligne par ligne avec les niveaux des différents facteurs sous forme codée.

Table 1.6. Plan d'experience (de type composite centré).

N°Exp	X1	X2	X3
1	−1.0000	−1.0000	−1.0000
2	1.0000	−1.0000	−1.0000
3	−1.0000	1.0000	−1.0000
4	1.0000	1.0000	−1.0000
5	−1.0000	−1.0000	1.0000
6	1.0000	−1.0000	1.0000
7	−1.0000	1.0000	1.0000
8	1.0000	1.0000	1.0000
9	−1.6818	0.0000	0.0000
10	1.6818	0.0000	0.0000
11	0.0000	−1.6818	0.0000
12	0.0000	1.6818	0.0000
13	0.0000	0.0000	−1.6818
14	0.0000	0.0000	1.6818
15	0.0000	0.0000	0.0000
16	0.0000	0.0000	0.0000
17	0.0000	0.0000	0.0000

Un tel plan d'expérience est qualifié de composite car il est constitué de trois parties différentes utilisables pour divers types d'ajustements. La première partie (expériences 1 à 8) est la partie factorielle constituée par les 8 sommets du cube unité. La seconde partie (expériences 9 à 14) est la partie axiale constituée par des points sur les axes du repère utilisé. Tous ces points sont situés à une distance égale à 1.6818 du centre du repère (la valeur exacte étant en fait $8^{1/4}$) dans le but d'obtenir la propriété classique d'isovariance par transformations orthogonales [*voir* 5.2.5]. Il s'agit ici du choix proposé par défaut par le logiciel. Chacune de ces 6 expériences utilise donc pour un des facteurs des niveaux hors des valeurs de fonctionnement usuelles. Enfin la dernière partie du plan composite (expériences 15 à 17) est constituée par une triple répétition de l'expérience qualifiée de centrale (*i.e.* avec tous les facteurs fixés à leur niveau moyen). Dans un contexte statistique il est intéressant de répéter plusieurs fois certaines expériences car la nature aléatoire du phénomène va entraîner que les réponses observées ne seront pas égales. Ceci permet de plus de réaliser une analyse plus fine du phénomène étudié [*voir* 2.5.4]. L'usage de facteurs sous forme codée simplifie le travail d'analyse mais cette transformation est inutile pour l'utilisateur. C'est pourquoi il est courant d'éditer à la fois le plan d'expérience avec les facteurs codés et le plan d'expérience avec les facteurs exprimés dans leurs unités initiales.

Table 1.7. Protocole expérimental.

N°Exp	Température	Pression	Durée
	°C	g/cm 2	s
1	60.0	20.0	5.0
2	70.0	20.0	5.0
3	60.0	30.0	5.0
4	70.0	30.0	5.0
5	60.0	20.0	8.0
6	70.0	20.0	8.0
7	60.0	30.0	8.0
8	70.0	30.0	8.0
9	56.6	25.0	6.5
10	73.4	25.0	6.5
11	65.0	16.6	6.5
12	65.0	33.4	6.5
13	65.0	25.0	4.0
14	65.0	25.0	9.0
15	65.0	25.0	6.5
16	65.0	25.0	6.5
17	65.0	25.0	6.5

Cette seconde forme (table 1.7) est souvent appelée **protocole expérimental** (le terme de *plan d'expérimentation* est aussi utilisé par le logiciel Nemrod). Lorsque la liste des expériences est fournie au technicien devant les réaliser il convient, bien entendu, de lui donner directement le protocole expérimental auquel il devra se tenir.

1.7.5 Ajustement d'un modèle d'ordre un

Commençons par étudier le phénomène à l'aide du modèle le plus simple possible, en l'occurence un polynôme du premier degré (en trois variables qui sont les trois facteurs sous forme codée). En d'autres termes on essaie donc d'expliquer au mieux la réponse moyenne à l'aide du modèle tel que :

$$f(x_1, x_2, x_3) = \beta_0 + \beta_1 x_1 + \beta_2 x_2 + \beta_3 x_3.$$

On montre que pour estimer les 4 paramètres inconnus de ce modèle (l'effet moyen général β_0 ainsi que les trois effets linéaires β_1, β_2 et β_3) il est possible de n'utiliser que les expériences 2, 3, 5 et 8 de la table 1.6 (on dit que l'on considère une fraction régulière de la partie factorielle [*voir* 3.4]). Afin de gagner en qualité il est possible de rajouter les expériences centrales 15, 16 et 17. Les diverses réponses observées lors de la réalisation de ces 7 expériences sont données ci-dessous (table 1.8, colonne notée $Y1$).

Table 1.8. Plan d'expérience et réponses observées.

N°Exp	X1	X2	X3	Y1
1	1.0000	−1.0000	−1.0000	63.4
2	−1.0000	1.0000	−1.0000	57.2
3	−1.0000	−1.0000	1.0000	70.2
4	1.0000	1.0000	1.0000	56.6
5	0.0000	0.0000	0.0000	54.8
6	0.0000	0.0000	0.0000	55.2
7	0.0000	0.0000	0.0000	54.6

L'analyse statistique de ce modèle conduit dans un premier temps à la table d'analyse de la variance [*voir* 2.5] suivante. Elle indique principalement que le modèle utilisé est mal ajusté ici puisque la somme des carrés due à l'erreur est très importante par rapport à la somme des carrés totale.

Source de variation	Somme des carrés	Degrés de liberté	Carré moyen	Rapport	Signif
Régression	121.3100	3	40.4367	1.4478	38.4
Résidus	83.7871	3	27.9290		
Total	205.0971	6			

Ceci est confirmé par l'analyse plus fine complémentaire donnée ci-dessous. On retiendra principalement la valeur du coefficient de corrélation linéaire multiple [*voir* 2.5.2] qui est bien trop faible (0.591) pour rendre compte d'un ajustement correct. De même la plupart des paramètres estimés pour ce modèle ne sont pas significativement différents de zéro [*voir* 2.6] ce qui, une nouvelle fois, confirme que l'ajustement réalisé n'est pas satisfaisant.

Ecart Type de la réponse	5.285
R2	0.591
R2A	0.183
R2pred	N.D.
PRESS	3186.361
Nombre de degrés de liberté	3

Nom	Coefficient	F.Inflation	Ecart-Type	t.exp.	Signif. %
b0	58.857		1.997	29.47	<0.01***
b1	−1.850	1.00	2.642	−0.70	53.7
b2	−4.950	1.00	2.642	−1.87	15.7
b3	1.550	1.00	2.642	0.59	60.0

En conclusion il apparaît donc clairement qu'un modèle polynomial d'ordre un ne permet pas d'expliquer correctement le phénomène étudié.

1.7.6 Ajustement d'un modèle à effets d'interactions

Considérons ici un modèle tenant compte, comme précédemment, des effets linéaires des différents facteurs mais aussi d'éventuels effets d'interactions entre couples de facteurs. Ajustons donc maintenant le polynôme d'ordre deux incomplet suivant :

$$\begin{aligned} f(x_1, x_2, x_3) = \beta_0 + \beta_1 x_1 + \beta_2 x_2 + \beta_3 x_3 + \\ \beta_{12} x_1 x_2 + \beta_{13} x_1 x_3 + \beta_{23} x_2 x_3. \end{aligned}$$

Afin de pouvoir estimer au mieux les 7 paramètres inconnus de ce modèle (l'effet moyen général, trois effets linéaires et trois effets d'interactions) on montre [*voir* 4.3] qu'il est possible d'utiliser le plan factoriel complet constitué par les expériences 1 à 8 de la table 1.6. En conservant toujours les trois expériences centrales supplémentaires ceci conduit donc à la réalisation du plan d'expérience donné à la table 1.9. Pour les 11 expériences de ce plan 7 d'entre elles ont déjà été menées afin d'ajuster le modèle d'ordre 1 (avec la numérotation de la table 1.9 les nouvelles expériences sont seulement celles repérées par 1, 4, 6 et 7).

Table 1.9. Plan d'expérience et réponses observées

N°Exp	X1	X2	X3	Y1
1	−1.0000	−1.0000	−1.0000	58.9
2	1.0000	−1.0000	−1.0000	63.4
3	−1.0000	1.0000	−1.0000	57.2
4	1.0000	1.0000	−1.0000	61.3
5	−1.0000	−1.0000	1.0000	70.2
6	1.0000	−1.0000	1.0000	74.5
7	−1.0000	1.0000	1.0000	52.6
8	1.0000	1.0000	1.0000	56.6
9	0.0000	0.0000	0.0000	54.8
10	0.0000	0.0000	0.0000	55.2
11	0.0000	0.0000	0.0000	54.6

L'analyse statistique de ce modèle conduit cette fois à la table d'analyse de la variance suivante. On constate une nette amélioration de l'ajustement réalisé puisque la somme des carrés due aux résidus (*i.e.* à l'erreur d'ajustement) est alors inférieure au tiers de la somme des carrés due à la régression.

Source de variation	Somme des carrés	Degrés de liberté	Carré moyen	Rapport	Signif
Régression	368.3600	6	61.3933	2.3368	21.5
Résidus	105.0981	4	26.2723		
Total	473.4491	10			

Une analyse plus fine donne maintenant les résultats ci-dessous. Malgré l'amélioration de la qualité d'ajustement constatée précédemment, le coefficient de corrélation linéraire multiple a une valeur qui est encore trop faible ici (0.778) pour que l'ajustement réalisé soit de bonne qualité. On retrouve ce même résultat en considérant le tableau des divers paramètres estimés qui montre que, hormis l'effet moyen général β_0, aucun d'entre eux n'est significativement différent de zéro.

Ecart Type de la réponse	5.13
R2	0.778
R2A	0.445
R2pred	N.D.
PRESS	1223.474
Nombre de degrés de liberté	4

Nom	Coefficient	F.Inflation	Ecart-Type	t.exp.	Signif. %
b0	59.91		1.55	38.77	<0.0124***
b1	2.07	1.00	1.81	1.15	31.7
b2	−4.87	1.00	1.81	−2.69	5.5
b3	1.60	1.00	1.81	0.88	43.0
b12	−0.05	1.00	1.81	−0.03	97.8
b13	−0.07	1.00	1.81	−0.04	96.8
b23	3.93	1.00	1.81	−2.17	9.6

Les problèmes d'ajustement de ce modèle peuvent être cernés plus précisemment à l'aide du nuage des résidus. Ce nuage de points (donné ci-dessous) représente, pour chacune des expériences réalisées, l'erreur d'ajustement commise $(Y - \hat{Y})$.

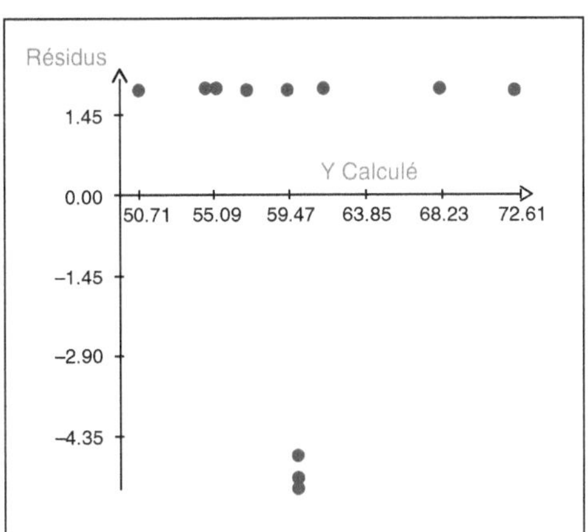

1.7.7 Ajustement d'un modèle d'ordre deux

Considérons maintenant le modèle polynomial d'ordre deux complet, c'est-à-dire incluant aussi les effets dits quadratiques β_{11}, β_{22} et β_{33} (on parle encore de modèle pour surface de réponse [*voir* 5]). Ce modèle est donc donné explicitement par :

$$f(x_1, x_2, x_3) = \beta_0 + \beta_1 x_1 + \beta_2 x_2 + \beta_3 x_3 + \beta_{11} x_1^2 + \beta_{22} x_2^2 + \beta_{33} x_3^2 + \beta_{12} x_1 x_2 + \beta_{13} x_1 x_3 + \beta_{23} x_2 x_3.$$

Un plan d'expérience classique permettant d'estimer les 10 paramètres inconnus d'un tel modèle est le plan composite centré donné ci-dessous (qui n'est autre que le plan complet proposé précédemment aux tables 1.6 et 1.7). Il est donc nécessaire de réaliser un total de 17 expériences mais seulement les expérimentations allant de 9 à 14 sont nouvelles

Table 1.10. Plan d'expeérience et réponses observées.

N°Exp	X1	X2	X3	Y1
1	−1.0000	−1.0000	−1.0000	58.9
2	1.0000	−1.0000	−1.0000	63.4
3	−1.0000	1.0000	−1.0000	57.2
4	1.0000	1.0000	−1.0000	61.3
5	−1.0000	−1.0000	1.0000	70.2
6	1.0000	−1.0000	1.0000	74.5
7	−1.0000	1.0000	1.0000	52.6
8	1.0000	1.0000	1.0000	56.6
9	−1.6818	0.0000	0.0000	53.2
10	1.6818	0.0000	0.0000	61.7
11	0.0000	−1.6818	0.0000	74.5
12	0.0000	1.6818	0.0000	58.0
13	0.0000	0.0000	−1.6818	57.4
14	0.0000	0.0000	1.6818	63.3
15	0.0000	0.0000	0.0000	54.8
16	0.0000	0.0000	0.0000	55.9
17	0.0000	0.0000	0.0000	54.6

L'analyse statistique conduit à la table d'analyse de la variance suivante :

Source de variation	Somme des carrés	Degrés de liberté	Carré moyen	Rapport	Signif
Régression	751.4572	9	83.4592	357.8215	<0.01****
Résidus	1.6334	7	0.2333		
Validité	0.6534	5	0.1307	0.2667	89.9
Erreur	0.9800	2	0.4900		
Total	753.0906	16			

La somme des carrés due à l'erreur est maintenant très faible devant la somme totale. Ceci indique que le modèle semble être maintenant bien ajusté. Le tableau d'analyse de la variance proposé ici par le logiciel est plus complexe que pour les deux modèles précédents car la somme des carrés due aux résidus a été décomposée en somme due à la "validité" et somme due à "l'erreur". Il s'agit d'une technique permettant d'affiner l'analyse de la variance, utilisable dès lors qu'au moins une expérience a été répétée, et permettant de tester l'hypothèse H_0 : "le modèle est bien ajusté en moyenne" [*voir* 2.6.5]. Une analyse plus fine donne ensuite les résultats ci-dessous :

Ecart Type de la réponse	0.483
R2	0.998
R2A	0.995
R2pred	0.990
PRESS	7.164
Nombre de degrés de liberté	7

Nom	Coefficient	F.Inflation	Ecart-Type	t.exp.	Signif. %
b0	55.093		0.278	197.93	<0.01***
b1	2.284	1.00	0.131	17.47	<0.01***
b2	−4.910	1.00	0.131	−37.56	<0.01***
b3	1.686	1.00	0.131	12.90	<0.01***
b11	0.855	1.16	0.144	5.94	0.0701***
b22	3.966	1.16	0.144	27.57	<0.01***
b33	1.880	1.16	0.144	13.07	<0.01***
b12	−0.088	1.00	0.171	−0.51	62.8
b13	−0.037	1.00	0.171	−0.22	82.6
b23	−3.693	1.00	0.171	−23.20	<0.01***

Le coefficient de corrélation linéaire multiple quantifie maintenant de manière claire la très bonne qualité de l'ajustement (puisque $R^2 = 0.998 \simeq 1$). Concernant maintenant l'estimation des divers paramètres inconnus du modèle il est intéressant de remarquer que seul l'effet d'interaction entre les facteurs 2 et 3 (*i.e.* entre la température et la pression) semble être significativement différent de zéro (et ceci d'après les tests d'hypothèse réalisés au niveau de la dernière colonne [*voir* 2.6]). Il ne semble donc pas y avoir d'effet d'interaction significatif entre la température et la durée ou bien entre la température et la pression (*i.e.* l'effet sur la réponse de la température semble être le même quel que soit le niveau choisi pour la durée ou la pression). Le logiciel peut aussi éditer maintenant le "tableau des résidus" (donné ci-dessous) permettant de juger de manière plus précise, c'est-à-dire expérience par expérience, de la qualité de l'ajustement réalisé. La comparaison entre les colonnes "Yexp" (réponses mesurées) et "Ycalc" (réponses prédites par le modèle) confirme que l'ajustement est de très bonne qualité. Les autres colonnes proposées par ce logiciel évaluent la différence entre les réponses mesurées et prédites (colonne "Différence") et font subir un certain nombre de transformations à ces valeurs afin de les rendre statistiquement plus faciles à interpréter (par exemple tout résidu dit "studentisé" supérieur à 2 en valeur absolue traduit un défaut d'ajustement important).

N°Exp	Y exp.	Y calc	Différence	Normée	dU	Student R	R-Student	D-Cook
1	**58.900**	**58.646**	0.254	0.525	0.670	0.914	0.901	0.169
2	**63.400**	**63.465**	−0.065	−0.134	0.670	−0.234	−0.217	0.011
3	**57.200**	**56.927**	0.273	0.565	0.670	0.983	0.980	0.196
4	**61.300**	**61.396**	−0.096	−0.198	0.670	−0.345	−0.322	0.024
5	**70.200**	**70.018**	0.182	0.377	0.670	0.656	0.627	0.087
6	**74.500**	**74.686**	−0.186	−0.386	0.670	−0.672	−0.643	0.091
7	**52.600**	**52.449**	0.151	0.313	0.670	0.545	0.515	0.060
8	**56.600**	**56.767**	−0.167	−0.346	0.670	0.545	0.515	0.060
9	**53.200**	**53.670**	−0.470	−0.972	0.607	−1.551	−1.773	0.373
10	**61.700**	**61.353**	0.347	0.719	0.607	1.148	1.179	0.204
11	**74.500**	**74.568**	−0.068	−0.141	0.607	−0.225	−0.209	0.008
12	**58.000**	**58.054**	−0.054	−0.112	0.607	−0.179	−0.166	0.005
13	**57.400**	**57.576**	−0.176	−0.364	0.607	−0.581	−0.552	0.052
14	**63.300**	**63.246**	0.054	0.111	0.607	0.178	0.165	0.005
15	**54.800**	**55.093**	−0.293	−0.607	0.332	−0.742	−0.716	0.027
16	**55.900**	**55.093**	0.807	1.671	0.332	2.044	2.981	0.208
17	**54.600**	**55.093**	−0.493	−1.021	0.332	−1.249	−1.311	0.078

Les différents résidus peuvent une nouvelle fois être représentés sous forme graphique.

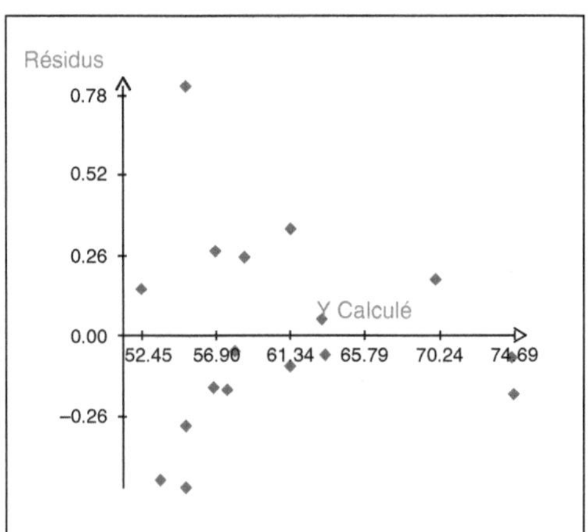

La plus grande erreur d'ajustement commise (de l'ordre de 0.8 pour une réponse observée de 55.9) correspond à l'une des expériences dites "centrales" (expériences 15, 16 et 17). Ceci était prévisible car il est impossible que la réponse moyenne prédite au centre du domaine par le modèle soit parfaitement ajustée aux trois valeurs différentes obtenues lors des trois répétitions de l'expérience (54.8, 55.9 et 54.6). Au sens des moindres carrés la meilleure réponse moyenne que peut prédire le modèle correspond à la moyenne de ces trois réponses, c'est-à-dire 55.1 ici (cette valeur est d'ailleurs très proche de celle donnée par le modèle ajusté).

1.7.8 Recherche des conditions optimales

Maintenant qu'un ajustement de bonne qualité a été réalisé l'étape finale consiste à rechercher les conditions optimales pour le problème posé, c'est-à-dire les valeurs de la température, de la pression ainsi que la durée amenant à minimiser l'élasticité de la pièce fabriquée. D'après les résultats obtenus précédemment le meilleur modèle au sens des moindres carrés permet d'écrire la réponse moyenne prédite sous la forme :

$$\begin{aligned}\hat{Y}(x_1, x_2, x_3) = {} & 55.093 + 2.284x_1 - 4.910x_2 + 1.686x_3 \\ & +0.855x_1^2 + 3.966x_2^2 + 1.880x_3^2 - 3.963x_2x_3.\end{aligned}$$

Ce modèle a été volontairement simplifié par élimination des deux effets d'interactions jugés non significatifs dans l'analyse précédente (ceci permet de manipuler plus facilement cette expression réduite tout en gardant une qualité d'ajustement quasiment similaire). La problématique est maintenant la recherche du minimum d'une fonction de plusieurs variables sous la contrainte de rester dans le domaine expérimental. Tout point critique d'une telle fonction (*i.e.* tout point annulant les dérivées partielles) a pour coordonnées x_1, x_2 et x_3 solutions du système d'équations :

$$\begin{cases} \dfrac{\partial \hat{Y}}{\partial x_1}(x_1, x_2, x_3) = 0 \\ \dfrac{\partial \hat{Y}}{\partial x_2}(x_1, x_2, x_3) = 0 \\ \dfrac{\partial \hat{Y}}{\partial x_3}(x_1, x_2, x_3) = 0 \end{cases} \Leftrightarrow \begin{cases} 2.284 + 1.710x_1 = 0 \\ -4.910 + 7.932x_2 - 3.963x_3 = 0 \\ 1.686 + 3.760x_3 - 3.963x_2 = 0 \end{cases}$$

Ce système d'équations admet alors une unique solution donnée par :

$$x_1 = -1.336 \ , \ x_2 = 0.834 \ , \ x_3 = 0.431.$$

On vérifie aisément que ce point critique est bien un minimum (global) de la fonction $\hat{Y}$. Ce point est de plus situé dans le domaine expérimental donc il constitue bien la solution cherchée pour le problème. On verifie de plus par un simple calcul que la réponse moyenne prédite par le modèle en ce point est donnée par :

$$\hat{Y}(-1.336, 0.834, 0.431) \simeq 51.8.$$

Une valeur aussi faible pour l'élasticité n'a jamais été obtenue lors des 17 expériences réalisées donc ce résultat est *a priori* très intéressant. Remarquons que le minimum a été recherché ici par dérivation et il a été ainsi immédiatemment déterminé car le point critique obtenu est à la fois un extremum et un point du domaine expérimental. Ceci n'est pas toujours le cas (on peut en effet obtenir par exemple un point selle annulant toutes les dérivées partielles aussi bien qu'un extremum hors du domaine expérimental). Il est alors nécessaire d'utiliser dans de tels cas des méthodes d'optimisation plus générales (multiplicateurs de Lagrange, analyse canonique, *etc...*) ou bien des techniques algorithmiques de recherche approchée d'extrema. Des représentations graphiques telles que celle proposée à la figure 1.2 (avec une représentation simultanée en deux et trois dimensions pour plus de clarté) permettent aussi de cerner la position du minimum cherché.

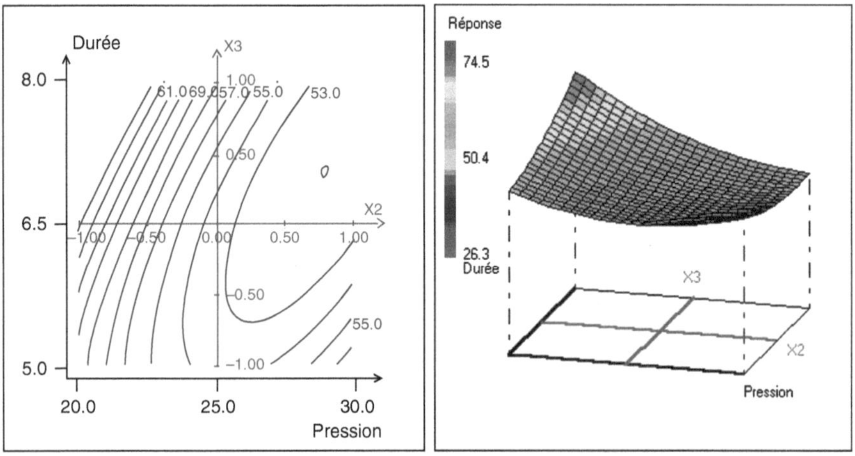

Fig. 1.2. Réponse moyenne prédite ($x_1 = -1.336$ fixé).

1.7.9 Conclusion

Cette étude a montré qu'un modèle polynomial d'ordre deux complet semble modéliser correctement le phénomène étudié ici. Il apparaît que les conditions expérimentales optimales, c'est-à-dire celles permettant de minimiser l'élasticité du produit sont obtenues pour les niveaux codés suivants :

$$x_1 = -1.336 \ , \ x_2 = 0.834 \ , \ x_3 = 0.431.$$

En revenant aux unités initiales ceci correspond donc aux réglages donnés ci-dessous :

Facteur 1	58.3 $°C$
Facteur 2	29.2 g/cm^2
Facteur 3	7.1 s

Il convient maintenant de réaliser concrètement une ou plusieurs expériences en fixant ces niveaux là afin de vérifier si l'élasticité obtenue correspond bien à la valeur moyenne prédite par le modèle, c'est-à-dire à :

$$\boxed{\hat{Y}_{OPT} \simeq 51.8}$$

2

Outils mathématiques pour les plans d'expérience

2.1 Introduction

Ce chapitre présente les notions mathématiques de base utiles pour une bonne compréhension de la méthode des plans d'expérience.

Les notions algèbriques les plus courantes en statistique sont abordées dans un premier temps. Il s'agit principalement des notions d'algèbre linéaire que sont le calcul matriciel, les projections orthogonales ainsi que l'analyse spectrale d'une matrice. Quelques notions de base concernant les groupes sont aussi énoncées. Il sera parfois nécessaire par la suite d'aller plus loin avec la structure de groupe (notamment par utilisation de la théorie de représentation linéaire des groupes finis pour la construction de fractions régulières) mais ceci fait l'objet d'une annexe à la fin de l'ouvrage.

Il convient ensuite de maîtriser quelques notions élémentaires de probabilité, notamment l'utilisation de variables aléatoires vectorielles ainsi que l'expression de leurs moments d'ordre un ou deux.

Les notions de statistique utilisées sont traitées dans une section suivante. La définition d'un estimateur, d'un modèle statistique ainsi que de l'estimation au sens des moindres carrés pour un modèle linéaire sont présentées. Ceci étant posé les techniques de base d'analyse de la variance sont explicitées afin, entre autres, d'être capable de juger de la qualité d'un modèle ajusté. Enfin quelques éléments concernant la notion de test d'hypothèse sont introduits. Ceci sera d'un grand intérêt afin de pouvoir juger de la significativité ou non des paramètres estimés.

Remarquons enfin qu'il n'est pas possible de rappeler ici toutes les notions de mathématiques utiles et que le lecteur pourra, le cas échéant, se référer à des ouvrages d'algèbre linéaire concernant les notion d'espace vectoriel, d'image ou de noyau d'une application linéaire, *etc...*

W. Tinsson, *Plans d'expérience: constructions et analyses statistiques*, Mathématiques et Applications 67, DOI 10.1007/978-3-642-11472-4_2,

© Springer-Verlag Berlin Heidelberg 2010

2.2 Algèbre

2.2.1 Calcul matriciel

La plupart des plans d'expérience sont utilisés avec des modèles que l'on peut facilement décrire en utilisant les outils du calcul matriciel classique. Rappelons que l'élément de base est une **matrice**, c'est-à-dire un tableau A contenant n lignes et p colonnes. On note $A \in \mathcal{M}(n,p)$ et $A = (a_{ij})$ avec $a_{ij} \in \mathbb{R}$ terme général de la matrice pour $i \in \{1, 2, ..., n\}$ et $j \in \{1, 2, ..., p\}$ (on utilisera par la suite les notations plus simples $i = 1, ..., n$ et $j = 1, ..., p$). La matrice A peut aussi être vue comme la représentation d'une application linéaire de $\mathbb{R}^n$ dans $\mathbb{R}^p$ dans deux bases données. Les opérations classiques à connaître sont données à la suite :

1) La **somme** de $A \in \mathcal{M}(n,p)$ et $B \in \mathcal{M}(n,p)$ est $R = A + B \in \mathcal{M}(n,p)$ avec :

$$\forall\, i = 1, ..., n,\ \forall\, j = 1, ..., p\ ,\ r_{ij} = a_{ij} + b_{ij}.$$

2) Le **produit** de $A \in \mathcal{M}(n,p)$ et $B \in \mathcal{M}(p,m)$ est $R = AB \in \mathcal{M}(n,m)$ avec :

$$\forall\, i = 1, ..., n\ ,\ \forall\, j = 1, ..., m\ ,\ r_{ij} = \sum_{l=1}^{p} a_{il} b_{lj}.$$

3) La **transposée** de $A \in \mathcal{M}(n,p)$ est $R = {}^tA \in \mathcal{M}(p,n)$ avec :

$$\forall\, i = 1, ..., p\ ,\ \forall\, j = 1, ..., n\ ,\ r_{ij} = a_{ji}.$$

4) L'**inverse** de $A \in \mathcal{M}(n,n)$ (si elle existe) est l'unique matrice A^{-1} vérifiant la relation :

$$AA^{-1} = A^{-1}A = I_n.$$

Il sera souvent utile dans la suite de déterminer facilement si une matrice est inversible ou non. Ceci amène à chercher le **rang** de la matrice considérée, c'est-à-dire la dimension de l'espace vectoriel engendré par ses colonnes (*i.e.* $rg(A) = \dim(\operatorname{Im} A)$). On dit alors qu'une matrice A est de **plein rang** si et seulement si son rang est maximal, c'est-à-dire lorsque :

$$rg(A) = \text{nombre de colonnes de } A.$$

Un résultat classique d'algèbre linéaire énonce qu'une matrice carrée est inversible si et seulement si elle est de plein rang. Etant donnés deux vecteurs $u, v \in \mathbb{R}^n$ on appelle **produit scalaire** (usuel) le réel :

$$(u \mid v) = {}^tuv = \sum_{i=1}^{n} u_i v_i.$$

La **norme** du vecteur u est alors définie par :

$$\|u\| = \sqrt{(u \mid u)} = \sqrt{{}^t uu} = \sqrt{\sum_{i=1}^{n} u_i^2}.$$

Il est très courant lors de l'analyse d'un plan d'expérience d'avoir à effectuer des produits matricels de la forme ${}^tXX$. Une telle matrice (appelée matrice de Gram) est obtenue à l'aide des produits scalaires de tous les couples de colonnes. En effet, si $X \in \mathcal{M}(n,p)$ avec $c_1, ..., c_p$ ses vecteurs colonnes on a donc $X = [c_1 \mid ... \mid c_p]$ et ${}^tXX$ a pour terme général :

$$\forall\, i,j = 1,...,p\ ,\ \left({}^tXX\right)_{ij} = (c_i \mid c_j)\,.$$

Il est souvent utile d'énoncer des conditions simples de régularité pour ce type de matrice. Le résultat suivant est très classique (sa démonstration figure dans la plupart des livres d'algèbre linéaire).

Lemme 2.1. *Pour toute matrice X on a $rg\,({}^tXX) = rg\,(X)$ donc :*

$$\left({}^tXX \text{ est régulière}\right) \Leftrightarrow (X \text{ est de plein rang})\,.$$

2.2.2 Projection orthogonale

Considérons l'espace vectoriel $\mathbb{R}^n$ muni du produit scalaire usuel. La notion de projection orthogonale sur un sous-espace vectoriel engendré par les colonnes d'une matrice X va être d'une grande utilité par la suite. Rappelons le résultat suivant (dont la démonstration est aussi très classique) :

Proposition 2.2. *Pour toute matrice $X \in \mathcal{M}(n,p)$, de plein rang, le* **projecteur orthogonal** *de $\mathbb{R}^n$ sur* $\operatorname{Im} X$ *a pour expression matricielle :*

$$P = P_{(\operatorname{Im} X)} = X\left({}^tXX\right)^{-1}{}^tX.$$

De même, on démontre facilement que $(I_n - P)$ est le projecteur orthogonal de $\mathbb{R}^n$ sur le sous-espace vectoriel $(\operatorname{Im} X)^{\perp}$.

2.2.3 Analyse spectrale

Il sera parfois utile de réaliser l'analyse spectrale d'une matrice carrée. Il s'agit alors de déterminer l'ensemble de ses valeurs et vecteurs propres. Rappelons que si $A \in \mathcal{M}(p,p)$ on dit que λ est une **valeur propre** de A si et seulement si il existe un vecteur $u \in \mathbb{R}^p - \{0\}$ tel que :

$$Au = \lambda u.$$

Un tel vecteur est qualifié de **vecteur propre** associé à λ.

On appelle **spectre** de A l'ensemble de ses valeurs propres. S'il est possible de déterminer une base de $\mathbb{R}^p$ formée de vecteurs propres la matrice A est alors diagonalisable sur cette base avec pour éléments diagonaux les valeurs propres. Une des multiples utilisations des valeurs propres consiste à déterminer facilement la **trace** ainsi que le **déterminant** d'une matrice carrée. On démontre en effet que ces deux quantités sont invariantes par changement de base. Si $\{\lambda_1, ..., \lambda_p\}$ est le spectre de la matrice diagonalisable A il vient immédiatement par passage à la base de vecteurs propres :

$$\text{Trace}\,(A) = \sum_{i=1}^{p} \lambda_i \text{ et } \text{Det}\,(A) = |A| = \prod_{i=1}^{p} \lambda_i.$$

2.2.4 Matrices particulières

Présentons ici brièvement trois classes de matrices carrées particulières qui seront d'un grand intérêt par la suite.

1) Les matrice **symétriques.** Une matrice $A \in \mathcal{M}(p,p)$ est dite symétrique si et seulement si ${}^tA = A$ (*i.e.* la matrice reste inchangée si ses lignes sont transformées en colonnes). Un résultat classique énonce que toute matrice symétrique est diagonalisable. Ceci est particulièrement intéressant en statistique où des matrices de la forme ${}^tXX$ sont souvent utilisées; elles sont donc toujours symétriques.

2) Les matrices **orthogonales**. Une matrice $A \in \mathcal{M}(p,p)$ est dite orthogonale si et seulement si ${}^tAA = I_p$ (ou de manière équivalente $A^tA = I_p$). D'après les résultats du paragraphe 2.2.1 une matrice est donc orthogonale si et seulement si chacune de ses colonne a pour norme 1 et les produits scalaires de tous les couples de colonnes distinctes sont nuls. Remarquons que, par définition, toute matrice orthogonale A est inversible avec :

$$A^{-1} = {}^tA.$$

3) Les matrices **symétriques définies positives**. Une matrice symétrique $A \in \mathcal{M}(p,p)$ est dite définie positive si et seulement si :

$$\forall\, x \in \mathbb{R}^p \text{ avec } x \neq 0\ ,\ {}^txAx > 0.$$

De manière moins contraignante une matrice symétrique $A \in \mathcal{M}(p,p)$ est dite semi-définie positive si :

$$\forall\, x \in \mathbb{R}^p\ ,\ {}^txAx \geq 0.$$

Le lecteur souhaitant plus d'informations sur l'origine de ces définitions pourra consulter dans les ouvrages d'algèbre linéaire de base (par exemple Queysanne [76]) la notion de forme quadratique. Il est intéressant de traduire ces deux hypothèses en terme de valeurs propres. On montre alors qu'une matrice diagonalisable est définie positive (*resp.* semi-définie positive) si et seulement si toutes ses valeurs propres sont strictement positives (*resp.* positives ou nulles).

2.2.5 Notion de groupe

Rappelons ici la définition ainsi que certaines notions élémentaires concernant les groupes. Le lecteur pourra aussi consulter, par exemple, l'ouvrage de Queysanne [76] pour des généralités ou bien l'ouvrage de Calais [17] s'il désire appronfondir ces notions. Etant donné un ensemble G muni d'une loi de composition interne notée $*$ (*i.e.* pour $x, y \in G$, $x * y \in G$) on dit que G est un **groupe** (et on note $(G, *)$) si les trois axiomes suivants sont vérifiés :

1) la loi $*$ est **associative** : $\forall\, x, y, z \in G$, $(x * y) * z = x * (y * z)$,

2) il existe un élément e dans G tel que : $\forall\, x \in G$, $e * x = x * e = x$. On dit que e est *l'***élément neutre** de $(G, *)$.

3) tout élément de G est **symétrisable** :

$$\forall\, x \in G \text{ , } \exists\, x^{-1} \in G \text{ tel que } x * x^{-1} = x^{-1} * x = e.$$

Etant donné un groupe $(G, *)$ on utilise souvent un de ses sous-groupes. On dit que $(H, *)$ est un **sous-groupe** de $(G, *)$, et on note $H \leq G$, si et seulement si H est une partie non-vide de G (*i.e.* $H \neq \varnothing$ *et* $H \subset G$) vérifiant :

$$\forall\, x, y \in H \text{ , } x * y \in H \quad \text{et} \quad \forall\, x \in H \text{ , } x^{-1} \in H.$$

Lorsque la loi $*$ est de plus commutative (*i.e.* $\forall\, x, y \in G$, $x * y = y * x$) le groupe est alors qualifié d'**abélien** (ou commutatif). Lorsque le groupe est constitué de $n \in \mathbb{N}^*$ éléments il s'agit d'un **groupe fini d'ordre** n.

2.3 Probabilités

2.3.1 Variables aléatoires réelles

On considére toujours dans la suite des variables aléatoires réelles (v.a.r.) absolument continues, c'est-à-dire admettant une densité de probabilité (notée f) par rapport à la mesure de Lebesgue sur $\mathbb{R}$. Dans certains cas il est nécessaire de connaître exactement la loi des v.a.r. étudiées (par exemple pour réaliser des tests d'hypothèses), on supposera alors couramment qu'elles sont de loi normale. On supposera aussi que l'on utilise toujours des v.a.r. admettant une espérance mathématique et une variance selon la définition classique suivante :

1) L'**espérance mathématique** de la v.a.r. Y est : $E(Y) = \displaystyle\int_{\mathbb{R}} t f_Y(t)\, dt$.

2) La **variance** de la v.a.r. Y est :

$$\operatorname{Var}(Y) = E\left[(Y - E(Y))^2\right] = E\left(Y^2\right) - [E(Y)]^2 .$$

L'espérance donne une caractéristique de position de la v.a.r. (elle est confondue avec la notion usuelle de moyenne d'un échantillon lorsque la taille de celui-ci tend vers l'infini). La propriété suivante de linéarité de l'espérance est souvent utile :

$$E(X+Y) = E(X) + E(Y) \text{ et } \forall\, a \in \mathbb{R}\ ,\ E(aX) = aE(X)$$

ainsi que le résultat classique :

$$X \text{ et } Y \text{ indépendantes } \Rightarrow E(XY) = E(X)\,E(Y)\,.$$

Concernant la variance, il s'agit cette fois d'un indicateur de la dispersion (autour de la moyenne) de la variable aléatoire. La variance est une forme quadratique vérifiant les principales propriétés suivantes :

$$\begin{cases} \operatorname{Var}(X) \geq 0 \text{ et } (\operatorname{Var}(X) = 0 \Longleftrightarrow X = Cte)\,, \\ \forall\, a, b \in \mathbb{R}\ ,\ \operatorname{Var}(aX+b) = a^2 \operatorname{Var}(X)\,, \\ X \text{ et } Y \text{ indépendantes } \Rightarrow \operatorname{Var}(X+Y) = \operatorname{Var}(X) + \operatorname{Var}(Y)\,. \end{cases}$$

On considère aussi souvent **l'écart-type** $\sigma_Y = \sqrt{\operatorname{Var}(Y)}$ au lieu de la variance. Il a pour principal avantage d'être exprimé avec les mêmes unités que Y (alors que si Y est exprimée, par exemple, en m la variance est elle en m^2).

2.3.2 Vecteurs aléatoires

On dit que Y est un **vecteur aléatoire** de $\mathbb{R}^n$ si et seulement si les coordonnées du vecteur $Y = {}^t(Y_1, ..., Y_n)$ sont des variables aléatoires réelles. On généralise les notions d'espérance et de variance, désignées par $\mathbb{E}$ et $\mathbb{V}$ dans le cas vectoriel par :

1) L'**espérance mathématique** du vecteur aléatoire Y est :

$$\mathbb{E}(Y) = {}^t(E(Y_1), ..., E(Y_n))\,.$$

2) La **matrice des covariances** du vecteur aléatoire Y est :

$$\mathbb{V}(Y) = \mathbb{E}\left[(Y - \mathbb{E}(Y))\,{}^t(Y - \mathbb{E}(Y))\right].$$

La notion de linéarité de l'espérance conduit dans le cas vectoriel à la propriété supplémentaire suivante :

$$\mathbb{E}(AY) = A\mathbb{E}(Y) \text{ si } A \text{ est une matrice non-aléatoire.}$$

En ce qui concerne la matrice des covariances remarquons que $\mathbb{V}(Y)$ est constituée par les éléments suivants ($\forall\, i, j = 1, ..., n$ avec $i \neq j$) :

$$\begin{cases} \operatorname{Var}(Y_i) = E\left(Y_i^2\right) - \left[E(Y_i)\right]^2 \text{ sur la diagonale,} \\ \operatorname{Cov}(Y_i, Y_j) = E(Y_iY_j) - E(Y_i)\,E(Y_j) \text{ hors de la diagonale.} \end{cases}$$

On généralise de même le fait que la variance est une forme quadratique en remarquant que :

$$\mathbb{V}(AY) = A\mathbb{V}(Y)\,{}^tA \text{ si } A \text{ est une matrice non-aléatoire.}$$

2.4 Statistiques

2.4.1 Notion d'estimateur

Considérons un phénomène aléatoire dépendant d'un paramètre $\beta \in \mathbb{R}$ inconnu. Suite à n expériences qui sont des réalisations des v.a.r. $Y_1, ..., Y_n$ on appelle **estimateur** de β toute v.a.r. Y telle que $Y = f(Y_1, ..., Y_n)$ avec f fonction connue (en d'autres termes f ne doit pas dépendre du paramètre β inconnu). On désigne classiquement un estimateur de β par la notation $\hat{\beta}$. Deux propriétés classiques d'un estimateur sont :

Définition 2.3. *On dit que :*

1) *un estimateur de* β *est* **sans biais** *si et seulement si :* $E(\hat{\beta}) = \beta$,

2) *si* $\hat{\beta}_1$ *et* $\hat{\beta}_2$ *sont deux estimateurs sans biais de* β *alors* $\hat{\beta}_1$ *est* **plus efficace** *que* $\hat{\beta}_2$ *si et seulement si :* $\mathrm{Var}\left(\hat{\beta}_1\right) \leq \mathrm{Var}\left(\hat{\beta}_2\right)$.

Un estimateur de β de bonne qualité est donc un estimateur à la fois sans biais ("centré" sur la cible à atteindre) et le plus efficace possible (le moins dispersé possible autour de cette cible). Considérons l'analogie graphique suivante avec β assimilé au centre d'une cible et les observations aux divers impacts (on admettra ici que la notion d'efficacité est identique dans le cas d'un estimateur biaisé) :

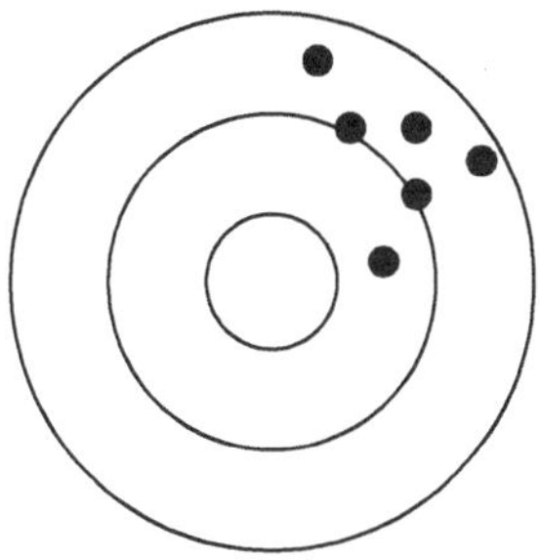

Fig. 2.1.
Estimateur biaisé peu efficace.

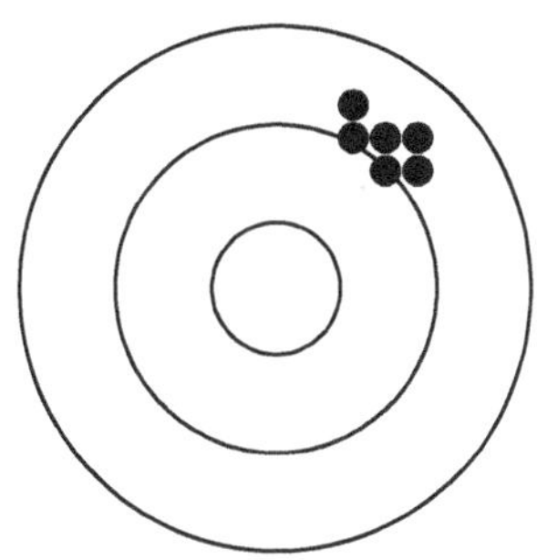

Fig. 2.2.
Estimateur biaisé efficace.

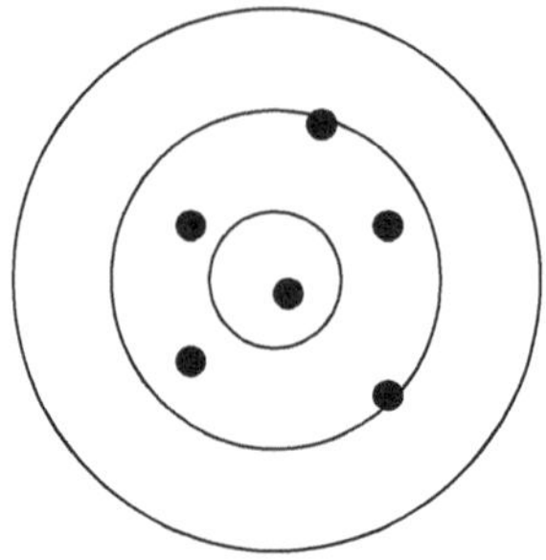

Fig. 2.3.
Estimateur sans biais peu efficace.

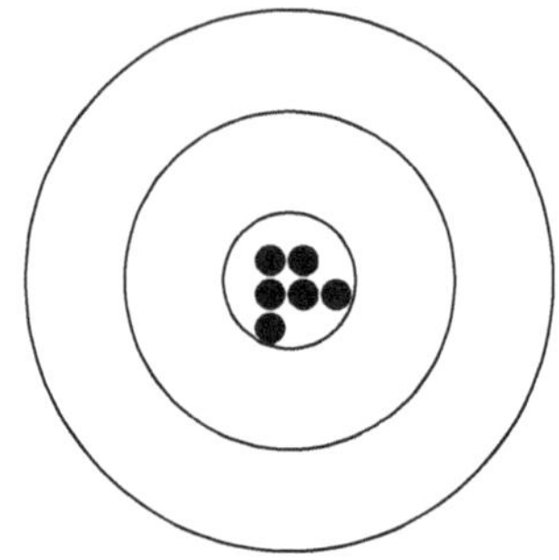

Fig. 2.4.
Estimateur sans biais efficace.

Lorsque la condition 1 de la définition 2.3 n'est pas vérifiée le **biais** est la quantité $E(\hat{\beta}) - \beta$ (non nulle dans ce cas). Un bon estimateur doit aussi être **convergent**, c'est-à-dire que $\hat{\beta}$ doit tendre vers β lorsque la taille de l'échantillon tend vers $+\infty$. Cette propriété n'est pas détaillée ici car la notion de convergence des variables aléatoires n'est pas abordée dans cet ouvrage (voir, par exemple, Saporta [83]).

2.4.2 Modèle statistique

Considérons un phénomène aléatoire dépendant de m variables et supposons que l'on cherche à modéliser au mieux ce phénomène. La démarche statistique consiste alors à effectuer n expériences, judicieusement choisies dans le cas des plans d'expérience. Chacune d'entre elles est repérée par un point $x \in \mathbb{R}^m$ (ceci est possible si les variables étudiées sont quantitatives, pour le cas qualitatif on utilise un sous-ensemble de $\mathbb{N}^m$). En désignant par $Y(x)$ la **réponse mesurée** en x on suppose classiquement que cette réponse résulte de la somme de la **loi de réponse** f en x (*i.e.* la réponse réelle recherchée) et du **résidu** ε en x (*i.e.* l'erreur commise). Donc :

$$Y(x) = f(x) + \varepsilon(x).$$

Le résidus peut rendre compte de bon nombre de causes telles que des erreurs dues à l'expérimentateur, un mauvais modèle postulé, l'oubli de certaines variables, *etc...* On suppose généralement que les résidus sont des variables aléatoires réelles vérifiant les trois hypothèses suivantes :

$$\begin{cases} \textbf{centrage}, & (\forall\ x,\ \ E(\varepsilon(x)) = 0), \\ \textbf{indépendance}, & (\text{donc } \forall\ x \neq x', \operatorname{Cov}(\varepsilon(x), \varepsilon(x')) = 0), \\ \textbf{homoscédasticité}, & (\forall\ x,\ \ \operatorname{Var}(\varepsilon(x)) = \sigma^2). \end{cases} \tag{H}$$

Ces trois hypothèses ont pour but de simplifier l'analyse des modèles étudiés. Concrètement, l'hypothèse de centrage impose que les erreurs commises sont "de moyenne nulle", ceci est naturellement le cas si les erreurs sont bien aléatoires (cette hypothèse va par contre poser problème lorsque les résidus présentent une structure particulière). L'hypothèse d'indépendance est vérifiée dès lors que les expériences réalisées le sont de manière réellement indépendante les unes des autres. Enfin, l'hypothèse d'homoscédasticité impose que l'erreur commise est de même amplitude tout au long du processus (cette hypothèse peut poser problème pour, par exemple, une machine se dégradant au fur et à mesure de son utilisation).

Un problème classique consiste à estimer au mieux les **paramètres inconnus** du modèle donné par la fonction f (on supposera désormais qu'ils sont au nombre de p). Voici quelques exemples de modèles :

1) $m = 2$, $p = 2$, $f(x_1, x_2) = \beta_1 + \beta_2 x_1$,

2) $m = 3$, $p = 5$, $f(x_1, x_2, x_3) = \beta_1 x_1 + \beta_2 x_2 + \beta_3 x_3^2 + \beta_4 x_1 x_2^2 + \beta_5 \exp(x_1)$,

3) $m = 2$, $p = 3$, $f(x_1, x_2) = \beta_1 + \beta_2 x_1 + \sin(\beta_3 x_2)$.

Il convient de distinguer les modèle linéaires (*i.e.* linéaires par rapport aux coefficients inconnus, comme les deux premiers) des modèles non-linéaires (le troisième). Mathématiquement, un modèle est linéaire par rapport aux paramètres β_i $(i = 1, ..., p)$ si et seulement si chacune des dérivées partielles $\partial f(x) / \partial \beta_i$ $(i = 1, ..., p)$ ne dépend plus de β_i. Etant donné un phénomène aléatoire à expliquer, il n'est généralement pas simple de proposer un modèle adéquat. La fonction f est très souvent inconnue (ou trop complexe). C'est pourquoi il est courant de l'approcher à l'aide d'une classe de fonctions usuelles (développements de Taylor, séries de Fourier...).

2.4.3 Modélisation linéaire

On considère ici un modèle statistique dépendant de m variables avec f fonction linéaire par rapport à p paramètres inconnus. Si n expériences ont été réalisées, repérées par les points $(z_u)_{u=1,\ldots,n}$ de $\mathbb{R}^m$ on a donc :

$$\forall\, u = 1, ..., n \;,\; Y(z_u) = f(z_u) + \varepsilon(z_u) \,.$$

Puisque f est une fonction linéaire par rapport aux paramètres inconnus, on peut donc aussi écrire ce modèle **matriciellement** sous la forme suivante :

$$Y = X\beta + \varepsilon$$

avec $Y \in \mathbb{R}^n$ vecteur des observations, $\varepsilon \in \mathbb{R}^n$ vecteur des résidus, $\beta \in \mathbb{R}^p$ vecteur des paramètres inconnus du modèle et $X \in \mathcal{M}(n, p)$ **matrice du modèle**. Les hypothèses (H) se traduisent alors simplement par :

$$\mathbb{E}(\varepsilon) = 0 \text{ et } \mathbb{V}(\varepsilon) = \sigma^2 I_n. \tag{H}$$

Ceci implique donc, d'après les propriétés vues précédemment, que :

$$\mathbb{E}(Y) = X\beta \text{ et } \mathbb{V}(Y) = \sigma^2 I_n.$$

En conséquence, $X\beta$ est donc la réponse moyenne donnée par ce modèle.

Exemple

On mesure ici le rendement Y d'une réaction chimique en fonction de la température t et on envisage d'utiliser le modèle linéaire suivant appelé modèle quadratique :

$$Y(t) = \beta_0 + \beta_1 t + \beta_{11} t^2 + \varepsilon(t).$$

On réalise 5 expériences et les résultats suivants sont obtenus (les rendements sont en % et les températures en °C) :

t	10	15	20	25	30
Y	15	35	40	33	10

Le modèle linéaire associé se traduit pour les 5 expériences réalisées par le système d'équations ci-dessous :

$$\begin{cases} 15 = \beta_0 + 10\beta_1 + 100\beta_{11} + \varepsilon(10) \\ 35 = \beta_0 + 15\beta_1 + 225\beta_{11} + \varepsilon(15) \\ 40 = \beta_0 + 20\beta_1 + 400\beta_{11} + \varepsilon(20) \\ 33 = \beta_0 + 25\beta_1 + 625\beta_{11} + \varepsilon(25) \\ 10 = \beta_0 + 30\beta_1 + 900\beta_{11} + \varepsilon(30) \end{cases}$$

Ce système peut être réécrit matriciellement $Y = X\beta + \varepsilon$ en posant :

$$Y = \begin{bmatrix} 15 \\ 35 \\ 40 \\ 33 \\ 10 \end{bmatrix}, \ X = \begin{bmatrix} 1 \ 10 \ 100 \\ 1 \ 15 \ 225 \\ 1 \ 20 \ 400 \\ 1 \ 25 \ 625 \\ 1 \ 30 \ 900 \end{bmatrix}, \ \beta = \begin{bmatrix} \beta_0 \\ \beta_1 \\ \beta_{11} \end{bmatrix} \text{ et } \varepsilon = \begin{bmatrix} \varepsilon(10) \\ \varepsilon(15) \\ \varepsilon(20) \\ \varepsilon(25) \\ \varepsilon(30) \end{bmatrix}.$$

On a donc ici : $n = 5$, $m = 1$ et $p = 3$.

Comme illustré dans cet exemple, les lignes de la matrice du modèle sont donc associées aux diverses **expériences** réalisées alors que ses colonnes sont associées aux divers **paramètres** inconnus du modèle postulé (la première colonne de X donne les coefficients multipliant β_0 lors des 5 expériences, la seconde colonne fait de même pour β_1 et la dernière est associée à β_{11}).

2.4.4 Estimation au sens des moindres carrés

Une fois le modèle posé le problème consiste maintenant à déterminer un estimateur $\hat{\beta}$ de β le "meilleur" possible. Une démarche classique consiste à chercher $\hat{\beta}$ de manière à ce que le vecteur des réponses observées Y et le vecteur des **réponses moyennes prédites** $\hat{Y} = X\hat{\beta}$ soient les "plus proches" possibles. Ceci conduit à l'estimateur des moindres carrés de β selon la définition suivante (où $\|.\|$ est la norme usuelle de $\mathbb{R}^n$) :

Définition 2.4. *On dit que $\hat{\beta}$ est l'***estimateur des moindres carrés** *de β si et seulement si $\hat{\beta}$ minimise la fonction :*

$$Q(\beta) = \|Y - X\beta\|^2 .$$

L'estimateur des moindres carrés de β donne le minimum de la fonction Q et ce minimum vaut alors :

$$Q\left(\hat{\beta}\right) = \left\|Y - X\hat{\beta}\right\|^2 = \left\|Y - \hat{Y}\right\|^2 = \sum_{i=1}^{n} \left(Y_i - \hat{Y}_i\right)^2 .$$

Ceci montre que cette quantité est bien liée à l'erreur (quadratique) commise entre les réponses observées Y_i et les réponses moyennes prédites par le modèle $\hat{Y}_i$. Concernant la détermination pratique de cet estimateur, on montre que :

Proposition 2.5. [$\lhd$] *Soit le modèle statistique $Y = X\beta + \varepsilon$ avec X matrice de plein rang. L'estimateur des* **moindres carrés** *de β est donné par :*

$$\hat{\beta} = \left({}^tXX\right)^{-1} {}^tXY.$$

Sauf indication contraire, on supposera toujours dans la suite que X est **une matrice de plein rang** p. L'égalité $\left({}^tXX\right)\hat{\beta} = {}^tXY$ traduit les équations dites **normales**. Le vecteur des réponses moyennes prédites par le modèle est alors :

$$\hat{Y} = X\hat{\beta} = PY \text{ avec } P = X\left({}^tXX\right)^{-1} {}^tX.$$

Géométriquement, $\hat{Y}$ est donc la projection orthogonale de Y sur $\operatorname{Im} X$. Les propriétés suivantes découlent de la proposition 2.5 :

Proposition 2.6. [$\lhd$] *Si les hypothèses* (H) *sur les résidus sont vérifiées et si $\hat{\beta}$* est l'*estimateur des moindres carrés de β alors :*

1) *$\hat{\beta}$ est un estimateur* **sans biais** *de β,*

2) *$\hat{\beta}$ admet pour matrice des covariances :* $\mathbb{V}\left(\hat{\beta}\right) = \sigma^2 \left({}^tXX\right)^{-1}$.

Ce dernier résultat montre donc que la qualité de l'estimateur obtenu dépend directement de la matrice du modèle utilisé. Un des objectifs de la planification expérimentale est la recherche d'une matrice X telle que ${}^tXX$ soit la plus simple possible avec $\hat{\beta}$ le moins dispersé possible.

Exemple

En reprenant l'exemple du paragraphe 2.4.3 on obtient :

$$ {}^t XX = \begin{bmatrix} 5 & 100 & 2250 \\ 100 & 2250 & 55000 \\ 2250 & 55000 & 1421250 \end{bmatrix} \text{ et } {}^t XY = \begin{bmatrix} 133 \\ 2600 \\ 55000 \end{bmatrix}. $$

Il en découle que :

$$ \left({}^t XX\right)^{-1} = \begin{bmatrix} 15.8 & -1.68 & 0.04 \\ -1.68 & 0.187 & -4.57.10^{-3} \\ 0.04 & -4.57.10^{-3} & 1.14.10^{-4} \end{bmatrix}. $$

Les estimateurs des moindres carrés du modèle étudié sont obtenus par la relation $\hat{\beta} = ({}^t XX)^{-1}\, {}^t XY$, ils sont donnés dans la colonne "*Estimat.*" du tableau suivant. De même, la colonne "*Ec. type*" contient les écart-types associés à ces estimateurs (obtenus avec les racines carrées des éléments diagonaux de $({}^t XX)^{-1}$) :

Param.	*Estimat.*	*Ec. type*
β_0	-66.60	3.97σ
β_1	10.96	0.43σ
β_{11}	-0.28	0.01σ

Remarquons que le vecteur des réponses observées Y est à comparer au vecteur des réponses moyennes $\hat{Y}$ prédites par le modèle avec :

$$ Y = \begin{bmatrix} 15 \\ 35 \\ 40 \\ 33 \\ 10 \end{bmatrix} \text{ et } \hat{Y} = X\hat{\beta} = \begin{bmatrix} 15.0 \\ 34.8 \\ 40.6 \\ 32.4 \\ 10.2 \end{bmatrix}. $$

2.4.5 Prédiction de la réponse moyenne

Une fois $\hat{\beta}$ déterminé l'expérimentateur est souvent intéressé par l'utilisation du modèle obtenu afin de **prédire** la réponse moyenne en un point quelconque (où aucune expérience n'a été réalisée). Ceci est primordial lorsque la modélisation doit conduire, par exemple, à la recherche des conditions expérimentales susceptibles de maximiser (ou minimiser) la réponse étudiée.

Exemple

Toujours avec l'exemple des paragraphes précédents, quel rendement prédit le modèle pour une température de $12°C$?
Le meilleur modèle obtenu au sens des moindres carrés est :

$$\forall\, t \in [10,30] \;,\; \hat{Y}(t) = -66.6 + 10.96t - 0.28t^2 = {}^t g(t)\,\hat{\beta}$$

en notant ${}^t g(t) = \left[1\ t\ t^2\right]$. On en déduit que le rendement prédit pour une température de $12°C$ est égal à :

$$\hat{Y}(12) = {}^t g(12)\,\hat{\beta} = 24.6.$$

La méthode présentée dans cet exemple est généralisable sans difficulté et la prédiction de la réponse moyenne au point $x \in \mathbb{R}^m$ est donnée par :

$$\hat{Y}(x) = {}^t g(x)\,\hat{\beta}$$

avec $g(x) \in \mathbb{R}^p$ **vecteur de régression** c'est-à-dire tel que ${}^t g(x)$ est construit de manière identique aux lignes de la matrice X. Connaissant la valeur de la réponse moyenne prédite au point x la qualité de cette prédiction est quantifiée à l'aide du résultat suivant :

Proposition 2.7. [$\triangleleft$] *La qualité de la prédiction $\hat{Y}(x) = {}^t g(x)\,\hat{\beta}$ réalisée au point $x \in \mathbb{R}^m$ est mesurée par :*

$$\mathrm{Var}\,\hat{Y}(x) = \sigma^2\ {}^t g(x)\left({}^t XX\right)^{-1} g(x).$$

On constate donc que la qualité de la prédiction au point $x \in \mathbb{R}^m$ dépend :

1) du point choisi,
2) de la dispersion du résidu,
3) de la **matrice du modèle** X utilisée.

Ceci montre, une nouvelle fois, que la qualité des prédictions obtenues dépend de la façon dont les expériences ont été menées *via* la matrice X.

2.5 Analyse de la variance

2.5.1 Décomposition fondamentale

Une fois le modèle ajusté, le problème de la qualité de l'ajustement obtenu se pose alors. Il est possible d'obtenir des indicateurs numériques permettant de quantifier ceci à l'aide des techniques dites d'**analyse de la variance**. Ces techniques reposent sur des décompositions judicieuses en sommes de carrés. Désignons dans la suite par $\overline{Y}$ la réponse moyenne observée et par Y^* le vecteur des réponses observées centrées (*i.e.* le vecteur ayant pour éléments $Y_i - \overline{Y}$ pour $i = 1, ..., n$). Remarquons que si $\mathbb{I}_n$ est l'indicatrice d'ordre n (*i.e.* le vecteur de $\mathbb{R}^n$ dont toutes les composantes sont égales à 1) alors :

$$\overline{Y} = \frac{1}{n}{}^t\mathbb{I}_n Y \text{ et } Y^* = Y - \overline{Y}\mathbb{I}_n.$$

On définit ensuite les trois sommes classiques suivantes (la notation SS venant de l'anglais *Sum of Squares*) :

1) On appelle **somme totale des carrés** (centrés) la quantité :

$$SST = \sum_{i=1}^{n} (Y_i^*)^2 = \sum_{i=1}^{n} \left(Y_i - \overline{Y}\right)^2.$$

2) On appelle **somme des carrés due à l'erreur** la quantité :

$$SSE = \sum_{i=1}^{n} \left(Y_i - \hat{Y}_i\right)^2.$$

3) On appelle **somme des carrés due à la régression** la quantité :

$$SSR = \sum_{i=1}^{n} \left(\hat{Y}_i - \overline{Y}\right)^2.$$

On montre que ces trois quantités sont liées par la relation suivante :

Proposition 2.8. [$\lhd$] *Si $P = X\left({}^tXX\right)^{-1}{}^tX$ est le projecteur orthogonal de $\mathbb{R}^n$ sur $\operatorname{Im} X$ et si $\mathbb{I}_n \subset \operatorname{Im} X$ alors les sommes de carrés SST, SSE et SSR s'écrivent :*

$$SST = {}^tYY - n\overline{Y}^2,\ SSE = {}^tY\left(I_n - P\right)Y \text{ et } SSR = {}^tYPY - n\overline{Y}^2.$$

Il en découle la **décomposition fondamentale** *suivante :*

$$SST = SSR + SSE.$$

Pour Y vecteur aléatoire de $\mathbb{R}^n$ et $A \in \mathcal{M}(n,n)$ matrice non-aléatoire, on appelle nombre de **degrés de liberté** de ${}^tYAY$ le rang de la matrice A. Cette notion de degrés de liberté provient de la loi usuelle du khi-deux. En effet, on montre (voir, par exemple, l'ouvrage de Searle [88]) que si Y est un vecteur aléatoire de loi gaussienne $N\left(\mu, \sigma^2 I_n\right)$ et si A est la matrice d'un projecteur alors ${}^tYAY$ suit une loi du khi-deux décentrée, de paramètre de décentrage $(1/2)\,{}^t\mu A\mu$, avec un nombre de degrés de liberté égal à $rg\,(A)$. Les degrés de liberté associés aux différentes sommes de carrés sont donnés ci-dessous. Il en découle les sommes moyennes des carrés (avec la notation MS pour *Mean Square*) :

Proposition 2.9. [$\lhd$] *Les sommes de carrés SST, SSE et SSR sont associées, respectivement, à $(n-1)$, $(n-p)$ et $(p-1)$ degrés de liberté. Ceci permet de définir les* **sommes moyennes de carrés** *par :*

$$MSE = \frac{SSE}{n-p} \text{ et } MSR = \frac{SSR}{p-1}.$$

On a maintenant pour l'exemple de la réaction chimique :

Exemple

Il vient ici $n = 5$, $p = 3$ et $\overline{Y} = 26.6$ donc :

$$SST = 701.2 \text{ , } SSE = 0.8 \text{ et } SSR = 700.4$$

Le tableau d'analyse de la variance est alors :

Source	*ddl*	*S. Carrés*	*M. Carrés*
Régression	2	700.4	350.2
Erreur	2	0.8	0.4
Total	4	701.2	

Remarque. Les résultats présentés ci-dessus ne sont vrais que si $\mathbb{I}_n \subset \operatorname{Im} X$. Cette hypothèse n'est pas contraignante en pratique car elle est en particulier vérifiée dès lors que l'on utilise un modèle incluant un terme constant (*i.e.* β_0 pour l'exemple du paragraphe 2.4.3) ce qui implique que X contient une colonne constituée uniquement de 1. Si cependant l'hypothèse $\mathbb{I}_n \subset \operatorname{Im} X$ n'est pas vérifiée alors la décomposition fondamentale n'est plus vraie. On peut encore conserver cette décomposition mais il faut considérer les sommes de carrés non-centrées suivantes :

$$SSt = \sum_{i=1}^{n} Y_i^2 \text{ , } SSe = \sum_{i=1}^{n} \left(Y_i - \hat{Y}_i\right)^2 \text{ et } SSr = \sum_{i=1}^{n} \hat{Y}_i^2.$$

On montre, de manière similaire au cas centré, que SSt est associée à n ddl, SSe à $(n-p)$ ddl et enfin SSr est associée à p ddl.

2.5.2 Coefficient de corrélation linéaire multiple

La décomposition fondamentale de la proposition 2.8 permet d'évaluer la qualité de l'ajustement du modèle utilisé. En effet, le modèle est d'autant meilleur que SSE est faible (le cas "limite" $SSE = 0$ correspondant à un modèle prédisant les résultats expérimentaux sans la moindre erreur). On introduit alors le coefficient suivant :

Définition 2.10. *On appelle* **coefficient de corrélation linéaire multiple** *le réel :*

$$R^2 = \frac{SSR}{SST} = 1 - \frac{SSE}{SST}.$$

Il découle immédiatement de la proposition 2.8 que :

$$0 \leq R^2 \leq 1.$$

Le modèle ajusté est d'autant plus "proche" des réponses observées que R^2 est proche de 1. Un seuil classique consiste à valider le modèle dès lors que $R^2 \geq 0.95$.

Exemple

Pour la réaction chimique on obtient $R^2 \simeq 0.999$. Le modèle quadratique utilisé est donc de très bonne qualité. Ce résultat est confirmé graphiquement par la figure 2.5 où la parabole ajustée est très proche du nuage des 5 points observés.

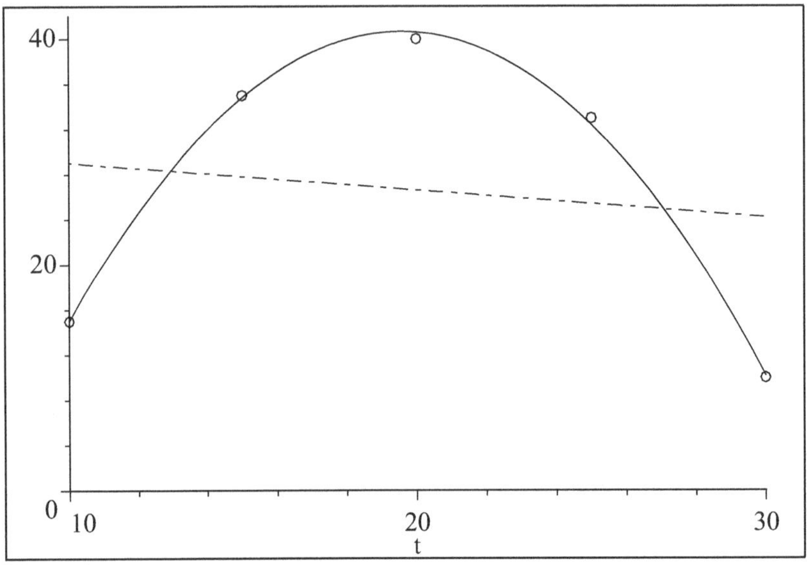

Fig. 2.5. Ajustement d'un modèle linéaire.

Inversement, on montre qu'avec le modèle polynomial du premier degré $Y(t) = \beta_0 + \beta_1 t + \varepsilon(t)$ on obtient alors $R^2 \simeq 0.021$. Un tel modèle n'est donc absolument pas adapté au phénomène étudié (*cf.* droite en pointillés de la figure 2.5).

2.5.3 Estimation de σ^2

Un autre intérêt des techniques d'analyse de la variance est d'obtenir une estimation de la dispersion inconnue σ^2 des résidus. On a alors le résultat classique suivant :

Proposition 2.11. [$\lhd$] *Lorsque X est une matrice de plein rang p, un estimateur sans biais de la* **variance des résidus** σ^2 *est :*

$$\hat{\sigma}^2 = MSE = \frac{SSE}{n-p}.$$

On démontre que cet estimateur est généralement très efficace (notamment lorsque les observations suivent une loi normale). Ce résultat permet donc d'effectuer un calcul explicite de toutes les quantités faisant intervenir la valeur inconnue σ^2 en la remplaçant par l'estimateur $\hat{\sigma}^2$.

Exemple

Toujours pour l'exemple de la réaction chimique, il vient :

$$\hat{\sigma}^2 = MSE = \frac{SSE}{2} = 0.4.$$

On en déduit les valeurs suivantes pour les dispersions des estimateurs des paramètres du modèle :

Param.	*Estimat.*	*Ec. type*
β_0	-66.60	2.51
β_1	10.96	0.27
β_{11}	-0.28	0.007

2.5.4 Décomposition plus fine de SSE

Il a été montré précédemment que la quantité SSE quantifie l'ampleur de l'erreur globale commise lors de l'ajustement. Cette erreur peut cependant découler de plusieurs sources différentes. Deux causes principales sont soit le choix d'un mauvais modèle soit une grande variabilité des résultats observés (qui peut être due, par exemple, à l'oubli de variables influentes). Une technique classique afin de distinguer ces deux sources d'erreur consiste à réaliser un certain nombre de **répétitions** d'expériences. Désignons alors par n^* le nombre total de conditions expérimentales distinctes (par exemple le nombre de températures distinctes pour la réaction chimique) et supposons que l'expérience i $(1 \leq i \leq n^*)$ a été répétée $c_i \in \mathbb{N}^*$ fois. Pour la i-ème expérience notons les c_i réponses observées sous la forme suivante :

$$Y_i^{(1)} \ , \ Y_i^{(2)} \ , \ \dots \ , \ Y_i^{(c_i)}.$$

Il découle de ces hypothèses que le nombre total d'expériences réalisées est :

$$n = \sum_{i=1}^{n^*} c_i.$$

Dans la suite Y désigne le vecteur des observation écrit dans l'ordre suivant :

$${}^tY = \left(Y_1^{(1)}, \dots, Y_1^{(c_1)}, Y_2^{(1)}, \dots, Y_2^{(c_2)}, \ \dots \ , Y_{n^*}^{(1)}, \dots, Y_{n^*}^{(c_{n^*})}\right).$$

Notons enfin, pour $1 \leq i \leq n^*$, $\overline{Y_i}$ la réponse moyenne observée pour les c_i répétitions de la i-ème expérience, donc :

$$\overline{Y_i} = \frac{1}{c_i} \sum_{u=1}^{c_i} Y_i^{(u)}.$$

Ces notations généralisent bien le cas classique, sans répétition, qui correspond à $c_1 = c_2 = ... = c_{n^*} = 1$ (n et n^* sont identiques). Lorsque l'expérience i n'est pas répliquée ($c_i = 1$) on notera, comme précédemment, Y_i au lieu de $Y_i^{(1)}$. On définit classiquement les deux nouvelles sommes suivantes (avec les notations LOF pour *Lack Of Fit* et PE pour *Pure Error*) :

1) On appelle **somme des carrés due au manque d'ajustement** la quantité :

$$SSLOF = \sum_{i=1}^{n^*} c_i \left(\hat{Y}_i - \overline{Y_i}\right)^2.$$

2) On appelle **somme des carrés due à l'erreur pure** la quantité :

$$SSPE = \sum_{i=1}^{n^*} \sum_{u=1}^{c_i} \left(Y_i^{(u)} - \overline{Y_i}\right)^2.$$

On montre alors que (en désignant par $J_n = \mathbb{I}_n{}^t\mathbb{I}_n$ la matrice carrée d'ordre n composée par l'unique valeur 1) :

Proposition 2.12. [$\lhd$] *Si P^* désigne le projecteur orthogonal de $\mathbb{R}^n$ sur l'image de la matrice indicatrice des répétitions (c'est à dire que $P^* = diag\left(r_1^{-1}J_{r_1}, r_2^{-1}J_{r_2}, \; ... \; ,r_{n^*}^{-1}J_{r_{n^*}}\right)$) et P est le projecteur orthogonal de $\mathbb{R}^n$ sur* ImX *alors les sommes de carrés $SSLOF$ et $SSPE$ s'écrivent aussi :*

$$SSLOF = {}^tY\,(P^* - P)\,Y \text{ et } SSPE = {}^tY\,(I_n - P^*)\,Y.$$

Il en découle la **décomposition** *suivante :*

$$SSE = SSLOF + SSPE.$$

Les sommes de carrés $SSLOF$ et $SSPE$ sont de plus associées respectivement à $(n^* - p)$ et $(n - n^*)$ degrés de liberté, donc les sommes moyennes des carrés associées vérifient :

$$MSLOF = \frac{SSLOF}{n^* - p} \text{ et } MSPE = \frac{SSPE}{n - n^*}.$$

Cette décomposition permet de distinguer la part de SSE qui est due au choix d'un mauvais modèle ($SSLOF$) de celle qui, par contre, découle de variations non-contrôlées ($SSPE$).

Exemple

Reprenons l'exemple du rendement de la réaction chimique mais supposons maintenant que l'expérience a été dupliquée pour la température $10°C$ et a donné les résultats suivants :

t	**10**	**10**	15	20	25	30
Y	**10**	**20**	35	40	33	10

On a donc toujours $n^* = 5$ conditions expérimentales différentes (*i.e.* 5 températures distinctes) mais $n = 6$ expériences réalisées. Pour les réplications il vient $c_1 = 2$ et $c_2 = c_3 = c_4 = c_5 = 1$ avec :

$$Y_1^{(1)} = 10 \text{ et } Y_1^{(2)} = 20 \text{ donc } \overline{Y_1} = 15.$$

Ceci conduit au tableau d'analyse de la variance suivant :

Source	*ddl*	*S. Carrés*	*M. Carrés*
Régression (SSR)	2	812.5	406.3
Erreur (SSE)	3	50.8	16.9
Pure. (SSPE)	*1*	*50.0*	*50.0*
Ajus. (SSLOF)	*2*	*0.8*	*0.4*
Total	5	863.3	

Il en découle que :

$$\hat{\sigma}^2 = MSE = 16.9 \text{ et } R^2 = 1 - \frac{SSE}{SST} = 0.941.$$

Concernant le modèle ajusté, on obtient :

Param.	*Estimat.*	*Ec. type*
β_0	−66.60	13.66
β_1	10.96	1.59
β_{11}	−0.28	0.04

Le modèle ajusté est identique à celui du paragraphe 2.4.4 (où il n'y avait pas de répétition). Ceci est dû au fait que la méthode utilisée est celle des moindres carrés dite ordinaire, c'est-à-dire que toutes les observations ont un poids identique. Il en résulte que, pour la température $10°C$, le modèle ajusté a pour objectif de passer au plus près de la réponse moyenne observée (*i.e.* 15 %) qui est identique à celle du cas sans répétition. Le modèle ajusté obtenu est de bonne qualité (faible valeur de $SSLOF$) mais la précision des résultats obtenus souffre de la grande variabilité constatée lors de l'expérience dupliquée (forte valeur de $SSPE$). La dispersion associée à chaque paramètre estimé est donc maintenant beaucoup plus importante qu'au paragraphe 2.5.3. Cette forte imprécision peut s'avérer problématique mais le fait de dupliquer une expérience et de mesurer une réponse pouvant varier du simple au double montre qu'il y a un problème au niveau de l'analyse du phénomène étudié (toutes les variables importantes ont-elles été considérées ?).

2.6 Tests d'hypothèses

2.6.1 Exemple introductif

Considérons une unité de production de composants électroniques. Il est préférable, pour la qualité des produits fabriqués, que l'hygrométrie moyenne dans les locaux soit fixée à un niveau de 40%. Afin de juger si cette condition est vérifiée ou non on mesure à divers moments de la journée n taux d'hygrométrie qui sont des réalisations des variables aléatoires réelles $Y_1, ..., Y_n$. Désignons par θ le taux moyen d'hygrométrie (inconnu) et par $\hat{\theta}$ un estimateur sans biais découlant des observations. Un tel estimateur est classiquement :

$$\hat{\theta} = \frac{1}{n} \sum_{i=1}^{n} Y_i.$$

Intuitivement il est clair que les conditions seront satisfaisantes si $\hat{\theta}$ est proche de 40 alors que le taux d'hygrométrie mesuré posera problème dans le cas contraire. Toute la difficulté pratique réside dans la traduction de l'hypothèse "$\hat{\theta}$ est proche de 40" car $\hat{\theta}$ est une quantité aléatoire (donc susceptible de varier). Réaliser un test d'hypothèse consiste à proposer une stratégie permettant de faire un choix entre ici les hypothèses :

$$H_0 : "\theta = 40" \text{ et } H_1 : "\theta \neq 40".$$

Supposons maintenant que les observations sont des réalisations indépendantes d'une même loi normale $N(\theta, \sigma)$ avec l'écart-type σ connu (pour simplifier). Il découle alors des propriétés de la loi normale que $\hat{\theta}$ suit lui-même une loi normale d'espérance θ (on a bien un estimateur sans biais) et d'écart-type $\sigma/\sqrt{n}$. Il est donc possible de prendre une décision en utilisant la statistique de test $\hat{\theta}$ sous l'hypothèse H_0. En effet, si H_0 est vraie on peut affirmer que :

$$\hat{\theta} \leadsto N\left(40, \frac{\sigma}{\sqrt{n}}\right).$$

La distribution de $\hat{\theta}$ est donc bien connue et il est possible de déterminer une région critique, c'est-à-dire une région dans laquelle $\hat{\theta}$ a très peu de chances de se trouver si H_0 est vraie. Il s'agira ici (par symétrie de la loi normale) d'une région de la forme :

$$CR_\alpha =]-\infty, 40 - k_\alpha[\cup]40 + k_a, +\infty[$$

où k_a est déterminé de manière à ce que $\hat{\theta}$ ait une probabilité égale à α de se trouver dans cette région. L'utilisateur va choisir une valeur de α, en déduire la région critique CR_α et enfin utiliser la règle de décision suivante :

$$\begin{cases} \text{si } \overline{Y} \in CR_\alpha \text{ alors on rejette } H_0, \\ \text{si } \overline{Y} \notin CR_\alpha \text{ alors on accepte } H_0. \end{cases}$$

La quantité α mesure la probabilité de rejeter H_0 alors que cette hypothèse est vraie (on a donc tout intérêt à prendre de faibles valeurs pour α).

2.6.2 Cas général

De manière générale un **test d'hypothèse** est une méthode permettant, à partir des résultats observés expérimentalement, de choisir entre deux hypothèses. Les étapes d'un test sont données dans le cheminement ci-dessous.

1) Formulation des deux hypothèses.
Il convient de formuler clairement, au préalable, les hypothèses associées au problème posé. Ces deux hypothèses sont désignées par la suite par H_0 (hypothèse nulle) et H_1 (hypothèse alternative). On supposera qu'une des deux est forcément vraie et qu'elles sont incompatibles ($H_0 \cap H_1 = \varnothing$). Un choix fréquent consiste à prendre pour H_1 la négation de H_0 ($H_1 = \overline{H_0}$).

2) Détermination d'une statistique de test.
La méthode des tests d'hypothèses consiste ensuite à élaborer une **statistique de test** T (quantité aléatoire ne dépendant pas du ou des paramètres inconnus du problème). Cette quantité doit être adaptée à la nature des hypothèses postulées et doit surtout être assez simple pour que sa loi de probabilité soit connue lorsque H_0 est supposée vraie.

3) Détermination d'une région critique.
La loi de T étant connue lorsque H_0 est vraie il est maintenant possible de construire une région critique CR_α, c'est-à-dire un ensemble de valeurs de T ayant une probabilité d'apparition égale à α sous l'hypothèse H_0.

4) Décision finale.
La dernière étape consiste à déterminer une estimation t de T à partir de l'échantillon des valeurs observées. On appliquer alors la règle de décision suivante :

$$\begin{cases} \text{si } t \in CR_\alpha \text{ alors on rejette } H_0 \text{ (et donc on accepte } H_1\text{)}, \\ \text{si } t \notin CR_\alpha \text{ alors on accepte } H_0. \end{cases}$$

Puisque deux hypothèses coexistent avec chaque fois deux décisions possibles (acceptation ou rejet), un test d'hypothèse conduit aux quatre situations possibles suivantes faisant intervenir les probabilités α et $\widetilde{\alpha}$:

Décision	*Probabilité associée*
Accepter H_0 quand H_0 est en réalité vraie	$1-\alpha$
Rejeter H_0 quand H_0 est en réalité fausse	$1-\widetilde{\alpha}$
Rejeter H_0 quand H_0 est en réalité vraie	α
Accepter H_0 quand H_0 est en réalité fausse	$\widetilde{\alpha}$

Les deux premières probabilités ($1-\alpha$ et $1-\widetilde{\alpha}$) correspondent à de bonnes décisions (elles ont donc tout intérêt à être élevées) alors que les deux dernières (α et $\widetilde{\alpha}$) sont associées à des décisions éronées. Il est aussi possible d'exprimer ces différentes probabilités à l'aide de probabilités conditionnelles puisque :

$$\begin{array}{lcl} P\left(\overline{CR_\alpha} \mid H_0\right) = 1-\alpha & \text{et} & P\left(CR_\alpha \mid H_1\right) = 1-\widetilde{\alpha} \\ P\left(CR_\alpha \mid H_0\right) = \alpha & & P\left(\overline{CR_\alpha} \mid H_1\right) = \widetilde{\alpha} \end{array}$$

Le réel α est appelé probabilité d'erreur de **première espèce** et on qualifie alors le test d'hypothèse utilisé de test de **niveau** α. De même, $\widetilde{\alpha}$ est appelé probabilité d'erreur de **deuxième espèce** et $(1-\widetilde{\alpha})$ est la **puissance** du test. En pratique, le niveau α du test est **fixé par l'utilisateur** alors que $\tilde{\alpha}$ est inconnu. Des valeurs très courantes sont 0.05 (on a donc 5% de chances de rejeter à tort H_0) 0.1 ou encore 0.01. Nous n'entrons pas ici dans plus de détails concernant la théorie générale des tests d'hypothèses mais, le niveau étant fixé, il se pose maintenant le problème de la puissance du test utilisé. L'idéal est de mettre en œuvre un test d'hypothèse optimal, c'est-à-dire maximisant la puissance pour une valeur donnée de la probabilité d'erreur de première espèce (le lecteur souhaitant aller plus loin sur ces notions peut, par exemple, se référer au livre de Saporta [83]).

2.6.3 Test de validité du modèle

Exploitons ici les résultats de l'analyse de la variance afin d'effectuer un test relatif à l'utilité du modèle postulé. En d'autres termes, il s'agit de tester l'hypothèse :

$$H_0 : \text{"tous les paramètres du modèle (sauf } \beta_0\text{) sont nuls" contre } H_1 = \overline{H_0}.$$

La formulation de H_1 est donc "il existe au moins un des paramètres du modèle (différent de β_0) non nul". En d'autres termes, choisir H_0 équivaut donc à en déduire que le modèle postulé est totalement inadapté au phénomène étudié car seul le paramètre constant β_0 est utile. On démontre que si les observations sont des réalisations indépendantes d'une loi normale, la statistique :

$$T = \frac{SSR/\left(p-1\right)}{SSE/\left(n-p\right)} = \frac{MSR}{MSE}$$

suit, sous l'hypothèse H_0, une loi de Fisher avec $(p-1)$ et $(n-p)$ degrés de liberté. La construction d'une région critique est donc possible à partir de la connaissance des fractiles $f_{\alpha,p-1,n-p}$ de la loi de Fisher à $(p-1)$ et $(n-p)$ ddl (*i.e.* des valeurs ayant une probabilité égale à α d'être dépassées par une telle loi). Il en résulte le test suivant (avec t valeur de T obtenue à partir de l'échantillon observé) :

Proposition 2.13. *Un* **test d'hypothèse** *de* H_0 : *"tous les paramètres du modèle (sauf* β_0*) sont nuls" contre l'hypothèse* $H_1 = \overline{H_0}$ *peut être réalisé à l'aide de la statistique :*

$$T = \frac{MSR}{MSE}.$$

La règle de décision est alors donnée par (avec $f_{\alpha,p-1,n-p}$ *fractile de la loi de Fisher à* $(p-1)$ *et* $(n-p)$ *ddl) :*

on rejette H_0 *au niveau* α *si* $t \geq f_{\alpha,p-1,n-p}$.

2.6.4 Test de significativité des paramètres

Considérons un modèle linéaire dont le vecteur des paramètres inconnus β est estimé par la méthode des moindres carrés. On a alors (voir le paragraphe 2.4.4) :

$$\hat{\beta} = \left({}^tXX\right)^{-1} {}^tXY \text{ et } \mathbb{V}\left(\hat{\beta}\right) = \sigma^2 \left({}^tXX\right)^{-1}.$$

Supposons que les observations sont des réalisations indépendantes d'une loi normale. Il résulte de cette hypothèse que si $\hat{\beta}_i$ désigne la i-ème composante de $\hat{\beta}$, on peut affirmer que $\hat{\beta}_i$ suit une loi normale d'espérance β_i et de variance $\text{Var}\left(\hat{\beta}_i\right)$. L'objectif est ici de tester la significativité (*i.e.* l'utilité) du paramètre β_i dans le modèle postulé. Il en résulte que l'on considère les hypothèses :

$$H_0 : \text{"}\beta_i = 0\text{" contre } H_1 : \text{"}\beta_i \neq 0\text{"}.$$

Le paramètre β_i est considéré comme non-significatif si l'hypothèse H_0 est choisie. Afin de déterminer une statistique de test on estime $\text{Var}\left(\hat{\beta}_i\right)$ à l'aide des résultats du paragraphe 2.5.3 et on considère :

$$T = \frac{\hat{\beta}_i}{\left(\text{Var}\left(\hat{\beta}_i\right)\right)^{1/2}} = \frac{\hat{\beta}_i}{\hat{\sigma}\sqrt{a_{ii}}}$$

avec a_{ii} i-ème élément diagonal de $\left({}^tXX\right)^{-1}$ et $\hat{\sigma}^2 = MSE = SSE/(n-p)$. Sous l'hypothèse H_0, la statistique T suit une loi de Student à $(n-p)$ degrés de liberté. La construction d'une région critique est possible à partir de la connaissance des fractiles $f_{\alpha,n-p}$ de la loi de Student à $(n-p)$ ddl (*i.e.* des valeurs ayant une probabilité égale à α d'être dépassées par une telle loi). On en déduit que (avec t valeur de T obtenue à partir de l'échantillon observé) :

Proposition 2.14. *Soit β_i le i-ème élement du vecteur des paramètres inconnus du modèle linéaire utilisé. Un* **test d'hypothèse** *de H_0 : "$\beta_i = 0$" contre H_1 : "$\beta_i \neq 0$" peut être réalisé à l'aide de la statistique :*

$$T = \frac{\hat{\beta}_i}{\sqrt{a_{ii} MSE}}$$

avec a_{ii} i-ème élément diagonal de $\left({}^tXX\right)^{-1}$. La règle de décision est alors donnée par (avec $f_{\alpha/2,n-p}$ fractile de la loi de Student à $(n-p)$ ddl) :

on rejette H_0 au niveau α si $|t| \geq t_{\alpha/2,n-p}$.

2.6.5 Test d'ajustement du modèle

Supposons ici qu'au moins une des expériences a été répliquée. Il est alors possible d'aller plus loin qu'au paragraphe 2.6.3 afin de juger de la qualité du modèle utilisé. En effet on peut maintenant évaluer le défaut d'ajustement du modèle, c'est-à-dire sa capacité ou non à bien décrire en moyenne le phénomène étudié. Mathématiquement, on dit que le modèle postulé est mal ajusté si :

on suppose que $\mathbb{E}(Y) = X\beta$ alors qu'en réalité $\mathbb{E}(Y) = X\beta + X^*\beta^*$

avec β^* vecteur des paramètres négligés à tort (il s'agit souvent dans le cas polynomial de paramètres de plus haut degré qu'il n'aurait pas fallu omettre). Une telle situation a déjà été rencontrée au paragraphe 2.5.2 où l'ajustement d'une droite (*i.e.* d'un modèle de degré 1) était forcément de mauvaise qualité car le nuage de points avait une forme parabolique (*i.e.* il fallait en réalité rajouter un terme quadratique). Testons maintenant l'hypothèse :

H_0 : "le modèle est bien ajusté en moyenne" contre $H_1 = \overline{H_0}$.

Remarquons que du point de vue mathématique, l'hypothèse H_0 se traduit par :

$$H_0 : \text{"}\left(I_n - P\right) X^*\beta^* = 0\text{" avec } P = X\left({}^tXX\right)^{-1}{}^tX.$$

En d'autres termes, si le modèle est bien ajusté le terme $X^*\beta^*$ ne va pas apporter d'information nouvelle par rapport à $X\beta$ et donc sa projection orthogonale sur $(\operatorname{Im} X)^{\perp}$ doit être nulle. On démontre alors que si les observations sont des réalisations indépendantes d'une loi normale, la statistique :

$$T = \frac{SSLOF/\left(n^* - p\right)}{SSPE/\left(n - n^*\right)} = \frac{MSLOF}{MSPE}$$

suit, sous l'hypothèse H_0, une loi de Fisher avec $(n^* - p)$ et $(n - n^*)$ degrés de liberté. Il en résulte que (avec t valeur de T obtenue à partir de l'échantillon observé) :

Proposition 2.15. *Un* **test d'hypothèse** *de* H_0 *: "le modèle est bien ajusté en moyenne" contre l'hypothèse* $H_1 = \overline{H_0}$ *peut être réalisé à l'aide de la statistique :*

$$T = \frac{MSLOF}{MSPE}.$$

La règle de décision est alors donnée par (avec $f_{\alpha,n^*-p,n-n^*}$ *fractile de la loi de Fisher à* $(n^* - p)$ *et* $(n - n^*)$ *ddl) :*

on rejette H_0 *au niveau* α *si* $t \geq f_{\alpha,n^*-p,n-n^*}$.

2.6.6 Exemples

Terminons par des exemples d'utilisation de ces tests d'hypothèses. Les tableaux d'analyse de la variance usuels sont alors complétés, dans un premier temps, en rajoutant la statistique de test correspondante (colonne "*St. Test*").

Comme cela a été montré au paragraphe 2.6.2, il est courant de fixer le niveau du test d'hypothèse avec des valeurs égales le plus souvent à 0.05, 0.02 ou 0.01. Ces valeurs correspondent aux tabulations usuelles des lois de Student ou de Fisher et permettent de mener à bien les tests d'hypothèses sans disposer de moyens de calcul. L'utilisation de tables est cependant insatisfaisante car, par exemple, le fait de rejeter une hypothèse au niveau 5% n'est pas "optimale" dans le sens où ce même test réalisé au niveau 3% aurait peut être permis de rejeter aussi cette hypothèse. En d'autres termes il serait donc intéressant de pouvoir tester l'hypothèse pour de multiples valeurs du niveau α afin d'obtenir la probabilité égale au **niveau minimal du test** permettant de rejeter l'hypothèse H_0. Les logiciels de statistique permettent d'effectuer facilement un tel traitement et ces probabilités figurent dans la colonne "*Proba.*" des différents tableaux. Une telle probabilité est aisément déterminable d'un point de vue théorique. En effet soit un test associé à une statistique T, de loi de probabilité connue sous l'hypothèse H_0, avec une règle de décision du type :

"on rejette H_0 au niveau α si $t \geq f_\alpha$"

où f_α est un fractile de niveau α de la loi suivie par T. La valeur minimale α^* de α permettant de rejeter H_0 est alors clairement obtenue lorsque $t = f_{\alpha^*}$. Or, f_α étant un fractile il vient (toujours en supposant H_0 vraie) :

$$P\left[T \geq f_{\alpha^*}\right] = \alpha^* \Leftrightarrow P\left[T \geq t\right] = \alpha^* \Leftrightarrow \alpha^* = 1 - P\left[T < t\right].$$

Les valeurs α^* (appelées *p-values* dans la terminologie anglo-saxone) données dans la colonne "*Proba.*" sont donc égales à $1 - F_T(t)$ où F_T est la fonction de répartition associée à la statistique T sous l'hypothèse H_0. Une autre vision des choses consiste à dire, comme cela est présenté dans l'ouvrage d'Azaïs et

Bardet [1], que la valeur α^* est donc la "valeur critique de α qui fait basculer le résultat du test".

Afin de rendre la lecture des probabilités α^* plus lisibles, la convention d'écriture suivante est proposée :

$$\begin{cases} \text{on note } (\alpha^*) \ ^{\circ\circ\circ} \text{ lorsque } 0.05 < \alpha^* \leq 1, \\ \text{on note } (\alpha^*) \ ^{\bullet\circ\circ} \text{ lorsque } 0.01 < \alpha^* \leq 0.05, \\ \text{on note } (\alpha^*) \ ^{\bullet\bullet\circ} \text{ lorsque } 0.001 < \alpha^* \leq 0.01, \\ \text{on note } (\alpha^*) \ ^{\bullet\bullet\bullet} \text{ lorsque } 0 \leq \alpha^* \leq 0.001. \end{cases}$$

En d'autres termes, plus le résultat du test d'hypothèse est significatif, plus il est associé à un nombre important de disques pleins. Un utilisateur souhaitant travailler avec le niveau (très classique) de $\alpha = 5\%$ peut donc utiliser tous les résultats associés à $^{\bullet\circ\circ}$, $^{\bullet\bullet\circ}$ ou encore $^{\bullet\bullet\bullet}$.

Reprenons maintenant les diverses modélisations de ce chapitre pour le rendement de la réaction chimique.

Exemple

Considérons l'ajustement d'une droite (paragraphe 2.5.2). On obtient le tableau d'analyse de la variance complété suivant :

Source	*ddl*	*S. carrés*	*M. Carrés*	*St. Test*	*Proba.*
Régression	1	14.4	14.4	0.06	0.8182 $^{\circ\circ\circ}$
Erreur	3	686.8	228.9		
Total	4	701.2			

Le test de validité du modèle ne permet pas de rejeter ici significativement l'hypothèse nulle "tous les paramètres du modèle (sauf β_0) sont nuls". En d'autres termes, ajuster une droite n'apporte pas un gain de qualité par rapport au simple ajustement d'une constante. Ceci est de plus confirmé par les tests de significativité des deux paramètres du modèle qui ne donnent pas de bons résultats :

Param.	*Estimat.*	*Ec. type*	*St. Test*	*Proba.*
β_0	31.40	20.30	1.55	$0.2196^{\circ\circ\circ}$
β_1	-0.24	0.96	-0.25	$0.8182^{\circ\circ\circ}$

Ces résultats montrent que le modèle utilisé ici est un mauvais modèle, incapable d'expliquer correctement le phénomène étudié (une telle conclusion avait déjà été tirée à partir du coefficient R^2).

Considérons maintenant l'ajustement d'une parabole (voir le paragraphe 2.5.2). On obtient alors le tableau d'analyse de la variance suivant :

Source	*ddl*	*S. carrés*	*M. Carrés*	*St. Test*	*Proba.*
Régression	2	700.4	350.2	875.5	0.0011 ••○
Erreur	2	0.8	0.4		
Total	4	701.2			

On peut cette fois rejeter très significativement (avec une probabilité d'erreur de première espèce de 0.11%) l'hypothèse nulle "tous les paramètres du modèle (sauf β_0) sont nuls". Le modèle utilisé est donc (au moins en partie) adapté au phénomène étudié. L'analyse individuelle des facteurs montre de plus que chacun d'entre eux peut être supposé significatif car les hypothèses nulles "$\beta_0 = 0$", "$\beta_1 = 0$" et "$\beta_{11} = 0$" peuvent être rejetées avec, chaque fois, une probabilité infime de se tromper.

Param.	*Estimat.*	*Ec. type*	*St. Test*	*Proba.*
β_0	−66.60	2.51	−26.49	0.0014••○
β_1	10.96	0.27	40.09	0.0006•••
β_{11}	−0.28	0.007	−41.41	0.0006•••

Considérons enfin le dispositif expérimental où l'expérience correspondant à la température de $10°C$ a été dupliquée (voir le paragraphe 2.5.4).

Source	*ddl*	*S. carrés*	*M. Carrés*	*St. Test*	*Proba.*
Régression	2	812.5	406.3	23.99	0.0143 •○○
Erreur	3	50.8	16.9	0.008	0.9921 ○○○
Pure.	*1*	*50.0*	*50.0*		
Ajus.	*2*	*0.8*	*0.4*		
Total	5	863.3			

Concernant le tableau d'analyse de la variance ou celui des facteurs estimés, on peut tirer les mêmes conclusions que dans l'exemple précédent mais avec des niveaux des test d'hypothèses en augmentation. Par exemple l'hypothèse nulle "tous les paramètres du modèle (sauf β_0) sont nuls" pouvait être rejetée précédemment au niveau 1% alors que maintenant un tel niveau ne permet plus de le faire. Les résultats obtenus ici restent cependant assez corrects pour en déduire que le modèle utilisé est bon. Cependant, la décomposition plus fine de SSE permet maintenant de tester l'hypothèse H_0 "le modèle est bien ajusté en moyenne". On constate alors, très clairement, qu'il n'est pas possible de rejeter significativement H_0. Ceci montre donc, une nouvelle fois, que le défaut d'ajustement constaté ici est dû aux variations de la réponse (puisque pour $10°C$ le rendement varie du simple au double lorsqu'on répète l'expérience) et non pas au modèle qui, en moyenne, est donc très bien ajusté.

Param.	*Estimat.*	*Ec. type*	*St. Test*	*Proba.*
β_0	−66.60	13.66	−4.87	0.0165 •○○
β_1	10.96	1.59	6.91	0.0062 ••○
β_{11}	−0.28	0.04	−6.91	0.0062 ••○

COMPLEMENTS

2.7 (Compléments) Démonstrations

Proposition 2.5. *Soit le modèle statistique $Y = X\beta + \varepsilon$ avec X matrice de plein rang. L'estimateur des* **moindres carrés** *de β est donné par :*

$$\hat{\beta} = \left({}^tXX\right)^{-1} {}^tXY.$$

Démonstration. On cherche $\hat{\beta}$ minimisant $\|Y - X\beta\|^2$ ou, de manière équivalente, $\|Y - X\beta\|$. Or, la distance entre Y et $X\beta$ est minimale si et seulement si $X\beta$ est la projection orthogonale de Y sur $\operatorname{Im} X$. Comme le projecteur orthogonal sur $\operatorname{Im} X$ s'écrit matriciellement $P_{(\operatorname{Im} X)} = X\left({}^tXX\right)^{-1} {}^tX$, on en déduit que l'estimateur des moindres carrés de β est donné par :

$$X\hat{\beta} = P_{(\operatorname{Im} X)}Y = X\left({}^tXX\right)^{-1} {}^tXY$$

La multiplication à gauche par ${}^tX$ donne alors :

$${}^tXX\hat{\beta} = {}^tXX\left({}^tXX\right)^{-1} {}^tXY \Leftrightarrow \hat{\beta} = \left({}^tXX\right)^{-1} {}^tXY \ \blacksquare$$

Proposition 2.6. *Si les hypothèses* (H) *sur les résidus sont vérifiées et si $\hat{\beta}$* est l'*estimateur des moindres carrés de β alors :*

1) *$\hat{\beta}$ est un estimateur* **sans biais** *de β,*
2) *$\hat{\beta}$ admet pour matrice des covariances :* $\mathbb{V}\left(\hat{\beta}\right) = \sigma^2\left({}^tXX\right)^{-1}$.

Démonstration. Utilisons les propriétés de l'espérance mathématique et de la matrice des covariances vues au paragraphe 2.3.2. Pour l'espérance de $\hat{\beta}$, on sait d'après (H) que $\mathbb{E}(Y) = X\beta$ donc il vient :

$$\mathbb{E}\left(\hat{\beta}\right) = \mathbb{E}\left[\left({}^tXX\right)^{-1} {}^tXY\right] = \left({}^tXX\right)^{-1} {}^tX\mathbb{E}(Y) = \beta.$$

De même, l'hypothèse (H) nous dit aussi que $\mathbb{V}(Y) = \sigma^2\left({}^tXX\right)^{-1}$ donc :

$$\mathbb{V}\left(\hat{\beta}\right) = \mathbb{V}\left[\left({}^tXX\right)^{-1} {}^tXY\right] = \left({}^tXX\right)^{-1} {}^tX\mathbb{V}(Y)X\left({}^tXX\right)^{-1} = \sigma^2\left({}^tXX\right)^{-1}$$

d'où le résultat $\blacksquare$

Proposition 2.7. *La qualité de la prédiction $\hat{Y}(x) = {}^tg(x)\hat{\beta}$ réalisée au point $x \in \mathbb{R}^m$ est mesurée par :*

$$\operatorname{Var}\hat{Y}(x) = \sigma^2\, {}^tg(x)\left({}^tXX\right)^{-1} g(x).$$

Démonstration. Les propriétés de la matrice des covariances vues au paragraphe 2.3.2 entrainent que :

$$\hat{Y}(x) = {}^t g(x)\,\hat{\beta} \Rightarrow \mathbb{V}\left[\hat{Y}(x)\right] = {}^t g(x)\,\mathbb{V}\left(\hat{\beta}\right) g(x).$$

Or $\mathbb{V}\left(\hat{\beta}\right) = \sigma^2 \left({}^t XX\right)^{-1}$ d'après la proposition 2.6, d'où le résultat puisque $\mathbb{V}\left[\hat{Y}(x)\right]$ n'est autre que $\mathrm{Var}\,\hat{Y}(x)$ ■

Proposition 2.8. *Si $P = X\left({}^t XX\right)^{-1} {}^t X$ est le projecteur orthogonal de $\mathbb{R}^n$ sur* $\mathrm{Im}\,X$ *et si $\mathbb{I}_n \subset$* $\mathrm{Im}\,X$ *alors les sommes de carrés SST, SSE et SSR s'écrivent :*

$$SST = {}^t YY - n\overline{Y}^2,\ SSE = {}^t Y\left(I_n - P\right)Y \text{ et } SSR = {}^t YPY - n\overline{Y}^2.$$

Il en découle la **décomposition fondamentale** *suivante :*

$$SST = SSR + SSE.$$

Démonstration. Matriciellement, on peut dire que :

$$SST = {}^t\left(Y - \overline{Y}\mathbb{I}_n\right)\left(Y - \overline{Y}\mathbb{I}_n\right) = {}^t YY - \overline{Y}{}^t Y\mathbb{I}_n - \overline{Y}{}^t\mathbb{I}_n Y + \overline{Y}^2 {}^t\mathbb{I}_n\mathbb{I}_n.$$

Or ${}^t Y\mathbb{I}_n = {}^t\mathbb{I}_n Y = n\overline{Y}$ et ${}^t\mathbb{I}_n\mathbb{I}_n = n$, donc : $SST = {}^t YY - n\overline{Y}^2$.
De même, il vient pour SSE puisque $\hat{Y} = PY$ et $\left(I_n - P\right)^2 = I_n - P$ (par idempotence car $I_n - P$ est un projecteur) :

$$SSE = {}^t\left(Y - \hat{Y}\right)\left(Y - \hat{Y}\right) = {}^t Y\left(I_n - P\right)\left(I_n - P\right)Y = {}^t Y\left(I_n - P\right)Y.$$

Pour SSR on a enfin :

$$SSR = {}^t\left(\hat{Y} - \overline{Y}\mathbb{I}_n\right)\left(\hat{Y} - \overline{Y}\mathbb{I}_n\right) = {}^t\hat{Y}\hat{Y} - 2\overline{Y}{}^t\hat{Y}\mathbb{I}_n + \overline{Y}^2 {}^t\mathbb{I}_n\mathbb{I}_n$$

Or ${}^t\hat{Y}\hat{Y} = {}^t(PY)(PY) = {}^t YPPY = {}^t YPY$ et comme $\mathbb{I}_n \subset \mathrm{Im}\,X$ on en déduit que $P\mathbb{I}_n = \mathbb{I}_n$ donc :

$${}^t\hat{Y}\mathbb{I}_n = {}^t YP\mathbb{I}_n = {}^t Y\mathbb{I}_n = n\overline{Y}.$$

Ceci entraîne bien que $SSR = {}^t YPY - n\overline{Y}^2$ et la décomposition fondamentale est alors bien démontrée ■

Proposition 2.9. *Les sommes de carrés SST, SSE et SSR sont associées, respectivement, à $(n-1)$, $(n-p)$ et $(p-1)$ degrés de liberté. Ceci permet de définir les* **sommes moyennes de carrés** *de la manière suivante :*

$$MSE = \frac{SSE}{n-p} \text{ et } MSR = \frac{SSR}{p-1}.$$

Démonstration. D'après la proposition 2.8 on sait que $SST = {}^tYY - n\overline{Y}^2$. Comme cependant $\overline{Y} = (1/n)\, {}^t\mathbb{I}_n Y$, on a donc aussi :

$$SST = {}^tY\left(I_n - \frac{1}{n}J_n\right)Y \text{ avec } J_n = \mathbb{I}_n {}^t\mathbb{I}_n.$$

Or $(1/n)\,J_n = \mathbb{I}_n\left({}^t\mathbb{I}_n\mathbb{I}_n\right)^{-1}{}^t\mathbb{I}_n$ est le projecteur orthogonal sur $\operatorname{Im}\mathbb{I}_n$. Il en découle que $(I_n - 1/nJ_n)$ est le projecteur orthogonal sur $(\operatorname{Im}\mathbb{I}_n)^{\perp}$, donc il a pour rang $(n-1)$. On a de même :

$$SSR = {}^tYPY - n\overline{Y}^2 = {}^tY\left(P - \frac{1}{n}J_n\right)Y$$

donc SSR est associée à $(p-1)$ ddl (en effet le vecteur $\mathbb{I}_n$ est, par hypothèse, dans l'image de P et il se retrouve donc aussi dans le noyau de $P - (1/n)\,J_n$ et le rang de $P - (1/n)\,J_n$ est alors égal à $(p-1)$). Le résultat est immédiat concernant SSE ■

Proposition 2.11. *Lorsque X est une matrice de plein rang p, un estimateur sans biais de la* **variance des résidus** σ^2 *est :*

$$\hat{\sigma}^2 = MSE = \frac{SSE}{n-p}.$$

Démonstration. Considérons tout d'abord une variable aléatoire vectorielle Y telle que $\mathbb{E}\,(Y) = \mu$ et $\mathbb{V}\,(Y) = V$. Il vient, par linéarité de l'espérance :

$$V = \mathbb{E}\left[(Y-\mu)^t\,(Y-\mu)\right] = \mathbb{E}\left(Y^tY\right) - \mu^t\mu.$$

On en déduit que, pour toute matrice carrée A non aléatoire de dimension compatible avec Y, la forme quadratique ${}^tYAY$ a pour espérance :

$$\mathbb{E}\left({}^tYAY\right) = \mathbb{E}\left[Tr\left({}^tYAY\right)\right] = \mathbb{E}\left[Tr\left(AY^tY\right)\right] \text{ car } Tr\,(AB) = Tr\,(BA)\,.$$

D'où :

$$\mathbb{E}\left({}^tYAY\right) = Tr\left[A\mathbb{E}\left(Y^tY\right)\right] = Tr\left[A\left(V + \mu^t\mu\right)\right] = Tr\,(AV) + {}^t\mu A\mu.$$

Appliquons maintenant ce résultat à Y donnée par un modèle linéaire de la forme $Y = X\beta + \varepsilon$. Les hypothèses (H) entraînent que (voir le paragraphe 2.4.3) :

$$\mathbb{E}\,(Y) = X\beta \text{ et } \mathbb{V}\,(Y) = \sigma^2 I_n.$$

Comme $SSE = {}^tY\,(I_n - P)\,Y$ il vient donc :

$$E\,(SSE) = Tr\left[\sigma^2\,(I_n - P)\,I_n\right] + {}^t\beta^tX\,(I_n - P)\,X\beta.$$

Remarquons maintenant que :

1) un projecteur admet pour valeur propre uniquement 0 ou 1 (c'est une conséquence directe de l'idempotence). Il en découle que la trace d'un projecteur est toujours égale à la dimension de son image. Comme $(I_n - P)$ est le projecteur orthogonal de $\mathbb{R}^n$ sur $(\operatorname{Im} X)^{\perp}$ et que X est supposée de rang égal à p, on en déduit que :

$$Tr\left[\sigma^2 (I_n - P) I_n\right] = \sigma^2 Tr\,(I_n - P) = \sigma^2 \dim\left[(\operatorname{Im} X)^{\perp}\right] = \sigma^2 (n-p),$$

2) le fait que $(I_n - P)$ soit le projecteur orthogonal de $\mathbb{R}^n$ sur $(\operatorname{Im} X)^{\perp}$ entraine immédiatement que $(I_n - P) X\beta = 0$,

En conclusion, la proposition est bien démontrée puisqu'il a été prouvé que :

$$E\,(SSE) = \sigma^2 (n-p) \;\blacksquare$$

Proposition 2.12. *Si P^* désigne le projecteur orthogonal de $\mathbb{R}^n$ sur l'image de la matrice indicatrice des répétitions (c'est à dire que $P^* = diag\left(r_1^{-1} J_{r_1}, r_2^{-1} J_{r_2}, \ldots, r_{n^*}^{-1} J_{r_{n^*}}\right)$) et P est le projecteur orthogonal de $\mathbb{R}^n$ sur $\operatorname{Im} X$ alors les sommes de carrés $SSLOF$ et $SSPE$ s'écrivent aussi :*

$$SSLOF = {}^tY\,(P^* - P)\,Y \text{ et } SSPE = {}^tY\,(I_n - P^*)\,Y.$$

Il en découle la **décomposition** *suivante :*

$$SSE = SSLOF + SSPE.$$

Les sommes de carrés $SSLOF$ et $SSPE$ sont de plus associées respectivement à $(n^* - p)$ et $(n - n^*)$ degrés de liberté, donc les sommes moyennes des carrés associées vérifient :

$$MSLOF = \frac{SSLOF}{n^* - p} \text{ et } MSPE = \frac{SSPE}{n - n^*}.$$

Démonstration. Commençons par détailler les deux résultats suivants.

1) *Résultat préliminaire* 1 : *définition et écriture de P^**. Soit la matrice $R \in \mathcal{M}(n, n^*)$ des indicatrices des répétitions (*i.e.* la matrice formée de 0 et de 1 telle que la colonne j repère toutes les répétitions de la j-ième unité expérimentale). Pour, par exemple, $n^* = 3$ unités expérimentales telles que $c_1 = c_2 = 1$ et $c_3 = 2$, il vient :

$$R = \begin{bmatrix} 1\,0\,0 \\ 0\,1\,0 \\ 0\,0\,1 \\ 0\,0\,1 \end{bmatrix}.$$

Il en découle que le projecteur orthogonal sur l'image de R est donné par la matrice diagonale par blocs suivante (en notant $J_n = \mathbb{I}_n{}^t\mathbb{I}_n$) :

$$P^* = R\left({}^tRR\right)^{-1}{}^tR = diag\left(1/c_1J_{c_1}, 1/c_2J_{c_2},\ \ldots\ ,1/c_{n^*}J_{c_{n^*}}\right).$$

2) *Résultat préliminaire* 2 : $\operatorname{Im} P \subset \operatorname{Im} P^*$. Ceci est équivalent à prouver que $\operatorname{Im} X \subset \operatorname{Im} R$. Or :

$$\operatorname{Im} X \subset \operatorname{Im} R \Longleftrightarrow (\operatorname{Im} R)^\perp \subset (\operatorname{Im} X)^\perp \Longleftrightarrow \operatorname{Ker}{}^tR \subset \operatorname{Ker}{}^tX.$$

La dernière relation concernant l'inclusion des noyaux est évidente. Détaillons là sur l'exemple précédent. On a alors (avec $g(x)$ vecteur de régression au point x, voir le paragraphe 2.4.5) :

$${}^tR = \begin{bmatrix} 1\,0\,0\,0 \\ 0\,1\,0\,0 \\ 0\,0\,1\,1 \end{bmatrix} \text{ et } {}^tX = \left[g(x_1)\ g(x_2)\ g(x_3)\ g(x_3)\right].$$

Donc $\operatorname{Ker}{}^tR = \{a(0,0,1,-1), a \in \mathbb{R}\}$ est inclu dans $\operatorname{Ker}{}^tX$ puisque les colonnes 3 et 4 de cette dernière matrice sont identiques. Ce raisonnement est généralisable sans difficulté.

Explicitons maintenant la forme de $SSPE$. Par définition, $SSPE$ est égale à la norme au carré du vecteur u tel que :

$${}^tu = \left(Y_1^{(1)} - \overline{Y_1},\ \ldots\ ,Y_1^{(c_1)} - \overline{Y_1},\ \ldots\ ,Y_{n^*}^{(1)} - \overline{Y_{n^*}},\ \ldots\ ,Y_{n^*}^{(c_{n^*})} - \overline{Y_{n^*}}\right).$$

Comme

$$P^*Y = {}^t\left(\overline{Y_1},\ \ldots\ ,\overline{Y_1},\ \ldots\ ,\overline{Y_{n^*}},\ \ldots\ ,\overline{Y_{n^*}}\right)$$

on a donc $u = Y - P^*Y$ et alors :

$$SSPE = \|(I_n - P^*)Y\|^2 = {}^tY(I_n - P^*)^2Y = {}^tY(I_n - P^*)Y.$$

En effet, $(I_n - P^*)^2 = I_n - P^*$ car $I_n - P^*$ est le projecteur orthogonal de $\mathbb{R}^n$ sur $(\operatorname{Im} R)^\perp$. Le rang de P^* étant égal à n^*, $SSPE$ est donc associée à $(n - n^*)$ ddl. Concernant $SSLOF$ on peut dire, de même, qu'il s'agit par définition de la norme au carré du vecteur v tel que :

$${}^tv = \left(\hat{Y}_1 - \overline{Y_1},\ \ldots\ ,\hat{Y}_1 - \overline{Y_1},\ \ldots\ ,\hat{Y}_{n^*} - \overline{Y_{n^*}},\ \ldots\ ,\hat{Y}_{n^*} - \overline{Y_{n^*}}\right)$$

où $\hat{Y}_1 - \overline{Y_1}$ est répété c_1 fois, ... , $\hat{Y}_{n^*} - \overline{Y_{n^*}}$ est répété c_{n^*} fois. Il en découle que :

$$SSLOF = \|(P - P^*)Y\|^2 = {}^tY(P - P^*)(P - P^*)Y.$$

Le résultat préliminaire 2 entraîne que $P^*P = PP^* = P$ et donc :

$$SSLOF = {}^tY(P^* - P)Y.$$

La décomposition $SSE = SSLOF + SSPE$ est alors évidente. Pour terminer, on remarque que $SSLOF$ est associée à $(n^* - p)$ ddl. Ceci découle, par exemple, de la somme directe suivante (en deux sous-espaces orthogonaux) :

$$\operatorname{Im}(I_n - P) = \operatorname{Im}(I_n - P^*) \oplus \operatorname{Im}(P^* - P) \ \blacksquare$$

Partie II

Plans d'expérience pour facteurs quantitatifs

3

Plans d'expérience pour modèles d'ordre un

3.1 Introduction

Ce chapitre concerne les plans d'expérience pour facteurs quantitatifs et propose une étude des dispositifs expérimentaux associés à l'un des modèles les plus simple possible, en l'occurence le modèle polynomial de degré un.

L'hypothèse principale utilisée ici est que la loi de réponse f peut être approchée par un polynôme du premier degré à m variables. Il est clair qu'un tel modèle n'est pas d'une grande richesse mais son utilisation est cependant intéressante dans certains cas. Par exemple, utiliser un tel polynôme peut donner une bonne approximation de f lorsque le domaine expérimental est petit. Un autre cas d'application classique est celui où l'on dispose, *a priori*, d'un grand nombre de facteurs susceptibles d'agir sur la réponse observée. L'utilisation d'un modèle plus riche est alors généralement impossible à cause de la grande taille de celui-ci. C'est pourquoi il est courant de débuter une telle étude par un modèle facile à manipuler afin de détecter quels sont les facteurs qui semblent être les plus influents. On dit que l'on utilise des techniques de **criblage** (ou *screening* avec la terminologie anglaise).

Ce chapitre est structuré de la manière suivante. Une première partie aborde des généralités concernant les plans d'expérience pour modèle d'ordre un et amène à la définition d'une classe de plans particulièrement simple qualifiée de classe des **plans usuels**. Les plans classiques que sont les plans factoriels complets, les plans factoriels fractionnaires et enfin les plans simplexes sont présentés. Un exemple à vocation pédagogique est détaillé à la fin de ce chapitre et les codes SAS des principaux traitements statistiques sont donnés.

W. Tinsson, *Plans d'expérience: constructions et analyses statistiques*, Mathématiques et Applications 67, DOI 10.1007/978-3-642-11472-4_3,
© Springer-Verlag Berlin Heidelberg 2010

3.2 Généralités

3.2.1 Variables codées

Les plans d'expérience considérés ici sont à facteurs quantitatifs. Ceci implique que les variables étudiées vont souvent prendre leurs valeurs dans des intervalles de $\mathbb{R}$ de la forme $[a,b]$. Les bornes a et b sont différentes d'un facteur à l'autre ainsi que d'une étude à l'autre. Afin de résoudre ce problème on va dans la suite systématiquement coder les variables utilisées dans le but de ramener leurs variations à un intervalle centré de la forme $[-\Delta,\Delta]$. Etant donnée une variable x à valeurs dans l'intervalle $[a,b]$, la **variable codée** qui lui est associée est x^* à valeurs dans $[-\Delta,\Delta]$ obtenue par la transformation affine suivante :

$$x^* = \Delta\left[\frac{2x-(a+b)}{(b-a)}\right].$$

Une telle transformation est intéressante si l'on utilise la **même valeur** de Δ pour tous les facteurs de l'étude (ainsi toutes les variables prendront leurs valeurs dans l'intervalle commun $[-\Delta,\Delta]$). Dans la plupart des cas **la valeur** $\boldsymbol{\Delta} = \mathbf{1}$ est utilisée. Un facteur étant codé on appelle niveau haut la valeur $+\Delta$, niveau bas la valeur $-\Delta$ et niveau intermédiaire la valeur 0 (*i.e.* la valeur obtenue en moyennant les deux valeurs extrêmes). Voici quelques avantages de cette transformation :

1) il est possible d'uniformiser les constructions de plans d'expérience en ramenant le domaine expérimental à $[-\Delta,\Delta]^m$, ou dumoins à une région centrée sur l'origine du repère (en effet, on n'utilise pas toujours un domaine cubique car il est parfois plus pratique de travailler dans un domaine expérimental à géométrie sphérique),

2) la plupart des analyses mathématiques vont être simplifiées par l'utilisation de deux niveaux ($-\Delta$ et Δ) ou de trois niveaux ($-\Delta$, 0 et Δ) qui s'expriment très simplement sous forme codée,

3) les effets des facteurs sont facilement comparables puisque sous forme codée ils varient tous dans le même intervalle $[-\Delta,\Delta]$,

4) les variables codées s'expriment sans unité.

Exemple

Supposons que la variable t (température d'entrée en $°C$) soit à valeurs dans l'intervalle $[60,80]$. On peut donc coder cette variable en utilisant t^* telle que :

$$t^* = \frac{t-70}{10} \Leftrightarrow t = 10t^* + 70.$$

On a alors les correspondances suivantes :

t	$60°C$	$70°C$	$80°C$
t^*	-1	0	$+1$

3.2.2 Modèle utilisé

Considérons ici un plan d'expérience $\mathcal{D} = \{z_u, u = 1, ..., n\}$ à m facteurs quantitatifs avec donc $z_u \in \mathbb{R}^m$ repérant les niveaux des facteurs pour l'expérience u $(1 \leq u \leq n)$. Supposons que ce plan d'expérience est mis en oeuvre sur le domaine expérimental $\mathcal{E} \subset \mathbb{R}^m$. Utiliser un modèle polynomial d'ordre un implique donc que l'on considère le modèle statistique $Y(x) = f(x) + \varepsilon(x)$ avec la loi de réponse donnée par :

$$\forall\, x \in \mathcal{E}\ ,\ f(x) = \beta_0 + \sum_{i=1}^{m} \beta_i x_i .$$

Pour un tel modèle, on dit que :

$$\begin{cases} \beta_0 \ (i.e. \text{ la constante polynomiale) est l'}\textbf{effet moyen général}, \\ \beta_i \ (i = 1, ..., m) \text{ est l'}\textbf{effet linéaire} \text{ du i-ème facteur.} \end{cases}$$

Le nombre de paramètres inconnus d'un tel modèle, à m facteurs, est donc :

$$p = m + 1.$$

Il sera souvent utile, dans la suite, de décomposer le vecteur $\beta \in \mathbb{R}^{m+1}$ des paramètres du modèle en ${}^t\beta = (\beta_0 \mid {}^t\beta_L)$ avec donc $\beta_L \in \mathbb{R}^m$ vecteur des effets linéaires. Concernant la matrice du modèle $X \in \mathcal{M}(n, p)$ elle est donnée par (avec $z_{u1}, ..., z_{um}$ les m coordonnées du point z_u) :

$$X = \left[\begin{array}{c|ccccc} 1 & z_{11} & z_{12} & \cdots & z_{1(m-1)} & z_{1m} \\ 1 & z_{21} & z_{22} & \cdots & z_{2(m-1)} & z_{2m} \\ \vdots & \vdots & \vdots & & \vdots & \vdots \\ 1 & z_{(n-1)1} & z_{(n-1)2} & \cdots & z_{(n-1)(m-1)} & z_{(n-1)m} \\ 1 & z_{n1} & z_{n2} & \cdots & z_{n(m-1)} & z_{nm} \end{array}\right]$$

La première colonne de X est donc uniquement constituée par les valeurs 1 (car elle est associée à β_0) alors que les m colonnes suivantes (associées à $\beta_1, ..., \beta_m$) comportent toutes les coordonnées des points du plan d'expérience utilisé. On appelle **matrice du plan d'expérience** la matrice à n lignes et m colonnes (notée par la suite D) constituée par les coordonnées, écrites en ligne, des points du plan d'expérience. Il en résulte que, pour un modèle d'ordre un, la matrice du modèle est donnée par (avec $\mathbb{I}_n$ le vecteur de $\mathbb{R}^n$ constitué uniquement par les valeurs 1) :

$$X = \left[\ \mathbb{I}_n \mid D\ \right].$$

3.2.3 Moments d'un plan d'expérience

La notion classique de moment des points d'un plan d'expérience va être d'une grande utilité dans la suite afin de construire la matrice ${}^tXX$.

Définition 3.1. *On appelle* **moment** *des points du plan d'expérience $\mathcal{D} = \{z_u, u = 1, ..., n\}$ tout réel obtenu par la relation suivante (avec $\delta_1, \delta_2, ..., \delta_m \in \mathbb{N}$) :*

$$\left[1^{\delta_1} 2^{\delta_2} ... m^{\delta_m}\right] = \frac{1}{n} \sum_{u=1}^{n} z_{u1}^{\delta_1} z_{u2}^{\delta_2} ... z_{um}^{\delta_m}$$

On dit que le moment est **d'ordre** $\delta = \delta_1 + ... + \delta_m$, **pair** *si tous les δ_i sont pairs,* **impair** *dans tous les autres cas.*

Il en découle que pour un modèle linéaire polynomial, la matrice :

$$M = M(\mathcal{D}) = \frac{1}{n} {}^t XX$$

a pour éléments divers moments des points du plan utilisé, elle est couramment appelée **matrice des moments** du plan d'expérience. En particulier, cette matrice contient tous les moments jusqu'à l'ordre 2 dans le cas d'un polynôme du premier degré et on a plus précisement :

$$M = \frac{1}{n} \begin{bmatrix} {}^t\mathbb{I}_n \mathbb{I}_n & {}^t\mathbb{I}_n D \\ {}^t D \mathbb{I}_n & {}^t DD \end{bmatrix} = \begin{bmatrix} 1 & [1] & [2] & \dots & [m] \\ [1] & [1^2] & [12] & \dots & [1m] \\ [2] & [12] & [2^2] & \dots & [2m] \\ \vdots & \vdots & \vdots & & \vdots \\ [m] & [1m] & [2m] & \dots & [m^2] \end{bmatrix}.$$

On qualifie de **moments purs** d'ordre 2 les moments de la forme $[i^2]$ alors que ceux de la forme $[ij]$ (avec $i \neq j$) sont appelés **moments croisés** d'ordre 2. La matrice M est primordiale dans le processus d'estimation au sens des moindres carrés puisqu'elle apparaît (à une constante près) dans les équations normales (*cf.* proposition 2.5). Il est alors évident que l'on a tout intérêt à construire un dispositif expérimental tel que la matrice M soit la plus simple possible. Ceci amène à définir la notion classique de plan d'expérience orthogonal :

Définition 3.2. *Un plan d'expérience est qualifié* **d'orthogonal** *si et seulement si la matrice ${}^tXX$ (ou de manière équivalente M) est une matrice* **diagonale**.

Il est évident que pour un modèle d'ordre un l'orthogonalité équivaut donc à avoir tous les moments impairs jusqu'à l'ordre deux **nuls.**

3.2.4 Plans d'expérience usuels

Définissons ici une classe de plans d'expérience d'analyse aisée, incluant la plupart des configurations classiques.

Définition 3.3. *Un plan d'expérience est qualifié* **d'usuel** *pour un modèle linéaire d'ordre un si et seulement si :*

1) *tous ses moments impairs jusqu'à l'ordre deux sont* **nuls**
$(\forall\ i, j = 1, ..., m$ *avec* $i \neq j\ ,\ [i] = [ij] = 0)$,

2) *tous ses moments purs d'ordre deux sont* **égaux** $\left(\left[1^2\right] = ... = \left[m^2\right]\right)$.

Pour tout plan usuel $\mathcal{D} = \{z_u, u = 1, ..., n\}$ il est donc possible de définir la constante s_2 par :

$$\forall\ i, = 1, ..., m\ ,\ s_2 = n\left[i^2\right] = \sum_{u=1}^{n} z_{ui}^2.$$

Il découle de cette définition que tout plan usuel pour un modèle d'ordre un est orthogonal (mais la réciproque est fausse). Les principales propriétés d'un plan usuel sont :

Proposition 3.4. $[\triangleleft]$ *Soit un plan d'expérience* **usuel** *pour un modèle linéaire d'ordre un.*

1) *L'estimateur des* **moindres carrés** *de* β *est donné par :*

$$\hat{\beta}_0 = \overline{Y} \text{ et } \hat{\beta}_L = \frac{1}{s_2}{}^t DY.$$

2) *Concernant la* **dispersion** *de cet estimateur, il vient :*

$$\text{Var}\,\hat{\beta}_0 = \frac{\sigma^2}{n} \text{ et } \forall\ i = 1, ..., m\ ,\ \ \text{Var}\,\hat{\beta}_i = \frac{\sigma^2}{s_2}.$$

3) *Les composantes de* $\hat{\beta}$ *sont de plus* **non-corrélées** *entre elles.*

Le résultat suivant est relatif aux propriétés de prédiction :

Proposition 3.5. $[\triangleleft]$ *Soit un plan d'expérience* **usuel** *pour un modèle linéaire d'ordre un. En désignant par* $\|.\|$ *la norme usuelle de* $\mathbb{R}^m$, *la dispersion de la réponse prédite en* $x = {}^t(x_1, ..., x_m) \in \mathcal{E}$ *est donnée par :*

$$\text{Var}\,\hat{Y}(x) = \sigma^2\left(\frac{1}{n} + \frac{1}{s_2}\|x\|^2\right).$$

Cette dispersion ne dépend que de la distance entre x *et le centre du domaine, c'est pourquoi tout plan d'expérience usuel pour un modèle d'ordre un est qualifié d'***isovariant par transformations orthogonales**.

La propriété d'isovariance par transformations orthogonales est souvent appelée "isovariance par rotations" dans la littérature francophone (et *rotatability* en anglais). Cette terminologie est cependant inexacte car cette propriété traduit que pour toute transformation orthogonale T de $\mathbb{R}^m$ (*i.e.* conservant les distances) alors :

$$\operatorname{Var}\hat{Y}(Tx) = \operatorname{Var}\hat{Y}(x).$$

Attention au fait qu'une rotation est bien une transformation orthogonale mais la réciproque est fausse. Cette propriété d'isovariance est très intéressante car, quel que soit le nombre de facteurs considérés, il est alors possible d'évaluer la qualité de la dispersion au sein du domaine expérimental en fonction d'une seule inconnue (le rayon mesurant la distance au centre du domaine).

3.3 Plans factoriels complets

3.3.1 Définition

L'objectif de cette partie est d'étudier un des dispositifs expérimentaux les plus simple à construire. Pour 2 facteurs (exprimés sous forme codée) il consiste à réaliser les 4 expériences associées aux sommets du carré $[-1,1]^2$. Dans le cas de 3 facteurs il s'agit des 8 sommets du cube $[-1,1]^3$. Ce procédé peut être étendu au cas de m facteurs à l'aide de la définition suivante :

Définition 3.6. *Pour m facteurs, on appelle plan d'expérience* **factoriel complet** *toute configuration constituée des éléments suivants :*

1) *tous les* **sommets** *du cube* $[-1,1]^m$,

2) n_0 **réplications** *éventuelles du centre du domaine expérimental.*

Les sommets du cube $[-1,1]^m$ constituent la partie factorielle du plan alors que les (éventuelles) réplications du centre du domaine constituent la partie centrale. Du point de vue mathématique, la partie factorielle est donc l'ensemble des points obtenus à l'aide des produits cartésiens suivants :

$$\{-1,1\} \times \{-1,1\} \times ... \times \{-1,1\} = \{-1,1\}^m.$$

Le nombre d'expériences à réaliser avec un plan factoriel complet est alors :

$$n = 2^m + n_0.$$

Dans bon nombre d'ouvrages on désigne par plan d'expérience factoriel complet la seule partie factorielle présentée ici (c'est-à-dire que $n_0 = 0$). Cette définition est plus générale car réaliser des réplications centrales peut s'avérer d'un grand intérêt pratique (voir la suite). Un plan d'expérience factoriel complet est entièrement déterminé par la connaissance du nombre de facteurs et du nombre de réplications du centre du domaine, c'est pourquoi un tel plan sera désigné dans la suite par la notation suivante (FD venant de la terminologie anglaise *Factorial Design*) :

$$FD\left(2^m, n_0\right).$$

Afin d'uniformiser l'écriture de la matrice de ces plans d'expérience il est possible de disposer leurs lignes suivant **l'ordre standard** (encore appelé ordre de Yates). Il s'agit de respecter les conventions suivantes pour la partie factorielle du plan :

1) la première ligne de D n'est constituée que des valeurs -1 (*i.e.* la première expérience est réalisée en fixant tous les facteurs à leur niveau bas),

2) la première colonne de D est obtenue en changeant de signe toutes les lignes. La seconde colonne est obtenue en changeant de signe toutes les 2 lignes, ... , la k-ième colonne de D est obtenue en changeant de signe toutes les 2^{k-1} lignes.

Voici deux exemples d'illustration de cette convention.

Exemple

La matrice du plan $FD\left(2^2, 3\right)$ est : La matrice du plan $FD\left(2^3, 0\right)$ est :

$$D = \begin{bmatrix} -1 & -1 \\ 1 & -1 \\ -1 & 1 \\ 1 & 1 \\ 0 & 0 \\ 0 & 0 \\ 0 & 0 \end{bmatrix} \qquad D = \begin{bmatrix} -1 & -1 & -1 \\ 1 & -1 & -1 \\ -1 & 1 & -1 \\ 1 & 1 & -1 \\ -1 & -1 & 1 \\ 1 & -1 & 1 \\ -1 & 1 & 1 \\ 1 & 1 & 1 \end{bmatrix}$$

Un important problème d'ordre pratique concerne l'ordre des expériences à réaliser. En d'autres termes, faut-il suivre ou non en pratique l'ordre donné par les lignes de la matrice D ? Les techniques relatives à ce problème ne sont pas abordées en détails ici. Remarquons simplement que dans certaines situations pouvant présenter un effet de dérive systématique (par exemple une machine-outil se déréglant au fur et à mesure de son utilisation) il est plus judicieux de **randomiser** l'ordre des expériences, c'est-à-dire d'effectuer les expériences dans un ordre aléatoire (voir l'ouvrage de Sado et Sado [82] ou bien Azaïs et Bardet [1]). Concernant maintenant les colonnes de D remarquons aussi qu'en pratique il est recommandé de les associer à chacun des facteurs en fonction de leur facilité ou non à changer de niveau. Supposons que l'exemple précédent du plan $FD\left(2^3, 0\right)$ est utilisé concrètement pour une expérience de cuisson industrielle dépendant de trois facteurs qui sont : la durée de la cuisson, la pression utilisée et la température du four industriel. Si on décide de réaliser les expériences dans l'ordre donné par les lignes de la matrice D alors on a certainement tout intérêt à affecter la troisième colonne de D à la température du four industriel. En effet, il est généralement long et coûteux de faire varier la température d'un tel four entre ses niveaux haut et bas et donc la troisième colonne de D permet ainsi de ne changer cette température qu'une seule fois durant la totalité des expériences. Pour plus de détails concernant ces techniques, associées à ce que l'on appelle la "méthode Taguchi", consulter l'ouvrage de Pillet [72].

3.3.2 Propriétés

Détaillons les principales propriétés des plans d'expérience factoriels complets. Remarquons tout d'abord qu'un des avantages de ce type de plans est d'une part leur **facilité de construction** et d'autre part, comme il sera démontré par la suite par la suite, leur **facilité d'analyse**. A contrario, le grand désavantage de ces configurations est leur **taille** qui, bien évidemment, devient rapidement beaucoup trop grande au vu du nombre de paramètres inconnus du modèle (voir la table 3.1 du paragraphe 3.4.5). L'utilisation de tels plans d'expérience est envisageable pour un petit nombre de facteurs mais devient quasiment impossible lorsque ce nombre est grand (il faudrait, par exemple, réaliser au moins 1024 expériences pour 10 facteurs alors que le modèle considéré n'a que 11 paramètres inconnus).

Pour tout plan factoriel complet on a le résultat principal suivant :

Proposition 3.7. [$\triangleleft$] *Tout plan d'expérience factoriel complet est un plan d'expérience* **usuel** *pour un modèle linéaire d'ordre un. Il vérifie de plus :*

$$s_2 = 2^m.$$

Il en découle que toutes les propriétés des propositions 3.4 et 3.5 sont bien vérifiées par tout plan factoriel complet. La forme de la matrice D entraîne de plus que les estimateurs des effets linéaires sont très facilement calculables. On obtient en effet chacun d'eux en réalisant une somme pondérée des observations, les poids étant ceux de la colonne de D associée au facteur considéré.

Exemple

Reprenons le plan factoriel $FD\left(2^3, 0\right)$ vu précédemment et désignons les 8 réponses observées par $Y_1, ..., Y_8$ (Y_1 correspondant à l'expérience de la ligne 1 de D,... Y_8 à celle de la ligne 8). La formule $\hat{\beta}_L = (1/s_2)\,{}^tDY$ se traduit alors ici simplement par :

$$\hat{\beta}_0 = \frac{1}{8}\left(Y_1 + Y_2 + Y_3 + Y_4 + Y_5 + Y_6 + Y_7 + Y_8\right)$$

et les estimateurs des effets linéaires sont donnés par :

$$\begin{cases} \hat{\beta}_1 = \left(-Y_1 + Y_2 - Y_3 + Y_4 - Y_5 + Y_6 - Y_7 + Y_8\right)/8 \\ \hat{\beta}_2 = \left(-Y_1 - Y_2 + Y_3 + Y_4 - Y_5 - Y_6 + Y_7 + Y_8\right)/8 \\ \hat{\beta}_3 = \left(-Y_1 - Y_2 - Y_3 - Y_4 + Y_5 + Y_6 + Y_7 + Y_8\right)/8 \end{cases}.$$

3.3.3 Intérêt des réplications centrales

Il a été montré, au début de cette section, qu'un plan factoriel complet peut éventuellement inclure n_0 réplications du centre du domaine expérimental. Cette option gène souvent les expérimentateurs qui n'en voient pas l'intérêt ou qui ne savent pas quelle valeur donner à n_0. Voici quelques conseils.

Avantages liés à l'utilisation de réplications centrales :

1) la qualité de l'estimation du paramètre β_0 augmente en fonction du nombre d'expériences au centre puisque $\text{Var}\,\hat{\beta}_0$ est décroissante en n_0 (voir la proposition 3.4),

2) la qualité des prédictions dans le domaine expérimental augmente en fonction du nombre d'expériences au centre puisque $\text{Var}\,\hat{Y}(x)$ est décroissante en n_0 (voir la proposition 3.5),

3) réaliser vraiment des réplications au centre du domaine (*i.e.* $n_0 \geq 2$) permet d'affiner l'analyse du modèle en déterminant les sommes des carrés dues au manque d'ajustement et à l'erreur pure (voir 2.5.4).

Inconvénients liés à l'utilisation de réplications centrales :

1) utiliser n_0 réplications du centre du domaine augmente la taille du plan d'expérience. Ceci peut être un obstacle lorsque le plan considéré est déjà de grande taille et que les expériences sont coûteuses,

2) réaliser des réplications centrales entraîne que tous les facteurs vont devoir prendre un troisième niveau (intermédiaire). Ceci peut s'avérer parfois difficile à mettre en oeuvre de manière économique (*cf.* l'exemple précédent du four industriel dont les variations de température sont très longues à obtenir). Il résulte de tout ceci que si l'on décide d'utiliser des réplications centrales alors il est conseillé d'en introduire un petit nombre ($n_0 = 2, 3$ ou 4 par exemple).

Remarquons enfin que lorsque les répétitions ont lieu uniquement au centre du domaine expérimental alors la quantité SSPE peut être déterminée de manière explicite à l'aide du résultat suivant :

Proposition 3.8. [$\lhd$] *Soit un plan d'expérience dont les seules réplications ont lieu* **au centre** *du domaine expérimental et sont répétées $n_0 \geq 2$ fois. Si Y_0 est le vecteur de ces n_0 réponses et Y_0^* est ce même vecteur centré alors :*

$$SSPE = {}^tY_0^*Y_0^* = \|Y_0^*\|^2 .$$

L'intérêt de ce résultat réside dans la simplicité des calculs à effectuer.

Exemple

Supposons que les expériences ont été répétées $n_0 = 3$ fois au centre du domaine expérimental et que les réponses mesurées sont : 10, 14 et 9. La réponse moyenne au centre est alors 11 et il vient :

$$Y_0 = \begin{bmatrix} 10 \\ 14 \\ 9 \end{bmatrix} \text{ d'où } Y_0^* = \begin{bmatrix} -1 \\ 3 \\ -2 \end{bmatrix} \text{ et donc } SSPE = {}^tY_0^*Y_0^* = 14.$$

Remarque. La démonstration de cette proposition ne fait pas intervenir le type de modèle choisi. Le résultat énoncé ici sera donc **toujours valable** dans les prochains chapitres où des modèles plus complexes seront étudiés.

3.4 Fractions régulières de plans factoriels

3.4.1 Exemple

L'utilisation d'un plan d'expérience factoriel complet peut être problématique à cause de la taille parfois beaucoup trop grande de ce type de dispositif expérimental. Une des solutions afin de résoudre ce problème consiste à ne pas considérer le plan complet dans sa totalité (*i.e.* les 2^m expériences) mais seulement une **fraction** de celui-ci (par exemple 2^{m-1} expériences obtenues en ne gardant que la moitié du plan, 2^{m-2} en n'en gardant que le quart, *etc...*). La difficulté réside dans le choix des expériences constituant cette fraction du plan initial afin de conserver des propriétés intéressantes (orthogonalité, plan usuel, *etc...*).

Ce type de problématique a été abordée pour la première fois dans un article dû à Tipett [101] puis développé et généralisé par de multiples autres chercheurs. Citons les articles de Box et Hunter [13] et [14] posant les bases relatives au cas traité ici, c'est-à-dire les fractions de plan factoriels à 2 niveaux ainsi que l'ouvrage de Raktoe et *al.* [77].

Considérons le plan factoriel complet $FD\left(2^4, 0\right)$ et supposons que les 16 expériences (données par la matrice D ci-dessous) sont trop coûteuses à réaliser. Déterminons au préalable les vecteurs P_1 et P_2 qui sont respectivement égaux aux produits terme à terme des 4 colonnes de D puis des trois premières. Une procédure utilisée afin de construire une **fraction régulière** du plan complet consiste (par exemple) à ne conserver que les expériences (*i.e.* les lignes de D) associées aux valeurs $+1$ des composantes du vecteur P_1.

$$D = \begin{bmatrix} -1 & -1 & -1 & -1 \\ 1 & -1 & -1 & -1 \\ -1 & 1 & -1 & -1 \\ 1 & 1 & -1 & -1 \\ -1 & -1 & 1 & -1 \\ 1 & -1 & 1 & -1 \\ -1 & 1 & 1 & -1 \\ 1 & 1 & 1 & -1 \\ -1 & -1 & -1 & 1 \\ 1 & -1 & -1 & 1 \\ -1 & 1 & -1 & 1 \\ 1 & 1 & -1 & 1 \\ -1 & -1 & 1 & 1 \\ 1 & -1 & 1 & 1 \\ -1 & 1 & 1 & 1 \\ 1 & 1 & 1 & 1 \end{bmatrix} \text{ et } P_1 = \begin{bmatrix} 1 \\ -1 \\ -1 \\ 1 \\ -1 \\ 1 \\ 1 \\ -1 \\ -1 \\ 1 \\ 1 \\ -1 \\ 1 \\ -1 \\ -1 \\ 1 \end{bmatrix}, \; P_2 = \begin{bmatrix} -1 \\ 1 \\ 1 \\ -1 \\ 1 \\ -1 \\ -1 \\ 1 \\ -1 \\ 1 \\ 1 \\ -1 \\ 1 \\ -1 \\ -1 \\ 1 \end{bmatrix}.$$

On retient ainsi les 8 expériences données par la matrice D_1 :

$$D_1 = \begin{bmatrix} -1 & -1 & -1 & -1 \\ 1 & 1 & -1 & -1 \\ 1 & -1 & 1 & -1 \\ -1 & 1 & 1 & -1 \\ 1 & -1 & -1 & 1 \\ -1 & 1 & -1 & 1 \\ -1 & -1 & 1 & 1 \\ 1 & 1 & 1 & 1 \end{bmatrix}.$$

De même il est possible de réduire encore la taille de la fraction régulière en considérant à la fois les vecteurs P_1 et P_2. En gardant uniquement les expériences associées aux composantes égales à $+1$ simultanément dans les deux vecteurs on obtient ainsi la configuration de matrice D_2 :

$$D_2 = \begin{bmatrix} 1 & -1 & -1 & 1 \\ -1 & 1 & -1 & 1 \\ -1 & -1 & 1 & 1 \\ 1 & 1 & 1 & 1 \end{bmatrix}.$$

Les sections suivantes ont pour objectif de présenter les éléments théoriques nécessaires à ce type de constructions.

3.4.2 Contrastes et produit d'Hadamard

Les constructions réalisées au paragraphe 3.4.1 ont utilisé le produit "terme à terme" des vecteurs colonne de la matrice D. Ceci se formalise algébriquement à l'aide du produit d'Hadamard. On appelle **produit d'Hadamard** (noté $\odot$)

l'opérateur qui à deux vecteurs u et v de $\mathbb{R}^q$ associe le vecteur $u \odot v$ de $\mathbb{R}^q$ tel que (si $u = (u_i)_{i=1,..,q}$ et $v = (v_i)_{i=1,..,q}$) :

$$u \odot v = (u_i v_i)_{i=1,..,q} \,.$$

Le produit d'Hadamard définit donc une loi de composition interne sur $\mathbb{R}^q$ et les propriétés suivantes sont immédiates ($\forall\, u, v, w \in \mathbb{R}^q$) :

1) le produit d'Hadamard est **associatif** $((u \odot v) \odot w = u \odot (v \odot w))$,

2) le produit d'Hadamard est **commutatif** $(u \odot v = v \odot u)$,

3) $\mathbb{I}_q$ est **élément neutre** pour le produit d'Hadamard $(u \odot \mathbb{I}_q = \mathbb{I}_q \odot u = u)$.

Considérons maintenant un vecteur quelconque $u \in \mathbb{R}^q$. On vérifie facilement qu'un tel vecteur se décompose de manière unique comme la somme d'un vecteur à composantes égales avec un second vecteur à somme des composantes nulle. Plus précisément si $\overline{u} \in \mathbb{R}$ est la moyenne des composantes de u, on a explicitement :

$$u = \overline{u}\mathbb{I}_q + (u - \overline{u}\mathbb{I}_q) \,.$$

On dit que l'on a ainsi décomposé u comme somme de deux contrastes de $\mathbb{R}^q$. De manière plus générale, nous proposons la définition suivante :

Définition 3.9. *Soit u un vecteur élément d'un espace E^q. On dit que u est un* **contraste** *de E^q (i.e. un élément de l'ensemble des contrastes $\mathcal{C}(E^q)$) si et seulement si toutes ses composantes sont* **égales** *ou bien la somme de ses composantes est* **nulle**. *Lorsque la somme des composantes est nulle le contraste est dit* **non-unitaire**.

Ce chapitre va nécessiter l'utilisation de contrastes de $\{-1, 1\}^q$. Un contraste sur cet espace est soit un vecteur à composantes égales (il s'agit donc de $\mathbb{I}_q$ ou $-\mathbb{I}_q$) soit un vecteur dont la somme des composantes est nulle, c'est-à-dire un vecteur ayant autant de composantes égales à $+1$ que de composantes égales à -1 (q est donc forcément pair). Remarquons l'importante relation vérifiée par les contrastes de $\{-1, 1\}^q$:

$$\forall\, u \in \mathcal{C}(\{-1, 1\}^q) \ , u \odot u = \mathbb{I}_q.$$

Par rapport à la matrice D du plan d'expérience, il vient :

Proposition 3.10. [$\lhd$] *Soit un plan d'expérience factoriel complet à m facteurs, de matrice D, n'ayant pas de réplications centrales. Les colonnes de D sont alors (par construction) des* **contrastes non-unitaires** *de $\{-1, 1\}^{2^m}$. De plus, le* **produit d'Hadamard** *de k colonnes distinctes de D $(2 \leq k \leq m)$ est aussi un* **contraste non-unitaire** *de $\{-1, 1\}^{2^m}$.*

Ce résultat assure, par exemple, que les vecteurs P_1 et P_2 du paragraphe 3.4.1 obtenus en réalisant le produit d'Hadamard de 4 et 3 colonnes de D sont bien des contrastes non-unitaires de $\{-1, 1\}^{16}$.

3.4.3 Générateurs d'une fraction régulière

Considérons dans la suite uniquement des plans factoriels complets sans réplications centrales ($n_0 = 0$) et identifions chacun des m facteurs au contraste correspondant dans la matrice D. En d'autres termes, $\mathtt{1}$ désigne dorénavant le contraste de D associée au facteur 1 (c'est-à-dire à la première colonne de D), ... $\mathtt{m}$ le contraste de D associée au facteur m. Afin de simplifier l'écriture des résultats à venir l'opérateur produit d'Hadamard va être noté multiplicativement. On notera donc $\mathtt{12}$ au lieu de $\mathtt{1} \odot \mathtt{2}$ ou encore $\mathtt{1}^2$ au lieu de $\mathtt{1} \odot \mathtt{1}$. Remarquons que si l'on a plus de 9 facteurs on distinguera alors la notation $\overline{\mathtt{12}}$ (contraste associé au facteur 12) de $\mathtt{12}$ (produit d'Hadamard des contrastes $\mathtt{1}$ et $\mathtt{2}$). Etant donné un contraste obtenu par produit d'Hadamard de k colonnes distinctes de la matrice du plan factoriel complet D on dit que ce contraste est de **longueur** (ou encore de poids) k. Avec les conventions d'écriture utilisées ici les contrastes sont aussi parfois qualifiés dans la littérature de **mots** composés de k **lettres**. Définissons tout d'abord la notion de famille de contrastes indépendants :

Définition 3.11. *Soit l'ensemble $\{C_1, C_2, ..., C_q\}$ de q contrastes, chacun d'eux étant soit une colonne de la matrice D d'un plan factoriel complet à m facteurs soit le produit d'Hadamard de plusieurs colonnes. Cette famille de contrastes est dite* **liée** *si et seulement si :*

$$\exists\ i \in \{1, ..., q\}\ /\ C_i = \bigodot_{j \in J} C_j \ \textit{avec}\ J \subset \{1, ..., q\} - \{i\}.$$

Une famille qui n'est pas liée est une famille **indépendante**.

Illustrons ceci à l'aide d'un exemple :

Exemple

La famille $\{\mathtt{1}, \mathtt{2}, \mathtt{34}\}$ est clairement une famille de contrastes indépendants. Par contre, la famille $\{\mathtt{12}, \mathtt{3}, \mathtt{34}, \mathtt{4}\}$ est liée car :

$$\mathtt{3}\,(\mathtt{34}) = \mathtt{3}^2\mathtt{4} = \mathtt{4} \text{ puisque } \mathtt{3}^2 = \mathbb{I}.$$

Il a été montré au paragraphe 3.4.1 qu'une fraction régulière est définie par la donnée d'un ou plusieurs contrastes. Par exemple, une fraction régulière a été obtenue alors à partir des contrastes P_1 et P_2 (*i.e.* $\mathtt{1234}$ et $\mathtt{123}$ avec les notations utilisées ici) en ne gardant que les expériences associées aux valeurs $+1$ de ces deux contrastes. Il en résulte que les produits d'Hadamard $\mathtt{1234}$ et $\mathtt{123}$ sont égaux à l'indicatrice $\mathbb{I}$ dans la matrice D_2 associée à cette fraction. On résume ceci en écrivant :

$$\mathbb{I} = \mathtt{1234} = \mathtt{123}.$$

De manière plus générale, une **fraction régulière** de plan factoriel complet est déterminée par la donnée d'une famille de q contrastes indépendants $\{C_1, C_2, ..., C_q\}$, appelés **générateurs**. On note alors :

$$\mathbb{I} = C_1 = C_2 = ... = C_q.$$

Remarque. Une fraction régulière a été définie ici en ne conservant que les expériences associées aux valeurs $+1$ des générateurs. Ceci correspond à la fraction régulière qualifiée de **fraction principale**. Il est cependant évident que la même démarche peut être suivie en ne conservant que les expériences associées aux coordonnées -1. Pour le premier exemple du paragraphe 3.4.1 on aurait donc pu considérer non pas la fraction régulière telle que $\mathbb{I} = \mathtt{1234}$ mais la fraction complémentaire définie par $-\mathbb{I} = \mathtt{1234}$. De même, le second exemple aurait pu être traité en considérant l'une des 4 fractions régulières définie par :

$$\mathbb{I} = \mathtt{1234} = \mathtt{123} \quad \text{ou } \mathbb{I} = \mathtt{1234}\ ,\ -\mathbb{I} = \mathtt{123},$$
$$-\mathbb{I} = \mathtt{1234} = \mathtt{123} \quad \text{ou } \ -\mathbb{I} = \mathtt{1234}\ ,\ \mathbb{I} = \mathtt{123}.$$

Reprenons maintenant l'exemple de la fraction régulière engendrée par la relation $\mathbb{I} = \mathtt{1234} = \mathtt{123}$. Puisqu'on ne conserve que les expériences telles que ces deux contrastes soient égaux à l'indicatrice, il vient :

$$(\mathtt{1234})(\mathtt{123}) = \mathtt{1}^2\mathtt{2}^2\mathtt{3}^2\mathtt{4} = \mathtt{4} \text{ et de même } (\mathtt{1234})(\mathtt{123}) = \mathbb{I}^2 = \mathbb{I}.$$

En d'autres termes, les deux générateurs utilisés entraînent que $\mathbb{I} = \mathtt{4}$ (*i.e.* cette fraction régulière est aussi définie par $\mathbb{I} = \mathtt{4} = \mathtt{123}$ ou bien $\mathbb{I} = \mathtt{4} = \mathtt{1234}$). Ce résultat avait déjà été constaté au paragraphe 3.4.1 puisque la quatrième colonne de D_2 est constituée uniquement par les valeurs $+1$. Algébriquement l'ensemble des toutes les liaisons induites par les générateurs utilisés a une structure de groupe, ce qui amène à la définition suivante :

Définition 3.12. *On appelle groupe des* **contrastes de définition** *d'une fraction régulière, noté $\mathcal{G}$, le groupe engendré par ses q générateurs.*

Connaissant l'ensemble des générateurs d'une fraction régulière comment déterminer son groupe des contrastes de définition ?

Proposition 3.13. [$\triangleleft$] *Le groupe $\mathcal{G}$ engendré par les q contrastes de définition d'une fraction régulière est un* **groupe fini** *constitué de 2^q éléments.*

Illustrons ceci à l'aide d'un exemple.

Exemple

Soit la fraction régulière du plan factoriel complet à $m = 6$ facteurs définie par :

$$\mathbb{I} = \mathtt{123456} = \mathtt{12} = \mathtt{56}.$$

On obtient alors les 2^3 éléments du groupe $\mathcal{G}$ en considérant l'élément neutre $\mathbb{I}$, les 3 constrastes de définition, tous leurs produits deux à deux puis trois à trois (*cf.* démonstration de la proposition 3.13) :

$$\mathcal{G} = \{\mathbb{I}, \mathtt{123456}, \mathtt{12}, \mathtt{56}, \mathtt{3456}, \mathtt{1234}, \mathtt{1256}, \mathtt{34}\}.$$

Le groupe $\mathcal{G}$ donne la totalité des contrastes égaux à $\mathbb{I}$. Si l'on multiplie chacun des éléments de $\mathcal{G}$ par 1 on obtient ainsi tous les contrastes égaux à $1\mathbb{I}$ =1. Tous ces constrastes sont dits **confondus** avec (l'effet linéaire) 1. La liste de tous les éléments confondus avec les effets linéaires constitue la table des **confusions d'effets**. Attention au vocabulaire car si 1 = 23 alors l'effet linéaire 1 est confondu avec (l'interaction) 23; dans bon nombre d'ouvrages ces deux contrastes sont dits *aliasés*. Nous déconseillons l'usage de ce terme provenant directement de l'expression anglaise *alias structure*.

Exemple

Pour l'exemple précédent, la table des confusions d'effets est :

1 =	23456 = 2 = 156 = 13456 = 234 = 256 = 134
2 =	13456 = 1 = 256 = 23456 = 134 = 156 = 234
3 =	12456 = 123 = 356 = 456 = 124 = 12356 = 4
4 =	12356 = 124 = 456 = 356 = 123 = 12456 = 3
5 =	12346 = 125 = 6 = 346 = 12345 = 126 = 345
6 =	12345 = 126 = 5 = 345 = 12346 = 125 = 346

En considérant l'exemple précédent, la lecture de la table des confusions d'effets montre que (par exemple) les effets linéaires 1 et 2 sont confondus. En d'autres termes les colonnes de la matrice X associées à ces deux effets sont ici égales. Ceci va poser problème au niveau de l'analyse du modèle puisque X n'est pas de plein rang. Afin de prévenir ce genre de situation on utilise par la suite la notion de résolution d'une fraction régulière :

Définition 3.14. *On appelle* **résolution** *d'une fraction régulière l'entier R égal à la plus petite longueur des éléments de $\mathcal{G}$ ($\mathbb{I}$ exclu).*

Il sera montré plus tard, lors de l'analyse statistique du modèle, que l'on a tout intérêt à utiliser des fractions régulières ayant une résolution la plus grande possible. Par convention, on écrit l'entier R en chiffres romains.

Exemple

La fraction régulière définie par $\mathbb{I}$ =123456 = 12 = 56 est de résolution II. La fraction régulière définie par $\mathbb{I}$ =1234 = 123 est de résolution I (car $\mathcal{G} = \{\mathbb{I}, \mathtt{1234}, \mathtt{123}, \mathtt{4}\}$).

Terminons par l'énoncé d'un résultat primordial. La démonstration de ce résultat n'est pas triviale et découle de l'interprétation algébrique d'une fraction régulière ainsi que de la théorie de représentation linéaire des groupes finis (voir l'annexe A à la fin de l'ouvrage).

Proposition 3.15. [$\lhd$ (Annexe A)] *Soit une fraction régulière de matrice D d'un plan factoriel complet à m facteurs n'ayant pas de réplications centrales, obtenue à l'aide de q générateurs. Alors :*

1) *elle est constituée de 2^{m-q} expériences,*

2) *les colonnes de D sont des* **contrastes** *de $\{-1,1\}^{2^{m-q}}$ et le* **produit d'Hadamard** *de k colonnes distinctes de D $(2 \leq k \leq m)$ est aussi un* **contraste** *de $\{-1,1\}^{2^{m-q}}$.*

Remarque. Ce résultat est similaire de celui énoncé à la proposition 3.10 pour les plans factoriels complets. La différence est que l'on peut obtenir des contrastes et non uniquement des contrastes non-unitaires. La matrice d'une fraction régulière peut contenir des colonnes égales à $\mathbb{I}$ ou $-\mathbb{I}$ (*cf.* matrice D_2 du paragraphe 3.4.1).

Concernant les notations, on précisera dans la suite le nombre d'expériences de la fraction régulière en notant $\mathbb{I}_{2^{m-q}}$ au lieu de $\mathbb{I}$ dans la définition des générateurs. De même, il est courant de noter 2_R^{m-q} lorsqu'on utilise une fraction régulière d'un plan complet à m facteurs, obtenue à l'aide de q générateurs, de résolution R.

Exemple

Pour $m = 6$ facteurs, la fraction régulière définie par $\mathbb{I}_{16}$=123 $=$ 456 est donc une fraction régulière de type 2^4_{III}.

3.4.4 Fractions régulières de résolution III

Revenons à l'analyse statistique des plans d'expérience étudiés. Dorénavant une fraction régulière d'un plan factoriel complet désigne une fraction régulière des sommets de $\{-1,1\}^m$ plus n_0 éventuelles réplications du centre du domaine. Lorsque la fraction régulière est définie par q générateurs, le nombre d'expériences est :

$$n = 2^{m-q} + n_0.$$

Un tel plan d'expérience sera maintenant désigné par :

$$FD\left(2^{m-q}_{\text{R}}, n_0\right) \text{ ou bien } FD\left(2^{m-q}_{\text{R}}, n_0, \mathbb{I} = C_1 = C_2 = ... = C_q\right)$$

si l'on souhaite préciser explicitement les générateurs. Dans le but d'estimer tous les paramètres inconnus du modèle d'ordre un, le résultat suivant impose l'utilisation de fractions régulières de résolution au moins III. Remarquons que ce résultat est intuitivement évident. En effet, utiliser une fraction régulière de résolution I entraîne qu'au moins une colonne de D va être égale à $\mathbb{I}$ ou $-\mathbb{I}$. De même, une fraction régulière de résolution II est telle qu'au moins deux colonnes de D sont égales ou opposées. Ces deux situations entraînent que la matrice du modèle X n'est pas de plein rang et donc le modèle n'est pas estimable dans sa totalité.

Proposition 3.16. [$\lhd$] *Toute* **fraction régulière** *de plan factoriel complet, de résolution égale à III (ou plus), est un plan d'expérience* **usuel** *pour un modèle linéaire d'ordre un. Il vérifie de plus :*

$$s_2 = 2^{m-q}.$$

Ce résultat entraîne que toutes les propriétés des plans d'expérience usuels (voir le paragraphe 3.2.4) sont directement applicables aux fractions régulières de résolution III (ou plus).

3.4.5 Taille des plans factoriels

Terminons cette étude des plans factoriels en proposant une comparaison du nombre d'expériences à réaliser pour les plans complets et les fraction régulières. Le tableau suivant présente pour m facteurs (avec $2 \leq m \leq 12$) le nombre de paramètres inconnus p du modèle d'ordre un, la taille du plan factoriel complet dans la colonne FD, la taille minimale possible pour une fraction régulière de résolution III dans la colonne $Frac$ et enfin les générateurs utilisés afin de construire une telle fraction (ce choix n'étant pas, bien entendu, unique). Le symbole $\times$ est utilisé dans les cas où la construction est impossible.

Table 3.1. Taille de différents plans factoriels.

	p	FD	$Frac$	*Générateurs*
2 facteurs	3	4	$\times$	$\times$
3 facteurs	4	8	4	123
4 facteurs	5	16	8	1234
5 facteurs	6	32	8	124,135
6 facteurs	7	64	8	124,135,236
7 facteurs	8	128	8	124,135,236,1237
8 facteurs	9	256	16	125,136,147,238
9 facteurs	10	512	16	125,136,147,238,249
10 facteurs	11	1024	16	125,136,147,238,249,$34\overline{10}$
11 facteurs	12	2048	16	1235,137,1248,12349,$12\overline{10}$,$13\overline{11}$,2346
12 facteurs	13	4096	16	145,179,$13\overline{10}$,$16\overline{11}$,256,$24\overline{11}$,$27\overline{12}$,367

Lorsque le nombre d'expériences est égal au nombre de paramètres inconnus ($n = p$) le plan d'expérience est qualifié de **saturé** (ou encore de minimal). Il n'est pas possible d'utiliser de configurations plus petites que celles-ci. C'est le cas ici pour les fractions régulières à 3 et 7 facteurs. Les techniques permettant d'arriver aux choix proposés pour les générateurs des différentes fractions régulières seront présentées dans le chapitre suivant (paragraphe 4.5.4).

3.5 Plans simplexes

3.5.1 Définition

La section 3.4 a montré que l'utilisation de fractions régulières de résolution III peut s'avérer très profitable afin d'analyser un modèle d'ordre un. En effet, les tailles des plans d'expérience obtenus alors sont raisonnables (voir la table 3.1). Il existe cependant des situations où les expériences sont tellement coûteuses ou longues à réaliser que l'on cherche systématiquement à obtenir des configurations **saturées**. Un tel cas se présentant, par exemple, pour 8 facteurs peut être problématique si l'on utilise un plan factoriel puisqu'il faut réaliser un minimum de 16 expériences alors qu'il n'y a que 9 paramètres inconnus dans le modèle postulé.

Le but de cette section est la présentation et l'analyse d'une classe de plans d'expérience, appelés **plans simplexes,** ayant pour principale propriété d'être toujours saturés pour l'analyse du modèle d'ordre un. La dénomination de ces plans d'expérience provient du fait que, géométriquement, ils correspondent aux sommets d'un simplexe de $\mathbb{R}^m$, c'est-à-dire d'une figure ayant $m+1$ sommets, régulière dans le sens où l'angle entre deux sommets (par rapport à l'origine du domaine) est constant avec un cosinus égal à $-1/m$ (voir Box [9]). Pour $m=2$ facteurs il s'agit des sommets d'un triangle équilatéral, pour $m=3$ facteurs des sommets d'un tétraèdre régulier, *etc...* Voici une définition très générale :

Définition 3.17. *Un plan d'expérience est un* **plan simplexe** *pour m facteurs si et seulement si $n=m+1$ et :*

$$\frac{1}{\sqrt{m+1}} X \textit{ est une matrice } \textbf{orthogonale.}$$

En d'autres termes, la matrice $\left(1/\sqrt{m+1}\right) X$ est une matrice carrée d'ordre n telle que sa transposée est égale à son inverse. On vérifie aisément que si x_s et x_t sont deux points distincts d'un plan simplexe pour m facteurs, alors :

$$\|x_s\|^2 = \|x_t\|^2 = m \text{ et } (x_s \mid x_t) = -1.$$

Ces résultats sont bien en accord avec la définition des plans simplexes donnée par Box [9] en terme d'angle entre deux sommets puisque (avec θ cet angle) :

$$\cos\theta = \frac{(x_s \mid x_t)}{\|x_s\| \, \|x_s\|} = \frac{-1}{m}.$$

Géométriquement, les plans simplexes sont donc constitués d'expériences à la surface de la sphère centrée $S(\sqrt{m})$ de rayon $\sqrt{m}$. Notons que les plans factoriels sont, eux aussi, constitués d'expériences à la surface de cette même sphère.

Concernant la construction de ce type de plans on trouve principalement dans la littérature les trois grandes classes suivantes.

1) Plans simplexes classiques. On désigne par classique ce type de construction qui est la plus courante. La matrice D vérifie alors la propriété suivante (voir Khuri et Cornell [56]) : lorsque sa première ligne est supprimée on obtient une matrice carrée triangulaire supérieure. Afin que la configuration obtenue soit un plan simplexe, on vérifie aisément que D est définie par le terme général D_{ij} suivant :

$$D_{ij} = \begin{cases} \sqrt{(m+1)/(j(j+1))} & \text{si } i \leq j, \\ -j\sqrt{(m+1)/(j(j+1))} & \text{si } i = j+1, \\ 0 & \text{sinon.} \end{cases}$$

L'exemple suivant correspond à $m = 4$ facteurs :

$$D = \begin{bmatrix} \sqrt{5/2} & \sqrt{5/6} & \sqrt{5/12} & \sqrt{5/20} \\ -\sqrt{5/2} & \sqrt{5/6} & \sqrt{5/12} & \sqrt{5/20} \\ 0 & -2\sqrt{5/6} & \sqrt{5/12} & \sqrt{5/20} \\ 0 & 0 & -3\sqrt{5/12} & \sqrt{5/20} \\ 0 & 0 & 0 & -4\sqrt{5/20} \end{bmatrix}.$$

2) Plans simplexes cycliques. Il est aussi possible de construire des plans simplexe en considérant une matrice D de la forme :

$$D = \begin{bmatrix} \alpha^t \mathbb{I}_m \\ Circ(e_1, e_2, ..., e_m) \end{bmatrix}$$

où $Circ(e_1, e_2, ..., e_m)$ désigne une matrice circulante c'est-à-dire ici une matrice carrée d'ordre m dont les lignes sont obtenues par permutations circulaires de la première ligne précisée entre parenthèses (voir Davis [28]). Le problème principal lié à ce type de construction est qu'il n'existe pas de méthode systématique afin de déterminer une telle matrice circulante. On pourra se référer à Crosier [26] qui a proposé des constructions pour un nombre de facteurs compris entre 3 et 13 (en prenant chaque fois $\alpha = -1$). Voici celle proposée pour $m = 4$ facteurs :

$$D = \begin{bmatrix} -1 & -1 & -1 & -1 \\ 0.309 & 0.691 & 1.309 & -1.309 \\ 0.691 & 1.309 & -1.309 & 0.309 \\ 1.309 & -1.309 & 0.309 & 0.691 \\ -1.309 & 0.309 & 0.691 & 1.309 \end{bmatrix}.$$

3) Plans simplexes à trois niveaux. Considérons maintenant l'approche proposée par Mee [64] concernant la construction de plans simplexes à trois niveaux. Comme le nom l'indique l'objectif est de proposer des plans simplexes simples dans le sens où ils ne font appel qu'à trois niveaux distincts pour la totalité des facteurs considérés. Pour cela, considérons une matrice D telle que :

$$D = \begin{bmatrix} \alpha^t \mathbb{I}_m \\ \beta I_m + \gamma J_m \end{bmatrix}.$$

En d'autres termes D est constituée d'une première ligne constante (appelée parfois ligne de base) et d'une matrice carrée complètement symétrique $\beta I_m + \gamma J_m$ (*i.e.* d'une matrice constituée d'une seule valeur diagonale $\beta + \gamma$ et d'une seule valeur extra-diagonale γ). On vérifie sans grande diffculté qu'un plan d'expérience de de cette forme est bien un plan simplexe si et seulement si :

$$\begin{cases} \alpha = 1 \\ \beta = \sqrt{m+1} \\ \gamma = \left(-1 - \sqrt{m+1}\right)/m \end{cases} \quad \text{ou} \quad \begin{cases} \alpha = -1 \\ \beta = \sqrt{m+1} \\ \gamma = \left(1 - \sqrt{m+1}\right)/m \end{cases}.$$

Voici la configuration proposée pour $m = 4$ facteurs (associée à la valeur $\alpha = -1$) :

$$D = \frac{1}{4} \begin{bmatrix} -4 & -4 & -4 & -4 \\ 1+3\sqrt{5} & 1-\sqrt{5} & 1-\sqrt{5} & 1-\sqrt{5} \\ 1-\sqrt{5} & 1+3\sqrt{5} & 1-\sqrt{5} & 1-\sqrt{5} \\ 1-\sqrt{5} & 1-\sqrt{5} & 1+3\sqrt{5} & 1-\sqrt{5} \\ 1-\sqrt{5} & 1-\sqrt{5} & 1-\sqrt{5} & 1+3\sqrt{5} \end{bmatrix}.$$

3.5.2 Propriétés

Concernant l'analyse d'un plan simplexe, il peut s'avérer parfois intéressant de rajouter un petit nombre de réplications du centre du domaine expérimental. Un plan simplexe désigne donc ici un des plans vu précédemment plus n_0 éventuelles réplications du centre du domaine. Le nombre total d'expériences est donc :

$$n = m + 1 + n_0.$$

Un tel plan d'expérience sera désormais désigné par la notation $SD\,(m, n_0)$ pour *Simplex Design.* D'après la définition 3.17, pour tout plan simplexe la matrice $\left(1/\sqrt{m+1}\right) X$ est orthogonale (rajouter des réplications centrales ne change en rien cette propriété). Il en découle que :

$$^tXX = (m+1)\, I_n.$$

Le résultat suivant est donc immédiat :

Proposition 3.18. *Tout* **plan simplexe** *est un plan d'expérience* **usuel** *pour un modèle linéaire d'ordre un. Il vérifie de plus :*

$$s_2 = m + 1.$$

Ce résultat entraîne que les propriétés des plans d'expérience usuels (voir le paragraphe 3.2.4) sont directement applicables aux plans simplexes.

3.6 Plans de Plackett et Burman

3.6.1 Définition

Les fractions régulières de plans factoriels complets présentent l'avantage de n'utiliser que deux niveaux distincts par facteurs (hors éventuelles expériences centrales) mais l'inconvénient de ne pas toujours être des configurations saturées. Réciproquement les plans simplexes sont systématiquement saturés mais nécessitent généralement l'utilisation de plus de deux niveaux par facteur. L'objectif de **Plackett et Burman** [73] a été alors de proposer des plans d'expérience "optimaux" dans le sens où ces deux propriétés sont vérifiées simultanément. Plus précisemment ces configurations sont définies ci-dessous.

Définition 3.19. *Un plan d'expérience est dit de* **Plackett et Burman** *pour m facteurs si et seulement si il s'agit d'une configuration* **saturée** *pour le modèle d'ordre un (i.e. $n = m+1$) telle que la matrice du modèle X ne contient que les niveaux -1 et $+1$ avec ses colonnes deux-à-deux* **orthogonales.**

Ce type de plan d'expérience est d'un grand intérêt pratique puisqu'il combine à la fois nombre minimal d'expériences (donc coût optimal) et nombre minimal de niveaux (donc facilité dans les changements de niveaux des différents facteurs).

D'un point de vue théorique Plackett et Burman [73] ont adapté la théorie des matrices d'Hadamard (matrices à colonnes orthogonales composées uniquement des valeurs ± 1) afin de construire ce type de plans d'expérience. Il en découle tout d'abord que ce type de construction n'est possible que lorsque le nombre de facteurs vérifie :

$$m = 3 \bmod 4$$

(le nombre de facteurs doit donc être égal à $3, 7, 11, \ldots$). Afin de construire, de manière générale, la matrice d'un plan de Plackett et Burman il est possible d'utiliser la technique suivante. La première ligne de la matrice du plan est constituée (arbitrairement) par uniquement les valeurs -1. Les autres lignes sont ensuite obtenues à partir des permutations circulaires d'une "ligne de base" $(e_1, e_2, ..., e_m)$ telle que : $(m+1)/2$ valeurs des e_i sont égales à 1 et $(m-1)/2$ valeurs des e_i sont égales à -1. Voici la matrice D_1 d'un Plan de Plackett et Burman ainsi construit pour $m = 3$ facteurs :

$$D_1 = \begin{bmatrix} -1 & -1 & -1 \\ 1 & 1 & -1 \\ -1 & 1 & 1 \\ 1 & -1 & 1 \end{bmatrix}$$

Matrice D_2 d'un plan de Plackett et Burman pour $m = 7$ facteurs :

$$D_2 = \begin{bmatrix} -1 & -1 & -1 & -1 & -1 & -1 & -1 \\ 1 & 1 & 1 & -1 & 1 & -1 & -1 \\ -1 & 1 & 1 & 1 & -1 & 1 & -1 \\ -1 & -1 & 1 & 1 & 1 & -1 & 1 \\ 1 & -1 & -1 & 1 & 1 & 1 & -1 \\ -1 & 1 & -1 & -1 & 1 & 1 & 1 \\ 1 & -1 & 1 & -1 & -1 & 1 & 1 \\ 1 & 1 & -1 & 1 & -1 & -1 & 1 \end{bmatrix}$$

Matrice D_3 d'un plan de Plackett et Burman pour $m = 11$ facteurs :

$$D_3 = \begin{bmatrix} -1 & -1 & -1 & -1 & -1 & -1 & -1 & -1 & -1 & -1 & -1 \\ 1 & -1 & 1 & -1 & -1 & -1 & 1 & 1 & 1 & -1 & 1 \\ 1 & 1 & -1 & 1 & -1 & -1 & -1 & 1 & 1 & 1 & -1 \\ -1 & 1 & 1 & -1 & 1 & -1 & -1 & -1 & 1 & 1 & 1 \\ 1 & -1 & 1 & 1 & -1 & 1 & -1 & -1 & -1 & 1 & 1 \\ 1 & 1 & -1 & 1 & 1 & -1 & 1 & -1 & -1 & -1 & 1 \\ 1 & 1 & 1 & -1 & 1 & 1 & -1 & 1 & -1 & -1 & -1 \\ -1 & 1 & 1 & 1 & -1 & 1 & 1 & -1 & 1 & -1 & -1 \\ -1 & -1 & 1 & 1 & 1 & -1 & 1 & 1 & -1 & 1 & -1 \\ -1 & -1 & -1 & 1 & 1 & 1 & -1 & 1 & 1 & -1 & 1 \\ 1 & -1 & -1 & -1 & 1 & 1 & 1 & -1 & 1 & 1 & -1 \\ -1 & 1 & -1 & -1 & -1 & 1 & 1 & 1 & -1 & 1 & 1 \end{bmatrix}$$

Remarquons que par rapport aux plans d'expérience vu précedemment un plan de Plackett et Burman n'est autre qu'un plan d'expérience simplexe cyclique (voir le paragraphe 3.5.1) obtenu dans le cas particulier où les permutations circulaires se font à partir d'une ligne constituée uniquement des valeurs ± 1. Remarquons enfin que les configurations de matrices D_1 et D_2 définissent aussi des fractions régulières de plans factoriels. En effet, D_1 est aussi la matrice du plan :

$$FD\left(2_{\text{III}}^{3-1}, 0, -\mathbb{I}_4{=}123\right).$$

De même, la matrice D_2 est aussi la matrice du plan :

$$FD\left(2_{\text{III}}^{7-4}, 0, -\mathbb{I}_8{=}126{=}134{=}237{=}245\right).$$

On montre que lorsque le nombre d'expériences utilisées ($n = m + 1$) est égal à une puissance de 2 alors le plan de Plackett et Burman est **simultanément** un plan simplexe et une fraction régulière de plan factoriel (voir Khuri et Cornell [56]). Cette identification à une fraction régulière est bien entendu impossible dans tous les autres cas de figure. Ce sont surtout ces cas là qui présentent un intérêt en pratique, c'est-à-dire les situations où le nombre de facteurs $m = 3 \bmod 4$ est tel que $m + 1$ n'est pas une puissance de 2 ($m = 11$, 19, 23, *etc*...). Par rapports aux exemples présentés ci-dessus le cas où $m = 11$ facteurs interviennent permet bien d'obtenir une configuration de plus petite taille (en $n = 12$ expériences) que l'alternative d'une fraction régulière de résolution III de plan factoriel complet (en $n = 16$ expériences).

3.6.2 Propriétés

Concernant l'analyse, il peut s'avérer parfois intéressant de rajouter un petit nombre de réplications du centre du domaine expérimental. Un plan de Plackett et Burman désigne donc ici un des plans vu précédemment plus n_0 éventuelles réplications du centre du domaine. Le nombre total d'expériences est donc :

$$n = m + 1 + n_0.$$

Un tel plan sera désormais désigné par la notation $PB\left(m, n_0\right)$. D'après la définition 3.19 pour tout plan de Plackett et Burman le produit scalaire de deux colonnes distinctes de la matrice X est toujours nul (orthogonalité) et la norme au carré d'une des colonnes de X est égale à $m + 1$ (puisque les élements de X sont ± 1). Il en découle que :

$$^tXX = (m+1)\, I_n.$$

(en d'autres termes la matrice $\left(1/\sqrt{m+1}\right) X$ est orthogonale comme c'était le cas pour les plans simplexes). Le résultat suivant est donc immédiat :

Proposition 3.20. *Tout* **plan de Plackett et Burman** *est un plan d'expérience* **usuel** *pour un modèle linéaire d'ordre un. Il vérifie de plus :*

$$s_2 = m + 1.$$

3.7 Exemple d'application

Terminons ce chapitre par un exemple d'application pratique. Considérons une expérience agronomique dont l'objectif est d'obtenir une variété de légumes la plus fertile possible. Une expérience est donc ici la culture de plants de ces légumes sous serre et la réponse est la masse moyenne des légumes récoltés par unité de surface. Les agronomes pensent que 8 facteurs sont suceptibles d'intervenir dans ce phénomène et ils souhaitent vérifier ce qu'il en est réellement à l'aide d'une démarche expérimentale. Ces facteurs peuvent facilement être fixés en pratique, ils sont donnés dans le tableau suivant avec les valeurs minimales et maximales qu'il est possible d'utiliser.

	Minimum	*Maximum*
Hygrométrie (en %)	55	85
Eclairement artificiel (en h)	1.5	4.5
Température (en $°C$)	17.5	32.5
Taux de CO_2 (en %)	1.5	4.5
Fertilisant 1 (en g/m^2)	150	450
Fertilisant 2 (en g/m^2)	75	225
Fertilisant 3 (en g/m^2)	55	85
Fertilisant 4 (en g/m^2)	175	325

Les expériences étant ici longues à réaliser un plan d'expérience de petite taille, en l'occurence un plan simplexe, va être utilisé. Supposons de plus qu'il est possible de réaliser 3 réplications du centre du domaine expérimental. La mise en oeuvre d'un plan simplexe cyclique entraîne la réalisation de 12 expériences selon la matrice D donnée ci-après (voir Crosier [26]).

$$D = \begin{bmatrix} -1 & -1 & -1 & -1 & -1 & -1 & -1 & -1 \\ -0.5 & 1.5 & 0.5 & 1.5 & -1.5 & -0.5 & 0.5 & -0.5 \\ -0.5 & -0.5 & 1.5 & 0.5 & 1.5 & -1.5 & -0.5 & 0.5 \\ 0.5 & -0.5 & -0.5 & 1.5 & 0.5 & 1.5 & -1.5 & -0.5 \\ -0.5 & 0.5 & -0.5 & -0.5 & 1.5 & 0.5 & 1.5 & -1.5 \\ -1.5 & -0.5 & 0.5 & -0.5 & -0.5 & 1.5 & 0.5 & 1.5 \\ 1.5 & -1.5 & -0.5 & 0.5 & -0.5 & -0.5 & 1.5 & 0.5 \\ 0.5 & 1.5 & -1.5 & -0.5 & 0.5 & -0.5 & -0.5 & 1.5 \\ 1.5 & 0.5 & 1.5 & -1.5 & -0.5 & 0.5 & -0.5 & -0.5 \\ 0 & 0 & 0 & 0 & 0 & 0 & 0 & 0 \\ 0 & 0 & 0 & 0 & 0 & 0 & 0 & 0 \\ 0 & 0 & 0 & 0 & 0 & 0 & 0 & 0 \end{bmatrix}$$

Remarquons que ce plan d'expérience est tel que chacun des facteurs est à valeurs dans l'intervalle $[-1.5, 1.5]$. Le lien entre variable codée et variable initiale à valeurs dans $[a, b]$ est donc donné par (voir le paragraphe 3.2.1) :

$$x^* = 1.5 \left[\frac{2x - (a+b)}{(b-a)} \right].$$

Voici alors le protocole expérimental (*i.e.* la liste des expériences à effectuer par le technicien, exprimées avec leurs unités initiales). Le vecteur Y, c'est-à-dire les différentes valeurs des réponses (en grammes) mesurées, est aussi donné.

	Hyg	*Ecl*	*Tem*	CO_2	*Fe* 1	*Fe* 2	*Fe* 3	*Fe* 4	Y
Exp 1	60	2	20	2	200	100	60	200	172
Exp 2	65	4.5	27.5	4.5	150	125	75	225	162
Exp 3	65	2.5	32.5	3.5	450	75	65	275	139
Exp 4	75	2.5	22.5	4.5	350	225	55	225	201
Exp 5	65	3.5	22.5	2.5	450	175	85	175	150
Exp 6	55	2.5	27.5	2.5	250	225	75	325	297
Exp 7	85	1.5	22.5	3.5	250	125	85	275	209
Exp 8	75	4.5	17.5	2.5	350	125	65	325	382
Exp 9	85	3.5	32.5	1.5	250	175	65	225	87
Exp 10	70	3	25	3	300	150	70	250	196
Exp 11	70	3	25	3	300	150	70	250	188
Exp 12	70	3	25	3	300	150	70	250	206

Un exemple de programme SAS permettant d'entrer ce plan d'expérience (dans la table SAS dénommée "Donnees") ainsi que le vecteur des réponses est :

```
Data Donnees;
  Input hyg ecl tem co2 fe1 fe2 fe3 fe4 y;
  Cards;
  -1.0 -1.0 -1.0 -1.0 -1.0 -1.0 -1.0 -1.0  172
  -0.5  1.5  0.5  1.5 -1.5 -0.5  0.5 -0.5  162
                                  ⋮
          expérience i et réponse i
                                  ⋮
   0.0  0.0  0.0  0.0  0.0  0.0  0.0  0.0  188
   0.0  0.0  0.0  0.0  0.0  0.0  0.0  0.0  206
Run;
```

Le tableau d'analyse de la variance pour le modèle considéré est alors :

Source	*ddl*	*S. carrés*	*M. Carrés*	*St. Test*	*Proba.*
Régression	8	63833	7979.1	128.7	0.0010 ●●○
Erreur	3	186.0	62.0	0.287	0.6458 ○○○
Pure.	*2*	*162.7*	*81.3*		
Ajus.	*1*	*23.3*	*23.3*		
Total	11	64019			

Ces résultats peuvent être obtenus à l'aide de la procédure de SAS :

```
Proc Reg data=Donnees;
  Model y = hyg ecl tem co2 fe1 fe2 fe3 fe4;
Run;
```

Cette procédure effectue la régresssion linéaire la plus simple proposée par SAS. Le tableau d'analyse de la variance est obtenu en sortie dans la première partie des résultats ("Analyse de la variance"). Attention au fait que cette procédure ne permet pas de décomposer la quantité SSE à l'aide des réplications réalisées. Ceci peut être cependant rajouté à l'aide d'un calcul très simple puisque les répétitions n'ont lieu qu'au centre du domaine (voir la proposition 3.8).

Concernant les résultats de ce tableau, on constate que le modèle utilisé ici est licite puisqu'il est possible de rejeter raisonnablement l'hypothèse "tous les paramètres du modèle (sauf β_0) sont nuls". Ce modèle semble de plus bien ajusté puisqu'on obtient (valeur "R-Square" de la sortie SAS) :

$$R^2 = 1 - \frac{SSE}{SST} \simeq 0.997.$$

Prenons cependant garde au fait que l'on utilise ici un plan d'expérience de petite taille (12 expériences, dont 3 répétées) ce qui favorise l'obtention d'un coefficient R^2 élevé. En effet, dans le cas limite où l'on aurait utilisé un plan d'expérience saturé (par exemple en supprimant les expériences au centre) le problème aurait alors été de faire passer au mieux un modèle à 9 paramètres inconnus par 9 points expérimentaux. Ceci est bien entendu toujours possible (sauf cas particulier amenant à une singularité) car l'ajustement conduit à un système linéaire de 9 équations à 9 inconnues. Le modèle ajusté au sens des moindres carrés passe alors exactement par tous les points expérimentaux donc $R^2 = 1$ (et ceci quelles que soient les valeurs des réponses observées). Un estimateur sans biais de la variance des résidus σ^2 est maintenant donné par (valeur "Root MSE" de la sortie SAS):

$$\hat{\sigma}^2 = MSE = 62 \text{ (donc } \hat{\sigma} \simeq 7.87).$$

Pour la décomposition de la somme des carrés due à l'erreur on constate que le modèle utilisé est bien ajusté en moyenne puisqu'il n'est pas possible de rejeter cette hypothèse à un niveau significatif. Réalisons maintenant une analyse plus fine en estimant chacun des paramètres du modèle et en testant leur significativité. Ceci donne le tableau ci-après (voir le paragraphe 3.2.4 pour les formules explicites) :

Param.	*Estimat.*	*Ec. type*	*St. Test*	*Proba.*
β_0	199.1	2.273	87.58	0.0001 •••
β_1	−11.94	2.625	−4.55	0.0199 •∘∘
β_2	14.50	2.625	5.52	0.0117 •∘∘
β_3	−50.72	2.625	−19.32	0.0003 •••
β_4	0.167	2.625	0.06	0.9534 ∘∘∘
β_5	1.500	2.625	0.57	0.6077 ∘∘∘
β_6	12.06	2.625	4.59	0.0194 •∘∘
β_7	−1.056	2.625	−0.40	0.7145 ∘∘∘
β_8	63.39	2.625	24.15	0.0002 •••

Ces résultats figurent en deuxième partie de la sortie SAS de la procédure REG présentée précédemment ("Résultats estimés des paramètres"). Ces résultats sont parfois représentés graphiquement sous forme d'un histogramme appelé **graphe des effets linéaires** (voir la figure 3.1) ou encore diagramme de Pareto.

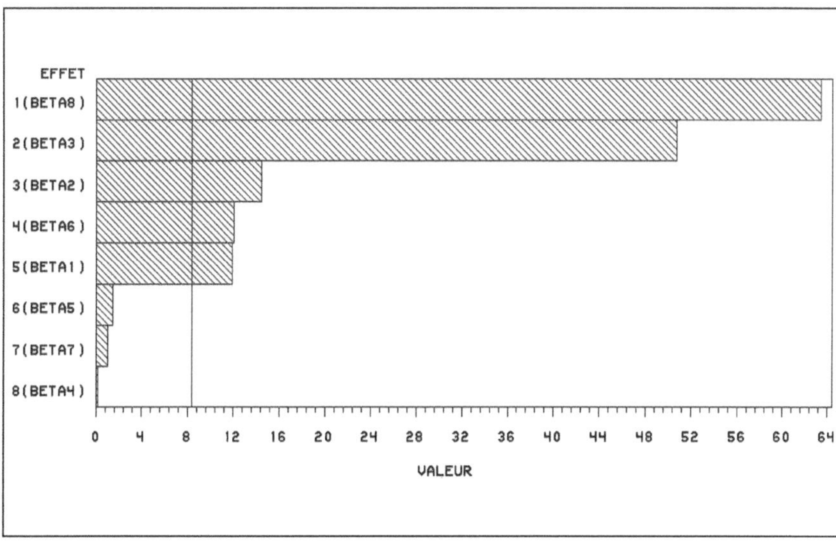

Fig. 3.1. Graphe des effets linéaires.

Un tel graphe présente autant de barres horizontales qu'il y a d'effets linéaires étudiés et la barre associée au i-ème effet linéaire a pour longueur $|\widehat{\beta}_i|$. Les effets linéaires des facteurs sont ici représentés en les classant des plus importants vers les moins importants (*i.e.* de β_8 vers β_4). La droite verticale ayant pour abscisse 8.4 correspond à la valeur que doit dépasser $|\widehat{\beta}_i|$ pour que le i-ème effet linéaire soit jugé significatif avec un niveau égal au moins à 5% (voir le paragraphe 2.6.4). Remarquons que l'utilisation de cette référence commune est ici possible car le plan est usuel donc tous les estimateurs $\widehat{\beta}_i$ ont même dispersion (égale à σ^2/s_2 d'après la proposition 3.4) et obéissent donc à la même règle concernant l'acceptation ou non de leur significativité. Remarquons enfin que, d'après le modèle utilisé, la longueur de chacune des barres s'interprète en pratique comme la variation de la réponse prédite (en valeur absolue) obtenue lorsque le facteur correspondant varie d'une unité (sous forme codée). En effet, la réponse moyenne prédite au point x est donnée par :

$$\widehat{Y}(x) = \widehat{\beta}_0 + \sum_{i=1}^{m} \widehat{\beta}_i x_i.$$

Supposons que seul le facteur j varie d'une unité (*i.e.* il passe du niveau x_j au niveau $x_j \pm 1$). En notant symboliquement $x_{\pm j}$ le point ainsi obtenu il vient :

$$\widehat{Y}(x_{\pm j}) = \widehat{\beta}_0 + \sum_{i \neq j} \widehat{\beta}_i x_i + \widehat{\beta}_j (x_j \pm 1) \text{ donc } \left| \widehat{Y}(x_{\pm j}) - \widehat{Y}(x_j) \right| = \left| \widehat{\beta}_j \right|.$$

Comparons maintenant les valeurs des réponses observées (Y) avec les réponses moyennes prédites par le modèle ($\widehat{Y} = X\widehat{\beta}$). Ces résultats sont résumés dans le tableau ci-dessous avec l'erreur associée à ces différentes prédictions (l'écart-type).

	Y obs.	*Y pred.*	*Ec. type*
Exp 1	172	171.2	7.764
Exp 2	162	161.2	7.764
Exp 3	139	138.2	7.764
Exp 4	201	200.2	7.764
Exp 5	150	149.2	7.764
Exp 6	297	296.2	7.764
Exp 7	209	208.2	7.764
Exp 8	382	381.2	7.764
Exp 9	87	86.2	7.764
Exp 10	196	199.1	2.273
Exp 11	188	199.1	2.273
Exp 12	206	199.1	2.273

Ces valeurs peuvent être directement obtenues à l'aide du programme SAS suivant (l'option "clm" permet d'obtenir les valeurs $\widehat{Y}_i$, leurs dispersions ainsi qu'un intervalle de confiance) :

```
Proc Reg data=Donnees;
  Model y = hyg ecl tem co2 fe1 fe2 fe3 fe4 / clm;
Run;
```

On constate que les réponses observées et prédites par le modèle sont toujours très proches, ceci est en accord avec la valeur élevée de R^2 trouvée précédemment. Rappelons que les dispersions associées aux prédictions découlent de la formule suivante (puisque le plan d'expérience utilisé est iso-variant par transformations orthogonales, voir la proposition 3.5) :

$$\text{Var}\,\hat{Y}(x) = \sigma^2 \left(\frac{1}{n} + \frac{1}{s_2} \|x\|^2 \right) \simeq \frac{31}{6} + \frac{62}{9} \|x\|^2 .$$

Cette formule montre bien que les trois réplications centrales sont associées à trois variances identiques, obtenues en posant $\|x\| = 0$. De même, il a été montré au paragraphe 3.5.1 que toutes les expériences d'un plan simplexe sont situées à la surface de la sphère centrée de rayon $\sqrt{m}$. C'est pourquoi les 9 premières expériences sont toutes associées à une dispersion identique, donnée par :

$$\text{Var}\,\hat{Y}(x) \simeq \frac{31}{6} + \frac{496}{9} \simeq 60.278 \text{ puisque } \|x\|^2 = 8.$$

Conclusion

Les résultats précédents ont montré que le modèle ajusté ici est de bonne qualité et donne les informations suivantes concernant les effets linéaires de chacun des facteurs considérés :

1) l'effet moyen général ainsi que les effets linéaires de la température et du fertilisant 4 sont **très hautement significatifs**,

2) les effets linéaires de l'éclairement, de l'hygrométrie ainsi que du fertilisant 2 ont un **effet significatif** sur le phénomène étudié (moins important que pour le cas précédent mais non-négligeable),

3) les effets linéaires associés au taux de CO_2, au fertilisant 1 ainsi qu'au fertilisant 3 ne sont **pas significatifs** dans le modèle postulé.

En tenant compte maintenant du signe de chacun des estimateurs des effets linéaires obtenus il est possible de résumer tout ceci dans le tableau suivant traduisant l'effet de chaque facteur sur la réponse. Plus précisément, ce tableau rend compte de l'effet sur la réponse moyenne prédite lorsque chacun des facteurs passe du niveau bas -1 au niveau haut $+1$. La conséquence peut alors être négligeable ($\simeq 0$), une augmentation $(+)$, une très forte augmentation $(++)$, une diminution $(-)$ ou encore une très forte diminution $(--)$.

	Hyg.	*Ecl.*	*Tem.*	CO_2	*Fe 1*	*Fe 2*	*Fe 3*	*Fe 4*
Effet sur Y	$-$	$+$	$--$	$\simeq 0$	$\simeq 0$	$+$	$\simeq 0$	$++$

Ce tableau indique donc que, d'après le modèle ajusté, il est nécessaire de réaliser les opérations suivantes si l'on souhaite augmenter la masse moyenne de légumes récoltés : fixer la température à un niveau bas et le fertilsant 4 à un niveau haut (conditions primordiales), puis fixer l'hygrométrie à un niveau bas puis l'éclairement ainsi que le fertilisant 2 à un niveau haut. Les trois derniers facteurs étant sans effet notable sur la réponse peuvent être fixés de n'importe quelle manière (voire non-contrôlés).

3.8 Résumé

Voici un résumé des principales configurations étudiées dans ce chapitre. Pour un nombre de facteurs variant entre 2 et 12 (associés à un nombre p de paramètres inconnus à estimer) le tableau suivant présente le nombre minimal d'expériences à réaliser pour différents plans d'expérience. On considère plus précisément :

1) les plans factoriels complets (de type $FD\,(2^m, 0)$),

2) les plans factoriels fractionnaires de résolution III (de type $FD\,(2^{m-q}_{\text{III}}, 0)$),

3) les plans simplexes (de type $SD\,(m, 0)$).

3) les plans de Plackett et Burman (de type $PB\,(m, 0)$).

La taille relative δ pour chaque plan d'expérience figure aussi entre parenthèses, il s'agit de sa taille ramenée au nombre d'inconnues du modèle :

$$\delta = \frac{n}{p} = \frac{n}{m+1}.$$

Par construction tous les plans simplexes ainsi que tous les plans de Plackett et Burman sont saturés ($\delta = 1$) dès lors qu'ils n'intègrent aucune expérience centrale.

	p	*Fact. Comp.*	*Fact. Frac.*	*Simplexe*	*Plac. Bur.*
2 facteurs	3	4 (1.33)	×	3 (1.00)	×
3 facteurs	4	8 (2.00)	4 (1.00)	4 (1.00)	4 (1.00)
4 facteurs	5	16 (3.20)	8 (1.60)	5 (1.00)	×
5 facteurs	6	32 (5.33)	8 (1.33)	6 (1.00)	×
6 facteurs	7	64 (9.14)	8 (1.14)	7 (1.00)	×
7 facteurs	8	128 (16.0)	8 (1.00)	8 (1.00)	8 (1.00)
8 facteurs	9	256 (28.4)	16 (1.78)	9 (1.00)	×
9 facteurs	10	512 (51.2)	16 (1.60)	10 (1.00)	×
10 facteurs	11	1024 (93.1)	16 (1.45)	11 (1.00)	×
11 facteurs	12	2048 (171.)	16 (1.33)	12 (1.00)	12 (1.00)
12 facteurs	13	4096 (315.)	16 (1.23)	13 (1.00)	×

COMPLEMENTS

3.9 (Compléments) Démonstrations

Proposition 3.4. *Soit un plan d'expérience* **usuel** *pour un modèle linéaire d'ordre un.*

1) *L'estimateur des* **moindres carrés** *de β est donné par :*

$$\hat{\beta}_0 = \overline{Y} \text{ et } \hat{\beta}_L = \frac{1}{s_2} {}^t DY.$$

2) *Concernant la* **dispersion** *de cet estimateur, il vient :*

$$\operatorname{Var} \hat{\beta}_0 = \frac{\sigma^2}{n} \text{ et } \forall\, i = 1, ..., m \ , \ \operatorname{Var} \hat{\beta}_i = \frac{\sigma^2}{s_2}.$$

3) *Les composantes de $\hat{\beta}$ sont de plus* **non-corrélées** *entre elles.*

Démonstration. Pour tout plan d'expérience usuel, par hypothèse, ${}^tXX$ est une matrice diagonale donnée explicitement par :

$${}^tXX = \operatorname{diag}(n, s_2, ..., s_2).$$

En notant ${}^t\beta = (\beta_0 \mid {}^t\beta_L)$ et $X = \left[\mathbb{I}_n \middle| D\ \right]$ on obtient alors pour $\hat{\beta}$:

$$\hat{\beta} = \left({}^tXX\right)^{-1} {}^tXY = \operatorname{diag}\left(\frac{1}{n}, \frac{1}{s_2}, ..., \frac{1}{s_2}\right) \begin{bmatrix} {}^t\mathbb{I}_n \\ {}^tD \end{bmatrix} Y = \begin{pmatrix} (1/n)^t\, \mathbb{I}_n Y \\ (1/s_2)\, {}^tDY \end{pmatrix}.$$

On en déduit le résultat énoncé en 1. Concernant la dispersion de $\hat{\beta}$, il vient :

$$\mathbb{V}\left(\hat{\beta}\right) = \sigma^2 \left({}^tXX\right)^{-1} = \sigma^2 \operatorname{diag}\left(\frac{1}{n}, \frac{1}{s_2}, ..., \frac{1}{s_2}\right).$$

Les résultats du point 2 sont obtenus par lecture des termes diagonaux. Le point 3 découle enfin du fait que $\mathbb{V}\left(\hat{\beta}\right)$ est une matrice diagonale ■

Proposition 3.5. *Soit un plan d'expérience* **usuel** *pour un modèle linéaire d'ordre un. En désignant par $\|.\|$ la norme usuelle de $\mathbb{R}^m$, la dispersion de la réponse prédite en $x = {}^t(x_1, ..., x_m) \in \mathcal{E}$ est donnée par :*

$$\operatorname{Var} \hat{Y}(x) = \sigma^2 \left(\frac{1}{n} + \frac{1}{s_2} \|x\|^2\right).$$

*Cette dispersion ne dépend que de la distance entre x et le centre du domaine, c'est pourquoi tout plan d'expérience usuel pour un modèle d'ordre un est qualifié d'***isovariant par transformations orthogonales.**

Démonstration. D'après la proposition 2.7 il vient :

$$\mathrm{Var}\,\hat{Y}(x) = \sigma^2\, {}^t g(x) \left({}^t XX\right)^{-1} g(x)$$

avec $g(x)$ vecteur de régression construit de manière identique aux lignes de X. Donc ici :

$$\forall\, x = {}^t(x_1, ..., x_m) \in \mathcal{E} \,,\, g(x) = (1, x_1, ..., x_m)\,.$$

Il vient ensuite :

$$\mathrm{Var}\,\hat{Y}(x) = \sigma^2\, {}^t g(x) \,\mathrm{diag}\left(\frac{1}{n}, \frac{1}{s_2}, ..., \frac{1}{s_2}\right) g(x) = \sigma^2 \left(\frac{1}{n} + \frac{1}{s_2}\sum_{i=1}^{m} x_i^2\right)$$

D'où le résultat énoncé ■

Lemme 3.A. (utilisé pour démontrer la proposition 3.7) *Soit un plan d'expérience $\mathcal{D}$ à m facteurs quantitatifs et les applications Δ_j $(j = 1, ..., m)$ de $\mathbb{R}^m$ dans $\mathbb{R}^m$ telles que :*

$$\Delta_j \,:\, (x_1, x_2, ..., x_j, ..., x_m) \longmapsto (x_1, x_2, ..., -x_j, ..., x_m)\,.$$

Si $\mathcal{D}$ est **globalement invariant** *relativement aux applications Δ_j (i.e. $\forall$ $j = 1, ..., m$, $\mathcal{D} = \mathrm{Im}_{\Delta_j}\, \mathcal{D}$) alors* **tous les moments impairs** *des points de ce plan* **sont nuls**.

Démonstration. Considérons un plan d'expérience $\mathcal{D}$ globalement invariant relativement à l'application Δ_j. Ceci veut donc dire qu'à tout point du plan z_u on peut associer un autre point $z_{u'}$ tel que :

$$\Delta_j(z_u) = z_{u'}.$$

En d'autres termes, on a donc :

$$z_{uj} = -z_{u'j} \text{ et } \forall\, i \neq j \,,\, z_{ui} = z_{u'i}.$$

Evaluons maintenant tout moment des points de ce plan ayant la forme $\left[1^{\delta_1} 2^{\delta_2} ... m^{\delta_m}\right]$ avec δ_j entier impair. Il vient alors :

$$\sum_{u=1}^{n} z_{uj}^{\delta_j} \left(\prod_{i\neq j} z_{ui}^{\delta_i}\right) = -\sum_{u'=1}^{n} z_{u'j}^{\delta_j} \left(\prod_{i\neq j} z_{u'i}^{\delta_i}\right) \Rightarrow \left[1^{\delta_1} 2^{\delta_2} ... m^{\delta_m}\right] = 0.$$

Lorsque le plan d'expérience est globalement invariant par rapport à toutes les applications Δ_j $(j = 1, ..., m)$ tous ses moments impairs sont donc bien nuls ■

Proposition 3.7. *Tout plan d'expérience factoriel complet est un plan d'expérience* **usuel** *pour un modèle linéaire d'ordre un. Il vérifie de plus :*

$$s_2 = 2^m.$$

Démonstration. Montrons que tout plan factoriel complet vérifie bien les contraintes associées à un plan d'expérience usuel.

1) Concernant les moments pairs, il est évident que pour tout $i = 1, ..., m$, $n\left[i^2\right] = 2^m$ puisque chaque colonne de D est constituée par 2^m valeurs égales à 1 ou -1.

2) Justifions que tous les moments impairs de ${}^tXX$ (*i.e.* de la forme $[i]$ pour $i = 1, ..., m$ et $[ij]$ pour $i, j = 1, ..., m$ avec $i < j$) sont nuls. Ceci est une conséquence immédiate du lemme 3.A. En effet, la configuration utilisée ici contient tous les sommets du cube $[-1, 1]^m$, il en découle que tout plan d'expérience factoriel complet est bien globalement invariant par rapport à chacune des applications Δ_j. Remarquons enfin que rajouter n_0 réplications centrales (*i.e.* n_0 lignes nulles à la matrice D) permet de conserver les mêmes moments nuls ainsi que la même valeur de s_2 ■

Proposition 3.8. *Soit un plan d'expérience dont les seules réplications ont lieu* **au centre** *du domaine expérimental et sont répétées $n_0 \geq 2$ fois. Si Y_0 est le vecteur de ces n_0 réponses et Y_0^* est ce même vecteur centré alors :*

$$SSPE = {}^tY_0^* Y_0^* = \left\| Y_0^* \right\|^2.$$

Démonstration. Il a été montré à la proposition 2.12 que $SSPE$ vérifie :

$$SSPE = {}^tY\left(I_n - P^*\right)Y$$

avec P^* projecteur orthogonal de $\mathbb{R}^n$ sur l'image de la matrice indicatrice des répétitions (donc $P^* = diag\left(r_1^{-1}J_1, r_2^{-1}J_2, \ ... \ , r_{n^*}^{-1}J_{n^*}\right)$). Comme ici les répétitions sont effectuées uniquement au centre du domaine et sont au nombre de n_0, on a donc :

$$P^* = diag\left(1, 1, \ ... \ , 1, n_0^{-1}J_{n_0}\right).$$

Il en découle que :

$$SSPE = {}^tY_0\left(I_n - \frac{1}{n_0}J_{n_0}\right)Y_0 = {}^t\left[\left(I_n - \frac{1}{n_0}J_{n_0}\right)Y_0\right]\left[\left(I_n - \frac{1}{n_0}J_{n_0}\right)Y_0\right]$$

car $\left(I_n - 1/n_0 J_{n_0}\right)^2 = I_n - 1/n_0 J_{n_0}$. On a le résultat annoncé car :

$$Y_0^* = Y_0 - \underbrace{\left(\frac{1}{n_0}{}^t\mathbb{I}_{n_0}Y_0\right)}_{\in\mathbb{R}}\mathbb{I}_{n_0} = Y_0 - \frac{1}{n_0}\mathbb{I}_{n_0}{}^t\mathbb{I}_{n_0}Y_0 = \left(I_n - \frac{1}{n_0}J_{n_0}\right)Y_0 \ ■$$

Proposition 3.10. *Soit un plan d'expérience factoriel complet à m facteurs, de matrice D, n'ayant pas de réplications centrales. Les colonnes de D sont alors (par construction) des* **contrastes non-unitaires** *de* $\{-1,1\}^{2^m}$. *De plus, le* **produit d'Hadamard** *de k colonnes distinctes de D $(2 \leq k \leq m)$ est aussi un* **contraste non-unitaire** *de* $\{-1,1\}^{2^m}$.

Démonstration. Il est évident que les colonnes de D sont bien des contrastes non-unitaires de $\{-1,1\}^{2^m}$ puisque, par construction, elles sont formées d'autant de valeurs $+1$ que de valeurs -1. Montrons maintenant que le produit d'Hadamard des deux premières colonnes de D est encore un contraste de $\{-1,1\}^{2^m}$. Il est évident que le produit d'Hadamard de ces colonnes est un vecteur de l'espace $\{-1,1\}^{2^m}$. De plus, d'après le lemme 3.A tous les moments impairs du plan complet sont nuls. On a donc en particulier $[12] = 0$ et le produit d'Hadamard des deux premières colonnes de D est bien un contraste non-unitaire de $\{-1,1\}^{2^m}$. Ce raisonnement se généralise pour le produit d'Hadamard de k colonnes distinctes de D ■

Proposition 3.13. *Le groupe $\mathcal{G}$ engendré par les q contrastes de définition d'une fraction régulière est un* **groupe fini** *constitué de 2^q éléments.*

Démonstration. Soit une fraction régulière engendrée par la famille de contrastes indépendants $\mathcal{F} = \{C_1, C_2, ..., C_q\}$ et $I = \{1, 2, ..., q\}$. Le groupe $\mathcal{G}$ engendré par les éléments de $\mathcal{F}$ est (voir par exemple Calais [17]) :

$$\mathcal{G} = \left\{C_1 C_2 ... C_n \ , \ n \in \mathbb{N}^* \ , \ C_i \in \mathcal{F} \text{ ou } C_i^{-1} \in \mathcal{F}\right\}.$$

Remarquons cependant que pour tout contraste C_i de $\mathcal{F}$ il vient :

$$C_i^2 = C_i \odot C_i = \mathbb{I} \iff C_i^{-1} = C_i.$$

De même il est ici inutile de répéter plusieurs fois un même élément de $\mathcal{F}$ puisque :

$$\forall \ k \in \mathbb{N} \ , \ C_i^{2k} = \mathbb{I} \text{ et } C_i^{2k+1} = C_i.$$

On a donc avec n indices distincts $\{i_1, ..., i_n\} \subset I$:

$$\mathcal{G} = \{C_{i_1} C_{i_2} ... C_{i_n} \ , \ 1 \leq n \leq q \ , \ C_{i_1}, ..., C_{i_n} \in \mathcal{F}\}.$$

On en déduit que les éléments de $\mathcal{G}$ sont : $\mathbb{I}$ (l'élément neutre du groupe), les élements de la forme C_i (au nombre de q), les éléments de la forme $C_i C_j$ (il y en a autant que de choix possibles non-ordonnés de deux éléments parmi q, c'est-à-dire $C_q^2 = q!/(2!\,(q-2)!)$), les éléments de la forme $C_i C_j C_k$ (au nombre de C_q^3), ..., l'élément $C_1 C_2 ... C_q$. D'après la formule du binôme de Newton, le nombre total d'élements est donc :

$$\text{card}\,(\mathcal{G}) = \sum_{i=0}^{q} C_q^i = 2^q.$$

Justifions pour terminer que l'on n'a pas dénombré ainsi plusieurs fois le même élément, c'est-à-dire que les 2^q éléments construits ci-dessus sont bien distincts. Supposons que deux éléments soient égaux. En d'autres termes, supposons qu'il existe $I' = \{i_1, i_2, ..., i_{n'}\} \subset I$ et $I'' = \{j_1, j_2, ..., j_{n''}\} \subset I$ avec $I' \neq I''$ tels que :

$$C_{i_1} C_{i_2} ... C_{i_{n'}} = C_{j_1} C_{j_2} ... C_{j_{n''}}.$$

Comme I' et I'' sont par hypothèse distincts on peut donc affirmer que (par exemple)

$$\exists \; i_{n^*} \in I' \text{ tel que } i_{n^*} \notin I''.$$

En multipliant les deux membres de l'égalité par $\prod_{i \in I' - \{i_{n^*}\}} C_i$ il vient alors :

$$C_{i_{n^*}} = C_{j_1} C_{j_2} ... C_{j_{l''}} \prod_{i \in I' - \{i_{n^*}\}} C_i.$$

Cette égalité est impossible à obtenir car elle contredit le fait que $\mathcal{F}$ est une famille de contrastes indépendants. On en déduit que les 2^q éléments de $\mathcal{G}$ sont donc deux à deux distincts ■

Proposition 3.16. *Toute* **fraction régulière** *de plan factoriel complet, de résolution égale à III (ou plus), est un plan d'expérience* **usuel** *pour un modèle linéaire d'ordre un. Il vérifie de plus :*

$$s_2 = 2^{m-q}.$$

Démonstration. Montrons au préalable qu'une fraction régulière de résolution I ou II rend impossible l'analyse du modèle d'ordre un complet.

1) Soit une fraction régulière de résolution I. Il existe donc au moins un élément de longueur égale à 1 dans le groupe $\mathcal{G}$ (supposons qu'il s'agisse de l'effet linéaire `1`). Ceci entraine que $\mathbb{I} = \mathtt{1}$ et donc la matrice du modèle X est singulière puisqu'elle contient deux colonnes égales à $\mathbb{I}$.

2) Soit une fraction régulière de résolution II. Il existe donc au moins un élément de longueur égale à 2 dans le groupe $\mathcal{G}$ (supposons qu'il s'agisse de l'effet d'interaction `12`). Ceci entraîne que :

$$\mathbb{I} = \mathtt{12} \Longleftrightarrow \mathtt{1{=}2}.$$

La matrice du modèle X est donc singulière puisque les colonnes associées aux effets linéaires `1` et `2` sont identiques. Montrons maintenant que le plan d'expérience est usuel dès lors que la résolution de la fraction est au moins égale à III. D'après la proposition 3.15, les colonnes de D sont des contrastes. Il s'agit bien ici de contrastes non-unitaires sinon nous serions dans le cas abordé en 1. Donc :

$$\forall\ i = 1, ..., m\ ,\ [i] = 0.$$

De même, la proposition 3.15 assure que le produit d'Hadamard de deux colonnes distinctes de D est un contraste. Une nouvelle fois il s'agit bien d'un contraste non-unitaire sinon nous serions dans le cas abordé en 2. Donc :

$$\forall\ i, j = 1, ..., m\ ,\ [ij] = 0.$$

Enfin, une fraction régulière engendrée par q générateurs est constituée par 2^{m-q} expériences, donc :

$$\forall\ i = 1, ..., m\ ,\ n\left[i^2\right] = s_2 = 2^{m-q}\ \blacksquare$$

4

Plans d'expérience pour modèles à effets d'interactions

4.1 Introduction

Considérons, par exemple, une réaction chimique dont on mesure le rendement. Supposons que ce rendement dépend, entre autre, des deux facteurs que sont la température et la pression. Modéliser cette expérience à l'aide d'un modèle polynomial du premier degré entraîne que l'effet de la température sur la réponse est toujours le même quelle que soit la valeur prise par la pression. Il est évident que cette hypothèse n'est pas toujours vérifiée dans la réalité car on peut envisager que l'effet de la température sur la réponse change en fonction de la pression utilisée. Dans ce cas de figure il existe donc un **effet d'interaction** entre ces deux facteurs.

L'objet de ce chapitre est de proposer des modélisations adaptées à ces situations d'interaction. Ceci est possible en restant dans un cadre polynomial, il suffit de rajouter des termes croisés rendant compte de ces nouveaux effets. L'analyse de tels modèles est facilement réalisable dès lors que l'on utilise, une nouvelle fois, des plans d'expérience factoriels ou des fractions régulières adéquates de ceux-ci.

Ce chapitre est structuré de la manière suivante. Une première partie aborde le problème le plus classique des interactions d'ordre 2 (*i.e.* entre deux facteurs). Les conditions à vérifier pour qu'un plan d'expérience soit d'analyse aisée (on le qualifiera encore plan usuel) sont détaillées. On montre ensuite que tout plan d'expérience factoriel ou toute fraction régulière judicieusement choisie vérifient bien ces conditions. Une seconde partie propose plusieurs types de généralisations : modèles à effets d'interactions d'ordre 3, modèles à effets d'interactions d'ordre quelconque et enfin modèles contenant tous les effets d'interactions. Le problème de l'utilisation de modèles incomplets est ensuite abordé puis un exemple d'application, illustré à l'aide de codes SAS, est proposé à la fin du chapitre.

W. Tinsson, *Plans d'expérience: constructions et analyses statistiques*, Mathématiques et Applications 67, DOI 10.1007/978-3-642-11472-4_4,
© Springer-Verlag Berlin Heidelberg 2010

4.2 Généralités

4.2.1 Modèle utilisé

Considérons ici un plan d'expérience $\mathcal{D} = \{z_u, u = 1, ..., n\}$ à m facteurs quantitatifs mis en oeuvre sur le domaine expérimental $\mathcal{E} \subset \mathbb{R}^m$. Un modèle polynomial est alors dit à effets d'interactions d'ordre 2 dès lors que l'on considère le modèle statistique $Y(x) = f(x) + \varepsilon(x)$ avec la loi de réponse donnée par :

$$\forall\ x \in \mathcal{E}\ ,\ f(x) = \beta_0 + \sum_{i=1}^{m} \beta_i x_i + \sum\sum_{i<j} \beta_{ij} x_i x_j.$$

Pour un tel modèle, on dit que :

$$\begin{cases} \beta_0 \ (\textit{i.e.} \text{ la constante polynomiale) est l'}\textbf{effet moyen général}, \\ \beta_i \ (i = 1, ..., m) \text{ est l'}\textbf{effet linéaire} \text{ du i-ème facteur}, \\ \beta_{ij} \ (i, j = 1, ..., m, i < j) \text{ est l'}\textbf{effet d'interaction} \text{ entre les facteurs } i \text{ et } j. \end{cases}$$

Le modèle considéré ici est donc un modèle d'ordre 1 auquel sont rajoutés tous les effets d'interactions entre couples de facteurs (d'où la terminologie d'interactions d'ordre 2). D'un point de vue algébrique on utilise donc ici un **polynôme affine**, c'est-à-dire un polynôme $P(x_1, x_2, ..., x_m)$ tel que :

$$\forall\ i = 1, ..., m\ ,\ \frac{\partial^2 P(x_1, x_2, ..., x_m)}{\partial x_i^2} = 0.$$

L'ajout des termes en β_{ij} permet de quantifier les éventuelles interactions entre les couples de facteurs considérés puisqu'ils rendent compte des variations simultanées de ces deux facteurs par le biais du produit $x_i x_j$ de leurs niveaux. Deux facteurs ne présentant aucune interaction entre eux doivent conduire à un coefficient β_{ij} nul ou tout au moins non-significativement différent de zéro.

Il existe autant d'interactions entre couples de facteurs que de choix non-ordonnés de deux élément dans un ensemble en contenant m (c'est-à-dire $C_m^2 = m(m-1)/2$), le nombre de paramètres inconnus du modèle considéré est donc égal à :

$$p = 1 + m + C_m^2 = \frac{m^2 + m + 2}{2}.$$

On décomposera souvent dans la suite le vecteur $\beta \in \mathbb{R}^p$ des paramètres du modèle en ${}^t\beta = (\beta_0 \mid {}^t\beta_L \mid {}^t\beta_I)$ avec $\beta_L \in \mathbb{R}^m$ vecteur des effets linéaires et $\beta_I \in \mathbb{R}^{m(m-1)/2}$ vecteur des effets d'interactions. De manière similaire, la matrice du modèle $X \in \mathcal{M}(n, p)$ est alors décomposée en :

$$X = \left[\ \mathbb{I}_n \mid D \mid D_I\ \right]$$

avec D matrice du plan d'expérience et $D_I \in \mathcal{M}(n, m(m-1)/2)$ matrice associée aux effets d'interactions donnée par (où $z_{u1}, ..., z_{um}$ sont les m coordonnées du point z_u) :

$$D_I = \begin{bmatrix} z_{11}z_{12} & z_{11}z_{13} & \cdots & z_{1(m-1)}z_{1m} \\ z_{21}z_{22} & z_{21}z_{23} & \cdots & z_{2(m-1)}z_{2m} \\ \vdots & \vdots & & \vdots \\ z_{(n-1)1}z_{(n-1)2} & z_{(n-1)1}z_{(n-1)3} & \cdots & z_{(n-1)(m-1)}z_{(n-1)m} \\ z_{n1}z_{n2} & z_{n1}z_{n3} & \cdots & z_{n(m-1)}z_{nm} \end{bmatrix}$$

On classera toujours par la suite les colonnes des effets d'interactions selon **l'ordre lexicographique**. Pour 4 facteurs, notés 1, 2, 3 et 4, il s'agit de l'ordre suivant : 12, 13, 14, 23, 24, 34.

4.2.2 Plans d'expérience usuels

Pour un modèle à effets d'interactions d'ordre 2, la matrice des moments est alors donnée par :

$$M = \frac{1}{n} \begin{bmatrix} {}^t\mathbb{I}_n\mathbb{I}_n & {}^t\mathbb{I}_n D & {}^t\mathbb{I}_n D_I \\ {}^t D\mathbb{I}_n & {}^t DD & {}^t DD_I \\ {}^t D_I\mathbb{I}_n & {}^t D_I D & {}^t D_I D_I \end{bmatrix}.$$

La forme générale des blocs ${}^t\mathbb{I}_n\mathbb{I}_n$, ${}^t\mathbb{I}_n D$ et ${}^t DD$ a déjà été explicité dans le chapitre précédent (paragraphe 3.2.3). On a de plus :

$$\begin{aligned} \frac{1}{n}{}^t\mathbb{I}_n D_I &= \big[[12]\ [13] \ldots [(m-1)\,m] \ \ \big], \\ \frac{1}{n}{}^t DD_I &= \begin{bmatrix} [1^2 2] & [1^2 3] & \ldots [1\,(m-1)\,m] \\ [12^2] & [123] & \ldots [2\,(m-1)\,m] \\ \vdots & \vdots & \vdots \\ [12m] & [13m] & \ldots \left[(m-1)\,m^2\right] \end{bmatrix}, \\ \frac{1}{n}{}^t D_I D_I &= \begin{bmatrix} [1^2 2^2] & [1^2 23] & \ldots [12\,(m-1)\,m] \\ [123] & [1^2 3^2] & \ldots [13\,(m-1)\,m] \\ \vdots & \vdots & \vdots \\ [12\,(m-1)\,m] & [13\,(m-1)\,m] & \ldots \left[(m-1)^2\,m^2\right] \end{bmatrix}. \end{aligned}$$

L'objectif est encore de proposer une classe de plans d'expérience vérifiant les deux objectifs suivants : inclure la plupart des configurations classiques et être constituée de plans d'expérience très facilement analysables à l'aide d'un modèle polynomial à effets d'interactions d'ordre 2. Ceci conduit à la définition suivante pour obtenir une matrice des moments la plus simple possible :

Définition 4.1. *Un plan d'expérience est qualifié* **d'usuel** *pour un modèle linéaire à effets d'interactions d'ordre deux si et seulement si :*

1) *tous ses moments impairs jusqu'à l'ordre 4 sont* **nuls**,

2) *tous ses moments purs d'ordre deux sont* **égaux** $([1^2] = ... = [m^2])$,

3) *tous ses moments pairs croisés d'ordre quatre sont* **égaux**,
$(\forall\ i,j = 1,...,m$ *avec* $i \neq j\ ,\ [i^2j^2] = Cte)$,

Pour tout plan usuel $\mathcal{D} = \{z_u, u = 1,...,n\}$ il est donc possible de définir les constantes s_2 et s_{22} par $(\forall\ i,j = 1,...,m$ avec $i \neq j\ )$:

$$s_2 = n\left[i^2\right] = \sum_{u=1}^{n} z_{ui}^2 \text{ et } s_{22} = n\left[i^2j^2\right] = \sum_{u=1}^{n} z_{ui}^2 z_{uj}^2.$$

Remarquons qu'un plan d'expérience usuel est un plan **orthogonal** particulier puisque les conditions de la proposition 4.1 entraînent que la matrice des moments est diagonale. Il découle de plus de cette définition que :

Proposition 4.2. [◁] *Soit un plan d'expérience* **usuel** *pour un modèle linéaire à effets d'interactions d'ordre deux. Alors :*

1) *L'estimateur des* **moindres carrés** *de β est donné par :*

$$\hat{\beta}_0 = \overline{Y}\ ,\ \hat{\beta}_L = \frac{1}{s_2}{}^tDY \ \ et\ \ \hat{\beta}_I = \frac{1}{s_{22}}{}^tD_IY.$$

2) *Concernant la* **dispersion** *de cet estimateur, il vient $(\forall\ i,j = 1,...,m$ avec $i \neq j)$:*

$$\mathrm{Var}\,\hat{\beta}_0 = \frac{\sigma^2}{n}\ ,\ \ \mathrm{Var}\,\hat{\beta}_i = \frac{\sigma^2}{s_2}\ \ et\ \ \mathrm{Var}\,\hat{\beta}_{ij} = \frac{\sigma^2}{s_{22}}.$$

3) *Les composantes de $\hat{\beta}$ sont de plus* **non-corrélées** *entre elles.*

Concernant la qualité des prédictions réalisées par tout plan usuel il vient :

Proposition 4.3. [◁] *Soit un plan d'expérience* **usuel** *pour un modèle linéaire à effets d'interactions d'ordre deux. En désignant par $\|.\|$ la norme usuelle de $\mathbb{R}^m$, la dispersion de la réponse prédite en $x = {}^t(x_1,...,x_m) \in \mathcal{E}$ est donnée par :*

$$\mathrm{Var}\,\hat{Y}(x) = \sigma^2\left(\frac{1}{n} + \frac{1}{s_2}\|x\|^2 + \frac{1}{2s_{22}}\|x\|^4 - \frac{1}{2s_{22}}\sum_{i=1}^{m} x_i^4\right).$$

Une conséquence directe de la proposition 4.3 est qu'un plan d'expérience usuel n'est **jamais isovariant par transformations orthogonales** pour un modèle linéaire à effets d'interactions d'ordre deux (*i.e.* la dispersion de la réponse prédite n'est jamais une fonction de $\|x\|$ à cause du terme en $\sum x_i^4$).

4.3 Plans factoriels complets

Il est prouvé ici qu'il est possible d'utiliser un plan d'expérience factoriel complet afin d'ajuster de manière simple un modèle à effets d'interactions d'ordre deux. On désigne toujours par plan d'expérience factoriel complet pour m facteurs (voir la définition 3.6) tout plan, désigné par la notation $FD(2^m, n_0)$, contenant :

1) tous les sommets du cube $[-1,1]^m$,
2) n_0 réplications éventuelles du centre du domaine expérimental.

Le résultat fondamental est donné par la proposition ci-dessous :

Proposition 4.4. [◁] *Tout plan d'expérience factoriel complet est un plan d'expérience* **usuel** *pour un modèle linéaire à effets d'interactions d'ordre deux. Il vérifie :*

$$s_2 = 2^m \text{ et } s_{22} = 2^m.$$

Tout plan d'expérience factoriel complet vérifie donc les propriétés énoncées aux propositions 4.2 et 4.3.

Exemple

Soit le plan factoriel $FD(2^2, 2)$ et $Y_1, ..., Y_6$ les 6 réponses observées (Y_1 correspondant à l'expérience de la ligne 1 de D, ..., Y_6 à celle de la ligne 6). Le modèle considéré est donné par :

$$\forall\, x = (x_1, x_2) \in \mathcal{E}\ ,\ f(x) = \beta_0 + \beta_1 x_1 + \beta_2 x_2 + \beta_{12} x_1 x_2.$$

La matrice de ce modèle est alors :

$$X = \left[\mathbb{I}_n \middle| D \middle| D_I\right] = \begin{bmatrix} 1 & -1 & -1 & 1 \\ 1 & 1 & -1 & -1 \\ 1 & -1 & 1 & -1 \\ 1 & 1 & 1 & 1 \\ 1 & 0 & 0 & 0 \\ 1 & 0 & 0 & 0 \end{bmatrix}$$

avec :

$$D = \begin{bmatrix} -1 & -1 \\ 1 & -1 \\ -1 & 1 \\ 1 & 1 \\ 0 & 0 \\ 0 & 0 \end{bmatrix} \text{ et } D_I = \begin{bmatrix} 1 \\ -1 \\ -1 \\ 1 \\ 0 \\ 0 \end{bmatrix}.$$

L'estimateur des moindres carrés de l'effet moyen général est donc :

$$\hat{\beta}_0 = \frac{1}{8}(Y_1 + Y_2 + Y_3 + Y_4 + Y_5 + Y_6).$$

Les estimateurs des effets linéaires sont :

$$\hat{\beta}_1 = \frac{1}{8}(-Y_1 + Y_2 - Y_3 + Y_4) \text{ et } \hat{\beta}_2 = \frac{1}{8}(-Y_1 - Y_2 + Y_3 + Y_4).$$

Enfin, l'estimateur des moindres carrés de l'effet d'interaction β_{12} est donné par :

$$\widehat{\beta}_{12} = \frac{1}{8}\left(Y_1 - Y_2 - Y_3 + Y_4\right).$$

En conclusion, l'utilisation d'un plan factoriel complet peut donc être dictée, tout comme dans le cas du modèle linéaire d'ordre un, à la fois par des impératifs de simplicité de la **construction** et de facilité de l'**analyse**. Le principal inconvénient de ces plans d'expérience est une nouvelle fois leur **taille** qui devient rapidement très grande. Le lecteur pourra se référer à la table 4.1 de la section 4.4 donnant les tailles de ces plans. Les résultats de cette table montrent que la taille d'un plan factoriel complet reste correcte lorsque le nombre de facteurs à étudier n'excède pas 4. Pour un nombre plus grand de facteurs il va être nécessaire de s'orienter une nouvelle fois vers l'utilisation d'une fraction régulière adéquate du plan complet.

4.4 Fractions régulières de plans factoriels

4.4.1 Fractions régulières de résolution V

L'objectif est ici d'utiliser non pas les 2^m sommets du cube $[-1,1]^m$ du plan factoriel complet mais seulement une fraction de ces sommets. Une fraction permettant de plus d'estimer tous les paramètres du modèle à effets d'interactions de la manière la plus simple possible est recherchée (*i.e.* avec ${}^tXX$ matrice diagonale). Cette problématique a déjà été abordée dans le chapitre 3 (section 3.4) pour le modèle linéaire d'ordre un. Elle avait conduit à la notion de **fraction régulière** qui va être réutilisée ici.

Tout comme à la section 3.4 considérons une fraction régulière d'un plan factoriel complet à m facteurs obtenue à l'aide de q générateurs. Si n_0 réplications du centre du domaine expérimental sont réalisées, le nombre total d'expériences est donc :

$$n = 2^{m-q} + n_0.$$

Il a été prouvé dans le chapitre précédent (paragraphe 3.4.4) que toute fraction régulière de résolution au moins III est un plan d'expérience usuel pour le modèle linéaire d'ordre un. Déterminons maintenant une condition similaire pour un modèle linéaire à effets d'interactions d'ordre deux. La condition à imposer est, une nouvelle fois, facile à déterminer intuitivement (voir les compléments de fin de chapitre pour une démonstration complète). Il est clair qu'une fraction régulière de résolution inférieure à III n'est toujours pas adaptée ici puisque le modèle à effets d'interactions est plus riche que celui d'ordre un. Utiliser une fraction régulière de résolution III entraîne qu'au moins une colonne de D va être égale ou opposée à une colonne de D_I. De même une fraction régulière de résolution IV est telle qu'au moins deux colonnes de D_I sont égales ou opposées. Il en découle le résultat suivant :

Proposition 4.5. [$\lhd$] *Toute* **fraction régulière** *de plan factoriel complet, de résolution égale à V (ou plus), est un plan d'expérience* **usuel** *pour un modèle linéaire à effets d'interactions d'ordre deux. Il vérifie de plus :*

$$s_2 = 2^{m-q} \text{ et } s_{22} = 2^{m-q}.$$

Les exemples ci-dessous découlent directement de cette proposition.

Exemple

La fraction régulière $FD\left(2^{5-1}_{\mathrm{III}}, 0, -\mathbb{I}_{16}=\mathtt{123}\right)$ ne constitue pas un plan usuel pour un modèle à effets d'interactions d'ordre deux (car $-\mathbb{I}_{16}=\mathtt{123}$ entraîne que $\mathtt{1} = -\mathtt{23}$ donc il y a une confusion entre l'effet linéaire du facteur 1 et l'interaction entre les facteurs 2 et 3).

La fraction régulière $FD\left(2^{5-1}_{\mathrm{IV}}, 0, \mathbb{I}_{16}=\mathtt{1234}\right)$ ne constitue pas un plan usuel pour un modèle à effets d'interactions d'ordre deux (car $\mathbb{I}_{16}=\mathtt{1234}$ entraîne que $\mathtt{12} = \mathtt{34}$ donc il y a une confusion entre l'effet d'interaction des facteurs 1 et 2 et l'effet d'interaction des facteurs 3 et 4).

La fraction régulière $FD\left(2^{5-1}_{\mathrm{V}}, 0, \mathbb{I}_{16}=\mathtt{12345}\right)$ constitue bien un plan usuel pour un modèle à effets d'interactions d'ordre deux puisqu'elle est de résolution V (on a de plus $s_2 = s_{22} = 2^4$).

Il découle que toute fraction régulière de plan factoriel, de résolution au moins V, vérifie les propositions 4.2 et 4.3.

4.4.2 Taille des plans factoriels

Comparons ici les tailles respectives des deux types de plans d'expérience proposés pour l'ajustement d'un modèle linéaire à effets d'interactions d'ordre deux. Le tableau suivant donne pour m facteurs ($2 \leq m \leq 10$) le nombre de paramètres inconnus p du modèle à effets d'interactions d'ordre deux, la taille du plan factoriel complet (*i.e.* 2^m), la taille minimale possible pour une fraction régulière de résolution V et enfin les générateurs utilisés afin de construire une telle fraction (ce choix n'étant pas, bien entendu, unique).

Table 4.1. Taille de différents plans factoriels.

	p	$FD(2^m, 0)$	$FD\left(2^{m-q}_{\mathrm{V}}, 0\right)$	*Générateurs*
2 facteurs	4	4	×	×
3 facteurs	7	8	×	×
4 facteurs	11	16	×	×
5 facteurs	16	32	16	12345
6 facteurs	22	64	32	123456
7 facteurs	29	128	64	1234567
8 facteurs	37	256	64	12345, 45678
9 facteurs	46	512	128	12345, 56789
10 facteurs	56	1024	128	12378, 23459, 1346$\overline{10}$

Pour un nombre de facteurs strictement inférieur à 5, l'utilisation (obligatoire) d'un plan factoriel complet n'est pas génante car leur taille est très correcte. L'utilisation d'une fraction régulière de résolution V s'avère ensuite très intéressante pour 5 facteurs puisque le plan est **saturé**. Remarquons qu'il est très facile de déterminer intuitivement un ou deux générateurs afin d'obtenir une fraction régulière de résolution V (*cf.* situations pour $5 \leq m \leq 9$). Le choix des trois générateurs pour $m = 10$ s'avère plus complexe. Le lecteur pourra se référer, par exemple, à Box et Hunter [14] afin de comprendre comment ce choix a été effectué.

4.5 Généralisation à des interactions quelconques

4.5.1 Modèle à effets d'interactions d'ordre 3

Les premières parties de ce chapitre ont été consacrées au modèle le plus courant, c'est-à-dire contenant toutes les interactions entre couples de facteurs. Un tel modèle est d'usage fréquent car il est classique de supposer que toutes les interactions d'ordre supérieur à deux sont **négligeables** dans le phénomène étudié. Il existe cependant des situations où une telle hypothèse peut s'avèrer fausse. Il est donc nécessaire d'ajuster des modèles contenant plus d'effets d'interactions que ceux du modèle classique. Détaillons dans cette partie le cas du modèle contenant tous les effets d'interactions jusqu'à l'ordre trois, appelé plus simplement modèle à **effets d'interactions d'ordre 3**. La suite présente le fil conducteur des différents raisonnements proposés, sans entrer dans le détail des démonstrations qui sont en tout point similaires à celles des sections 4.3 et 4.4.

Considérons un plan d'expérience $\mathcal{D} = \{z_u, u = 1, ..., n\}$ à m facteurs quantitatifs mis en oeuvre sur le domaine expérimental $\mathcal{E} \subset \mathbb{R}^m$. Un modèle polynomial est alors dit à effets d'interactions d'ordre 3 dès lors que l'on considère le modèle statistique $Y(x) = f(x) + \varepsilon(x)$ avec la loi de réponse donnée par :

$$\forall\, x \in \mathcal{E}\ ,\ f(x) = \beta_0 + \sum_{i=1}^{m} \beta_i x_i + \sum\sum_{i<j} \beta_{ij} x_i x_j + \sum\sum\sum_{i<j<k} \beta_{ijk} x_i x_j x_k.$$

On dit que β_{ijk} $(i, j, k = 1, ..., m$ avec $i < j < k)$ est **l'effet d'interaction** (d'ordre 3) entre les facteurs i, j et k.

Il existe autant d'interactions entre trois facteurs que de choix non-ordonnés de trois éléments parmi m (c'est-à-dire C_m^3). Le nombre total de paramètres inconnus du modèle considéré est donc égal à (pour $m \geq 3$ facteurs) :

$$p = 1 + m + C_m^2 + C_m^3 = \frac{m^3 + 5m + 6}{6}.$$

Considérons maintenant un plan d'expérience factoriel complet. La matrice des moments d'un tel plan contient tous les moments du plan d'expérience jusqu'à l'ordre 6. Plus précisement :

1) les éléments extra-diagonaux de M sont des moments impairs. Ils sont donc tous **nuls** d'après le lemme 3.A. La matrice des moments M est donc diagonale.

2) les éléments diagonaux de M sont 1, $\left[i^2\right]$ $(i = 1, ..., m)$, $\left[i^2 j^2\right]$ $(i, j = 1, ..., m$ avec $i < j)$ et $\left[i^2 j^2 k^2\right]$ $(i, j, k = 1, ..., m$ avec $i < j < k)$. Les coordonnées de chaque point (non-central) du plan factoriel complet étant de la forme ± 1 il vient :

$$n\left[i^2\right] = 2^m \ , \ n\left[i^2 j^2\right] = 2^m \ , \ n\left[i^2 j^2 k^2\right] = 2^m.$$

Les plans factoriels complets sont donc bien orthogonaux au sens de la définition 3.2.

Proposition 4.6. *Tout plan d'expérience factoriel complet est un plan d'expérience* **orthogonal** *pour un modèle linéaire à effets d'interactions d'ordre trois. Il vérifie de plus (avec $n = 2^m + n_0$ nombre total d'expériences):*

$$^tXX = \begin{bmatrix} n & 0 \\ 0 & 2^m I_{p-1} \end{bmatrix}.$$

Une nouvelle fois la taille du plan factoriel complet peut s'avérer être un handicap. Le nombre d'expériences de celui-ci peut cependant être réduit à l'aide d'une fraction régulière. D'après les résultats des sections précédentes il est nécessaire d'utiliser une fraction régulière qui soit au moins de résolution V (afin d'éviter toute confusion entre les effets linéaires et les effets d'interaction d'ordre deux). Une fraction régulière de résolution V va cependant poser problème ici (car il va y avoir au moins une confusion entre un effet d'interaction d'ordre 2 et un effet d'interaction d'ordre 3) tout comme une fraction régulière de résolution VI (car il va y avoir au moins une confusion entre deux effets d'interactions d'ordre 3). D'où le résultat (la démonstration est identique à celle de la proposition 4.5) :

Proposition 4.7. *Toute* **fraction régulière** *de plan factoriel complet, de résolution égale à VII (ou plus), est un plan d'expérience* **orthogonal** *pour un modèle linéaire à effets d'interaction d'ordre trois. Il vérifie de plus (avec $n = 2^{m-q} + n_0$ nombre total d'expériences et q nombre de générateurs) :*

$$^tXX = \begin{bmatrix} n & 0 \\ 0 & 2^{m-q} I_{p-1} \end{bmatrix}.$$

Utilisons maintenant la décomposition classique suivante :

$$^t\beta = \left(\beta_0 \mid {}^t\beta_L \mid {}^t\beta_I\right) \text{ et } X = \left[\mathbb{I}_n \middle| D \middle| D_I\right]$$

$D_I \in \mathcal{M}\left(n, C_m^2 + C_m^3\right)$ étant la matrice associée aux effets d'interactions d'ordre 2 et 3. Il découle des propositions 4.6 et 4.7 que pour tout plan factoriel complet ou pour toute fraction régulière de résolution au moins VII, les propriétés suivantes sont vérifiées (prendre $q = 0$ pour un plan complet) :

1) Les estimateurs des moindres carrés des paramètres du modèle sont donnés par :

$$\hat{\beta}_0 = \overline{Y} \ , \ \hat{\beta}_L = \frac{1}{2^{m-q}} {}^t DY \text{ et } \hat{\beta}_I = \frac{1}{2^{m-q}} {}^t D_I Y.$$

2) Les dispersions des différents estimateurs sont données par ($\forall\ i, j, k = 1, ..., m$ avec $i < j < k$) :

$$\operatorname{Var} \hat{\beta}_0 = \frac{\sigma^2}{2^{m-q} + n_0} \text{ et } \operatorname{Var} \hat{\beta}_i = \operatorname{Var} \hat{\beta}_{ij} = \operatorname{Var} \hat{\beta}_{ijk} = \frac{\sigma^2}{2^{m-q}}.$$

Tous ces estimateurs sont de plus non-corrélés entre eux (*i.e.* la covariance entre deux éléments distincts de $\widehat{\beta}$ est toujours nulle).

3) La dispersion de la réponse moyenne prédite est donnée par ($\forall\ x \in \mathcal{E}$) :

$$\operatorname{Var} \hat{Y}(x) = \frac{\sigma^2}{2^{m-q} + n_0} +$$
$$\frac{\sigma^2}{2^{m-q}} \left[\sum_{i=1}^{m} x_i^2 + \sum\sum_{i<j} x_i^2 x_j^2 + \sum\sum\sum_{i<j<k} x_i^2 x_j^2 x_k^2 \right]$$

Pour terminer, la table 4.2 donne les tailles des plans factoriels complets ainsi que des fractions régulières de résolution VII.

Table 4.2. Taille de différents plans factoriels.

	p	$FD(2^m, 0)$	$FD\left(2_{\text{VII}}^{m-q}, 0\right)$	*Générateurs*
2 facteurs	×	×	×	×
3 facteurs	8	8	×	×
4 facteurs	15	16	×	×
5 facteurs	26	32	×	×
6 facteurs	42	64	×	×
7 facteurs	64	128	64	1234567
8 facteurs	93	256	128	12345678
9 facteurs	130	512	256	123456789
10 facteurs	176	1024	256	1234567, $456789\overline{10}$

Pour un nombre de facteurs inférieur à 6 il n'y a (par définition) pas d'autre alternative possible que le plan factoriel complet. A partir de 7 facteurs on a, par contre, tout intérêt à réduire le nombre d'expériences à l'aide d'une fraction régulière. Pour 7 facteurs on peut ainsi obtenir un plan d'expérience **saturé**. L'usage en pratique d'un tel modèle reste cependant rare pour un nombre élevé de facteurs car le nombre de paramètres inconnus devient rapidement ingérable.

Remarque. Nous n'entrons pas ici dans des détails répétitifs mais notons qu'il est tout à fait possible de généraliser les résultats de cette section aux modèles linéaires à **effets d'interactions d'ordre** λ (*i.e.* contenant tous les effets d'interactions jusqu'à l'ordre $\lambda \geq 4$). On montre alors que tout plan factoriel complet est bien un plan d'expérience orthogonal pour un tel modèle. On vérifie ensuite que toute fraction régulière de résolution égale à $(2\lambda + 1)$ (ou plus) permet encore d'obtenir un plan orthogonal.

4.5.2 Modèle contenant tous les effets d'interactions

Il est parfois souhaitable d'utiliser le modèle à effets d'interactions le plus riche possible. Il s'agit donc, pour m facteurs, de considérer le modèle **à effets d'interactions d'ordre m** (*i.e.* contenant tous les effets d'interactions jusqu'à l'ordre m). Pour tout point x du domaine expérimental $\mathcal{E} \subset \mathbb{R}^m$ un tel modèle est donc donné par :

$$f(x) = \beta_0 + \sum_{i_1=1}^{m} \beta_{i_1} x_{i_1} + \sum\sum_{i_1<i_2} \beta_{i_1 i_2} x_{i_1} x_{i_2} + \sum\sum\sum_{i_1<i_2<i_3} \beta_{i_1 i_2 i_3} x_{i_1} x_{i_2} x_{i_3}$$

$$+ \ldots + \sum\sum \ldots \sum_{i_1<i_2<\ldots<i_m} \beta_{i_1 i_2 \ldots i_{m-1}} x_{i_1} x_{i_2} \ldots x_{i_{m-1}} + \beta_{i_1 i_2 \ldots i_m} x_{i_1} x_{i_2} \ldots x_{i_m}.$$

Par rapport aux notions vues précédemment on utilise donc un modèle à effets d'interactions d'ordre 2 dans le cas de deux facteurs, d'ordre 3 dans le cas de trois facteurs, *etc...* Les tables 4.1 et 4.2 montrent que l'utilisation d'un plan factoriel complet est optimale pour deux et trois facteurs dans le sens où ces plans d'expériences sont saturés. Généralisons ce résultat pour m facteurs. Le nombre de paramètres inconnus d'un tel modèle est :

$$p = \sum_{i=0}^{m} C_m^i = 2^m \text{ (binôme de Newton).}$$

Un tel modèle a donc bien un nombre de paramètres inconnus égal au nombre d'expériences d'un plan factoriel complet (sans réplications centrales) et ceci quel que soit le nombre de facteurs considérés.

Exemple

Considérons le modèle linéaire contenant tous les effets d'interactions pour $m = 4$ facteurs. Il est donné par (pour tout $x = (x_1, x_2, x_3, x_4)$ dans le domaine expérimental $\mathcal{E}$) :

$$\begin{aligned} f(x) = &\beta_0 + \beta_1 x_1 + \beta_2 x_2 + \beta_3 x_3 + \beta_4 x_4 \\ &+ \beta_{12} x_1 x_2 + \beta_{13} x_1 x_3 + \beta_{14} x_1 x_4 + \beta_{23} x_2 x_3 + \beta_{24} x_2 x_4 + \beta_{34} x_3 x_4 \\ &+ \beta_{123} x_1 x_2 x_3 + \beta_{124} x_1 x_2 x_4 + \beta_{134} x_1 x_3 x_4 + \beta_{234} x_2 x_3 x_4 \\ &+ \beta_{1234} x_1 x_2 x_3 x_4. \end{aligned}$$

Ce modèle est bien constitué de $2^4 = 16$ paramètres inconnus.

L'utilisation combinée de ce résultat et du lemme 3.A permet d'affirmer que :

Proposition 4.8. *Tout plan d'expérience factoriel complet est un plan d'expérience* **orthogonal** *pour un modèle linéaire contenant tous les effets d'interactions. Il vérifie de plus (avec $n = 2^m + n_0$ nombre d'expériences) :*

$$^{t}XX = \begin{bmatrix} n & 0 \\ 0 & 2^m I_{p-1} \end{bmatrix}.$$

Ce plan d'expérience est **saturé** *lorsqu'il n'y a pas de réplications centrales ($n_0 = 0$).*

Un plan d'expérience factoriel complet ayant le nombre minimal d'expériences nécessaires à l'estimation des paramètres du modèle contenant tous les effets d'interactions, il est alors évident que l'utilisation d'une fraction régulière des sommets de $[-1, 1]^m$ est **impossible** pour réaliser l'estimation des paramètres inconnus du modèle.

Considérons maintenant la décomposition classique suivante :

$$^{t}\beta = \left(\beta_0 \mid {}^{t}\beta_L \mid {}^{t}\beta_I\right) \text{ et } X = \left[\, \mathbb{I}_n \middle| D \middle| D_I \,\right]$$

$D_I \in \mathcal{M}\left(n, \sum_{i=2}^{m} C_m^i\right)$ étant la matrice associée aux effets d'interactions d'ordre compris entre 2 et m. Il découle de la proposition 4.8 que pour tout plan factoriel complet les propriétés suivantes sont vérifiées :

1) Les estimateurs des moindres carrés des paramètres du modèle sont donnés par :

$$\hat{\beta}_0 = \overline{Y} \ , \ \hat{\beta}_L = \frac{1}{2^m} {}^{t}DY \text{ et } \hat{\beta}_I = \frac{1}{2^m} {}^{t}D_I Y.$$

2) Les dispersions des différents estimateurs sont données par ($\forall\, i_1, i_2, ..., i_m = 1, ..., m$ avec $i_1 < i_2 < ... < i_m$) :

$$\text{Var}\, \hat{\beta}_0 = \frac{\sigma^2}{2^m + n_0} \text{ et } \text{Var}\, \hat{\beta}_{i_1} = \text{Var}\, \hat{\beta}_{i_1 i_2} = ... = \text{Var}\, \hat{\beta}_{i_1 i_2 ... i_m} = \frac{\sigma^2}{2^m}.$$

Tous ces estimateurs sont de plus non-corrélés entre eux (*i.e.* la covariance entre deux éléments distincts de $\widehat{\beta}$ est toujours nulle).

3) La dispersion de la réponse moyenne prédite est donnée par ($\forall\, x \in \mathcal{E}$) :

$$\operatorname{Var}\hat{Y}(x) = \frac{\sigma^2}{2^m+n_0} + \frac{\sigma^2}{2^m}\left[\sum_{i_1=1}^{m} x_{i_1}^2 + \sum_{i_1<i_2}\sum x_{i_1}^2 x_{i_2}^2 + \ldots \right.$$
$$\left. \ldots + \sum_{i_1<i_2<\ldots<i_{m-1}}\sum\ldots\sum x_{i_1}^2 x_{i_2}^2 \ldots x_{i_{m-1}}^2 + x_{i_1}^2 x_{i_2}^2 \ldots x_{i_m}^2 \right]$$

La dispersion de la réponse moyenne prédite en chacun des points (non centraux) du plan factoriel est donc obtenue par (poser $x_i = \pm 1$) :

$$\operatorname{Var}\hat{Y}(x) = \frac{\sigma^2}{2^m+n_0} + \frac{\sigma^2}{2^m}(2^m-1) \simeq \sigma^2\left(\frac{1}{2^m+n_0}+1\right).$$

4.5.3 Application aux fractions de résolution III

Revenons à la notion de fraction régulière de résolution III vue lors du chapitre précédent. Il a été prouvé que l'utilisation de telles fractions régulières est suffisante afin d'estimer tous les paramètres inconnus d'un modèle polynomial du premier degré. Des exemples de telles constructions ont été donnés dans la table 3.1. Explicitons ici la méthode d'obtention des générateurs de ces fractions régulières (voir Draper et Lin [33]). Supposons que l'on cherche à construire une fraction régulière de résolution III pour mettre en oeuvre un modèle linéaire d'ordre un à m facteurs. Il convient alors de considérer, dans un premier temps, la matrice $\widetilde{X}$ d'un modèle à $\widetilde{m}$ facteurs contenant tous les effets d'interactions possibles et telle que $\widetilde{X}$ ait au moins **autant de colonnes** qu'il y a de paramètres inconnus dans le modèle d'ordre un (en d'autres termes il faut donc que $2^{\widetilde{m}} \geq m+1$). On sait (proposition 4.8) que la matrice $\widetilde{X}$ contient le nombre maximal de colonnes orthogonales entre elles (*i.e.* il s'agit de la matrice associée à un plan d'expérience saturé). Afin d'utiliser une telle matrice pour générer des **fractions régulières de résolution III** on peut donc procéder de la manière suivante :

1) on garde les $\widetilde{m}$ colonnes de $\widetilde{X}$ déjà affectées aux effets linéaires du modèle à effets d'interactions et on les affecte (par exemple) aux m premiers effets linéaires du modèle d'ordre un,

2) pour les $(m-\widetilde{m})$ autres effets linéaires du modèle d'ordre un, on sélectionne $(m-\widetilde{m})$ colonnes de $\widetilde{X}$ associées à des effets d'interactions et **on affecte ces colonnes aux effets linéaires supplémentaires** du modèle d'ordre un.

La matrice ainsi construite est toujours une matrice à colonnes orthogonales donc il n'existe aucune colonne égale à $\pm\mathbb{I}$ (hormis la première asociée à β_0) et de même il n'existe pas de couple de colonnes égales ou opposées. Ceci permet d'affirmer que l'on a bien une fraction régulière de résolution III, adaptée à l'analyse d'un modèle polynomial d'ordre un.

Exemple

Déterminons ici la plus petite fraction régulière de résolution III possible pour $m = 6$ facteurs. Construisons , au préalable, la matrice du modèle contenant tous les effets d'interactions dans le cas de $\widetilde{m} = 3$ facteurs (on a bien $2^3 \geq 7$). Il s'agit donc de la matrice $\widetilde{X}$ donnée ci-dessous, les colonnes étant respectivement affectées à l'effet moyen général, aux effets linéaires 1, 2 et 3 puis aux effets d'interactions 12, 13, 23 et 123.

D'après la méthode proposée on procède ensuite en deux étapes :

1) on garde les trois colonnes de $\widetilde{X}$ associées aux trois effets linéaires et on les affecte aux mêmes effets linéaires dans le modèle d'ordre un,

$$
\begin{array}{cccccccc}
 & & & & \boxed{4} & \boxed{5} & \boxed{6} & \\
 & & & & = & = & = & \\
 & \boxed{1} & \boxed{2} & \boxed{3} & 12 & 13 & 23 & 123
\end{array}
$$

$$
\widetilde{X} = \begin{bmatrix}
1 & -1 & -1 & -1 & 1 & 1 & 1 & -1 \\
1 & 1 & -1 & -1 & -1 & -1 & 1 & 1 \\
1 & -1 & 1 & -1 & -1 & 1 & -1 & 1 \\
1 & 1 & 1 & -1 & 1 & -1 & -1 & -1 \\
1 & -1 & -1 & 1 & 1 & -1 & -1 & 1 \\
1 & 1 & -1 & 1 & -1 & 1 & -1 & -1 \\
1 & -1 & 1 & 1 & -1 & -1 & 1 & -1 \\
1 & 1 & 1 & 1 & 1 & 1 & 1 & 1
\end{bmatrix}
$$

2) on choisit trois autres colonnes associées à des effets d'interactions et on les identifie cette fois aux trois effets linéaires restant dans le modèle d'ordre un (le choix effectué ici est $4 = 12$, $5 = 13$ et $6 = 23$).

La matrice du plan d'expérience considéré est alors obtenue en ne conservant que les colonnes selectionnées (c'est-à-dire repérées par des numéros encadrés), il s'agit de :

$$
D = \begin{bmatrix}
-1 & -1 & -1 & 1 & 1 & 1 \\
1 & -1 & -1 & -1 & -1 & 1 \\
-1 & 1 & -1 & -1 & 1 & -1 \\
1 & 1 & -1 & 1 & -1 & -1 \\
-1 & -1 & 1 & 1 & -1 & -1 \\
1 & -1 & 1 & -1 & 1 & -1 \\
-1 & 1 & 1 & -1 & -1 & 1 \\
1 & 1 & 1 & 1 & 1 & 1
\end{bmatrix}.
$$

Concernant maintenant les générateurs d'une telle fraction régulière, on a posé ici :

$$\begin{cases} \mathtt{4} = \mathtt{12} \\ \mathtt{5} = \mathtt{13} \\ \mathtt{6} = \mathtt{23} \end{cases} \Leftrightarrow \mathbb{I} = \mathtt{124} = \mathtt{135} = \mathtt{236}.$$

Le groupe des contrastes de définition de cette fraction régulière est :

$$\mathcal{G} = \{\mathbb{I}, \mathtt{124}, \mathtt{135}, \mathtt{236}, \mathtt{2345}, \mathtt{1346}, \mathtt{1256}, \mathtt{456}\}.$$

L'ensemble $\mathcal{G}$ obtenu ne contient aucun élément de longueur inférieure à 3, ceci confirme bien que la fraction construite est résolution III (il s'agit plus précisemment d'une fraction régulière de type 2^{6-3}_{III}). Remarquons enfin que le choix effectué ici n'est pas unique. En effet, les colonnes 12, 13 et 23 ont été affectées aux effets linéaires 4, 5 et 6 du modèle d'ordre un mais il est tout à fait possible de procéder autrement. Voici, par exemple, une autre alternative :

$$\begin{cases} \mathtt{4} = \mathtt{12} \\ \mathtt{5} = \mathtt{13} \\ \mathtt{6} = \mathtt{123} \end{cases} \Leftrightarrow \mathbb{I} = \mathtt{124} = \mathtt{135} = \mathtt{1236}.$$

4.6 Utilisation de modèles incomplets

Jusqu'à présent les modèles linéaires considérés sont **complets**, c'est-à-dire qu'ils contiennent tous les effets d'interactions possibles (pour l'ordre choisi). On peut cependant envisager des situations où une **connaissance préalable** du phénomène étudié peut conduire à un modèle **incomplet**. Il convient d'être très prudent avec une telle démarche car, en cas de doute, il est préférable d'utiliser un modèle complet (si, bien sûr, le nombre de facteurs n'est pas trop élevé) quitte à avoir la confirmation *a posteriori* que certains effets d'interactions sont non-significatifs. Négliger un certain nombre d'interactions peut cependant être envisageable si, par exemple, les spécialistes du phénomène étudié sont en mesure d'assurer que de telles interactions ne peuvent pas avoir lieu (un chimiste affirmant clairement que les composants 1 et 2 n'ont aucun effet l'un sur l'autre peut entraîner la suppression de l'interaction 12).

Considérons maintenant un modèle incomplet contenant un petit nombre d'effets d'interactions et restons dans le cas d'interactions d'ordre deux. Si l'expérimentation est coûteuse il peut être intéressant de réduire encore le nombre d'expériences par rapport au cas d'une fraction régulière de résolution V. D'après les résultats du chapitre précédent il faut utiliser cependant une fraction régulière de résolution au moins III (sinon tous les paramètres du modèle d'ordre un ne seront pas estimables). Il est donc possible de rechercher une des deux configurations suivantes :

1) soit une **fraction régulière de résolution III** s'il n'existe aucune confusion entre effets linéaires et effets d'interactions et aucune confusion entre deux des effets d'interactions,

2) soit une **fraction régulière de résolution IV** s'il n'existe aucune confusion entre deux des effets d'interactions considérés.

Exemple

Considérons ici un phénomène dépendant de 4 facteurs (désignés par 1, 2, 3 et 4) et supposons qu'il a été établi au préalable qu'il ne peut exister d'interaction qu'entre les facteurs 1 et 2. Le modèle statistique considéré fait donc intervenir la loi de réponse suivante (pour tout $x = (x_1, x_2, x_3, x_4) \in \mathcal{E}$) :

$$f(x) = \beta_0 + \beta_1 x_1 + \beta_2 x_2 + \beta_3 x_3 + \beta_4 x_4 + \beta_{12} x_1 x_2.$$

La théorie générale impose l'utilisation d'un plan factoriel complet à $2^4 = 16$ expériences (puisqu'il n'y a pas assez de facteurs pour utiliser une fraction régulière de résolution V). Ceci peut être problématique si les expériences sont coûteuses car seulement 6 paramètres inconnus sont à estimer. Considérons alors une fraction régulière de résolution IV définie par la relation suivante :

$$\mathbb{I} = \mathtt{1234}.$$

Une telle relation ne devrait pas poser de problème par la suite car elle entraîne que 12 = 34 mais, vu le modèle postulé, il n'y a pas de confusion possible entre les effets d'interactions 12 et 34 car cette dernière interaction n'est pas utilisée. Considérons maintenant la matrice $\widetilde{X}$, donnée ci-après, associée à une telle fraction régulière écrite pour le modèle à effets d'interactions d'ordre deux complet. D'après le générateur utilisé il existe donc les confusions entre effets d'interactions suivants :

$$\mathtt{12} = \mathtt{34} \ , \ \mathtt{13} = \mathtt{24} \text{ et } \mathtt{14} = \mathtt{23}.$$

Les trois dernières colonnes de la matrice $\widetilde{X}$ sont donc inutilisables car alors $\widetilde{X}$ n'est pas de plein rang (colonnes en italique).

$$\begin{array}{c} \\ \widetilde{X} = \end{array} \begin{array}{c} \boxed{\mathtt{1}}\boxed{\mathtt{2}}\boxed{\mathtt{3}}\boxed{\mathtt{4}}\boxed{\mathtt{12}}\ \mathtt{13}\ \mathtt{14}\ \mathit{23}\ \mathit{24}\ \mathit{34} \\ \begin{bmatrix} 1 & -1 & -1 & -1 & -1 & 1 & 1 & 1 & \mathit{1} & \mathit{1} & \mathit{1} \\ 1 & -1 & -1 & 1 & 1 & 1 & -1 & -1 & \mathit{-1} & \mathit{-1} & \mathit{1} \\ 1 & -1 & 1 & -1 & 1 & -1 & 1 & -1 & \mathit{-1} & \mathit{1} & \mathit{-1} \\ 1 & -1 & 1 & 1 & -1 & -1 & -1 & 1 & \mathit{1} & \mathit{-1} & \mathit{-1} \\ 1 & 1 & -1 & -1 & 1 & -1 & -1 & 1 & \mathit{1} & \mathit{-1} & \mathit{-1} \\ 1 & 1 & -1 & 1 & -1 & -1 & 1 & -1 & \mathit{-1} & \mathit{1} & \mathit{-1} \\ 1 & 1 & 1 & -1 & -1 & 1 & -1 & -1 & \mathit{-1} & \mathit{-1} & \mathit{1} \\ 1 & 1 & 1 & 1 & 1 & 1 & 1 & 1 & \mathit{1} & \mathit{1} & \mathit{1} \end{bmatrix} \end{array}$$

Il est donc possible de ne garder que les colonnes en rapport avec le modèle à analyser (colonnes dont les effets sont encadrés). Ceci conduit à la matrice du modèle X donnée ci-dessous.

$$X = \begin{bmatrix} 1 & -1 & -1 & -1 & -1 & 1 \\ 1 & -1 & -1 & 1 & 1 & 1 \\ 1 & -1 & 1 & -1 & 1 & -1 \\ 1 & -1 & 1 & 1 & -1 & -1 \\ 1 & 1 & -1 & -1 & 1 & -1 \\ 1 & 1 & -1 & 1 & -1 & -1 \\ 1 & 1 & 1 & -1 & -1 & 1 \\ 1 & 1 & 1 & 1 & 1 & 1 \end{bmatrix}$$

Remarquons enfin que l'analyse des résultats découlant d'un tel plan d'expérience est aisée puisque le plan obtenu est orthogonal, vérifiant plus précisemment : ${}^tXX = 8I_6$.

Exemple

Considérons ici un phénomène aléatoire dépendant cette fois de 5 facteurs (désignés pas 1, 2, 3, 4 et 5) et supposons qu'il a été établi au préalable qu'il ne peut exister d'interaction qu'entre les couples de facteurs 14 et 24. Le modèle statistique considéré fait donc intervenir la loi de réponse suivante (pour tout $x = (x_1, x_2, x_3, x_4, x_5) \in \mathcal{E}$) :

$$f(x) = \beta_0 + \beta_1 x_1 + \beta_2 x_2 + \beta_3 x_3 + \beta_4 x_4 + \beta_5 x_5 + \beta_{14} x_1 x_4 + \beta_{24} x_2 x_4.$$

La théorie générale impose l'utilisation d'une fraction régulière de résolution V qui est donc constituée par $2^{5-1} = 16$ expériences. Ceci peut être un obstacle si les expériences sont très coûteuses car le modèle considéré n'a que 8 paramètres inconnus à estimer. Considérons alors la fraction régulière de résolution III définie par la relation :

$$\mathbb{I} = \mathsf{123} = \mathsf{345}.$$

Remarquons que le choix des deux générateurs proposés ici n'est pas dû au hasard. En effet, on a pris garde à ne pas faire intervenir dans chacun d'eux la séquence 14 ainsi que la séquence 24 car ceci aurait immédiatement entraîné une confusion avec un effet linéaire (par exemple, poser $\mathbb{I}$ =134 entraîne que 3 = 14 d'où la confusion entre l'effet linéaire 3 et l'interaction 14). Considérons maintenant la matrice :

$$\widetilde{X} = [\ \mathbb{I}_n \mid D \mid D_I\ ]$$

correspondant à l'utilisation de cette fraction régulière pour un modèle à interactions d'ordre deux complet. Cette matrice est donnée par :

$$
\begin{array}{c}
\begin{matrix} \boxed{1} & \boxed{2} & \boxed{3} & \boxed{4} & \boxed{5} \end{matrix} \\
D = \begin{bmatrix}
-1 & -1 & 1 & -1 & -1 \\
-1 & -1 & 1 & 1 & 1 \\
-1 & 1 & -1 & -1 & 1 \\
-1 & 1 & -1 & 1 & -1 \\
1 & -1 & -1 & -1 & 1 \\
1 & -1 & -1 & 1 & -1 \\
1 & 1 & 1 & -1 & -1 \\
1 & 1 & 1 & 1 & 1
\end{bmatrix}
\end{array}
$$

$$
\begin{array}{c}
\begin{matrix} \mathit{12} & \mathit{13} & \boxed{14} & \mathit{15} & \mathit{23} & \boxed{24} & \mathit{25} & \mathit{34} & \mathit{35} & \mathit{45} \end{matrix} \\
D_I = \begin{bmatrix}
1 & -1 & 1 & 1 & -1 & 1 & 1 & -1 & -1 & 1 \\
1 & -1 & -1 & -1 & -1 & -1 & -1 & 1 & 1 & 1 \\
-1 & 1 & 1 & -1 & -1 & -1 & 1 & 1 & -1 & -1 \\
-1 & 1 & -1 & 1 & -1 & 1 & -1 & -1 & 1 & -1 \\
-1 & -1 & -1 & 1 & 1 & 1 & -1 & 1 & -1 & -1 \\
-1 & -1 & 1 & -1 & 1 & -1 & 1 & -1 & 1 & -1 \\
1 & 1 & -1 & -1 & 1 & -1 & -1 & -1 & -1 & 1 \\
1 & 1 & 1 & 1 & 1 & 1 & 1 & 1 & 1 & 1
\end{bmatrix}
\end{array}
$$

Le groupe des contrastes de définition de cette fraction est :

$$\mathcal{G} = \{\mathbb{I}, 123, 345, 1245\}.$$

Les confusions entre effets linéaires et effets d'interactions sont donc :

$$1 = 23\ ,\ 2 = 13\ ,\ 3 = 12\ ,\ 3 = 45\ ,\ 4 = 35\ ,\ 5 = 34.$$

Il est alors possible de supprimer les 6 colonnes de la matrice $\widetilde{X}$ (représentées en italique) confondues avec diverses colonnes associées aux effets linéaires. La relation $\mathbb{I}$ =1245 entraîne de plus les confusions d'effets suivantes entre les 4 colonnes de D_I restantes :

$$14 = 25 \text{ et } 15 = 24.$$

Ceci entraîne, cette fois, la suppression des colonnes associées aux effets d'interactions 25 et 15. Il est enfin possible de ne garder que les colonnes en rapport avec le modèle à analyser (colonnes dont les effets sont encadrés). On obtient ainsi la matrice du modèle X :

$$
X = \begin{bmatrix}
1 & -1 & -1 & 1 & -1 & -1 & 1 & 1 \\
1 & -1 & -1 & 1 & 1 & 1 & -1 & -1 \\
1 & -1 & 1 & -1 & -1 & 1 & 1 & -1 \\
1 & -1 & 1 & -1 & 1 & -1 & -1 & 1 \\
1 & 1 & -1 & -1 & -1 & 1 & -1 & 1 \\
1 & 1 & -1 & -1 & 1 & -1 & 1 & -1 \\
1 & 1 & 1 & 1 & -1 & -1 & -1 & -1 \\
1 & 1 & 1 & 1 & 1 & 1 & 1 & 1
\end{bmatrix}
$$

L'analyse des résultats découlant d'un tel plan d'expérience est aisée puisque ce plan est orthogonal, vérifiant : ${}^tXX = 8I_6$. Remarquons aussi que le plan d'expérience proposé ici est saturé puisqu'il a autant d'expériences que de paramètres inconnus à estimer dans le modèle. Pour avoir des informations concernant l'analyse de la variance il est alors nécessaire d'effectuer un petit nombre d'expériences supplémentaires (par exemple au centre du domaine expérimental).

Le lecteur souhaitant aller plus loin dans le domaine de la construction de plans d'expérience orthogonaux pour modèles incomplets pourra se référer aux ouvrages de Pillet [72] et Benoist et *al.* [3] afin d'approfondir la "méthode Taguchi". Cette méthode a pour but de proposer des plans d'expérience orthogonaux tels que ceux déjà présentés en les associant à une représentation sous forme de graphe linéaire afin de visualiser immédiatement quels sont les effets linéaires ou les interactions qu'il est possible d'estimer. Des tables de plans d'expérience ainsi construits sont disponibles (voir Benoist et *al.* [3]) afin qu'un utilisateur puisse trouver rapidement un protocole expérimental adapté au type de problème étudié (avec les notations de Taguchi, les deux plans d'expérience proposés précedemment sont respectivement de type $L_8 2^4$ et $L_8 2^5$).

4.7 Exemple d'application

Supposons qu'une entreprise veuille mettre en oeuvre un nouveau procédé consistant à coller deux pièces métalliques entre elles. Il est possible de juger de la qualité du collage effectué à l'aide d'un coefficient mesurant la résistance au cisaillement (plus ce coefficient est élevé meilleur est le collage), ceci constitue la réponse étudiée.

Après étude des diverses étapes à suivre dans le processus de collage il apparaît que 4 facteurs semblent avoir une influence sur la qualité du collage. Il s'agit de la durée de l'opération, de la température utilisée, de la pression utilisée ainsi que de la concentration dans la colle d'un composant chimique. Le tableau suivant précise les valeurs minimales et maximales possibles :

	Minimum	*Maximum*
Durée (en mn)	30	60
Température (en $°C$)	80	120
Pression (en atm)	4	6
Concentration (en g/l)	10	30

Supposons de plus que les spécialistes du phénomène étudié estiment qu'il est possible que des effets d'interactions entre facteurs existent (ou bien qu'un ajustement à l'aide d'un modèle polynomial d'ordre un a été réalisé au préalable mais s'est avéré être de mauvaise qualité). N'ayant pas d'informations supplémentaires sur les facteurs susceptibles d'interagir entre eux il est normal d'ajuster un modèle à effets d'interactions d'ordre deux complet.

Le nombre de facteurs étant relativement faible (et l'utilisation d'une fraction régulière de résolution V étant impossible) considérons un plan d'expérience factoriel complet pour $m = 4$ facteurs. Un tel plan d'expérience est alors constitué par 16 unités expérimentales et le modèle considéré comporte 11 paramètres inconnus. Rajoutons 3 réplications centrales afin de pouvoir affiner l'analyse de la variance. Par construction, un tel plan d'expérience utilise des facteurs à valeurs dans l'intervalle $[-1, 1]$. Le lien entre variable codée et variable initiale à valeurs dans $[a, b]$ est donc donné par (voir la paragraphe 3.2.1) :

$$x^* = \frac{2x - (a + b)}{(b - a)}.$$

La matrice D du plan d'expérience considéré est alors la suivante.

$$D = \begin{bmatrix} -1 & -1 & -1 & -1 \\ 1 & -1 & -1 & -1 \\ -1 & 1 & -1 & -1 \\ 1 & 1 & -1 & -1 \\ -1 & -1 & 1 & -1 \\ 1 & -1 & 1 & -1 \\ -1 & 1 & 1 & -1 \\ 1 & 1 & 1 & -1 \\ -1 & -1 & -1 & 1 \\ 1 & -1 & -1 & 1 \\ -1 & 1 & -1 & 1 \\ 1 & 1 & -1 & 1 \\ -1 & -1 & 1 & 1 \\ 1 & -1 & 1 & 1 \\ -1 & 1 & 1 & 1 \\ 1 & 1 & 1 & 1 \\ 0 & 0 & 0 & 0 \\ 0 & 0 & 0 & 0 \\ 0 & 0 & 0 & 0 \end{bmatrix}$$

Le protocole expérimental (c'est-à-dire la liste des expériences à effectuer par le technicien, exprimées avec leurs unités initiales) est donné à la suite. Le vecteurs Y des réponses mesurées pour chacune des 19 expériences est aussi présenté parallèlement.

	Dur.	*Tem.*	*Pre.*	*Con.*		*Y*
Exp 1	30	80	4	10		12.4
Exp 2	60	80	4	10		7.2
Exp 3	30	120	4	10		16.5
Exp 4	60	120	4	10		11.2
Exp 5	30	80	6	10		14.1
Exp 6	60	80	6	10		28.9
Exp 7	30	120	6	10		17.1
Exp 8	60	120	6	10		28.8
Exp 9	30	80	4	30		23.8
Exp 10	60	80	4	30		18.9
Exp 11	30	120	4	30		16.4
Exp 12	60	120	4	30		12.1
Exp 13	30	80	6	30		24.0
Exp 14	60	80	6	30		39.4
Exp 15	30	120	6	30		18.5
Exp 16	60	120	6	30		30.2
Exp 17	45	100	5	20		24.8
Exp 18	45	100	5	20		21.2
Exp 19	45	100	5	20		16.4

Voici un programme SAS permettant de rentrer ces données.

```
Data Donnees;
  Input dur tem pre con y;
  durtem = dur*tem; durpre = dur*pre; durcon = dur*con;
  tempre = tem*pre; temcon = tem*con;
  precon = pre*con;
  Cards;
  -1.0 -1.0 -1.0 -1.0  12.4
   1.0 -1.0 -1.0 -1.0   7.2
                 ⋮
   expérience i et réponse i
                 ⋮
  0.0  0.0  0.0  0.0  21.2
  0.0  0.0  0.0  0.0  16.4
Run;
```

La table "donnees" ainsi construite contient toutes les colonnes de la matrice X relatives aux effets linéaires (entrées manuellement), toutes les colonnes relatives aux effets d'interactions (créées automatiquement à l'aide des différents produits d'Hadamard qui sont une simple multiplication de colonnes pour SAS) et enfin le vecteur Y des réponses. La notation "dur" est utilisée pour désigner l'effet linéaire du facteur durée. La notation "durtem" désigne par contre l'effet d'interaction entre les facteurs durée et température, *etc...* Le tableau d'analyse de la variance est donné ci-dessous.

Source	*ddl*	*S. carrés*	*M. Carrés*	*St. Test*	*Proba.*
Régression	10	1095.97	109.60	20.82	0.0001 •••
Erreur	8	42.11	5.26	0.062	0.9961 ∘∘∘
Pure.	*2*	*35.52*	*17.76*		
Ajus.	*6*	*6.59*	*1.10*		
Total	18	1138.08			

Il découle directement de la procédure de régression (REG) suivante :

```
Proc Reg data=Donnees;
  Model y = dur tem pre con
            durtem durpre durcon tempre temcon precon;
Run;
```

Ce tableau montre que le modèle est valide puisqu'il est possible de rejeter clairement l'hypothèse "tous les paramètres du modèle (sauf β_0) sont nuls". Ce modèle est de plus globalement bien ajusté puisque (valeur "R-Square" de la sortie SAS) :

$$R^2 = 1 - \frac{SSE}{SST} \simeq 0.963.$$

Remarquons aussi qu'un estimateur sans biais de la variance des résidus σ^2 est donné par (valeur "Root MSE" de la sortie SAS) :

$$\widehat{\sigma}^2 = MSE = 5.26 \text{ (donc } \widehat{\sigma} \simeq 2.294).$$

Il est possible d'affiner la somme des carrés due à l'erreur à l'aide des trois réplications centrales effectuées. La détermination des quantités $SSLOF$ et $SSPE$ montre alors que le modèle utilisé est bien ajusté en moyenne car il est impossible de rejeter raisonnablement l'hypothèse d'un bon ajustement (paragraphe 2.6.5). Déterminons ensuite les estimateurs de chacun des paramètres du modèle. Ceci conduit au tableau donné ci-après (voir la section 4.3 pour les formules explicites). Ces résultats figurent en deuxième partie de la sortie SAS de la procédure REG ("Résultats estimés des paramètres").

Param.	*Estimat.*	*Ec. type*	*St. Test*	*Proba.*
β_0	20.10	0.526	38.19	0.0001 ●●●
β_1	2.119	0.574	3.69	0.0061 ●●○
β_2	−1.119	0.574	−1.95	0.0869 ○○○
β_3	5.156	0.574	8.99	0.0001 ●●●
β_4	2.944	0.574	5.13	0.0009 ●●●
β_{12}	−0.394	0.574	−0.69	0.5118 ○○○
β_{13}	4.581	0.574	7.99	0.0001 ●●●
β_{14}	0.119	0.574	0.21	0.8412 ○○○
β_{23}	−0.356	0.574	−0.62	0.5518 ○○○
β_{24}	−2.494	0.574	−4.35	0.0025 ●●○
β_{34}	−0.044	0.574	−0.08	0.9411 ○○○

Remarquons que ces résultats sont parfois représentés de manière plus intuitive à l'aide de diverses représentations graphiques données et expliquées dans la suite. Le premier type de schéma consiste en une **représentation graphique des effets linéaires**. On obtient ainsi 4 segments de droites (figure 4.1), chacun d'eux étant associé à l'un des 4 effets linéaires considérés. Détaillons le principe de construction pour le graphique relatif à l'effet linéaire du facteur durée. Ce facteur ne prenant ici que deux niveaux (± 1 en coordonnées codées) il faut tout d'abord placer ces niveaux en abscisse. L'axe des ordonnées correspond alors à la réponse moyenne observée lorsque le facteur durée est fixé à chacun de ces deux niveaux.

En désignant par $Y(-1)$ et $Y(+1)$ les deux ordonnées ainsi obtenues on a donc ici (d'après le plan d'expérience utilisé) :

$$\begin{cases} Y(-1) = 1/8\,(Y_1 + Y_3 + Y_5 + Y_7 + Y_9 + Y_{11} + Y_{13} + Y_{15}), \\ Y(+1) = 1/8\,(Y_2 + Y_4 + Y_6 + Y_8 + Y_{10} + Y_{12} + Y_{14} + Y_{16}). \end{cases}$$

Il est alors possible de relier ces deux points par une droite de pente :

$$\begin{aligned} p = \frac{Y(+1) - Y(-1)}{2} = \; & 1/16(-Y_1 + Y_2 - Y_3 + Y_4 - Y_5 + Y_6 - Y_7 + Y_8 \\ & -Y_9 + Y_{10} - Y_{11} + Y_{12} - Y_{13} + Y_{14} - Y_{15} + Y_{16}). \end{aligned}$$

Or, on sait de plus que :

$$\hat{\beta}_L = \frac{1}{16}{}^t DY \text{ donc } \hat{\beta}_1 = p.$$

En conclusion, les représentations graphiques des effets linéaires s'interprètent donc en remarquant que **la pente** des droite obtenues est égale à l'estimateur des moindres carrés de l'effet linéaire considéré. Plus cette pente est forte, plus l'effet linéaire associé est important. Inversement, un effet linéaire peu ou pas significatif va se traduire par une droite quasiment parallèle à l'axe des abscisses. Afin de pouvoir mieux appréhender visuellement cette dernière situation une droite parallèle à l'axe des abscisses (en pointillés) a été rajoutée. Elle a pour ordonnée la moyenne des 16 réponses considérées (*i.e.* hors expériences centrales) c'est-à-dire 19.97.

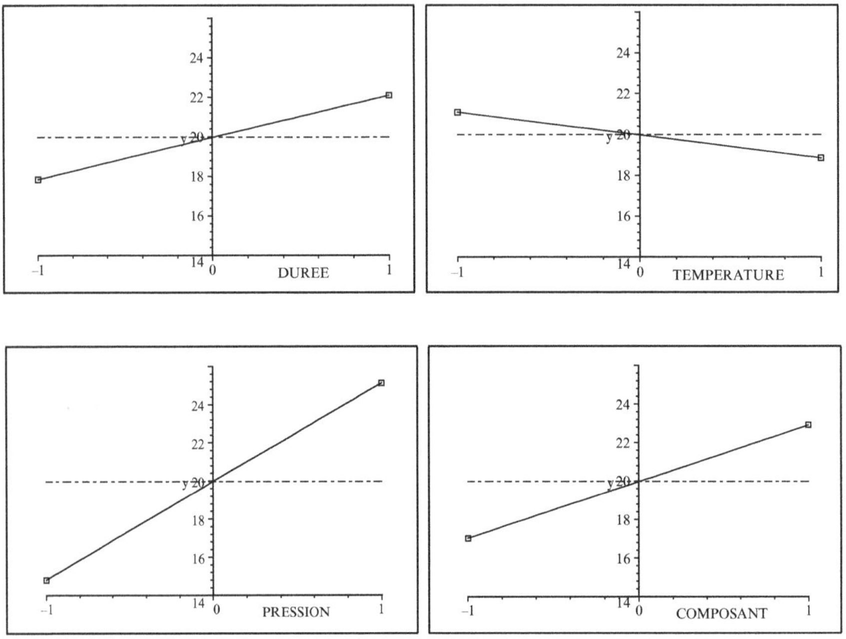

Fig. 4.1. Représentation graphique des effets linéaires.

Le second type de schéma consiste à en une **représentation graphique des effets d'interactions**. On obtient ainsi les 6 graphiques ci-dessous associés à chacun des 6 effets d'interactions du modèle considéré. Chaque graphique est cette fois constitué par deux segments de droite distincts. Détaillons la construction du graphique relatif à l'effet d'interaction entre les facteurs durée et température. Une nouvelle fois les valeurs ± 1 en abscisses correspondent aux deux niveaux utilisés par l'un des facteurs (ici la durée). Les segments représentés sont alors définis comme pour les graphiques des effets linéaires (c'est-à-dire à partir des réponses moyennes observées) mais cette fois un premier segment correspond au cas où le facteur température est fixé au niveau -1 et un second au cas où ce même facteur est fixé au niveau $+1$. Plus précisemment on a les résultats suivants.

Lorsque la température est au niveau -1 le segment obtenu relie alors les deux point de coordonnées suivantes :

$$\begin{cases} \text{abscisse : } -1, \text{ordonnée : } 1/4\,(Y_1 + Y_5 + Y_9 + Y_{13})\,, \\ \text{abscisse : } +1, \text{ordonnée : } 1/4\,(Y_2 + Y_6 + Y_{10} + Y_{14})\,. \end{cases}$$

(en effet, $1/4\,(Y_1 + Y_5 + Y_9 + Y_{13})$ est bien la réponse moyenne observée lorsque la température est au niveau -1 et la durée au niveau -1). Lorsque la température est au niveau $+1$ le segment obtenu relie les deux points de coordonnées suivantes :

$$\begin{cases} \text{abscisse : } -1, \text{ ordonnée : } 1/4\,(Y_3 + Y_7 + Y_{11} + Y_{15})\,, \\ \text{abscisse : } +1, \text{ ordonnée : } 1/4\,(Y_4 + Y_8 + Y_{12} + Y_{16})\,. \end{cases}$$

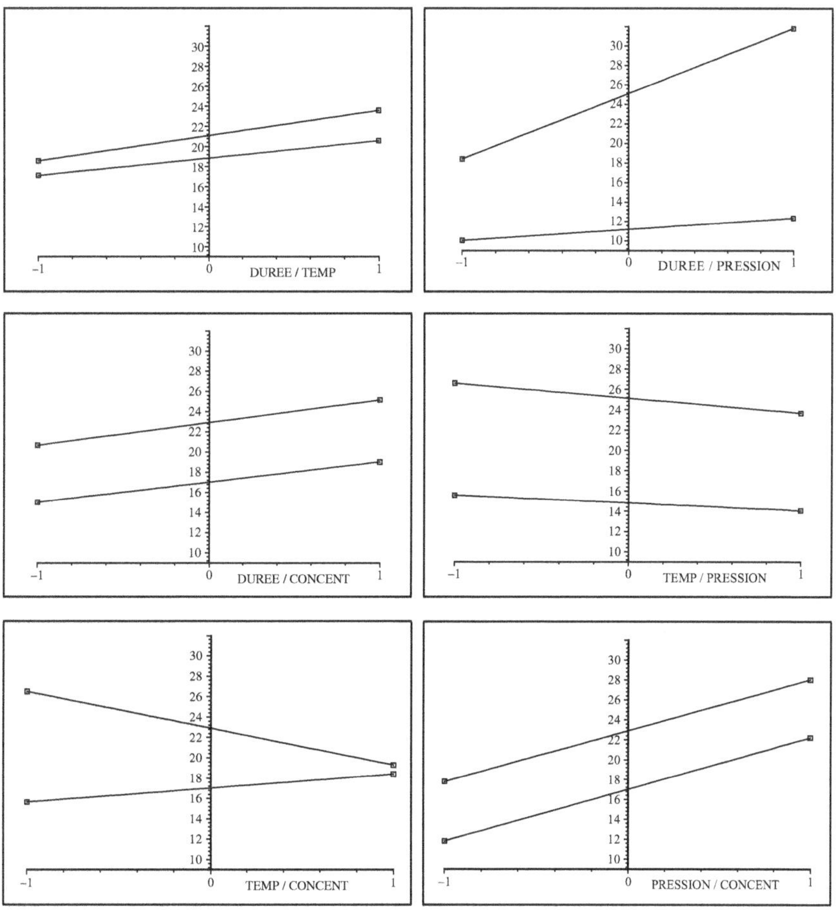

Fig. 4.2. Représentation graphique des effets d'interactions.

Il résulte de tout ceci que l'on obtient donc un graphique avec deux segments de droites ayant pour pentes :

$$\begin{aligned} p_1 &= 1/8\,(-Y_1 + Y_2 - Y_5 + Y_6 - Y_9 + Y_{10} - Y_{13} - Y_{14})\,, \\ p_2 &= 1/8\,(-Y_3 + Y_4 - Y_7 + Y_8 - Y_{11} + Y_{12} - Y_{15} + Y_{16})\,. \end{aligned}$$

Remarquons alors que les deux segments sont parallèles si et seulement si :

$$\begin{aligned} p_1 = p_2 \Leftrightarrow\ & Y_1 - Y_2 + Y_3 - Y_4 + Y_5 - Y_6 + Y_7 - Y_8 + Y_9 - \\ & Y_{10} + Y_{11} - Y_{12} + Y_{13} - Y_{14} + Y_{15} - Y_{16} = 0 \\ \Leftrightarrow\ & \hat{\beta}_{12} = 0. \end{aligned}$$

En d'autres termes **le parallélisme** des deux segments traduit l'absence d'effet d'interaction entre les deux facteurs considérés. A l'opposé, plus on s'éloigne de la situation de parallélisme et plus l'effet d'interaction entre les deux facteurs va être significatif. Remarquons que le résultat démontré ici était intuitivement évident. En effet, s'il n'existe pas d'effet d'interaction entre la température et la durée, ceci veut donc dire concrètement que l'effet de la durée sur la réponse ne dépend pas du niveau de la température. En d'autres termes, faire varier la durée du niveau -1 au niveau $+1$ doit donc avoir le même effet sur la réponse moyenne quelle que soit la température. La pente du segment correspondant à la température fixée au niveau -1 doit donc être identique à celle du segment associé à une température au niveau $+1$, d'où le parallélisme. Il est aussi possible de comparer maintenant les valeurs des réponses observées (Y) avec les réponses moyennes prédites par le modèle ($\widehat{Y} = X\widehat{\beta}$). Ceci conduit au tableau donné ci-dessous :

	Y obs.	$\hat{Y}$ *pred.*	$Y - \hat{Y}$	*Ec. type*
Exp 1	12.4	12.41	−0.01	1.889
Exp 2	7.2	8.04	−0.84	1.889
Exp 3	16.5	16.66	−0.16	1.889
Exp 4	11.2	10.71	0.49	1.889
Exp 5	14.1	14.36	−0.26	1.889
Exp 6	28.9	28.31	0.59	1.889
Exp 7	17.1	17.19	−0.09	1.889
Exp 8	28.8	29.56	−0.76	1.889
Exp 9	23.8	23.14	0.66	1.889
Exp 10	18.9	19.24	−0.34	1.889
Exp 11	16.4	17.41	−1.01	1.889
Exp 12	12.1	11.94	0.16	1.889
Exp 13	24.0	24.91	−0.91	1.889
Exp 14	39.4	39.34	0.06	1.889
Exp 15	18.5	17.76	0.74	1.889
Exp 16	30.2	30.61	−0.41	1.889
Exp 17	24.8	20.10	4.70	0.526
Exp 18	21.2	20.10	1.10	0.526
Exp 19	16.4	20.10	−3.70	0.526

Ces valeurs peuvent être directement obtenues à l'aide du programme SAS suivant (l'option "clm" permet de visualiser les valeurs $\widehat{Y}_i$, leurs dispersions ainsi qu'un intervalle de confiance) :

```
Proc Reg data=Donnees;
  Model y = dur tem pre con
            durtem durpre durcon tempre temcon precon
            / clm;
Run;
```

On constate que les réponses observées et prédites par le modèle sont toujours relativement proches, ceci est en accord avec la valeur élevée du coefficient R^2 trouvée précédemment (ce tableau présente aussi le résidu estimé, c'est-à-dire l'erreur commise $Y - \hat{Y}$ entre réponse réelle et réponse prédite). La dernière colonne donne la dispersion associée aux diverses prédictions (sous forme d'écart-type). Puisque le plan d'expérience utilisé est usuel, ces dispersions sont obtenues explicitement de manière très simple à l'aide de la formule suivante (voir la section 4.3) :

$$\operatorname{Var}\hat{Y}(x) = \sigma^2\left(\frac{1}{19} + \frac{1}{16}\|x\|^2 + \frac{1}{32}\left[\|x\|^4 - \sum_{i=1}^{m} x_i^4\right]\right).$$

Ceci donne pour les expériences au centre du domaine expérimental :

$$\|x\| = 0 \Longrightarrow \operatorname{Var}\hat{Y}(x) = \frac{\sigma^2}{19} \simeq 0.277.$$

De même, toute expérience factorielle est réalisée en un point ayant pour coordonnées $(\pm 1, \pm 1, \pm 1, \pm 1)$ donc $\|x\| = 2$ et il vient :

$$\operatorname{Var}\hat{Y}(x) = \sigma^2\left[\frac{1}{19} + \frac{1}{4} + \frac{1}{32}(16-4)\right] \simeq 3.564.$$

Conclusion

Il est possible de déduire de tous les résultats obtenus précédemment que :

1) l'effet moyen général est très **significatif** dans le modèle utilisé. Il traduit ici une réponse moyenne de l'ordre de 20.10 sur la totalité des expériences,

2) un effet linéaire a été détecté de manière très **significative** concernant les facteurs durée, pression et concentration. L'effet linéaire de la température sur le phénomène étudié est par contre **moins clair** (sans être non plus à rejeter systématiquement car il reste, par exemple, significatif au niveau 10%),

3) concernant maintenant les effets d'interactions, deux d'entre eux s'avèrent être très **significatifs**. Il s'agit plus précisément de l'effet d'interaction entre la durée et la pression ainsi que de l'effet d'interaction entre la température et la concentration. Tous les autres effets d'interactions semblent être négligeables.

En supprimant les effets non-significatifs, le meilleur modèle obtenu au sens des moindres carrés peut donc être réduit à (avec $x = (x_1, x_2, x_3, x_4)$) :

$$\hat{Y}(x) = 20.10 + 2.119x_1 - 1.119x_2 + 5.156x_3 + 2.944x_4$$
$$+4.581x_1x_3 - 2.494x_2x_4$$

Le fait de négliger ces effets non-significatifs est (logiquement) sans grande conséquence sur la perte de qualité du modèle ajusté puisqu'on obtient alors $SSE = 46.88$ donc $R^2 \simeq 0.959$ (à comparer à $R^2 \simeq 0.963$ lorsque le modèle est complet).

En tenant compte maintenant du signe de chacun des estimateurs des effets linéaires obtenus on peut résumer leurs actions respectives sur la réponse dans le tableau suivant. Plus précisemment, ce tableau rend compte de la variation de la réponse moyenne prédite lorsque chacun des facteurs passe du niveau bas -1 au niveau haut $+1$. La conséquence sur la réponse peut alors être une augmentation $(+)$, une très forte augmentation $(++)$, une diminution $(-)$, une très forte diminution $(--)$ ou bien encore l'effet peut être négligeable $(\simeq 0)$.

	Dur.	*Tem.*	*Pre.*	*Con.*
Effet sur Y	$++$	$-$	$++$	$++$

Le second tableau, ci-dessous, rend compte des effets d'interactions sur la réponse. Plus précisemment, il traduit les variations de la réponse moyenne prédite lorsque le produit des deux facteurs passe du niveau bas -1 au niveau haut $+1$ (en d'autres termes on passe donc d'une situation où les niveaux des deux facteurs sont opposés à une situation où ils sont de même signe).

	Dur/Tem	*Dur/Pre*	*Dur/Con*
Effet sur Y	$\simeq \mathbf{0}$	$++$	$\simeq \mathbf{0}$

Tem/Pre	*Tem/Con*	*Pre/Con*
$\simeq \mathbf{0}$	$--$	$\simeq \mathbf{0}$

Ces deux tableaux indiquent donc que, d'après le modèle ajusté, il est nécessaire de réaliser les opérations données ci-après si l'on souhaite améliorer la qualité du collage effectué (*i.e.* maximiser la réponse). Pour les effets linéaires on a tout intérêt à fixer la durée, la pression ainsi que la concentration à un niveau élevé. L'effet de la température est moins important que les autres mais il vaut mieux néanmoins le fixer à un niveau bas. Parallèlement, il est aussi possible de fixer les niveaux des facteurs de manière à ce que les effets d'interactions permettent à la réponse d'être élevée : il faut alors fixer la durée et la pression à un niveau semblable (faible ou élevé) alors que la température et la concentration doivent, par contre, être fixées à des niveaux opposés. Il est donc possible d'atteindre tous ces objectifs à l'aide du réglage suivant :

Facteur	*Niveau*
Durée	60 mn
Température	80 $°C$
Pression	6 atm
Concentration	30 g/l

Ce résultat est tout à fait logique vis-à-vis des résultats expérimentaux obtenus car il correspond à l'expérience 14 qui est associée à une réponse élevée (39.4). Remarquons enfin que l'étude menée ici n'est pas triviale mais n'a cependant pas amené de grosses difficultés concernant les effets d'interactions (seulement deux sont à retenir). La situation peut s'avérer être plus complexe pour un plus grand nombre d'effets d'interactions. En effet, ceux-ci peuvent alors nécessiter des réglages en vue d'optimiser la réponse qui, en première analyse, sont parfois incompatibles avec les réglages optimaux pour les effets linéaires. Il est alors nécessaire d'utiliser des techniques plus fines afin de déterminer la réponse optimale telles que les analyses canoniques R ou RT présentées dans l'ouvrage de Goupy [45] ou bien les techniques générales d'optimisation sous contraintes (la contrainte ici étant de rester dans le domaine expérimental) comme les multiplicateurs de Lagrange.

4.8 Résumé

Voici un résumé des principales configurations étudiées dans ce chapitre. Pour un nombre de facteurs variant entre 2 et 10 (associés à un nombre p de paramètres inconnus à estimer) le tableau suivant présente le nombre minimal d'expériences à réaliser pour différents plans d'expérience adaptés au modèle (classique) à effets d'interactions d'ordre 2. On considère plus précisément :

1) les plans factoriels complets (de type $FD\,(2^m, 0)$),

2) les plans factoriels fractionnaires de résolution V (de type $FD\left(2_{\mathrm{V}}^{m-q}, 0\right)$).

Figurent aussi (entre parenthèses) la taille relative δ pour chaque configuration, c'est-à-dire sa taille ramenée au nombre d'inconnues du modèle :

$$\delta = \frac{n}{p} = \frac{2n}{m^2 + m + 2}.$$

Remarquons que le plan d'expérience obtenu pour 5 facteurs est saturé.

	p	$FD\,(2^m, 0)$	$FD\,(2_{\rm V}^{m-q}, 0)$
2 facteurs	4	4 (1.00)	×
3 facteurs	7	8 (1.14)	×
4 facteurs	11	16 (1.45)	×
5 facteurs	16	32 (2.00)	16 (1.00)
6 facteurs	22	64 (2.91)	32 (1.45)
7 facteurs	29	128 (4.41)	64 (2.21)
8 facteurs	37	256 (6.92)	64 (1.73)
9 facteurs	46	512 (11.13)	128 (2.78)
10 facteurs	56	1024 (18.29)	128 (2.29)

Voici maintenant les configurations proposées pour le modèle à effets d'interactions d'ordre 3. On considère plus précisemment :

1) les plans factoriels complets (de type $FD\,(2^m, 0)$),

2) les plans factoriels fractionnaires de résolution VII (de type $FD\,(2_{\rm VII}^{m-q}, 0)$).

La taille relative δ pour chaque plan d'expérience est maintenant :

$$\delta = \frac{n}{p} = \frac{6n}{m^3 + 5m + 6}.$$

Remarquons que le plan d'expérience obtenu pour 7 facteurs est saturé.

	p	$FD\,(2^m, 0)$	$FD\,(2_{\rm VII}^{m-q}, 0)$
2 facteurs	×	×	×
3 facteurs	8	8 (1.00)	×
4 facteurs	15	16 (1.07)	×
5 facteurs	26	32 (1.23)	×
6 facteurs	42	64 (1.52)	×
7 facteurs	64	128 (2.00)	64 (1.00)
8 facteurs	93	256 (2.75)	128 (1.38)
9 facteurs	130	512 (3.94)	256 (1.97)
10 facteurs	176	1024 (5.82)	256 (1.45)

COMPLEMENTS

4.9 (Compléments) Démonstrations

Proposition 4.2. *Soit un plan d'expérience* **usuel** *pour un modèle linéaire à effets d'interactions d'ordre deux. Alors :*

1) *L'estimateur des* **moindres carrés** *de β est donné par :*

$$\hat{\beta}_0 = \overline{Y} \ , \hat{\beta}_L = \frac{1}{s_2} {}^t DY \ \text{et} \ \hat{\beta}_I = \frac{1}{s_{22}} {}^t D_I Y.$$

2) *Concernant la* **dispersion** *de cet estimateur, il vient ($\forall\, i, j = 1, ..., m$ avec $i \neq j$):*

$$\operatorname{Var} \hat{\beta}_0 = \frac{\sigma^2}{n} \ , \ \operatorname{Var} \hat{\beta}_i = \frac{\sigma^2}{s_2} \ \text{et} \ \operatorname{Var} \hat{\beta}_{ij} = \frac{\sigma^2}{s_{22}}.$$

3) *Les composantes de $\hat{\beta}$ sont de plus* **non-corrélées** *entre elles.*

Démonstration. Pour tout plan d'expérience usuel, on sait (par hypothèse) que ${}^t XX$ est une matrice diagonale, donnée explicitement par :

$${}^t XX = \operatorname{diag}(n, s_2, ..., s_2, s_{22}, ..., s_{22}).$$

En notant ${}^t\beta = (\beta_0 \mid {}^t\beta_L \mid {}^t\beta_I)$ et $X = \left[\ \mathbb{I}_n \mid D \mid D_I \ \right]$ on obtient alors pour l'estimateur des moindres carrés $\hat{\beta}$:

$$\hat{\beta} = \operatorname{diag}\left(\frac{1}{n}, \frac{1}{s_2}, ..., \frac{1}{s_2}, \frac{1}{s_{22}}, ..., \frac{1}{s_{22}}\right) \begin{bmatrix} {}^t\mathbb{I}_n \\ {}^t D \\ {}^t D_I \end{bmatrix} Y = \begin{pmatrix} (1/n)^t \, \mathbb{I}_n Y \\ (1/s_2)^t \, DY \\ (1/s_{22})^t \, D_I Y \end{pmatrix}.$$

On en déduit bien le résultat énoncé en 1. Concernant la dispersion de $\widehat{\beta}$, il vient :

$$\mathbb{V}\left(\hat{\beta}\right) = \sigma^2 \left({}^t XX\right)^{-1} = \sigma^2 \operatorname{diag}\left(\frac{1}{n}, \frac{1}{s_2}, ..., \frac{1}{s_2}, \frac{1}{s_{22}}, ..., \frac{1}{s_{22}}\right).$$

Les résultats du point 2 sont alors obtenus par lecture des termes diagonaux. Le point 3 découle enfin du fait que $\mathbb{V}\left(\hat{\beta}\right)$ est une matrice diagonale ■

Proposition 4.3. *Soit un plan d'expérience* **usuel** *pour un modèle linéaire à effets d'interactions d'ordre deux. En désignant par $\|.\|$ la norme usuelle de $\mathbb{R}^m$, la dispersion de la réponse prédite en $x = {}^t(x_1, ..., x_m) \in \mathcal{E}$ est donnée par :*

$$\operatorname{Var} \hat{Y}(x) = \sigma^2 \left(\frac{1}{n} + \frac{1}{s_2} \|x\|^2 + \frac{1}{2s_{22}} \|x\|^4 - \frac{1}{2s_{22}} \sum_{i=1}^{m} x_i^4\right).$$

Démonstration. D'après la proposition 2.7, il vient :

$$\operatorname{Var}\hat{Y}(x) = \sigma^2\, {}^t g(x) \left({}^t XX\right)^{-1} g(x)$$

avec $g(x)$ vecteur de régression construit de manière identique aux lignes de X :

$$\forall\ x = {}^t(x_1, ..., x_m) \in \mathcal{E}\ ,\ g(x) = (1, x_1, ..., x_m, x_1x_2, ..., x_{m-1}x_m)\,.$$

et donc :

$$\operatorname{Var}\hat{Y}(x) = \sigma^2 \left(\frac{1}{n} + \frac{1}{s_2}\sum_{i=1}^{m} x_i^2 + \frac{1}{s_{22}}\sum\sum_{i<j} x_i^2 x_j^2 \right).$$

Il est possible de supprimer la double somme à l'aide de la relation suivante :

$$\|x\|^4 = \left(\sum_{i=1}^{m} x_i^2\right)^2 = \sum_{i=1}^{m} x_i^4 + 2\sum\sum_{i<j} x_i^2 x_j^2$$

d'où le résultat énoncé ■

Proposition 4.4. *Tout plan d'expérience factoriel complet est un plan* **usuel** *pour un modèle linéaire à effets d'interactions d'ordre deux. Il vérifie :*

$$s_2 = 2^m \text{ et } s_{22} = 2^m.$$

Démonstration. Le lemme 3.A permet d'affirmer que tous les moments impairs d'un plan d'expérience factoriel complet sont nuls. Ceci implique en particulier que tous les moments impairs sont nuls juqu'à l'ordre 4 (condition 1 des plans usuels). Concernant maintenant les moments pairs de la forme $[i^2]$ ou $[i^2j^2]$, toutes les coordonnées des 2^m points non-centraux d'un plan d'expérience factoriel sont égales à -1 ou 1 donc $(i, j = 1, ..., m$ avec $i \neq j)$:

$$s_2 = \sum_{i=1}^{n} z_{ui}^2 = 2^m \text{ et } s_{22} = \sum_{i=1}^{n} z_{ui}^2 z_{uj}^2 = 2^m \ ■$$

Proposition 4.5. *Toute* **fraction régulière** *de plan factoriel complet, de résolution égale à V (ou plus), est un plan d'expérience* **usuel** *pour un modèle linéaire à effets d'interactions d'ordre deux. Il vérifie de plus :*

$$s_2 = 2^{m-q} \text{ et } s_{22} = 2^{m-q}.$$

Démonstration. Montrons au préalable qu'une fraction régulière de résolution inférieure à V rend impossible l'analyse du modèle à effets d'interactions d'ordre deux. Il a déjà été prouvé (proposition 3.16) qu'avec une fraction régulière de résolution I ou II on ne peut pas analyser un modèle linéaire d'ordre un. Il est donc impossible d'ajuster un modèle plus complexe contenant des effets d'interactions. Montrons que l'utilisation de fractions régulières de résolution III ou IV est impossible.

1) Soit une fraction régulière de résolution III. Il existe donc au moins un mot de longueur égale à 3 dans le groupe $\mathcal{G}$ (supposons qu'il s'agisse de $\mathtt{123}$). Donc :

$$\mathbb{I} = \mathtt{123} \Longleftrightarrow \mathtt{1}{=}\mathtt{23}.$$

La matrice du modèle X est donc singulière puisque les colonnes associées à l'effet linéaire $\mathtt{1}$ et à l'interaction $\mathtt{23}$ sont identiques.

2) Soit une fraction régulière de résolution IV. Il existe donc au moins un mot de longueur égale à 4 dans le groupe $\mathcal{G}$ (supposons qu'il s'agisse de $\mathtt{1234}$). Donc il vient :

$$\mathbb{I} = \mathtt{1234} \Longleftrightarrow \mathtt{12}{=}\mathtt{34}.$$

La matrice du modèle X est donc singulière puisque les colonnes associées aux effets d'interactions $\mathtt{12}$ et $\mathtt{34}$ sont identiques.

Montrons maintenant que le plan d'expérience est bien usuel dès lors que la résolution de la fraction est au moins égale à V. La proposition 3.15 assure que le produit d'Hadamard de 2, 3 ou 4 colonnes distinctes de la matrice du plan D est toujours un contraste. La fraction régulière utilisée n'est ni de résolution I ni de résolution II donc (proposition 3.16) les colonnes de D ainsi que les produits d'Hadamard de deux colonnes distinctes de D sont des contrastes non-unitaires, *i.e.* :

$$\forall\ i,j = 1,...,m \text{ avec } i \neq j\ ,\ [i] = 0 \text{ et } [ij] = 0.$$

La fraction régulière utilisée n'étant pas de résolution III on peut donc en déduire que le produit d'Hadamard de 3 colonnes distinctes de D est un contraste non-unitaire (sinon nous serions dans le cas abordé en 1). Donc :

$$\forall\ i,j,k = 1,...,m \text{ avec } i < j < k\ ,\ [ijk] = 0.$$

La fraction régulière utilisée n'étant pas de résolution IV on peut donc en déduire que le produit d'Hadamard de 4 colonnes distinctes de D est un contraste non-unitaire (sinon nous serions dans le cas abordé en 2). Donc :

$$\forall\ i,j,k,l = 1,...,m \text{ avec } i < j < k < l\ ,\ [ijkl] = 0.$$

Remarquons que, par construction, les colonnes de la matrice du plan D (ou même du modèle X) ne contiennent que les valeurs -1 et 1 (plus éventuellement certaines valeurs 0 associées à des réplications centrales). Il en résulte que (avec $i,j,k = 1,...,m$ où $i < j < k$) :

$$\begin{cases} [i^3] = [i] = 0, & [i^2 j] = [j] = 0, \\ [i^3 j] = [ij] = 0, & [i^2 jk] = [jk] = 0. \end{cases}$$

En conclusion, la propriété 1 des plans usuels est bien vérifiée (définition 4.1) puisque tous les moments impairs jusqu'à l'ordre 4 sont bien nuls. Concernant maintenant les moments pairs de la forme $[i^2]$ et $[i^2 j^2]$, une fraction régulière engendrée par q générateurs est constituée de 2^{m-q} expériences. Comme les coordonnées de chacun des points du plan sont -1 ou $+1$ il en découle que :

$$\forall\, i = 1, ..., m \;,\; n\,[i^2] = s_2 = 2^{m-q} \text{ et } n\,[i^2 j^2] = s_{22} = 2^{m-q} \;\blacksquare$$

5

Plans d'expérience pour surfaces de réponse

5.1 Introduction

Les modèles étudiés dans les chapitres précédents, d'ordre un ou bien avec effets d'interactions, ne permettent pas toujours de rendre compte correctement du phénomène étudié. Il existe en effet des situations où de tels modèles vont s'avérer trop pauvres, principalement parce qu'ils ne comportent pas de termes quadratiques aptes à traduire une "courbure" dans la réponse étudiée. Afin de pallier ce type de problème il est possible d'ajuster cette fois un modèle polynomial complet de degré deux (*i.e.* contenant un effet moyen général, des effets linéaires, des effets d'interactions mais aussi des effets quadratiques). On dit alors que l'on ajuste une **surface de réponse**.

L'objet de ce chapitre est de proposer des configurations adaptées au modèle proposé ici. Tout comme dans les chapitres précédents la classe des plans d'expérience usuels, faciles à analyser et contenant bon nombre des dispositifs expérimentaux classiques, va être définie tout d'abord. La situation devient cependant plus complexe ici car un tel modèle rend impossible l'obtention d'un plan d'expérience orthogonal. On montre que l'on peut cependant obtenir encore des résultats explicites et relativement simples aussi bien pour les problèmes d'estimations que pour certaines propriétés classiques telles que l'isovariance par transformations orthogonales. Une fois ces fondements théoriques posés la deuxième partie de ce chapitre est dédiée à l'étude d'un certain nombre de plans d'expérience classiques pour surfaces de réponse : plans composites centrés complets ou fractionnaires, plans de Box et Behnken, plans simplexes augmentés, plans hybrides de Roquemore, *etc...*

La dernière partie du chapitre est, une nouvelle fois, consacrée à l'étude d'un exemple d'application mis en oeuvre à l'aide du logiciel SAS.

W. Tinsson, *Plans d'expérience: constructions et analyses statistiques*, Mathématiques et Applications 67, DOI 10.1007/978-3-642-11472-4_5,
© Springer-Verlag Berlin Heidelberg 2010

5.2 Généralités

5.2.1 Modèle utilisé

Considérons un plan d'expérience $\mathcal{D} = \{z_u, u = 1, ..., n\}$ à m facteurs quantitatifs mis en oeuvre sur le domaine expérimental $\mathcal{E} \subset \mathbb{R}^m$. Un modèle polynomial est dit d'ordre deux complet dès lors que l'on considère le modèle statistique $Y(x) = f(x) + \varepsilon(x)$ avec la loi de réponse donnée par :

$$\forall\, x \in \mathcal{E}\ ,\ f(x) = \beta_0 + \sum_{i=1}^{m} \beta_i x_i + \sum_{i=1}^{m} \beta_{ii} x_i^2 + \sum_{i<j} \sum \beta_{ij} x_i x_j.$$

Pour un tel modèle, on dit que :

$$\begin{cases} \beta_0 \ (i.e. \text{ la constante polynomiale}) \text{ est l'}\textbf{effet moyen général}, \\ \beta_i \ (i = 1, ..., m) \text{ est l'}\textbf{effet linéaire} \text{ du i-ème facteur}, \\ \beta_{ii} \ (i = 1, ..., m) \text{ est l'}\textbf{effet quadratique} \text{ du i-ème facteur}, \\ \beta_{ij} \ (i, j = 1, ..., m, i < j) \text{ est l'}\textbf{effet d'interaction} \text{ entre les facteurs } i \text{ et } j. \end{cases}$$

Le modèle considéré ici est donc un modèle à effets d'interactions d'ordre deux auquel sont rajoutés m effets quadratiques. Il en découle que le nombre de paramètres inconnus est donc égal à (voir le paragraphe 4.2.1 pour le nombre de paramètres du modèle à effets d'interactions d'ordre deux) :

$$p = \frac{m^2 + m + 2}{2} + m = \frac{(m+2)(m+1)}{2}.$$

On décomposera souvent dans la suite le vecteur $\beta \in \mathbb{R}^p$ des paramètres en ${}^t\beta = (\beta_0 \mid {}^t\beta_L \mid {}^t\beta_Q \mid {}^t\beta_I)$ avec $\beta_L \in \mathbb{R}^m$ vecteur des effets linéaires, $\beta_Q \in \mathbb{R}^m$ vecteur des effets quadratiques et $\beta_I \in \mathbb{R}^{m(m-1)/2}$ vecteur des effets d'interactions. De manière similaire, la matrice du modèle $X \in \mathcal{M}(n, p)$ est alors :

$$X = \left[\ \mathbb{I}_n \mid D \mid D_Q \mid D_I\ \right]$$

avec $D \in \mathcal{M}(n, m)$ matrice du plan d'expérience (voir le paragraphe 3.2.2), $D_I \in \mathcal{M}(n, m(m-1)/2)$ matrice associée aux effets d'interactions (voir le paragraphe 4.2.1) et enfin $D_Q \in \mathcal{M}(n, m)$ matrice associée aux effets quadratiques telle que (avec $z_{u1}, ..., z_{um}$ les m coordonnées du point z_u) :

$$D_Q = \begin{bmatrix} z_{11}^2 & z_{12}^2 & \dots & z_{1m}^2 \\ z_{21}^2 & z_{22}^2 & \dots & z_{2m}^2 \\ \vdots & \vdots & & \vdots \\ z_{(n-1)1}^2 & z_{(n-1)2}^2 & \dots & z_{(n-1)m}^2 \\ z_{n1}^2 & z_{n2}^2 & \dots & z_{nm}^2 \end{bmatrix}.$$

La matrice D_Q présente la particularité d'être exclusivement constituée d'éléments positifs.

5.2.2 Plans d'expérience usuels

Pour un modèle d'ordre 2 la matrice des moments est alors :

$$M = \frac{1}{n} \begin{bmatrix} {}^t\mathbb{I}_n\mathbb{I}_n & {}^t\mathbb{I}_n D & {}^t\mathbf{I_n D_Q} & {}^t\mathbb{I}_n D_I \\ {}^t D\mathbb{I}_n & {}^t DD & {}^t\mathbf{DD_Q} & {}^t DD_I \\ {}^t\mathbf{D_Q I_n} & {}^t\mathbf{D_Q D} & {}^t\mathbf{D_Q D_Q} & {}^t\mathbf{D_Q D_I} \\ {}^t D_I\mathbb{I}_n & {}^t D_I D & {}^t\mathbf{D_I D_Q} & {}^t D_I D_I \end{bmatrix}.$$

La forme générale des blocs ${}^t\mathbb{I}_n\mathbb{I}_n$, ${}^t\mathbb{I}_n D$ et ${}^t DD$ a été explicitée dans le chapitre 3 (paragraphe 3.2.3) et la forme générale de ${}^t\mathbb{I}_n D_I$, ${}^t DD_I$ et ${}^t D_I D_I$ a été donnée, de même, dans le chapitre 4 (paragraphe 4.2.2). Il reste donc uniquement à détailler la forme des blocs en gras ci-dessus. Par définition :

$$\begin{aligned}
\frac{1}{n}{}^t\mathbb{I}_n D_Q &= \left[\left[1^2\right] \left[2^2\right] \dots \left[m^2\right] \right], \\
\frac{1}{n}{}^t DD_Q &= \begin{bmatrix} [1^3] & [12^2] & \dots & [1m^2] \\ [1^2 2] & [2^3] & \dots & [2m^2] \\ \vdots & \vdots & & \vdots \\ [1^2 m] & [2^2 m] & \dots & [m^3] \end{bmatrix}, \\
\frac{1}{n}{}^t D_Q D_Q &= \begin{bmatrix} [1^4] & [1^2 2^2] & \dots & [1^2 m^2] \\ [1^2 2^2] & [2^4] & \dots & [2^2 m^2] \\ \vdots & \vdots & & \vdots \\ [1^2 m^2] & [2^2 m^2] & \dots & [m^4] \end{bmatrix}, \\
\frac{1}{n}{}^t D_I D_Q &= \begin{bmatrix} [1^3 2] & [12^2 3] & \dots & [12m^2] \\ [1^3 3] & [12^2 3] & \dots & [13m^2] \\ \vdots & \vdots & & \vdots \\ [1^2 (m-1) m] & [2^2 (m-1) m] & \dots & [(m-1) m^3] \end{bmatrix}.
\end{aligned}$$

Une nouvelle fois l'objectif est ici de proposer une classe de plans d'expérience pour lesquels la matrice des moments M soit la plus simple possible. La propriété d'orthogonalité est cependant **impossible à obtenir** pour le modèle considéré. En effet, la matrice M ne peut être diagonale à cause des blocs ${}^t\mathbb{I}_n D_Q$ et ${}^t D_Q D_Q$ dont tous les éléments sont forcéments positifs (le cas où ils sont tous nuls étant sans intérêt). Afin d'annuler le maximum de moments possibles et de rendre égaux la plupart des autres on aboutit à la définition suivante :

Définition 5.1. *Un plan d'expérience est qualifié* **d'usuel** *pour un modèle linéaire d'ordre deux si et seulement si :*

1) *tous ses moments impairs jusqu'à l'ordre* 4 *sont* **nuls**,

2) *tous ses moments purs d'ordre deux sont* **égaux** $([1^2] = ... = [m^2])$,

3) *tous ses moments pairs croisés d'ordre quatre sont* **égaux**,

($\forall\ i,j = 1,...,m$ *avec* $i \neq j$, $[i^2j^2] = Cte$),

4) *tous ses moments purs d'ordre quatre sont* **égaux** ($[1^4] = ... = [m^4]$).

Pour tout plan usuel $\mathcal{D} = \{z_u, u = 1,...,n\}$ il est donc possible de définir les constantes s_2, s_{22} et s_4 par ($\forall\ i,j = 1,...,m$ avec $i \neq j$) :

$$s_2 = n\left[i^2\right] = \sum_{u=1}^{n} z_{ui}^2 \ , \ s_{22} = n\left[i^2j^2\right] = \sum_{u=1}^{n} z_{ui}^2 z_{uj}^2 \ , \ s_4 = n\left[i^4\right] = \sum_{u=1}^{n}\sum_{u=1}^{n} z_{ui}^4.$$

En désignant par $\mathbb{I}_n$ le vecteur de $\mathbb{R}^n$ constitué des valeurs 1 et par J_n la matrice de $\mathcal{M}(n,n)$ constituée uniquement par ces mêmes valeurs, la matrice des moments d'un plan d'expérience usuel est donc de la forme suivante (0 désigne ici la matrice nulle ayant une taille adaptée au bloc considéré) :

$$M = \frac{1}{n}\begin{bmatrix} n & 0 & s_2{}^t\mathbb{I}_m & 0 \\ 0 & s_2 I_m & 0 & 0 \\ s_2\mathbb{I}_m & 0 & (s_4 - s_{22})\, I_m + s_{22}J_m & 0 \\ 0 & 0 & 0 & s_{22}I_{m(m-1)/2} \end{bmatrix}.$$

Remarque. Il est courant dans la littérature, lorsqu'un plan d'expérience est de type usuel, de voir les moments pairs jusqu'à l'ordre 4 exprimés sous la forme suivante ($\forall\ i,j = 1,...,m$ avec $i \neq j$) :

$$\left[i^2\right] = \lambda_2, \ \ \left[i^2j^2\right] = \lambda_4 \text{ et } \left[i^4\right] = c\lambda_4.$$

Ce type de notations n'est pas utilisé ici car elles présentent le défaut d'être parfois illogiques. En effet, considérons un plan d'expérience dont la distribution des points est exclusivement concentrée sur les axes du repère utilisé. On a alors :

$$\forall\ i,j = 1,...,m \text{ avec } i \neq j \ , \ \left[i^2j^2\right] = 0 \text{ et } \left[i^4\right] \neq 0.$$

Il est donc impossible de décrire correctement une telle situation à l'aide des notations présentées ci-dessus.

5.2.3 Inversion de la matrice des moments d'un plan usuel

Comme il est impossible d'obtenir un plan d'expérience orthogonal pour un modèle linéaire d'ordre 2 la question de l'inversibilité de la matrice des moments des plans d'expériences usuels se pose alors naturellement. On montre tout d'abord que pour tout plan d'expérience usuel, sa matrice des moments est **inversible** si et seulement si (la démonstration est effectuée avec celle de la proposition 5.2) :

$$s_2 > 0, \ s_4 > s_{22} > 0 \text{ et } n\left[s_4 + (m-1)\, s_{22}\right] - ms_2^2 > 0.$$

Il est maintenant possible de traduire géométriquement ces conditions. On obtient ainsi le résultat suivant :

Proposition 5.2. [$\lhd$] *Soit un plan d'expérience usuel pour un modèle linéaire d'ordre deux. Sa matrice des moments est* **inversible** *si et seulement si aucune des trois conditions suivantes n'est vérifiée :*

1) *la distribution des points du plan est concentrée sur les axes,*

2) *tout point du plan a ses coordonnées égales en valeur absolue,*

3) *tous les points du plan sont équidistants de l'origine.*

5.2.4 Estimations et prédictions

Considérons à partir de maintenant un plan d'expérience usuel pour un modèle linéaire d'ordre deux dont la matrice des moments est **inversible**. Un tel plan permet d'estimer au sens des moindres carrés tous les paramètres inconnus du modèle postulé et ces estimateurs vérifient de plus :

Proposition 5.3. [$\lhd$] *Soit un plan d'expérience usuel $\mathcal{D} = \{z_u, u = 1, ..., n\}$ pour un modèle linéaire d'ordre deux. Les différents estimateurs des* **moindres carrés** *des paramètres du modèle ainsi que leurs caractéristiques de dispersion sont alors obtenus explicitement par les relations suivantes en notant $\phi = ns_4 + n(m-1)s_{22} - ms_2^2$:*

1) $\widehat{\beta}_0 = \overline{Y} + \dfrac{s_2}{\phi}\left(ms_2\overline{Y} - \displaystyle\sum_{u=1}^{n}\|z_u\|^2 Y_u\right)$

avec $\mathrm{Var}\left(\widehat{\beta}_0\right) = \dfrac{\sigma^2}{n}\left(1 + \dfrac{ms_2^2}{\phi}\right).$

2) $\widehat{\beta}_L = \dfrac{1}{s_2}{}^tD_LY$ *avec* $\mathbb{V}\left(\widehat{\beta}_L\right) = \dfrac{\sigma^2}{s_2}I_m.$

3) $\widehat{\beta}_Q = \dfrac{1}{s_4 - s_{22}}{}^tD_QY - \dfrac{1}{\phi}\left[ns_2\overline{Y} + \dfrac{ns_{22} - s_2^2}{s_4 - s_{22}}\displaystyle\sum_{u=1}^{n}\|z_u\|^2 Y_u\right]\mathbb{I}_m.$

avec $\mathbb{V}\left(\widehat{\beta}_Q\right) = \dfrac{\sigma^2}{s_4 - s_{22}}\left(I_m + \dfrac{s_2^2 - ns_{22}}{\phi}J_m\right).$

4) $\widehat{\beta}_I = \dfrac{1}{s_{22}}{}^tD_IY$ *avec* $\mathbb{V}\left(\widehat{\beta}_I\right) = \dfrac{\sigma^2}{s_{22}}I_{m(m-1)/2}.$

Remarquons que pour tout plan d'expérience usuel les dispersions de tous les effets linéaires sont identiques et il en va de même pour les effets quadratiques ainsi que les effets d'interaction avec ($\forall\, i, j = 1, ..., m$ où $i \neq j$) :

$$\mathrm{Var}\left(\widehat{\beta}_i\right) = \frac{\sigma^2}{s_2},\ \ \mathrm{Var}\left(\widehat{\beta}_{ij}\right) = \frac{\sigma^2}{s_{22}} \text{ et } \mathrm{Var}\left(\widehat{\beta}_{ii}\right) = \frac{\sigma^2}{s_4 - s_{22}}\left(1 + \frac{s_2^2 - ns_{22}}{\phi}\right).$$

Remarquons aussi qu'il n'est plus possible d'affirmer maintenant que toutes les composantes du vecteurs $\hat{\beta}$ sont non-corrélées entre elles (puisque la matrice des covariances n'est pas diagonale). On peut cependant remarquer que seulement deux couples de composantes de $\hat{\beta}$ sont corrélées. Il s'agit de $\hat{\beta}_{ii}$ avec $\hat{\beta}_{jj}$ et de $\hat{\beta}_{ii}$ avec $\hat{\beta}_0$ $(i, j = 1, ..., m$ avec $i \neq j)$ et l'on a explicitement :

$$\operatorname{Cov}\left(\hat{\beta}_{ii}, \hat{\beta}_{jj}\right) = \sigma^2 \frac{\left(ns_{22} - s_2^2\right)}{\phi\left(s_{22} - s_4\right)} \text{ et } \operatorname{Cov}\left(\hat{\beta}_{ii}, \hat{\beta}_0\right) = -\sigma^2 \frac{s_2}{\phi}$$

Considérons maintenant les prédictions réalisables à l'aide d'un tel modèle. La réponse moyenne prédite au point $x \in \mathbb{R}^m$ est obtenue par :

$$\hat{Y}(x) = {}^t g(x)\, \hat{\beta}$$

avec $g(x) \in \mathbb{R}^p$ vecteur de régression donné pour le modèle étudié par :

$${}^t g(x) = \left(1, x_1, ..., x_m, x_1^2, ..., x_m^2, x_1 x_2, ..., x_{m-1} x_m\right).$$

Les résultats obtenus précédemment permettent alors de déterminer la forme explicite de la dispersion de toute prédiction réalisée en un point quelconque du domaine expérimental puisque :

Proposition 5.4. [$\triangleleft$] *Soit un plan d'expérience* **usuel** *pour un modèle linéaire d'ordre deux. En désignant par* $\|.\|$ *la norme usuelle de* $\mathbb{R}^m$*, la dispersion de la réponse prédite en* $x = {}^t(x_1, ..., x_m) \in \mathcal{E}$ *est donnée par :*

$$\operatorname{Var} \hat{Y}(x) = \sigma^2 \left[f(r) + \left(\frac{1}{s_4 - s_{22}} - \frac{1}{2 s_{22}} \right) \sum_{i=1}^{m} x_i^4 \right] \quad \textit{avec :}$$

$$f(r) = \left(\frac{1}{n} + \frac{m s_2^2}{n \phi}\right) + \left(\frac{1}{s_2} - 2\frac{s_2}{\phi}\right) r^2 + \left(\frac{1}{2 s_{22}} + \frac{s_2^2 - n s_{22}}{\phi\left(s_4 - s_{22}\right)}\right) r^4,$$

$r = \|x\|$ *et* $\phi = n s_4 + n(m-1) s_{22} - m s_2^2.$

Une telle formulation explicite généralise celle obtenue par Borkowski [5] dans le cas particulier des plans composites centrés ou bien des plans de Box et Behnken.

5.2.5 Isovariance par transformations orthogonales

Rappelons (paragraphe 3.2.4) qu'un plan est dit isovariant par transformations orthogonales (ou simplement isovariant pour simplifier) si pour tout point x du domaine expérimental et pour toute transformation orthogonale T de $\mathbb{R}^m$ (*i.e.* conservant les distances) :

$$\operatorname{Var} \hat{Y}(Tx) = \operatorname{Var} \hat{Y}(x).$$

En d'autres termes la variance de la réponse prédite en un point x ne dépend alors que de la distance r entre le point et le centre du domaine. Il est évident, au vu des résultats de la proposition 5.4, qu'un tel objectif est atteint si et seulement si :

$$\frac{1}{s_4 - s_{22}} - \frac{1}{2s_{22}} = 0 \Leftrightarrow s_4 = 3s_{22}.$$

On en déduit la proposition suivante :

Proposition 5.5. *Soit un plan d'expérience usuel pour un modèle linéaire d'ordre deux. Un tel plan est* **isovariant par transformations orthogonales** *si et seulement si :*

$$s_4 = 3s_{22}.$$

La dispersion de la réponse prédite en $x = {}^t(x_1, ..., x_m) \in \mathcal{E}$ *est alors donnée explicitement par :*

$$\operatorname{Var}\hat{Y}(r) = \sigma^2 \left[\left(\frac{1}{n} + \frac{ms_2^2}{n\phi} \right) + \left(\frac{1}{s_2} - 2\frac{s_2}{\phi} \right) r^2 + \frac{1}{2s_{22}} \left(1 + \frac{s_2^2 - ns_{22}}{\phi} \right) r^4 \right]$$

avec $r = \|x\|$ *et* $\phi = n(m+2)s_{22} - ms_2^2$.

Tout plan d'expérience usuel tel que $s_4 = 3s_{22}$ est donc isovariant par transformations orthogonales. On démontre aussi (voir Tinsson [99]) que la proposition réciproque est vraie, c'est-à-dire que si un plan d'expérience pour modèle d'ordre deux est isovariant par transformations orthogonales alors il est forcément un **plan usuel tel que** $s_4 = 3s_{22}$. La démonstration de cette propriété s'appuie sur les résultats de Draper et *al.* [32] montrant qu'il y a équivalence entre les notions de plan d'expérience isovariant par transformations orthogonales et plan d'expérience dit à "matrice des moments invariante par transformations orthogonales".

Exemple

Illustrons les résultats obtenus ici à l'aide d'un plan d'expérience composite centré à deux facteurs (ce type de plans d'expérience sera étudié en détail dans la section suivante). Considérons un tel plan constitué de la partie factorielle complète (4 points), de la partie axiale (4 points) située à la distance de $\sqrt{2}$ unités du centre du domaine et d'une seule expérience centrale. Il est classique d'utiliser un logiciel spécialisé afin d'obtenir une représentation graphique de la qualité des prédictions réalisées au sein du domaine expérimental. Un exemple est donné ici avec la figure 5.1 représentant les lignes de niveau de la fonction $\operatorname{Var}\hat{Y}$ (source : logiciel Nemrod).

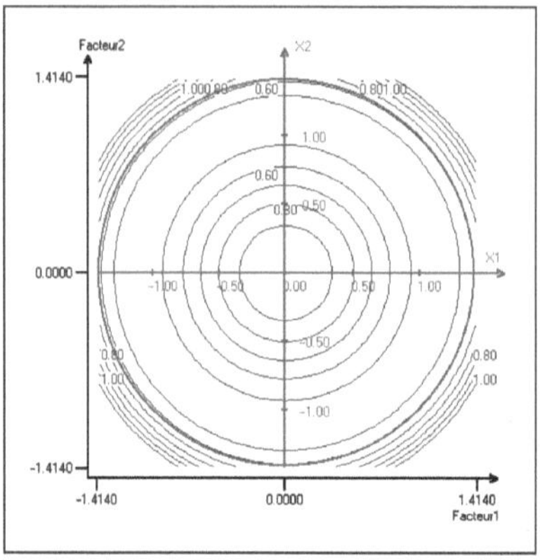

Fig. 5.1.
Lignes de niveau de $\operatorname{Var}\hat{Y}$.

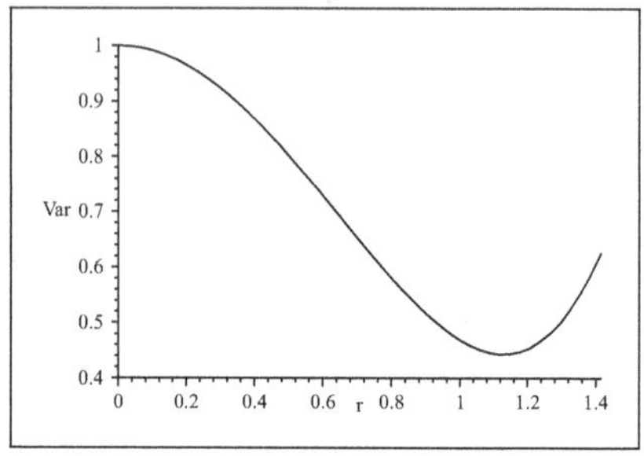

Fig. 5.2.
Graphe de $\operatorname{Var}\hat{Y}$ en fonction de r.

Ces lignes de niveau sont des cercles concentriques donc le plan utilisé semble être isovariant par transformations orthogonales. Le recours à un logiciel spécialisé n'est cependant pas obligatoire car on peut ici obtenir très facilement toutes ces informations de manière explicite (ceci permet d'éviter les erreurs de calcul inhérentes à tout algorithme numérique, permet d'améliorer la rapidité de tout programme informatique devant réaliser un tel traitement et enfin permet de mieux comprendre et maîtriser le comportement du phénomène étudié). En effet, le plan d'expérience considéré ici vérifie :

$$n = 9 \text{ avec } s_2 = 8 \ , \ s_4 = 12 \ , \ s_{22} = 4 \text{ et donc } \phi = 16.$$

Il est donc isovariant puisque $s_4 = 3s_{22}$. Il en découle que (en prenant $\sigma^2 = 1$) :

$$\operatorname{Var}\hat{Y}\,(r) = 1 - \frac{7}{8}r^2 + \frac{11}{32}r^4.$$

Cette relation permet de construire rapidement et de manière exacte la courbe de la figure 5.2. Remarquons que cette courbe contient autant d'informations à elle seule que le graphique 5.1 et présente l'avantage supplémentaire de pouvoir être représentée quel que soit le nombre de facteurs (ce qui n'est pas le cas des courbes de niveaux qui nécessitent forcément la sélection d'une coupe par rapport à deux facteurs).

5.2.6 Graphes des variances extrêmes

Il a été montré au paragraphe précédent que l'utilisation d'un plan d'expérience usuel tel que $s_4 = 3s_{22}$ entraîne la propriété d'isovariance permettant d'obtenir de manière très simple les différentes valeurs des dispersions des réponses prédites au sein du domaine expérimental (il suffit de représenter la variance de $\widehat{Y}$ comme fonction de r). Etendons ce type de construction au cas général où l'isovariance n'est pas forcément vérifiée. Il est alors classique d'utiliser des **graphes des variances extrêmes** (*Variance Dispersion Graph* ou simplement *VDG* en anglais) tels qu'ils sont présentés, par exemple, par Giovannitti-Jensen et Myers [44].

On considère tout d'abord la **variance sphérique moyenne** de prédiction définie par (avec $U_r = \left\{x \in \mathbb{R}^m \ / \ {}^t xx = r^2\right\}$ la sphère centrée de rayon r) :

$$V(r) = \Psi \int_{U_r} \operatorname{Var} \hat{Y}(x)\, dx \text{ avec } \Psi = \frac{1}{\int_{U_r} dx}$$

On rajoute ensuite les **variances sphériques extrémale** :

$$\operatorname{Vmin}(r) = \min_{x \in U_r} \left[\operatorname{Var} \hat{Y}(x)\right] \text{ et } \operatorname{Vmax}(r) = \max_{x \in U_r} \left[\operatorname{Var} \hat{Y}(x)\right].$$

Pour tout plan d'expérience isovariant par transformations orthogonales les trois courbes du graphe des variances extrêmes sont confondues. Dans tous les autres cas elles vont par contre donner des informations sur l'amplitude des variations de la variance de prédiction sur toute sphère centrée de rayon r. En pratique les graphes des variances extrêmes sont généralement obtenus de manière numérique à l'aide d'algorithmes d'optimisation de formes quadratiques à la surface de sphères (voir par exemple l'algorithme proposé par Vining [103]). Le recours à de telles méthodes numériques est, une fois de plus, inutile dans le cadre des plans d'expérience usuels puisqu'on a alors les résultats explicites suivants :

Proposition 5.6. [$\triangleleft$] *Soit un plan d'expérience usuel pour un modèle linéaire d'ordre deux. La* **variance sphérique moyenne** *ainsi que les* **variances sphériques extrémales** *sont données par (la fonction f étant toujours celle de la proposition* 5.4) :

1) $V(r) = \sigma^2 \left[f(r) + \dfrac{3}{m+2}\left(\dfrac{1}{s_4 - s_{22}} - \dfrac{1}{2s_{22}}\right) r^4\right],$

2) $$\begin{cases} \operatorname{Vmin}(r) = \sigma^2 \left[f(r) + \dfrac{1}{m}\left(\dfrac{1}{s_4 - s_{22}} - \dfrac{1}{2s_{22}}\right) r^4\right], \\ \operatorname{Vmax}(r) = \sigma^2 \left[f(r) + \left(\dfrac{1}{s_4 - s_{22}} - \dfrac{1}{2s_{22}}\right) r^4\right]. \end{cases}$$

Les résultats présentés en 2 sont valables uniquement si $s_4 < 3s_{22}$. Dans le cas contraire il convient de permuter les rôles de Vmin et Vmax.

Détaillons de manière concrète l'application de ce résultat.

Exemple

Considérons ici un plan d'expérience composite centré à deux facteurs constitué de la partie factorielle complète (4 points), de la partie axiale (4 points) située à la distance de une unité du centre du domaine et enfin d'une seule expérience centrale (voir la section suivante pour plus de détails sur ce type de plan). La figure 5.3 représente alors les lignes de niveaux de la fonction $\operatorname{Var}\hat{Y}$ (source : logiciel Nemrod). Ce graphique montre que le plan d'expérience utilisé ici ne semble pas être isovariant.

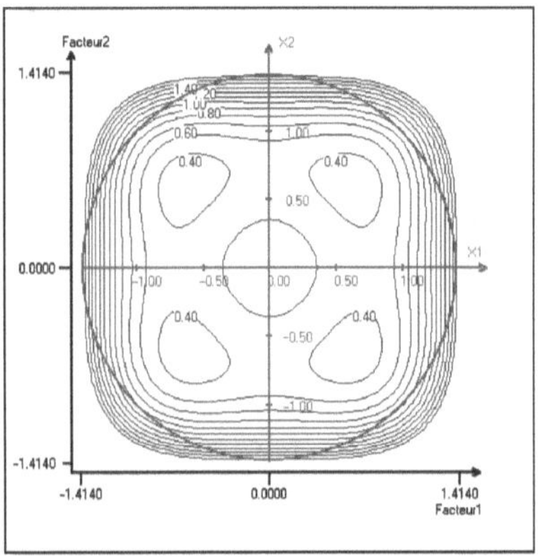

Fig. 5.3.
Lignes de niveau de $\operatorname{Var}\hat{Y}$.

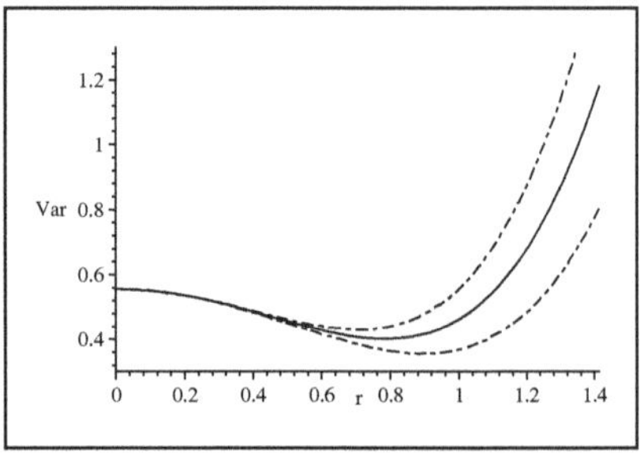

Fig. 5.4.
Graphe des variances extrêmes.

Utilisons maintenant les résultats obtenus précédemment. Le plan d'expérience considéré ici est un plan usuel tel que :

$$n = 9 \text{ avec } s_2 = 6 \ , \ s_4 = 6 \ , \ s_{22} = 4 \text{ et donc } \phi = 18.$$

Ceci prouve bien que le plan d'expérience utilisé n'est pas isovariant puisque $s_4 \neq 3s_{22}$. Le graphe des variances extrêmes est obtenu explicitement par les relations suivantes (en prenant $\sigma^2 = 1$) :

$$V(r) = \frac{5}{9} - \frac{1}{2}r^2 + \frac{13}{32}r^4 \text{ et } \begin{cases} \operatorname{Vmin}(r) = \frac{5}{9} - \frac{1}{2}r^2 + \frac{5}{16}r^4 \\ \operatorname{Vmax}(r) = \frac{5}{9} - \frac{1}{2}r^2 + \frac{1}{2}r^4 \end{cases}$$

On peut alors immédiatement construire la figure 5.4 qui présente, une nouvelle fois, le double avantage d'être à la fois exacte et facile à obtenir quel que soit le nombre de facteurs considérés. Le graphe des variances extrêmes ne contient cependant pas autant d'information que la figure 5.3 (la symétrie par rapport au centre du domaine est, par exemple, indétectable à l'aide du VDG). Il permet cependant de réaliser un encadrement de la variance prédite qui peut s'avérer suffisant dans bon nombre d'applications pratiques (la valeur Vmax est alors primordiale car elle permet d'obtenir une borne supérieure pour la dispersion des réponses moyennes prédites).

5.3 Plans composites centrés

5.3.1 Définition

Afin de proposer une classe de plans d'expérience faciles à construire et à analyser la première idée consiste à réutiliser les plans factoriels (complets ou fractionnaires) déjà mis en oeuvre pour les modèles d'ordre un ou à effets d'interactions. Une telle démarche est cependant impossible ici car les plans factoriels sont **toujours singuliers** lorqu'un modèle de degré deux est utilisé (ceci est une conséquence directe de la proposition 5.2 puisqu'avec de tels plans tous les points ont leurs coordonnées égales en valeur absolue). Une solution consiste à rajouter un petit nombre de points (la partie dite "axiale") afin de rendre le plan d'expérience obtenu régulier. Ceci conduit aux plans d'expérience dits composites centrés très utilisés en pratique, introduits historiquement par Box et Wilson [16] puis Box et Hunter [15].

Définition 5.7. *Un plan d'expérience* **composite centré** *pour m facteurs est constitué par :*

1) *la partie* **factorielle** *contenant tous les sommets du cube $[-1,1]^m$ ou une fraction régulière de résolution égale à V (ou plus) de ces sommets,*

2) *la partie* **axiale** *contenant tous les points situés sur les axes du repère à une même distance α du centre du domaine expérimental,*

3) *la partie* **centrale** *contenant n_0 éventuelles réplications du centre du domaine expérimental.*

Remarquons que le terme "centré" provient du centrage de ce plan par rapport à l'origine du repère utilisé. Le terme "composite" traduit la séquentialité du plan : il est possible de réaliser dans un premier temps les expériences de la partie factorielle (et donc d'ajuster un modèle à effets d'interactions) puis de rajouter ensuite, si nécessaire, les expériences de la partie axiale. La fraction régulière des sommets de $[-1,1]^m$ étant définie par q générateurs, le nombre d'expériences à réaliser avec un tel plan d'expérience est donc (puisqu'il y a sur chaque axe 2 points situés à une distance α du centre) :

$$n = 2^{m-q} + 2m + n_0.$$

Un plan composite centré est entièrement déterminé par la connaissance de sa partie factorielle, de la distance α des points axiaux au centre du domaine et par le nombre de réplications centrales utilisées, c'est pourquoi un tel plan sera désormais désigné par (CCD venant de la terminologie anglaise *Central Composite Design*) :

$$CCD\left(2_{\mathrm{R}}^{m-q},\alpha,n_0\right) \text{ ou } CCD\left(2_{\mathrm{R}}^{m-q},\alpha,n_0,\mathbb{I}=C_1=C_2=\ldots=C_q\right).$$

La deuxième notation sera utilisée afin de préciser les générateurs de la partie factorielle. On qualifie souvent de plan composite centré complet tout CCD dont la partie factorielle est constituée par les 2^m sommets du cube $[-1,1]^m$. Dans les autres cas le CCD est dit fractionnaire.

Exemple

Le plan d'expérience composite centré complet pour $m=2$ facteurs avec la partie axiale située à $\alpha=2$ unités du centre du domaine et $n_0=1$ expérience centrale (*i.e.* le plan de type $CCD\left(2^2,2,1\right)$) a pour matrice :

$$D=\begin{bmatrix} -1 & -1 \\ 1 & -1 \\ -1 & 1 \\ 1 & 1 \\ 2 & 0 \\ -2 & 0 \\ 0 & 2 \\ 0 & -2 \\ 0 & 0 \end{bmatrix} \text{ et donc } X=\begin{bmatrix} 1 & -1 & -1 & 1 & 1 & 1 \\ 1 & 1 & -1 & 1 & 1 & -1 \\ 1 & -1 & 1 & 1 & 1 & -1 \\ 1 & 1 & 1 & 1 & 1 & 1 \\ 1 & 2 & 0 & 4 & 0 & 0 \\ 1 & -2 & 0 & 4 & 0 & 0 \\ 1 & 0 & 2 & 0 & 4 & 0 \\ 1 & 0 & -2 & 0 & 4 & 0 \\ 1 & 0 & 0 & 0 & 0 & 0 \end{bmatrix}.$$

5.3.2 Propriétés

Le résultat suivant est primordial pour l'analyse des plans d'expérience composites centrés :

Proposition 5.8. [$\triangleleft$] *Tout plan d'expérience composite centré (complet ou fractionnaire) est un plan d'expérience* **usuel** *pour un modèle linéaire d'ordre deux. Il vérifie de plus (avec $q=0$ pour un plan complet) :*

$$s_2=2^{m-q}+2\alpha^2,\; s_4=2^{m-q}+2\alpha^4 \text{ et } s_{22}=2^{m-q}.$$

La classe des plans d'expérience composite centrés présente l'avantage de pouvoir faire varier le paramètre α (distance des points axiaux au centre) afin d'obtenir diverses propriétés. Voici, plus précisément, quelques configurations courantes.

1) Plans composites centrés isovariants.
Il s'agit ici de la propriété la plus souvent recherchée pour ce type de plan d'expérience (la plupart des logiciels proposent automatiquement des plans isovariants). Il a été vu précédemment (paragraphe 5.2.5) que la dispersion

de la réponse moyenne prédite au point x ne dépend que de la distance entre x et le centre du domaine si et seulement si :

$$s_4 = 3s_{22}.$$

Comme $s_4 = 2^{m-q} + 2\alpha^4$ et $s_{22} = 2^{m-q}$ on en déduit le résultat suivant :

Proposition 5.9. *Un plan d'expérience composite centré est* **isovariant par transformations orthogonales** *si et seulement si :*

$$\alpha = \left(2^{m-q}\right)^{\frac{1}{4}}.$$

Il est donc très facile, par un simple choix de la distance des points axiaux au centre du domaine, d'obtenir une configuration vérifiant la propriété d'isovariance. L'analyse du modèle ajusté s'en trouve alors simplifiée (voir le paragraphe 5.2.5).

2) Plans composites centrés à faces centrées.
L'utilisateur peut parfois être tenté, par souci de simplicité, de considérer la valeur $\alpha = 1$ pour la distance des points axiaux au centre du domaine. Un tel choix correspond alors à celui d'un CCD dit à **faces centrées** (en effet, si l'on considère la partie factorielle comme étant les sommets ou un sous-ensemble des sommets du cube unité $[-1, 1]^m$ alors choisir $\alpha = 1$ équivaut à prendre les points axiaux au centre des faces de ce cube). Le principal intérêt de ce type de CCD réside dans le fait que tous les facteurs considérés ont uniquement trois niveaux distincts ($-1, 0$ et 1 sous forme codée). Ceci peut donc s'avérer intéressant dans toutes les situations où il est difficile, long ou coûteux de changer de niveau (par exemple il peut être intéressant de n'avoir que 3 températures différentes à fixer dans un four industriel au lieu de 5 pour un choix de α différent de 1).

3) Plans composites centrés équiradiaux.
Un autre objectif peut être d'obtenir un plan d'expérience équiradial, c'est-à-dire tel que toutes les unités expérimentales (réplications centrales exclues) soient situées à la même distance du centre du domaine. En désignant par $S(r)$ la sphère centrée de rayon r il vient pour tout CCD à m facteurs :

$$\begin{cases} \text{les points de la partie factorielle sont à la surface de } S\left(\sqrt{m}\right), \\ \text{les points de la partie axiale sont à la surface de } S(\alpha). \end{cases}$$

Il en résulte immédiatement la proposition suivante :

Proposition 5.10. *Un plan d'expérience composite centré est* **équiradial** *si et seulement si:*

$$\alpha = \sqrt{m}.$$

L'utilisation d'un tel plan d'expérience peut être utile pour positionner tous les points expérimentaux aux bornes du domaine expérimental (sphérique). Ce type de configuration est optimal selon le critère de D-optimalité qui sera étudié à la fin de cet ouvrage (paragraphes 10.4.3 et 10.6.3). Remarquons aussi que la notion de CCD équiradial coïncide parfois avec celle de CCD isovariant (par exemple pour $m = 2, 4$ et 8 facteurs). Prenons garde au fait que, par définition, un CCD équiradial ne peut être à matrice des moments **inversible** que s'il est utilisé avec au moins une expérience centrale (sinon tous les points expérimentaux sont à la même distance de l'origine et la singularité est une conséquence de la proposition 5.2).

4) Plans composites centrés presque-orthogonaux.
L'objectif est de se rapprocher le plus possible d'une situation d'orthogonalité. Il a été montré (section 5.2.4) qu'il est impossible pour un modèle d'ordre deux d'obtenir un plan d'expérience usuel orthogonal à cause des termes non-diagonaux suivants de la matrice des covariances :

$$\text{Cov}\left(\hat{\beta}_{ii}, \hat{\beta}_{jj}\right) = \sigma^2 \frac{\left(ns_{22} - s_2^2\right)}{\phi\left(s_{22} - s_4\right)} \text{ et } \text{Cov}\left(\hat{\beta}_{ii}, \hat{\beta}_0\right) = -\sigma^2 \frac{s_2}{\phi}.$$

On constate que l'on ne peut pas annuler $\text{Cov}\left(\hat{\beta}_{ii}, \hat{\beta}_0\right)$ (sauf dans le cas sans intérêt où $s_2 = 0$) mais par contre :

$$\text{Cov}\left(\hat{\beta}_{ii}, \hat{\beta}_{jj}\right) = 0 \Longleftrightarrow ns_{22} - s_2^2 = 0 \Longleftrightarrow n2^{m-q} = \left(2^{m-q} + 2\alpha^2\right)^2.$$

Ces résultats permettent alors d'énoncer la proposition suivante :

Proposition 5.11. *Un plan d'expérience composite centré est* **presque-orthogonal** *si et seulement si:*

$$\alpha = \sqrt{\frac{\sqrt{2^{m-q}}\left(\sqrt{n} - \sqrt{2^{m-q}}\right)}{2}}.$$

Remarquons que, contrairement aux autres propriétés vues précédemment, la presque-orthogonalité est atteinte pour une valeur du paramètre α dépendant du nombre total d'expériences n (α est de plus croissant en fonction de n c'est-à-dire en particulier croissant en fonction du nombre d'expériences centrales n_0).

La table 5.1 résume les diverses valeurs du paramètre α nécessaires à l'obtention de la propriété d'isovariance (Isovari.), de centrage des faces (F-Cent.), d'équiradialité (Equira.) et enfin de presque-orthogonalité (P-Orth.). Quatre valeurs sont données pour cette dernière propriété, elles correspondent (de haut en bas) à $n_0 = 0$, 1, 2 et 3 expériences centrales. Les valeurs de α associées à un plan d'expérience équiradial donnent un plan à matrice des moments non-inversible, il est obligatoire de rajouter alors au moins une expérience supplémentaire au centre du domaine.

Table 5.1. Valeurs de α pour l'obtention de différentes propriétés.

	Isovari.	F-Cent.	Equira.	P-Orth.
$CCD\left(2^2, \alpha, n_0\right)$	1.414	1.000	1.414	0.910 1.000 1.078 1.147
$CCD\left(2^3, \alpha, n_0\right)$	1.682	1.000	1.732	1.136 1.215 1.287 1.353
$CCD\left(2^4, \alpha, n_0\right)$	2.000	1.000	2.000	1.341 1.414 1.483 1.547
$CCD\left(2_V^{5-1}, \alpha, n_0\right)$	2.000	1.000	2.236	1.483 1.547 1.607 1.664
$CCD\left(2_V^{6-1}, \alpha, n_0\right)$	2.378	1.000	2.449	1.662 1.724 1.784 1.841
$CCD\left(2_V^{7-1}, \alpha, n_0\right)$	2.828	1.000	2.646	1.824 1.885 1.943 2.000
$CCD\left(2_V^{8-2}, \alpha, n_0\right)$	2.828	1.000	2.828	1.943 2.000 2.055 2.108
$CCD\left(2_V^{9-2}, \alpha, n_0\right)$	3.364	1.000	3.000	2.086 2.141 2.195 2.247
$CCD\left(2_V^{10-3}, \alpha, n_0\right)$	3.364	1.000	3.162	2.195 2.247 2.298 2.348

5.3.3 Intérêt des réplications centrales

Une nouvelle fois le problème du nombre n_0 d'expériences à réaliser au centre du domaine expérimental se pose. L'utilisation de telles expériences présente à la fois des avantages et des inconvénients (tout comme cela a déjà été constaté au paragraphe 3.3.3 pour des modèles d'ordre un). Les inconvénients sont encore liés au fait que ces réplications centrales vont augmenter la taille du plan d'expérience (ce qui n'est pas toujours souhaitable) et vont introduire un niveau supplémentaire pour les facteurs (0 sous forme codée). L'utilisation de telles réplications présente, par contre, de nombreux avantages. En effet :

1) la qualité de l'estimation du paramètre β_0 augmente en fonction du nombre d'expériences au centre (*i.e.* $\mathrm{Var}\,\hat{\beta}_0$ est décroissante en n_0). Ce résultat s'explique à l'aide de la proposition 5.3 puisque la quantité ϕ est, par définition, croissante en n,

2) la qualité de l'estimation des effets quadratiques β_{ii} $(i = 1, ..., n)$ augmente en fonction du nombre d'expériences au centre (*i.e.* $\mathrm{Var}\,\hat{\beta}_{ii}$ est décroissante en n_0). Ceci découle toujours de la proposition 5.3 où il a été prouvé que :

$$\mathrm{Var}\,\hat{\beta}_{ii} = \frac{\sigma^2}{s_4 - s_{22}} \left(1 + \frac{s_2^2 - n s_{22}}{n \left[s_4 + (m-1)\, s_{22} \right] - m s_2^2.} \right).$$

En interprétant ce dernier résultat comme une fonction de n, on montre alors sans peine (par simple calcul de dérivée) qu'il s'agit d'une quantité décroissante en n. Remarquons aussi (voir la proposition 5.3) que le nombre d'expériences au centre du domaine est sans effet sur la qualité de l'estimation des effets linéaires et des effets d'interactions,

3) le recours à au moins une expérience centrale est obligatoire dans tous les cas où le plan d'expérience utilisé est équiradial,

4) lorsque des réplications au centre du domaine sont vraiment réalisées (*i.e.* lorsque $n_0 \geq 2$) on peut affiner l'analyse du modèle en déterminant les sommes des carrés dues au manque d'ajustement et à l'erreur pure (voir le paragraphe 2.5.4),

5) la qualité des prédictions dans le domaine expérimental augmente en fonction du nombre d'expériences au centre (*i.e.* $\mathrm{Var}\,\hat{Y}(x)$ est décroissante en n_0). Ce résultat est démontrable en utilisant des arguments similaires à ceux présentés aux points 1 et 2. On constate de plus que généralement un **petit nombre** de réplications centrales permet d'améliorer la qualité des résultats de manière significative. Ceci est illustré par la figure 5.5 représentant la fonction $\mathrm{Var}\,\hat{Y}$ (avec $\sigma^2 = 1$) pour un plan composite centré isovariant à $m = 5$ facteurs de type $CCD\left(2_V^{5-1}, 2, n_0\right)$.

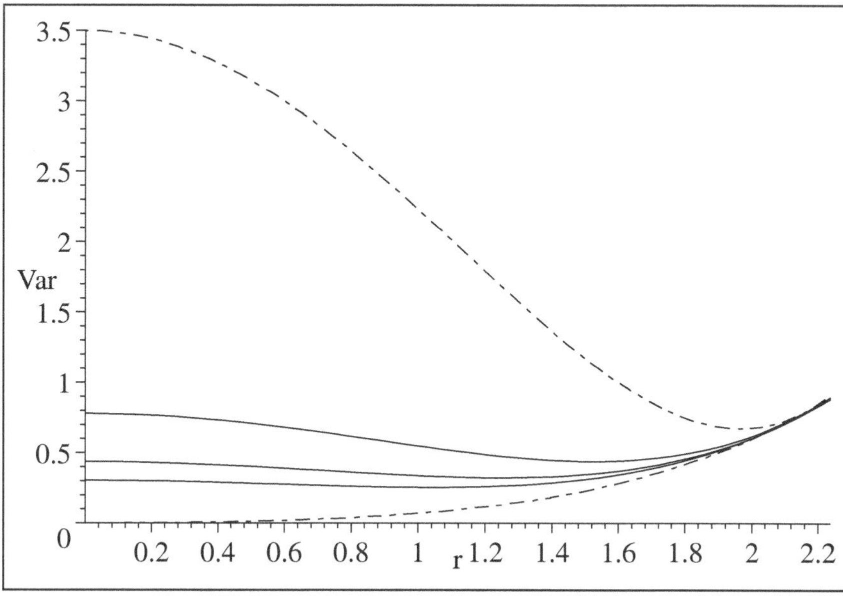

Fig. 5.5.
Graphe de $\operatorname{Var}\hat{Y}$ en fonction de r pour $n_0 = 0, 1, 2, 3$ et ∞.

Effectuons une lecture des courbes de ce graphique de haut en bas. La courbe supérieure (en pointillés) représente la situation où il n'y a pas d'expérience au centre du domaine ($n_0 = 0$). On constate ensuite une amélioration très sensible pour la seconde courbe correspondant à $n_0 = 1$ expérience centrale. La qualité des prédictions continue à augmenter (mais de manière moins sensible) pour les cas où 2 ou 3 expériences centrales sont réalisées. Remarquons enfin que la courbe inférieure (aussi en pointillés) correspond au cas limite où le nombre d'expériences au centre du domaine tend vers l'infini. En d'autres termes l'expression de $\operatorname{Var}\hat{Y}$ est obtenue en passant à la limite sur n dans la formule de la proposition 5.5, donc :

$$\operatorname{Var}\hat{Y}_\infty(r) = \sigma^2 \left[\frac{1}{s_2} r^2 + \frac{1}{2s_{22}} \left(1 - \frac{1}{m+2} \right) r^4 \right].$$

Cet exemple montre bien l'intérêt d'inclure dans le protocole expérimental des expériences centrales, un petit nombre de celles-ci étant suffisant afin d'obtenir une amélioration très sensible de la qualité des prédictions. Remarquons enfin que l'utilisation d'un petit nombre d'expériences centrales permet aussi de se rapprocher d'une situation de "dispersion uniforme" dans le sens où la dispersion de la réponse moyenne prédite est alors quasi-constante sur une partie du domaine expérimental (c'est le cas pour $n_0 = 3$ car la variance de $\hat{Y}$ est alors presque constante dès lors que l'on évite les bornes du domaine). Le lecteur souhaitant aller plus loin sur le problème du choix du nombre de réplications centrales pourra consulter l'article de Draper [31] où un certain nombre de critères sont présentés et analysés.

5.3.4 Plans composites centrés de petite taille

Ce paragraphe présente brièvement quelques résultats relatifs à une classe de plans d'expérience composites centrés de petite taille proposée initialement par Hartley [48]. Le recours à de telles configurations peut être justifié si l'objectif de minimisation du nombre des expériences à réaliser est primordial. Afin d'obtenir des plans composites centrés ayant moins d'expériences que les plans composites centrés fractionnaires classiques l'idée de Hartley consiste à utiliser comme partie factorielle une fraction régulière de résolution III* selon la définition suivante (voir la section 3.4 du chapitre 3 pour la théorie générale des fractions régulières) :

Définition 5.12. *Une fraction régulière est dite de* **résolution III*** *si et seulement si elle est une fraction régulière de résolution III dont le groupe des contrastes de définition ne contient* **aucun élément** *de longueur égale à* 4.

Voici un exemple de telle fraction régulière :

Exemple

Pour $m = 6$ facteurs, la fraction régulière définie par $\mathbb{I} = \mathtt{123} = \mathtt{456}$ est une fraction régulière de résolution III*. En effet, son groupe des contrastes de définition est :

$$\mathcal{G} = \{\mathbb{I}, \mathtt{123}, \mathtt{456}, \mathtt{123456}\}.$$

Ce groupe ne contient donc que des éléments de longueur 3 ou 6.

Un plan d'expérience est dit **composite centré de petite taille** dès lors qu'il vérifie la définition 5.7 mais avec cette fois la partie factorielle qui est une fraction régulière de résolution III*.

Il est étonnant, *a priori*, de considérer une telle configuration. En effet, il a été montré au chapitre 4 qu'il est impossible d'utiliser une fraction régulière de résolution III afin d'ajuster un modèle contenant des effets d'interactions (car il y a forcément alors des confusions entre effets linéaires et effets d'interactions). Dans le cas où un plan composite centré de petite taille est utilisé les éléments de longueur 3 du groupe des contrastes de définition entraîneraient aussi les mêmes confusions entre effets linéaires et effets d'interactions si le plan était seulement limité à la partie factorielle. Mais l'utilisation d'une partie axiale donne des informations supplémentaires sur les effets linéaires permettant cette fois de **supprimer cette confusion d'effets**. Remarquons enfin que le fait d'utiliser une fraction régulière de résolution III* permet d'affirmer qu'il n'y a aucun élément de longueur 4 dans le groupe $\mathcal{G}$ donc il n'existe pas de confusions entre les différents effets d'interactions. Toutes ces constatations entraînent qu'un tel plan d'expérience va bien être régulier (sauf cas particuliers liés à la valeur de α).

Concernant maintenant la construction de ce type de plans, les plus petites tailles qu'il est possible d'obtenir sont résumées dans la table 5.2. L'obtention des générateurs de fractions régulières de résolution III* ne pose pas de problèmes particuliers pour un petit nombre de facteurs. Pour des méthodes de construction plus générales le lecteur pourra se référer aux articles de Draper et Lin [33] [34]. En ce qui concerne les propriétés des plans composites centrés de petite taille attention au fait qu'ils ne font **pas partie** de la classe des plans d'expérience usuels (en effet, il existe au moins un élément de longueur égale à 3 dans le groupe des contrastes de définition donc au moins un moment d'ordre 3 est non-nul). Il découle de ceci qu'il est alors impossible d'obtenir la propriété d'isovariance par transformations orthogonales. Voir Tinsson [97] pour plus de détails théoriques concernant cette classe de plans d'expérience.

5.3.5 Taille des plans composites centrés

La table 5.2 présentée ci-dessous résume les différentes tailles des plans composites centrés (avec $n_0 = 0$). Le tableau donne pour m facteurs ($2 \leq m \leq 10$) le nombre de paramètres inconnus p du modèle d'ordre deux, la taille du plan composite centré complet (*i.e.* $2^m + 2m$), la taille minimale possible pour un plan composite centré fractionnaire de résolution V et enfin la taille minimale possible pour un plan composite centré de petite taille (avec une fraction régulière de résolution III*).

Remarquons que les plans composites centrés de petite taille sont **saturés** pour 3 ou 6 facteurs.

Table 5.2. Taille de différents plans composites centrés.

	p	*CCD* comp.	*CCD* res. V	*CCD* res. III*
2 facteurs	6	8	×	×
3 facteurs	10	14	×	10
4 facteurs	15	24	×	16
5 facteurs	21	42	26	26
6 facteurs	28	76	44	28
7 facteurs	36	142	78	46
8 facteurs	45	272	80	80
9 facteurs	55	530	146	82
10 facteurs	66	1044	148	148

5.4 Plans de Box et Behnken

5.4.1 Définition

Cette section introduit les plans d'expérience construits selon la technique proposée par Box et Behnken [10]. L'idée de ces auteurs est de combiner des plans d'expérience en blocs pour facteurs qualitatifs avec des plans factoriels classiques à deux niveaux. Plus précisemment la technique de construction, en deux étapes, est la suivante (voir aussi la section 9.4 relative à la notion de plan en blocs incomplets équilibré (BIBD) pour facteurs qualitatifs) :

1) déterminer un BIBD(m, b, k, r, λ) où m désigne le nombre de traitements, b le nombre de blocs, k la taille de chacun des blocs, r le nombre d'occurences de chaque traitement et λ le nombre de blocs contenant chacun des couples de traitements,

2) remplacer chacun des blocs du BIBD par le plan d'expérience factoriel $FD\left(2^k, 0\right)$ complet correspondant.

On limite volontairement ici la classe des plans proposés par Box et Behnken. En effet, ces auteurs ont donné dans leur article une définition plus générale permettant l'utilisation de structures autres que les BIBD (notamment les PBIBD présentés à la section 9.5). Comme nous le verrons par la suite seuls les plans d'expérience construits à partir d'un BIBD ont d'intéressantes propriétés (plans usuels, isovariances, *etc* ...), on les qualifiera désormais de plans de Box et Behnken simples.

Exemple

Considérons ici la construction d'un plan de Box et Behnken simple pour $m = 3$ facteurs. Il faut dans un premier temps déterminer un $BIBD$ relatif à 3 traitements. On a alors classiquement la structure suivante :

	Trait. 1	Trait. 2	Trait. 3
Bloc 1	×	×	
Bloc 2	×		×
Bloc 3		×	×

Il s'agit en fait ici d'un plan en blocs incomplet équilibré de type BIBD$(3, 3, 2, 2, 1)$. En le combinant avec un plan factoriel de type $FD\left(2^2, 0\right)$ on obtient la matrice du plan d'expérience suivant :

$$D = \begin{bmatrix} -1 & -1 & 0 \\ 1 & -1 & 0 \\ -1 & 1 & 0 \\ 1 & 1 & 0 \\ \hline -1 & 0 & -1 \\ 1 & 0 & -1 \\ -1 & 0 & 1 \\ 1 & 0 & 1 \\ \hline 0 & -1 & -1 \\ 0 & 1 & -1 \\ 0 & -1 & 1 \\ 0 & 1 & 1 \end{bmatrix}.$$

Ceci constitue donc un plan d'expérience avec $n = 12$ et trois niveaux sont nécessaires ($-1, 0$ et 1 sous forme codée). Afin de simplifier l'écriture d'une telle matrice il est classique de la désigner par :

$$D = \begin{bmatrix} \pm 1 & \pm 1 & 0 \\ \pm 1 & 0 & \pm 1 \\ 0 & \pm 1 & \pm 1 \end{bmatrix}.$$

Voici la liste des premiers plans de Box et Behnken simples (voir Box et Behnken [10]). Une nouvelle fois, la notation ± 1 signifie que la colonne est celle d'un plan factoriel complet (si ± 1 apparait k fois dans la ligne considérée les colonnes sont donc constituée par 2^k éléments).

1) Pour $m = 3$ facteurs la construction découle d'un BIBD$(3, 3, 2, 2, 1)$ et la matrice du plan a été donnée dans l'exemple précédent. On obtient donc ici une configuration constituée par $n = 12$ expériences.

2) Pour $m = 4$ facteurs la construction découle d'un BIBD$(4, 6, 2, 3, 1)$ et la matrice du plan est donnée par :

$$D = \begin{bmatrix} \pm 1 & \pm 1 & 0 & 0 \\ 0 & 0 & \pm 1 & \pm 1 \\ \pm 1 & 0 & 0 & \pm 1 \\ 0 & \pm 1 & \pm 1 & 0 \\ \pm 1 & 0 & \pm 1 & 0 \\ 0 & \pm 1 & 0 & \pm 1 \end{bmatrix}.$$

On obtient donc ici une configuration constituée par $n = 24$ expériences.

3) Pour $m = 5$ facteurs la construction découle d'un BIBD$(5, 10, 2, 4, 1)$ et la matrice du plan est donnée par :

$$D = \begin{bmatrix} \pm1 & \pm1 & 0 & 0 & 0 \\ 0 & 0 & \pm1 & \pm1 & 0 \\ 0 & \pm1 & 0 & 0 & \pm1 \\ \pm1 & 0 & \pm1 & 0 & 0 \\ 0 & 0 & 0 & \pm1 & \pm1 \\ 0 & \pm1 & \pm1 & 0 & 0 \\ \pm1 & 0 & 0 & \pm1 & 0 \\ 0 & 0 & \pm1 & 0 & \pm1 \\ \pm1 & 0 & 0 & 0 & \pm1 \\ 0 & \pm1 & 0 & \pm1 & 0 \end{bmatrix}.$$

On obtient donc ici une configuration constituée par $n = 40$ expériences.

4) Pour $m = 7$ facteurs la construction découle d'un BIBD$(7,7,3,3,1)$ et la matrice du plan est donnée par :

$$D = \begin{bmatrix} 0 & 0 & 0 & \pm1 & \pm1 & \pm1 & 0 \\ \pm1 & 0 & 0 & 0 & 0 & \pm1 & \pm1 \\ 0 & \pm1 & 0 & 0 & \pm1 & 0 & \pm1 \\ \pm1 & \pm1 & 0 & \pm1 & 0 & 0 & 0 \\ 0 & 0 & \pm1 & \pm1 & 0 & 0 & \pm1 \\ \pm1 & 0 & \pm1 & 0 & \pm1 & 0 & 0 \\ 0 & \pm1 & \pm1 & 0 & 0 & \pm1 & 0 \end{bmatrix}.$$

On obtient donc ici une configuration constituée par $n = 56$ expériences.

Concernant les autres nombres de facteurs notons qu'il n'existe pas de plan de Box et Behnken pour 2 ou 8 facteurs. Pour maintenant 6, 9 et 10 facteurs on peut obtenir de tels plans, constitués par respectivement 48, 120 et 160 expériences mais il ne sont pas construits à partir d'un BIBD (voir Box et Behnken [10]).

5.4.2 Propriétés

Considérons dans cette section uniquement des plans de Box et Benhken simples (c'est-à-dire obtenus à partir d'un BIBD) auxquels $n_0 \in \mathbb{N}$ expérience(s) supplémentaire(s) sont ajoutées au centre du domaine expérimental. Remarquons au préalable qu'un tel plan d'expérience résulte de la construction de b blocs (les blocs initiaux du BIBD) de taille 2^k (puisque chacun des blocs initiaux est remplacé par le plan $FD\left(2^k,0\right)$), il est donc constitué par un total de $b2^k + n_0$ expériences. En ce qui concerne maintenant leurs moments les résultats ci-dessous sont immédiats :

1) l'utilisation de blocs qui sont des plans factoriels complets $FD\left(2^k,0\right)$ entraîne que tous les moments impairs jusqu'à l'ordre 4 sont nuls (*i.e.* chacun des blocs va vérifier cette propriété d'après les résultats du chapitre 4),

2) chaque traitement étant répété r fois dans le BIBD initial, on obtient donc puisque $z_{ui} = \pm 1$ ($\forall\ i = 1, ..., m$) :

$$\sum_{u=1}^{n} z_{ui}^2 = r2^k \text{ et } \sum_{u=1}^{n} z_{ui}^4 = r2^k,$$

3) de même, chaque couple de traitements étant répété λ fois dans le BIBD initial on obtient ($\forall\ i, j = 1, ..., m$ avec $i \neq j$) :

$$\sum_{u=1}^{n} z_{ui}^2 z_{uj}^2 = \lambda 2^k.$$

On en déduit alors le résultat suivant :

Proposition 5.13. *Tout plan de Box et Benhken simple, construit à partir d'un BIBD(m, b, k, r, λ) est un plan d'expérience* **usuel** *pour un modèle linéaire d'ordre deux, constitué par $n = b2^k + n_0$ expériences. Il vérifie :*

$$s_2 = r2^k, \ s_4 = r2^k \ \textit{et} \ s_{22} = \lambda 2^k.$$

Remarque. Lorsque le plan de Box et Benhken n'est pas simple on a alors généralement une structure où chaque couple de traitements n'apparait pas le même nombre de fois et donc le point 3 n'est plus vérifié.

On déduit immédiatement de la proposition 5.5 qu'un plan de Box et Benhken simple construit à partir d'un BIBD(m, b, k, r, λ) est **isovariant** si et seulement si :

$$r = 3\lambda.$$

Les plans de Box et Benhken proposés précedemment sont donc isovariants pour 4 ou 7 facteurs. Concernant l'utilisation pratique des plans de Box et Benhken simples prenons garde au fait que, par définition, ils sont constitués de points situés à la même distance $\sqrt{k}$ de l'origine lorsque le plan est obtenu à partir d'un BIBD(m, b, k, r, λ) . D'après la proposition 5.4 un plan de Box et Benhken est donc à matrice des moments **inversible** si et seulement si il est utilisé avec au moins une expérience centrale (*i.e.* $n_0 \geq 1$).

5.5 Plans simplexes augmentés

5.5.1 Définition

L'objet de cette section est de généraliser la structure de plan simplexe (voir le chapitre 3, section 3.5) au cas d'un modèle d'ordre deux. Les plans simplexes étant saturés pour l'utilisation d'un modèle d'ordre un il est évident qu'une telle structure n'est pas assez riche pour l'utilisation d'un modèle d'ordre deux.

Box et Behnken [11] ont alors proposé de considérer des plans dits **simplexes augmentés** (*simplex-sum designs*) obtenus de la manière suivante :

1) déterminer un plan simplexe initial pour m facteurs $(z_u)_{u=1,\ldots,n}$,

2) construire la partie augmentée du plan en rajoutant, pour chaque couple de points du plan $z_s \in \mathbb{R}^m$ et $z_t \in \mathbb{R}^m$ $(s,t = 1,...,n$ avec $s \neq t)$ le nouveau point :

$$z(\alpha, s, t) = \alpha (z_s + z_t)$$

avec $\alpha \in \mathbb{R}$ constante fixée par l'utilisateur.

Ce type de plan d'expérience est donc obtenu de manière séquentielle puisqu'il est possible dans un premier temps de réaliser les expériences du plan simplexe initial (et donc d'ajuster un modèle polynomial d'ordre un) puis de rajouter, si nécessaire, celles de la partie augmentée du plan.

Exemple

Considérons la construction d'un plan simplexe augmenté pour $m = 3$ facteurs. Cette construction commence par le choix préalable d'un plan simplexe initial. La matrice D_1 de ce plan est donnée par utilisation de la technique de construction des plans simplexe cycliques (voir la section 3.5.1) :

$$D_1 = \begin{bmatrix} -1 & -1 & -1 \\ 1 & 1 & -1 \\ -1 & 1 & 1 \\ 1 & -1 & 1 \end{bmatrix}.$$

La matrice D_2 de la partie augmentée est obtenue en effectuant toutes les sommes de couples de lignes différentes de la matrice D_1 :

$$D_2 = \begin{bmatrix} 0 & 0 & -2 \\ -2 & 0 & 0 \\ 0 & -2 & 0 \\ 0 & 2 & 0 \\ 2 & 0 & 0 \\ 0 & 0 & 2 \end{bmatrix}.$$

La partie augmentée étant utilisée à un coefficient multiplicateur α près, le plan simplexe augmenté est donc défini par la matrice D telle que :

$${}^tD = \left[{}^tD_1 \middle| \alpha {}^tD_2 \right].$$

5.5.2 Propriétés

Examinons quelques-unes des propriétés des plans d'expérience simplexes augmentés. De manière générale considérons ici que n_0 éventuelles expériences ont été rajoutées au centre du domaine. Lorsque le plan fait intervenir m facteurs et qu'une constante α a été fixée pour construire la partie augmentée, on le désigne dans la suite par la notation (pour *Simplex Sum Design*) :

$$SSD\,(m, \alpha, n_0)\,.$$

L'intérêt premier de ce type de plans réside dans leur très petite taille; de telles configurations peuvent donc être particulièrement intéressantes dans le cas où les expériences sont très coûteuses à réaliser. En effet, lorsqu'un tel plan d'expérience est utilisé il est donc constitué par les $(m+1)$ expériences du plan simplexe initial et les expériences de la partie augmentée dont le nombre est égal au nombre de choix (non ordonnés) de deux expériences distinctes parmi les $(m+1)$ de la partie initiale, c'est-à-dire :

$$C_{m+1}^2 = \frac{(m+1)!}{2!\,(m-1)!} = \frac{m\,(m+1)}{2}.$$

On en déduit immédiatement que tout plan simplexe augmenté $SSD\,(m, \alpha, n_0)$ a pour **nombre d'expériences** :

$$n = \frac{(m+1)\,(m+2)}{2} + n_0.$$

Un tel plan d'expérience est donc **saturé** pour un modèle d'ordre deux lorsqu'il est utilisé sans expérience au centre ($n_0 = 0$).

Lors de l'étude des plans simplexes (section 3.5) il a été montré que tous les points de ce type de plan sont situés à la surface de la sphère centrée $S\,(\sqrt{m})$ de rayon $\sqrt{m}$ (paragraphe 3.5.2). Il est possible d'avoir encore une telle interprétation géométrique des plans simplexes augmentés puisque pour tout $SSD\,(m, \alpha, n_0)$ (voir Tinsson [98]) :

1) la partie **initiale** est située à la surface de la sphère $S\,(\sqrt{m})$,

2) la partie **augmentée** est située à la surface de la sphère $S\left(|\alpha|\,\sqrt{2\,(m-1)}\right)$.

Les plans simplexes augmentés sont donc particulièrement intéressants du point de vue de leur faible taille mais en contrepartie ils ne présentent pas de structure simple à analyser puisque un plan simplexe de type $SSD\,(m, \alpha, n_0)$ n'est **jamais** un plan d'expérience usuel pour un modèle d'ordre deux (voir Tinsson [98]). Ceci entraîne donc qu'il n'est pas possible d'obtenir, par exemple, des plans simplexes augmentés isovariants par transformations orthogonales. Tout comme pour les cas des plans composites centrés, le problème du choix du paramètre α se pose concrêtement. Voici quelques choix possibles pour la valeur du paramètre α intervenant dans la construction d'un plan d'expérience simplexe augmenté de type $SSD\,(m, \alpha, n_0)$.

1) Plans simplexes augmentés classiques.
La valeur du paramètre α la plus couramment utilisée en pratique consiste à prendre $\alpha = 1/2$ (voir Spendley et *al.* [93]). Le principal avantage de cette méthode réside dans la simplicité de la valeur utilisée ainsi que dans la facilité de l'interprétation géométrique de la configuration ainsi obtenue (la partie augmentée est alors constituée de tous les points situés au milieu des arêtes du simplexe initial).

2) Plans simplexes augmentés améliorés.
Plus récemment, Morris [66] a proposé de considérer la valeur $\alpha = -1/2$ (et ceci pour construire de manière générale des "*augmented pair designs*" incluant les plans d'expérience considérés ici). Morris a montré que cette valeur permet, tout en gardant des configurations faciles à construire, d'obtenir des plans d'expérience de meilleure qualité (*i.e.* permettant d'obtenir des estimateurs moins dispersés) que dans le cas classique vu précédemment.

3) Plans simplexes augmentés équiradiaux.
Pour diverses raisons l'utilisateur peut rechercher des plans équiradiaux, c'est-à-dire constitués par des points situés à la même distance de l'origine. D'après les résultats précédents une telle propriété est vérifiée par un plan simplexe augmenté de type $SSD\,(m, \alpha, n_0)$ si et seulement si :

$$|\alpha| \sqrt{2\,(m-1)} = \sqrt{m} \Longleftrightarrow \alpha = \pm \sqrt{\frac{m}{2\,(m-1)}}.$$

4) Plans simplexes augmentés optimaux.
La détermination de la valeur du paramètre α peut enfin être guidée par des objectifs d'optimalité pour certains critères usuels. Dans cette optique diverses valeurs de α ont été proposées par Tinsson [98] afin de maximiser l'efficacité du plan $SSD\,(m, \alpha, n_0)$ considéré (voir la section 10.4 relative aux critères d'efficacité).

5.6 Plans hybrides

5.6.1 Définition

Présentons ici les plans d'expérience qualifiés d'hybrides, introduits par Roquemore [81]. L'objectif de l'auteur était alors de présenter des plans pouvant être une alternative aux plans composites centrés, mais de taille moindre tout en restant relativement "efficaces". Pour cela, la technique mise en oeuvre consiste à procéder de la manière suivante dans le cas de m facteurs :

1) déterminer un plan d'expérience pour $(m-1)$ facteurs ayant un maximum de propriétés intéressantes (le plus souvent sous forme d'un plan composite centré isovariant). Ce plan d'expérience va être transcrit dans les $(m-1)$ premières colonnes de la matrice du plan final,

2) fixer "au mieux" les niveaux du dernier facteur tout en gardant le nombre d'expériences de l'étape 1. En d'autres termes on construit la dernière colonne de la matrice du plan final de manière à ce que le plan d'expérience obtenu soit le plus régulier possible.

L'intérêt de cette méthode provient du fait qu'un plan pour m facteurs est construit à partir d'un plan pour $(m-1)$ facteurs (étape 1) d'où la possibilité d'obtenir des tailles intéressantes. La difficulté principale, qui a motivé l'article de Roquemore [81], réside dans le choix des niveaux du dernier facteur. L'auteur utilise une terminologie particulière afin de désigner les plans d'expérience obtenus. Par exemple, le plan hybride "416B" désigne un plan pour 4 facteurs constitué par 16 expériences et il s'agit du plan B présenté par Roquemore car il existe dans ce cas plusieurs plans hybrides de même taille (les plans A et B).

Exemple

Considérons le plan hybride 311A. Ce plan d'expérience est défini par la matrice suivante (par rapport au plan de Roquemore toutes les coordonnées ont été divisées ici par $\sqrt{2}$ afin d'obtenir pour les deux première colonnes une écriture conforme à celle de la définition 5.7) :

$$D = \left[\begin{array}{rr|r} -1 & -1 & \mathbf{1/\sqrt{2}} \\ 1 & -1 & \mathbf{1/\sqrt{2}} \\ -1 & 1 & \mathbf{1/\sqrt{2}} \\ 1 & 1 & \mathbf{1/\sqrt{2}} \\ \sqrt{2} & 0 & \mathbf{-1/\sqrt{2}} \\ -\sqrt{2} & 0 & \mathbf{-1/\sqrt{2}} \\ 0 & \sqrt{2} & \mathbf{-1/\sqrt{2}} \\ 0 & -\sqrt{2} & \mathbf{-1/\sqrt{2}} \\ 0 & 0 & \mathbf{\sqrt{2}} \\ 0 & 0 & \mathbf{-\sqrt{2}} \\ 0 & 0 & \mathbf{0} \end{array}\right]$$

On constate que pour les deux premiers facteurs le plan d'expérience utilisé est un plan composite centré isovariant. Les niveaux du dernier facteur proposés par Roquemore sont donnés dans la troisième colonne. Il s'agit donc d'affecter la valeur $1/\sqrt{2}$ à tous les points de la partie factorielle du plan à deux facteurs, $-1/\sqrt{2}$ pour ceux de la partie axiale et enfin $\pm\sqrt{2}$ pour les expériences centrales. Remarquons qu'une expérience centrale a enfin été ajoutée afin d'éviter tout problème de singularité.

5.6.2 Propriétés

Ces plans d'expérience hybrides sont construits au cas par cas et ne découlent pas d'une théorie générale pouvant conduire à des propriétés bien définies. Notons en particulier que Roquemore a proposé des configurations uniquement pour un nombre de facteurs égal à 3 (en 10 et 11 expériences), 4 (en 16 expériences), 6 (en 28 expériences) et enfin 7 facteurs (en 46 expériences). La plupart des plans proposés ne sont **pas usuels** car ils ne vérifient généralement pas les conditions relatives aux moments d'ordre 4. Par exemple le plan hybride 311A présenté dans le paragraphe précédent n'est pas usuel car :

$$n\left[1^4\right] = 12 \text{ et } n\left[3^4\right] = 10.$$

Deux exceptions notables sont cependant d'un grand intérêt. Il s'agit des plans hybrides 311B et 628A présentés en détail ci-dessous.

1) Plan hybride 311B. Il s'agit du plan dont la matrice est donnée par :

$$D = \begin{bmatrix} -0.5308 & 1.4894 & 1/\sqrt{2} \\ 1.4894 & 0.5308 & 1/\sqrt{2} \\ 0.5308 & -1.4894 & 1/\sqrt{2} \\ -1.4894 & -0.5308 & 1/\sqrt{2} \\ 0.5308 & 1.4894 & -1/\sqrt{2} \\ 1.4894 & -0.5308 & -1/\sqrt{2} \\ -0.5308 & -1.4894 & -1/\sqrt{2} \\ -1.4894 & 0.5308 & -1/\sqrt{2} \\ 0 & 0 & \sqrt{3} \\ 0 & 0 & -\sqrt{3} \\ 0 & 0 & 0 \end{bmatrix}.$$

Il s'agit bien d'un plan d'expérience usuel tel que :

$$s_2 = 20 \text{ , } s_4 = 80 \text{ et } s_{22} = 20.$$

Comme $s_4 \neq 3s_{22}$ ce plan d'expérience n'est donc pas isovariant. Remarquons que le plan d'expérience proposé ici correspond au plan original de Roquemore dont toutes les coordonnées des points ont été divisées par $\sqrt{2}$ afin d'obtenir une configuration telle que toutes les unités expérimentales soient situées à la surface de la sphère centrée de rayon $\sqrt{m}$ avec ici $m = 3$ facteurs (sauf, bien entendu, la dernière expérience au centre du domaine).

2) Plan hybride 628A. Il s'agit du plan d'expérience dont la matrice originale proposée par Roquemore est présenté ci-dessous. La construction de ce plan hybride est basée initialement sur un plan composite centré fractionnaire isovariant pour 5 facteurs. Plus précisément, ce plan est obtenu à partir de la fraction régulière de résolution V telle que $\mathbb{I} = -12345$. La colonne relative au sixième facteur est ensuite obtenue en rajoutant la valeur $1/\sqrt{3}$ aux points de la partie factorielle, $-2/\sqrt{3}$ à ceux de la partie axiale et enfin $4/\sqrt{3}$ pour l'expérience centrale. On obtient ainsi un plan d'expérience usuel tel que :

$$s_2 = 24,\ s_4 = 48 \text{ et } s_{22} = 16.$$

Comme $s_4 = 3s_{22}$ le plan hybride $628A$ est donc **isovariant**. Sa petite taille (28 expériences) rend ce plan d'expérience très attractif par rapport au plan composite centré correspondant (44 expériences au minimum). C'est pourquoi cette configuration est certainement le plan hybride le plus utilisé en pratique.

$$D = \begin{bmatrix}
-1 & -1 & -1 & -1 & -1 & 1/\sqrt{3} \\
1 & 1 & -1 & -1 & -1 & 1/\sqrt{3} \\
1 & -1 & 1 & -1 & -1 & 1/\sqrt{3} \\
-1 & 1 & 1 & -1 & -1 & 1/\sqrt{3} \\
1 & -1 & -1 & 1 & -1 & 1/\sqrt{3} \\
-1 & 1 & -1 & 1 & -1 & 1/\sqrt{3} \\
-1 & -1 & 1 & 1 & -1 & 1/\sqrt{3} \\
1 & 1 & 1 & 1 & -1 & 1/\sqrt{3} \\
1 & -1 & -1 & -1 & 1 & 1/\sqrt{3} \\
-1 & 1 & -1 & -1 & 1 & 1/\sqrt{3} \\
-1 & -1 & 1 & -1 & 1 & 1/\sqrt{3} \\
1 & 1 & 1 & -1 & 1 & 1/\sqrt{3} \\
-1 & -1 & -1 & 1 & 1 & 1/\sqrt{3} \\
1 & 1 & -1 & 1 & 1 & 1/\sqrt{3} \\
1 & -1 & 1 & 1 & 1 & 1/\sqrt{3} \\
-1 & 1 & 1 & 1 & 1 & 1/\sqrt{3} \\
2 & 0 & 0 & 0 & 0 & -2/\sqrt{3} \\
-2 & 0 & 0 & 0 & 0 & -2/\sqrt{3} \\
0 & 2 & 0 & 0 & 0 & -2/\sqrt{3} \\
0 & -2 & 0 & 0 & 0 & -2/\sqrt{3} \\
0 & 0 & 2 & 0 & 0 & -2/\sqrt{3} \\
0 & 0 & -2 & 0 & 0 & -2/\sqrt{3} \\
0 & 0 & 0 & 2 & 0 & -2/\sqrt{3} \\
0 & 0 & 0 & -2 & 0 & -2/\sqrt{3} \\
0 & 0 & 0 & 0 & 2 & -2/\sqrt{3} \\
0 & 0 & 0 & 0 & -2 & -2/\sqrt{3} \\
0 & 0 & 0 & 0 & 0 & 4/\sqrt{3} \\
0 & 0 & 0 & 0 & 0 & 0
\end{bmatrix}.$$

5.7 Exemple d'application

Terminons ce chapitre par un exemple d'application pratique. Considérons un laboratoire biologique cherchant à élaborer une solution ayant la plus grande concentration cellulaire possible. Les biologistes ont établi que la réponse obtenue (*i.e.* la concentration cellulaire mesurée en $\mu g/l$) semble dépendre principalement de 5 facteurs qui sont la température, le pH de la solution, la vitesse d'agitation, le taux d'oxygénation ainsi et la durée de la culture. Les diverses plages d'utilisation possibles pour ces divers facteurs sont résumées dans le tableau ci-dessous :

	Minimum	*Maximum*
Température (en $°C$)	30	40
pH	6	8
Vitesse agit. (en tr/mn)	100	200
Taux oxygénation (en %)	10	30
Durée culture (en h)	2	4

Supposons que les spécialistes du phénomène étudié estiment qu'il ne s'agit pas d'un phénomène simple à appréhender car des interactions entre couples de facteurs peuvent survenir ainsi que des courbures dans la surface de réponse (*i.e.* des effets quadratiques peuvent être nécessaires). On peut alors mettre en oeuvre un plan d'expérience composite centré de matrice D.

Le plan composite centré proposé utilise une partie fractionnaire définie par la relation $\mathbb{I}$ =12345 (il s'agit bien d'une fraction régulière de résolution V). Le choix du paramètre $\alpha = 2$ a été fait de manière à obtenir un plan d'expérience isovariant. Enfin trois réplications du centre du domaine expérimental sont utilisées afin d'améliorer la qualité ainsi que l'analyse de l'ajustement du modèle (voir le paragraphe 5.3.3). Les variables codées étant ici à valeurs dans l'intervalle $[-2, 2]$, on en déduit que le passage d'une variable initiale x à valeurs dans $[a, b]$ à une telle variable est donné par (voir le paragraphe 3.2.1) :

$$x^* = 2\left[\frac{2x - (a+b)}{(b-a)}\right].$$

Ceci permet de proposer à la suite le protocole expérimental, c'est-à-dire la liste des $n = 29$ expériences à effectuer, exprimées avec leurs unités initiales. Parallèlement, le vecteur Y des réponses mesurées pour chacune de ces expériences est donné.

$$D = \begin{bmatrix} 1 & 1 & 1 & 1 & 1 \\ -1 & -1 & 1 & 1 & 1 \\ -1 & 1 & -1 & 1 & 1 \\ -1 & 1 & 1 & -1 & 1 \\ -1 & 1 & 1 & 1 & -1 \\ 1 & -1 & -1 & 1 & 1 \\ 1 & -1 & 1 & -1 & 1 \\ 1 & -1 & 1 & 1 & -1 \\ 1 & 1 & -1 & -1 & 1 \\ 1 & 1 & -1 & 1 & -1 \\ 1 & 1 & 1 & -1 & -1 \\ -1 & -1 & -1 & -1 & 1 \\ -1 & -1 & -1 & 1 & -1 \\ -1 & -1 & 1 & -1 & -1 \\ -1 & 1 & -1 & -1 & -1 \\ 1 & -1 & -1 & -1 & -1 \\ 2 & 0 & 0 & 0 & 0 \\ -2 & 0 & 0 & 0 & 0 \\ 0 & 2 & 0 & 0 & 0 \\ 0 & -2 & 0 & 0 & 0 \\ 0 & 0 & 2 & 0 & 0 \\ 0 & 0 & -2 & 0 & 0 \\ 0 & 0 & 0 & 2 & 0 \\ 0 & 0 & 0 & -2 & 0 \\ 0 & 0 & 0 & 0 & 2 \\ 0 & 0 & 0 & 0 & -2 \\ 0 & 0 & 0 & 0 & 0 \\ 0 & 0 & 0 & 0 & 0 \\ 0 & 0 & 0 & 0 & 0 \end{bmatrix}$$

Le programme SAS suivant rentre ces données. La table "donnees" ne contient que les colonnes des effets linéaires et la réponse.

```
Data Donnees;
  Input tem ph vit oxy dur y;
  Cards;
   1.0  1.0  1.0  1.0  1.0 23.2
  -1.0 -1.0  1.0  1.0  1.0 27.9
                 ⋮
   expérience i et réponse i
                 ⋮
   0.0  0.0  0.0  0.0  0.0  70.6
   0.0  0.0  0.0  0.0  0.0  65.8
Run;
```

Il est inutile de créer les colonnes des effets d'interactions ou des effets quadratiques car le modèle va être ensuite analysé à l'aide de procédures ne nécessitant que la connaissance de la matrice D.

	Tem.	*pH*	*Vit.*	*Oxy.*	*Dur.*	Y
Exp 1	37.5	7.5	175	25	3.5	23.2
Exp 2	32.5	6.5	175	25	3.5	27.9
Exp 3	32.5	7.5	125	25	3.5	24.7
Exp 4	32.5	7.5	175	15	3.5	24.5
Exp 5	32.5	7.5	175	25	2.5	20.5
Exp 6	37.5	6.5	125	25	3.5	58.4
Exp 7	37.5	6.5	175	15	3.5	27.5
Exp 8	37.5	6.5	175	25	2.5	33.0
Exp 9	37.5	7.5	125	15	3.5	26.5
Exp 10	37.5	7.5	125	25	2.5	22.5
Exp 11	37.5	7.5	175	15	2.5	22.5
Exp 12	32.5	6.5	125	15	3.5	37.5
Exp 13	32.5	6.5	125	25	2.5	25.4
Exp 14	32.5	6.5	175	15	2.5	21.5
Exp 15	32.5	7.5	125	15	2.5	28.5
Exp 16	37.5	6.5	125	15	2.5	19.5
Exp 17	40	7	150	20	3	41.3
Exp 18	30	7	150	20	3	35.0
Exp 19	35	8	150	20	3	26.0
Exp 20	35	6	150	20	3	41.3
Exp 21	35	7	200	20	3	24.8
Exp 22	35	7	100	20	3	36.4
Exp 23	35	7	150	30	3	34.1
Exp 24	35	7	150	10	3	28.6
Exp 25	35	7	150	20	4	32.2
Exp 26	35	7	150	20	2	19.3
Exp 27	35	7	150	20	3	68.0
Exp 28	35	7	150	20	3	70.6
Exp 29	35	7	150	20	3	65.8

Si ce plan d'expérience est mis en oeuvre itérativement en réalisant au préalable les 16 expériences de la partie axiale on constate alors qu'un modèle à effets d'interactions d'ordre deux n'est pas adapté car l'ajustement obtenu est très mauvais ($R^2 = 0.273$). Ceci conduit donc à réaliser des expériences axiales afin d'ajuster un modèle de degré deux complet. On obtient alors le tableau d'analyse de la variance suivant :

Source	*ddl*	*S. carrés*	*M. Carrés*	*St. Test*	*Proba.*
Régression	20	5846.98	292.35	20.70	0.0002 ●●●
Erreur	8	113.01	14.13	2.92	0.2740 ○○○
Pure.	*2*	*11.55*	*5.77*		
Ajus.	*6*	*101.46*	*16.91*		
Total	28	5959.99			

Ces résultats sont donnés immédiatement par la procédure GLM du logiciel SAS. Cette procédure (pour *General Linear Model*) est plus générale que la procédure REG utilisée jusqu'à présent car elle permet d'introduire directement dans le modèle analysé tous les types d'effets (effets d'interactions et effets quadratiques ici, voir la commande "model").

```
Proc Glm data Donnee;
  Model y = tem ph vit oxy dur
            tem*tem ph*ph vit*vit oxy*oxy dur*dur
            tem*ph tem*vit tem*oxy tem*dur
            ph*vit ph*oxy ph*dur
            vit*oxy vit*dur
            oxy*dur;
Run;
```

On constate que le modèle utilisé est valide puisqu'il est possible de rejeter très clairement l'hypothèse "tous les paramètres du modèle (sauf β_0) sont nuls". Un estimateur sans biais de la variance des résidus est donné par (valeur "Root MSE" de la sortie SAS) :

$$\widehat{\sigma}^2 = MSE = 14.13 \text{ (donc } \widehat{\sigma} \simeq 3.76).$$

Le coefficient de corrélation linéaire obtenu traduit le bon ajustement global du modèle utilisé (valeur "R-Square" de la sortie SAS) :

$$R^2 = 1 - \frac{SSE}{SST} \simeq 0.981.$$

Les trois expériences répliquées au centre du domaine permettent d'affiner la somme des carrés due à l'erreur en la décomposant en erreur pure et erreur d'ajustement. On constate alors que l'erreur totale est ici due majoritairement au défaut d'ajustement du modèle. Ce défaut d'ajustement n'est cependant pas assez important pour rejeter significativement l'hypothèse d'un bon ajustement en moyenne. La faible erreur pure montre par contre qu'*a priori* les bons facteurs ont été sélectionnés car répéter des expériences dans les mêmes conditions n'induit pas de trop grandes variations au niveau de la réponse.

Il est possible d'évaluer les différents estimateurs des paramètres du modèle (voir la proposition 5.3 pour les formules explicites) :

Param.	*Estimat.*	*Ec. type*	*St. Test*	*Proba.*
β_0	66.43	2.074	32.04	0.0001 •••
β_1	1.467	0.767	1.91	0.0900 ○○○
β_2	−3.683	0.767	−4.80	0.0015 ••○
β_3	−2.733	0.767	−3.56	0.0074 ••○
β_4	1.608	0.767	2.10	0.0670 ○○○
β_5	3.442	0.767	4.49	0.0022 ••○
β_{11}	−6.434	0.759	−8.48	0.0002 •••
β_{22}	−7.559	0.759	−9.96	0.0001 •••
β_{33}	−8.322	0.759	−10.97	0.0001 •••
β_{44}	−8.134	0.759	−10.72	0.0001 •••
β_{55}	−9.534	0.759	−12.56	0.0001 •••
β_{12}	−1.850	0.940	−1.97	0.0820 ○○○
β_{13}	0.062	0.940	0.07	0.9470 ○○○
β_{14}	3.412	0.940	3.63	0.0669 ••○
β_{15}	1.212	0.940	1.29	0.2320 ○○○
β_{23}	1.212	0.940	1.29	0.2320 ○○○
β_{24}	−3.112	0.940	−3.31	0.0105 •○○
β_{25}	−2.938	0.940	−3.13	0.0139 •○○
β_{34}	−0.650	0.940	−0.69	0.5140 ○○○
β_{35}	−2.850	0.940	−3.03	0.0159 •○○
β_{45}	0.550	0.940	0.59	0.5800 ○○○

Ces résulats sont disponibles dans le dernier tableau de résultats en sortie de la procédure GLM. On en déduit qu'il est possible de réaliser des prédictions à l'aide du meilleur modèle au sens des moindres carrés, donné ici par :

$$\begin{aligned}\widehat{Y}(x) = 66.43 &+ 1.467x_1 - 3.683x_2 - 2.733x_3 + 1.608x_4 + 3.442x_5 \\ &-6.434x_1^2 - 7.559x_2^2 - 8.322x_3^2 - 8.134x_4^2 - 9.534x_5^2 \\ &-1.850x_1x_2 + 0.062x_1x_3 + 3.412x_1x_4 + 1.212x_1x_5 + 1.212x_2x_3 \\ &-3.112x_2x_4 - 2.938x_2x_5 - 0.650x_3x_4 - 2.850x_3x_5 + 0.550x_4x_5.\end{aligned}$$

Si l'on souhaite utiliser un modèle plus simple, il est possible de supprimer les coefficients non-significatifs. Par exemple la suppression de β_{13}, β_{15}, β_{23}, β_{34} et β_{45} (qui sont réellement non-significatifs car leur statistique de test est très éloignée du seuil des 5%) se traduit par un coefficient de corrélation linéaire multiple de $R^2 = 0.971$ c'est-à-dire très peu différent de la valeur pour le modèle complet (ces notions ne pas abordées ici mais la détermination, parallèlement à R^2, du coefficient de corrélation linéaire ajusté R_a^2 peut être d'une grande utilité pour la sélection d'un sous-modèle).

Utilisons maintenant le modèle déterminé précédemment afin de cerner au mieux le comportement du phénomène étudié. Puisque le plan d'expérience utilisé est isovariant la proposition 5.5 donne explicitement la dispersion de la réponse prédite en tout point situé à la distance r du centre du domaine :

$$\operatorname{Var}\hat{Y}(r) = \sigma^2 \left(\frac{7}{23} - \frac{49}{552} r^2 + \frac{15}{368} r^4 \right).$$

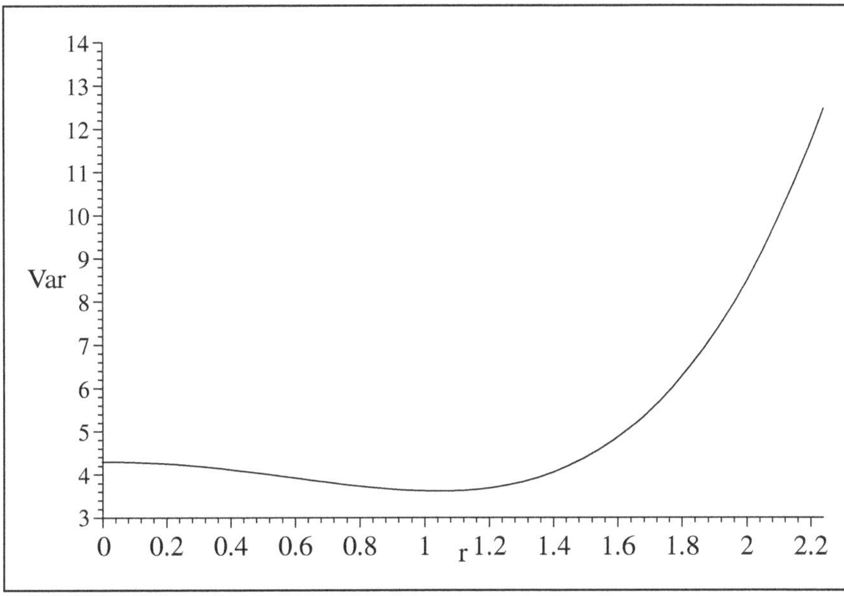

Fig. 5.6. Graphe de $\operatorname{Var}\hat{Y}$ en fonction de r.

Un estimateur de la dispersion des résidus étant ici connu on obtient alors une représentation graphique (figure 5.6) en remplaçant σ^2 par $\widehat{\sigma}^2$. Cette figure montre que la qualité des prédictions réalisées est relativement stable à l'intérieur du domaine expérimental mais il convient d'être plus prudent aux bornes du domaine car la variance de prédiction devient alors beaucoup plus importante.

Intéressons-nous maintenant à l'objectif de cette étude, c'est-à-dire la maximisation de la concentration cellulaire. La recherche de l'extremum de la réponse moyenne prédite $\widehat{Y}(x)$ conduit à un maximum atteint au point suivant :

$$x_1 = 0.265,\ x_2 = -0.396,\ x_3 = -0.254,\ x_4 = 0.251 \text{ et } x_5 = 0.304.$$

Ce résultat est obtenu très facilement en annulant les dérivées partielles de $\widehat{Y}$ puis en étudiant la nature du point critique obtenu. Si l'extremum est obtenu aux bornes du domaine expérimental (par exemple la boule de rayon $r = \sqrt{5}$

ici) il est alors nécessaire d'utiliser le théorème des multiplicateurs de Lagrange pour le déterminer (puisque le problème est alors lié à la recherche d'un maximum sous la contrainte ${}^t xx \leq 5$). D'autres méthodes, souvent implémentées dans les logiciels statistiques, sont aussi disponibles afin de déterminer ces extrema : analyse R ou RT (voir Goupy [45]) afin de simplifier le modèle par rotation des axes et translation du centre du repère, algorithmes itératifs de recherche d'extrema, *etc...* Remarquons enfin que le modèle utilisé prédit une réponse moyenne en l'extremum donnée par (avec son écart-type associé entre parenthèses) :

$$\widehat{Y}_{\max} = 68.46 \ (1.96).$$

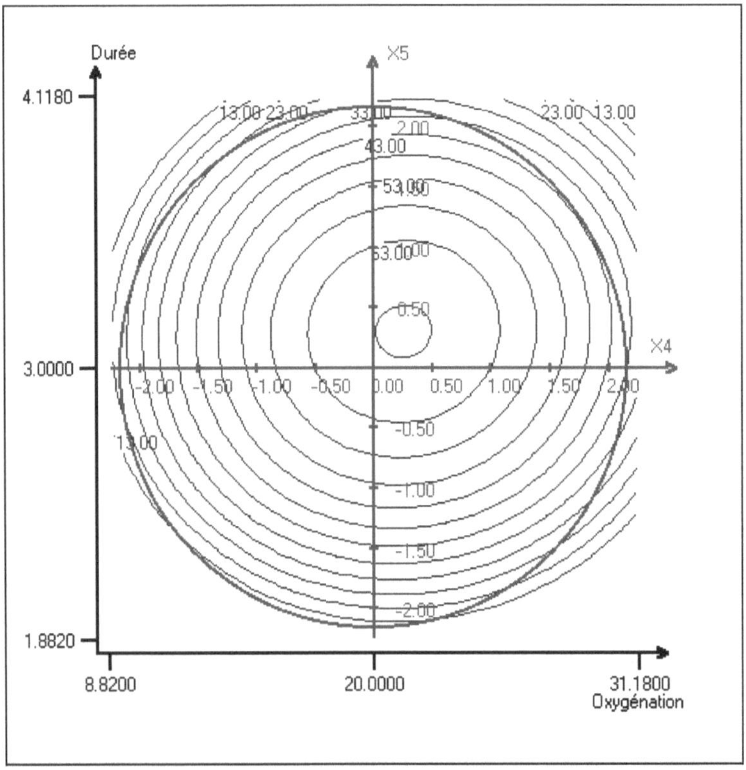

Fig. 5.7. Réponse moyenne prédite (facteurs 1, 2 et 3 fixés).

Une représentation graphique de ce phénomène (source : logiciel Nemrod) est donnée à la figure 5.7. On y distingue les lignes de niveau de la surface de réponse prédite lorsque les variables x_1, x_2 et x_3 (*i.e.* la température, le pH et la vitesse d'agitation) sont fixées aux niveaux 0.265, -0.396 et -0.254. On retrouve bien l'extremum ainsi que la valeur maximale déterminées précédemment de manière théorique.

La totalité des résultats obtenus dans cet exemple d'application (recherche de l'extremum comprise) peuvent être donnés par la procédure RSREG du logiciel SAS.

```
Proc Rsreg data Donnee;
  Model y = tem ph vit oxy dur / lackfit;
Run;
```

Cette procédure (pour *Response Surface REGression*) est adaptée à l'étude spécifique des modèles pour surface de réponse. Elle est de plus simple à écrire puisqu'il n'est pas nécessaire de préciser la totalité du modèle utilisé (qui est automatiquement d'ordre deux ici). Elle peut être utilisée avec en entrée les variable initiales, elles seront alors automatiquement codées. L'option "lackfit" permet d'obtenir l'analyse de la variance plus fine découlant des répétitions effectuées (SSPE et SSLOF). Les derniers tableaux présentés en sortie de cette procédure sont relatifs à la "canonical analysis" permettant de cerner un éventuel extremum (à l'aide d'une décomposition de la réponse sur une base de vecteurs propres). Dans le cadre de cette étude la procédure détecte bien le point stationnaire présenté précédemment et affirme qu'il s'agit d'un maximum.

Conclusion

Les résultats obtenus précedemment permettent de dire que :

1) Le phénomène étudié se traduit par une importante courbure de la surface de réponse. Des effets quadratiques sont donc nécessaires et sont tous très significatifs. Il existe de plus un effet linéaire significatif pour les facteurs pH, vitesse d'agitation et durée de la culture. Concernant maintenant les interactions entre facteurs, l'effet le plus important détecté concerne la température avec le taux d'oxygénation. Une interaction moins marquée, mais non-négligeable, a aussi été relevée pour les couples de facteurs suivants : pH/taux d'oxygénation, pH/durée de culture et enfin vitesse d'agitation/durée de culture.

2) L'objectif de l'étude était de déterminer des conditions expérimentales conduisant à une maximisation de la concentration cellulaire. Le modèle polynomial ajusté présente un maximum au sein du domaine expérimental. Il est atteint au point dont les coordonnées avec les unités initiales sont :

Facteur	*Niveau*
Température	35.7 $°C$
pH	6.8
Vitesse agitation	144 tr/mn
Taux oxygénéation	21.3 %
Durée culture	3 h 09 mn

Le modèle théorique prédit en ce point une réponse moyenne égale à :

$$68.46\ \mu g/l.$$

Il convient maintenant d'effectuer en pratique l'expérience avec ces valeurs afin de comparer la réponse théorique avec la réponse réelle.

5.8 Résumé

Voici en conclusion un tableau résumant les tailles des divers plans d'expérience présentés dans ce chapitre (pour un nombre de facteurs compris entre 2 et 10). On considère plus précisément :

1) les plans composites centrés de type $CCD\,(2^m, \alpha, n_0)$ ou bien encore $CCD\left(2_{\text{V}}^{m-q}, \alpha, n_0\right)$ lorsqu'il est possible de réduire la taille de la partie factorielle,

2) les plans composites centrés de petite taille de type $CCD\left(2_{\text{III}^*}^{m-q}, \alpha, n_0\right)$,

3) les plans de Box et Benhken simples obtenus à partir d'un BIBD(m, b, k, r, λ),

4) les plans simplexes augmentés de type $SSD\,(m, \alpha, n_0)$,

5) les plans hybrides.

Figure aussi entre parenthèses la taille relative δ du plan considéré, c'est-à-dire sa taille ramenée au nombre de paramètres inconnus p du modèle considéré, donc :

$$\delta = \frac{2n}{(m+1)\,(m+2)}.$$

Pour chaque plan on utilise les conventions suivantes :

le symbole $\boxed{\text{USU}}$ désigne un plan d'expérience usuel,

le symbole $\boxed{\text{ISO}}$ désigne un plan d'expérience isovariant ou pouvant l'être par un choix adéquat du paramètre α pour des plans composites centrés,

Les plans proposés ici sont de taille minimale. Il est parfois nécessaire de rajouter au moins une expérience au centre du domaine afin de rendre leur matrice des moments régulière.

	p	*CCD*	*CCD* III*	Box-Behn.	Simplexe	Hybride
2 facteurs	6	8 (1.33) USU ISO	×	×	6 (1.00)	×
3 facteurs	10	14 (1.40) USU ISO	10 (1.00)	13 (1.30) USU	10 (1.00)	11 (1.10) USU
4 facteurs	15	24 (1.60) USU ISO	16 (1.07)	25 (1.67) USU ISO	15 (1.00)	15 (1.07)
5 facteurs	21	26 (1.24) USU ISO	26 (1.24)	41 (1.95) USU	21 (1.00)	×
6 facteurs	28	44 (1.57) USU ISO	28 (1.00)	49 (1.75)	28 (1.00)	28 (1.00) USU ISO
7 facteurs	36	78 (2.17) USU ISO	46 (1.28)	57 (1.58) USU ISO	36 (1.00)	46 (1.28)
8 facteurs	45	80 (1.78) USU ISO	80 (1.78)	×	45 (1.00)	×
9 facteurs	55	146 (2.65) USU ISO	82 (1.49)	121 (2.20)	55 (1.00)	×
10 facteurs	66	148 (2.24) USU ISO	148 (2.24)	161 (2.44)	66 (1.00)	×

Ce tableau permet de constater que certain plans sont remarquables car économes en terme d'expériences tout en gardant de très intéressantes propriétés. Il s'agit principalement des plans **composites centrés** pour 5 facteurs, des plans **hybrides** pour 6 facteurs et des plans de **Box et Behnken** pour 7 facteurs.

COMPLEMENTS

5.9 (Compléments) Résultats théoriques

5.9.1 Quelques résultats de calcul matriciel

Les deux lemmes présentés ci-dessous sont d'une grande utilité pour les démonstrations de ce chapitre.

Lemme 5.A. *Considérons une matrice complètement symétrique, c'est-à-dire de la forme $A = aI_n + bJ_n$. On a alors les propriétés suivantes :*

1) *une telle matrice est inversible si et seulement si $a \neq 0$ et $a + nb \neq 0$. Son* **déterminant** *est de plus égal à :*

$$\mathrm{Det}\,(A) = a^{n-1}\,(a + nb)$$

2) *lorsque A est inversible son inverse est elle-même une matrice* **complètement symétrique** *donnée explicitement par :*

$$A^{-1} = \frac{1}{a}\left(I_n - \frac{b}{a+nb}J_n\right).$$

Démonstration. Pour la première relation remarquons que le vecteur $\mathbb{I}_n$ est vecteur propre de A, associé à la valeur propre $a + nb$, puisque :

$$A\mathbb{I}_n = (aI_n + bJ_n)\,\mathbb{I}_n = a\mathbb{I}_n + b\mathbb{I}_n{}^t\mathbb{I}_n\mathbb{I}_n = (a + nb)\,\mathbb{I}_n.$$

De même, tout contraste c de $\mathbb{R}^n$ (*i.e.* tel que ${}^tc\mathbb{I}_n ={}^t \mathbb{I}_n c = 0$) est un vecteur propre de A, associé à la valeur propre a, puisque :

$$Ac = (aI_n + bJ_n)\,c = ac + b_n\mathbb{I}_n{}^t\mathbb{I}_n c = ac.$$

La matrice A admet donc uniquement deux valeurs propres : $a + nb$ d'ordre de multiplicité 1 et a d'ordre de multiplicité $(n - 1)$ (car l'espace vectoriel des constrastes de $\mathbb{R}^n$ a pour dimension $n - 1$). Ceci donne alors les conditions de régularité pour A. Le déterminant étant obtenu à l'aide du produit de toutes les valeurs propres (répétées selon leur multiplicité) on a donc aussi :

$$\mathrm{Det}\,(A) = a^{n-1}\,(a + nb)\,.$$

Afin de démontrer maintenant la seconde relation il suffit de prouver que le produit matriciel est une opération interne dans l'ensemble des matrices complètement symétriques. Considérons les matrices $A = aI_n + bJ_n$ et $A' = a'I_n + b'J_n$, il vient :

$$AA' = (aI_n + bJ_n)\,(a'I_n + b'J_n) = aa'I_n + (ab' + a'b)\,J_n + bb'J_n^2.$$

Or : $J_n^2 = (\mathbb{I}_n{}^t\mathbb{I}_n)\,(\mathbb{I}_n{}^t\mathbb{I}_n) = \mathbb{I}_n\,({}^t\mathbb{I}_n\mathbb{I}_n)\,{}^t\mathbb{I}_n = n\mathbb{I}_n{}^t\mathbb{I}_n = nJ_n$ donc :

$$AA' = aa'I_n + (ab' + a'b + nbb')\,J_n.$$

Le produit de deux matrice complètement symétriques est donc bien complètement symétrique. Déterminer l'inverse de A équivaut alors maintenant à déterminer A' telle que :

$$AA' = I_n \Leftrightarrow \begin{cases} aa' = 1 \\ ab' + a'b + nbb' = 0 \end{cases} \Leftrightarrow \begin{cases} a' = 1/a \\ b' = -b/a\,(a+nb) \end{cases}.$$

D'où le résultat énoncé ci-dessus ■

Lemme 5.B. *Soit A une matrice carrée telle que :*

$$A = \begin{bmatrix} A_{11} & A_{12} \\ {}^tA_{12} & A_{22} \end{bmatrix} \quad \textit{avec } A_{11} \textit{ matrice inversible.}$$

En désignant par ${}^sA_{22} = A_{22} - {}^tA_{12}A_{11}^{-1}A_{12}$ le **complément de Schur** *de A_{22} on a :*

1) Det A = (Det A_{11}) (Det ${}^sA_{22}$) ,

2) *si de plus A est inversible alors :*

$$A^{-1} = \begin{bmatrix} A_{11}^{-1} & 0 \\ 0 & 0 \end{bmatrix} + \begin{bmatrix} -A_{11}^{-1}A_{12} \\ Id \end{bmatrix} \left({}^sA_{22}\right)^{-1} \left[-{}^tA_{12}A_{11}^{-1} \; Id\right].$$

Démonstration. Ce résultat est très classique. Le lecteur pourra en trouver une forme plus générale dans l'ouvrage de Searle et *al.* [89] (appendice M) ■

5.10 (Compléments) Démonstrations

Proposition 5.2. *Soit un plan d'expérience usuel pour un modèle linéaire d'ordre deux. Sa matrice des moments est* **inversible** *si et seulement si aucune des trois conditions suivantes n'est vérifiée :*

1) *la distribution des points du plan est concentrée sur les axes,*

2) *tout point du plan a ses coordonnées égales en valeur absolue,*

3) *tous les points du plan sont équidistants de l'origine.*

Démonstration. Remarquons au préalable que si l'on écrit le vecteur des paramètres inconnus β selon l'ordre suivant :

$${}^t\beta = \left(\beta_0 \mid {}^t\beta_Q \mid {}^t\beta_L \mid {}^t\beta_I\right)$$

alors la matrice des moments d'un plan usuel est diagonale par blocs avec :

$${}^tXX = \mathrm{diag}\left(\Delta, s_2 I_m, s_{22} I_{m(m-1)/2}\right)$$

où :

$$\Delta = \Delta(s_2, s_{22}, s_4) = \begin{bmatrix} n & s_2{}^t\mathbb{I}_m \\ s_2\mathbb{I}_m & (s_4 - s_{22}) I_m + s_{22}J_m \end{bmatrix} = \begin{bmatrix} A_{11} & A_{12} \\ {}^tA_{12} & A_{22} \end{bmatrix}.$$

On peut donc affirmer, d'après les propriétés des déterminants, que :

$$\text{Det}\left({}^tXX\right) = s_2^m s_{22}^{\frac{m(m-1)}{2}} \text{Det}(\Delta).$$

D'après le lemme 5.B on a de plus :

$$\begin{aligned}\text{Det}(\Delta) = n\,\text{Det}({}^sA_{22}) \text{ avec } {}^sA_{22} &= (s_4 - s_{22}) I_m + s_{22}J_m - (1/n)\, s_2^2\mathbb{I}_n{}^t\mathbb{I}_n \\ &= (s_4 - s_{22}) I_m + \left(s_{22} - s_2^2/n\right) J_m.\end{aligned}$$

L'utilisation du lemme 5.A permet de dire que :

$$\text{Det}\left({}^tXX\right) = ns_2^m s_{22}^{\frac{m(m-1)}{2}} (s_4 - s_{22})^{m-1}\left[s_4 + (m-1)\, s_{22} - \frac{ms_2^2}{n}\right].$$

La matrice ${}^tXX$ étant positive elle est donc régulière si et seulement si son déterminant est strictement positif. Ceci entraîne que le plan usuel est à matrice des moments inversible si et seulement si :

$$s_2 > 0,\ s_4 > s_{22} > 0 \text{ et } n\,[s_4 + (m-1)\, s_{22}] - ms_2^2 > 0.$$

Traduisons géométriquement ces différentes relations. Les différents cas à éviter sont donnés ci-dessous.

1) La situation où $s_2 = \sum_{u=1}^{n} z_{ui}^2 = 0$ est facile à interpréter car elle ne peut être vérifiée que si tous les points du plan d'expérience sont concentrés en l'origine.

2) De même, la situation où $s_{22} = \sum_{u=1}^{n} z_{ui}^2 z_{uj}^2 = 0$ ne peut être vérifiée que si tous les points du plan d'expérience sont concentrés sur les axes du repère.

3) Traduisons maintenant la condition $n\,[s_4 + (m-1)\, s_{22}] - ms_2^2 > 0$. Si d_u $(u = 1, ..., n)$ désigne la distance du u-ième point du plan à l'origine alors :

$$d_u^4 = \sum_{i=1}^{m} z_{ui}^4 + \sum_{i \neq j}\sum z_{ui}^2 z_{uj}^2 \Longrightarrow \sum_{u=1}^{n} d_u^4 = \sum_{i=1}^{m}\sum_{u=1}^{n} z_{ui}^4 + \sum_{i \neq j}\sum\sum_{u=1}^{n} z_{ui}^2 z_{uj}^2.$$

Mais on sait que :

$$\forall\ i, j = 1, ..., m \text{ avec } i \neq j,\ \sum_{u=1}^{n} z_{ui}^4 = s_4 \text{ et } \sum_{u=1}^{n} z_{ui}^2 z_{uj}^2 = s_{22}.$$

Donc :

$$\sum_{u=1}^{n} d_u^4 = ms_4 + m\,(m-1)\, s_{22} = m\,[s_4 + (m-1)\, s_{22}].$$

On a de même :

$$\sum_{u=1}^{n} d_u^2 = \sum_{i=1}^{m} \sum_{u=1}^{n} z_{ui}^2 = ms_2 \text{ donc } \left(\sum_{u=1}^{n} d_u^2 \right)^2 = m^2 s_2^2.$$

On en déduit que :

$$n \left[s_4 + (m-1)\, s_{22} \right] - m s_2^2 > 0 \Leftrightarrow n \sum_{u=1}^{n} d_u^4 > \left(\sum_{u=1}^{n} d_u^2 \right)^2 .$$

L'inégalité de Cauchy-Schwarz appliquée à $\mathbb{I}_n$ et ${}^t\left(d_1^2, ..., d_n^2\right)$ permet d'affirmer que la relation ci-dessus est vérifiée dès lors que ces deux vecteurs ne sont pas colinéaires. En d'autres termes, il faut donc éviter le cas où tous les d_u $(u = 1, ..., n)$ sont égaux, c'est-à-dire la situation iii où tous les points du plan sont équidistants de l'origine.

4) Traduisons enfin la condition $s_4 > s_{22}$. Remarquons que :

$$\sum_{i=1}^{m} z_{ui}^4 - \sum\sum_{i \neq j} z_{ui}^2 z_{uj}^2 = {}^t z \left(2I_m - J_m \right) z \text{ en notant } z = {}^t\left(z_{u1}^2, ..., z_{um}^2 \right).$$

La matrice $(2I_m - J_m)$ étant complètement symétrique elle n'admet que deux valeurs propres distinctes égales à $(2-m)$ et 2 (voir la démonstration du lemme 5.A). Le théorème de représentation extrémale permet d'énoncer que :

$$\sum_{i=1}^{m} z_{ui}^4 - \sum\sum_{i \neq j} z_{ui}^2 z_{uj}^2 \geq (2-m) \sum_{i=1}^{m} z_{ui}^4$$

$$\Longleftrightarrow \sum_{i=1}^{m} \sum_{u=1}^{n} z_{ui}^4 - \sum\sum_{i \neq j} \sum_{u=1}^{n} z_{ui}^2 z_{uj}^2 \geq (2-m) \sum_{i=1}^{m} \sum_{u=1}^{n} z_{ui}^4$$

$$\Longleftrightarrow m s_4 - m\,(m-1)\, s_{22} \geq (2-m)\, m s_4$$

$$\Longleftrightarrow s_4 - (m-1)\, s_{22} \geq (2-m)\, s_4 \Longleftrightarrow s_4 \geq s_{22}.$$

Il est bien connu que l'on a de plus l'égalité entre ces deux derniers termes si et seulement si z est colinéaire au vecteur propre $\mathbb{I}_m$ associé à la valeur propre $(2-m)$. Il faut donc éviter le cas où tous les éléments de z sont égaux, c'est-à-dire la situation ii où tous les points du plan ont leurs coordonnées égales en valeur absolue ■

Proposition 5.3. *Soit un plan d'expérience usuel* $\mathcal{D} = \{z_u, u = 1, ..., n\}$ *pour un modèle linéaire d'ordre deux. Les différents estimateurs des* **moindres carrés** *des paramètres du modèle ainsi que leurs caractéristiques de dispersion* *sont alors obtenus explicitement par les relations suivantes en notant* $\phi = ns_4 + n(m-1)s_{22} - ms_2^2$:

1) $\widehat{\beta}_0 = \overline{Y} + \dfrac{s_2}{\phi}\left(ms_2\overline{Y} - \sum_{u=1}^{n} \|z_u\|^2 Y_u\right)$

avec $\mathrm{Var}\left(\widehat{\beta}_0\right) = \dfrac{\sigma^2}{n}\left(1 + \dfrac{ms_2^2}{\phi}\right)$.

2) $\widehat{\beta}_L = \dfrac{1}{s_2}{}^tD_LY$ *avec* $\mathbb{V}\left(\widehat{\beta}_L\right) = \dfrac{\sigma^2}{s_2}I_m$.

3) $\widehat{\beta}_Q = \dfrac{1}{s_4 - s_{22}}{}^tD_QY - \dfrac{1}{\phi}\left[ns_2\overline{Y} + \dfrac{ns_{22} - s_2^2}{s_4 - s_{22}}\sum_{u=1}^{n} \|z_u\|^2 Y_u\right]\mathbb{I}_m$.

avec $\mathbb{V}\left(\widehat{\beta}_Q\right) = \dfrac{\sigma^2}{s_4 - s_{22}}\left(I_m + \dfrac{s_2^2 - ns_{22}}{\phi}J_m\right)$.

4) $\widehat{\beta}_I = \dfrac{1}{s_{22}}{}^tD_IY$ *avec* $\mathbb{V}\left(\widehat{\beta}_I\right) = \dfrac{\sigma^2}{s_{22}}I_{m(m-1)/2}$.

Démonstration. Ecrivons ici le vecteurs des paramètres inconnus β sous la même forme que celle déjà utilisée pour la démonstration de la proposition 5.2. Il vient alors (voir la forme du bloc Δ dans la démonstration de la proposition 5.2) :

$$^tXX = \mathrm{diag}\left(\Delta, s_2I_m, s_{22}I_{m(m-1)/2}\right).$$

Les estimateurs des moindres carrés vérifient alors :

$$\begin{bmatrix} n & s_2{}^t\mathbb{I}_m & 0 & 0 \\ s_2\mathbb{I}_m & (s_4 - s_{22})I_m + s_{22}J_m & 0 & 0 \\ 0 & 0 & s_2I_m & 0 \\ 0 & 0 & 0 & s_{22}I_{m(m-1)/2} \end{bmatrix} \begin{bmatrix} \widehat{\beta}_0 \\ \widehat{\beta}_Q \\ \widehat{\beta}_L \\ \widehat{\beta}_I \end{bmatrix} = \begin{bmatrix} {}^t\mathbb{I}_nY \\ {}^tD_QY \\ {}^tD_LY \\ {}^tD_IY \end{bmatrix}.$$

Il en résulte immédiatement la forme explicite des estimateurs des effets linéaires et d'interaction donnés en 2 et 4 ainsi que leurs caractéristiques de dispersion. L'obtention des estimateurs de l'effet moyen général et des effets quadratiques nécessite maintenant de connaitre l'inverse de la matrice Δ. Remarquons que le complément de Schur du bloc A_{22} est égal à :

$$\begin{aligned} {}^sA_{22} &= A_{22} - {}^tA_{12}A_{11}^{-1}A_{12} = A_{22} - \left(s_2^2/n\right)\mathbb{I}_m{}^t\mathbb{I}_m \\ &= (s_4 - s_{22})I_m + \left(s_{22} - s_2^2/n\right)J_m. \end{aligned}$$

Il s'agit d'une matrice complètement symétrique donc le lemme 5.A permet d'affirmer que, en posant $\phi = ns_4 + n(m-1)s_{22} - ms_2^2$:

$$\left({}^sA_{22}\right)^{-1} = \frac{1}{s_4 - s_{22}}\left(I_m - \frac{\left(ns_{22} - s_2^2\right)}{\phi}J_m\right).$$

Le lemme 5.B donne alors l'inverse de Δ sous la forme :

$$\Delta^{-1} = \begin{bmatrix} B_{11} & B_{12} \\ {}^tB_{12} & B_{22} \end{bmatrix}.$$

Le bloc $B_{22} = \left({}^sA_{22}\right)^{-1}$ est obtenu immédiatement. Concernant B_{12} on a :

$$\begin{aligned} B_{12} &= -A_{11}^{-1}A_{12}\left({}^sA_{22}\right)^{-1} = -\frac{s_2}{n\left(s_4 - s_{22}\right)}{}^t\mathbb{I}_m\left(I_m - \frac{\left(ns_{22} - s_2^2\right)}{\phi}J_m\right) \\ &= -\frac{s_2}{n\left(s_4 - s_{22}\right)}\left[1 + \frac{m\left(ns_{22} - s_2^2\right)}{\phi}\right]{}^t\mathbb{I}_m = -\frac{s_2}{\phi}{}^t\mathbb{I}_m. \end{aligned}$$

En utilisant ce résultat on obtient pour B_{11} :

$$B_{11} = A_{11}^{-1} + \left[A_{11}^{-1}A_{12}\left({}^sA_{22}\right)^{-1}\right]{}^tA_{12}A_{11}^{-1} = \frac{1}{n} + \frac{s_2^2}{n\phi}{}^t\mathbb{I}_m\mathbb{I}_m = \frac{1}{n} + \frac{ms_2^2}{n\phi}.$$

Il en découle les caractéristiques de dispersion suivantes :

$$\mathrm{Var}\left(\widehat{\beta}_0\right) = \sigma^2 B_{11} \text{ et } \mathbb{V}\left(\widehat{\beta}_Q\right) = \sigma^2 B_{22}.$$

Déterminons enfin la forme explicite des estimateurs $\widehat{\beta}_0$ et $\widehat{\beta}_Q$. On a :

$$\begin{bmatrix} \widehat{\beta}_0 \\ \widehat{\beta}_Q \end{bmatrix} = \begin{bmatrix} B_{11} & B_{12} \\ {}^tB_{12} & B_{22} \end{bmatrix}\begin{bmatrix} {}^t\mathbb{I}_nY \\ {}^tD_QY \end{bmatrix} \text{ donc :}$$

$$\widehat{\beta}_0 = \left(\frac{1}{n} + \frac{ms_2^2}{n\phi}\right){}^t\mathbb{I}_nY - \frac{s_2}{\phi}{}^t\mathbb{I}_m{}^tD_QY = \overline{Y} + \frac{s_2}{\phi}\left(\frac{ms_2}{n}{}^t\mathbb{I}_nY - {}^t\mathbb{I}_m{}^tD_QY\right).$$

Si le plan d'expérience est constitué des points $z_1, ..., z_n$ de $\mathbb{R}^m$ alors ($\|.\|$ désignant la norme usuelle de $\mathbb{R}^m$) :

$${}^t\mathbb{I}_m{}^tD_QY = \sum_{u=1}^{n} \|z_u\|^2 Y_u.$$

Il en résulte que :

$$\widehat{\beta}_0 = \overline{Y} + \frac{s_2}{\phi}\left(ms_2\overline{Y} - \sum_{u=1}^{n}\|z_u\|^2 Y_u\right).$$

On obtient de même pour $\widehat{\beta}_Q$:

$$\widehat{\beta}_Q = -\frac{s_2}{\phi}\mathbb{I}_m\left({}^t\mathbb{I}_nY\right) + \frac{1}{s_4 - s_{22}}\left(I_m - \frac{\left(ns_{22} - s_2^2\right)}{\phi}J_m\right)\left({}^tD_QY\right)$$

Donc :

$$\widehat{\beta}_Q = -\frac{ns_2}{\phi}\overline{Y}\mathbb{I}_m + \frac{1}{s_4 - s_{22}}{}^tD_QY - \frac{\left(ns_{22} - s_2^2\right)}{\left(s_4 - s_{22}\right)\phi}\mathbb{I}_m\left({}^t\mathbb{I}_m{}^tD_QY\right)$$
$$= \frac{1}{s_4 - s_{22}}{}^tD_QY - \frac{1}{\phi}\left[ns_2\overline{Y} + \frac{\left(ns_{22} - s_2^2\right)}{\left(s_4 - s_{22}\right)}\sum_{u=1}^{n}\left\|z_u\right\|^2 Y_u\right]\mathbb{I}_m.$$

D'où le résultat énoncé dans la proposition ■

Proposition 5.4. *Soit un plan d'expérience* **usuel** *pour un modèle linéaire d'ordre deux. En désignant par* $\|.\|$ *la norme usuelle de* $\mathbb{R}^m$*, la dispersion de la réponse prédite en* $x = {}^t(x_1, ..., x_m) \in \mathcal{E}$ *est donnée par :*

$$\operatorname{Var}\hat{Y}(x) = \sigma^2\left[f(r) + \left(\frac{1}{s_4 - s_{22}} - \frac{1}{2s_{22}}\right)\sum_{i=1}^{m}x_i^4\right] \quad \textit{avec :}$$

$$f(r) = \left(\frac{1}{n} + \frac{ms_2^2}{n\phi}\right) + \left(\frac{1}{s_2} - 2\frac{s_2}{\phi}\right)r^2 + \left(\frac{1}{2s_{22}} + \frac{s_2^2 - ns_{22}}{\phi\left(s_4 - s_{22}\right)}\right)r^4,$$

$r = \|x\|$ *et* $\phi = ns_4 + n(m-1)s_{22} - ms_2^2.$

Démonstration. D'après la proposition 2.7, il vient :

$$\operatorname{Var}\hat{Y}(x) = \sigma^2\, {}^tg(x)\left({}^tXX\right)^{-1}g(x)$$

avec $g(x)$ vecteur de régression construit de manière identique aux lignes de X. Ici on a donc (en gardant l'ordre des colonnes de X utilisé pour la démonstration de la proposition 5.2) :

$$\forall\ x = {}^t(x_1, ..., x_m) \in \mathcal{E}\ ,\ g(x) = \left(1, x_1^2, ..., x_m^2, x_1, ..., x_m, x_1x_2, ..., x_{m-1}x_m\right).$$

Il vient alors (en posant ici $\sigma^2 = 1$ pour simplifier) :

$$\operatorname{Var}\hat{Y}(x) = \left(\frac{1}{n} + \frac{ms_2^2}{n\phi}\right) + \frac{1}{s_2}\sum_{i=1}^{m}x_i^2 + \frac{1}{s_4 - s_{22}}\left(1 - \frac{ns_{22} - s_2^2}{\phi}\right)\sum_{i=1}^{m}x_i^4$$
$$+\frac{1}{s_{22}}\sum\sum_{i<j}x_i^2x_j^2 - 2\frac{s_2}{\phi}\sum_{i=1}^{m}x_i^2 - 2\frac{\left(ns_{22} - s_2^2\right)}{\phi\left(s_4 - s_{22}\right)}\sum\sum_{i<j}x_i^2x_j^2.$$

Après regroupement des termes, on obtient :

$$\operatorname{Var}\hat{Y}(x) = \left(\frac{1}{n} + \frac{ms_2^2}{n\phi}\right) + \left(\frac{1}{s_2} - 2\frac{s_2}{\phi}\right)r^2 + \frac{1}{s_4 - s_{22}}\left(1 - \frac{ns_{22} - s_2^2}{\phi}\right)\sum_{i=1}^{m}x_i^4$$
$$+\left(\frac{1}{s_{22}} - 2\frac{ns_{22} - s_2^2}{\phi\left(s_4 - s_{22}\right)}\right)\sum\sum_{i<j}x_i^2x_j^2.$$

Or, remarquons que :

$$r^4 = \left(\sum_{i=1}^{m} x_i^2\right)^2 = \sum_{i=1}^{m} x_i^4 + 2\sum\sum_{i<j} x_i^2 x_j^2.$$

Il en résulte que :

$$\frac{1}{s_4 - s_{22}}\left(1 - \frac{ns_{22} - s_2^2}{\phi}\right)\sum_{i=1}^{m} x_i^4 + \left(\frac{1}{s_{22}} - 2\frac{ns_{22} - s_2^2}{\phi\left(s_4 - s_{22}\right)}\right)\sum\sum_{i<j} x_i^2 x_j^2 =$$
$$\left(\frac{1}{2s_{22}} - \frac{ns_{22} - s_2^2}{\phi\left(s_4 - s_{22}\right)}\right) r^4 + \left(\frac{1}{s_4 - s_{22}} - \frac{1}{2s_{22}}\right)\sum_{i=1}^{m} x_i^4.$$

D'où le résultat énoncé ■

Proposition 5.6. *Soit un plan d'expérience usuel pour un modèle linéaire d'ordre deux. La* **variance sphérique moyenne** *ainsi que les* **variances sphériques extrémales** *sont données par (la fonction f étant toujours celle de la proposition* 5.4) :

1) $V\left(r\right) = \sigma^2\left[f\left(r\right) + \frac{3}{m+2}\left(\frac{1}{s_4 - s_{22}} - \frac{1}{2s_{22}}\right) r^4\right],$

2) $\begin{cases} \text{Vmin}\left(r\right) = \sigma^2\left[f\left(r\right) + \frac{1}{m}\left(\frac{1}{s_4 - s_{22}} - \frac{1}{2s_{22}}\right) r^4\right], \\ \text{Vmax}\left(r\right) = \sigma^2\left[f\left(r\right) + \left(\frac{1}{s_4 - s_{22}} - \frac{1}{2s_{22}}\right) r^4\right]. \end{cases}$

Les résultats présentés en 2 sont valables uniquement si $s_4 < 3s_{22}$. Dans le cas contraire il convient de permuter les rôles de Vmin et Vmax.

Démonstration. Pour la variance sphérique moyenne, il vient (en posant $\sigma^2 = 1$) :

$$V\left(r\right) = \Psi \int_{U_r}\left[f\left(r\right) + \left(\frac{1}{s_4 - s_{22}} - \frac{1}{2s_{22}}\right)\sum_{i=1}^{m} x_i^4\right] dx$$
$$\Rightarrow V\left(r\right) = f\left(r\right) + \left(\frac{1}{s_4 - s_{22}} - \frac{1}{2s_{22}}\right)\Psi\int_{U_r}\sum_{i=1}^{m} x_i^4 dx\ .$$

Or, la géométrie de U_r entraîne que :

$$\int_{U_1} x_1^4 dx = \int_{U_1} x_2^4 dx = \ldots = \int_{U_1} x_m^4 dx.$$

Donc :

$$\Psi \int_{U_r} \sum_{i=1}^{m} x_i^4 dx = \Psi \sum_{i=1}^{m} \int_{U_r} x_i^4 dx = m\Psi \int_{U_r} x_1^4 dx.$$

La quantité $\Psi \int_{U_r} x_1^4 dx$ est bien connue puisqu'il s'agit d'un moment sphérique pur (σ_4) d'ordre 4 donné par (voir par exemple Giovannitti-Jensen et Myers [44]) :

$$\sigma_4 = \frac{3r^4}{m\,(m+2)}.$$

Il en découle immédiatement la forme de la variance sphérique moyenne proposée à la relation 1. Concernant maintenant l'obtention des variances sphériques extrémales, il s'agit de résoudre le problème d'optimisation suivant :

$$(P) \ : \text{optimiser } \operatorname{Var}\hat{Y}\,(x) \text{ sous la contrainte } \sum_{i=1}^{m} x_i^2 = r^2.$$

Comme la fonction f est constante à la surface de toute sphère centrée, le problème (P) est donc équivalent à :

$$(P) \ : \text{optimiser } \left(\frac{1}{s_4 - s_{22}} - \frac{1}{2s_{22}} \right) \sum_{i=1}^{m} x_i^4 \text{ sous la contrainte } \sum_{i=1}^{m} x_i^2 = r^2.$$

Le signe de l'expression prémultipliant la somme peut varier car :

$$\begin{cases} \text{si } s_{22} < s_4 < 3s_{22} \text{ alors } \left(\dfrac{1}{s_4 - s_{22}} - \dfrac{1}{2s_{22}} \right) > 0, \\ \text{si } s_4 > 3s_{22} \text{ alors } \left(\dfrac{1}{s_4 - s_{22}} - \dfrac{1}{2s_{22}} \right) < 0. \end{cases}.$$

Plaçons nous ici dans le cas où $s_4 < 3s_{22}$ (avec $s_{22} < s_4$ puisque le plan utilisé est à matrice des moments inversible). La fonction à optimiser étant continue sur un compact atteint bien ses bornes. Celles-ci sont de plus obtenues immédiatement par le théorème des multiplicateurs de Lagrange qui dit que :

1) le maximum vaut r^4, il est atteint en $2m$ points de coordonnées $(\pm r, 0, ..., 0)$, $(0, \pm r, ..., 0)$ ... $(0, 0, ..., \pm r)$,

2) le minimum vaut r^4/m, il est atteint en 2^m points de coordonnées de la forme $(\pm r/\sqrt{m}, \pm r/\sqrt{m}, ..., \pm r/\sqrt{m})$.

Ces résultats permettent bien d'obtenir les formules explicites de la partie 2. Si $s_4 > 3s_{22}$ alors le signe de l'expression à optimiser change et il convient donc de permuter le rôle des extrema obtenus ■

Proposition 5.8. *Tout plan d'expérience composite centré (complet ou fractionnaire) est un plan d'expérience* **usuel** *pour un modèle linéaire d'ordre deux. Il vérifie de plus (avec $q = 0$ pour un plan complet) :*

$$s_2 = 2^{m-q} + 2\alpha^2, \; s_4 = 2^{m-q} + 2\alpha^4 \textit{ et } s_{22} = 2^{m-q}.$$

Démonstration. Considérons dans un premier temps la partie factorielle d'un tel plan, constituée des points $(z_u)_{u=1,\ldots,2^{m-q}}$. D'après les résultats du chapitre 4 tous les moments impairs d'une tel plan (complet ou obtenu avec une fraction régulière de résolution V ou plus) sont nuls jusqu'à l'ordre 4. Concernant les moments pairs on a immédiatement, puisque tous les points ont des coordonnées égales à ± 1 (avec $i, j = 1, ..., m$ et $i \neq j$) :

$$\sum_{u=1}^{2^{m-q}} z_{ui}^2 = 2^{m-q}, \; \sum_{u=1}^{2^{m-q}} z_{ui}^4 = 2^{m-q} \text{ et } \sum_{u=1}^{2^{m-q}} z_{ui}^2 z_{uj}^2 = 2^{m-q}.$$

Remarquons maintenant que la partie axiale est constituée par les points, notés $(z_u)_{u=2^{m-q}+1,\ldots,2^{m-q}+2m}$, de coordonnées $(\pm\alpha, 0, ..., 0)$, $(0, \pm\alpha, ..., 0)$ ... $(0, 0, ..., \pm\alpha)$. Il en découle que tous les moments impairs jusqu'à l'ordre 4 d'une telle configuration sont nuls et pour les moments pairs, il vient alors :

$$\sum_{u=2^{m-q}+1}^{2^{m-q}+2m} z_{ui}^2 = 2\alpha^2, \; \sum_{u=2^{m-q}+1}^{2^{m-q}+2m} z_{ui}^4 = 2\alpha^4 \text{ et } \sum_{u=2^{m-q}+1}^{2^{m-q}+2m} z_{ui}^2 z_{uj}^2 = 0.$$

Le rajout éventuel d'expériences au centre du domaine n'ayant aucun effet sur les sommes présentées ci-dessus on peut donc conclure, par simple sommation, que tout plan composite centré est tel que tous ses moments impairs jusqu'à l'ordre 4 sont nuls et les moments pairs vérifient :

$$\sum_{u=1}^{n} z_{ui}^2 = 2^{m-q} + 2\alpha^2, \; \sum_{u=1}^{n} z_{ui}^4 = 2^{m-q} + 2\alpha^4 \text{ et } \sum_{u=1}^{n} z_{ui}^2 z_{uj}^2 = 2^{m-q}.$$

On en déduit bien qu'il s'agit d'un plan d'expérience usuel ■

6

Plans d'expérience en blocs

6.1 Introduction

Le chapitre précédent a présenté la construction de plans d'expérience adaptés à l'ajustement d'une surface de réponse. Le modèle utilisé alors est relativement riche puisqu'il tient compte d'effets linéaires et quadratiques des facteurs ainsi que d'éventuels effets d'interactions entre couples de facteurs. Ce modèle postule cependant que toutes les observations effectuées sont homogènes (*i.e.* le même modèle est utilisé pour toutes les expériences) et ceci peut s'avérer génant en pratique. En effet, il existe de nombreuses situations pour lesquelles l'hypothèse **d'hétérogénéité** des observations s'impose naturellement : production industrielle réalisée à partir de divers arrivages de matière première, utilisation d'une machine-outil par plusieurs ouvriers, expériences agronomiques sur plusieurs parcelles situées dans des endroits différents, *etc...* Pour s'adapter à ce type de situation il est naturel de regrouper les observations en sous-ensembles homogènes, appelés **blocs**, et de tenir compte d'un éventuel effet de bloc dans le modèle utilisé (dans les exemples précédents les blocs seraient les observations découlant d'un même arrivage de matière première, du travail d'un même ouvrier ou encore des mesures effectuées au sein d'une même parcelle). Une telle démarche est d'usage courant, les premiers travaux abordant cette problématique remontent à la fin des années 30 et sont dus à Yates [107] ou [108] dans une optique d'analyse intra et inter-blocs.

Ce chapitre propose des constructions de plans d'expérience pour effets de blocs. Pour cela il est nécessaire de généraliser tout d'abord la notion de plan d'expérience usuel. Ceci permet ensuite de déterminer explicitement bon nombre d'éléments nécessaires à l'analyse des résultats tels que les estimateurs des moindres carrés ainsi que leurs dispersions. Des propriétés classiques telles que l'isovariance sont aussi généralisées au cas des plans en blocs et de nouvelles propriétés telle que le blocage orthogonal sont présentées. Toutes ces notions sont ensuite appliquées aux plans d'expérience pour surfaces de réponse

W. Tinsson, *Plans d'expérience: constructions et analyses statistiques*, Mathématiques et Applications 67, DOI 10.1007/978-3-642-11472-4_6,
© Springer-Verlag Berlin Heidelberg 2010

déjà étudiés (composites centrés, Box et Behnken, *etc...*) afin de définir une méthode permettant de les partitionner en blocs. La dernière partie de ce chapitre est consacrée à l'étude d'un exemple d'application, illustré à l'aide de programmes SAS.

6.2 Généralités

6.2.1 Modèle utilisé

Considérons un plan d'expérience $\mathcal{D} = \{z_u, u = 1, ..., , n\}$ à m facteurs quantitatifs décomposé en b blocs et mis en oeuvre sur le domaine expérimental $\mathcal{E} \subset \mathbb{R}^m$. Un modèle polynomial est dit d'ordre deux avec effets de blocs dès lors que l'on considère le modèle statistique $Y(x) = f_l(x) + \varepsilon(x)$ pour les réponses associées au bloc l $(l = 1, ..., b)$ avec la loi de réponse donnée par la relation :

$$\forall\, x \in \mathcal{E}\ ,\ f_l(x) = \gamma_l + \sum_{i=1}^{m} \beta_i x_i + \sum_{i=1}^{m} \beta_{ii} x_i^2 + \sum_{i<j} \sum \beta_{ij} x_i x_j .$$

Pour un tel modèle, on dit que :

$$\begin{cases} \gamma_l \ (l = 1, ..., b) \text{ est l'}\textbf{effet} \text{ du bloc } l, \\ \beta_i \ (i = 1, ..., m) \text{ est l'}\textbf{effet linéaire} \text{ du i-ème facteur,} \\ \beta_{ii} \ (i = 1, ..., m) \text{ est l'}\textbf{effet quadratique} \text{ du i-ème facteur,} \\ \beta_{ij} \ (i, j = 1, ..., m, i < j) \text{ est l'}\textbf{effet d'interaction} \text{ entre les facteurs } i \text{ et } j. \end{cases}$$

Ce modèle est donc plus complexe que le modèle classique pour surfaces de réponse dans la mesure où il n'y a plus une seule constante polynomiale (*i.e.* l'effet moyen général β_0) mais une constante associée à chacun des blocs. On peut donc considérer ce modèle comme une **généralisation naturelle** du modèle pour surfaces de réponse car ce dernier correspond au cas où le plan est considéré comme étant en **un seul bloc**. Le nombre de paramètres inconnus de ce modèle est égal à celui du modèle pour surfaces de réponse diminué de un (puisqu'on a supprimé β_0) et augmenté de b (les b effets de bloc), donc :

$$p = \left[\frac{(m+1)(m+2)}{2} - 1 \right] + b = \frac{m(m+3)}{2} + b.$$

L'écriture matricielle de ce modèle est :

$$Y = X\beta + \varepsilon = B\gamma + W\tau + \varepsilon.$$

avec ici $X = [B \mid W] \in \mathcal{M}(n, p)$ matrice du modèle où $B \in \mathcal{M}(n, b)$ est la matrice des **indicatrices des blocs** (*i.e.* telle que chacune de ses colonnes est associée à un bloc et repère l'absence ou la présence d'expérience au sein du bloc par, respectivement, les valeurs 0 ou 1) et $W \in \mathcal{M}(n, p-b)$ est la matrice contenant les effets linéaires, quadratiques et d'interactions considérés. Donc ${}^t\gamma = (\gamma_1, \gamma_2, ..., \gamma_b)$ est le vecteur contenant les b effets de bloc et τ le vecteur contenant les effets linéaires, quadratiques et d'interaction du modèle (remarquons qu'avec les notations du chapitre précédent on a ${}^t\beta = (\beta_0, {}^t\tau)$). Désignons dans la suite par $k_1, ..., k_b$ les tailles des différents blocs, c'est-à-dire le nombre d'expériences de chacun d'eux (on aura toujours, bien entendu, $\sum_l k_l = n$).

Exemple

Considérons un plan factoriel complet pour deux facteurs et supposons qu'il est décomposé en trois blocs : les deux premières expériences (selon l'ordre de Yates) sont dans le premier bloc, les troisième et quatrième étant respectivement dans les blocs 2 et 3. On a donc $b = 3$, $k_1 = 2$, $k_2 = k_3 = 1$ et la matrice du modèle est donnée par $X = [B \mid W]$ où :

$$B = \begin{bmatrix} 1\,0\,0 \\ 1\,0\,0 \\ 0\,1\,0 \\ 0\,0\,1 \end{bmatrix} \quad \text{et } W = \begin{bmatrix} -1 & -1 & 1 & 1 & 1 \\ 1 & -1 & 1 & 1 & -1 \\ -1 & 1 & 1 & 1 & -1 \\ 1 & 1 & 1 & 1 & 1 \end{bmatrix}.$$

Le modèle à effets de blocs est $Y = B\gamma + W\tau + \varepsilon$ avec ${}^t\gamma = (\gamma_1, \gamma_2, \gamma_3)$ et ${}^t\tau = (\beta_1, \beta_2, \beta_{11}, \beta_{22}, \beta_{12})$. Il est constitué de $p = 8$ paramètres inconnus.

Remarque 1. Si un seul bloc est utilisé alors $B = \mathbb{I}_n$ (*i.e.* toutes les expériences sont évidemment dans cet unique bloc) et on retrouve bien la matrice du modèle pour surface de réponse classique.

Remarque 2. On trouve souvent dans la littérature le modèle à effets de blocs écrit sous la forme suivante :

$$\forall\, x \in \mathcal{E}\ ,\ f_l(x) = \beta_0 + \sum_{i=1}^{m} \beta_i x_i + \sum_{i=1}^{m} \beta_{ii} x_i^2 + \sum_{i<j}\sum \beta_{ij} x_i x_j + \gamma_l.$$

En d'autres termes l'effet moyen général n'est pas supprimé. Cette convention n'est pas utilisée ici car elle implique que tout plan est forcément à matrice des moments non-inversible. En effet, la matrice de ce modèle est telle que la somme de toutes les colonnes de B est toujours égale à $\mathbb{I}_n$, donc elle n'est jamais de plein rang. C'est pour lever cette singularité structurelle que l'effet moyen général est systématiquement supprimé par la suite (sinon il faudrait avoir recours à des contraintes d'identifiabilité afin de pouvoir estimer tous les paramètres).

6.2.2 Plans d'expérience usuels

La notion de moment des points d'un plan d'expérience a été utilisée à de multiples reprises dans les chapitres précédents. Maintenant que des configurations décomposées en blocs sont utilisées il est nécessaire d'affiner ces indicateurs en considérant des moments par blocs. Désignons dans la suite par $\sum_{\text{bloc } l}$ la somme portant sur toutes les expériences z_u du bloc l. Pour tout plan d'expérience $\mathcal{D} = \{z_u, u = 1, ..., n\}$ décomposé en b blocs de tailles respectives $k_1, k_2, ..., k_b$ on appelle **moment par bloc** associé au bloc $l = 1, ..., b$ tout réel obtenu par la relation suivante (avec $\delta_1, \delta_2, ..., \delta_m \in \mathbb{N}$) :

$$\left[1^{\delta_1} 2^{\delta_2} ... m^{\delta_m}\right]_l = \frac{1}{k_l} \sum_{\text{bloc } l} z_{u1}^{\delta_1} z_{u2}^{\delta_2} ... z_{um}^{\delta_m}.$$

Remarquons que cette définition est naturelle puisqu'elle consiste à dire qu'un moment du bloc l est simplement égal au moment classique correspondant obtenu si le plan d'expérience se résume au seul bloc l. Il découle immédiatement de cette définition que la relation entre moments et moments par blocs est donnée par :

$$\left[1^{\delta_1} 2^{\delta_2} ... m^{\delta_m}\right] = \sum_{l=1}^{b} \frac{k_l}{n} \left[1^{\delta_1} 2^{\delta_2} ... m^{\delta_m}\right]_l.$$

Pour un modèle à effets de blocs la matrice des moments généralisée obtenue à partir de $X = [B \mid W]$ est donnée par :

$$M = \frac{1}{n} \begin{bmatrix} {}^tBB & {}^tBW \\ {}^tWB & {}^tWW \end{bmatrix} = \frac{1}{n} \begin{bmatrix} {}^t\mathbf{BB} & {}^t\mathbf{BD} & {}^t\mathbf{BD_Q} & {}^t\mathbf{BD_I} \\ {}^t\mathbf{DB} & {}^tDD & {}^tDD_Q & {}^tDD_I \\ {}^t\mathbf{D_QB} & {}^tD_QD & {}^tD_QD_Q & {}^tD_QD_I \\ {}^t\mathbf{D_IB} & {}^tD_ID & {}^tD_ID_Q & {}^tD_ID_I \end{bmatrix}.$$

La structure des blocs ${}^tDD$, ${}^tDD_Q$, ${}^tDD_I$, ${}^tD_QD_Q$ ainsi que ${}^tD_ID_I$ est connue d'après les chapitres 3, 4 et 5. Détaillons uniquement la forme des blocs présentés ci-dessus en gras. Comme B est la matrice des indicatrices des blocs du plan d'expérience on obtient immédiatement :

$$\begin{aligned} {}^tBB &= \text{diag}\,(k_1, k_2, ..., k_b)\,, \\ {}^tBD &= \begin{bmatrix} k_1\,[1]_1 & k_1\,[2]_1 & \dots & k_1\,[m]_1 \\ k_2\,[1]_2 & k_2\,[2]_2 & \dots & k_2\,[m]_2 \\ \vdots & \vdots & & \vdots \\ k_b\,[1]_b & k_b\,[2]_b & \dots & k_b\,[m]_b \end{bmatrix}, \end{aligned}$$

$$
{}^tBD_Q = \begin{bmatrix} k_1\left[1^2\right]_1 & k_1\left[2^2\right]_1 & \dots & k_1\left[m^2\right]_1 \\ k_2\left[1^2\right]_2 & k_2\left[2^2\right]_2 & \dots & k_2\left[m^2\right]_2 \\ \vdots & \vdots & & \vdots \\ k_b\left[1^2\right]_b & k_b\left[2^2\right]_b & \dots & k_b\left[m^2\right]_b \end{bmatrix},
$$

$$
{}^tBD_I = \begin{bmatrix} k_1\left[12\right]_1 & k_1\left[13\right]_1 & \dots & k_1\left[(m-1)\,m\right]_1 \\ k_2\left[12\right]_2 & k_2\left[13\right]_2 & \dots & k_2\left[(m-1)\,m\right]_2 \\ \vdots & \vdots & & \vdots \\ k_b\left[12\right]_b & k_b\left[13\right]_b & \dots & k_b\left[(m-1)\,m\right]_b \end{bmatrix}.
$$

La matrice $M = (1/n)\,{}^tXX$ obtenue lorsque $X = [B \mid W]$ contient bien à la fois des moments et des moments par bloc, la qualification de **matrice des moments généralisée** et donc adaptée. La forme de la matrice des moments généralisée étant connue un objectif classique est de chercher des configurations la rendant la plus simple possible. La démarche naturelle consiste à annuler tous les moments par bloc lorsque cela est possible et à rendre tous les autres égaux. Ceci conduit à la notion de plan d'expérience usuel :

Définition 6.1. *Un plan d'expérience en blocs est qualifié* **d'usuel** *si et seulement si il s'agit d'un plan d'expérience usuel pour un modèle linéaire d'ordre deux vérifiant les conditions supplémentaires suivantes :*

1) *tous ses moments par bloc impairs jusqu'à l'ordre deux sont* **nuls** :

$$
\forall\ l = 1, ..., b \text{ et } \forall\ i, j = 1, ..., m \text{ avec } i \neq j\ ,\ \ [i]_l = [ij]_l = 0.
$$

2) *tous ses moments par bloc pairs d'ordre deux vérifient* :

$$
\forall\ l = 1, ..., b\ ,\ \left[1^2\right]_l = \left[2^2\right]_l = ... = \left[m^2\right]_l .
$$

En d'autres termes, tous les moments pairs d'ordre deux sont **égaux** *au sein d'un même bloc. Désignons dans la suite par μ_l la* **valeur commune** *pour tous ces moments associés au bloc l.*

Il résulte de cette définition et des résultats des chapitres précédents que la matrice des moments généralisée a la forme suivante pour tout plan d'expérience en blocs usuel :

$$
M = \frac{1}{n}{}^tXX = \frac{1}{n}\begin{bmatrix} {}^tBB & 0 & {}^tBD_Q & 0 \\ 0 & s_2 I_m & 0 & 0 \\ {}^tD_Q B & 0 & (s_4 - s_{22})\, I_m + s_{22} J_m & 0 \\ 0 & 0 & 0 & s_{22} I_{m(m-1)/2} \end{bmatrix}
$$

avec toujours pour tout plan usuel $\mathcal{D} = \{z_u, u = 1, ..., n\}$ les constantes s_2, s_{22} et s_4 définies par ($\forall\ i, j = 1, ..., m$ avec $i \neq j$) :

$$
s_2 = n\left[i^2\right] = \sum_{u=1}^{n} z_{ui}^2\ ,\ s_{22} = n\left[i^2 j^2\right] = \sum_{u=1}^{n} z_{ui}^2 z_{uj}^2\ ,\ s_4 = n\left[i^4\right] = \sum_{u=1}^{n}\sum_{u=1}^{n} z_{ui}^4.
$$

Les blocs ${}^tBB$ ainsi que ${}^tD_QB$ ont de plus une forme très simple à manier lorsque le plan est en blocs usuel.

6.2.3 Inversion de la matrice des moments généralisée

Des conditions algébriques ont été établies dans le chapitre précédent afin de pouvoir caractériser un plan d'expérience usuel à matrice des moments inversible pour un modèle polynomial classique d'ordre deux. Voici une extension de ce résultat à la classe des plans d'expérience en blocs. On montre que pour tout plan en blocs usuel, décomposé en b blocs de tailles $k_1, k_2, ..., k_b$, sa matrice des moments généralisée est **inversible** si et seulement si (la démonstration est effectuée avec celle de la proposition 6.2) :

$$s_2 > 0,\ s_4 > s_{22} > 0 \text{ et } s_4 + (m-1)\,s_{22} - m\sum_{l=1}^{b} k_l \mu_l^2 > 0.$$

Ces derniers résultats peuvent encore être interprétés facilement à l'aide, une nouvelle fois, d'arguments géométriques :

Proposition 6.2. [$\lhd$] *Soit un plan d'expérience en blocs usuel décomposé en b blocs de tailles respectives $k_1, k_2, ..., k_b$. Sa matrice des moments généralisée est* **inversible** *si et seulement si aucune des trois conditions suivantes n'est vérifiée :*

1) *la distribution des points du plan est concentrée sur les axes,*

2) *tout point du plan a ses coordonnées égales en valeur absolue,*

3) *chaque bloc est constitué par des points équidistants de l'origine.*

6.2.4 Estimations et prédictions

Considérons toujours à partir de maintenant un plan d'expérience usuel en blocs dont la matrice des moments généralisée est **inversible.** Un tel plan permet d'estimer au sens des moindres carrés tous les paramètres inconnus du modèle (effets des blocs, linéaires, quadratiques et d'interactions). On a explicitement :

Proposition 6.3. [$\lhd$] *Soit un plan d'expérience en blocs $\mathcal{D} = \{z_u, u = 1, ..., n\}$ usuel, décomposé en b blocs de tailles respectives $k_1, k_2, ..., k_b$. Les différents estimateurs des* **moindres carrés** *des paramètres du modèle sont alors obtenus explicitement par les relations suivantes :*

$$1)\ \widehat{\gamma} = \begin{pmatrix} \overline{Y}_{B1} \\ \vdots \\ \overline{Y}_{Bb} \end{pmatrix} + \frac{n}{\phi}\left[m\left(\sum_{l=1}^{b} k_l \overline{Y}_{Bl}\mu_l\right) - \sum_{u=1}^{n} \|z_u\|^2 Y_u \right] \begin{pmatrix} \mu_1 \\ \vdots \\ \mu_b \end{pmatrix}$$

avec $\mathbb{V}(\widehat{\gamma}) = \mathrm{diag}\left(\frac{\sigma^2}{k_1}, ..., \frac{\sigma^2}{k_b}\right) + \frac{mn\sigma^2}{\phi}\mathrm{diag}(\mu_1, ..., \mu_b) J_b \,\mathrm{diag}(\mu_1, ..., \mu_b)$,

2) $\widehat{\beta}_L = \frac{1}{s_2}{}^tD_LY$ *avec* $\mathbb{V}\left(\widehat{\beta}_L\right) = \frac{\sigma^2}{s_2}I_m$,

3) $\widehat{\beta}_Q = \frac{1}{s_4 - s_{22}}{}^tD_QY - \frac{n}{\phi}\left[\sum_{l=1}^{b} k_l\overline{Y}_{Bl}\mu_l + \left(\frac{s_{22} - \sum_{l=1}^{b} k_l\mu_l^2}{s_4 - s_{22}}\right)\sum_{u=1}^{n}\|z_u\|^2 Y_u\right]\mathbb{I}_m$

avec $\mathbb{V}\left(\widehat{\beta}_Q\right) = \frac{\sigma^2}{s_4 - s_{22}}\left[I_m - \frac{n}{\phi}\left(s_{22} - \sum_{l=1}^{b} k_l\mu_l^2\right)J_m\right]$,

4) $\widehat{\beta}_I = \frac{1}{s_{22}}{}^tD_IY$ *avec* $\mathbb{V}\left(\widehat{\beta}_I\right) = \frac{\sigma^2}{s_{22}}I_{m(m-1)/2}$,

avec $\overline{Y}_{Bl}$ $(l = 1, ..., b)$ *valeur moyenne des observations associées au bloc* l *et* $\phi = n\left[s_4 + (m-1)s_{22} - m\sum_{l=1}^{b} k_l\mu_l^2\right]$.

Ce résultat permet donc d'affirmer que pour tout plan d'expérience en blocs usuel la dispersion de l'estimateur de l'effet du bloc l $(l = 1, ..., b)$ est donnée par :

$$\mathrm{Var}(\widehat{\gamma}_l) = \sigma^2\left(\frac{1}{k_l} + \frac{mn}{\phi}\mu_l^2\right).$$

Concernant maintenant les dispersions des estimateurs des effets linéaires, quadratiques et d'interactions on a ($\forall\ i, j = 1, ..., m$ avec $i \neq j$) :

$$\begin{cases} \mathrm{Var}\left(\widehat{\beta}_i\right) = \frac{\sigma^2}{s_2} \text{ et } \mathrm{Var}\left(\widehat{\beta}_{ij}\right) = \frac{\sigma^2}{s_{22}}, \\ \mathrm{Var}\left(\widehat{\beta}_{ii}\right) = \frac{\sigma^2}{s_4 - s_{22}}\left[1 - \frac{n}{\phi}\left(s_{22} - \sum_{l=1}^{b} k_l\mu_l^2\right)\right]. \end{cases}$$

Remarquons que cette proposition est une généralisation de la proposition 5.3 relative aux plans d'expérience pour un modèle classique d'ordre deux. En effet si le plan d'expérience est considéré comme étant constitué d'un seul bloc on retrouve sans peine les résultats de la proposition 5.3 (poser $b = 1$, $k_1 = n$ et $\mu_1 = s_2/n$).

Considérons maintenant les prédictions réalisées par un tel modèle. La situation est alors plus complexe que dans le cas classique sans bloc car il n'y a plus maintenant une réponse moyenne prédite au point $x \in \mathbb{R}^m$ mais b réponses prédites. En désignant par $\hat{Y}_l(x)$ $(l = 1, ..., b)$ la réponse moyenne prédite lorsque le point x du domaine expérimental est supposé associé au bloc l :

$$\hat{Y}_l(x) = {}^t g(x) \begin{pmatrix} \widehat{\gamma} \\ \widehat{\tau} \end{pmatrix}$$

avec $g(x) \in \mathbb{R}^p$ vecteur de régression donné pour le modèle à effets de blocs par :

$${}^t g(x) = \left(\delta_{l1}, ..., \delta_{lb}, x_1, ..., x_m, x_1^2, ..., x_m^2, x_1 x_2, ..., x_{m-1} x_m\right)$$

où δ_{lj} est le symbole de Kronecker (*i.e.* $\delta_{lj} = 1$ si $l = j$, $\delta_{lj} = 0$ sinon). On obtient alors le résultat explicite suivant :

Proposition 6.4. [$\triangleleft$] *Soit un plan d'expérience en blocs usuel, décomposé en b blocs de tailles $k_1, k_2, ..., k_b$. En désignant par $\|.\|$ la norme usuelle de $\mathbb{R}^m$, la dispersion de la réponse prédite en un point $x = {}^t(x_1, ..., x_m) \in \mathcal{E}$ associé au bloc $l = 1, ..., b$ est donnée par :*

$$\text{Var}\,\hat{Y}_l(x) = \sigma^2 \left[f_l(r) + \left(\frac{1}{s_4 - s_{22}} - \frac{1}{2 s_{22}} \right) \sum_{i=1}^{m} x_i^4 \right] \quad \textit{avec :}$$

$$f_l(r) = \left(\frac{1}{k_l} + \frac{m n \mu_l^2}{\phi} \right) + \left(\frac{1}{s_2} - 2 \frac{n \mu_l}{\phi} \right) r^2 + \left[\frac{1}{2 s_{22}} + \frac{n \left(\sum_l k_l \mu_l^2 - s_{22} \right)}{\phi \left(s_4 - s_{22} \right)} \right] r^4$$

$$r = \|x\| \;\; \textit{et} \;\; \phi = n \left[s_4 + (m-1) s_{22} - m \sum_{l=1}^{b} k_l \mu_l^2 \right].$$

Remarque. Durant tout ce chapitre on suppose qu'il est intéressant pour l'utilisateur d'estimer les divers effets de blocs. Ceci est, par exemple, le cas lorsque divers matériaux sont testés. Les expériences associées à chaque matériau sont regroupées dans un même bloc et l'estimation des effets des blocs va permettre de comparer la qualités des matériaux testés. Une autre approche consiste à considérer les effets des blocs comme des étant des **effets de nuisance**. Dans ce cas les effets de blocs ont pour rôle d'enrichir le modèle mais leur estimation n'intéresse pas l'utilisateur. C'est, par exemple, le cas lorsque les blocs regroupent des arrivages de diverses matières premières généralement hétérogènes mais difficilement contrôlables. Sous cette hypothèse réaliser une prédiction sur la base de la fonction $\hat{Y}_l$ n'a pas vraiment de sens en pratique puisqu'il va être impossible de reproduire exactement les conditions expérimentales du bloc l. Divers auteurs utilisent alors la réponse prédite moyenne $\hat{\eta}$ (voir Khuri [54] ou Park et Jang [69]) obtenue à partir de la moyenne des réponses associées à chacun des blocs :

$$\hat{\eta}(x) = \frac{1}{b} \sum_{l=1}^{b} \hat{Y}_l(x).$$

6.2.5 Comparaison des effets de blocs

L'analyse d'un modèle à effets de blocs peut être menée de manière identique à celle des modèles présentés dans les chapitres précédents. Il est par exemple encore possible d'évaluer la qualité du modèle ajusté à l'aide de la technique d'analyse de la variance et chacun des paramètres peut être jugé significatif ou non en utilisant un test d'hypothèse le comparant à zéro. On a cependant maintenant b blocs et il est naturel de se demander si les effets de chaque couple de blocs sont réellement différents entre eux (*i.e.* les expériences regroupées dans deux blocs sont-elles réellement hétérogènes ?). Pour comparer les effets des blocs i et j ($i, j = 1, ..., b$ avec $i \neq j$) il faut donc ici tester l'hypothèse suivante :

$$H_0 : "\gamma_i = \gamma_j" \text{ contre } H_1 = \overline{H_0}.$$

Utilisons pour cela un résultat classique concernant les hypothèses linéaires de la forme H_0 : "$A\beta = a$" avec $A \in \mathcal{M}(r, p)$ telle que $r = rg(A)$ (*i.e.* avec la dimension de $\operatorname{Im} A$ égale au nombre de ses lignes) et $a \in \mathbb{R}^r$. Il est alors bien connu (voir, par exemple, l'ouvrage de Searle [88] paragraphe 6 du chapitre 3) que si l'hypothèse linéaire considérée est vérifiable (*i.e.* $\operatorname{Ker} X \subset \operatorname{Ker} A$ avec X matrice du modèle) alors elle peut être testée à l'aide de la statistique suivante :

$$T = \frac{{}^t\left(A\widehat{\beta} - a\right)\left[A\left({}^tXX\right)^{-1}{}^tA\right]^{-1}\left(A\widehat{\beta} - a\right)}{r\widehat{\sigma}^2}$$

où $\widehat{\sigma}^2 = SSE/(n-p)$ est l'estimateur sans biais classique de σ^2 (voir le paragraphe 2.5.3). La règle de décision est alors donnée par (avec $f_{\alpha,r,n-p}$ fractile de la loi de Fisher à r et $(n-p)$ ddl) :

$$\text{on rejette } H_0 \text{ au niveau } \alpha \text{ si } t \geq f_{\alpha,r,n-p}.$$

Ceci permet d'obtenir le résultat suivant relatif aux effets de blocs :

Proposition 6.5. [$\lhd$] *Soit un plan d'expérience en blocs usuel, décomposé en b blocs de tailles respectives $k_1, k_2, ..., k_b$. Un test de l'hypothèse* **d'égalité des effets de blocs** *H_0 : "$\gamma_i = \gamma_j$" pour $i, j = 1, ..., b$ avec $i \neq j$ contre l'hypothèse $H_1 = \overline{H_0}$ peut être réalisé à l'aide de la statistique :*

$$T = \frac{\left(\widehat{\gamma}_i - \widehat{\gamma}_j\right)^2}{\widehat{\sigma}^2\left[\dfrac{(k_i + k_j)}{k_i k_j} + \dfrac{mn}{\phi}\left(\mu_i - \mu_j\right)^2\right]}$$

avec $\widehat{\sigma}^2 = \dfrac{SSE}{n-p} = MSE$ *et* $\phi = n\left[S_4 + (m-1)\, S_{22} - m\displaystyle\sum_{l=1}^{b} k_l \mu_l^2\right]$.

La règle de décision est alors donnée par (avec $f_{\alpha,1,n-p}$ fractile de la loi de Fisher à 1 et $(n-p)$ ddl) :

on rejette H_0 *au niveau* α *si* $t \geq f_{\alpha,1,n-p}$.

Remarque. Dans le cas particulier où $\mu_i = \mu_j$ (pour tous les $i, j = 1, ..., b$ avec $i \neq j$) on obtient alors :

$$T = \frac{k_i k_j}{\widehat{\sigma}^2 (k_i + k_j)} (\widehat{\gamma}_i - \widehat{\gamma}_j)^2 .$$

La statistique de test ne nécessite pas ici de déterminer le coefficient ϕ ce qui simplifie grandement les calculs. Remarquons enfin que si de plus tous les blocs sont de même taille alors T est encore plus simple puisque dans ce cas :

$$T = \frac{n}{2\widehat{\sigma}^2 b} (\widehat{\gamma}_i - \widehat{\gamma}_j)^2 = \frac{k}{2\widehat{\sigma}^2} (\widehat{\gamma}_i - \widehat{\gamma}_j)^2 .$$

Ces situations sont courantes en pratique car elles correspondent à un blocage orthogonal du plan (voir la section suivante).

6.3 Plans bloqués orthogonalement

6.3.1 Définition

Lorsque des plans d'expérience en blocs sont utilisés il est naturel de rechercher une méthode "optimale" de blocage. Pour cela, un objectif très intéressant du point de vue pratique (proposé initialement par Box et Hunter [15]) est le suivant.

Définition 6.6. *Un plan d'expérience en blocs est dit* **bloqué orthogonalement** *si et seulement si ses estimateurs des moindres carrés des effets linéaires, quadratiques et d'interactions sont identiques à ceux obtenus avec le même plan d'expérience sans bloc.*

Cette définition montre tout l'intérêt de ce type de plans d'expérience dans une démarche séquentielle : il est possible de commencer par ajuster un modèle linéaire classique d'ordre deux et si l'ajustement obtenu s'avère mauvais on peut alors l'enrichir par l'ajustement d'un modèle à effets de blocs obtenu très facilement puisque seuls les effets de blocs sont à déterminer alors (tous les autres effets restent identiques). Il est possible aussi d'introduire la problématique du blocage orthogonal dans le cas où les effets des blocs sont des paramètres de nuisance. Il est alors naturel de rechercher des plans d'expérience conduisant à des estimateurs des autres effets du modèle indépendants des effets de blocs, sans intérêt pour l'étude du phénomène. L'hypothèse de blocage orthogonal se traduit mathématiquement par :

Proposition 6.7. [$\triangleleft$] *Soit un plan d'expérience en blocs associé à la matrice du modèle $X = [B \mid W]$. Ce plan d'expérience est* **bloqué orthogonalement** *si et seulement si :*

$$^{t}W\left(I_n - \frac{1}{n}J_n\right)B = 0.$$

Cette proposition appliquée à la classe des plans d'expérience usuels donne le résultat suivant :

Proposition 6.8. [$\triangleleft$] *Un plan d'expérience en blocs usuel est* **bloqué orthogonalement** *si et seulement si il vérifie la condition supplémentaire suivante pour ses moments par bloc d'ordre deux :*

$$\mu_1 = \mu_2 = ... = \mu_b = \frac{s_2}{n}.$$

En pratique il est donc très facile, dans le cas des plans usuels, de traduire la propriété de blocage orthogonal puisqu'elle ne fait intervenir que les moments purs d'ordre deux. Remarquons aussi qu'il est suffisant de vérifier que :

$$\mu_1 = \mu_2 = ... = \mu_b$$

pour en déduire que le plan d'expérience est bien bloqué orthogonalement. En effet, si ces moments par blocs sont égaux on sait alors d'après la relation liant moments et moments par blocs (voir le paragraphe 6.2.2) qu'il vient ($\forall$ $i = 1, ..., m$ et $\forall$ $l^* = 1, ..., b$) :

$$\left[i^2\right] = \frac{s_2}{n} = \sum_{l=1}^{b} \frac{k_l}{n}\left[i^2\right]_l = \frac{\mu_{l^*}}{n}\sum_{l=1}^{b} k_l = \mu_{l^*}.$$

Remarquons enfin qu'outre le fait de conserver des estimateurs pour les effets linéaires, quadratiques et d'interaction identiques à ceux du cas sans bloc, le blocage orthogonal est aussi particulièrement intéressant car il entraîne d'importantes **simplifications** dans l'analyse du modèle (reprendre tous les résultats obtenus précédemment et les simplifier à l'aide de la proposition 6.8). On vérifie aussi que **les dispersions** des différents estimateurs des paramètres du modèle restent identiques à celles obtenues avec le modèle d'ordre deux sans bloc.

6.3.2 Reconstruction de l'information

Lorsque le plan d'expérience est bloqué orthogonalement la plupart des résultats obtenus sont soit identiques soit très proches du cas sans bloc. Ceci permet de reconstruire très facilement l'estimateur des moindres carrés de l'effet moyen général β_0 (absent dans le modèle à effets de blocs) à partir des informations issues de l'analyse du modèle en blocs. En effet, d'après la proposition 5.3 du dernier chapitre, il vient pour un modèle linéaire d'ordre deux analysé à l'aide d'un plan usuel :

$$\widehat{\beta}_0 = \overline{Y} + \frac{s_2}{\phi}\left(ms_2\overline{Y} - \sum_{u=1}^{n} \|z_u\|^2 Y_u\right).$$

Pour un plan d'expérience en blocs usuel bloqué orthogonalement l'estimateur des moindres carrés de l'effet du bloc l ($l = 1, ..., b$) est donné par :

$$\widehat{\gamma}_l = \overline{Y}_{Bl} + \frac{s_2}{\phi}\left(m_2\overline{Y} - \sum_{u=1}^{n} \|z_u\|^2 Y_u\right)$$

avec dans les deux cas $\phi = ns_4 + n(m-1)s_{22} - ms_2^2$. Il en découle que :

$$\forall\, l = 1, ..., b\ ,\ \widehat{\beta}_0 - \widehat{\gamma}_l = \overline{Y} - \overline{Y}_{Bl}.$$

Cette relation étant vraie pour tous les estimateurs des effets de blocs et $\sum_l k_l \overline{Y}_{Bl} = n\overline{Y}$ on en déduit donc le résultat suivant :

Proposition 6.9. *Soit un plan d'expérience en blocs usuel et bloqué orthogonalement. L'estimateur des moindres carrés de* **l'effet moyen général** β_0 *du modèle linéaire d'ordre deux peut alors être déduit directement des estimateurs des moindres carrés des effets de blocs par la relation :*

$$\widehat{\beta}_0 = \frac{1}{n}\sum_{l=1}^{b} k_l \widehat{\gamma}_l.$$

Ce résultat montre donc qu'il est très facile de reconstruire l'estimateur des moindres carrés de l'effet moyen général β_0 puisqu'il est obtenu par simple calcul d'une moyenne pondérée sur les estimateurs des effets des blocs. En cas de doute sur l'homogénéité des résultats il est donc conseillé d'utiliser un plan bloqué orthogonalement quitte à finalement ne pas considérer les estimateurs des effets des blocs (et à déterminer alors $\widehat{\beta}_0$ à partir du résultat de la proposition 6.9) si ceux-ci ne sont pas significativement différents.

6.3.3 Isovariance par transformations orthogonales

Utilisons ici une nouvelle fois la similarité entre l'analyse d'un plan sans bloc et celle d'un plan bloqué orthogonalement afin de généraliser la notion d'isovariance. On sait (voir la proposition 5.3) que la dispersion de la réponse moyenne prédite en un point $x \in \mathcal{E}$ est donnée pour tout plan d'expérience usuel (sans bloc) par :

$$\operatorname{Var}\hat{Y}(x) = \sigma^2\left[f(r) + \left(\frac{1}{s_4 - s_{22}} - \frac{1}{2s_{22}}\right)\sum_{i=1}^{m} x_i^4\right] \text{ avec :}$$

$$f\left(r\right)=\left(\frac{1}{n}+\frac{ms_2^2}{n\phi}\right)+\left(\frac{1}{s_2}-2\frac{s_2}{\phi}\right)r^2+\left(\frac{1}{2s_{22}}+\frac{s_2^2-ns_{22}}{\phi\left(s_4-s_{22}\right)}\right)r^4.$$

On vérifie facilement que pour un plan d'expérience en blocs usuel bloqué orthogonalement la dispersion de la réponse moyenne prédite en un point $x\in\mathcal{E}$ associé au bloc $l=1,...,b$ est :

$$\operatorname{Var}\hat{Y}_l\left(x\right)=\sigma^2\left[f_l\left(r\right)+\left(\frac{1}{s_4-s_{22}}-\frac{1}{2s_{22}}\right)\sum_{i=1}^{m}x_i^4\right]\quad\text{avec}$$

$$f_l\left(r\right)=\left(\frac{1}{k_l}+\frac{ms_2^2}{n\phi}\right)+\left(\frac{1}{s_2}-2\frac{s_2}{\phi}\right)r^2+\left(\frac{1}{2s_{22}}+\frac{s_2^2-ns_{22}}{\phi\left(s_4-s_{22}\right)}\right)r^4.$$

Comme dans ces deux situations la même valeur du paramètre ϕ est utilisée (en l'occurence $\phi=ns_4+n\left(m-1\right)s_{22}-ms_2^2$) on en déduit alors immédiatement le résultat suivant par simple différence :

Proposition 6.10. *Soit un plan d'expérience en blocs usuel et* **bloqué orthognalement**. *Si* $\hat{Y}_l\left(x\right)$ désigne *la réponse moyenne prédite en un point* $x\in\mathcal{E}$ *associé au bloc* l $(l=1,...,b)$ *et* $\hat{Y}\left(x\right)$ *la réponse moyenne prédite en ce même point pour le modèle linéaire d'ordre deux alors :*

$$\operatorname{Var}\hat{Y}_l\left(x\right)=\operatorname{Var}\hat{Y}\left(x\right)+\sigma^2\left(\frac{n-k_l}{nk_l}\right).$$

En d'autres termes, lorsque le plan d'expérience est bloqué orthogonalement la variance de prédiction associée à chacun des blocs est **identique à une constante additive près** à la variance de prédiction du plan sans bloc. Cette constante étant de plus toujours positive ceci montre que l'introduction de blocs diminue forcément la qualité de la réponse moyenne prédite par rapport au cas sans bloc (consulter les articles de Khuri [54] ou bien Park et Jang [69] pour plus de détails concernant l'impact de la structure des blocs sur la réponse moyenne prédite). Dans le cas particulier où tous les blocs sont de même taille (*i.e.* $k_l=n/b$) il existe alors uniquement une seule variance de prédiction donnée quel que soit le bloc considéré par :

$$\operatorname{Var}\hat{Y}_l\left(x\right)=\operatorname{Var}\hat{Y}\left(x\right)+\sigma^2\left(\frac{b-1}{n}\right).$$

La proposition 6.10 permet donc d'étendre la notion d'isovariance au cas des plans bloqués orthogonalement puisqu'il suffit de réutiliser tous les résultats obtenus dans le cas sans bloc (voir le paragraphe 5.2.5). On en déduit la proposition suivante :

Proposition 6.11. *Soit un plan d'expérience en blocs usuel et bloqué orthogonalement. Ce plan d'expérience est alors* **isovariant par transformations orthogonales** *(i.e. pour tout bloc $l = 1, ..., b$ la dispersion de $\hat{Y}_l(x)$ ne dépend que de la distance $\|x\|$) si et seulement si :*

$$s_4 = 3s_{22}.$$

La dispersion de $\hat{Y}_l$ ($\forall\, l = 1, ..., b$) est de plus donnée explicitement par :

$$\operatorname{Var}\hat{Y}_l(r) = \operatorname{Var}\hat{Y}(r) + \sigma^2\left(\frac{n-k_l}{nk_l}\right) \quad \textit{avec :}$$

$$\operatorname{Var}\hat{Y}(r) = \sigma^2\left[\left(\frac{1}{n} + \frac{ms_2^2}{n\phi}\right) + \left(\frac{1}{s_2} - 2\frac{s_2}{\phi}\right)r^2 + \frac{1}{2s_{22}}\left(1 + \frac{s_2^2 - ns_{22}}{\phi}\right)r^4\right],$$

$r = \|x\|$ *et* $\phi = n(m+2)s_{22} - ms_2^2$.

Remarquons que l'étude de la propriété d'isovariance a été limitée au cas des plans bloqués orthogonalement. Cette propriété peut cependant aussi être obtenue sans difficulté pour des plans en blocs usuels non bloqués orthogonalement (toujours en posant $s_4 = 3s_{22}$). Si maintenant la propriété d'isovariance n'est pas vérifiée il est cependant possible de généraliser la notion de graphe des variances extrêmes vue au chapitre 5 (mais la situation est alors plus complexe car on a maintenant un graphe des variances extrêmes par bloc). Le lecteur souhaitant plus de développements sur ces thèmes pourra se référer à Tinsson [100].

6.3.4 Une méthode universelle de blocage orthogonal

Le problème de la construction de plans d'expérience bloqués orthogonalement est primordial en pratique. Il existe une méthode universelle permettant d'atteindre facilement cet objectif qui est celle de la **réplication** de la totalité des expériences. En effet, soit un plan d'expérience $\mathcal{D}$ usuel pour un modèle linéaire d'ordre deux classique selon la définition 5.1. Ce plan d'expérience peut être aussi considéré dans sa gobalité comme étant **un bloc** qui peut être répété b fois. Il découle immédiatement d'une telle opération que les moments obtenus après b répétitions restent identiques aux moments initiaux, le plan d'expérience ainsi obtenu est donc bien encore usuel pour le modèle d'ordre deux classique. Concernant maintenant les moments par blocs on peut alors dire, puisque $\mathcal{D}$ est usuel, qu'en particulier tous les moments impairs jusqu'à l'ordre deux de ce plan sont nuls et tous ses moments pairs d'ordre deux sont égaux. En d'autres termes :

$$\mu_1 = \mu_2 = ... = \mu_b.$$

Ceci permet d'affirmer que :

Proposition 6.12. *Soit un plan d'expérience $\mathcal{D}$ usuel pour un modèle linéaire d'ordre deux. Le plan d'expérience $\mathcal{D}'$ constitué des b blocs $\mathcal{D}_1, ..., \mathcal{D}_b$ obtenus à la suite de b* **réplications** *du plan initial (i.e. $\forall\ l = 1, ..., b$, $\mathcal{D}_l = \mathcal{D}$) est alors un plan d'expérience en blocs usuel* **bloqué orthogonalement.**

Remarquons que cette méthode (parfois implémentée par défaut sur des logiciels de statistique) a pour avantage sa simplicité mais pour principal inconvénient le fait qu'elle conduit à des plans d'expérience de **grande taille** (puisque appliquée à un plan initial en n expériences elle conduit à un plan en blocs en nb expériences).

Cette même méthode peut aussi être appliquée partiellement à partir d'un des blocs d'un plan d'expérience initial. Considérons un plan d'expérience $\mathcal{D}$ constitué des blocs $\mathcal{D}_1, ..., \mathcal{D}_b$, usuel et bloqué orthogonalement. Effectuons maintenant une réplication d'un des b blocs (supposons, par exemple, que le nouveau bloc introduit est une duplication du bloc 1, *i.e.* $\mathcal{D}_{b+1} = \mathcal{D}_1$). Le fait de poser $\mathcal{D}_{b+1} = \mathcal{D}_1$ entraîne immédiatement que les moments impairs pour ce nouveau bloc jusqu'à l'ordre deux sont nuls et :

$$\mu_1 = \mu_2 = ... = \mu_b = \mu_{b+1}.$$

Il faut prendre garde au fait que les constatations faites ci-dessus ne concernent que les moments jusqu'à l'ordre deux. Le fait de rajouter le bloc $\mathcal{D}_{b+1}$ peut poser un problème car le plan obtenu n'est plus forcément un plan d'expérience usuel pour un modèle d'ordre deux. Pour garder une structure de plan usuel pour un tel modèle il est nécessaire que les moments impairs d'ordre 3 et 4 du bloc dupliqué soient nuls et que tous ses moments pairs d'ordre 4 soient égaux. Ceci permet alors d'énoncer le résultat suivant :

Proposition 6.13. *Soit un plan d'expérience $\mathcal{D}$ constitué des blocs $\mathcal{D}_1, ..., \mathcal{D}_b$ tel que $\mathcal{D}$ soit usuel et bloqué orthogonalement. Soit $\mathcal{D}'$ le plan d'expérience obtenu en* **duplicant** *un des blocs de $\mathcal{D}$. En d'autres termes, $\mathcal{D}'$ est constitué des blocs :*

$$\mathcal{D}_1, ..., \mathcal{D}_b, \mathcal{D}_{b+1} \text{ et } \exists\ i = 1, ..., b \ / \ \mathcal{D}_{b+1} = \mathcal{D}_i.$$

Le plan d'expérience $\mathcal{D}'$ est alors aussi un plan d'expérience en blocs usuel **bloqué orthogonalement** *si et seulement si le bloc $\mathcal{D}_i$ constitue un plan d'expérience usuel pour un modèle linéaire d'ordre deux.*

6.4 Exemples de constructions

6.4.1 Plans composites centrés

Conidérons ici un phénomène aléatoire dépendant de $m = 3$ facteurs. Il est alors possible d'utiliser, par exemple, un plan composite centré. Un tel plan d'expérience est forcément constitué par la partie factorielle complète ($2^3 = 8$ points), la partie axiale située à la distance α du centre du domaine (6 points) et un certain nombre de réplications centrales. On vérifie aisément qu'afin d'obtenir une structure de plan en blocs usuel il est possible d'utiliser comme blocs soit la partie factorielle (ou une fraction régulière de celle-ci), soit la partie axiale. Voici alors plusieurs plans d'expérience en blocs construits à partir de cette constatation.

Configuration 1 Une structure en deux blocs est donnée par :

`Bloc 1` : partie factorielle et n_1 points centraux,
`Bloc 2` : partie axiale et n_2 points centraux.

On vérifie aisément qu'un tel plan est un plan en blocs usuel (voir la défintion 6.1) avec de plus :

$$\mu_1 = \frac{8}{8+n_1} \text{ et } \mu_2 = \frac{2\alpha^2}{6+n_2}.$$

Configuration 2 Une structure en trois blocs est donnée par :

`Bloc 1` : fraction régulière $\mathbb{I}$ =`123` et n_1 points centraux,
`Bloc 2` : fraction régulière $\mathbb{I} = -$`123` et n_2 points centraux,
`Bloc 3` : partie axiale et n_3 points centraux.

Afin d'obtenir un bloc supplémentaire la partie factorielle a été décomposée ici en deux fractions régulières vérifiant les conditions imposées aux plans en blocs usuels (définition 6.1). Remarquons que d'après les résultats du chapitre 3 ces conditions (moments impairs jusqu'à l'ordre deux nuls et moments pairs d'ordre deux tous égaux) sont bien vérifiées par toute fraction régulière de résolution III. On en déduit qu'une telle structure constitue un plan en blocs usuel avec de plus :

$$\mu_1 = \frac{4}{4+n_1},\ \mu_2 = \frac{4}{4+n_2} \text{ et } \mu_3 = \frac{2\alpha^2}{6+n_3}.$$

Configuration 3 Une structure en trois blocs est donnée par :

`Bloc 1` : partie factorielle et n_1 points centraux,
`Bloc 2` : partie axiale et n_2 points centraux,
`Bloc 3` : partie axiale et n_3 points centraux.

La technique utilisée ici afin d'obtenir trois blocs consiste simplement à dupliquer la partie axiale (ce type de structure où plusieurs parties axiales sont utilisées à été proposé initialement par Gardiner et *al.* [42]). Le plan d'expérience ainsi obtenu est bien usuel pour un modèle linéaire d'ordre deux et chacun des blocs est bien compatible avec la structure de plan usuel en blocs avec :

$$\mu_1 = \frac{8}{8+n_1},\ \mu_2 = \frac{2\alpha^2}{6+n_2} \text{ et } \mu_3 = \frac{2\alpha^2}{6+n_3}.$$

Configuration 4 Une structure en quatre blocs est donnée par :

> `Bloc 1` : fraction régulière $\mathbb{I}$ =`123` et n_1 points centraux,
> `Bloc 2` : fraction régulière $\mathbb{I} = -123$ *et* n_2 points centraux,
> `Bloc 3` : partie axiale et n_3 points centraux,
> `Bloc 4` : partie axiale et n_4 points centraux.

Cette structure combine les techniques présentées aux configurations 3 et 4. Le plan ainsi obtenu est un plan en blocs usuel tel que :

$$\mu_1 = \frac{4}{4+n_1},\ \mu_2 = \frac{4}{4+n_2},\ \mu_3 = \frac{2\alpha^2}{6+n_3} \text{ et } \mu_3 = \frac{2\alpha^2}{6+n_4}.$$

Considérons maintenant le problème du blocage orthogonal en supposant que l'expérimentateur soit intéressé par la configuration numéro 2. D'après la proposition 6.8 le blocage orthogonal est alors obtenu si et seulement si :

$$\mu_1 = \mu_2 = \mu_3 \Leftrightarrow n_1 = n_2 \text{ et } \alpha = \sqrt{\frac{12+2n_3}{4+n_1}}.$$

On constate donc qu'en fonction du nombre de réplications souhaitées il existe toujour une valeur du paramètre α permettant d'obtenir le blacage orthogonal (par exemple pour $n_1 = n_2 = n_3 = 1$ il vient $\alpha = \sqrt{14/5} \simeq 1.673$).

Supposons maintenant que l'utilisateur souhaite travailler avec un plan composite centré à faces centrées (*i.e.* avec $\alpha = 1$). L'égalité $\mu_1 = \mu_2$ se traduit toujours par $n_1 = n_2$ et on a de plus :

$$\mu_1 = \mu_3 \Leftrightarrow \frac{4}{4+n_1} = \frac{2}{6+n_3} \Leftrightarrow n_1 = 2\,(n_3+4)\,.$$

On a donc bien un plan composite centré à faces centrées bloqué orthogonalement dès lors que le nombre d'expériences au centre vérifie bien les conditions déterminées ci-dessus. La configuration de plus petite taille comportant des expériences au centre est alors telle que : $n_1 = n_2 = 8$ et $n_3 = 0$ (donc $n = 30$).

Supposons enfin que l'on cherche à obtenir un plan d'expérience équiradial. Il faut alors que $\alpha = \sqrt{m}$ donc les conditions de blocage orthogonal sont $n_1 = n_2$ et :

$$\mu_1 = \mu_3 \Leftrightarrow \frac{4}{4+n_1} = \frac{2m}{6+n_3} \Leftrightarrow 2n_3 = 3n_1.$$

On en déduit que le plan d'expérience composite centré équiradial et bloqué orthogonalement de plus petite taille ayant des expériences au centre est donné par : $n_1 = n_2 = 2$ et $n_3 = 3$ (donc $n = 21$).

Recherchons maintenant un plan d'expérience qui soit à la fois bloqué orthogonalement et isovariant. Remarquons tout d'abord qu'il est impossible d'atteindre simultanément ces deux objectifs en gardant la configuration numéro 2. En effet, d'après les résultats précédents ce plan d'expérience est bloqué orthogonalement si et seulement si :

$$n_1 = n_2 \text{ et } \alpha = \sqrt{\frac{12 + 2n_3}{4 + n_1}}.$$

Cependant d'après la proposition 6.11 l'isovariance est obtenue si et seulement si :

$$s_4 = 3s_{22} \Leftrightarrow \alpha = \left(2^3\right)^{\frac{1}{4}} = 8^{\frac{1}{4}}.$$

Ces deux objectifs seront donc atteints simultanément dès lors que :

$$\sqrt{8} = \frac{12 + 2n_3}{4 + n_1}.$$

Il est évidemment impossible de vérifier cette dernière égalité puisque le membre de gauche est irrationnel.

Afin de pallier ce type de difficulté il est possible de dupliquer la partie axiale, c'est-à-dire de s'orienter vers la configuration numéro 4. Le blocage orthogonal est alors obtenu si et seulement si :

$$\mu_1 = \mu_2 = \mu_3 = \mu_4 \Leftrightarrow n_1 = n_2 \text{ , } n_3 = n_4 \text{ et } \alpha = \sqrt{\frac{12 + 2n_3}{4 + n_1}}.$$

De même, l'isovariance est obtenue si et seulement si :

$$s_4 = 3s_{22} \Leftrightarrow \alpha = 4^{\frac{1}{4}}.$$

Ces deux objectifs seront donc atteints simultanément dès lors que :

$$2 = \frac{12 + 2n_3}{4 + n_1}.$$

Il est cette fois possible de vérifier cette égalité puisque le membre de gauche n'est plus maintenant irrationnel. La matrice du plan d'expérience en 4 blocs est alors la suivante avec les différents blocs séparés par des traits horizontaux (le plan étant associé aux valeurs $n_1 = n_2 = 2$, $n_3 = n_4 = 0$ et $\alpha = \sqrt{2}$) :

$$D = \left[\begin{array}{ccc} -1 & -1 & 1 \\ 1 & -1 & -1 \\ -1 & 1 & -1 \\ 1 & 1 & 1 \\ 0 & 0 & 0 \\ 0 & 0 & 0 \\ \hline -1 & -1 & -1 \\ 1 & -1 & 1 \\ -1 & 1 & 1 \\ 1 & 1 & -1 \\ 0 & 0 & 0 \\ 0 & 0 & 0 \\ \hline -\sqrt{2} & 0 & 0 \\ \sqrt{2} & 0 & 0 \\ 0 & -\sqrt{2} & 0 \\ 0 & \sqrt{2} & 0 \\ 0 & 0 & -\sqrt{2} \\ 0 & 0 & \sqrt{2} \\ \hline -\sqrt{2} & 0 & 0 \\ \sqrt{2} & 0 & 0 \\ 0 & -\sqrt{2} & 0 \\ 0 & \sqrt{2} & 0 \\ 0 & 0 & -\sqrt{2} \\ 0 & 0 & \sqrt{2} \end{array}\right]$$

6.4.2 Plans de Box et Benkhen

Il a été montré à la section 5.4 du chapitre précédent que les plans de Box et Behnken pour $m = 3, 4, 5$ et 7 facteurs sont d'analyse aisée puisqu'ils sont des plans d'expérience usuels pour un modèle linéaire d'ordre deux. Etudions brièvement les possibilités de décomposition en blocs.

1) Pour $m = 3$ facteurs la manière naturelle de décomposer en trois blocs le plan de Box et Behnken est donnée ci-dessous (en séparant dans la matrice du plan chacun des blocs par un trait plein) :

$$D = \left[\begin{array}{ccc} \pm 1 & \pm 1 & 0 \\ \hline \pm 1 & 0 & \pm 1 \\ \hline 0 & \pm 1 & \pm 1 \end{array}\right].$$

Une telle configuration n'est cependant pas un plan en blocs usuel car elle ne vérifie pas la condition d'égalité de tous les moments par blocs pairs d'ordre deux (en effet on a, par exemple, $\left[1^2\right]_1 = \left[2^2\right]_1 = 1$ mais $\left[3^2\right]_1 = 0$).

2) Pour $m = 4$ facteurs il existe un plan d'expérience de Box et Behnken isovariant. Il est possible de le décomposer naturellement en trois blocs donnés ci-dessous :

$$D = \left[\begin{array}{cccc} \pm1 & \pm1 & 0 & 0 \\ 0 & 0 & \pm1 & \pm1 \\ \hline \pm1 & 0 & 0 & \pm1 \\ 0 & \pm1 & \pm1 & 0 \\ \hline \pm1 & 0 & \pm1 & 0 \\ 0 & \pm1 & 0 & \pm1 \end{array} \right].$$

Cette structure est bien celle d'un **plan d'expérience en blocs usuel**. Utilisée sous cette forme elle conduit cependant à un plan d'expérience à matrice des moments généralisée non-inversible (puisque tous les blocs sont constitués de points équidistants de l'origine). On peut donc considérer, de manière plus générale, la configuration suivante :

| `Bloc 1` : $(\pm1, \pm1, 0, 0) \cup (0, 0, \pm1, \pm1)$ et n_1 points centraux,
| `Bloc 2` : $(\pm1, 0, 0, \pm1) \cup (0, \pm1, \pm1, 0)$ et n_2 points centraux,
| `Bloc 3` : $(\pm1, 0, \pm1, 0) \cup (0, \pm1, 0, \pm1)$ et n_3 points centraux.

Le blocage orthogonal est alors obtenu si et seulement si :

$$\mu_1 = \mu_2 = \mu_3 \Leftrightarrow \frac{4}{8+n_1} = \frac{4}{8+n_2} = \frac{4}{8+n_3} \Leftrightarrow n_1 = n_2 = n_3.$$

Le plan de plus petite taille **isovariant et bloqué orthogonalement** ainsi obtenu est donc constitué par un total de 27 expériences (9 par bloc). Il constitue une alternative au plan composite centré en trois blocs tout en présentant le même coût pour sa mise en oeuvre puisque ces deux plans ont un nombre d'expériences identique (leur grande similarité vient du fait qu'ici le plan de Box et Behnken est obtenu par une simple rotation du plan composite centré comme cela a été prouvé dans l'annexe B de l'article de Box et Behnken [10]).

3) Pour $m = 5$ facteurs il est possible de considérer le plan de Box et Behnken décomposé selon les deux blocs suivants :

$$D = \left[\begin{array}{ccccc} \pm1 & \pm1 & 0 & 0 & 0 \\ 0 & 0 & \pm1 & \pm1 & 0 \\ 0 & \pm1 & 0 & 0 & \pm1 \\ \pm1 & 0 & \pm1 & 0 & 0 \\ 0 & 0 & 0 & \pm1 & \pm1 \\ \hline 0 & \pm1 & \pm1 & 0 & 0 \\ \pm1 & 0 & 0 & \pm1 & 0 \\ 0 & 0 & \pm1 & 0 & \pm1 \\ \pm1 & 0 & 0 & 0 & \pm1 \\ 0 & \pm1 & 0 & 0 & \pm1 \end{array} \right].$$

Un tel plan n'est pas isovariant mais on vérifie aisément que sa structure est bien celle d'un **plan en blocs usuel**. En considérant que n_1 expériences centrales sont ajoutées au premier bloc et n_2 au second, le **blocage orthogonal** se traduit alors par :

$$\mu_1 = \mu_2 \Leftrightarrow \frac{4}{20+n_1} = \frac{4}{20+n_2} \Leftrightarrow n_1 = n_2.$$

Le plan régulier de plus petite taille ainsi obtenu est donc constitué par un total de 42 expériences.

4) Pour $m = 7$ facteurs il existe un plan de Box et Behnken isovariant par transformations orthogonales donné par :

$$D = \left[\begin{array}{ccccccc} 0 & 0 & 0 & \pm1 & \pm1 & \pm1 & 0 \\ \pm1 & 0 & 0 & 0 & 0 & \pm1 & \pm1 \\ \hline 0 & \pm1 & 0 & 0 & \pm1 & 0 & \pm1 \\ \pm1 & \pm1 & 0 & \pm1 & 0 & 0 & 0 \\ \hline 0 & 0 & \pm1 & \pm1 & 0 & 0 & \pm1 \\ \pm1 & 0 & \pm1 & 0 & \pm1 & 0 & 0 \\ 0 & \pm1 & \pm1 & 0 & 0 & \pm1 & 0 \end{array}\right].$$

Il n'existe pas dans ce cas de décomposition en blocs telle que le plan obtenu soit en blocs usuel (la matrice D ci-dessus est constituée par trois blocs de tailles $k_1 = k_2 = 16$ et $k_3 = 24$ mais l'analyse d'un tel plan ne peut pas être menée à partir des propriétés des plans en blocs usuels).

6.4.3 Plans hybrides

Il a été montré à la section 5.6 du chapitre précédent que, pour $m = 6$ facteurs, le plan hybride de Roquemore $628A$ est particulèrement intéressant dans la mesure où il est un plan usuel, isovariant par transformations orthogonales et de très petite taille (28 expériences) puisque saturé pour un modèle linéaire d'ordre deux. Une décomposition en deux blocs lui donnant une structure de plan en blocs usuel n'étant pas réalisable il est cependant possible d'utiliser deux blocs tels que **chacun d'eux** soit un plan hybride $628A$. Ceci assure immédiatement une structure de plan en blocs usuel isovariant et **bloqué orthogonalement** d'après la proposition 6.12 tout en gardant une taille relativement correcte ($n = 56$). Le nombre total d'expériences est plus intéressant que pour un plan composite centré classique (où $n = 72$). Remarquons que la méthode présentée ici n'entraîne pas forcément une duplication à l'identique du plan hybride $628A$. En effet, la matrice d'un tel plan est obtenue en rajoutant une colonne judicieuseusement choisie à la matrice d'un plan composite centré fractionnaire à 5 facteurs. Cette colonne concerne le facteur 6 pour la matrice de ce plan présentée au paragraphe 5.6.2 mais il est possible de l'affecter à deux facteurs différents pour chacun des deux blocs.

6.5 Exemple d'application

Considérons une entreprise cherchant à expliquer et modéliser le taux de corrosion de différents matériaux. L'objectif final est naturellement de sélectionner à la fois le matériau et les conditions expérimentales susceptibles de minimiser ce taux. La corrosion semble être liée principalement à quatre facteurs qui sont : la concentration de gaz acide, la température, la pression de gaz acide et enfin la durée d'application d'un additif censé protéger le matériau. L'entreprise souhaite tester de plus trois matériaux différents (désignés par A, B et C).

	Minimum	*Maximum*
Concentration (en %)	0	10
Température (en °C)	20	80
Pression (en atm)	2	6
Durée (en jours)	5	15

$$D = \begin{bmatrix} -1 & -1 & 0 & 0 \\ 1 & -1 & 0 & 0 \\ -1 & 1 & 0 & 0 \\ 1 & 1 & 0 & 0 \\ 0 & 0 & -1 & -1 \\ 0 & 0 & 1 & -1 \\ 0 & 0 & -1 & 1 \\ 0 & 0 & 1 & 1 \\ 0 & 0 & 0 & 0 \\ \hline -1 & 0 & 0 & -1 \\ 1 & 0 & 0 & -1 \\ -1 & 0 & 0 & 1 \\ 1 & 0 & 0 & 1 \\ 0 & -1 & -1 & 0 \\ 0 & 1 & -1 & 0 \\ 0 & -1 & 1 & 0 \\ 0 & 1 & 1 & 0 \\ 0 & 0 & 0 & 0 \\ \hline -1 & 0 & -1 & 0 \\ 1 & 0 & -1 & 0 \\ -1 & 0 & 1 & 0 \\ 1 & 0 & 1 & 0 \\ 0 & -1 & 0 & -1 \\ 0 & 1 & 0 & -1 \\ 0 & -1 & 0 & 1 \\ 0 & 1 & 0 & 1 \\ 0 & 0 & 0 & 0 \end{bmatrix}$$

La corrosion obtenue est quantifiée par la perte de masse de l'échantillon en mg (tous les échantillons étant de même surface donc comparables). Les diverses plages d'utilisation pour les facteurs ainsi que leurs unités de mesure sont résumées dans le premier tableau. Divers plans d'expérience utilisables ici ont été présentés durant ce chapitre. On peut par exemple s'orienter (vu qu'il y a trois matériaux différents à considérer) vers un plan d'expérience de Box et Behnken décomposé naturellement en trois blocs. En d'autres termes les $n = 27$ expériences à réaliser sont données par la matrice D du plan. Le tableau suivant est cette fois le protocole expérimental c'est-à-dire la liste des expériences à réaliser exprimées avec leurs unités initiales. Le vecteur Y contenant les réponses mesurées (donc les différentes pertes de masses) est donné parallèlement. Afin de repérer les blocs une colonne (dénommée *Mat.*) est affectée au type de matériau choisi avec les différentes modalités notées A, B ou C. Une telle écriture montre qu'un plan d'expérience en blocs peut aussi être vu comme une structure permettant de tenir compte à la fois de **m facteurs quantitatifs** et d'**un facteur qualitatif** associé aux différents blocs (le type de matériau ici).

	Mat.	*Con.*	*Tem.*	*Pre.*	*Dur.*	Y
Exp 1	*A*	0	20	4	10	18.8
Exp 2	*A*	10	20	4	10	18.1
Exp 3	*A*	0	80	4	10	19.7
Exp 4	*A*	10	80	4	10	24.4
Exp 5	*A*	5	50	2	5	22.1
Exp 6	*A*	5	50	6	5	22.7
Exp 7	*A*	5	50	2	15	23.3
Exp 8	*A*	5	50	6	15	24.2
Exp 9	*A*	5	50	4	10	21.0
Exp 10	*B*	0	50	4	5	24.1
Exp 11	*B*	10	50	4	5	16.2
Exp 12	*B*	0	50	4	15	16.7
Exp 13	*B*	10	50	4	15	27.9
Exp 14	*B*	5	20	2	10	19.4
Exp 15	*B*	5	80	2	10	22.2
Exp 16	*B*	5	20	6	10	20.1
Exp 17	*B*	5	80	6	10	24.9
Exp 18	*B*	5	50	4	10	20.2
Exp 19	*C*	0	50	2	10	13.9
Exp 20	*C*	10	50	2	10	15.0
Exp 21	*C*	0	50	6	10	14.2
Exp 22	*C*	10	50	6	10	16.4
Exp 23	*C*	5	20	4	5	13.2
Exp 24	*C*	5	80	4	5	21.7
Exp 25	*C*	5	20	4	15	19.2
Exp 26	*C*	5	80	4	15	18.3
Exp 27	*C*	5	50	4	10	14.8

Voici un programme SAS permettant de rentrer toutes ces données. La table "donnees" contient ici d'une part la matrice des indicatrices des blocs (colonnes b1, b2 et b3) et d'autre part la matrice du plan (effets linéaires con, tem, pre et dur). Tout comme au chapitre 4 les colonnes des effets quadratiques et des effets d'interaction sont ensuite créées automatiquement (la notation "con2" désignant l'effet quadratique de la concentration alors que la notation "tempre" désigne l'effet d'interaction entre la température et la pression).

```
Data Donnees;
  Input b1 b2 b3 con tem pre dur y;
  con2 = con*con; tem2 = tem*tem;
  pre2 = pre*pre; dur2 = dur*dur;
  contem = con*tem; conpre = con*pre; condur = con*dur;
  tempre = tem*pre; temdur = tem*dur;
  predur = pre*dur;
  Cards;
  1  0  0 -1.0 -1.0  0.0  0.0  18.8
  1  0  0  1.0 -1.0  0.0  0.0  18.1
                .
                .
   expérience i et réponse i
                .
                .
  0  0  1  0.0  1.0  0.0  1.0  18.3
  0  0  1  0.0  0.0  0.0  0.0  14.8
Run;
```

Avant de débuter l'analyse vérifions au préalable qu'un modèle à effets de blocs est bien nécessaire dans cette situation. Ajustons alors un modèle linéaire d'ordre deux (*i.e.* négligeons l'effet éventuel du matériau). Selon les techniques vues au chapitre précédent, l'analyse de la variance entraîne que :

$$SST = 386.08 \text{ et } SSE = 160.75 \text{ donc } R^2 \simeq 0.584.$$

Ce résultat montre donc clairement qu'un tel modèle est mal ajusté au phénomène étudié. Un effet dû au matériau est donc peut être à considérer. Ceci est de plus confirmé par la représentation graphique des résidus (*i.e.* des valeurs $\widehat{Y} - Y$ calculées en chacun des points expérimentaux) donnée à la figure 6.1 (source : Nemrod). On constate que le nuage de points obtenu n'est pas homogène puisqu'il est constitué par deux ensembles clairement séparés. Un premier ensemble est formé par 9 résidus, tous clairement négatifs, il s'agit en fait de tous les résidus associés au bloc C. L'autre ensemble de points regroupe cette fois tous les résidus, clairement positifs, associés aux blocs A et B. Ceci montre donc que le modèle utilisé **sous-estime** la réponse sur le bloc C et par contre la **sur-estime** sur les blocs A et B d'où l'intérêt évident d'introduire ici trois effets de blocs. Remarquons qu'un tel graphique peut être aussi obtenu facilement avec SAS en récupérant le vecteur $\hat{Y}$ des réponses moyennes prédites par le modèle à l'aide de l'option "clm" de la procédure REG (voir l'analyse de l'exemple à la fin du chapitre 3).

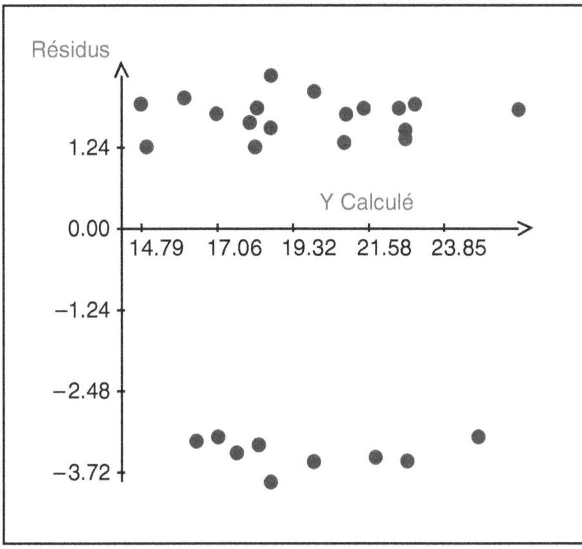

Fig. 6.1. Résidus obtenus avec un modèle sans blocs.

La mise en oeuvre d'un modèle linéaire à effets de blocs permet d'obtenir maintenant le tableau d'analyse de la variance suivant :

Source	*ddl*	*S. carrés*	*M. Carrés*	*St. Test*	*Proba.*
Régression	16	384.50	24.03	152.33	0.0001 •••
Erreur	10	1.58	0.16		
Total	26	386.08			

Ces résultats proviennent de la procédure SAS donnée ci-dessous :

```
Proc Reg data=Donnees;
  Model y = b1 b2 b3 con tem pre dur
            con2 tem 2 pre2 dur2
            contem conpre condur
            tempre temdur predur / noint;
Run;
```

Cette procédure de régression a déjà été utilisée dans les chapitres 3 et 4. L'option "noint" (*no intercept*) est ajoutée ici afin d'indiquer au logiciel de ne pas introduire l'effet moyen général β_0. On constate donc que l'introduction d'effets de blocs donne un modèle d'excellente qualité puisque (valeur "R-Square" de la sortie SAS) :

$$R^2 = 1 - \frac{SSE}{SST} \simeq 0.996.$$

Un estimateur sans biais de la variance des résidus est alors (valeur "Root MSE" de la sortie SAS) :

$$\widehat{\sigma}^2 = MSE = 0.158 \text{ (donc } \widehat{\sigma} \simeq 0.397).$$

Prenons garde au fait que, contrairement au cas sans blocs, il n'est pas possible ici de décomposer plus finement la somme des carrées due à l'erreur. En effet, trois expériences ont bien été réalisées au centre du domaine expérimental mais il ne s'agit pas d'expériences répétées puisqu'à chaque fois le matériau est différent.

Il est maintenant possible d'obtenir facilement les différents estimateurs des moindres carrés des paramètres du modèle par le biais des caractéristiques du plan d'expérience utilisé. Concernant les différentes tailles, 27 expériences ont été réalisées et le plan est décomposé en trois blocs de même taille donc :

$$n = 27,\ m = 4,\ b = 3,\ k_1 = k_2 = k_3 = 9.$$

Les moments et moments par blocs de ce plan en blocs usuel sont de plus :

$$\left.\begin{array}{l} s_2 = 12 \ ,\ s_4 = 12 \ ,\ s_{22} = 4 \\ \mu_1 = \mu_2 = \mu_3 = 4/9 \end{array}\right\} \Rightarrow \ \phi = 72.$$

On retrouve bien par le biais de ces divers moments que le plan d'expérience utilisé est à la fois isovariant par transformations orthogonales ($s_4 = 3s_{22}$) et bloqué orthogonalement ($\mu_1 = \mu_2 = \mu_3$). Les estimateurs des moindres carrés des paramètres du modèle peuvent être obtenus explicitement par la proposition 6.3. Tous ces résultats sont résumés dans le tableau donné ci-dessous. On remarquera (voir le paragraphe 6.3.1) que le blocage orthogonal entraîne ici que les estimateurs des effets linéaires, quadratiques et d'interactions (ainsi que leurs dispersions) sont identiques à ceux obtenus avec un modèle d'ordre deux sans bloc. Les résultats du paragraphe 6.3.2 permettent de plus d'affirmer que si le modèle d'ordre deux sans blocs avait été utilisé on aurait eu alors :

$$\widehat{\beta}_0 = \frac{1}{n}\sum_{l=1}^{b} k_l \widehat{\gamma}_l = \frac{1}{b}\sum_{l=1}^{3} \widehat{\gamma}_l = 18.67.$$

Le tableau suivant donne les valeurs de tous les paramètres estimés du modèle, leurs dispersions ainsi que les statistiques de test. Ces résultats proviennent de la deuxième partie de la sortie SAS de la procédure REG ("Résultats estimés des paramètres").

Param.	*Estimat.*	*Ec. type*	*St. Test*	*Proba.*
γ_1	20.53	0.254	80.96	0.0001 •••
γ_2	20.24	0.254	79.82	0.0001 •••
γ_3	15.24	0.254	60.10	0.0001 •••
β_1	0.833	0.115	7.70	0.0001 •••
β_2	1.867	0.115	16.28	0.0001 •••
β_3	0.550	0.115	4.80	0.0007 •••
β_4	0.800	0.115	6.98	0.0001 •••
β_{11}	−1.021	0.172	−5.94	0.0001 •••
β_{22}	0.804	0.172	4.68	0.0009 •••
β_{33}	0.604	0.172	3.51	0.0056 ••○
β_{44}	2.004	0.172	11.65	0.0001 •••
β_{12}	1.350	0.199	6.80	0.0001 •••
β_{13}	0.275	0.199	1.38	0.1962 ○○○
β_{14}	4.775	0.199	3.63	0.0001 •••
β_{23}	0.500	0.199	24.04	0.0305 •○○
β_{24}	−2.350	0.199	2.52	0.0001 •••
β_{34}	0.075	0.199	0.38	0.7136 ○○○

On déduit de ce tableau que la meilleure réponse moyenne prédite au sens des moindres carrés (associée au bloc $l = 1, 2, 3$) est donnée par :

$$\begin{aligned}\widehat{Y}_l(x) = \widehat{\gamma}_l &+ 0.833x_1 + 1.867x_2 + 0.550x_3 + 0.800x_4 - 1.021x_1^2 + 0.804x_2^2 \\ &+0.604x_3^2 + 2.004x_4^2 + 1.350x_1x_2 + 0.275x_1x_3 + 4.775x_1x_4 \\ &+0.500x_2x_3 - 2.350x_2x_4 + 0.075x_3x_4.\end{aligned}$$

Les coeffficients β_{13} et surtout β_{34} ne sont pas significativement différents de zéro. L'utilisateur souhaitant simplifier le modèle peut donc omettre ces deux quantités (il vient alors $R^2 = 0.993$ ce qui confirme que le modèle reste de bonne qualité même après ces simplifications).

Concernant maintenant les effets de blocs il est naturel de se demander s'ils sont significativement différents. On utilise pour cela les résultats du paragraphe 6.2.5 afin de réaliser un test de l'hypothèse "$\gamma_i = \gamma_j$". Ceci conduit donc à réaliser les trois tests d'hypothèse donnés ci-dessous :

	St. Test	*Proba.*
Hypothèse "$\gamma_1 = \gamma_2$"	2.395	0.1535 ○○○
Hypothèse "$\gamma_1 = \gamma_3$"	797.0	0.0001 •••
Hypothèse "$\gamma_2 = \gamma_3$"	712.0	0.0001 •••

On en déduit qu'il est possible d'affirmer très clairement que l'effet du bloc 3 (*i.e.* du matériau C) est différent des deux autres et on peut aussi remarquer, d'après les valeurs des paramètres estimés, que l'utilisation de ce matériau induit une forte diminution de la réponse moyenne prédite par rapport aux matériaux A ou B. Par contre il n'est pas possible de rejeter significativement l'hypothèse "$\gamma_1 = \gamma_2$" c'est-à-dire qu'il n'est pas possible d'affirmer clairement que les effets des matériaux A et B sont vraiment différents (sinon le risque d'erreur associé est de l'ordre de 15%).

Une fois le matériau sélectionné il est donc possible de réaliser des prédictions au sein du domaine expérimental à l'aide du meilleur modèle ajusté présenté ci-dessus. Concernant la qualité des prédictions il a été montré qu'il est possible de l'obtenir de manière très simple puisque le plan d'expérience est isovariant et bloqué orthogonalement (il suffit donc de rajouter une constante additive à la variance de prédiction du modèle sans bloc). Remarquons de plus qu'ici les trois blocs utilisés sont de même taille donc (voir la proposition 6.10) les dispersions associées à chacun des blocs sont **égales**. D'après la proposition 6.11 la dispersion de la réponse moyenne prédite dans le cas sans bloc est donnée explicitement par :

$$\operatorname{Var}\hat{Y}(r) = \sigma^2\left(\frac{1}{3} - \frac{1}{4}r^2 + \frac{3}{16}r^4\right).$$

On en déduit que la dispersion de la réponse moyenne prédite associée à chacun des blocs est obtenue en rajoutant simplement la constante :

$$\sigma^2\left(\frac{b-1}{n}\right) = \frac{2}{27}\sigma^2.$$

En conclusion on a donc :

$$\forall\ l = 1, ..., b\ ,\ \operatorname{Var}\hat{Y}_l(r) = \sigma^2\left(\frac{11}{27} - \frac{1}{4}r^2 + \frac{3}{16}r^4\right).$$

En remplaçant σ^2 par l'estimation $\widehat{\sigma}^2 = 0.158$ on obtient donc la représentation graphique donnée à la figure 6.2. Cette figure montre que la qualité des prédictions réalisées est optimale lorsqu'on se situe à une distance du centre du domaine expérimental de l'ordre de 0.8 unité. Les dispersions associées à des points proches du centre du domaine sont par contre moins bonnes (ceci pourrait une nouvelle fois être amélioré par ajout d'expériences centrales supplémentaires) et les plus mauvais résultats sont obtenus aux limites du domaine expérimental (considéré ici comme étant une boule centrée de rayon $\sqrt{2}$ puisque les expériences du plan de Box et Behnken les plus éloignées du centre sont à cette distance là de l'origine).

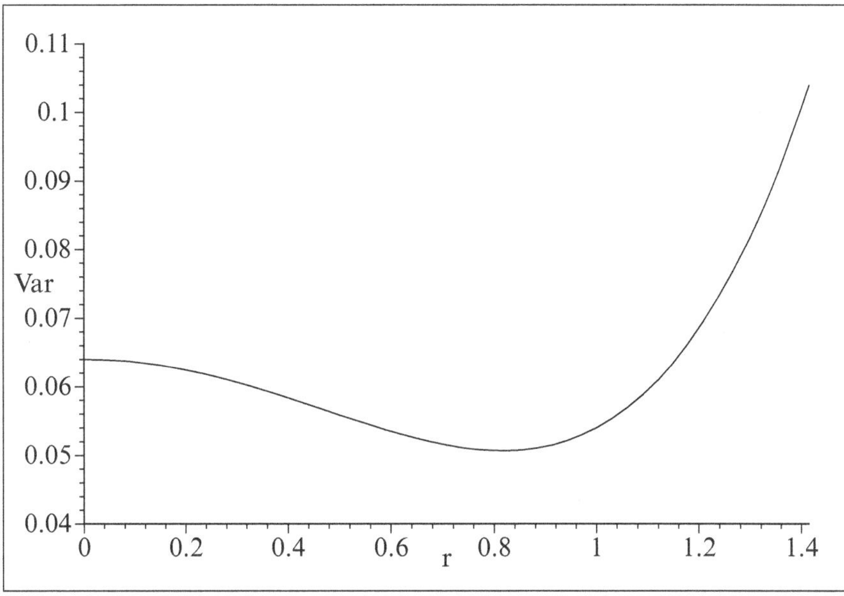

Fig. 6.2. Graphe de $\operatorname{Var}\hat{Y}_l$ en fonction de r $(l = 1, 2, 3)$.

Il est maintenant possible de conclure cette étude par la détermination des conditions optimales (c'est-à-dire associées à un taux de corrosion le plus faible possible). Le problème mathématique consiste donc à déterminer le minimum de l'application $\widehat{Y_3}$ au sein du domaine expérimental choisi (la boule centrée de rayon $\sqrt{2}$) puisque le matériau C (associé aux expériences du bloc 3) s'est avéré être clairement celui qui résiste le mieux à la corrosion. Il convient cependant d'être très prudent ici dans la recherche de cet extremum. En effet on vérifie facilement que les 4 dérivées partielles de $\widehat{Y_3}$ s'annulent bien en un point du domaine expérimental mais une analyse plus fine montre que ce point n'est ni un maximum ni un minimum puisqu'il s'agit en fait d'un point selle (voir des ouvrages généraux sur les problèmes d'optimisation, tel que Ciarlet [18], pour plus d'informations). Ceci nous amène donc à une recherche d'extrema sous containte (la contrainte étant ici de rester dans le domaine expérimental donc mathématiquement ${}^t xx \leq 2$). En utilisant des techniques du type multiplicateurs de Lagrange on montre que le minimum cherché est obtenu aux limites du domaine expérimental (*i.e.* à la surface de la sphère centrée de rayon $\sqrt{2}$) et correspond au point (en coordonnées codées) :

$$x_1 = 0.997,\ x_2 = -0.675,\ x_3 = -0.063 \text{ et } x_4 = -0.738.$$

On vérifie alors aisément que la réponse moyenne prédite par le modèle en ce point est (avec son écart-type associé entre parenthèses) :

$$\widehat{Y}_{\min} = 9.05 \ {\scriptstyle (0.32)}.$$

Conclusion

Les résultats obtenus précédemment permettent d'affirmer que :

1) Le phénomène étudié ici nécessite bien l'utilisation d'un modèle polynomial du second degré car tous les effets quadratiques du modèle complet sont significativement différents de zéro. Il en va de même pour la plupart des interactions car, mis à part les interactions concentration/pression et pression/durée, toutes les autres sont clairement non-négligeables.

2) Concernant les différents matériaux testés, l'introduction d'effets de blocs permet d'arriver à la conclusion que le **matériau** C résiste bien mieux à la corrosion puisque l'effet qui lui est associé est inférieur de quasiment 5 unités aux effets des matériaux A et B. Les expériences réalisées n'ont par contre pas permis de déceler clairement un comportement réellement différent vis-à-vis de la corrosion en ce qui concerne les matériaux A et B.

3) L'analyse du modèle ajusté permet de proposer les conditions expérimentales suivantes (avec les unités initiales) dans le but de minimiser la réponse, c'est-à-dire le taux de corrosion :

Facteur	*Niveau*
Matériau	C
Concentration	9.98 %
Température	29.7 °C
Pression	3.9 atm
Durée	6.31 $jours$

D'après le modèle utilisé, la réponse moyenne prédite en ce point est alors égale au taux de corrosion moyen suivant :

$$9.05.$$

Il convient, une nouvelle fois, de se placer dans les conditions expérimentales proposées ci-dessus afin de voir si la réalité correspond bien aux prédictions du modèle.

6.6 Résumé

En conclusion, les divers plans d'expérience présentés dans ce chapitre sont :

1) les plans composites centrés de type $CCD\,(2^m, \alpha, n_0)$ ou bien encore $CCD\left(2_V^{m-q}, \alpha, n_0\right)$ lorsqu'il est possible de réduire la taille de la partie factorielle. Les blocs sont alors obtenus à partir de la partie factorielle, d'une fraction de résolution III de celle-ci ou encore de la partie axiale.

2) les plans de Box et Benhken simples, obtenus à partir d'un BIBD(m, b, k, r, λ). Les blocs sont alors obtenus à partir d'une partition de ce plan (voir les exemples du paragraphe 6.4.2).

3) les plans hybrides. Les blocs sont alors obtenus par répétition du plan.

Trois tableaux sont présentés ci-dessous. Ils résument les différentes configurations possibles de **plans bloqués orthogonalement** pour les situations classiques où le nombre b de blocs est égal à 2, 3 ou 4. La taille relative de chaque plan figure entre parenthèses. Il s'agit de sa taille ramenée au nombre de paramètres inconnus du modèle donc :

$$\delta = \frac{2n}{m\,(m+3) + 2b}.$$

2 BLOCS	p	*CCD*	Box-Behn.	Hybride
2 facteurs	7	10 (1.43) ISO B=	×	×
3 facteurs	11	24 (2.18) ISO B=	×	22 (2.00) B=
4 facteurs	16	27 (1.69) ISO	×	×
5 facteurs	22	30 (1.36) ISO	42 (1.91) B=	×
6 facteurs	29	72 (2.48) ISO	×	56 (1.93) ISO B=
7 facteurs	37	80 (2.16) ISO	×	×
8 facteurs	46	85 (1.85) ISO	×	×

3 BLOCS	p	*CCD*	Box-Behn.	Hybride
2 facteurs	8	20 (2.50) ISO	×	×
3 facteurs	12	24 (2.00) ISO	×	33 (2.75) B=
4 facteurs	17	27 (1.59) ISO B=	27 (1.59) ISO B=	×
5 facteurs	23	60 (2.61) ISO B=	×	×
6 facteurs	30	72 (2.40) ISO B=	×	84 (2.80) ISO B=
7 facteurs	38	80 (2.11) ISO	×	×
8 facteurs	47	85 (1.81) ISO	×	×

4 BLOCS	p	*CCD*	Box-Behn.	Hybride
2 facteurs	9	20 (2.22) ISO B=	×	×
3 facteurs	13	24 (1.85) ISO B=	×	44 (3.38) B=
4 facteurs	18	54 (3.00) ISO	×	×
5 facteurs	24	60 (2.50) ISO	84 (3.50) B=	×
6 facteurs	31	72 (2.32) ISO	×	112 (3.61) B=
7 facteurs	39	96 (2.46) ISO	×	×
8 facteurs	48	102 (2.13) ISO	×	×

On utilise les conventions suivantes pour chaque plan :

le symbole [B=] désigne les configurations en blocs de même taille,

le symbole [ISO] désigne les configurations isovariantes par transformations orthogonales ou pouvant l'être par un choix adéquat du paramètre α pour des plans composites centrés (ces différentes valeurs sont données dans le dernier tableau de ce paragraphe).

On donne ici le nombre minimal d'expériences à réaliser pour que le plan obtenu soit à matrice des moments généralisée inversible (tout en étant isovariant si cela est possible). Ces tableaux montrent tout l'intérêt de la classe des plans composites centrés, facilement décomposables en blocs, et permettant d'obtenir bon nombre de propriétés en jouant sur la distance des points axiaux au centre du domaine.

Le tableau suivant détaille alors ces différents types de constructions. Les plans composites centrés présentés sont isovariants et bloqués orthogonalement pour un nombre de facteurs compris entre $m = 2$ et $m = 8$ (voir le paragraphe 6.4.1 pour un exemple de telle construction). La première colonne du tableau est le nombre de facteurs considérés. La seconde est la valeur du paramètre α (distance des points axiaux au centre du domaine) permettant d'obtenir l'isovariance. La troisième colonne est le nombre total n d'expériences à réaliser. On donne encore ici le nombre minimal d'expériences à réaliser tout en prenant garde au fait que les plans proposés soient à matrice des moments généralisée inversible (voir la proposition 6.2).Comme précedemment, le symbole [B=] est utilisé pour désigner les configurations composées de blocs de même taille. Pour les quatre dernières colonnes détaillant le type de bloc la terminologie suivante et utilisée :

2_{III}^{m-q} désigne une fraction régulière de la partie factorielle,

PA désigne la partie axiale,

$PA2$ désigne la partie axiale dupliquée.

Le nombre d'expériences à réaliser pour chacun des blocs figure aussi entre crochets.

En ce qui concerne le détail des constructions proposées ici remarquons que la méthode générale du **foldover** introduite initialement par Box et Hunter [13] est parfois utilisable. En effet à partir d'une fraction régulière de type $2_{\text{III}^*}^{m-p}$ (voir la définition 5.12 pour ce type de fractions) le plan d'expérience de matrice :

$$\begin{bmatrix} D \\ -D \end{bmatrix}$$

est toujours une fraction régulière de type $2_{\mathrm{VI}}^{m-(p-1)}$ (voir par exemple l'article de synthèse de Draper et Lin [33]). Cette méthode permet donc ici de construire deux blocs usuels (puisque définis par une fraction régulière de résolution III*) tels que leur union constitue bien un plan d'expérience usuel (puisque défini par une fraction régulière de résolution supérieure à V). Ceci permet, par exemple, d'obtenir la configuration en trois blocs pour $m = 6$ facteurs présentée dans le tableau ci-dessus.

m	α	n	Bloc 1	Bloc 2	Bloc 3	Bloc 4
	1.414	10 B=	2^2 [5]	PA [5]	×	×
2	1.414	20	2^2 [5]	2^2 [5]	$PA2$ [10]	×
	1.414	20 B=	2^2 [5]	2^2 [5]	PA [5]	PA [5]
	1.414	24 B=	2^3 [12]	$PA2$ [12]	×	×
3	1.414	24	2_{III}^{3-1} [6]	2_{III}^{3-1} [6]	$PA2$ [12]	×
	1.414	24 B=	2_{III}^{3-1} [6]	2_{III}^{3-1} [6]	PA [6]	PA [6]
	2.000	27	2^4 [18]	PA [9]	×	×
4	2.000	27 B=	2_{IV}^{4-1} [9]	2_{IV}^{4-1} [9]	PA [9]	×
	2.000	54	2_{IV}^{4-1} [18]	2_{IV}^{4-1} [18]	PA [9]	PA [9]
	2.000	30	2_{V}^{5-1} [20]	PA [10]	×	×
5	2.000	60 B=	2_{V}^{5-1} [20]	2_{V}^{5-1} [20]	$PA2$ [20]	×
	2.000	60	2_{V}^{5-1} [20]	2_{V}^{5-1} [20]	PA [10]	PA [10]
	2.000	72	2_{V}^{6-1} [48]	$PA2$ [24]	×	×
6	2.000	72 B=	2_{III}^{6-2} [24]	2_{III}^{6-2} [24]	$PA2$ [24]	×
	2.000	72	2_{III}^{6-2} [24]	2_{III}^{6-2} (24)	PA [12]	PA [12]
	2.828	80	2_{V}^{7-1} [64]	PA [16]	×	×
7	2.828	80	2_{III}^{7-2} [32]	2_{III}^{7-2} [32]	PA [16]	×
	2.828	96	2_{III}^{7-2} [32]	2_{III}^{7-2} [32]	PA [16]	PA [16]
	2.828	85	2_{V}^{8-2} [68]	PA [17]	×	×
8	2.828	85	2_{III}^{8-3} [34]	2_{III}^{8-3} [34]	PA [17]	×
	2.828	102	2_{III}^{8-3} [34]	2_{III}^{8-3} [34]	PA [17]	PA [17]

COMPLEMENTS

6.7 (Compléments) Démonstrations

Proposition 6.2. *Soit un plan d'expérience en blocs usuel décomposé en b blocs de tailles respectives $k_1, k_2, ..., k_b$. Sa matrice des moments généralisée est* **inversible** *si et seulement si aucune des trois conditions suivantes n'est vérifiée :*

1) *la distribution des points du plan est concentrée sur les axes,*

2) *tout point du plan a ses coordonnées égales en valeur absolue,*

3) *chaque bloc est constitué par des points équidistants de l'origine.*

Démonstration. Ecrivons le vecteur des paramètres inconnus du modèle dans l'ordre suivant :

$$\left({}^t\gamma \mid {}^t\tau\right) = \left({}^t\gamma \mid {}^t\beta_Q \mid {}^t\beta_L \mid {}^t\beta_I\right).$$

La matrice des moments généralisée est dans ce cas diagonale par blocs puisque :

$${}^tXX = \text{diag}\left(A, s_2 I_m, s_{22} I_{m(m-1)/2}\right)$$

avec :

$$A = \begin{bmatrix} {}^tBB & {}^tBD_Q \\ {}^tD_QB & (s_4 - s_{22}) I_m + s_{22} J_m \end{bmatrix}.$$

D'après les propriétés des déterminants, on a donc :

$$\text{Det}\left({}^tXX\right) = s_2^m s_{22}^{\frac{m(m-1)}{2}} \text{Det}(A).$$

Concernant le déterminant du bloc A, on a d'après le lemme 5.B (en posant $A_{22} = (s_4 - s_{22}) I_m + s_{22} J_m$) :

$$\text{Det}(A) = \text{Det}\left({}^tBB\right) \text{Det}\left({}^sA_{22}\right).$$

Le complément de Schur de A_{22} est donné par :

$${}^sA_{22} = (s_4 - s_{22}) I_m + s_{22} J_m - {}^tD_QB \left({}^tBB\right)^{-1} {}^tBD_Q.$$

Or, on sait que pour tout plan usuel :

$${}^tBD_Q = \text{diag}(k_1\mu_1, ..., k_b\mu_b) J_{bm}$$

Il vient alors (puisque ${}^tBB = \text{diag}(k_1, ..., k_b)$) :

$$\begin{aligned} &{}^tBD_Q \left({}^tBB\right)^{-1} {}^tD_QB \\ &= J_{mb} \,\text{diag}(k_1\mu_1, ..., k_b\mu_b) \left({}^tBB\right)^{-1} \text{diag}(k_1\mu_1, ..., k_b\mu_b) J_{bm} \\ &= \mathbb{I}_m {}^t\mathbb{I}_b \,\text{diag}\left(k_1\mu_1^2, ..., k_l\mu_l^2\right) \mathbb{I}_b {}^t\mathbb{I}_m = \left(\sum_{l=1}^{b} k_l\mu_l^2\right) J_m \end{aligned}$$

On en déduit que le complément de Schur de A_{22} est :

$$ {}^{s}A_{22} = (s_4 - s_{22}) I_m + \left(s_{22} - \sum_{l=1}^{b} k_l \mu_l^2 \right) J_m. $$

Il s'agit donc d'une matrice complètement symétrique dont le déterminant est facilement obtenu par utilisation du lemme 5.B :

$$ \text{Det}\,({}^{t}XX) = $$

$$ \left(\prod_{l=1}^{b} k_l \right) s_2^m s_{22}^{\frac{m(m-1)}{2}} (s_4 - s_{22})^{m-1} \left[s_4 + (m-1) s_{22} - m \textstyle\sum_{l=1}^{b} k_l \mu_l^2 \right]. $$

La matrice ${}^{t}XX$ étant positive elle est donc inversible si et seulement si son déterminant est strictement positif. Ceci permet donc d'énoncer les conditions suivantes pour atteindre cet objetif :

$$ s_2 > 0, \; s_4 > s_{22} > 0 \text{ et } s_4 + (m-1) s_{22} - m \sum_{l=1}^{b} k_l \mu_l^2 > 0. $$

Traduisons géométriquement ces différentes relations. Les conditions $s_2 > 0$ et $s_4 > s_{22} > 0$ ne diffèrent en rien des conditions énoncées pour un modèle polynomial d'ordre deux classique. Leur interprétation géométrique correspond donc toujours aux situations 1 et 2 de la proposition ci-dessus (voir la démonstration à la proposition 5.2). Considérons maintenant la condition :

$$ s_4 + (m-1) s_{22} - m \sum_{l=1}^{b} k_l \mu_l^2 > 0. \tag{1} $$

Si d_u $(u = 1, ..., n)$ désigne la distance du u-ième point du plan à l'origine alors :

$$ d_u^4 = \sum_{i=1}^{m} z_{ui}^4 + \sum_{i \neq j} \sum z_{ui}^2 z_{uj}^2 \Longrightarrow \sum_{u=1}^{n} d_u^4 = \sum_{i=1}^{m} \sum_{u=1}^{n} z_{ui}^4 + \sum_{i \neq j} \sum \sum_{u=1}^{n} z_{ui}^2 z_{uj}^2. $$

Mais on sait que :

$$ \forall \; i, j = 1, ..., m \text{ avec } i \neq j, \; \sum_{u=1}^{n} z_{ui}^4 = s_4 \text{ et } \sum_{u=1}^{n} z_{ui}^2 z_{uj}^2 = s_{22}. $$

Donc :

$$ \sum_{u=1}^{n} d_u^4 = m s_4 + m (m-1) s_{22} = m \left[s_4 + (m-1) s_{22} \right]. $$

De même, on a pour tout $l = 1, ..., b$:

$$\sum_{\text{bloc } l} d_u^2 = \sum_{\text{bloc } l} \sum_{i=1}^{m} z_{ui}^2 = \sum_{i=1}^{m} \sum_{\text{bloc } l} z_{ui}^2 = \sum_{i=1}^{m} k_l \mu_l = m k_l \mu_l.$$

Ceci permet donc d'affirmer que :

$$\begin{aligned}
(1) &\iff m\left[s_4 + (m-1)\, s_{22}\right] - \sum_{l=1}^{b} \frac{1}{k_l} \left(m k_l \mu_l\right)^2 > 0 \\
&\iff \sum_{u=1}^{n} d_u^4 - \sum_{l=1}^{b} \frac{1}{k_l} \left(\sum_{\text{bloc } l} d_u^2 \right)^2 > 0 \\
&\iff \sum_{l=1}^{b} \left[\sum_{\text{bloc } l} d_u^4 - \frac{1}{k_l} \left(\sum_{\text{bloc } l} d_u^2 \right)^2 \right] > 0.
\end{aligned}$$

D'après l'inégalité de Cauchy-Schwarz appliquée aux vecteurs $\phi_l = \left(d_u^2\right)_{\text{bloc } l}$ et $\mathbb{I}_{k_l}$ on sait de plus que :

$$\forall\ l = 1, ..., b\ ,\ \sum_{\text{bloc } l} d_u^4 - \frac{1}{k_l} \left(\sum_{\text{bloc } l} d_u^2 \right)^2 \geq 0.$$

Chacune de ces expressions est nulle si et seulement si les vecteurs ϕ_l et $\mathbb{I}_{k_l}$ sont colinéaires donc la relation (1) ne sera pas vérifiée uniquement dans le cas où tous les blocs sont constitués de points équidistants de l'origine ■

Proposition 6.3. *Soit un plan d'expérience en blocs $\mathcal{D} = \{z_u, u = 1, ..., n\}$ usuel, décomposé en b blocs de tailles respectives $k_1, k_2, ..., k_b$. Les différents estimateurs des* **moindres carrés** *des paramètres du modèle sont alors obtenus explicitement par les relations suivantes :*

1) $$\widehat{\gamma} = \begin{pmatrix} \overline{Y}_{B1} \\ \vdots \\ \overline{Y}_{Bb} \end{pmatrix} + \frac{n}{\phi} \left[m \left(\sum_{l=1}^{b} k_l \overline{Y}_{Bl} \mu_l \right) - \sum_{u=1}^{n} \left\| z_u \right\|^2 Y_u \right] \begin{pmatrix} \mu_1 \\ \vdots \\ \mu_b \end{pmatrix}$$

avec $$\mathbb{V}(\widehat{\gamma}) = \operatorname{diag}\left(\frac{\sigma^2}{k_1}, ..., \frac{\sigma^2}{k_b} \right) + \frac{m n \sigma^2}{\phi} \operatorname{diag}(\mu_1, ..., \mu_b)\, J_b \operatorname{diag}(\mu_1, ..., \mu_b),$$

2) $$\widehat{\beta}_L = \frac{1}{s_2} {}^t D_L Y \ \textit{avec}\ \mathbb{V}\left(\widehat{\beta}_L\right) = \frac{\sigma^2}{s_2} I_m,$$

3) $$\widehat{\beta}_Q = \frac{1}{s_4 - s_{22}} {}^t D_Q Y - \frac{n}{\phi} \left[\sum_{l=1}^{b} k_l \overline{Y}_{Bl} \mu_l + \left(\frac{s_{22} - \sum_{l=1}^{b} k_l \mu_l^2}{s_4 - s_{22}} \right) \sum_{u=1}^{n} \left\| z_u \right\|^2 Y_u \right] \mathbb{I}_m$$

avec $$\mathbb{V}\left(\widehat{\beta}_Q\right) = \frac{\sigma^2}{s_4 - s_{22}} \left[I_m - \frac{n}{\phi} \left(s_{22} - \sum_{l=1}^{b} k_l \mu_l^2 \right) J_m \right],$$

4) $\widehat{\beta}_I = \frac{1}{s_{22}} {}^tD_I Y$ *avec* $\mathbb{V}\left(\widehat{\beta}_I\right) = \frac{\sigma^2}{s_{22}} I_{m(m-1)/2}$,

avec $\overline{Y}_{Bl}$ $(l = 1, ..., b)$ *valeur moyenne des observations associées au bloc* l *et*

$$\phi = n\left[s_4 + (m-1)\, s_{22} - m\sum_{l=1}^{b} k_l \mu_l^2\right].$$

Démonstration. Posons tout d'abord :

$$\left({}^t\gamma \mid {}^t\tau\right) = \left({}^t\gamma \mid {}^t\beta_Q \mid {}^t\beta_L \mid {}^t\beta_I\right).$$

Les estimateurs des moindres carrés de ces paramètres sont solutions des équations normales données ci-dessous :

$$\begin{bmatrix} {}^tBB & {}^tBD_Q & 0 & 0 \\ {}^tD_QB & (s_4 - s_{22})\, I_m + s_{22}J_m & 0 & 0 \\ 0 & 0 & s_2 I_m & 0 \\ 0 & 0 & 0 & s_{22} I_{m(m-1)/2} \end{bmatrix} \begin{bmatrix} \widehat{\gamma} \\ \widehat{\beta}_Q \\ \widehat{\beta}_L \\ \widehat{\beta}_I \end{bmatrix} = \begin{bmatrix} {}^tBY \\ {}^tD_QY \\ {}^tD_LY \\ {}^tD_IY \end{bmatrix}.$$

Ceci permet d'obtenir immédiatement les estimateurs $\widehat{\beta}_L$ et $\widehat{\beta}_I$ ainsi que leurs dispersions. L'obtention des estimateurs de l'effet moyen général et des effets quadratiques nécessite maintenant de déterminer la matrice :

$$\begin{bmatrix} {}^tBB & {}^tBD_Q \\ {}^tD_QB & (s_4 - s_{22})\, I_m + s_{22}J_m \end{bmatrix}^{-1} = \begin{bmatrix} B_{11} & B_{12} \\ {}^tB_{12} & B_{22} \end{bmatrix}.$$

Le lemme 5.B permet de déterminer explicitement les blocs B_{11}, B_{12} et B_{22} puisqu'en suivant une démarche identique à celle de la proposition 5.3 on obtient :

$$\begin{cases} B_{11} = \operatorname{diag}\left(\frac{1}{k_1}, ..., \frac{1}{k_b}\right) + \frac{mn}{\phi} \operatorname{diag}(\mu_1, ..., \mu_b)\, J_b \operatorname{diag}(\mu_1, ..., \mu_b)\,, \\ B_{12} = -\frac{n}{\phi} \operatorname{diag}(\mu_1, ..., \mu_b)\, J_{bm}, \\ B_{22} = \frac{1}{s_4 - s_{22}}\left[I_m - \frac{n}{\phi}\left(s_{22} - \sum_{l=1}^{b} k_l \mu_l^2\right) J_m\right], \end{cases}$$

avec $\phi = ns_4 + n\,(m-1)\, s_{22} - mn\sum_{l=1}^{b} k_l \mu_l^2$. Il en découle les caractéristiques de dispersion suivantes :

$$\mathbb{V}(\widehat{\gamma}) = \sigma^2 B_{11} \text{ et } \mathbb{V}\left(\widehat{\beta}_Q\right) = \sigma^2 B_{22}.$$

Déterminons enfin la forme explicite des estimateurs $\widehat{\gamma}$ et $\widehat{\beta}_Q$. On a :

$$\begin{bmatrix} \widehat{\gamma} \\ \widehat{\beta}_Q \end{bmatrix} = \begin{bmatrix} B_{11} & B_{12} \\ {}^tB_{12} & B_{22} \end{bmatrix} \begin{bmatrix} {}^tBY \\ {}^tD_QY \end{bmatrix} \text{ donc :}$$

$$\widehat{\gamma} = \left[\mathrm{diag}\left(\frac{1}{k_1}, ..., \frac{1}{k_b}\right) + \frac{mn}{\phi} \mathrm{diag}\left(\mu_1, ..., \mu_b\right) J_b \, \mathrm{diag}\left(\mu_1, ..., \mu_b\right) \right] {}^tBY$$
$$-\frac{n}{\phi} \mathrm{diag}\left(\mu_1, ..., \mu_b\right) J_{bm} {}^tD_Q Y.$$

Remarquons alors que si l'on désigne par $\overline{Y}_{Bl}$ la moyenne des observations associées au bloc l on obtient :

$${}^tBY = {}^t\left(k_1 \overline{Y}_{B1}, ..., k_b \overline{Y}_{Bb}\right) \text{ et } {}^t\mathbb{I}_m {}^tD_Q Y = \sum_{u=1}^{n} \|z_u\|^2 Y_u$$

En utilisant le fait que $J_{bm} = \mathbb{I}_b {}^t\mathbb{I}_m$ et $J_b = \mathbb{I}_b {}^t\mathbb{I}_b$ il vient immédiatement :

$$\widehat{\gamma} = \begin{pmatrix} \overline{Y}_{B1} \\ \vdots \\ \overline{Y}_{Bb} \end{pmatrix} + \frac{n}{\phi} \left[m \left(\sum_{l=1}^{b} k_l \overline{Y}_{Bl} \mu_l \right) - \sum_{u=1}^{n} \|z_u\|^2 Y_u \right] \begin{pmatrix} \mu_1 \\ \vdots \\ \mu_b \end{pmatrix}.$$

On obtient de même pour $\widehat{\beta}_Q$ la valeur suivante :

$$-\frac{n}{\phi} J_{mb} \, \mathrm{diag}\left(\mu_1, ..., \mu_b\right) {}^tBY + \frac{1}{s_4 - s_{22}} \left[I_m - \frac{n}{\phi} \left(s_{22} - \sum_{l=1}^{b} k_l \mu_l^2 \right) J_m \right] {}^tD_Q Y.$$

A l'aide des mêmes arguments que pour le calcul de $\widehat{\gamma}$ on aboutit alors à la forme simplifiée donnée ci-dessous :

$$\widehat{\beta}_Q = \frac{1}{s_4 - s_{22}} {}^tD_Q Y - \frac{n}{\phi} \left[\sum_{l=1}^{b} k_l \overline{Y}_{Bl} \mu_l + \left(\frac{s_{22} - \sum_{l=1}^{b} k_l \mu_l^2}{s_4 - s_{22}} \right) \sum_{u=1}^{n} \|z_u\|^2 Y_u \right] \mathbb{I}_m$$

Ceci termine bien la démonstration ■

Proposition 6.4. *Soit un plan d'expérience en blocs usuel, décomposé en b blocs de tailles $k_1, k_2, ..., k_b$. En désignant par $\|.\|$ la norme usuelle de $\mathbb{R}^m$, la dispersion de la réponse prédite en un point $x = {}^t(x_1, ..., x_m) \in \mathcal{E}$ associé au bloc $l = 1, ..., b$ est donnée par :*

$$\mathrm{Var}\,\hat{Y}_l(x) = \sigma^2 \left[f_l(r) + \left(\frac{1}{s_4 - s_{22}} - \frac{1}{2 s_{22}} \right) \sum_{i=1}^{m} x_i^4 \right] \quad \textit{avec :}$$

$$f_l(r) = \left(\frac{1}{k_l} + \frac{mn\mu_l^2}{\phi} \right) + \left(\frac{1}{s_2} - 2\frac{n\mu_l}{\phi} \right) r^2 + \left[\frac{1}{2 s_{22}} + \frac{n\left(\sum_l k_l \mu_l^2 - s_{22}\right)}{\phi\left(s_4 - s_{22}\right)} \right] r^4$$

$$r = \|x\| \;\; \textit{et} \;\; \phi = n \left[s_4 + (m-1) s_{22} - m \sum_{l=1}^{b} k_l \mu_l^2 \right].$$

Démonstration. Ecrivons une nouvelle fois, pour simplifier les calculs, le vecteur des paramètres inconnus sous la forme :

$$\left({}^t\gamma \mid {}^t\tau\right) = \left({}^t\gamma \mid {}^t\beta_Q \mid {}^t\beta_L \mid {}^t\beta_I\right).$$

On a alors (pour tout $x \in \mathcal{E}$ et $l = 1, ..., b$) :

$$\operatorname{Var} \hat{Y}_l(x) = \sigma^{2t} g(x) \left({}^t XX\right)^{-1} g(x)$$

avec ici $g(x)$ vecteur de régression tel que :

$${}^t g(x) = \left(\delta_{l1}, ..., \delta_{lb}, x_1^2, ..., x_m^2, x_1, ..., x_m, x_1 x_2, ..., x_{m-1} x_m\right).$$

L'inverse de la matrice ${}^t XX$ est connue explicitement et on a de plus (avec les notations de la démonstration de la proposition 6.3) :

$$\begin{aligned}\operatorname{Var} \hat{Y}_l(x) = {} & (\delta_{l1}, ..., \delta_{lb}) B_{11}{}^t (\delta_{l1}, ..., \delta_{lb}) + \left(x_1^2, ..., x_m^2\right) B_{22}{}^t \left(x_1^2, ..., x_m^2\right) + \\ & 2 (\delta_{l1}, ..., \delta_{lb}) B_{12}{}^t \left(x_1^2, ..., x_m^2\right) + \frac{1}{s_2} \sum_{i=1}^m x_i^2 + \frac{1}{s_{22}} \sum\sum_{i<j} x_i^2 x_j^2.\end{aligned}$$

La définition des blocs B_{11}, B_{12} et B_{22} entraîne que :

1) $(\delta_{l1}, ..., \delta_{lb}) B_{11}{}^t (\delta_{l1}, ..., \delta_{lb}) = \dfrac{1}{k_l} + \dfrac{mn}{\phi} \mu_l^2,$

2) $\left(x_1^2, ..., x_m^2\right) B_{22}{}^t \left(x_1^2, ..., x_m^2\right) =$

$$\frac{1}{s_4 - s_{22}} \sum_{i=1}^m x_i^4 - \frac{n\left(s_{22} - \sum_{l=1}^b k_l \mu_l^2\right)}{(s_4 - s_{22}) \phi} \left[\sum_{i=1}^m x_i^4 + 2 \sum\sum_{i<j} x_i^2 x_j^2\right],$$

3) $2 (\delta_{l1}, ..., \delta_{lb}) B_{12}{}^t \left(x_1^2, ..., x_m^2\right) = \dfrac{-2n}{\phi} (\mu_l, ..., \mu_l)^t \left(x_1^2, ..., x_m^2\right) = \dfrac{-2n\mu_l}{\phi} \displaystyle\sum_{i=1}^m x_i^2.$

Il vient donc (en posant $\sigma^2 = 1$ pour simplifier) :

$$\begin{aligned}\operatorname{Var} \hat{Y}_l(x) = {} & \frac{1}{k_l} + \frac{mn}{\phi} \mu_l^2 + \left(\frac{1}{s_2} - \frac{2n\mu_l}{\phi}\right) \sum_{i=1}^m x_i^2 \\ & + \left[\frac{1}{s_4 - s_{22}} - \frac{n\left(s_{22} - \sum_{l=1}^b k_l \mu_l^2\right)}{(s_4 - s_{22}) \phi}\right] \sum_{i=1}^m x_i^4 \\ & + \left[\frac{1}{s_{22}} - 2 \frac{n\left(s_{22} - \sum_{l=1}^b k_l \mu_l^2\right)}{(s_4 - s_{22}) \phi}\right] \sum\sum_{i<j} x_i^2 x_j^2.\end{aligned}$$

Remarquons alors (tout comme à la proposition 5.4) que :

$$r^4 = \left(\sum_{i=1}^m x_i^2\right)^2 = \sum_{i=1}^m x_i^4 + 2 \sum\sum_{i<j} x_i^2 x_j^2.$$

Ceci permet de supprimer les termes en $\sum\sum x_i^2 x_j^2$ d'où le résultat ■

Proposition 6.5. *Soit un plan d'expérience en blocs usuel, décomposé en b blocs de tailles respectives $k_1, k_2, ..., k_b$. Un test de l'hypothèse* **d'égalité des effets de blocs** H_0 : "$\gamma_i = \gamma_j$" *pour $i, j = 1, ..., b$ avec $i \neq j$ contre l'hypothèse $H_1 = \overline{H_0}$ peut être réalisé à l'aide de la statistique :*

$$T = \frac{(\widehat{\gamma}_i - \widehat{\gamma}_j)^2}{\widehat{\sigma}^2 \left[\frac{(k_i + k_j)}{k_i k_j} + \frac{mn}{\phi}(\mu_i - \mu_j)^2\right]}$$

avec $\widehat{\sigma}^2 = \frac{SSE}{n-p} = MSE$ *et* $\phi = n\left[S_4 + (m-1) S_{22} - m\sum_{l=1}^{b} k_l \mu_l^2\right]$.

La règle de décision est alors donnée par (avec $f_{\alpha,1,n-p}$ fractile de la loi de Fisher à 1 et $(n-p)$ ddl) :

on rejette H_0 au niveau α si $t \geq f_{\alpha,1,n-p}$.

Démonstration. L'hypothèse considérée ici est bien une hypothèse linéaire puisque la relation $\gamma_i = \gamma_j$ peut encore être écrite $A\beta = a$ avec $a = 0$ et $A \in \mathcal{M}(1,p)$ matrice telle que ses seuls éléments non nuls sont $A_{1i} = 1$ et $A_{1j} = -1$. Remarquons que cette hypothèse est bien vérifiable puisque le plan d'expérience considéré ici est à matrice des moments généralisée inversible donc $\operatorname{Ker} X = \{0\}$. D'après le résultat général rappelé ci-dessus l'hypothèse H_0 peut alors être testée à l'aide de la statistique suivante :

$$T = \frac{{}^t\left(A\widehat{\beta} - a\right)\left[A\left({}^tXX\right)^{-1}{}^tA\right]^{-1}\left(A\widehat{\beta} - a\right)}{r\widehat{\sigma}^2} = \frac{{}^t\widehat{\beta}{}^tA\left[A\left({}^tXX\right)^{-1}{}^tA\right]^{-1}A\widehat{\beta}}{\widehat{\sigma}^2}$$

puisqu'ici $a = 0$ et $r = rg(A) = 1$. Or $A\widehat{\beta} = \widehat{\gamma}_i - \widehat{\gamma}_j$ donc :

$$T = \frac{(\widehat{\gamma}_i - \widehat{\gamma}_j)^2}{\widehat{\sigma}^2}\left[A\left({}^tXX\right)^{-1}{}^tA\right]^{-1}.$$

L'inverse de la matrice ${}^tXX$ est connue explicitement (voir la démonstration de la proposition 6.3) et on a (avec les notations de cette démonstration) :

$$\begin{aligned} A\left({}^tXX\right)^{-1}{}^tA &= (B_{11})_{ii} + (B_{11})_{jj} - 2(B_{11})_{ij} \\ &= \left(\frac{1}{k_i} + \frac{mn}{\phi}\mu_i^2\right) + \left(\frac{1}{k_j} + \frac{mn}{\phi}\mu_j^2\right) - 2\frac{mn}{\phi}\mu_i\mu_j \\ &= \left(\frac{1}{k_i} + \frac{1}{k_j}\right) + \frac{mn}{\phi}(\mu_i - \mu_j)^2. \end{aligned}$$

Ceci démontre bien le résultat énoncé ■

Proposition 6.7. *Soit un plan d'expérience en blocs associé à la matrice du modèle* $X = [B \mid W]$. *Ce plan d'expérience est* **bloqué orthogonalement** *si et seulement si :*

$$ {}^tW \left(I_n - \frac{1}{n} J_n \right) B = 0. $$

Démonstration. Déterminons au préalable la forme explicite de l'estimateur des moindres carrés des effets linéaires, quadratiques et d'interaction (*i.e.* du vecteur τ). Dans le cas du modèle linéaire d'ordre deux sans bloc $X = [\mathbb{I}_n \mid W]$ et donc :

$$ ({}^tXX) \begin{pmatrix} \widehat{\beta}_0 \\ \widehat{\tau}_1 \end{pmatrix} = {}^tXY \Leftrightarrow \begin{pmatrix} n & {}^t\mathbb{I}_n W \\ {}^tW\mathbb{I}_n & {}^tWW \end{pmatrix} \begin{pmatrix} \widehat{\beta}_0 \\ \widehat{\tau}_1 \end{pmatrix} = \begin{pmatrix} {}^t\mathbb{I}_n Y \\ {}^tWY \end{pmatrix}. $$

Par utilisation du lemme $5.B$ il est possible d'inverser la matrice ${}^tXX$ et l'estimateur des moindres carrés de τ est donné explicitement par (${}^sA$ désignant le complément de Schur de la matrice A) :

$$ \widehat{\tau}_1 = -\frac{1}{n} \left[{}^s \left({}^tWW \right) \right]^{-1} {}^tW\mathbb{I}_n {}^t\mathbb{I}_n Y + \left[{}^s \left({}^tWW \right) \right]^{-1} {}^tWY. $$

Pour un modèle à effets de blocs on a cette fois $X = [B \mid W]$ et il vient :

$$ ({}^tXX) \begin{pmatrix} \widehat{\gamma} \\ \widehat{\tau}_2 \end{pmatrix} = {}^tXY \Leftrightarrow \begin{pmatrix} {}^tBB & {}^tBW \\ {}^tWB & {}^tWW \end{pmatrix} \begin{pmatrix} \widehat{\gamma} \\ \widehat{\tau}_2 \end{pmatrix} = \begin{pmatrix} {}^tBY \\ {}^tWY \end{pmatrix}. $$

Une nouvelle fois le lemme $5.B$ entraîne que :

$$ \widehat{\tau}_2 = - \left[{}^s \left({}^tWW \right) \right]^{-1} {}^tWB \left({}^tBB \right)^{-1} {}^tBY + \left[{}^s \left({}^tWW \right) \right]^{-1} {}^tWY. $$

Examinons maintenant sous quelle condition l'estimateur des moindres carrés $\widehat{\tau}_1$ obtenu avec un plan sans bloc est égal à l'estimateur des moindres carrés $\widehat{\tau}_2$ obtenu avec un plan en blocs. On a :

$$ \begin{aligned} \widehat{\tau}_1 = \widehat{\tau}_2 &\Leftrightarrow (1/n) \left[{}^s \left({}^tWW \right) \right]^{-1} {}^tW\mathbb{I}_n {}^t\mathbb{I}_n Y = \left[{}^s \left({}^tWW \right) \right]^{-1} {}^tWB \left({}^tBB \right)^{-1} {}^tBY \\ &\Leftrightarrow (1/n) {}^tW\mathbb{I}_n {}^t\mathbb{I}_n Y = {}^tWB \left({}^tBB \right)^{-1} {}^tBY. \end{aligned} $$

Ce résultat devant être vérifié pour tout vecteur des réponses Y on en déduit que :

$$ \begin{aligned} \widehat{\tau}_1 = \widehat{\tau}_2 &\Leftrightarrow (1/n) {}^tW\mathbb{I}_n {}^t\mathbb{I}_n = {}^tWB \left({}^tBB \right)^{-1} {}^tB \\ &\Rightarrow (1/n) {}^tW\mathbb{I}_n {}^t\mathbb{I}_n B = {}^tWB \left({}^tBB \right)^{-1} {}^tBB. \end{aligned} $$

Comme $\mathbb{I}_n {}^t\mathbb{I}_n = J_n$ il en découle que :

$$ \widehat{\tau}_1 = \widehat{\tau}_2 \Rightarrow \frac{1}{n} {}^tWJ_nB = {}^tWB \text{ donc } \widehat{\tau}_1 = \widehat{\tau}_2 \Rightarrow {}^tW \left(I_n - \frac{1}{n} J_n \right) B = 0. $$

Réciproquement, supposons que ${}^tW \left(I_n - (1/n) J_n \right) B = 0$. Il est donc possible de remplacer la matrice ${}^tWB$ par $(1/n)^t \, WJ_nB$ et ceci entraîne que :

$$\begin{aligned}\widehat{\tau}_1 - \widehat{\tau}_2 &= \left[{}^s\left({}^tWW\right)\right]^{-1}\left[{}^tWB\left({}^tBB\right)^{-1}{}^tB - \frac{1}{n}{}^tW\mathbb{I}_n{}^t\mathbb{I}_n\right]Y \\ &= \left[{}^s\left({}^tWW\right)\right]^{-1}\left[\frac{1}{n}{}^tWJ_nB\left({}^tBB\right)^{-1}{}^tB - \frac{1}{n}{}^tW\mathbb{I}_n{}^t\mathbb{I}_n\right]Y \\ &= \frac{1}{n}\left[{}^s\left({}^tWW\right)\right]^{-1}{}^tW\mathbb{I}_n\left[{}^t\mathbb{I}_nB\left({}^tBB\right)^{-1}{}^tBY - {}^t\mathbb{I}_nY\right].\end{aligned}$$

Remarquons que :

$$\begin{aligned}{}^t\mathbb{I}_nB\left({}^tBB\right)^{-1}{}^tBY &= (k_1,...,k_b)\,\text{diag}\left(\frac{1}{k_1},...,\frac{1}{k_b}\right){}^tBY \\ &= {}^t\mathbb{I}_b\begin{pmatrix}\sum_{\text{bloc } b}Y_i \\ \vdots \\ \sum_{\text{bloc } b}Y_i\end{pmatrix} = {}^t\mathbb{I}_nY.\end{aligned}$$

Ceci prouve donc bien que :

$${}^tW\left(I_n - \frac{1}{n}J_n\right)B = 0 \Rightarrow \widehat{\tau}_1 = \widehat{\tau}_2.$$

D'où le résultat énoncé ■

Proposition 6.8. *Un plan d'expérience en blocs usuel est* **bloqué orthogonalement** *si et seulement si il vérifie la condition supplémentaire suivante pour ses moments par bloc d'ordre deux :*

$$\mu_1 = \mu_2 = ... = \mu_b = \frac{s_2}{n}.$$

Démonstration. Considérons un plan d'expérience bloqué orthogonalement. D'après la proposition 6.7 :

$${}^tW\left(I_n - \frac{1}{n}J_n\right)B = 0 \Leftrightarrow {}^tWB = \frac{1}{n}{}^tWJ_nB = \frac{1}{n}\left({}^tW\mathbb{I}_n\right)\left({}^t\mathbb{I}_nB\right). \quad (1)$$

Or, le plan d'expérience étant par hypothèse usuel il vient :

$${}^tW\mathbb{I}_n = \begin{bmatrix} n\,[1] \\ \vdots \\ n\left[1^2\right] \\ \vdots \\ n\,[12] \\ \vdots \end{bmatrix} = \begin{bmatrix} 0\mathbb{I}_m \\ S_2\mathbb{I}_m \\ 0\mathbb{I}_{\frac{m(m-1)}{2}} \end{bmatrix},\ {}^tB\mathbb{I}_n = \begin{bmatrix} k_1 \\ k_2 \\ k_3 \\ \vdots \\ k_{b-1} \\ k_b \end{bmatrix} \text{ et :}$$

$$
{}^tWB = \begin{bmatrix} k_1\,[1]_1 & \dots & k_b\,[1]_b \\ \vdots & & \vdots \\ k_1\left[1^2\right]_1 & \dots & k_b\left[1^2\right]_b \\ \vdots & & \vdots \\ k_1\,[12]_1 & \dots & k_b\,[12]_b \\ \vdots & & \vdots \end{bmatrix} = \begin{bmatrix} 0 & \dots & 0 \\ \vdots & & \vdots \\ k_1\mu_1 & \dots & k_b\mu_b \\ \vdots & & \vdots \\ 0 & \dots & 0 \\ \vdots & & \vdots \end{bmatrix} = \begin{bmatrix} 0J_{mb} \\ J_{mb}\,\mathrm{diag}\,(k_i\mu_i) \\ 0J_{\frac{m(m-1)}{2}b} \end{bmatrix}.
$$

On en déduit que la relation (1) est vérifiée par tout plan en blocs usuel concernant les moments d'ordre un ainsi que les moments croisés d'ordre deux. Concernant maintenant les moments pairs d'ordre deux la relation (1) est équivalente à :

$$
\forall\ l = 1, ..., b\ ,\ k_l\mu_l = \frac{k_l s_2}{n} \Longleftrightarrow \mu_l = \frac{s_2}{n}.
$$

Le résultat est donc bien démontré ■

7

Plans d'expérience pour mélanges

7.1 Introduction

Les dispositifs expérimentaux considérés jusqu'à présent sont tels que le niveau de chacun des facteurs est indépendant des niveaux des autres facteurs étudiés. Il existe cependant des situations qui, par nature, ne vérifient pas une telle hypothèse. Un exemple classique, bien connu des chimistes, est celui de l'élaboration d'un **mélange** à partir de m composants. Les propriétés du mélange dépendent alors couramment des **proportions** de chacun des composants et ces proportions ne sont, par définition, pas indépendantes les unes des autres puisque leur somme est toujours égale à l'unité. Ce chapitre aborde le problème de l'élaboration de plans d'expérience tenant compte de ce type de contrainte. Les travaux initiaux concernant cette classe de plans d'expérience sont dus à Scheffé dont on pourra consulter les deux articles de référence [85] et [86].

La première partie de ce chapitre a pour objet de présenter des définitions et généralités relatives à l'utilisation des mélanges ainsi que les techniques classiques de représentation graphiques de ces mélanges. Une seconde partie est consacrée aux modèles polynomiaux pour mélanges car l'utilisation des modèles usuels (d'ordre un ou deux complets) n'a pas de sens ici. Les modèles polynomiaux spécifiques aux mélanges sont présentés et étudiés en détail jusqu'à l'ordre trois. Les deux grandes classes de plans d'expérience pour mélanges que sont les réseaux de Scheffé et les réseaux de Scheffé centrés sont introduites. La partie suivante traite du problème de l'introduction d'effets de blocs dans les plans pour mélanges. Certaines techniques de blocage particulièrement simples sont présentées avec principalement pour objectif d'obtenir la propriété de blocage orthogonal du plan d'expérience.

Comme à l'accoutumée la dernière partie de ce chapitre est ensuite consacrée à la mise en œuvre d'un exemple d'application pratique. Il est illustré à l'aide de divers codes SAS.

W. Tinsson, *Plans d'expérience: constructions et analyses statistiques*, Mathématiques et Applications 67, DOI 10.1007/978-3-642-11472-4_7,

© Springer-Verlag Berlin Heidelberg 2010

7.2 Généralités

7.2.1 Hypothèses fondamentales

Comme cela a été précisé dans l'introduction on considére maintenant un mélange constitué par m composants. L'objectif principal est d'expliquer et de modéliser au mieux les caractéristiques du mélange considéré. Supposons dans la suite que la réponse observée ne dépend que des **proportions** des composants présents (et non de leurs quantités totales dans le mélange). On note alors classiquement $x_1, x_2, ..., x_m$ les m proportions associées à tout mélange (*i.e.* les niveaux des m facteurs définis comme étant les diverses proportions). Le fait de considérer uniquement des proportions entraîne immédiatement les deux hypothèses fondamentales suivantes :

$$(H1)\ : \forall\, i = 1, ..., m\ ,\ 0 \leq x_i \leq 1 \quad \text{et} \quad (H2)\ : \sum_{i=1}^{m} x_i = 1.$$

Notons que la non-indépendance des proportions des m composants découle clairement de l'hypothèse $(H2)$ (si, par exemple, $x_1 = 0.6$ alors forcément les proportions des autres composants sont liées à ce résultat puisqu'elles ne pourront pas dépasser la valeur 0.4). On désigne couramment par mélange **binaire** tout mélange obtenu à partir de seulement deux composants (*i.e.* seulement deux des x_i sont non-nuls). De même un mélange élaboré à partir de trois composants est qualifié de mélange **ternaire**. On utilise aussi parfois le composant i seul (avec donc $x_i = 1$ et $x_j = 0$ pour $j \neq i$), il s'agit dans ce cas d'un **corps pur**.

7.2.2 Représentation graphique d'un mélange

Un mélange de m composants est entièrement défini par la donnée des m proportions $x_1, ..., x_m$. Il est possible de représenter un tel mélange par un point de $\mathbb{R}^m$ ayant pour coordonnées $x_1, ..., x_m$ dans un repère adéquat. Cette démarche, utilisée dans tous les chapitres précédents, pose ici problème dans la mesure où elle ne tient pas compte du fait que les coordonnées sont liées d'après l'hypothèse $(H2)$. Une technique classique de représentation graphique des mélanges tenant compte à la fois des hypothèses $(H1)$ et $(H2)$ est présentée ici.

1) Cas des mélanges binaires. Il s'agit du cas le plus simple où un mélange est obtenu à partir de deux composants : le composant 1 en proportion x_1 et le composant 2 en proportion x_2. D'après l'hypothèse $(H2)$ il est évident qu'il est inutile de conserver ici ces deux quantités puisqu'une seule suffit (gardons par exemple x_1 et posons $x_2 = 1 - x_1$). Un tel mélange, caractérisé par une seule coordonnée, peut donc être représenté graphiquement dans un espace de dimension un, c'est-à-dire sur une droite. Considérons alors deux points

A et B associés respectivement aux composants 1 et 2. Une technique simple de représentation graphique du mélange consiste à l'identifier au point du segment $[AB]$ de coordonnée $(1 - x_1)$ dans le repère d'origine A ayant pour vecteur unitaire $\overrightarrow{AB}$ (voir la figure 7.1).

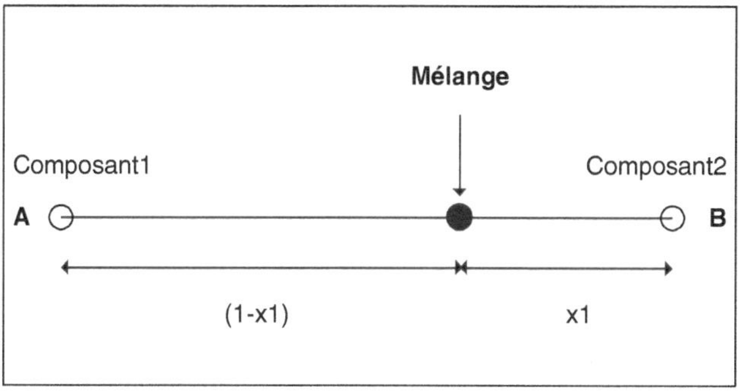

Fig. 7.1. Représentation graphique d'un mélange binaire.

Cette technique de représentation est intuitivement facile à comprendre car plus la concentration du composant 1 est élevée plus le point représentant le mélange est proche de l'extremité du segment associée à ce même composant. Un mélange à égale proportion des deux composants est situé au milieu du segment $[AB]$ alors que les deux extrémités correspondent aux deux corps purs. Plus généralement en désignant par M le point associé au mélange où le composant 1 est en proportion x_1 il vient :

$$x_1\overrightarrow{MA} + (1 - x_1)\,\overrightarrow{MB} = \overrightarrow{0}.$$

En d'autres termes le mélange est donc géométriquement identifié au **barycentre** des points A et B affectés des pondérations x_1 et $x_2 = 1 - x_1$.

2) Cas des mélanges ternaires. Considérons ici le cas où un mélange est élaboré à partir des composants 1, 2 et 3 en proportions respectives x_1, x_2 et x_3. L'hypothèse ($H2$) entraîne, une nouvelle fois, que seulement deux des trois proportions sont nécessaires à la caractérisation du mélange. Tout mélange va donc pouvoir être représenté dans un espace de dimension deux (*i.e.* un plan) et il est possible de généraliser la technique vue précédemment. Considérons pour cela tout d'abord trois points du plan A, B et C associés respectivement aux corps purs 1, 2 et 3. Ces trois points sont aussi les sommets d'un triangle, on les dispose conventionnellement de manière à ce que ABC soit un triangle équilatéral. Tout mélange peut alors être représenté de manière unique comme **barycentre** des points A, B et C affectés des pondérations x_1, x_2 et x_3. D'après l'hypothèse ($H1$) l'ensemble de tous les mélanges décrit exactement le triangle ABC (tout point situé à la frontière du triangle est soit un corps pur soit un mélange binaire alors que tout point situé à l'intérieur est réellement un mélange ternaire). En pratique la localisation d'un mélange ternaire dans le triangle est obtenue aisément d'après la figure 7.2 (schéma de gauche). Un maillage du triangle à partir de segments parallèles à chacun des cotés est couramment utilisé afin de pouvoir travailler aisément avec ce type de coordonnées (figure 7.2 schéma de droite). Remarquons pour terminer que le mélange où les composants 1, 2 et 3 sont en égales proportions ($x_1 = x_2 = x_3 = 1/3$) est représenté par le centre de gravité du triangle ABC.

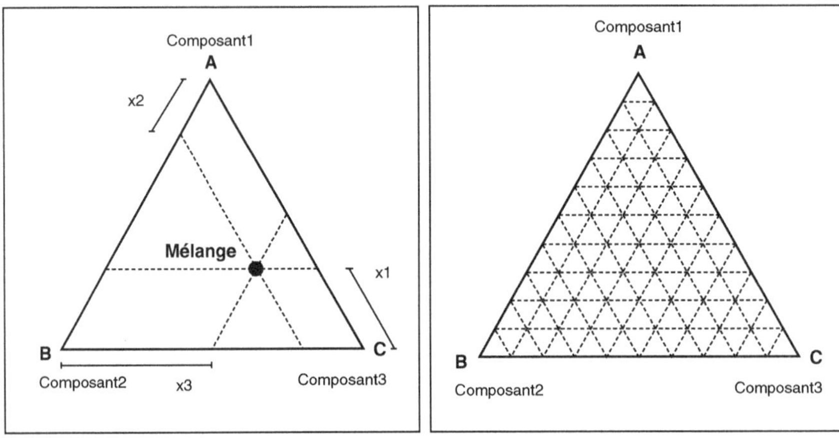

Fig. 7.2. Représentation graphique d'un mélange ternaire.

3) Cas général. La technique présentée précédemment pour des mélanges binaires et ternaires peut être généralisée mathématiquement sans la moindre difficulté. Un mélange obtenu à partir de m composants est alors totalement déterminé par la connaissance de $(m - 1)$ proportions, il peut donc être représenté dans un espace à $(m - 1)$ dimensions (du type $\mathbb{R}^{m-1}$). Considérons alors m points A_1, A_2, ..., A_m de cet espace associés à chacun des corps purs. Par souci de simplicité on place ces points de manière à obtenir une figure géométrique la plus régulière possible de manière à ce que $A_1A_2...A_m$ soit un **simplexe** de $\mathbb{R}^{m-1}$ (voir la section 3.5 pour plus de détails concernant les simplexes). Il s'agit donc de considérer un triangle équilatéral lorsque $m = 3$, un tétrahèdre régulier lorsque $m = 4$, *etc...* Tout mélange est alors représenté de manière unique par le barycentre des sommets A_1, A_2, ..., A_m affectés des pondérations x_1, x_2, ..., x_m égales aux différentes proportions. Cette technique, très générale, correspond à la représentation d'un mélange à l'aide des coordonnées x_1, x_2, ..., x_m dites **barycentriques**. L'utilisation de telles coordonnées est fréquente dans d'autres branches des mathématiques, notamment en analyse numérique pour la méthode des éléments finis (voir par exemple Raviart et Thomas [80]). Remarquons qu'un mélange équilibré ($x_1 = x_2 = ... = x_m = 1/m$) est identifié à l'isobarycentre des m sommets, souvent appelé **centroïde** du simplexe.

7.2.3 Notation standard des réponses

Il est classique, dans le cas des plans d'expériences pour mélanges, d'utiliser une notation standard pour désigner les différentes réponses. Lorsque m composants sont considérés on note Y_i $(i = 1, ..., m)$ chacune des réponses obtenues lorsque le corps pur i est utilisé. De même, Y_{ij} $(i, j = 1, ..., m$ avec $i < j)$ est la réponse observée pour un mélange binaire dans lequel les composants i et j sont en même proportion. Enfin on désigne, par exemple, par Y_{iij} $(i, j = 1, ..., m$ avec $i < j)$ la réponse observée pour un mélange binaire où les composants i et j sont respectivement en proportions $2/3$ et $1/3$. De manière générale :

$$Y_{11...122...2\ ...\ mm...m}$$

où le symbole i apparaît r_i fois (avec $\forall\ i = 1, ..., m$, $r_i \in \mathbb{N}$), et $r = \sum r_i$, désigne la réponse observée pour le mélange tel que :

$$\text{le composant } i \ \ (i = 1, ..., m) \ \text{ est en proportion } \frac{r_i}{r}.$$

Le nombre de coefficients r_i non-nuls est donc égal au nombre de composants réellement utilisés dans le mélange. Ce type de notation permet de décrire les réponses observées pour la plupart des plans d'expérience pour mélanges. La figure 7.3 donne (dans le cas de 3 composants) quelques exemples graphiques.

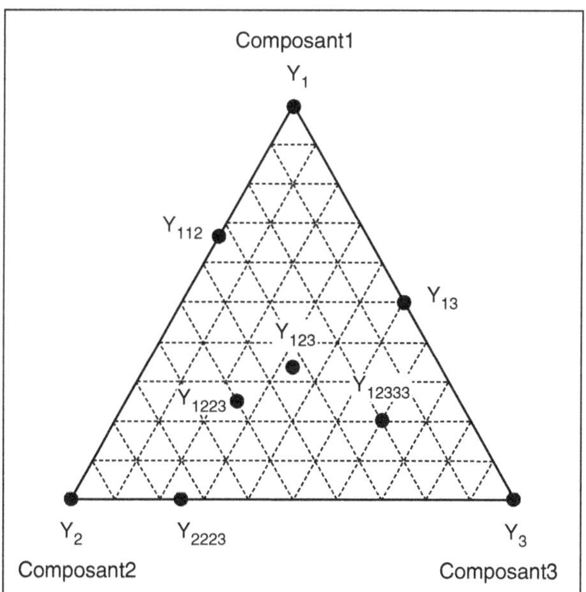

Fig. 7.3. Diverses réponses observées.

7.3 Modèles pour mélanges

Les modèles polynomiaux classiques utilisés jusqu'à présent ne sont pas adaptés à une étude de mélanges car l'hypothèse $(H2)$ entraîne une dépendance entre divers paramètres du modèle qui devient ainsi surparamétré. Détaillons ici la forme des principaux modèles adaptés aux mélanges.

7.3.1 Modèle d'ordre un

Tout comme dans le cas classique le modèle polynomial le plus simple à mettre en oeuvre est celui de degré égal à un. Là aussi un tel modèle peut être intéressant lorsque, par exemple, le nombre de composants est élevé et qu'une première étude est nécessaire afin d'évaluer quels sont les plus influents sur la réponse étudiée (technique de criblage). Le modèle statistique classique est toujours de la forme $Y(x) = f(x) + \varepsilon(x)$. Supposons tout d'abord que la loi de réponse peut être correctement approchée au voisinage $\mathcal{E}$ du centroïde du simplexe par :

$$\forall\ x \in \mathcal{E}\ ,\ f(x) = \beta_0 + \sum_{i=1}^{m} \beta_i x_i.$$

Ce modèle ne tient cependant pas compte de l'hypothèse fondamentale $(H2)$. On peut l'introduire simplement en remarquant que $\beta_0 = \beta_0 \times 1$ et donc :

$$\forall\ x \in \mathcal{E}\ ,\ f(x) = \beta_0 \left(\sum_{i=1}^{m} x_i \right) + \sum_{i=1}^{m} \beta_i x_i = \sum_{i=1}^{m} (\beta_0 + \beta_i)\, x_i.$$

On constate donc qu'il est donc inutile de conserver l'effet moyen général β_0 (qui devient impossible à estimer ici) et en posant $b_i = \beta_0 + \beta_i$ $(i = 1, ..., m)$ il vient :

Proposition 7.1. *Le* **modèle polynomial d'ordre un** *adapté à l'étude des mélanges, pour* m composants, *est donné par :*

$$\forall\ x \in \mathcal{E}\ ,\ f(x) = \sum_{i=1}^{m} b_i x_i.$$

Il en résulte que le nombre de paramètres inconnus d'un tel modèle est :

$$p = m.$$

Notons que lorsque ce modèle est mis en oeuvre avec un plan d'expérience adapté, la matrice du modèle $X \in \mathcal{M}(n, m)$ est donc identique à la matrice du plan D.

Interprétation des coefficients. Considérons un mélange binaire obtenu à partir des composants i et j en proportions respectives $x_i = p$ et $x_j = 1 - p$. Il est clair qu'avec un tel modèle la réponse moyenne (située sur une des arêtes du simplexe) est donnée par :

$$f(p, 1-p) = b_i p + b_j (1-p) = b_j + (b_i - b_j) p.$$

L'interprétation concrète des coefficients du modèle est donc aisée puisque b_i est simplement la réponse obtenue lorsque le corps pur i est utilisé (poser dans la formule ci-dessus $p = 1$). Avec ce modèle la réponse pour tout mélange binaire est de plus affine en p. Attention au fait que le paramètre b_i n'est pas l'effet linéaire du composant i. Il ne peut plus être qualifié de tel puisqu'il est obtenu par une sommation faisant intervenir à la fois le "vrai" effet linéaire β_i mais aussi l'effet moyen général β_0.

Exemple

Voici un exemple de surface ajustée à l'aide d'un modèle d'ordre un (source : logiciel Nemrod). Il s'agit de la représentation graphique du modèle ajusté au sens des moindres carrés obtenu à partir d'un réseau de Scheffé de type $\{3, 3\}$ (voir la suite du chapitre). La qualité de l'ajustement est donnée ici par $R^2 = 0.636$.

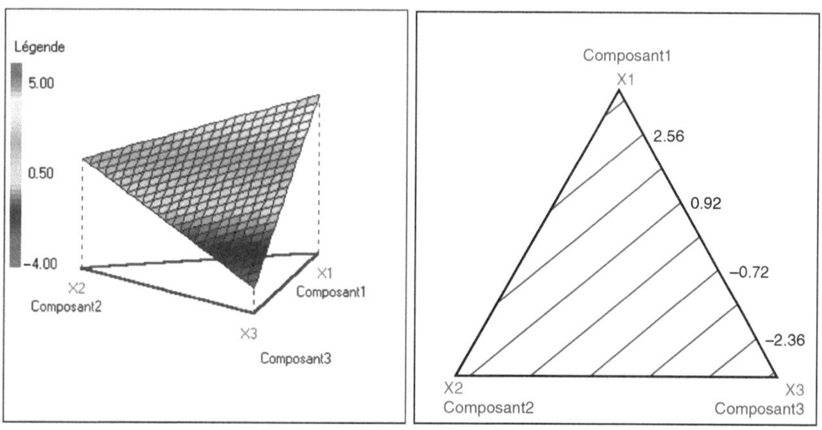

Fig. 7.4. Modélisation par un polynôme d'ordre un.

7.3.2 Modèle d'ordre deux

Le modèle polynomial d'ordre un présenté précédemment n'est pas assez riche afin de décrire correctement bon nombre de situations pratiques. Il est alors naturel d'utiliser un modèle polynomial de degré supérieur. Partant du modèle classique d'ordre deux on montre (tout comme dans le paragraphe précédent) que l'hypothèse ($H2$) entraîne la suppression de l'effet moyen général β_0 mais aussi (voir la démonstration) celle de tous les effets quadratiques β_{ii}. Ceci entraîne que :

Proposition 7.2. [$\lhd$] *Le* **modèle polynomial d'ordre deux** *adapté à l'étude des mélanges, pour* m composants, *est donné par :*

$$\forall\ x \in \mathcal{E}\ ,\ f(x) = \sum_{i=1}^{m} b_i x_i + \sum_{i<j}\sum b_{ij} x_i x_j.$$

Il en résulte qu'un tel modèle est constitué par m paramètres inconnus (les b_i) auxquels il faut rajouter les C_m^2 paramètres b_{ij} (il y en a autant que de choix non-ordonnés de 2 éléments parmi m). On a donc :

$$p = m + C_m^2 = m + \frac{m(m-1)}{2} = \frac{m(m+1)}{2}.$$

Interprétation des coefficients. Examinons une nouvelle fois le comportement d'un tel modèle dans le cas d'un mélange binaire où les composants i et j sont en proportions respectives $x_i = p$ et $x_j = 1 - p$. Il est immédiat que :

$$f(p, 1-p) = b_j + (b_i - b_j + b_{ij})\, p - b_{ij} p^2.$$

La modélisation ainsi obtenue est donc plus riche que celle du modèle d'ordre un puisque le paramètre b_{ij} permet d'introduire une courbure dans la réponse. Plus précisemment lorsque le mélange est équilibré la réponse moyenne est :

$$\begin{cases} f(0.5, 0.5) = 0.5\,(b_i + b_j) & \text{pour le modèle d'ordre un,} \\ f(0.5, 0.5) = 0.5\,(b_i + b_j) + 0.25 b_{ij} & \text{pour le modèle d'ordre deux.} \end{cases}$$

Le coefficient b_{ij} peut donc être interprété comme le quadruple de la quantité à rajouter à une réponse affine afin de modéliser correctement le phénomène pour un mélange équilibré entre les composants i et j.

Exemple

Voici un exemple de surface ajustée au sens des moindres carrés à l'aide d'un modèle d'ordre 2 (source : logiciel Nemrod).

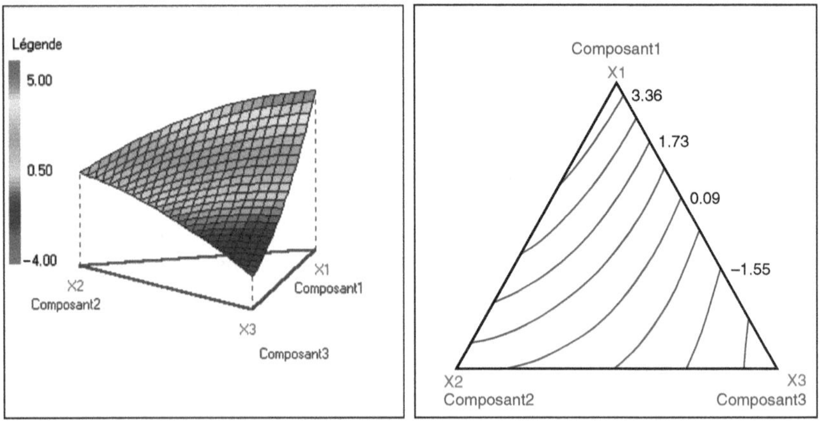

Fig. 7.5. Modélisation par un polynôme d'ordre deux.

Cette modélisation utilise les mêmes données que pour l'exemple du paragraphe 7.3.1. On constate ici une amélioration de l'ajustement par rapport au cas affine car la surface est maintenant légèrement courbée mais la qualité de l'ajustement reste insuffisante car $R^2 = 0.667$.

7.3.3 Modèle d'ordre trois complet

Il a été montré précédemment que l'utilisation d'un modèle polynomial d'ordre deux dans le cas des mélanges entraîne la disparition de l'effet moyen général ainsi que des effets quadratiques. Il en résulte que ce modèle est beaucoup moins riche que le modèle d'ordre deux classique et va dans certaines situations s'avérer trop pauvre pour décrire correctement le phénomène étudié (voir par exemple la figure 7.5). Ceci implique donc que l'utilisation d'un modèle polynomial d'ordre trois est envisageable. La prise en compte de l'hypothèse fondamentale $(H2)$ conduit alors à considérer la classe de modèles suivante :

Proposition 7.3. [$\triangleleft$] *Le* **modèle polynomial d'ordre trois** *adapté à l'étude des mélanges, pour* $m \geq 3$ composants, *est donné par :*

$$\forall\, x \in \mathcal{E} \ ,\ f(x) = \sum_{i=1}^{m} b_i x_i + \sum\sum_{i<j} b_{ij} x_i x_j + \sum\sum_{i<j} \delta_{ij} x_i x_j (x_i - x_j) + \sum\sum\sum_{i<j<k} b_{ijk} x_i x_j x_k$$

Les paramètres inconnus d'un tel modèle sont alors : les b_i au nombre de m, les b_{ij} ainsi que les δ_{ij} au nombre de C_m^2 et enfin les b_{ijk} au nombre de C_m^3. Le nombre total de paramètres inconnus est donc donné par :

$$p = m + 2C_m^2 + C_m^3 = \frac{m(m+1)(m+2)}{6}.$$

Interprétation des coefficients. Détaillons le rôle des nouveaux coefficients δ_{ij} et b_{ijk} de ce modèle. Pour un mélange binaire où $x_i = p$ et $x_j = 1 - p$ la réponse obtenue est cubique, donnée explicitement par :

$$f(p, 1-p) = b_j + (b_i - b_j + b_{ij} - \delta_{ij})\, p + (3\delta_{ij} - b_{ij})\, p^2 - 2\delta_{ij} p^3.$$

Il en résulte en particulier que pour un mélange équilibré il vient $f(0.5, 0.5) = 0.5\,(b_i + b_j) + 0.25 b_{ij}$. La réponse dans ce cas est donc égale à celle donnée par le modèle d'ordre deux. Evaluons alors les réponses obtenues pour des proportions dans le mélange de 1/4 et 3/4 :

$$\begin{cases} f(0.25, 0.75) = (0.25 b_i + 0.75 b_j + 0.1875 b_{ij}) - 0.09375 \delta_{ij}, \\ f(0.75, 0.25) = (0.25 b_i + 0.75 b_j + 0.1875 b_{ij}) + 0.09375 \delta_{ij}. \end{cases}$$

Les quantités entre parenthèses ci-dessus sont les réponses obtenues à l'aide du modèle d'ordre deux. On en déduit que le coefficient δ_{ij} est lié à la déviation introduite par rapport au modèle quadratique. Concernant maintenant le coefficient b_{ijk} il permet d'affiner l'analyse des mélanges ternaires (et au-delà). Plus précisemment, la réponse pour un mélange ternaire équilibré est donnée pour les différents modèles étudiés par (avec de haut en bas les modèles d'ordre un, deux et trois) :

$$\begin{cases} 0.333\,(b_i + b_j + b_k)\,, \\ 0.333\,(b_i + b_j + b_k) + 0.111\,(b_{ij} + b_{ik} + b_{jk})\,, \\ 0.333\,(b_i + b_j + b_k) + 0.111\,(b_{ij} + b_{ik} + b_{jk}) + 0.037 b_{ijk}. \end{cases}$$

Exemple

Voici un exemple de surface ajustée au sens des moindres carrés à l'aide d'un modèle d'ordre trois complet (source : logiciel Nemrod).

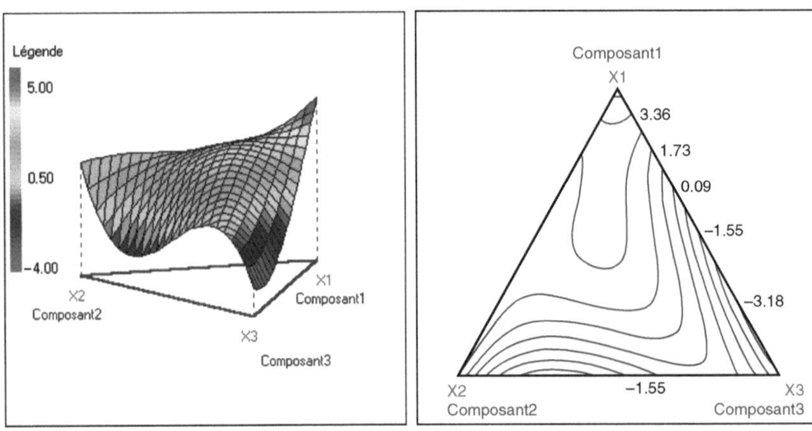

Fig. 7.6. Modélisation par un polynôme d'ordre trois.

Cette surface est toujours obtenue à l'aide des mêmes données que dans les paragraphes précédents. Il est clair ici que l'introduction des termes cubiques dans le modèle a beaucoup modifié l'allure de la surface ajustée par rapport à ce que l'on avait pour l'ordre un ou deux. On retrouve bien ce résultat quantitativement puisque le coefficient de corrélation linéaire multiple est maintenant $R^2 = 0.917$. Ce résultat est bien entendu lié directement à l'enrichissement du modèle qui a 10 paramètres inconnus au total (contre respectivement 6 et 3 pour les modélisations de degrés 2 et 1).

7.3.4 Modèle synergique d'ordre trois

Le modèle complet d'ordre trois permet d'effectuer des modélisations relativement complexes (voir la figure 7.6). En contrepartie le nombre de paramètres inconnus de ce modèle est assez élevé et peut constituer un obstacle au niveau du nombre d'expériences à réaliser. C'est pourquoi on s'oriente parfois vers un modèle d'ordre trois plus simple. Une solution classique consiste à supprimer les coefficients δ_{ij}. Ceci conduit alors au modèle d'ordre trois suivant qualifié de synergique (ou aussi de *"special"* dans la littérature anglophone) :

Définition 7.4. *Le* **modèle polynomial synergique d'ordre trois** *adapté à l'étude des mélanges, pour* $m \geq 3$ composants, *est donné par :*

$$\forall\, x \in \mathcal{E}\ ,\ f\,(x) = \sum_{i=1}^{m} b_i x_i + \sum\sum_{i<j} b_{ij} x_i x_j + \sum\sum\sum_{i<j<k} b_{ijk} x_i x_j x_k$$

Les coefficients inconnus d'un tel modèle sont alors les b_i (au nombre de m), les b_{ij} (au nombre de C_m^2) ainsi que les b_{ijk} (au nombre de C_m^3). Ceci donne pour total :

$$p = m + C_m^2 + C_m^3 = \frac{m\left(m^2+5\right)}{6}.$$

Interprétation des coefficients. Là aussi les coefficients b_{ijk} ont pour principal intérêt d'introduire une modélisation cubique dès lors qu'un mélange au moins ternaire est utilisé.

Exemple

Voici une analyse de la même situation qu'aux paragraphes précédents avec cette fois un ajustement réalisé à l'aide du modèle synergique d'ordre trois (source : logiciel Nemrod).

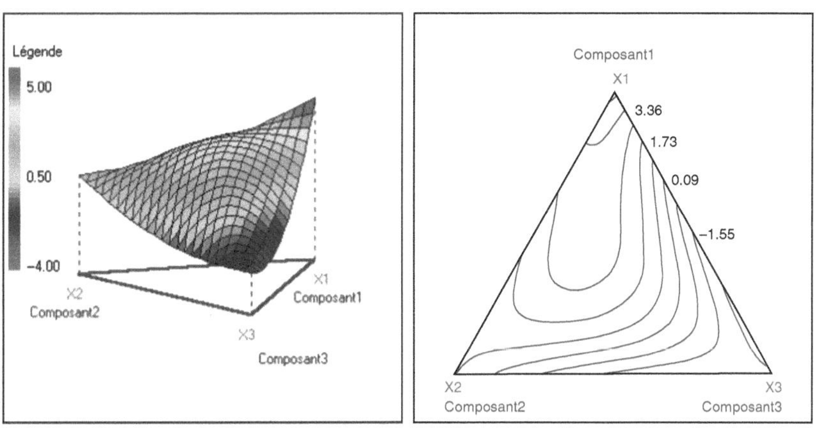

Fig. 7.7. Modélisation par un polynôme synergique d'ordre trois

Concernant la qualité de l'ajustement on obtient ici $R^2 = 0.791$. Ceci montre donc tout l'intérêt de ce modèle car la qualité de l'ajustement est bien supérieure à celle obtenue avec le modèle d'ordre deux alors qu'un seul paramètre inconnu supplémentaire a été rajouté (pour un total de 7 paramètres). L'ajustement est par contre moins bon qu'avec le modèle complet d'ordre trois mais celui-ci nécessite l'utilisation de trois paramètres δ_{ij} supplémentaires.

7.3.5 Modèle synergique d'ordre quelconque

Une fois présenté le modèle synergique d'ordre trois il est naturel d'essayer de le généraliser à un ordre quelconque dès lors que plus de 3 facteurs sont utilisés. En effet ce modèle a été obtenu en rajoutant au modèle d'ordre deux les monômes de la forme $x_i x_j x_k$ et on peut envisager maintenant de rajouter aussi ceux de la forme $x_i x_j x_k x_l$ (à l'ordre 4) on bien $x_i x_j x_k x_l x_m$ (à l'ordre 5), *etc...* En d'autres termes il est possible d'utiliser la classe des polynômes affines (comme cela a été fait dans un contexte différent dans le chapitre 3) et ceci entraîne la définition suivante :

Définition 7.5. *Soit un entier λ et $m \geq \lambda$ composants. Le* **modèle polynomial synergique d'ordre** λ *est donné par* ($\forall\, x \in \mathcal{E}$) *:*

$$f(x) = \sum_{i_1=1}^{m} b_{i_1} x_{i_1} + \sum\sum_{i_1<i_2} b_{i_1 i_2} x_{i_1} x_{i_2} + \sum\sum\sum_{i_1<i_2<i_3} b_{i_1 i_2 i_3} x_{i_1} x_{i_2} x_{i_3}$$

$$+ ... + \sum\sum ... \sum_{i_1<i_2<...<i_\lambda} b_{i_1 i_2 ... i_\lambda} x_{i_1} x_{i_2} ... x_{i_\lambda}.$$

Dans le cas particulier où $\lambda = m$ le modèle synergique est dit **complet**.

Les coefficients inconnus d'un tel modèle sont alors les b_{i1} (au nombre de m), les $b_{i_1 i_2}$ (au nombre de C_m^2), les $b_{i_1 i_2 i_3}$ (au nombre de C_m^3), *etc...* Le nombre total de paramètres inconnus est donc égal à :

$$p = \sum_{i=1}^{\lambda} C_m^i.$$

Dans le cas particulier du modèle synergique complet il vient :

$$p = \sum_{i=1}^{m} C_m^i = 2^m - 1 \text{ car } \sum_{i=0}^{m} C_m^i = 2^m$$

d'après la formule du binôme de Newton.

Interprétation des coefficients. L'interprétation faite avec le modèle synergique d'ordre trois est généralisable ici sans difficulté. Utiliser les coefficients $b_{i_1 i_2 i_3 i_4}$ permet d'introduire une modélisation de degré égal à 4 dès lors qu'au moins quatre composants sont utilisés dans le mélange. Utiliser les coefficients $b_{i_1 i_2 i_3 i_4 i_5}$ permet d'introduire une modélisation de degré égal à 5 dès lors qu'au moins cinq composants sont utilisés dans le mélange, *etc...*

7.3.6 Résumé

La table 7.1 présente le nombre de paramètres inconnus de tous les modèles vus précédemment pour un nombre de facteurs compris entre 2 et 10. Les colonnes sont associées respectivement de gauche à droite au modèle d'ordre un, au modèle d'ordre deux, au modèle complet d'ordre trois, au modèle synergique d'ordre trois et enfin au modèle synergique complet. Le nombre de paramètres inconnus du modèle classique d'ordre deux est présenté aussi (à droite du tableau) afin de pouvoir réaliser une comparaison avec la situation des chapitres précédents où il n'y avait pas de mélange. On constate dans un premier temps le peu de paramètres inconnus du modèle d'ordre deux pour mélanges (ce qui est logique puisque l'effet moyen général ainsi que les effets quadratiques ont été supprimés). *A contrario* l'utilisation du modèle d'ordre trois complet devient rapidement prohibitive (au delà de 5 facteurs il nécessite obligatoirement plus du double des expériences du modèle d'ordre deux classique). Concernant par contre le modèle synergique d'ordre trois, il s'avère très intéressant lorsque le nombre de facteurs est égal à 3, 4 ou 5. Enfin le modèle synergique complet, relativement facile à mettre en oeuvre pour 4 ou 5 facteurs, compte ensuite un nombre de paramètre inconnus en augmentation très rapide.

Table 7.1. Nombre de paramètres inconnus de différents modèles.

	d°1	d°2	d°3	d°3 syn.	Syn com.		d°2 class
2 facteurs	2	3	×	×	×		6
3 facteurs	3	6	10	7	7		10
4 facteurs	4	10	20	14	15		15
5 facteurs	5	15	35	25	31		21
6 facteurs	6	21	56	41	63		28
7 facteurs	7	28	84	63	127		36
8 facteurs	8	36	120	92	255		45
9 facteurs	9	45	165	129	511		55
10 facteurs	10	55	220	175	1023		66

Considérons maintenant la qualité de l'ajustement en terme de richesse du polynôme utilisé. La table 7.2 résume les différentes possibilités. Divers types de mélanges figurent en ligne : binaires, ternaires, à 4 composants et le cas général où m composants sont utilisés. Les colonnes sont associées aux modèles étudiés précédemment avec, de gauche à droite, les modèles d'ordre un, deux, trois complet, synergique d'ordre trois, synergique d'ordre quatre et enfin synergique complet. A l'intersection de chaque couple ligne-colonne figure la forme du polynôme obtenu qui est soit affine (*i.e.* de degré un), soit quadratique (*i.e.* de degré deux), soit cubique (*i.e.* de degré trois) soit enfin d'un degré quelconque supérieur à trois.

Table 7.2. Nature des différentes modélisations.

	d°1	d°2	d°3	d°3 syn.	d°4 syn.	Syn com.
Mel. binaire	affine	quadra.	cubique	quadra.	quadra.	quadra.
Mel. ternaire	affine	quadra.	cubique	cubique	cubique	cubique
Mel. 4 comp.	affine	quadra.	cubique	cubique	d°4	d°4
Mel. m comp.	affine	quadra.	cubique	cubique	d°4	d°m

Ce tableau permet de visualiser clairement les avantages et inconvénients des divers modèles. On retiendra que la principale qualité du modèle complet d'ordre trois est de proposer un ajustement cubique pour les mélanges binaires. Ce modèle peut donc s'avérer être très intéressant dans les situations où le comportement des mélanges binaires semble complexe. Par contre l'utilisation d'un modèle synergique d'ordre λ se distingue par le fait que tous les mélanges faisant intervenir λ composants (ou plus) vont être modélisés par un polynôme de degré λ. Un tel modèle sera donc préférable lorsque ce type de mélanges semblent être plus complexes à modéliser.

7.3.7 Analyse de la variance

Une fois un modèle choisi et ajusté au sens des moindres carrés le problème de la qualité de l'ajustement réalisé se pose une nouvelle fois. Dans le cas des modèles pour mélanges la technique d'analyse de la variance reste identique au cas classique et les formules suivantes (voir la proposition 2.8) sont toujours utilisables :

$$SST = SSR + SSE \text{ avec :}$$
$$SST = {}^tYY - n\overline{Y}^2,\ SSE = {}^tY(I_n - P)Y \text{ et } SSR = {}^tYPY - n\overline{Y}^2.$$

Ce résultat est étonnant au premier abord car il a été prouvé que cette décomposition est vraie pour les modèles classiques (voir la démonstration de la proposition 2.8) car il y a toujours dans ces modèles un effet moyen général (et donc une colonne de la forme $\mathbb{I}_n$ dans la matrice X) ce qui n'est pourtant plus le cas ici. D'après l'énoncé de la proposition 2.8 il n'est cependant pas nécessaire d'utiliser un modèle avec une constante pour que cette décomposition soit valide car la seule hypothèse (moins contraignante) à vérifier est $\mathbb{I}_n \subset \operatorname{Im} X$. Cette hypothèse est bien vérifiée par **tout modèle pour mélange** d'après l'hypothèse fondamentale ($H2$) qui impose que $\sum_i x_i = 1$, donc la somme des colonnes de la matrice du plan d'expérience D est toujours égale à $\mathbb{I}_n$ (et donc $\mathbb{I}_n \subset \operatorname{Im} X$ puisque D est toujours une sous-matrice de X).

7.4 Réseaux de Scheffé

7.4.1 Définition

Présentons ici une classe de plans d'expérience pour mélanges désignés classiquement par le terme de réseaux et introduits par Scheffé [85].

Définition 7.6. *Considérons un mélange élaboré à l'aide de m composants. On appelle* **réseau de Scheffé** *de type $\{m, q\}$, avec $q \in \mathbb{N}^*$, le plan d'expérience $\mathcal{D} = \{z_u, u = 1, ..., n\}$ constitué par tous les points dont les coordonnées barycentriques sont des multiples de $1/q$.*

En d'autres termes on a donc pour tout réseau de Scheffé de type $\{m, q\}$:

$$\forall\ u = 1, ..., n\ ,\ \forall\ i = 1, ..., m\ ,\ z_{ui} \in \left\{0, \frac{1}{q}, \frac{2}{q}, ..., \frac{q-1}{q}, 1\right\}.$$

Il découle de cette définition que :

Proposition 7.7. [$\triangleleft$] *Le nombre d'expériences à réaliser avec un réseau de Scheffé de type $\{m, q\}$ est donné par :*

$$n = C_{m+q-1}^{q}.$$

Remarquons que les nombres d'expériences associées aux réseaux de Scheffé de type $\{m, 1\}$, $\{m, 2\}$ et $\{m, 3\}$ sont alors :

$$\begin{cases} \text{réseau } \{m,1\} : & n = C_m^1 = m, \\ \text{réseau } \{m,2\} : & n = C_{m+1}^2 = m\,(m+1)\,/2, \\ \text{réseau } \{m,3\} : & n = C_{m+2}^3 = m\,(m+1)\,(m+2)\,/6. \end{cases}$$

On retrouve exactement le nombre de paramètres inconnus des modèles pour mélanges d'ordre un, d'ordre deux et enfin d'ordre trois complet. Les trois réseaux de Scheffés présentés ci-dessus sont donc des plans d'expérience **saturés** pour ces trois modèles.

Exemple

Voici diverses représentations graphiques de réseaux de Scheffé dans le cas où $m = 3$ facteurs sont considérés (source : logiciel Nemrod).

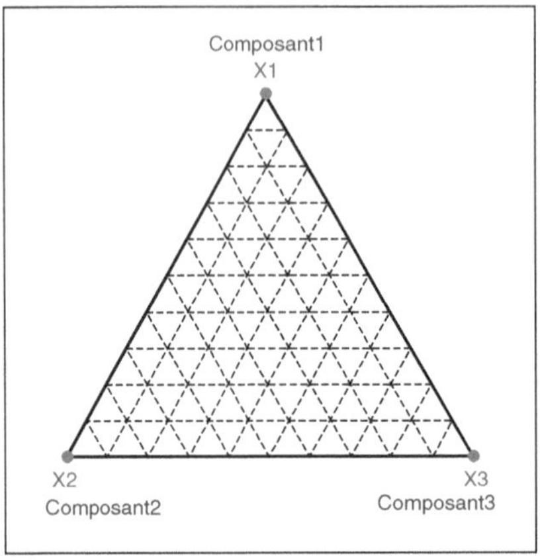

Fig. 7.8.
Réseau de Scheffé de type $\{3, 1\}$.

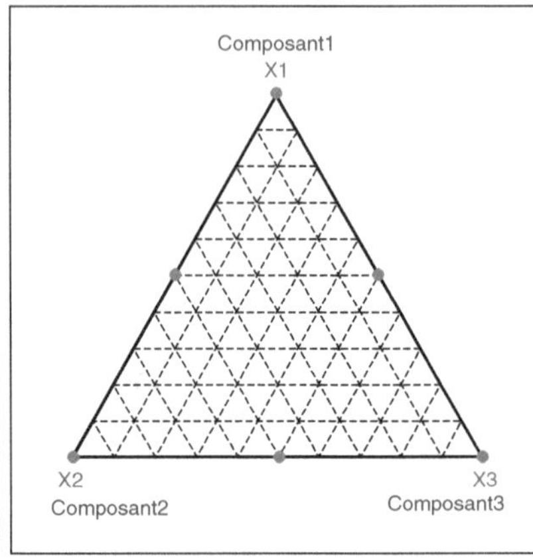

Fig. 7.9.
Réseau de Scheffé de type $\{3, 2\}$

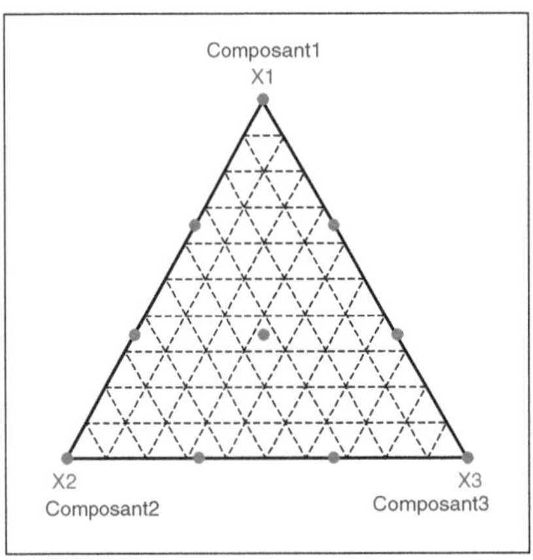

Fig. 7.10.
Réseau de Scheffé de type $\{3, 3\}$.

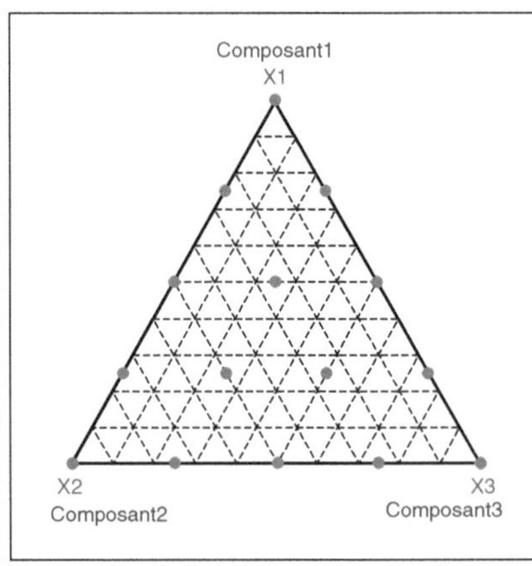

Fig. 7.11.
Réseau de Scheffé de type $\{3, 4\}$.

7.4.2 Ajustement de divers modèles

Abordons tout d'abord l'ajustement au sens des moindres carrés du modèle polynomial le plus simple c'est-à-dire d'ordre un. Un plan d'expérience adapté à l'ajustement d'un tel modèle est alors le réseau de Scheffé de type $\{m, 1\}$ utilisé classiquement soit tel quel soit en répétant r fois chacune des expériences (si le total n'est pas prohibitif) afin de pouvoir réaliser une analyse de la variance. On montre que l'on a explicitement les résultats suivants (avec les différentes réponses en notation standard, voir le paragraphe 7.2.3) :

Proposition 7.8. [$\triangleleft$] *Soit un réseau de Scheffé de type $\{m, 1\}$ tel que les expériences sont répétées $r \in \mathbb{N}^*$ fois et un modèle polynomial d'ordre un. Un tel plan est constitué par un total de $n = rm$ expériences (il est donc saturé lorsque $r = 1$) et les* **estimateurs** *des moindres carrés des paramètres du modèle sont donnés par :*

$$\forall\ i = 1, ..., m\ ,\ \widehat{b}_i = \overline{Y_i}$$

où $\overline{Y_i}$ désigne la moyenne des r réponses $Y_i^{(1)}$, $Y_i^{(2)}$, ..., $Y_i^{(r)}$ obtenues lorsque le corps pur i est considéré. Tous ces estimateurs sont de plus non-corrélés et leur **dispersion** *vérifie :*

$$\forall\ i = 1, ..., m\ ,\ \operatorname{Var} \widehat{b}_i = \frac{\sigma^2}{r}.$$

Remarque. On démontre aussi sans difficulté (en suivant un cheminement identique à celui de la démonstration de la proposition 7.8) que les résultats sont identiques dans le cas général où le nombre de répétitions est de r_1 pour le corps pur 1, ..., r_m pour le corps pur m (alors $\forall\ i = 1, ..., m\ ,\ \widehat{b}_i = \overline{Y_i}$ et $\operatorname{Var} \widehat{b}_i = \sigma^2 / r_i$). Il est cependant courant d'utiliser un nombre identique de répétitions afin d'obtenir une qualité d'estimation identique pour tous les facteurs (le plan est dit équilibré).

Remarquons que ce plan d'expérience est satisfaisant d'un point de vue mathématique mais peut s'avérer très étonnant pour un utilisateur non averti dans la mesure où il est constitué exclusivement par des corps purs donc ne contient aucun véritable mélange ! Ceci est dû au modèle très simple utilisé ici qui, s'il est valide, ne nécessite que la connaissance des diverses réponses associées aux corps purs puisque tout autre type de réponse est alors obtenue par une simple relation affine à partir de celles-ci (voir le paragraphe 7.3.1 pour plus de détails).

Considérons maintenant la modélisation plus riche obtenue à l'aide du modèle polynomial pour mélanges d'ordre deux (voir le paragraphe 7.3.2). Un plan d'expérience adapté à l'ajustement d'un tel modèle est alors le réseau de Scheffé de type $\{m, 2\}$. Il s'agit donc, par définition, d'un plan d'expérience pour lequel on teste tous les corps purs ainsi que tous les mélanges binaires équilibrés (avec $x_i = x_j = 0.5$ pour tous les i et j différents). On a alors le résultat suivant :

Proposition 7.9. [$\triangleleft$] *Soit un réseau de Scheffé de type $\{m, 2\}$ tel que les expériences sont répétées $r \in \mathbb{N}^*$ fois et un modèle polynomial d'ordre deux. Un tel plan est constitué par un total de $n = rm\,(m+1)\,/2$ expériences (il est donc saturé lorsque $r = 1$) et les* **estimateurs** *des moindres carrés des paramètres du modèle sont donnés par :*

$$\forall\ i,j = 1, ..., m \ avec \ i < j, \ \begin{cases} \widehat{b}_i = \overline{Y_i}, \\ \widehat{b}_{ij} = 4\overline{Y}_{ij} - 2\left(\overline{Y_i} + \overline{Y_j}\right). \end{cases}$$

où $\overline{Y}_i$ *(resp.* $\overline{Y}_{ij}$*) désigne la moyenne des* r *réponses de la forme* $Y_1^{(1)}$, ..., $Y_r^{(r)}$ *(resp.* $Y_{ij}^{(1)}, ..., Y_{ij}^{(r)}$*). La* **dispersion** *de ces estimateurs est de plus donnée par :*

$$\forall\ i,j = 1, ..., m \ avec \ i \neq j, \ \mathrm{Var}\,\widehat{b}_i = \frac{\sigma^2}{r} \ et \ \mathrm{Var}\,\widehat{b}_{ij} = \frac{24\sigma^2}{r}.$$

Il n'a pas été précisé ici que les divers estimateurs sont non-corrélés entre eux car cette propriété n'est pas vérifiée. Les diverses covariances entre estimateurs peuvent être déterminées à partir des résultats obtenus lors de la démonstration de la proposition 7.9.

Si les deux modèles présentés précedemment ne sont pas assez riches il est alors possible de s'orienter vers le modèle polynomial complet d'ordre trois (voir le paragraphe 7.3.3). Une nouvelle fois, un plan d'expérience adapté à l'ajustement d'un tel modèle est le réseau de Scheffé de type $\{m, 3\}$. Dans ce cas là on teste donc tous les corps purs, deux types de mélanges binaires (en permutant les proportions 1/3 et 2/3) et enfin tous les mélanges ternaires équilibrés (avec $x_i = x_j = x_k = 1/3$ pour tous les i,j et k différents). Il est encore possible d'obtenir explicitement tous les estimateurs des paramètres du modèle ainsi que leurs dispersions (la démonstration de ces résultat, calculatoire et laborieuse, n'est pas donnée. Le lecteur intéressé pourra se référer par exemple à l'ouvrage de Cornell [22] pour plus de détails) :

Proposition 7.10. *Considérons un réseau de Scheffé de type* $\{m, 3\}$ *tel que les expériences sont répétées* $r \in \mathbb{N}^*$ *fois et un modèle polynomial complet d'ordre trois. Un tel plan est constitué par un total de* $n = rm\,(m+1)\,(m+2)\,/6$ *expériences (il est donc saturé lorsque* $r = 1$*) et les* **estimateurs** *des moindres carrés des paramètres du modèle sont donnés par (*$\forall\ i, j = 1, ..., m$ *avec* $i < j < k$*) :*

$$\begin{cases} \widehat{b}_i &= \overline{Y_i}, \\ \widehat{b}_{ij} &= 9/4\left(\overline{Y}_{iij} + \overline{Y}_{ijj} - \overline{Y_i} - \overline{Y_j}\right), \\ \widehat{\delta}_{ij} &= 9/4\left(3\overline{Y}_{iij} - 3\overline{Y}_{ijj} - \overline{Y_i} + \overline{Y_j}\right), \\ \widehat{b}_{ijk} &= 27\overline{Y}_{ijk} + 9/2\left(\overline{Y_i} + \overline{Y_j} + \overline{Y_k}\right) \\ & \quad -27/4\left(\overline{Y}_{iij} + \overline{Y}_{ijj} + \overline{Y}_{iik} + \overline{Y}_{ikk} + \overline{Y}_{jjk} + \overline{Y}_{jkk}\right). \end{cases}$$

$\overline{Y}_\Delta$ *désigne la moyenne des* r *réponses de la forme* $Y_\Delta^{(1)}$, ..., $Y_\Delta^{(r)}$.

Les différentes dispersions de ces estimateurs sont données par la proposition suivante :

Proposition 7.11. *Considérons un modèle complet pour mélanges analysé à l'aide d'un réseau de Scheffé de type* $\{m,3\}$ *tel que les expériences sont répétées* $r \in \mathbb{N}^*$ *fois. Les* **dispersions** *des divers paramètres estimés sont alors données explicitement par* ($\forall\ i,j,k = 1,...,m$ *avec* $i < j < k$) *:*

$$\mathrm{Var}\,\widehat{b}_i = \frac{\sigma^2}{r},\ \ \mathrm{Var}\,\widehat{b}_{ij} = \frac{81}{4r}\sigma^2,\ \ \mathrm{Var}\,\widehat{\delta}_{ij} = \frac{405}{4r}\sigma^2 \ \textit{et}\ \mathrm{Var}\,\widehat{b}_{ijk} = \frac{8505}{8r}\sigma^2.$$

La forme explicite des diverses covariances n'est pas précisée ici mais il faut encore prendre garde au fait que les différents estimateurs obtenus ici sont généralement corrélés entre eux (*i.e.* le plan d'expérience utilisé n'est pas un plan orthogonal).

Remarque. L'ordre de grandeur des différentes dispersions obtenues peut s'avérer étonnant au premier abord. En effet en supposant que $\sigma^2 = 1$ et que les expériences ne sont pas répétées ($r = 1$) il vient :

$$\mathrm{Var}\,\widehat{b}_i = 1,\ \ \mathrm{Var}\,\widehat{b}_{ij} = 20.25,\ \ \mathrm{Var}\,\widehat{\delta}_{ij} = 101.25 \text{ et } \mathrm{Var}\,\widehat{b}_{ijk} = 1063.25.$$

Considérons le paramètre estimé $\widehat{b}_{ijk}$ dont la variance est ici bien plus importante que les autres. Il ne faut pas oublier que dans le modèle étudié ce paramètre prémultiplie un monôme de la forme $x_i x_j x_k$ et que, puisque les coordonnées utilisées sont barycentriques, la plus grande valeur que peut prendre un tel monôme est seulement de $1/27$ (valeur atteinte si et seulement si $x_i = x_j = x_k = 1/3$). Il en résulte que globalement la quantité $\widehat{b}_{ijk} x_i x_j x_k$ est telle que sa dispersion est toujours majorée par la valeur suivante d'un ordre de grandeur beaucoup plus faible :

$$\mathrm{Var}\left(\widehat{b}_{ijk} x_i x_j x_k\right) = (x_i x_j x_k)^2\,\mathrm{Var}\,\widehat{b}_{ijk} \le \frac{8505}{8\,(27^2)} \simeq 1.458.$$

7.5 Réseaux de Scheffé centrés

7.5.1 Définition

Les plans d'expérience étudiés jusqu'à présent présentent un inconvénient au niveau de leur mise en oeuvre séquentielle. En effet, si un réseau de Scheffé de type $\{m,2\}$ est utilisé et si le modèle ajusté (d'ordre deux) s'avère trop pauvre pour expliquer le phénomène étudié on s'oriente alors souvent vers l'ajustement d'un modèle de degré supérieur via un réseau de type $\{m,3\}$. Il peut alors s'avérer génant que certaines expériences réalisées pour le réseau $\{m,2\}$ ne soient pas réutilisées par le réseau $\{m,3\}$ (en l'occurence les mélanges binaires équilibrés). Ceci entraîne la définition suivante des réseaux de Scheffé dits centrés :

Définition 7.12. *Soit un mélange élaboré à l'aide de m composants. On appelle* **réseau de Scheffé centré** *de type $\{m,q\}_C$, avec $q \in \mathbb{N}^*$ tel que $1 \leq q \leq m$, le plan d'expérience $\mathcal{D} = \{z_u, u = 1, ..., n\}$ constitué par la réunion des q ensembles de points donnés ci-dessous :*

1) *tous les corps purs* $(z_{ui} = 1)$,
2) *tous les mélanges binaires équilibrés* $(z_{ui} = z_{uj} = 1/2)$,

$\vdots$

q) *tous les mélanges équilibrés d'ordre q* $\left(z_{ui_1} = z_{ui_2} ... = z_{ui_q} = 1/q\right)$.

Un réseau de Scheffé centré de type $\{m,m\}_C$ est dit **complet**.

Cette définition entraîne bien les relations d'inclusion suivantes permettant une mise en oeuvre séquentielle de ces plans d'expérience :

$$\{m,1\}_C \subset \{m,2\}_C \subset \{m,3\}_C \subset \ldots \subset \{m,m\}_C .$$

Concernant la taille de ces plans il est clair que l'étape 1 utilise un total de $m = C_m^1$ corps purs, puis C_m^2 mélanges binaires à l'étape 2, ..., et enfin C_m^q mélanges équilibrés d'ordre q correspondent à la dernière étape. Le nombre d'expériences à réaliser avec un réseau de Scheffé centré de type $\{m,q\}_C$ est donc donné par :

$$n = \sum_{i=1}^{q} C_m^i .$$

Pour un réseau complet de type $\{m,m\}_C$ il vient donc $n = 2^m - 1$. D'après les résultats du paragraphe 7.3.5 le nombre d'expériences d'un réseau de Scheffé centré de type $\{m,q\}_C$ est donc exactement égal au nombre de paramètres inconnus du modèle synergique d'ordre q.

Exemple

Voici pour $m = 3$ facteurs la représentation graphique du réseau de Scheffé centré (complet) de type $\{3,3\}_C$ (comparé au réseau de Scheffé de type $\{3,3\}$). Par définition, les réseaux de Scheffé de type $\{3,1\}$ et $\{3,2\}$ centrés ou non sont identiques (ceci est d'ailleurs vrai quelque soit le nombre de facteurs).

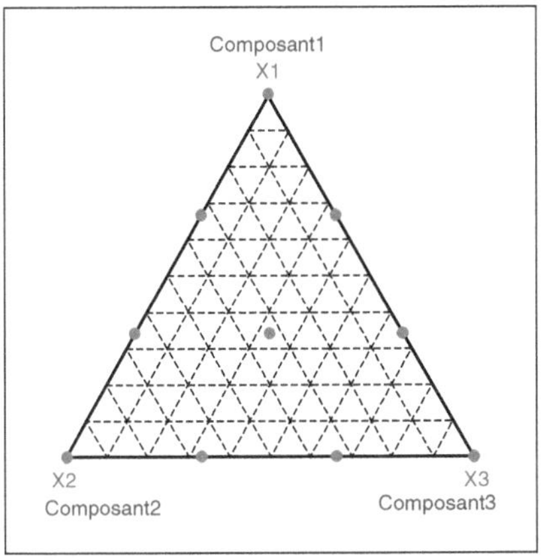

Fig. 7.12.
Réseau de Scheffé de type $\{3,3\}$.

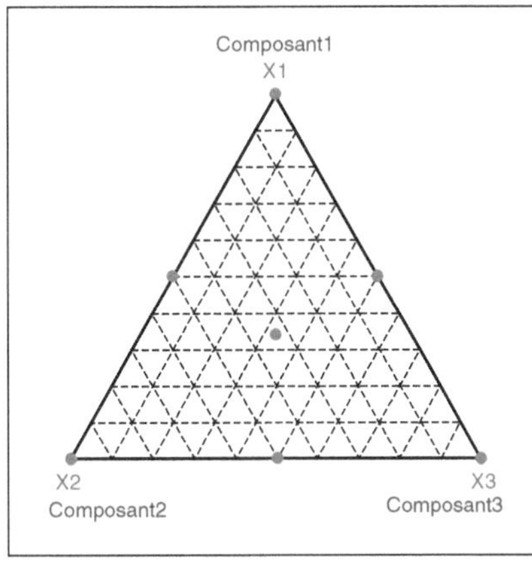

Fig. 7.13.
Réseau de Scheffé centré $\{3,3\}_C$.

7.5.2 Ajustement d'un modèle synergique

Table 7.3. Estimateurs des paramètres de divers modèles synergiques. analysés à l'aide de réseaux de Scheffé centrés.

Plan	*Modèle*	*Estimateurs*
$\{m,1\}_C$	Syner. ordre 1	$\widehat{b}_i = \overline{Y}_i.$
$\{m,2\}_C$	Syner. ordre 2	$\widehat{b}_i = \overline{Y}_i,$ $\widehat{b}_{ij} = 4\overline{Y}_{ij} - 2\left(\overline{Y_i} + \overline{Y_j}\right).$
$\{m,3\}_C$	Syner. ordre 3	$\widehat{b}_i = \overline{Y}_i,$ $\widehat{b}_{ij} = 4\overline{Y}_{ij} - 2\left(\overline{Y_i} + \overline{Y_j}\right),$ $\widehat{b}_{ijk} = 27\overline{Y}_{ijk} - 12\left(\overline{Y}_{ij} + \overline{Y}_{ik} + \overline{Y}_{jk}\right)$ $+3\left(\overline{Y}_i + \overline{Y}_j + \overline{Y}_k\right).$
$\{m,4\}_C$	Syner. ordre 4	$\widehat{b}_i = \overline{Y}_i,$ $\widehat{b}_{ij} = 4\overline{Y}_{ij} - 2\left(\overline{Y_i} + \overline{Y_j}\right),$ $\widehat{b}_{ijk} = 27\overline{Y}_{ijk} - 12\left(\overline{Y}_{ij} + \overline{Y}_{ik} + \overline{Y}_{jk}\right)$ $+3\left(\overline{Y}_i + \overline{Y}_j + \overline{Y}_k\right),$ $\widehat{b}_{ijkl} = 256\overline{Y}_{ijkl}$ $-108\left(\overline{Y}_{ijk} + \overline{Y}_{ijl} + \overline{Y}_{ikl} + \overline{Y}_{jkl}\right)$ $+32\left(\overline{Y}_{ij} + \overline{Y}_{ik} + \overline{Y}_{il} + \overline{Y}_{jk} + \overline{Y}_{jl} + \overline{Y}_{kl}\right)$ $-4\left(\overline{Y}_i + \overline{Y}_j + \overline{Y}_k + \overline{Y}_l\right)$

Il est possible de déterminer la forme des estimateurs de chacun des paramètres du modèle (ainsi que leur dispersion) à l'aide de formules explicites. Celles-ci sont cependant relativement complexes, le lecteur intéressé pourra les trouver dans les compléments de fin de chapitre (paragraphe 7.10.1). La table 7.3 résume la forme des estimateurs des moindres carrés des modèles les plus couramment utilisés.

7.6 Autres plans pour mélanges

7.6.1 Réseaux de Scheffé déséquilibrés

Seulement des réseaux de Scheffé équilibrés (dans le sens où toutes les expériences sont réalisées un même nombre $r \in \mathbb{N}^*$ de fois) ont été considérés. Ceci permet d'obtenir des résultats relativement simples à écrire, des plans saturés lorsque $r = 1$ ainsi que des décompositions en blocs aisées à analyser (voir la suite). Une telle démarche peut cependant être génante pour obtenir un plan de petite taille non-saturé afin de mener une analyse de la variance (on est obligé avec l'approche précédente de considérer alors $r = 2$ réplications des expériences et le plan obtenu contient donc deux fois plus d'expériences que de paramètres à ajuster). Une démarche plus économique consiste à s'orienter vers des plans d'expérience **déséquilibrés** où l'expérience i est répétée r_i fois avec les r_i non forcément égaux. Lorsque les entiers non-nuls r_i sont quelconques il est laborieux d'obtenir les formules explicites pour les estimateurs du modèle ainsi que leurs dispersions, un logiciel est indispensable afin d'obtenir les solution des équations normales. Considérons les deux situations présentées ci dessous, intéressantes d'un point de vue pratique.

1) Répétiton des expériences associées aux corps purs. Considérons un modèle polynomial d'ordre deux pour mélanges. On sait qu'il est aisé d'ajuster ses coefficients à l'aide d'un réseau de Scheffé de type $\{m, 2\}$. Lorsqu'une analyse de la variance est souhaitée une alternative à la répétition de toutes les expériences du réseau consiste à ne répéter que les expériences associées aux corps purs. En s'inspirant de la démonstration de la proposition 7.9 on vérifie que si les expériences associées aux corps purs sont répétées r^* fois alors que celles associées aux mélanges binaires ne sont pas répétées il vient :

$$\forall\, i, j = 1, ..., m \text{ avec } i < j \;,\; \widehat{b}_i = \overline{Y_i} \text{ et } \widehat{b}_{ij} = 4Y_{ij} - 2\left(\overline{Y_i} + \overline{Y_j}\right).$$

Les dispersions de ces estimateurs sont alors :

$$\operatorname{Var} \widehat{b}_i = \frac{\sigma^2}{r^*} \text{ et } \operatorname{Var} \widehat{b}_{ij} = \left(16 + \frac{8}{r^*}\right) \sigma^2.$$

Ce type de plan déséquilibré est donc d'analyse aisée et peut s'avérer intéressant lorsque la duplication complète du plan initial est trop coûteuse. Concrètement, le nombre minimal d'expériences à réaliser (obtenu pour $r^* = 2$) est :

$$n = 2C_m^1 + C_m^2 = 2m + \frac{m(m-1)}{2} = \frac{m(m+3)}{2}.$$

Ceci est quantifié dans le tableau ci-dessous où figurent p (nombre de paramètres inconnus du modèle), la taille de ces divers plans ainsi que leur taille relative (entre parenthèses) c'est-à-dire le rapport du nombre d'expériences du plan sur le nombre de paramètres à estimer dans le modèle.

Table 7.4.
Taille (et taille relative) de réseaux de Scheffé $\{m, 2\}$ déséquilibrés.

	p	Réseau		p	Réseau
3 facteurs	6	9 (1.50)	7 facteurs	28	35 (1.25)
4 facteurs	10	14 (1.40)	8 facteurs	36	44 (1.22)
5 facteurs	15	20 (1.33)	9 facteurs	45	54 (1.20)
6 facteurs	21	27 (1.29)	10 facteurs	55	65 (1.18)

2) Répétition des expériences associées au centroïde. Dans le cas des plans d'expérience classiques il est courant de répéter les expériences au centre du domaine expérimental afin d'obtenir des informations supplémentaires sur la qualité de l'ajustement. On peut envisager la même procédure ici en utilisant cette fois le centroïde du simplexe (*i.e.* le point associé au mélange tel que $x_1 = x_2 = ... = x_m = 1/m$). Considérons, pour m composants, un réseau de Scheffé complet de type $\{m, m\}_C$ (ce réseau contient bien le centroïde du simplexe) tel que les expériences faisant intervenir jusqu'à $(m-1)$ composants ne sont pas répétées alors que l'expérience au centroïde est répétée r_m fois. On montre alors que les différents estimateurs des paramètres du modèle sont obtenus de manière quasiment identique au cas classique équilibré (voir la fin du paragraphe 7.10.1 des compléments de fin de chapitre pour plus de détails).

7.6.2 Autres types de plans d'expérience

Les présentations et analyses ont été limitées ici aux plans pour mélanges très courants que sont les réseaux de Scheffé. Il existe cependant bien d'autres configurations utilisables afin de mener des expériences sur des mélanges. Un des reproches couramment formulé à l'encontre des réseaux de Scheffé (centrés ou non) est que bon nombre des points expérimentaux sont situés à la frontière du simplexe et peu de mélanges font réelement intervenir tous les composants.

Afin de pallier ce problème des plans qualifiés de **plans axiaux** sont parfois utilisés. Leur construction repose sur l'utilisation des axes de Cox c'est-à-dire des m segments situés à l'intérieur du simplexe, se coupant au centroïde et joignant chacun des m sommets. Un plan est alors qualifié d'axial lorsque tous les points expérimentaux sont situés sur les axes de Cox (avec généralement des conditions supplémentaires comme un positionnement à égale distance du centroïde). Le lecteur souhaitant plus de détails sur ce type de plans d'expérience pourra se référer à Cornell [21]. Les plans pour mélanges proposés par Lambrakis [61] ont aussi pour objectif de ne proposer que des expériences où tous les composants sont réellement utilisés simultanément.

Dans le but de s'affranchir des expériences associées au corps purs (présentes dans tous les réseaux de Scheffé et n'ayant parfois aucune utilité pratique) Gammon propose de les supprimer et de les remplacer par les expériences faisant intervenir $(m-1)$ des m composants en proportions égales (ceci va donc entrainer une duplication de ce type d'expériences pour un réseau centré de Scheffé). Le plan ainsi obtenu a la même taille que le réseau de Scheffé initial puisque les expériences rajoutées sont au nombre de $C_m^{m-1} = C_m^1 = m$ (consulter l'article de Lambrakis [61] pour plus de détails).

7.7 Introduction d'effets de blocs

7.7.1 Modèle à effets de blocs

Tout comme dans le cas des plans d'expérience classiques il est tout à fait possible qu'une modélisation faisant intervenir des mélanges présente des problèmes d'hétérogénéité. Il est alors naturel de regrouper les diverses expériences en sous-groupes homogènes encore appelés **blocs** puis d'introduire pour chacun d'eux un effet mesurant leur influence sur la réponse. Considérons un plan d'expérience pour mélanges faisant intervenir m composants, décomposé en b blocs et mis en oeuvre sur le domaine expérimental $\mathcal{E}$. On considére le modèle statistique $Y(x) = f_l(x) + \varepsilon(x)$ pour les réponses associées au bloc l $(l = 1, ..., b)$ avec :

$$\forall\, x \in \mathcal{E} \;,\; f_l(x) = \gamma_l + f(x)$$

où f est la fonction associée à l'un des modèles classiques pour mélange présenté dans ce chapitre. Le réel γ_l $(l = 1, ..., b)$ est l'**effet** du bloc l. Remarquons que le nombre de paramètres d'un tel modèle est égal à $(b + \delta)$ où δ désigne le nombre de paramètres inconnus dans l'expression de f.

Exemple

Considérons un modèle pour mélange d'ordre deux, à m composants, utilisé avec une configuration décomposée en deux blocs. Il vient :

$$\begin{cases} \text{pour le bloc 1 : } f_1(x) = \gamma_1 + \sum\limits_{i=1}^{m} b_i x_i + \sum\sum\limits_{i<j} b_{ij} x_i x_j, \\ \text{pour le bloc 2 : } f_2(x) = \gamma_2 + \sum\limits_{i=1}^{m} b_i x_i + \sum\sum\limits_{i<j} b_{ij} x_i x_j. \end{cases}$$

On a ici $b = 2$ et $\delta = m + C_m^2 = m(m+1)/2$ donc le nombre total de paramètres inconnus est égal à :

$$p = \frac{m\,(m+1)}{2} + 2 = \frac{m^2+m+4}{2}.$$

D'après l'hypothèse fondamentale $(H2)$ on peut dire que :

$$\gamma_1 = \gamma_1\left(\sum_{i=1}^{m} x_i\right) \text{ et } \gamma_2 = \gamma_2\left(\sum_{i=1}^{m} x_i\right)$$

et donc le modèle à effets de blocs peut aussi parfois être écrit sous la forme suivante, similaire à celle du modèle sans bloc (avec $l = 1, 2$):

$$f_l\,(x) = \sum_{i=1}^{m} b_i^l x_i + \sum_{i<j}\sum b_{ij} x_i x_j \text{ où } b_i^l = b_i + \gamma_l.$$

Lorsqu'il n'y a qu'un seul bloc alors $b_i^1 = b_i$ et on retrouve ainsi le modèle classique sans bloc précédemment étudié.

Remarque. Prenons garde tout au long de cette section à ne pas confondre le nombre b de blocs considérés avec le vecteur b des paramètres inconnus du modèle pour mélange. La même lettre est utilisée pour ces deux notions mais en pratique peu de confusion est possible puisqu'elle représente deux élements très différents.

7.7.2 Singularité liée au modèle

Remarquons au préalable que le modèle pour mélange tel qu'il vient d'être écrit entraîne que tout plan d'expérience est singulier. En effet, matriciellement :

$$Y = [B \mid X]\begin{pmatrix}\gamma\\ b\end{pmatrix} + \varepsilon = B\gamma + Xb + \varepsilon.$$

avec $B \in \mathcal{M}\,(n, b)$ matrice des indicatrices des blocs (voir l'exemple du paragraphe 6.2.1 pour la construction d'une telle matrice), $X \in \mathcal{M}\,(n, \delta)$ matrice du modèle sans bloc (avec δ nombre de paramètres inconnus), $\gamma \in \mathbb{R}^b$ vecteur des effets de blocs et $b \in \mathbb{R}^\delta$ vecteur des paramètres inconnus du modèle. On supposera toujours dans la suite que la matrice X a été choisie de manière à être de plein rang (c'est le cas notamment lorsqu'elle découle d'un des plans d'expériences présentés dans ce chapitre). Malgré cette précaution il est cependant **impossible** que la matrice $[B \mid X]$ du modèle à effets de blocs soit de plein rang puisque :

1) la somme des b colonnes de B est toujours égale à $\mathbb{I}_n$,

2) la somme des m colonnes de X associées aux effets linéaires est toujours égale à $\mathbb{I}_n$ d'après l'hypothèse fondamentale $(H2)$.

Exemple

Considérons un modèle pour mélanges d'ordre deux, à 3 composants, mis en oeuvre sur un réseau de Scheffé de type $\{3,2\}$. Supposons que les trois corps purs sont dans le premier bloc alors que les trois mélanges binaires sont dans le second bloc. La matrice $[B \mid X]$ du modèle à effets de blocs est alors donnée par :

$$B = \begin{bmatrix} 1\,0 \\ 1\,0 \\ 1\,0 \\ 0\,1 \\ 0\,1 \\ 0\,1 \end{bmatrix} \quad \text{et } X = \begin{bmatrix} 1 & 0 & 0 & 0 & 0 & 0 \\ 0 & 1 & 0 & 0 & 0 & 0 \\ 0 & 0 & 1 & 0 & 0 & 0 \\ 1/2 & 1/2 & 0 & 1/4 & 0 & 0 \\ 1/2 & 0 & 1/2 & 0 & 1/4 & 0 \\ 0 & 1/2 & 1/2 & 0 & 0 & 1/4 \end{bmatrix}.$$

La somme des deux colonnes de B ainsi que la somme des trois premières colonnes de X valent $\mathbb{I}_6$. En d'autres termes le noyau de la matrice du modèle $[B \mid X]$ contient le sous-espace vectoriel engendré par ${}^t(1,1,-1,-1,-1,0,0,0)$, cette matrice n'est donc pas de plein rang.

Il résulte de tout ceci que pour tout plan pour mélange il sera toujours impossible d'estimer tous les paramètres du modèle proposé (car X n'est pas de plein rang donc ${}^tXX$ n'est pas inversible, les équations normales n'admettent pas une solution unique). Il est donc naturel d'utiliser des **conditions d'identifiabilité** c'est-à-dire des conditions imposées aux paramètres inconnus du modèle afin de le rendre régulier. On ne s'étend pas ici sur la théorie liée à ce type de contraintes (le lecteur désirant en savoir plus pourra consulter le paragraphe 8.2.5 du chapitre relatif aux plans d'expérience pour facteurs qualitatifs) et on retient la contrainte très classique imposant au vecteur des effets de blocs d'être un **contraste** de $\mathbb{R}^b$. En d'autres termes la contrainte (C) suivante sera désormais utilisée systématiquement :

$$\sum_{i=1}^{b} \gamma_i = 0 \qquad (C)$$

Cette contrainte implique que seulement $(b-1)$ des effets de blocs sont à estimer. Attention à ne pas confondre dans la suite le **nombre total de paramètres** $p^* = (b+\delta)$ du modèle (selon les notations du paragraphe 7.7.1) avec le nombre p de **paramètres inconnus** donné ici par (puisqu'un des effets de bloc n'est pas à estimer) :

$$p = b + \delta - 1.$$

7.7.3 Plans bloqués orthogonalement

Il convient de déterminer maintenant des plans d'expérience adaptés à la structure en blocs. On considére ici uniquement le cas le plus simple à analyser où les divers blocs vérifient la propriété de **blocage orthogonal** définie au chapitre 6. En d'autres termes un plan pour mélanges en blocs est bloqué orthogonalement si et seulement si les estimateurs des paramètres du modèle considéré sont identiques à ceux obtenus avec le même plan d'expérience sans bloc. Diverses études ont été menées concernant le problème de la construction de tels plans suite aux premiers travaux de Nigam [67] (le lecteur pourra se référer au chapitre 8 de l'ouvrage de Cornell [22]). Sachant que tous les plans d'expérience étudiés dans ce chapitre sont de petite taille (la plupart d'entre eux étant saturés) on propose ici de répliquer le plan pour mélange choisi autant de fois qu'il y a de blocs à considérer. Ceci entraîne le résultat suivant (identique à celui énoncé au chapitre 6 pour des plans en blocs usuels) :

Proposition 7.13. [$\triangleleft$] *Soit un plan d'expérience pour mélanges $\mathcal{D}$ adapté au modèle linéaire choisi. Le plan d'expérience $\mathcal{D}'$ constitué des b blocs $\mathcal{D}_1, ..., \mathcal{D}_b$ obtenus à la suite de b* **réplications** *du plan initial (i.e. $\forall\, l = 1, ..., b$, $\mathcal{D}_l = \mathcal{D}$) est alors* **bloqué orthogonalement**.

L'estimation au sens des moindres carrés des différents paramètres du modèle utilisé est donc obtenue ici immédiatement en utilisant les divers résultats relatifs aux réseaux de Scheffés (ou bien aux réseaux de Scheffé centrés) sans bloc.

7.7.4 Estimation des effets de blocs

L'estimation des divers effets des blocs est souvent souhaitée lorsqu'un tel modèle est utilisé. Pour un plan bloqué orthogonalement on obtient :

Proposition 7.14. [$\triangleleft$] *Soit un plan d'expérience pour mélanges $\mathcal{D}$, constitué par k expériences, adapté au modèle linéaire choisi. Pour le plan d'expérience bloqué orthogonalement $\mathcal{D}'$ constitué des b blocs $\mathcal{D}_1, ..., \mathcal{D}_b$ obtenus à la suite de b* **réplications** *du plan initial (i.e. $\forall\, l = 1, ..., b$, $\mathcal{D}_l = \mathcal{D}$) les estimateurs des moindres carrés des* **effets des blocs** *sont donnés par :*

$$\forall\, l = 1, ..., b \ , \ \widehat{\gamma}_l = \overline{Y}_{Bl} - \overline{Y}.$$

Concernant la dispersion de ces estimateurs il vient :

$$\forall\, l = 1, ..., b \ , \ \mathrm{Var}\, \widehat{\gamma}_l = \sigma^2 \left(\frac{b-1}{bk} \right).$$

Le résultat suivant permet de réaliser un test d'hypothèse sur les effets des différents blocs. Il s'agit donc d'une extension au cas des plans pour mélanges de la proposition 6.5 des plans en blocs usuels.

Proposition 7.15. [$\triangleleft$] *Soit un plan d'expérience pour mélanges $\mathcal{D}$, constitué par k expériences, adapté au modèle linéaire choisi. Pour le plan d'expérience* *bloqué orthogonalement $\mathcal{D}'$ constitué des b blocs $\mathcal{D}_1, ..., \mathcal{D}_b$ obtenus à la suite de b* **réplications** *du plan initial (i.e. $\forall\ l = 1, ..., b$, $\mathcal{D}_l = \mathcal{D}$) un test de l'hypothèse* **d'égalité des effets de blocs** *H_0 : "$\gamma_i = \gamma_j$" pour $i, j = 1, ..., b$ avec $i \neq j$ contre l'hypothèse $H_1 = \overline{H_0}$ peut être réalisé à l'aide de la statistique suivante :*

$$T = \frac{k\left(\widehat{\gamma}_i - \widehat{\gamma}_j\right)^2}{2\widehat{\sigma}^2}$$

où $\widehat{\sigma}^2 = SSE/(n-p) = MSE$. La règle de décision est alors donnée par (avec $f_{\alpha,1,n-p}$ fractile de la loi de Fisher à 1 et $(n-p)$ ddl) :

on rejette H_0 au niveau α si $t \geq f_{\alpha,1,n-p}$.

7.8 Exemple d'application

Considérons ici une entreprise souhaitant mélanger "au mieux" trois lubrifiants différents pour un moteur à explosion (qualifiés de lubrifiant 1, 2 et 3 par la suite). Le problème est donc de quantifier la qualité de chacun des lubrifiants et de savoir si un mélange de deux ou trois d'entre eux peut s'avérer plus intéressant. La procédure expérimentale mise en oeuvre ici consiste simplement à tester un moteur sur un banc d'essai à l'aide de chacun des mélanges proposés. La réponse obtenue traduit le rendement du moteur, il faut donc la maximiser. Un autre problème soulevé par les spécialistes est l'origine des lubrifiants utilisés. En effet, les diverses compositions élaborées proviennent de deux fournisseurs (appelés fournisseur A et B par la suite) et ils craignent que la qualité des produit livrés ne soit pas la même.

Au vu de la problématique présentée on peut s'orienter vers la mise en oeuvre d'un réseau de Scheffé centré, de type $\{3,3\}_C$, afin de tester tous les corps purs, mais aussi divers mélanges binaires et ternaires. La recommandation d'effectuer des expériences issues des deux fournisseurs conduit à dupliquer ce plan d'expérience (pour un total, très raisonnable, de 14 expériences). En d'autres termes il faut donc réaliser, pour les mélanges associés aux fournisseurs A et B, le plan d'expérience donné par la matrice suivante :

$$D = \left[\frac{D_1}{D_2}\right] \text{ avec } D_1 = D_2 = \begin{bmatrix} 1 & 0 & 0 \\ 0 & 1 & 0 \\ 0 & 0 & 1 \\ 1/2 & 1/2 & 0 \\ 1/2 & 0 & 1/2 \\ 0 & 1/2 & 1/2 \\ 1/3 & 1/3 & 1/3 \end{bmatrix}.$$

Ceci est équivalent au protocole expérimental donné ci-après. Une colonne "*Four.*" permet de distinguer les mélanges issus du fournisseur A ou bien B.

Le plan d'expérience utilisé ici peut être mis en oeuvre séquentiellement en partant des modèles les plus simples vers les modèles les plus complexes (par exemple la réalisation des expériences 1, 2, 3 puis 8, 9 et 10 est suffisante afin d'ajuster un modèle pour mélanges d'ordre un).

	Four.	*Lubri.* 1	*Lubri.* 2	*Lubri.* 3	Y
Exp 1	*A*	100%	0	0	512
Exp 2	*A*	0	100%	0	644
Exp 3	*A*	0	0	100%	632
Exp 4	*A*	50%	50%	0	455
Exp 5	*A*	50%	0	50%	489
Exp 6	*A*	0	50%	50%	698
Exp 7	*A*	33.3%	33.3%	33.3%	692
Exp 8	*B*	100%	0	0	508
Exp 9	*B*	0	100%	0	632
Exp 10	*B*	0	0	100%	635
Exp 11	*B*	50%	50%	0	430
Exp 12	*B*	50%	0	50%	455
Exp 13	*B*	0	50%	50%	675
Exp 14	*B*	33.3%	33.3%	33.3%	664

Voici un programme SAS permettant d'entrer ces données. La table "donnees" contient ici la matrice du plan d'expérience avec une première colonne repérant le bloc à l'aide de la variable qualitative "blc" (modalités A et B), trois colonnes relatives aux concentrations des trois lubrifiants puis une dernière colonne avec les réponses observées.

```
Data Donnees;
  Input blc$ lu1 lu2 lu3 y;
  Cards;
  A  1.000  0.000  0.000  512
  A  0.000  1.000  0.000  644
                .
                .
                .
   expérience i et réponse i
                .
                .
                .
  B  0.000  0.500  0.500  675
  B  0.333  0.333  0.333  664
Run;
```

Considérons tout d'abord l'ajustement d'un modèle synergique d'ordre trois sans introduire de bloc. Le tableau d'analyse de la variance est :

Source	*ddl*	*S. carrés*	*M. Carrés*	*St. Test*	*Proba.*
Régression	6	125285.4	20880.9	89.59	0.0001 •••
Erreur	7	1631.5	233.07		
Total	13	126916.9			

L'analyse de la variance peut être, par exemple, obtenue à l'aide du logiciel SAS en utilisant une nouvelle fois la procédure de régression GLM ci-dessous.

```
Proc Glm data=Donnees;
  Model y = lu1 lu2 lu3 lu1*lu2 lu1*lu3
            lu2*lu3 lu1*lu2*lu3 / noint;
Run;
```

L'option "noint" (*no intercept*) indique au logiciel de ne pas introduire d'effet moyen général dans le modèle. Attention au fait que cette commande entraîne que SAS construit alors un tableau d'analyse de la variance avec des valeurs différentes de celles proposées ici. En effet, la suppression de l'effet moyen général implique automatiquement pour ce logiciel la réalisation d'une analyse de la variance à l'aide des sommes de carrés non-centrées (voir la remarque à la fin du paragraphe 2.5.1). Le recours a de telles techniques est cependant inutile d'après les résultats de ce chapitre (paragraphe 7.3.7). Les valeurs correctes pour l'analyse de la variance peuvent cependant être obtenues en exécutant la procédure GLM sans l'option "noint" (mais il ne faut pas alors tenir compte des paramètres estimés qui sont différents de ceux proposés ici puisqu'un effet moyen général est ajouté dans ce cas).

Le modèle utilisé est donc bien valide puisqu'il est possible de rejeter clairement l'hypothèse "tous les paramètres du modèle sont nuls". La qualité de l'ajustement par rapport aux expériences réalisées semble de plus être très correcte puisque la quantité SSE est faible devant SST. Plus précisemment, le coefficient de corrélation linéaire multiple vaut ici (valeur "R-Square" de la sortie SAS) :

$$R^2 = 1 - \frac{SSE}{SST} \simeq 0.987.$$

La dispersion des résidus est estimée par (valeur "Root MSE" de la sortie SAS) :

$$\widehat{\sigma}^2 = MSE = 233.07 \text{ (donc } \widehat{\sigma} \simeq 15.27\text{)}.$$

Les divers estimateurs des moindres carrés des coefficients du modèle synergique ainsi que leurs dispersions sont résumés dans le tableau ci-dessous (voir le paragraphe 7.10.1 pour les formules explicites). Ces résultats sont disponibles à la fin de la sortie SAS de la procédure GLM (sans oublier ici l'option "noint" garantissant la non prise en compte de l'effet moyen général).

Param.	*Estimat.*	*Ec. type*	*St. Test*	*Proba.*
b_1	510.0	10.8	47.24	0.0001 •••
b_2	638.0	10.8	59.10	0.0001 •••
b_3	633.5	10.8	58.68	0.0001 •••
b_{12}	−526.0	52.9	−9.95	0.0001 •••
b_{13}	−399.0	52.9	−7.54	0.0002 •••
b_{23}	203.0	52.9	3.84	0.0065 ••◦
b_{123}	4438.5	372.1	11.93	0.0001 •••

On constate que tous les paramètres du modèle sont significativement différents de zéro. Ceci conduit donc à prédire la réponse moyenne pour un mélange de proportions $x = (x_1, x_2, x_3)$ à l'aide de la relation :

$$\begin{aligned}\widehat{Y}(x) = 510.0x_1 + 638.0x_2 + 633.5x_3 - 526.0x_1x_2 \\ -399.0x_1x_3 + 203.0x_2x_3 + 4438.5x_1x_2x_3.\end{aligned}$$

La figure 7.14 donne une représentation graphique de ce modèle (source : logiciel Nemrod).

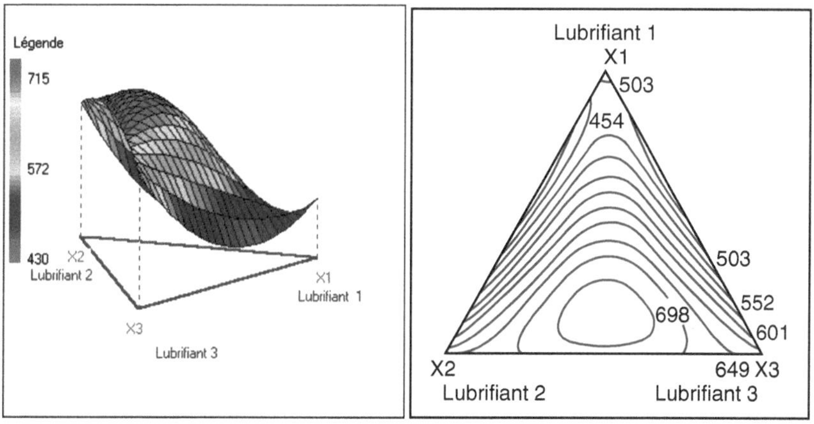

Fig. 7.14. Surface de réponse ajustée.

Voici enfin une comparaison entre les réponses et les réponses moyennes prédites. Les deux dernière colonnes donnent les divers résidus ainsi que la dispersion associée à chacune des prédictions (ces résultats sont obtenus directement en rajoutant l'option "clm" à la suite de "noint").

	Y *obs.*	$\hat{Y}$ *pred.*	$Y - \hat{Y}$	*Ec. type*
Exp 1	512.0	510.0	2.0	10.8
Exp 2	644.0	638.0	6.0	10.8
Exp 3	632.0	633.5	−1.5	10.8
Exp 4	455.0	442.5	12.5	10.8
Exp 5	489.0	472.0	17.0	10.8
Exp 6	698.0	686.5	11.5	10.8
Exp 7	692.0	678.0	14.0	10.8
Exp 8	508.0	510.0	−2.0	10.8
Exp 9	632.0	638.0	−6.0	10.8
Exp 10	635.0	633.5	1.5	10.8
Exp 11	430.0	442.5	−12.5	10.8
Exp 12	455.0	472.0	−17.0	10.8
Exp 13	675.0	686.5	−11.5	10.8
Exp 14	664.0	678.0	−14.0	10.8

La figure 7.15 donne une représentation graphique de la variance de prédiction au sein du domaine expérimental (source : logiciel Nemrod). Il existe une symétrie de la variance de prédiction par rapport au centroïde. C'est pourquoi les dispersions obtenues pour les diverses expériences du réseau de Scheffé centré sont égales. Les dispersions les plus importantes sont rencontrées à la fois au niveau des trois sommets (*i.e.* des corps purs) et du controïde (*i.e.* du mélange équilibré). On vérifie que (tout comme avec les plans classiques) rajouter des expériences au centroïde diminue la variance de prédiction au voisinage du centre du domaine et permet de se rapprocher d'une situation de "dispersion uniforme".

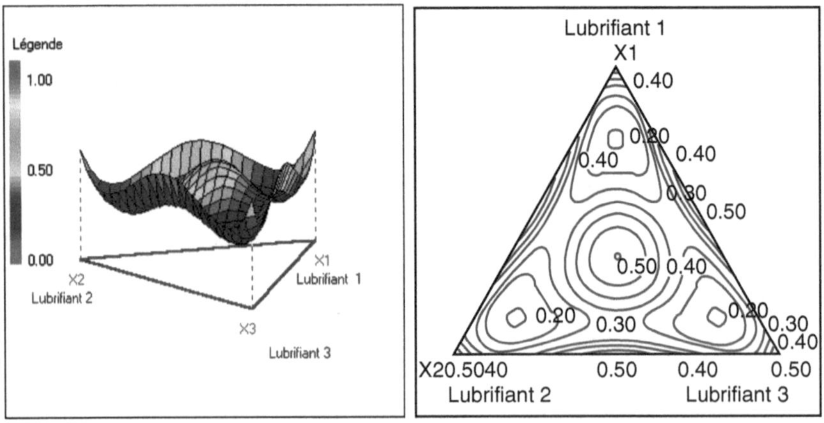

Fig. 7.15. Représentation de Var $\hat{Y}$ (avec $\sigma^2 = 1$)

Intéressons-nous maintenant au deuxième aspect du problème concernant les substances livrées par les deux fournisseurs. Il est alors possible de considérer un modèle à effets de blocs à partir des deux répétitions présentées précédemment dans le protocole expérimental (associées aux valeurs A et B de la variable "*Four.*"). L'analyse de la variance pour un tel modèle conduit au tableau suivant :

Source	*ddl*	*S. carrés*	*M. Carrés*	*St. Test*	*Proba.*
Régression	7	126366.0	18052.3	196.6	0.0001 •••
Erreur	6	550.9	91.8		
Total	13	126916.9			

Ces résultats peuvent être obtenus à l'aide de la procédure suivante (la commande "Class" indique au logiciel que la variable "blc" est qualitative).

```
Proc Glm data=Donnees;
  Class blc;
  Model y = blc lu1 lu2 lu3 lu1*lu2 lu1*lu3
            lu2*lu3 lu1*lu2*lu3;
Run;
```

La qualité de l'ajustement est donc maintenant meilleure, elle est quantifiée par (valeur "R-Square" de la sortie SAS) :

$$R^2 = 1 - \frac{SSE}{SST} \simeq 0.996.$$

L'estimateur sans biais de la dispersion des résidus est maintenant égal à (valeur "Root MSE" de la sortie SAS) :

$$\widehat{\sigma}^2 = MSE = 91.8 \text{ (donc } \widehat{\sigma} \simeq 9.58).$$

D'après les résultats de la section 7.7 les estimateurs des divers coefficients du modèle sont identiques à ceux obtenus dans le cas sans bloc (propriété de blocage orthogonal) et les estimateurs des effets des blocs (sous la contrainte classique (C)) sont alors donnés par d'après la proposition 7.14 (avec γ_1 associé au fournisseur A et γ_2 au fournisseur B) :

Param.	*Estimat.*	*Ec. type*
γ_1	8.79	2.56
γ_2	−8.79	2.56

Le tableau des diverses prédictions découlant de ces résultats est donné ci-dessous. La colonne "$\hat{Y}_l$ *pred.*" présente cette fois les prédictions associées au bloc 1 pour les 7 premières expériences puis associées au bloc 2 pour les dernières (ces résultats sont encore obtenus en rajoutant l'option "clm" après le modèle).

	Y obs.	$\hat{Y}_l$ *pred.*	$Y - \hat{Y}_l$	*Ec. type*
Exp 1	512.0	518.8	−6.8	6.3
Exp 2	644.0	646.8	−2.8	6.3
Exp 3	632.0	642.3	−10.3	6.3
Exp 4	455.0	451.3	3.7	6.3
Exp 5	489.0	480.8	8.2	6.3
Exp 6	698.0	695.3	2.7	6.3
Exp 7	692.0	686.8	5.2	6.3
Exp 8	508.0	501.2	6.8	6.3
Exp 9	632.0	629.2	2.8	6.3
Exp 10	635.0	624.7	10.3	6.3
Exp 11	430.0	433.7	−3.7	6.3
Exp 12	455.0	463.2	−8.2	6.3
Exp 13	675.0	677.7	−2.7	6.3
Exp 14	664.0	669.2	−5.2	6.3

Un test d'hypothèse peut ensuite être réalisé à l'aide de la propostion 7.15 afin de juger si les effets des blocs sont significativement différents ou non. Il vient :

	St. Test	*Proba.*
Hypothèse "$\gamma_1 = \gamma_2$"	11.77	0.0140 •○○

On constate que l'on peut admettre ici, avec un coefficient de sécurité de l'ordre de 1% que les effets des deux blocs sont bien différents. Il semble donc bien y avoir une différence entre les matières premières livrées. Ceci est bien en accord avec les résultats précédents qui montrent que l'utilisation d'un modèle à effets de blocs apporte bien un gain de qualité non-négligeable.

Terminons par la recherche du mélange optimal maximisant la réponse prédite. D'après les résultats obtenus précédemment (voir la figure 7.14) le modèle ajusté semble prédire une réponse maximale pour un mélange défini par les proportions suivantes :

$$x_1 = 0.143\ ,\ x_2 = 0.420 \text{ et } x_3 = 0.437.$$

La réponse moyenne prédite (arrondie) lorsque le modèle sans bloc est utilisé est donnée en ce point par (avec son écart-type associé entre parenthèses) :

$$\widehat{Y}_{\max} = 715 \text{ (8.98)}.$$

Remarquons qu'en dehors d'une lecture directe (souvent peu précise) issue des représentations graphiques du logiciel il est possible de déterminer cet extremum à l'aide de la démarche suivante. On peut au préalable réécrire le modèle ajusté uniquement en fonction de deux proportions non-liées par la contrainte fondamentale $(H1)$. En posant ici $x_3 = 1 - x_1 - x_2$ il vient donc :

$$\widehat{Y}(x_1,x_2) = 633.5 - 522.5x_1 + 207.5x_2 + 4108.5x_1x_2$$
$$+399.0x_1^2 - 203.0x_2^2 - 4438.5x_1^2x_2 - 4438.5x_1x_2^2.$$

Il ne reste plus maintenant qu'à déterminer le maximum de cette fonction à deux variables sur le domaine de $\mathbb{R}^2$ défini par :

$$D = \left\{(x_1,x_2) \in \mathbb{R}^2 \ / \ x_1 \geq 0 \ , \ x_2 \geq 0 \text{ et } x_1 + x_2 \leq 1\right\}.$$

Si le maximum cherché est atteint à l'intérieur de ce domaine il annulle donc les deux dérivées partielles de $\widehat{Y}$ c'est-à-dire qu'il vérifie le système d'équations suivant :

$$\begin{cases} 4108.5x_1 + 798.0x_1 - 8877.0x_1x_2 - 4438.5x_2^2 = 522.5 \\ 4108.5x_1 - 406.0x_2 - 4438.5x_1^2 - 8877.0x_1x_2 = -207.5 \end{cases}$$

Il n'est pas aisé de résoudre un tel système de deux équations à deux inconnues à cause des non-linéarités présentes. Ceci est d'autant plus complexe qu'un modèle polynomial de degré égal à trois a été choisi ici. Divers logiciels de calcul scientifique permettent cependant d'obtenir une solution approchée pour ce type de système d'équations. Plusieurs solutions sont proposées ici, il convient de ne garder que celle qui correspond à une réponse maximale.

Conclusion

Tous les résultats vus précédemment entraînent les constatations suivantes :

1) Le phénomène étudié ici est correctement modélisé à l'aide d'un modèle synergique d'ordre trois. Il était bien nécessaire ici d'aller jusqu'au degré trois puisque l'effet cubique b_{123} estimé est significativement différent de zéro.

2) La structure en blocs du réseau de Scheffé permet de quantifier l'effet lié aux deux fournisseurs. Il en ressort que le fournisseur A semble livrer des produits de meilleure qualité que le fournisseur B.

3) L'ajustement étant effectué au sens des moindres carrés, le modèle prédit une réponse maximale lorsque le mélange est constitué des proportions suivantes :

Facteur	*Proportion*
Lubrifiant 1	13.8%
Lubrifiant 2	42.1%
Lubrifiant 3	44.1%

Le rendement moyen prédit est alors de :

$$\begin{cases} 724 \text{ si le mélange provient du fournisseur 1,} \\ 706 \text{ si le mélange provient du fournisseur 2.} \end{cases}$$

7.9 Résumé

Il a été montré dans ce chapitre que deux grandes classes de plans d'exérience peuvent être utilisées pour aborder le problème des mélanges :

1) les réseaux de Scheffés de type $\{m, q\}$ adaptés à l'ajustement d'un modèle complet d'ordre q,

2) les réseaux de Scheffés centrés de type $\{m, q\}_C$ adaptés à l'ajustement d'un modèle synergique d'ordre q.

Les tableaux ci-dessous résument les tailles de ces différentes configuations pour un nombre de composants m variant entre 3 et 10 et un ordre q égal à 1, 2, 3 (situations classiques) ainsi que 4. Les tailles relatives ne sont pas précisées car tous ces plans sont saturés par rapport au modèle adapté.

Taille des réseaux de Scheffé de type $\{m, q\}$:

	$q = 1$	$q = 2$	$q = 3$	$q = 4$
$m = 3$	3	6	10	15
$m = 4$	4	10	20	35
$m = 5$	5	15	35	70
$m = 6$	6	21	56	126
$m = 7$	7	28	84	210
$m = 8$	8	36	120	330
$m = 9$	9	45	165	495
$m = 10$	10	55	220	715

Taille des réseaux de Scheffé centrés de type $\{m, q\}_C$:

	$q = 1$	$q = 2$	$q = 3$	$q = 4$
$m = 3$	3	6	7	$\times$
$m = 4$	4	10	14	15
$m = 5$	5	15	25	30
$m = 6$	6	21	41	56
$m = 7$	7	28	63	98
$m = 8$	8	36	92	162
$m = 9$	9	45	129	255
$m = 10$	10	55	175	385

COMPLEMENTS

7.10 (Compléments) Résultats théoriques

7.10.1 Ajustement d'un modèle synergique

La proposition suivante permet de déterminer explicitement les divers estimateurs des moindres carrés des paramètres de tout modèle synergique ajusté à l'aide d'un réseau de Scheffé centré. La démonstration de cette proposition, relativement longue, n'est pas proposée (elle est réalisable à l'aide d'un raisonnement par récurrence sur l'ordre du modèle).

Proposition 7.A. *Soit un réseau de Scheffé centré de type* $\{m, q\}_C$ *tel que les expériences sont répétées* $r \in \mathbb{N}^*$ *fois et un modèle polynomial synergique d'ordre* q*. Un tel plan est constitué par un total de* $n = r\sum_{i=1}^{q} C_m^i$ *expériences (il est donc saturé lorsque* $r = 1$*). En désignant par* $\Delta t = \{i_1, i_2, ..., i_t\}$ *un ensemble de* $t \leq q$ *indices distincts de* $\{1, 2, ..., m\}$ *les* **estimateurs** *des moindres carrés des paramètres du modèle sont donnés par :*

$$\widehat{b}_{\Delta t} = \left(t \sum_{i=1}^{t} (-1)^{t-i}\, i^{t-1} L_i(\Delta t) \right) \quad \text{où } L_i(\Delta t) = \sum_{\Delta i \subset \Delta t} \overline{Y}_{\Delta i}.$$

La notation $\overline{Y}_{\Delta i}$ *désigne toujours ici la moyenne des* r *réponses de la forme* $Y_{\Delta i}^{(1)}, ..., Y_{\Delta i}^{(r)}$.

Remarquons que, par définition des notations standard (voir le paragraphe 7.2.3), la quantité $L_i(\Delta t)$ est la somme de toutes les réponses moyennes constituées par i composants, en égale proportion, de l'ensemble Δt. La somme intervenant dans la détermination de $L_i(\Delta t)$ porte donc sur un total de C_t^i réponses moyennes.

Exemple

Déterminons la forme de l'estimateur des moindres carrés $\widehat{b}_{12}$ obtenu à l'aide d'un réseau de Scheffé centré de type $\{m, 2\}_C$. En posant ici $\Delta 2 = \{1, 2\}$ il vient :

$$\widehat{b}_{12} = \widehat{b}_{\Delta 2} = 2\sum_{i=1}^{2} (-1)^{2-i}\, i L_i(\Delta 2) = -2L_1(\Delta 2) + 4L_2(\Delta 2).$$

avec :

$$L_1(\Delta 2) = \sum_{\Delta 1 \subset \Delta 2} \overline{Y}_{\Delta i} = \overline{Y}_1 + \overline{Y}_2 \text{ et } L_2(\Delta 2) = \sum_{\Delta 2 \subset \Delta 2} \overline{Y}_{\Delta i} = \overline{Y}_{12}.$$

On en déduit que : $\widehat{b}_{12} = 4\overline{Y}_{12} - 2\left(\overline{Y}_1 + \overline{Y}_2\right)$.
Ce résultat était prévisible puisqu'il a déjà été constaté que les réseaux de Scheffé de type $\{m, 2\}_C$ ou $\{m, 2\}$ sont identiques.

Il est aussi possible de connaître explicitement la forme de la dispersion de ces divers estimateurs à l'aide du résultat suivant :

Proposition 7.B. *Soit un modèle synergique d'ordre q analysé à l'aide d'un réseau de Scheffé centré de type* $\{m,q\}_C$ *tel que les expériences sont répétées* $r \in \mathbb{N}^*$ *fois. Les* **dispersions** *des divers paramètres estimés sont alors données explicitement par (avec* $\Delta t = \{i_1, i_2, ..., i_t\}$ *un ensemble de* $t \leq q$ *indices distincts de* $\{1, 2, ..., m\}$*) :*

$$\operatorname{Var} \widehat{b}_{\Delta t} = \frac{t^2}{r} \left(\sum_{i=1}^{t} C_t^i i^{2(t-1)} \right) \sigma^2.$$

Le tableau suivant résume les dispersions associées aux estimateurs les plus couramment utilisés lorsqu'il n'y a pas de répétitions ($r = 1$) :

Δt	$\operatorname{Var} \widehat{b}_{\Delta t}$
$\{i\}$	σ^2
$\{i,j\}$	$24\sigma^2$
$\{i,j,k\}$	$1\,188\sigma^2$
$\{i,j,k,l\}$	$118\,400\sigma^2$
$\{i,j,k,l,m\}$	$19\,660\,000\sigma^2$

Tout comme au paragraphe 7.4.2, les variances obtenues sont fortement croissantes en t (cardinal de Δt). La raison en est toujours la même : il s'agit de variances de coefficients prémultipliant des monômes du modèle qui prennent des valeurs d'autant plus faible que t est grand.

Remarque. Au paragraphe 7.6.1 a été présenté un réseau de Scheffé centré complet de type $\{m,m\}_C$ tel que seulement l'expérience située au centroïde est répétée r_m fois. On vérifie dans ce cas que les différents estimateurs $\widehat{b}_{\Delta t}$ sont encore obtenus à l'aide de la proposition 7.*A*. Lorsqu'un nombre de composants inférieur ou égal à $(m-1)$ est utilisé (*i.e.* $i < m$ dans Δi) alors $\overline{Y}_{\Delta i}$ est simplement égal à $Y_{\Delta i}$ puisque aucune répétition n'a été effectuée. Par contre lorsque $i = m$ alors $\overline{Y}_{\Delta m}$ est bien la moyenne des r_m réponses observées au centroïde du domaine. En généralisant les résultats de la proposition 7.*B* on vérifie aussi que la dispersion des estimateurs obtenus est donnée par :

$$\begin{cases} \text{Pour } t \leq m-1 : \operatorname{Var} \widehat{b}_{\Delta t} = t^2 \left(\displaystyle\sum_{i=1}^{t} C_t^i i^{2(t-1)} \right) \sigma^2, \\ \text{Pour } t = m \quad : \operatorname{Var} \widehat{b}_{\Delta m} = m^2 \left(\displaystyle\sum_{i=1}^{m-1} C_m^i i^{2m-2} + \frac{m^{2(m-1)}}{r_m} \right) \sigma^2. \end{cases}$$

7.11 (Compléments) Démonstrations

Proposition 7.2. *Le* **modèle polynomial d'ordre deux** *adapté à l'étude des mélanges, pour* m composants, *est donné par :*

$$\forall\ x \in \mathcal{E}\ ,\ f(x) = \sum_{i=1}^{m} b_i x_i + \sum\sum_{i<j} b_{ij} x_i x_j.$$

Démonstration. Soit le modèle polynomial classique d'ordre deux :

$$\forall\ x \in \mathcal{E}\ ,\ f(x) = \beta_0 + \sum_{i=1}^{m} \beta_i x_i + \sum_{i=1}^{m} \beta_{ii} x_i^2 + \sum\sum_{i<j} \beta_{ij} x_i x_j.$$

D'après la relation $(H2)$ il vient $\sum_{i=1}^{m} x_i = 1$ donc $x_i = 1 - \sum_{j \neq i} x_j$. En tenant compte de cette hypothèse on peut donc réécrire ce modèle en :

$$\begin{aligned} f(x) &= \beta_0 \left(\sum_{i=1}^{m} x_i \right) + \sum_{i=1}^{m} \beta_i x_i + \sum_{i=1}^{m} \beta_{ii} x_i \left(1 - \sum_{j \neq i} x_j \right) + \sum\sum_{i<j} \beta_{ij} x_i x_j \\ &= \sum_{i=1}^{m} (\beta_0 + \beta_i) x_i + \sum_{i=1}^{m} \beta_{ii} x_i - \sum_{i=1}^{m} \beta_{ii} x_i \sum_{j \neq i} x_j + \sum\sum_{i<j} \beta_{ij} x_i x_j \\ &= \sum_{i=1}^{m} (\beta_0 + \beta_i + \beta_{ii}) x_i + \sum\sum_{i<j} (\beta_{ij} - \beta_{ii} - \beta_{jj}) x_i x_j. \end{aligned}$$

Pour obtenir le modèle proposé il suffit maintenant de poser :

$$b_i = \beta_0 + \beta_i + \beta_{ii} \text{ et } b_{ij} = \beta_{ij} - \beta_{ii} - \beta_{jj} \ \blacksquare$$

Proposition 7.3. *Le* **modèle polynomial d'ordre trois** *adapté à l'étude des mélanges, pour* $m \geq 3$ composants, *est donné par :*

$$\begin{aligned} \forall\ x \in \mathcal{E}\ ,\ f(x) = \sum_{i=1}^{m} b_i x_i + \sum\sum_{i<j} b_{ij} x_i x_j + \sum\sum_{i<j} \delta_{ij} x_i x_j (x_i - x_j) \\ + \sum\sum\sum_{i<j<k} b_{ijk} x_i x_j x_k \end{aligned}$$

Démonstration. Réalisons ici la démonstration pour $m = 3$ facteurs (la démonstration dans le cas général est en tout point identique). Le modèle classique d'ordre trois est donné par ($\forall\ x = (x_1, x_2, x_3) \in \mathcal{E}$):

$$\begin{aligned} f(x) = \beta_0 &+ \beta_1 x_1 + \beta_2 x_2 + \beta_3 x_3 \\ &+ \beta_{11} x_1^2 + \beta_{22} x_2^2 + \beta_{33} x_3^2 + \beta_{12} x_1 x_2 + \beta_{13} x_1 x_3 + \beta_{23} x_2 x_3 \\ &+ \beta_{111} x_1^3 + \beta_{222} x_2^3 + \beta_{333} x_3^3 + \beta_{122} x_1 x_2^2 + \beta_{112} x_1^2 x_2 + \beta_{133} x_1 x_3^2 \\ &+ \beta_{113} x_1^2 x_3 + \beta_{233} x_2 x_3^2 + \beta_{223} x_2^2 x_3 + \beta_{123} x_1 x_2 x_3. \end{aligned}$$

La technique présentée à la proposition 7.2 permet encore d'éliminer l'effet moyen général ainsi que les effets quadratiques. Le modèle obtenu devient (avec $a_i = \beta_0 + \beta_i + \beta_{ii}$ et $a_{ij} = \beta_{ij} - \beta_{ii} - \beta_{jj}$) :

$$\begin{aligned} f(x) &= a_1x_1 + a_2x_2 + a_3x_3 + a_{12}x_1x_2 + a_{13}x_1x_3 + a_{23}x_2x_3 \\ &\quad + \beta_{111}x_1^3 + \beta_{222}x_2^3 + \beta_{333}x_3^3 + \left(\beta_{122}x_1x_2^2 + \beta_{112}x_1^2x_2\right) \\ &\quad + \left(\beta_{133}x_1x_3^2 + \beta_{113}x_1^2x_3\right) + \left(\beta_{233}x_2x_3^2 + \beta_{223}x_2^2x_3\right) + \beta_{123}x_1x_2x_3. \end{aligned}$$

On peut supprimer les termes de la forme x_i^3 en remarquant que :

$$x_1 = 1 - x_2 - x_3 \text{ donc } x_1^3 = x_1^2x_1 = x_1^2 - x_1^2x_2 - x_1^2x_3.$$

Ce raisonnement peut aussi être tenu avec x_2^3 et x_3^3 et on obtient :

$$\begin{aligned} f(x) &= a_1x_1 + a_2x_2 + a_3x_3 + a_{12}x_1x_2 + a_{13}x_1x_3 + a_{23}x_2x_3 \\ &\quad + \beta_{111}x_1^2 + \beta_{222}x_2^2 + \beta_{333}x_3^2 + (\beta_{122} - \beta_{222})\, x_1x_2^2 + (\beta_{112} - \beta_{111})\, x_1^2x_2 \\ &\quad + (\beta_{133} - \beta_{333})\, x_1x_3^2 + (\beta_{113} - \beta_{111})\, x_1^2x_3 + (\beta_{233} - \beta_{333})\, x_2x_3^2 \\ &\quad + (\beta_{223} - \beta_{222})\, x_2^2x_3 + \beta_{123}x_1x_2x_3. \end{aligned}$$

Il est possible de supprimer une nouvelle fois les termes en x_i^2 puisque :

$$x_1^2 = x_1x_1 = x_1(1 - x_2 - x_3).$$

On obtient alors (avec $b_i = a_i + \beta_{iii}$ et $\widetilde{a}_{ij} = a_{ij} - \beta_{iii} - \beta_{jjj}$) :

$$\begin{aligned} f(x) &= b_1x_1 + b_2x_2 + b_3x_3 + \widetilde{a}_{12}x_1x_2 + \widetilde{a}_{13}x_1x_3 + \widetilde{a}_{23}x_2x_3 \\ &\quad + (\beta_{122} - \beta_{222})\, x_1x_2^2 + (\beta_{112} - \beta_{111})\, x_1^2x_2 + (\beta_{133} - \beta_{333})\, x_1x_3^2 \\ &\quad + (\beta_{113} - \beta_{111})\, x_1^2x_3 + (\beta_{233} - \beta_{333})\, x_2x_3^2 + (\beta_{223} - \beta_{222})\, x_2^2x_3 \\ &\quad + \beta_{123}x_1x_2x_3. \end{aligned} \tag{1}$$

On peut ramener tous les termes de la forme $x_ix_j^2$ $(i < j)$ en $x_i^2x_j$ puisque :

$$x_1x_2^2 = (x_1x_2)\, x_2 = x_1x_2(1 - x_1 - x_3) = x_1x_2 - x_1^2x_2 - x_1x_2x_3.$$

Ceci conduit donc à une expression du modèle sous la forme suivante (avec $a_{ij}^* = \widetilde{a}_{ij} + \beta_{ijj} - \beta_{jjj}$, $c_{ij}^* = \beta_{iij} - \beta_{iii} - \beta_{ijj} + \beta_{jjj}$ et $a_{123}^* = \beta_{123} - \beta_{122} + \beta_{222} - \beta_{233} + \beta_{333} - \beta_{133} + \beta_{333}$):

$$\begin{aligned} f(x) &= b_1x_1 + b_2x_2 + b_3x_3 + a_{12}^*x_1x_2 + a_{13}^*x_1x_3 + a_{23}^*x_2x_3 \\ &\quad + c_{12}^*x_1^2x_2 + c_{13}^*x_1^2x_3 + c_{23}^*x_2^2x_3 + a_{123}^*x_1x_2x_3. \end{aligned} \tag{2}$$

Il est maintenant possible de repartir de l'expression (1) du modèle et de supprimer cette fois les termes en $x_i^2x_j$ à partir de la relation :

$$x_1^2x_2 = x_1(x_1x_2) = (1 - x_2 - x_3)\, x_1x_2 = x_1x_2 - x_1x_2^2 - x_1x_2x_3.$$

Le modèle obtenu est alors (avec $a_{ij}^{**} = \widetilde{a}_{ij} + \beta_{iij} - \beta_{iii}$, $c_{ij}^{*} = \beta_{iij} - \beta_{iii} - \beta_{ijj} + \beta_{jjj}$ et $a_{123}^{**} = \beta_{123} - \beta_{112} + \beta_{111} - \beta_{113} + \beta_{111} - \beta_{223} + \beta_{222}$):

$$\begin{aligned} f(x) = b_1x_1 + b_2x_2 + b_3x_3 + a_{12}^{**}x_1x_2 + a_{13}^{**}x_1x_3 + a_{23}^{**}x_2x_3 \\ -c_{12}^{*}x_1x_2^2 - c_{13}^{*}x_1x_3^2 - c_{23}^{*}x_2x_3^2 + a_{123}^{*}x_1x_2x_3. \end{aligned} \quad (3)$$

Considérons maintenant le modèle obtenu à partir des deux résultats précédents en évaluant la quantité $((2) + (3))/2$. Il vient :

$$\begin{aligned} f(x) &= b_1x_1 + b_2x_2 + b_3x_3 + b_{12}x_1x_2 + b_{13}x_1x_3 + b_{23}x_2x_3 \\ &+\delta_{12}x_1x_2(x_1 - x_2) + \delta_{13}x_1x_3(x_1 - x_3) + \delta_{23}x_2x_3(x_2 - x_3) + \\ &+b_{123}x_1x_2x_3. \end{aligned}$$

avec : $b_{ij} = \left(a_{ij}^{*} + a_{ij}^{**}\right)/2$, $\delta_{ij} = c_{ij}^{*}/2$ et $b_{123} = \left(a_{123}^{*} + a_{123}^{**}\right)/2$ ■

Proposition 7.7. *Le nombre d'expériences à réaliser avec un réseau de Scheffé de type* $\{m, q\}$ *est donné par :*

$$n = C_{m+q-1}^{q}.$$

Démonstration. Considérons un point z_u $(u = 1, ..., n)$ du réseau de Scheffé de type $\{m, q\}$. D'après la définition 7.6 les coordonnées barycentriques de ce point ont la forme suivante :

$$(z_{u1}, z_{u2}, ..., z_{um}) = \left(\frac{a_{u1}}{q}, \frac{a_{u2}}{q}, ..., \frac{a_{um}}{q}\right)$$

où a_{u1}, a_{u2}, ... , a_{um} sont des entiers tels que :

$$\sum_{i=1}^{m} \frac{a_{ui}}{q} = 1 \Leftrightarrow \sum_{i=1}^{m} a_{ui} = q.$$

En d'autres termes il existe dans le réseau de Scheffé autant d'expériences qu'il y a de solutions entières à l'équation ci-dessus. Or ce nombre de solutions entières est un résultat de dénombrement classique, donné par (se référer par exemple à l'ouvrage de Comtet [20] et consulter la partie relative aux combinaisons avec répétitions) :

$$K_m^q = C_{m+q-1}^{q}$$

Le résultats énoncé est donc bien démontré ■

Proposition 7.8. *Soit un réseau de Scheffé de type* $\{m, 1\}$ *tel que les expériences sont répétées* $r \in \mathbb{N}^*$ *fois et un modèle polynomial d'ordre un. Un tel plan est constitué par un total de* $n = rm$ *expériences (il est donc* *saturé lorsque $r = 1$) et les* **estimateurs** *des moindres carrés des paramètres du modèle sont donnés par :*

$$\forall\ i = 1, ..., m\ ,\ \widehat{b_i} = \overline{Y_i}$$

où $\overline{Y_i}$ désigne la moyenne des r réponses $Y_i^{(1)}, Y_i^{(2)}, ..., Y_i^{(r)}$ obtenues lorsque le corps pur i est considéré. Tous ces estimateurs sont de plus non-corrélés et leur **dispersion** *vérifie :*

$$\forall\ i = 1, ..., m\ ,\ \operatorname{Var}\widehat{b_i} = \frac{\sigma^2}{r}.$$

Démonstration. Soit un réseau de Scheffé de type $\{m, 1\}$ tel que chacune des expériences a été répetée r fois. Un tel plan étant constitué exclusivement par les m corps purs le modèle statistique s'écrit donc $Y = Xb + \varepsilon$ où :

$$X = \begin{bmatrix} 1\ 0 \ldots 0 \\ \vdots\ \vdots \quad \vdots \\ 1\ 0 \ldots 0 \\ \vdots\ \vdots \quad \vdots \\ 0\ 0 \ldots 1 \\ \vdots\ \vdots \quad \vdots \\ 0\ 0 \ldots 1 \end{bmatrix},\ b = \begin{bmatrix} b_1 \\ \vdots \\ b_m \end{bmatrix} \text{ et } Y = \begin{bmatrix} Y_1^{(1)} \\ \vdots \\ Y_1^{(r)} \\ \vdots \\ Y_m^{(1)} \\ \vdots \\ Y_m^{(r)} \end{bmatrix}.$$

On constate immédiatement que ${}^tXX = \operatorname{diag}(r, ..., r) = rI_m$ donc ces m estimateurs sont non-corrélés entre eux et leur dispersion est donnée par :

$$\mathbb{V}\left(\widehat{b}\right) = \sigma^2 \left({}^tXX\right)^{-1} = \frac{\sigma^2}{r} I_m.$$

Concernant maintenant les estimateurs eux-mêmes, il vient :

$$\widehat{b} = \left({}^tXX\right)^{-1} {}^tXY = \frac{1}{r} {}^tXY$$

Or :

$${}^tXY = \begin{bmatrix} Y_1^{(1)} + Y_1^{(2)} + ... + Y_1^{(r)} \\ \vdots \\ Y_m^{(1)} + Y_m^{(2)} + ... + Y_m^{(r)} \end{bmatrix} \text{ donc } \forall\ i = 1, ..., m\ ,\ \widehat{b_i} = \overline{Y_i}\ \blacksquare$$

Proposition 7.9. *Soit un réseau de Scheffé de type $\{m, 2\}$ tel que les expériences sont répétées $r \in \mathbb{N}^*$ fois et un modèle polynomial d'ordre deux. Un tel plan est constitué par un total de $n = rm(m+1)/2$ expériences (il* *est donc saturé lorsque $r = 1$) et les* **estimateurs** *des moindres carrés des paramètres du modèle sont donnés par :*

$$\forall\ i,j = 1,...,m \text{ avec } i < j, \begin{cases} \widehat{b_i} = \overline{Y_i}, \\ \widehat{b_{ij}} = 4\overline{Y}_{ij} - 2\left(\overline{Y_i} + \overline{Y_j}\right). \end{cases}$$

où $\overline{Y}_i$ (resp. $\overline{Y}_{ij}$) désigne la moyenne des r réponses de la forme $Y_1^{(1)}$, ..., $Y_r^{(r)}$ (resp. $Y_{ij}^{(1)},...,Y_{ij}^{(r)}$). La **dispersion** *de ces estimateurs est de plus donnée par :*

$$\forall\ i,j = 1,...,m \text{ avec } i \neq j,\ \mathrm{Var}\,\widehat{b_i} = \frac{\sigma^2}{r} \text{ et } \mathrm{Var}\,\widehat{b_{ij}} = \frac{24\sigma^2}{r}.$$

Démonstration. Effectuons dans un premier temps la démonstration des résultats énoncés ci-dessus lorsque les expériences ne sont pas répétées ($r = 1$). Par définition des réseaux de Scheffé la matrice $X \in \mathcal{M}(n, m(m+1)/2)$ du modèle est alors :

$$X = \left[\begin{array}{cccc|cccc} 1 & 0 & \dots & 0 & 0 & 0 & \dots & 0 \\ \vdots & \vdots & & \vdots & \vdots & \vdots & & \vdots \\ 0 & 0 & \dots & 1 & 0 & 0 & \dots & 0 \\ \hline 1/2 & 1/2 & \dots & 0 & 1/4 & 0 & \dots & 0 \\ \vdots & \vdots & & \vdots & \vdots & \vdots & & \vdots \\ 0 & 0 & \dots & 1/2 & 0 & 0 & \dots & 1/4 \end{array}\right].$$

La séparation verticale distingue les coefficients des termes b_i (à gauche) des coefficients des termes b_{ij} (à droite). L'ordre des colonnes associées aux b_{ij} est l'ordre lexicographique (b_{12}, b_{13}, b_{14}, ..., $b_{(m-1)m}$). De même, la séparation horizontale distingue les corps purs (en haut) des mélanges binaires (en bas). En d'autres termes, le modèle statistique est $Y = Xb + \varepsilon$ avec :

$$X = \left[\begin{array}{c|c} I_m & 0 \\ \hline D_2 & (1/4)\, I_{\frac{m(m-1)}{2}} \end{array}\right],\ Y = \left[\begin{array}{c} Y_1 \\ \vdots \\ Y_m \\ \hline Y_{12} \\ \vdots \\ Y_{(m-1)m} \end{array}\right] \text{ et } b = \left[\begin{array}{c} b_1 \\ \vdots \\ b_m \\ \hline b_{12} \\ \vdots \\ b_{(m-1)m} \end{array}\right].$$

où D_2 désigne donc la partie de la matrice du plan d'expérience relative aux mélanges binaires effectués. Déterminons maintenant la forme de la matrice ${}^tXX$:

$$X = \left[\begin{array}{c|c} I_m & 0 \\ \hline D_2 & (1/4)\, I_{\frac{m(m-1)}{2}} \end{array}\right] \Rightarrow {}^tXX = \left[\begin{array}{c|c} I_m + {}^tD_2D_2 & (1/4)\,{}^tD_2 \\ \hline (1/4)\, D_2 & (1/16)\, I_{\frac{m(m-1)}{2}} \end{array}\right].$$

La matrice D_2 est, par construction, telle que chacune de ses colonnes contient $(m-1)$ fois la valeur $1/2$ et le produit scalaire de chaque couple de colonnes est toujours égal à $1/4$. Il en résulte immédiatement que ${}^tD_2D_2$ est une matrice complètement symétrique donnée explicitement par :

$$ {}^tD_2D_2 = \frac{(m-2)}{4} I_m + \frac{1}{4} J_m. $$

On peut donc écrire la matrice ${}^tXX$ sous la forme :

$$ {}^tXX = \left[\begin{array}{c|c} ((m+2)/4)\, I_m + (1/4)\, J_m & (1/4)\, {}^tD_2 \\ \hline (1/4)\, D_2 & (1/16)\, I_{\frac{m(m-1)}{2}} \end{array}\right] = \begin{bmatrix} A_{11} & A_{12} \\ {}^tA_{12} & A_{22} \end{bmatrix}. $$

L'inverse d'une telle matrice peut maintenant être obtenue facilement à l'aide du lemme 5.B (en l'appliquant non pas à partir du bloc A_{11} comme énoncé mais à partir du bloc A_{22} très facile à manier) :

$$ \left({}^tXX\right)^{-1} = \begin{bmatrix} 0 & 0 \\ 0 & A_{22}^{-1} \end{bmatrix} + \begin{bmatrix} Id \\ -A_{22}^{-1}{}^tA_{12} \end{bmatrix} \left({}^sA_{11}\right)^{-1} \left[Id \; -A_{12}A_{22}^{-1} \right] $$

où ${}^sA_{11}$ est le complément de Schur du bloc A_{11}. On a ensuite :

1) $A_{22}^{-1} = 16 I_{\frac{m(m-1)}{2}}$ donc $A_{12}A_{22}^{-1} = 4{}^tD_2$ et $A_{22}^{-1}{}^tA_{12} = 4D_2$,

2) ${}^sA_{11} = A_{11} - A_{12}A_{22}^{-1}{}^tA_{12} = I_m + {}^tD_2D_2 - {}^tD_2D_2 = I_m$.

On en déduit que :

$$ \begin{aligned} \left({}^tXX\right)^{-1} &= \left[\begin{array}{c|c} I_m & -A_{12}A_{22}^{-1} \\ \hline -A_{22}^{-1}{}^tA_{12} & A_{22}^{-1} + A_{22}^{-1}{}^tA_{12}A_{12}A_{22}^{-1} \end{array}\right] \\ &= \left[\begin{array}{c|c} I_m & -4{}^tD_2 \\ \hline -4D_2 & 16\left(I_{\frac{m(m-1)}{2}} + D_2{}^tD_2\right) \end{array}\right]. \end{aligned} $$

Sachant que les éléments diagonaux de la matrice $D_2{}^tD_2$ sont tous égaux à $1/2$ (puisque chacune de ses lignes a pour seuls éléments non nuls deux fois la valeur $1/2$) et que $\mathbb{V}\left(\widehat{b}\right) = \sigma^2 \left({}^tXX\right)^{-1}$ ce résultat entraîne donc que :

$$ \forall\; i,j = 1,...,m \text{ avec } i \neq j,\ \operatorname{Var}\widehat{b}_i = \sigma^2 \text{ et } \operatorname{Var}\widehat{b}_{ij} = 24\sigma^2. $$

Déterminons maintenant la forme des estimateurs des moindres carrés des divers paramètres du modèle sachant que $\widehat{b} = \left({}^tXX\right)^{-1}{}^tXY$. Posons :

$$ Y = \begin{bmatrix} Y^{(1)} \\ \hline Y^{(2)} \end{bmatrix} \text{ et } b = \begin{bmatrix} b^{(1)} \\ \hline b^{(2)} \end{bmatrix} $$

où $Y^{(1)} \in \mathbb{R}^m$ désigne les réponses observées avec les corps purs, $Y^{(2)} \in \mathbb{R}^{m(m-1)/2}$ les réponses observées avec les mélanges binaires, $b^{(1)} \in \mathbb{R}^m$ les effets des corps purs et enfin $b^{(2)} \in \mathbb{R}^{m(m-1)/2}$ les effets des mélanges binaires. Il vient :

$$\widehat{b} = \left({}^tXX\right)^{-1} {}^tXY = \left({}^tXX\right)^{-1} \left[\frac{Y^{(1)} + {}^tD_2Y^{(2)}}{(1/4)\,Y^{(2)}}\right].$$

D'après la forme de la matrice $\left({}^tXX\right)^{-1}$ on a donc :

$$\widehat{b} = \left({}^tXX\right)^{-1} {}^tXY \Leftrightarrow \begin{cases} \widehat{b}^{(1)} = Y^{(1)} \\ \widehat{b}^{(2)} = 4Y^{(2)} - 4D_2Y^{(1)} \end{cases}.$$

On a donc prouvé que :

$$\begin{cases} \widehat{b}^{(1)} = Y^{(1)} \Leftrightarrow \forall\ i = 1, ..., m\ ,\ \widehat{b}_i = Y_i, \\ \widehat{b}^{(2)} = 4Y^{(2)} - 4D_2Y^{(1)} \Leftrightarrow \forall\ i, j = 1, ..., m,\ i \neq j\ , \widehat{b}_{ij} = 4Y_{ij} - 2\left(Y_i + Y_j\right). \end{cases}$$

La proposition est bien démontrée dans la cas sans répétition $(r = 1)$. Lorsque toutes les expériences sont répétées $r \in \mathbb{N}^*$ fois il suffit de noter que la matrice du modèle, notée X_r, est simplement obtenue en répétant r fois chacune des lignes de la matrice X utilisée ici. Il en résulte que ${}^tX_rX_r = r{}^tXX$, le cas avec répétitions des expériences se déduit donc facilement de la démonstration précédente ■

Proposition 7.13. *Soit un plan d'expérience pour mélanges $\mathcal{D}$ adapté au modèle linéaire choisi. Le plan d'expérience $\mathcal{D}'$ constitué des b blocs $\mathcal{D}_1, ..., \mathcal{D}_b$ obtenus à la suite de b* **réplications** *du plan initial (i.e. $\forall\ l = 1, ..., b$, $\mathcal{D}_l = \mathcal{D}$) est alors* **bloqué orthogonalement**.

Démonstration. Désignons par $X_0 \in \mathcal{M}\,(k, p)$ la matrice du modèle choisi, relativement au plan d'expérience initial $\mathcal{D}$ (constitué par k expériences). Lorsque ce plan est répliqué b fois la matrice du modèle est alors donnée, dans le cas sans bloc, par $X \in \mathcal{M}\,(n, p)$ avec $n = bk$ et :

$${}^tX = \left[{}^tX_0 \mid {}^tX_0 \mid ... \mid {}^tX_0\ \right].$$

En notant le vecteur des réponses ${}^tY = \left({}^tY^{(1)} \mid {}^tY^{(2)} \mid ... \mid {}^tY^{(b)}\ \right)$ où $Y^{(i)} \in \mathbb{R}^k$ contient les réponses observées lors de la i-ème réplication du plan $(1 \leq i \leq b)$ on en déduit que les équations normales sont données dans le cas sans bloc par :

$$\left({}^tXX\right)\widehat{b} = {}^tXY \Leftrightarrow \left({}^tX_0X_0\right)\widehat{b} = \frac{1}{b}\sum_{i=1}^{b} {}^tX_0Y^{(i)}. \qquad (1)$$

Considérons maintenant le modèle à effets de blocs. Comme b effets de blocs $\gamma_1, ..., \gamma_b$ ont été introduits le modèle peut être maintenant écrit :

$$Y = \left[B | X \ \right] \begin{pmatrix} \gamma \\ b \end{pmatrix} + \varepsilon \text{ avec } B = \begin{bmatrix} \mathbb{I}_k & 0 & ... & 0 \\ 0 & \mathbb{I}_k & ... & 0 \\ \vdots & \vdots & & \vdots \\ 0 & 0 & ... & \mathbb{I}_k \end{bmatrix}$$

où $\gamma \in \mathbb{R}^b$ est le vecteur des effets de blocs. On a déjà constaté qu'un tel modèle est toujours singulier. Utilisons donc la contrainte (C) afin de le rendre régulier :

$$\sum_{i=1}^{b} \gamma_i = 0 \Leftrightarrow \gamma_b = -\sum_{i=1}^{b-1} \gamma_i.$$

Il est possible de tenir compte de la contrainte (C) en supprimant à l'aide de cette dernière relation la colonne de la matrice B associée à l'effet de bloc γ_b. Après une telle transformation le modèle devient :

$$Y = \left[B^* | X \ \right] \begin{pmatrix} \gamma^* \\ b \end{pmatrix} + \varepsilon \text{ avec } B^* = \begin{bmatrix} \mathbb{I}_k & 0 ... & 0 \\ 0 & \mathbb{I}_k ... & 0 \\ \vdots & \vdots & \vdots \\ 0 & 0 ... & \mathbb{I}_k \\ -\mathbb{I}_k & -\mathbb{I}_k ... & -\mathbb{I}_k \end{bmatrix}$$

où $B^* \in \mathcal{M}(n, b-1)$ (la matrice B^* est parfois qualifiée de matrice "centrée") et ${}^t\gamma^* = (\gamma_1, ..., \gamma_{b-1})$. Remarquons alors que :

$$\left[\frac{{}^tB^*}{{}^tX} \right] \left[B^* | X \ \right] = \begin{bmatrix} {}^tB^*B^* & {}^tB^*X \\ {}^tXB^* & {}^tXX \end{bmatrix} = \begin{bmatrix} kI_{(b-1)} + kJ_{(b-1)} & 0 \\ 0 & b^tX_0X_0 \end{bmatrix}.$$

Les équations normales du modèle à effets de blocs sont donc :

$$\begin{bmatrix} kI_{(b-1)} + kJ_{(b-1)} & 0 \\ 0 & b^tX_0X_0 \end{bmatrix} \begin{pmatrix} \widehat{\gamma}^* \\ \widehat{b} \end{pmatrix} = \left[\frac{{}^tB^*Y}{{}^tXY} \right]. \qquad (2)$$

On constate bien que l'estimateur des moindres carrés $\widehat{b}$ des paramètres du modèle est le même dans les équations (1) et (2). La configuration proposée est donc bien bloquée orthogonalement ■

Proposition 7.14. *Soit un plan d'expérience pour mélanges $\mathcal{D}$, constitué par k expériences, adapté au modèle linéaire choisi. Pour le plan d'expérience bloqué orthogonalement $\mathcal{D}'$ constitué des b blocs $\mathcal{D}_1, ..., \mathcal{D}_b$ obtenus à la suite de b* **réplications** *du plan initial (i.e. $\forall\ l = 1, ..., b$, $\mathcal{D}_l = \mathcal{D}$) les estimateurs des moindres carrés des* **effets des blocs** *sont donnés par :*

$$\forall\, l = 1, ..., b\ ,\ \widehat{\gamma}_l = \overline{Y}_{Bl} - \overline{Y}.$$

Concernant la dispersion de ces estimateurs il vient :

$$\forall\, l = 1, ..., b\ ,\ \mathrm{Var}\,\widehat{\gamma}_l = \sigma^2 \left(\frac{b-1}{bk}\right).$$

Démonstration. Utilisons les résultats déjà obtenus lors de la démonstration de la proposition 7.13. Les équations normales ont alors été déterminées et d'après la structure en blocs orthogonaux on a pour l'estimation des effets des blocs :

$$k\left(I_{(b-1)} + J_{(b-1)}\right)\widehat{\gamma}^* = {}^t B^* Y$$

avec toujours $B^* \in \mathcal{M}(n, b-1)$ matrice "centrée", k la taille de chacun des blocs et ${}^t\gamma^* = (\gamma_1, ..., \gamma_{b-1})$. D'après le lemme 5.$A$ relatif à l'inversion des matrices complètement symétriques il vient :

$$\left(I_{(b-1)} + J_{(b-1)}\right)^{-1} = I_{(b-1)} - \frac{1}{b} J_{(b-1)}.$$

Il en découle dans un premier temps que :

$$\mathbb{V}\left(\widehat{\gamma}^*\right) = \frac{\sigma^2}{k}\left(I_{(b-1)} - \frac{1}{b} J_{(b-1)}\right).$$

Les variances des estimateurs $\widehat{\gamma}_i$ pour $i = 1, ..., b-1$ sont donc bien égales à $\sigma^2/k\,(1 - 1/b)$. Concernant maintenant les estimateurs eux-mêmes il vient :

$$\widehat{\gamma}^* = \frac{1}{k}\left(I_{(b-1)} - \frac{1}{b} J_{(b-1)}\right) {}^t B^* Y$$

Déterminons alors la forme de $\widehat{\gamma}_i$ $(i = 1, ..., b-1)$. Il vient :

$${}^t B^* = \begin{bmatrix} {}^t\mathbb{I}_k & 0 & \dots & 0 & -{}^t\mathbb{I}_k \\ \vdots & \vdots & & \vdots & \vdots \\ 0 & 0 & \dots & {}^t\mathbb{I}_k & -{}^t\mathbb{I}_k \end{bmatrix} \text{ donc } {}^t B^* Y = \begin{bmatrix} {}^t\mathbb{I}_k Y^{(1)} - {}^t\mathbb{I}_k Y^{(b)} \\ \vdots \\ {}^t\mathbb{I}_k Y^{(b-1)} - {}^t\mathbb{I}_k Y^{(b)} \end{bmatrix}.$$

où $Y^{(i)} \in \mathbb{R}^k$ contient les réponses observées lors de la i-ème réplication du plan $(1 \leq i \leq b)$. Il en découle que :

$$\widehat{\gamma}_i = \frac{1}{k}\left[{}^t\mathbb{I}_k Y^{(i)} - {}^t\mathbb{I}_k Y^{(b)} - \frac{1}{b}\sum_{i=1}^{b-1}\left({}^t\mathbb{I}_k Y^{(i)} - {}^t\mathbb{I}_k Y^{(b)}\right)\right].$$

Or, ${}^t\mathbb{I}_k Y^{(i)} = k\overline{Y}_{Bi}$ donc :

$$\begin{aligned}
\widehat{\gamma}_i &= \overline{Y}_{Bi} - \overline{Y}_{Bb} - \frac{1}{b}\sum_{i=1}^{b-1}\left(\overline{Y}_{Bi} - \overline{Y}_{Bb}\right) \\
&= \overline{Y}_{Bi} - \overline{Y}_{Bb} - \frac{1}{b}\sum_{i=1}^{b-1}\overline{Y}_{Bi} - \left(\frac{b-1}{b}\right)\overline{Y}_{Bb} \\
&= \overline{Y}_{Bi} - \frac{1}{b}\sum_{i=1}^{b}\overline{Y}_{Bi} = \overline{Y}_{Bi} - \overline{Y}.
\end{aligned}$$

Concernant maintenant la valeur $\widehat{\gamma}_b$ on pose, d'après la contrainte (C) :

$$\widehat{\gamma}_b = -\sum_{i=1}^{b-1} \widehat{\gamma}_i.$$

On montre sans difficulté que ceci entraîne que $\widehat{\gamma}_b$ vérifie lui aussi les diverses relations proposées précedemment pour les termes $\widehat{\gamma}_i$ avec $i = 1, ..., b-1$ ■

Proposition 7.15. *Soit un plan d'expérience pour mélanges $\mathcal{D}$, constitué par k expériences, adapté au modèle linéaire choisi. Pour le plan d'expérience bloqué orthogonalement $\mathcal{D}'$ constitué des b blocs $\mathcal{D}_1, ..., \mathcal{D}_b$ obtenus à la suite de b* **réplications** *du plan initial (i.e. $\forall\ l = 1, ..., b$, $\mathcal{D}_l = \mathcal{D}$) un test de l'hypothèse* **d'égalité des effets de blocs** *H_0 : "$\gamma_i = \gamma_j$" pour $i, j = 1, ..., b$ avec $i \neq j$ contre l'hypothèse $H_1 = \overline{H_0}$ peut être réalisé à l'aide de la statistique :*

$$T = \frac{k\left(\widehat{\gamma}_i - \widehat{\gamma}_j\right)^2}{2\widehat{\sigma}^2}$$

où $\widehat{\sigma}^2 = SSE/\left(n-p\right) = MSE$. La règle de décision est alors donnée par (avec $f_{\alpha,1,n-p}$ fractile de la loi de Fisher à 1 et $(n-p)$ ddl) :

on rejette H_0 au niveau α si $t \geq f_{\alpha,1,n-p}$.

Démonstration. Utilisons ici les résultats généraux du paragraphe 6.2.5 relatifs aux hypothèse de la forme "$A\beta = a$". Sous la contrainte (C) du paragraphe 7.7.2 la matrice du modèle considéré est $X^* = [B^* \mid X]$ (avec B^* matrice "centrée" construite selon la démonstration de la proposition 7.13) et donc l'hypothèse H_0 considérée ici a bien cette forme générale avec $a = 0$, ${}^t\beta = ({}^t\gamma^* \mid {}^tb)$ et enfin A matrice à une seule ligne avec pour seuls éléments non nuls $A_{1i} = 1$ et $A_{1j} = -1$. On vérifie aisément que cette hypothèse est bien vérifiable (car $\operatorname{Ker} X^* = \{0\}$). Il en découle que l'hypothèse H_0 peut être testée à l'aide de la statistique suivante :

$$\begin{aligned} T &= \frac{{}^t\left(A\widehat{\beta} - a\right)\left[A\left({}^tX^*X^*\right)^{-1}{}^tA\right]^{-1}\left(A\widehat{\beta} - a\right)}{r\widehat{\sigma}^2} \\ &= \frac{{}^t\widehat{\beta}{}^tA\left[A\left({}^tX^*X^*\right)^{-1}{}^tA\right]^{-1}A\widehat{\beta}}{\widehat{\sigma}^2} \end{aligned}$$

puisque $r = rg\,(A) = 1$. Or $A\widehat{\beta} = \widehat{\gamma}_i - \widehat{\gamma}_j$ donc :

$$T = \frac{\left(\widehat{\gamma}_i - \widehat{\gamma}_j\right)^2}{\widehat{\sigma}^2}\left[A\left({}^tX^*X^*\right)^{-1}{}^tA\right]^{-1}.$$

L'inverse de la matrice ${}^tX^*X^*$ est connue explicitement (voir la démonstration de la proposition 7.14) et donc :

$$A\left({}^tX^*X^*\right)^{-1}{}^tA = \frac{1}{k}\left[2\left(\frac{b-1}{b}\right) - 2\left(\frac{-1}{b}\right)\right] = \frac{2}{k}.$$

Ceci démontre bien le résultat énoncé pour tout couple d'effets de blocs de γ^*. On étend sans difficulté ce résultat lorsque l'effet γ_b du dernier bloc est utilisé dans l'hypothèse ■

Partie III

Plans d'expérience pour facteurs qualitatifs

8

Plans d'expérience pour facteurs qualitatifs

8.1 Introduction

Les plans présentés dans les chapitres précédents utilisent des facteurs quantitatifs c'est-à-dire directement mesurables à l'aide d'une grandeur physique (température, masse, concentration, *etc...*). L'objet de ce chapitre est de s'intéresser maintenant aux problèmes faisant intervenir des facteurs **qualitatifs** donc non directement quantifiables (couleur d'une peinture, variété de blé, catégorie socio-professionelle, sexe, *etc...*). Le type de plan d'expérience mis en œuvre dans un tel contexte est fondamentalement différent des diverses configurations étudiées jusqu'à présent.

Le modèle principal de ce chapitre est le modèle additif classique. Divers plans d'expérience adaptés à l'analyse de ce modèle sont présentés : plans factoriels complets, plans fractionnaires obtenus à l'aide de la généralisation de la notion de fraction régulière, tables de Taguchi, *etc...* L'objectif principal est, une nouvelle fois, d'obtenir des plans d'expérience de petite taille d'analyse la plus simple possible. Ce dernier point entraîne la définition naturelle de la notion d'**orthogonalité** d'un plan d'expérience pour facteurs qualitatifs.

Ce chapitre est structuré de la manière suivante. Une première partie est consacrée à des généralités pour l'utilisation de facteurs qualitatifs telles que la notion de codage, de contrainte d'identification ou bien encore d'orthogonalité d'un plan d'expérience. Le modèle additif est ensuite présenté ainsi que les contraintes d'identification qui lui sont associées. Les plans d'expérience factoriels complets sont ensuite définis et analysés. La généralisation de la théorie des fraction régulières au cas des plans pour facteurs qualitatifs est introduite dans la section suivante. Enfin, divers cas plus généraux sont étudiés (nombre de modalités des facteurs différents, non-premiers, *etc...*) et le modèle à effets d'interactions est présenté brièvement. Un exemple d'application, illustré par des codes SAS, est proposé en conclusion.

W. Tinsson, *Plans d'expérience: constructions et analyses statistiques*, Mathématiques et Applications 67, DOI 10.1007/978-3-642-11472-4_8,
© Springer-Verlag Berlin Heidelberg 2010

8.2 Généralités

8.2.1 Codage des facteurs qualitatifs

Considérons ici un phénomène aléatoire dépendant de m facteurs qualitatifs et supposons que le facteur i $(i = 1, ..., m)$ peut prendre h_i niveaux différents. On dit alors que ce facteur a h_i **modalités**. Afin de pouvoir uniformiser le traitement mathématique des expériences réalisées il est nécessaire d'avoir recours à un codage pour chacune des modalités utilisées. Deux techniques, présentées ci-dessous, sont retenues tout au long de cet ouvrage afin d'atteindre cet objectif.

1) Codage naturel. Afin de quantifier chacune des modalités il est naturel d'affecter chacune d'elle à un entier naturel. Lorsque h_i modalités sont présentes on peut les coder à l'aide de l'ensemble $\{0, 1, 2, ..., h_i - 1\}$. Il n'y a pas de façon unique pour réaliser un tel codage, il convient donc de choisir arbitrairement quelle modalité est affectée à chacun des entiers de l'ensemble précédent (le nombre total de choix possibles est donc égal à $h_i!$).

2) Codage binaire. Le codage naturel est très pratique pour décrire de façon simple et précise un plan d'expérience. Il s'avére cependant plus problématique dans une optique de modélisation. En effet, chacune des modalités est alors affectée à un entier naturel plus ou moins grand et ceci de façon tout à fait arbitraire (dans l'exemple donné à la suite la couleur rouge est affectée à une valeur "deux fois plus grande" que la couleur blanche ce qui, bien entendu, n'a pas de sens concret). Afin de pallier cet inconvénient et de pouvoir comparer les effets des différentes modalités entre elles il est alors classique d'utiliser un codage binaire : la valeur 1 est affectée à la modalité lorsqu'elle est présente dans l'expérience considérée, la valeur 0 lui est affectée sinon. Ceci conduit donc à résumer toutes les expériences effectuées dans un tableau contenant uniquement les valeurs 0 et 1 appelé matrice des indicatrices des modalités (on parle aussi de tableau disjonctif).

Exemple

Une étude médicale est menée afin de mesurer l'impact psychologique de la couleur d'un médicament sur l'amélioration de la santé du malade. Deux facteurs qualitatifs sont étudiés : la couleur du médicament avec les modalités dans l'ensemble {blanc, bleu, rouge} $(h_1 = 3)$ et le sexe du patient avec les modalités cette fois dans l'ensemble {homme, femme} $(h_2 = 2)$. Les trois premières expériences sont réalisées de la manière suivante :

	Couleur	*Sexe*
Expérience 1	blanc	homme
Expérience 2	blanc	femme
Expérience 3	rouge	femme

Un codage naturel peut être, par exemple, le suivant :

blanc (0)	homme (0)
bleu (1)	femme (1)
rouge (2)	

Les trois expériences réalisées sont alors associées à la matrice du plan d'expérience ci-dessous (la première colonne étant celle des modalités de la couleur et la seconde celle des modalités du sexe) :

$$D = \begin{bmatrix} 0 & 0 \\ 0 & 1 \\ 2 & 1 \end{bmatrix}.$$

Dans l'optique d'un codage binaire les expériences réalisées sont représentées à l'aide de la matrice des indicatrices des modalités. Cette matrice a toujours 3 lignes (pour les trois expériences) mais maintenant autant de colonnes que de modalités c'est-à-dire 5 au total. La matrice du plan d'expérience est donnée ci-dessous, en affectant les colonnes aux indicatrices des modalités suivantes (de gauche à droite) : blanc, bleu, rouge, homme et femme.

$$D = \left[\, X_1 \mid X_2 \,\right] = \left[\begin{array}{ccc|cc} 1 & 0 & 0 & 1 & 0 \\ 1 & 0 & 0 & 0 & 1 \\ 0 & 0 & 1 & 0 & 1 \end{array}\right].$$

Les sous-matrices X_1 et X_2 sont les matrices d'indicatrices des modalités des facteurs 1 et 2.

Remarque. Il existe des ouvrages et des logiciels où les h_i modalités du facteur i sont codées naturellement à l'aide de l'ensemble $\{1, 2, 3, ..., h_i\}$ (*i.e.* le niveau zéro n'est pas utilisé). On considère cependant ici l'ensemble de la forme $\{0, 1, 2, ..., h_i - 1\}$ car, comme il sera montré par la suite, il peut être identifié au groupe $\mathbb{Z}/h_i\mathbb{Z}$ lorsqu'il est muni de la loi d'addition modulo h_i. Dans le cas particulier où seulement deux modalités interviennent alors les groupes $(\{0, 1\}, +)$ et $(\{-1, 1\}, \times)$ sont isomorphes. Ceci justifie l'utilisation alternative des niveaux -1 et $+1$ pour coder les modalités (dans le cas qualitatif) ou les niveaux extrêmes (dans le cas quantitatif) d'un tel facteur comme cela a déjà été fait, par exemple, avec les plans factoriels à deux niveaux.

8.2.2 Notation standard des réponses

Dans le cas de m facteurs qualitatifs toute expérience peut être repérée par un vecteur de $\mathbb{N}^m$ contenant les divers codages naturels associés aux modalités utilisées. Plus précisemment le vecteur en question est élément du domaine expérimental $\mathcal{E} = \{0, 1, 2, ..., h_1 - 1\} \times \{0, 1, 2, ..., h_2 - 1\} \times ... \times$

$\{0, 1, 2, ..., h_m - 1\}$. Lorsque i_1, i_2,..., i_m désignent les m codages naturels des modalités de l'expérience réalisée, la réponse mesurée est alors notée :

$$Y(i_1, i_2, ..., i_m) \text{ ou bien } Y_{i_1 i_2 \dots i_m}.$$

Si la seconde notation abrégée est utilisée on prendra garde à ne pas la confondre avec la notation standard pour les réponses d'un plan pour mélanges (voir le paragraphe 7.2.3). Lorsque r répétitions sont réalisées on distinguera encore les différentes réponses mesurées à l'aide des valeurs (1), (2),...,(r) placées en exposant de Y. Remarquons qu'un plan d'expérience $\mathcal{D}$ va être à présent identifié à un **sous-ensemble** du domaine expérimental $\mathcal{E}$. L'ensemble I désignant tous les indices utilisés par le plan considéré on note alors :

$$\mathcal{D} = \{(i_1, i_2, ..., i_m) \in I \;/\; I \subset \mathcal{E}\}.$$

Si l'expérience repérée par le vecteur $(i_1, i_2, ..., i_m)$ est répétée $r > 1$ fois on le signifiera dans l'ensemble $\mathcal{D}$ en la notant $(i_1, i_2, ..., i_m)^r$.

Exemple

En reprenant l'exemple de la section précédente, les diverses réponses mesurées sont repérées ici par :

	Couleur	*Sexe*	*Réponse*
Exp. 1	blanc (0)	homme (0)	$Y(0,0)$ ou Y_{00}
Exp. 2	blanc (0)	femme (1)	$Y(0,1)$ ou Y_{01}
Exp. 3	rouge (2)	femme (1)	$Y(2,1)$ ou Y_{21}

Le plan d'expérience est : $\mathcal{D} = \{(0,0), (0,1), (2,1)\}$. Si la première expérience a été réalisée deux fois alors l'ensemble $I = \{(0,0), (0,1), (2,1)\}$ est toujours le même (*i.e.* aucune nouvelle expérience n'a été réalisée) mais le plan d'expérience est maintenant : $\mathcal{D} = \{(0,0)^2, (0,1), (2,1)\}$.

8.2.3 Matrice d'incidence

Introduisons ici la notion de **matrice d'incidence** issue du croisement des deux facteurs qualitatifs i et j ($i, j = 1, ..., m$ avec $i < j$). Une telle matrice, notée N_{ij}, est définie par :

$$N_{ij} = {}^t X_i X_j$$

où X_i est la matrice des indicatrices des modalités du facteur i. On désigne dans la suite par $\lambda_{ij}(l, c)$ le terme général de la matrice $N_{ij} \in \mathcal{M}(h_i, h_j)$ situé à l'intersection de la ligne l et de la colonne c. Voici alors un certain nombre de propriétés, immédiates à démontrer, pour toute matrice d'incidence :

1) l'entier naturel $\lambda_{ij}(l, c)$ représente le nombre de fois où la l-ième modalité du facteur i et la c-ième modalité du facteur j apparaissent simultanément dans le plan d'expérience utilisé,

2) la somme de tous les éléments de la matrice N_{ij} donne le nombre d'expériences :

$$n = \sum_{l=1}^{h_i} \sum_{c=1}^{h_j} \lambda_{ij}(l, c),$$

3) les sommes marginales (*i.e.* par ligne et par colonne) donnent les nombres d'apparitions de chacunes des modalités des facteurs du plan utilisé. Si $r_i(l)$ est le nombre d'occurences de la modalité l du facteur i alors :

$$r_i(l) = \sum_{c=1}^{h_j} \lambda_{ij}(l, c) \text{ et } r_j(c) = \sum_{l=1}^{h_i} \lambda_{ij}(l, c).$$

Remarque. On note aussi, de manière plus condensée :

$$n = \lambda_{ij}(\bullet, \bullet) \text{ et } r_i(l) = \lambda_{ij}(l, \bullet) \ , r_j(c) = \lambda_{ij}(\bullet, c).$$

Chaque point indique une sommation à réaliser par rapport à l'indice correspondant.

Exemple

Reprenons l'exemple du paragraphe précédent. En considérant que le premier facteur est la couleur et le second est le sexe il vient alors :

$$N_{12} = \begin{bmatrix} 1 & 1 \\ 0 & 0 \\ 0 & 1 \end{bmatrix}$$

On en déduit que les seuls éléments non-nuls sont :

$$\lambda_{12}(1, 1) = \lambda_{12}(1, 2) = \lambda_{12}(3, 2) = 1.$$

Ceci montre bien que, par exemple, la troisième modalité du facteur un et la seconde modalité du facteur deux (*i.e.* comprimé *rouge* et patient *femme*) apparaissent simultanément une seule fois dans le protocole expérimental (il s'agit bien de la troisième expérience). Concernant maintenant les marges du tableau N_{12} il vient :

N₁₂			
	1	**1**	$r_1(1) = 2$
	0	**0**	$r_1(2) = 0$
	0	**1**	$r_1(3) = 1$
	$r_2(1) = 1$	$r_2(2) = 2$	$n = 3$

Ceci montre, par exemple, que $r_2(2) = 2$ individus de sexe féminin ont participé à l'expérimentation.

8.2.4 Modèle additif

Considérons ici un modèle très souvent utilisé lorsque m facteurs qualitatifs avec respectivement h_1, h_2, ..., h_m modalités interviennent. Un tel modèle postule que les effets des différents facteurs s'ajoutent les uns aux autres de manière indépendante. Ce modèle statistique peut toujours être écrit mathématiquement sous la forme générale $Y(x) = f(x) + \varepsilon(x)$ avec ici $x = (i_1, i_2, ..., i_m) \in \mathcal{E}$ vecteur associé aux différents codages naturels de l'expérience réalisée (voir le paragraphe 8.2.2). On dit que l'on utilise un **modèle additif** si et seulement si :

$$f(i_1, i_2, ..., i_m) = \beta_0 + \beta_1^{[i_1]} + \beta_2^{[i_2]} + ... + \beta_m^{[i_m]}.$$

On peut encore écrire ce modèle sous la forme complète donnée ci-dessous :

$$f(i_1, i_2, ..., i_m) = \beta_0 + \sum_{j_1=0}^{h_1-1} \beta_1^{[j_1]} \delta_{i_1 j_1} + \sum_{j_2=0}^{h_2-1} \beta_2^{[j_2]} \delta_{i_2 j_2} + ... + \sum_{j_m=0}^{h_m-1} \beta_m^{[j_m]} \delta_{i_m j_m}$$

où δ_{ij} est le symbole de Kronecker (*i.e.* $\delta_{ij} = 1$ si $i = j$, $\delta_{ij} = 0$ sinon). Pour un tel modèle on dit aussi que (avec $j = 1, ..., m$ et $i = 0, ..., h_j - 1$) :

$$\begin{cases} \beta_0 \text{ (\textit{i.e.} la constante) est l'\textbf{effet moyen général},} \\ \beta_j^{[i]} \text{ est l'\textbf{effet de la modalité i du facteur j}.} \end{cases}$$

Le nombre total de paramètres (noté p^* pour le distinguer du nombre de paramètres inconnus à estimer $p \leq p^*$) de ce modèle est donné par :

$$p^* = 1 + \sum_{i=1}^{m} h_i.$$

Notons enfin que matriciellement l'écriture du modèle additif est $Y = X\beta + \varepsilon$ avec :

$$X = \left[\mathbb{I}_n \mid D \right] = \left[\mathbb{I}_n \mid X_1 |...| \; X_m \right]$$

où X_i $(i = 1, ..., m)$ est la matrice des indicatrices des modalités du facteur i. Le vecteur $\beta \in \mathbb{R}^{p^*}$ contient tous les paramètres du modèle, il peut naturellement être partitionné en :

$${}^t\beta = {}^t \left(\beta_0 \mid {}^t\beta_1 \; |...| \; {}^t\beta_m \; \right)$$

où le vecteur $\beta_i \in \mathbb{R}^{h_i}$ $(i = 1, ..., m)$ regroupe tous les effets relatifs au facteur i (attention à ne pas confondre le vecteur des effets des modalités β_i pour facteurs qualitatifs et le réel β_i traduisant l'effet linéaire d'un facteur quantitatif).

Exemple

Toujours pour l'exemple utilisé depuis le début de ce chapitre, le modèle additif est donné par la relation :

$$f(i_1, i_2) = \beta_0 + \sum_{j_1=0}^{2} \beta_1^{[j_1]} \delta_{i_1 j_1} + \sum_{j_2=0}^{1} \beta_2^{[j_2]} \delta_{i_2 j_2} = \beta_0 + \beta_1^{[i_1]} + \beta_2^{[i_2]}$$

avec $(i_1, i_2) \in \mathcal{E} = \{0,1,2\} \times \{0,1\}$, $\beta_1^{[i_1]}$ étant l'effet de la couleur i_1 sur la réponse et $\beta_2^{[i_2]}$ l'effet du sexe i_2 sur la réponse. Matricellement il vient donc:

$$X = \left[\begin{array}{c|ccc|cc} 1 & 1 & 0 & 0 & 1 & 0 \\ 1 & 1 & 0 & 0 & 0 & 1 \\ 1 & 0 & 0 & 1 & 0 & 1 \end{array}\right], \beta = \begin{pmatrix} \beta_0 \\ \hline \beta_1 \\ \hline \beta_2 \end{pmatrix}, \beta_1 = \begin{pmatrix} \beta_1^{[0]} \\ \beta_1^{[1]} \\ \beta_1^{[2]} \end{pmatrix}, \beta_2 = \begin{pmatrix} \beta_2^{[0]} \\ \beta_2^{[1]} \end{pmatrix}.$$

8.2.5 Contraintes d'identification

Il sera prouvé par la suite que l'utilisation de facteurs qualitatifs entraîne automatiquement une **surparamétrisation** des modèles utilisés. En d'autres termes la matrice du modèle $X \in \mathcal{M}(n, p^*)$ n'est **jamais de plein rang**. Il en résulte que sous cette forme les équations normales n'admettent pas une unique solution. Plusieurs techniques sont utilisables afin de rendre un tel modèle régulier. L'une d'elle consiste tout simplement à supprimer des modalités (c'est-à-dire des colonnes de la matrice du modèle) jusqu'à ce que X soit de plein rang (tout comme au chapitre 6 où l'introduction d'effets de blocs a été faite tout en supprimant l'effet moyen général β_0). On s'oriente plutôt dans ce chapitre vers des contraintes d'identifications identiques à celles déjà utilisées avec les plans pour mélanges en blocs. Considérons alors, de manière générale, un modèle statistique surparamétré sous la forme matricielle $Y = X\beta + \varepsilon$ avec donc $X \in \mathcal{M}(n, p^*)$ telle que $rg(X) < p^*$. Afin de rendre un tel modèle régulier on impose w contraintes linéaires supplémentaires données matriciellement par :

$$C\beta = 0 \text{ avec } C \in \mathcal{M}(w, p^*).$$

On dit qu'il s'agit de **contraintes d'identification** (on parle aussi de contraintes d'identification minimales) pour β dès lors que :

$$\operatorname{Ker} C \oplus \operatorname{Ker} X = \mathbb{R}^{p^*}$$

où $\oplus$ désigne classiquement l'opérateur de somme directe de deux sous-espaces vectoriels. On montre ensuite (voir par exemple l'ouvrage de Searle [88]) que l'unique estimateur des moindres carrés de β sous cette contrainte est solution du système d'équations normales suivant :

$$(S) \quad , \quad \begin{cases} {}^tXX\widehat{\beta} = {}^tXY \\ C\widehat{\beta} \quad = 0 \end{cases}.$$

8.2.6 Application au modèle additif

Il a déjà été montré que la matrice du modèle additif est :

$$X = \left[\mathbb{I}_n | X_1 | ... | X_m\right]$$

avec X_i $(i = 1, ..., m)$ matrice des indicatrices des modalités du facteur i. Il en résulte immédiatement qu'un tel modèle est **toujours surparamétré** puisque la somme des colonnes de chacune des matrices d'indicatrices X_i est égale à $\mathbb{I}_n$. Donc, quel que soit le plan d'expérience mis en oeuvre, le rang de la matrice X est toujours inférieur à $(p^* - m)$ puisqu'il existe autant de groupes de colonnes liées par la relation présentée ci-dessus que de matrices d'indicatrices X_i. On supposera toujours par la suite que l'on utilise un plan d'expérience tel que la matrice du modèle X ne présente aucun autre lien entre ses colonnes, donc :

$$rg\,(X) = p^* - m.$$

Déterminons maintenant des contraintes d'identification permettant de rendre ce modèle régulier. Une solution classique consiste à utiliser m contraintes linéaires telles que $C\beta = 0$ avec $C \in \mathcal{M}\,(m, p^*)$ donnée par :

$$C = \left[\begin{array}{c|c|c|c|c} 0 & {}^t\mathbb{I}_{h_1} & {}^t0_{h_2} & \ldots & {}^t0_{h_m} \\ 0 & {}^t0_{h_1} & {}^t\mathbb{I}_{h_2} & \ldots & {}^t0_{h_m} \\ \vdots & \vdots & \vdots & & \vdots \\ 0 & {}^t0_{h_1} & {}^t0_{h_2} & \ldots & {}^t\mathbb{I}_{h_m} \end{array}\right]$$

On vérifie alors sans difficulté que $\operatorname{Ker} C \oplus \operatorname{Ker} X = \mathbb{R}^{p^*}$, d'où le résultat suivant :

Proposition 8.1. *Une* **contrainte d'identification** *pour le vecteur β des paramètres du modèle additif à m facteurs consiste à imposer à chaque sous-vecteur β_i $(i = 1, ..., m)$ des effets du facteur i d'être un* **contraste** *de $\mathbb{R}^{h_i}$,* c'est-à-dire que :

$$\forall\, i = 1, ..., m\ ,\ \sum_{j=0}^{h_i - 1} \beta_i^{[j]} = 0$$

Ces contraintes seront dites contraintes d'identification **classiques**. *Il en résulte que le nombre de paramètres inconnus du modèle est alors :*

$$p = p^* - m = 1 + \sum_{i=1}^{m} (h_i - 1)\,.$$

On dit parfois, concernant le nombre de paramètres à estimer, qu'un facteur à h_i modalités est associé à $(h_i - 1)$ degrés de liberté. La somme de tous les degrés de liberté (avec la constante β_0 associée à un *ddl*) donne ainsi la valeur de p. Attention à ne pas confondre le nombre total de paramètres p^* du modèle utilisé avec le nombre $p < p^*$ de paramètres du modèle régulier sous la contrainte $C\beta = 0$.

8.2.7 Plan d'expérience orthogonal

L'étude des plans d'expérience pour facteurs quantitatifs a montré qu'un objectif naturel est la recherche de configurations les plus simples possibles (au sens des équations normales) c'est-à-dire telles que la matrice ${}^tXX$ soit diagonale. De tels plans d'expérience ont été qualifiés d'**orthogonaux**. Le problème est exactement le même ici mais la forme particulière de la matrice du modèle entraîne qu'il est impossible d'atteindre un tel objectif (principalement à cause du fait que X est une matrice d'indicatrices donc tous ses éléments sont positifs ou nuls). Afin d'obtenir cependant la matrice ${}^tXX$ la plus simple possible il est possible de s'orienter vers la notion d'orthogonalité définie de la manière suivante.

Définition 8.2. *Deux facteurs qualitatifs utilisés dans un plan d'expérience sont* **orthogonaux** *si et seulement si tous les couples de modalités de ces facteurs apparaissent* **un même nombre de fois** *dans le plan d'expérience. Un plan d'expérience à m facteurs qualitatifs est dit* **orthogonal** *si et seulement si tous les facteurs sont orthogonaux deux-à-deux.*

D'après les résultats du paragraphe 8.2.3 relatifs à l'interprétation des matrices d'incidence il est posible de donner une définition équivalente de l'orthogonalité :

Corollaire 8.3. *Un plan d'expérience à m facteurs qualitatifs est* **orthogonal** *si et seulement si chacune des* **matrices d'incidence** *vérifie :*

$$\forall\ i,j = 1,...,m \text{ avec } i \neq j\ ,\ N_{ij} = {}^tX_iX_j = \lambda_{ij}J_{h_ih_j}$$

*avec donc $\lambda_{ij} \in \mathbb{N}$ nombre de fois où chacune des modalités des facteurs i et j apparaissent simultanément dans le plan et $J_{q_1q_2} = \mathbb{I}_{q_1}{}^t\mathbb{I}_{q_2}$ matrice constituée par l'unique valeur 1. Le plan d'expérience sera de plus qualifié d'***uniformément orthogonal** *si et seulement si :*

$$\forall\ i,j = 1,...,m \text{ avec } i \neq j\ ,\ N_{ij} = {}^tX_iX_j = \lambda J_{h_ih_j}.$$

Ce corollaire montre bien que l'objectif de simplification des équations normales est atteint puisque les diverses matrices d'incidences (intervenant dans l'écriture de ${}^tXX$) ont donc ici la forme la plus simple possible.

8.2.8 Propriétés des plans orthogonaux

Détaillons ici les principales propriétés d'un plan d'expérience orthogonal. En appliquant directement les résultats énoncés au paragraphe 8.2.3 dans le cas particulier des plans orthogonaux il vient :

Proposition 8.4. *Soit un plan d'expérience* **orthogonal** *pour m facteurs qualitatifs à $h_1, ..., h_m$* modalités.

1) *La somme de tous les termes de N_{ij} entraîne que :*

$$\forall\ i,j = 1,...,m \text{ avec } i \neq j \ ,\ n = h_i h_j \lambda_{ij}.$$

Il en découle que lorsque le plan est orthogonal le nombre d'expérience doit forcément être un **multiple** *de tous les produits de la forme $h_i h_j$. Le nombre d'expérience d'un plan orthogonal vérifie donc :*

$$n \geq PPCM\left(h_i h_j \ / \ i,j = 1,...,m \text{ avec } i \neq j\right).$$

2) *La somme des termes de N_{ij} par ligne (ou par colonne) entraîne que les nombres d'occurences de chacune des modalités du facteur i sont* **constantes** *données par :*

$$\forall\ i = 1,...,m\ ,\ r_i = h_j \lambda_{ij} = \frac{n}{h_i}.$$

Remarquons que, puisque X_i est par définition la matrice des indicatrices des modalités du facteur i, la proposition 8.4 entraîne aussi les relations matricielles suivantes ($\forall\ i,j = 1,...,m$ avec $i \neq j$) :

$${}^tX_iX_i = r_i I_{h_i} = h_j \lambda_{ij} I_{h_i} \text{ et } {}^t\mathbb{I}_n X_i = r_i {}^t\mathbb{I}_{h_i} = h_j \lambda_{ij} {}^t\mathbb{I}_{h_i}.$$

Comme $X = \left[\mathbb{I}_n \middle| X_1 \middle| ... \middle| X_m\right]$ il en découle la forme générale simplifiée donnée ci-dessous concernant la matrice ${}^tXX$ relative à tout plan d'expérience orthogonal :

$${}^tXX = \left[\begin{array}{c|c|c|c|c}
n & r_1{}^t\mathbb{I}_{h_1} & r_2{}^t\mathbb{I}_{h_2} & \dots & r_m{}^t\mathbb{I}_{h_m} \\ \hline
r_1\mathbb{I}_{h_1} & r_1 I_{h_1} & \lambda_{12} J_{h_1 h_2} & \dots & \lambda_{1m} J_{h_1 h_m} \\ \hline
r_2\mathbb{I}_{h_2} & \lambda_{12} J_{h_2 h_1} & r_2 I_{h_2} & \dots & \lambda_{2m} J_{h_2 h_m} \\ \hline
\vdots & \vdots & \vdots & & \vdots \\ \hline
r_m\mathbb{I}_{h_m} & \lambda_{1m} J_{h_m h_1} & \lambda_{2m} J_{h_m h_2} & \dots & r_m I_{h_m}
\end{array}\right]$$

On vérifie ensuite que le fait de tenir compte des contraintes d'identification classiques transforme ${}^tXX$ en une matrice diagonale par blocs facilement inversible. Ceci entraîne le résultat principal ci-dessous concernant l'estimation des paramètres du modèle. La notation classique $\overline{Y}$ est utilisée pour désigner la moyenne générale relative à toutes les réponses observées et on pose :

$$\begin{cases} Y_i^{[j]} \text{ : somme des réponses où seule la modalité } j \text{ du facteur } i \text{ intervient,} \\ \overline{Y}_i^{[j]} \text{ : moyenne des réponses où seule la modalité } j \text{ du facteur } i \text{ intervient.} \end{cases}$$

Remarquons que lorsque le plan est orthogonal la somme $Y_i^{[j]}$ est constituée par r_i éléments.

Proposition 8.5. [$\triangleleft$] *Soit un plan d'expérience* **orthogonal** *pour m facteurs qualitatifs à $h_1, ..., h_m$ modalités, analysé à l'aide du modèle additif. Les* **estimateurs des moindres carrés** *de l'effet moyen général β_0 ainsi que de chacun des paramètres $\beta_i^{[j]}$ ($\forall\ i = 1, ..., m$ et $\forall\ j = 0, ..., h_i - 1$) sont donnés par :*

$$\widehat{\beta}_0 = \overline{Y} \text{ et } \widehat{\beta}_i^{[j]} = \overline{Y}_i^{[j]} - \overline{Y}.$$

Concernant la **dispersion** *de ces estimateurs il vient :*

$$\operatorname{Var} \widehat{\beta}_0 = \frac{\sigma^2}{n} \text{ et } \operatorname{Var} \widehat{\beta}_i^{[j]} = \frac{\sigma^2}{n} (h_i - 1).$$

Lorsque le nombre de facteurs étudiés est faible on utilise parfois les notations simplifiées ci-dessous (ici pour deux facteurs qualitatifs ayant 2 et 3 modalités) :

$$\begin{cases} \widehat{\beta}_1^{[0]} = \overline{Y}_{0\bullet} - \overline{Y} \ , \ \widehat{\beta}_1^{[1]} = \overline{Y}_{1\bullet} - \overline{Y} \ , \\ \widehat{\beta}_2^{[0]} = \overline{Y}_{\bullet 0} - \overline{Y} \ , \ \widehat{\beta}_2^{[1]} = \overline{Y}_{\bullet 1} - \overline{Y} \ , \ \widehat{\beta}_2^{[2]} = \overline{Y}_{\bullet 2} - \overline{Y}. \end{cases}$$

Le résultat général de la proposition 8.5 permet maintenant d'obtenir facilement les diverses réponses (moyennes) prédites par le modèle puisque la réponse prédite au point $x = (i_1, i_2, ..., i_m) \in \mathcal{E}$ associé aux codages naturels $i_1, ..., i_m$ est donnée par :

$$\widehat{Y}(x) = \widehat{\beta}_0 + \widehat{\beta}_1^{[i_1]} + \widehat{\beta}_2^{[i_2]} + ... + \widehat{\beta}_m^{[i_m]}.$$

Pour quantifier la qualité des diverses prédictions il vient :

Proposition 8.6. [$\triangleleft$] *Soit un plan d'expérience* **orthogonal** *pour m facteurs qualitatifs à $h_1, ..., h_m$ modalités, analysé à l'aide du modèle additif. La* **dispersion** *de la réponse prédite au point $x = (i_1, i_2, ..., i_m) \in \mathcal{E}$ est :*

$$\operatorname{Var} \hat{Y}(x) = \frac{\sigma^2}{n} \left(1 + \sum_{i=1}^{m} (h_i - 1) \right).$$

8.2.9 Analyse de la variance

Un modèle pour facteurs qualitatifs ayant été ajusté, le problème de la qualité de l'ajustement réalisé se pose naturellement. Les techniques d'analyse de la variance présentées dans le chapitre 2 sont toujours utilisables puisque l'analyse de la variance est basée sur des décompositions adéquates de réponses numériques (toujours considérées ici). Il en résulte que toutes les techniques utilisées précédemment (y compris la décomposition plus fine de la somme des carrés due à l'erreur à l'aide d'expériences répétées) restent valables.

8.3 Plans factoriels complets

8.3.1 Définition

Généralisons ici la notion de plan d'expérience factoriel complet déjà vue au chapitre 3 dans le cas de facteurs quantitatifs ramenés à deux niveaux (codés alors par ± 1). Dans ce cas un plan factoriel complet était défini comme l'ensemble de tous les sommets du cube $[-1,1]^m$, c'est-à-dire l'ensemble obtenu à l'aide des produits cartésiens $\{-1,1\} \times ... \times \{-1,1\} = \{-1,1\}^m$. Cette définition est généralisable sans la moindre difficulté au cas où plus de deux modalités interviennent.

Définition 8.7. *Soit un phénomène aléatoire dépendant de m facteurs qualitatifs à $h_1, ..., h_m$ modalités. On appelle plan d'expérience* **factoriel complet** *toute configuration $\mathcal{D}$ constituée par l'ensemble des codages naturels :*

$$\mathcal{D} = \{0, ..., h_1 - 1\} \times \{0, ..., h_2 - 1\} \times ... \times \{0, ..., h_m - 1\} .$$

Le nombre d'expériences d'un tel plan est donc : $n = \prod_{k=1}^{m} h_k$.

Un plan factoriel complet pour m facteur qualitatifs à $h_1, ..., h_m$ modalités sera désigné plus rapidement dans la suite par la notation suivante généralisant celle introduite au chapitre 3 (FD venant toujours de *Factorial Design*) :

$$FD\,(h_1 \times h_2 \times ... \times h_m) .$$

Si tous les facteur ont le même nombre h de modalités on dit que le plan d'expérience est **symétrique** (le nombre d'expériences à réaliser est donc h^m).

Lorsque $h = 2$ on retrouve bien, à un codage près, les plans factoriels complets du chapitre 3 mais alors la notion de rajout d'expériences "centrales" n'a plus de sens. Concernant maintenant l'écriture de la matrice du plan d'expérience on généralise ici l'**ordre standard** proposé par Yates (voir le paragraphe 3.3.1) en procédant de la manière suivante :

1) la première ligne de D n'est constituée que des valeurs 0 (*i.e.* la première expérience est réalisée en utilisant la modalité 0 pour tous les facteurs),

2) la première colonne de D est obtenue en répétant la séquence $0, 1, ..., h_1 - 1$ autant de fois que nécessaire. La seconde colonne est obtenue de manière identique mais chacune des modalités est répétée h_1 fois. La troisième colonne est obtenue de manière identique mais chacune des modalités est répétée $h_1 h_2$ fois, *etc...*

Exemple

Considérons un phénomène aléatoire dépendant de 3 facteurs tels que deux sont à 2 modalités et un est à 3 modalités. Le plan factoriel complet adapté à ce phénomène est de type $FD\left(2^2 3\right)$. Il est constitué par les $n = 12$ expériences décrites ci-dessous dans l'ordre standard (associées au vecteur Y des réponses écrit parallèlement) :

$$D = \begin{bmatrix} 0\,0\,0 \\ 1\,0\,0 \\ 0\,1\,0 \\ 1\,1\,0 \\ 0\,0\,1 \\ 1\,0\,1 \\ 0\,1\,1 \\ 1\,1\,1 \\ 0\,0\,2 \\ 1\,0\,2 \\ 0\,1\,2 \\ 1\,1\,2 \end{bmatrix} \text{ et } Y = \begin{bmatrix} Y_{000} \\ Y_{100} \\ Y_{010} \\ Y_{110} \\ Y_{001} \\ Y_{101} \\ Y_{011} \\ Y_{111} \\ Y_{002} \\ Y_{102} \\ Y_{012} \\ Y_{112} \end{bmatrix}.$$

8.3.2 Propriétés

Il a été montré au paragraphe 8.2.8 tout l'intérêt qu'il y a à considérer des structures orthogonales. Soit alors un plan d'expérience factoriel complet sous la forme la plus générale possible, c'est-à-dire pour m facteurs qualitatifs à $h_1, ..., h_m$ modalités. Considérons les facteurs i et j $(i \neq j)$ de ce plan. Comme le plan factoriel complet contient toutes les expériences possibles il est clair que le nombre d'expériences faisant intervenir la modalité l du facteur i $(0 \leq l \leq h_i - 1)$ ainsi que la modalité c du facteur j $(0 \leq c \leq h_j - 1)$ est :

$$\lambda_{ij}(l, c) = \prod_{\substack{k=1 \\ k \neq i \text{ et } k \neq j}}^{m} h_k = \frac{1}{h_i h_j} \prod_{k=1}^{m} h_k = \frac{n}{h_i h_j}.$$

Le résultat obtenu est indépendant des modalités l et c choisies et permet donc de dire que tout plan factoriel complet pour m facteurs qualitatifs à $h_1, ..., h_m$ modalités est un plan d'expérience **orthogonal** tel que :

$$\forall\ i, j = 1, ..., m \text{ avec } i \neq j\ ,\ \lambda_{ij} = \frac{n}{h_i h_j} \text{ où } n = \prod_{k=1}^{m} h_k.$$

Il découle aussi de la proposition 8.4 que le nombre d'occurences de chacune des modalités du facteur i est donc égal à :

$$\forall\ i = 1, ..., m \ ,\ r_i = \frac{n}{h_i} = \prod_{\substack{k=1 \\ k \neq i}}^{m} h_k.$$

D'après la proposition 8.5 ce type de plan d'expérience permet d'estimer les paramètres du modèle additif ainsi que leurs dispersions de manière extrêmement simple.

Exemple

Reprenons l'exemple du plan factoriel complet $FD\left(2^2 3\right)$ du paragraphe 8.3.1. Un tel plan est donc orthogonal tel que (puisque $n = 2^2 3 = 12$, $h_1 = h_2 = 2$ et $h_3 = 3$) :

$$\lambda_{12} = \frac{n}{h_1 h_2} = 3 \ ,\ \lambda_{13} = \frac{n}{h_1 h_3} = 2 \text{ et } \lambda_{23} = \frac{n}{h_2 h_3} = 2.$$

Le nombre d'occurences de chacunes des modalités des facteurs est :

$$r_1 = \frac{n}{h_1} = 6 \ ,\ r_2 = \frac{n}{h_2} = 6 \text{ et } r_3 = \frac{n}{h_3} = 4.$$

Les estimateurs des moindres carrés des paramètres du modèle sont alors au nombre de $p^* = 8$. Ils sont donnés par :

$$\begin{cases} \widehat{\beta}_0 = \overline{Y}, \\ \widehat{\beta}_1^{[0]} = \overline{Y}_1^{[0]} - \overline{Y},\ \widehat{\beta}_1^{[1]} = \overline{Y}_1^{[1]} - \overline{Y}, \\ \widehat{\beta}_2^{[0]} = \overline{Y}_2^{[0]} - \overline{Y},\ \widehat{\beta}_2^{[1]} = \overline{Y}_2^{[1]} - \overline{Y}, \\ \widehat{\beta}_3^{[0]} = \overline{Y}_3^{[0]} - \overline{Y},\ \widehat{\beta}_3^{[1]} = \overline{Y}_3^{[1]} - \overline{Y},\ \widehat{\beta}_3^{[2]} = \overline{Y}_3^{[2]} - \overline{Y}. \end{cases}$$

avec, par exemple, sous forme détaillée :

$$\overline{Y}_3^{[0]} = \overline{Y}_{\bullet\bullet 0} = \frac{1}{4}\left(Y_{000} + Y_{100} + Y_{010} + Y_{110}\right).$$

Les dispersions de ces estimateurs sont enfin :

$$\operatorname{Var}\widehat{\beta}_0 = \frac{\sigma^2}{12} \ ,\ \operatorname{Var}\widehat{\beta}_1^{[j]} = \operatorname{Var}\widehat{\beta}_2^{[j]} = \frac{\sigma^2}{12} \text{ et } \operatorname{Var}\widehat{\beta}_3^{[j]} = \frac{\sigma^2}{6}.$$

8.4 Fractions régulières de plans factoriels

Les résultats de la section précédente conduisent toujours à la même conclusion concernant les plans complets. En l'occurence leur principale qualité est liée à la facilité d'analyse puisque les estimateurs des moindres carrés du modèle sont toujours obtenus très facilement. En contrepartie leur principal défaut est encore leur taille qui, sauf cas particulier où peu de facteurs sont utilisés, est généralement bien supérieure au nombre de paramètres à estimer dans le modèle additif, *i.e.* :

$$p = 1 + \sum_{i=1}^{m} (h_i - 1) \ll n = \prod_{k=1}^{m} h_k.$$

Détaillons les méthodes permettant de garder qu'une partie des expériences du plan complet tout en conservant d'intéressantes propriétés telles que l'orthogonalité. Un tel sous-ensemble est encore qualifié de **fraction régulière** du plan complet et généralise la théorie présentée à la section 3.4. Les premiers travaux relatifs aux fractions régulières à plus de deux niveaux sont dus à Bose [6]. De multiples auteurs ont ensuite continué dans cette voie. Citons les chercheurs francophones Kobilinsky [59], Kobilinsky et Monod [60] ou bien encore El Mossadeq et *al.* [38].

Les résultats les plus généraux présentés dans cette section sont relatifs à m facteurs qualitatifs tels que chacun d'eux a toujours **le même nombre de modalités** (noté h). Le cas où les nombres de modalités sont différents (on parle alors de fractions asymétriques) sera brièvement présenté dans la section suivante. L'introduction ci-dessous fait le lien avec ce qui a déjà été vu dans le cas de deux niveaux.

8.4.1 Cas particulier des facteurs à deux modalités

Revenons ici à la théorie des fractions régulières de plans factoriels dans le cadre de facteurs quantitatifs où seulement les **deux niveaux extrêmes** sont considérés. Il est alors possible de réutiliser tous les résultats obtenus et de les adapter à des facteurs qualitatifs à $h = 2$ modalités *via* la correspondance des codages donnée par l'application φ telle que :

$$\text{Facteurs quantitatifs :} \left| \begin{array}{c} -1 \\ +1 \end{array} \right. \quad \text{Facteurs qualitatifs :} \left| \begin{array}{c} \varphi(-1) = 1 \\ \varphi(+1) = 0 \end{array} \right. .$$

La transformation des codages doit obligatoirement être effectuée comme proposé ici afin d'obtenir un isomorphisme entre les groupes $(\{-1, 1\}, \times)$ et $(\mathbb{Z}/2\mathbb{Z}, +)$. Contrairement au cas des facteurs quantitatifs, le rajout d'une ou plusieurs expériences centrales n'a aucun sens maintenant puisque seulement deux modalités sont, par hypothèse, disponibles. Transposons sur un exemple simple, avec seulement $m = 3$ facteurs, la notion de fraction régulière. Le plan factoriel complet a ici pour matrice (avec à gauche les codages $\{-1, 1\}$ et à droite les codages $\{0, 1\}$).

$$D_{\{-1,1\}} = \begin{bmatrix} -1 & -1 & -1 \\ 1 & -1 & -1 \\ -1 & 1 & -1 \\ 1 & 1 & -1 \\ -1 & -1 & 1 \\ 1 & -1 & 1 \\ -1 & 1 & 1 \\ 1 & 1 & 1 \end{bmatrix}, \quad D_{\{0,1\}} = \begin{bmatrix} 0\,0\,0 \\ 1\,0\,0 \\ 0\,1\,0 \\ 1\,1\,0 \\ 0\,0\,1 \\ 1\,0\,1 \\ 0\,1\,1 \\ 1\,1\,1 \end{bmatrix}.$$

Il a été montré que pour des facteurs quantitatifs il est nécessaire que la fraction régulière soit de résolution au moins égale à III afin de pouvoir ajuster un modèle polynomial d'ordre un. Soit alors la fraction régulière de type 2_{III}^{3-1} définie par la relation $\mathbb{I}$ =**123**. La matrice du plan est donnée ci-dessous (avec les mêmes conventions pour les codages) :

$$D_{\{-1,1\}} = \begin{bmatrix} 1 & 1 & 1 \\ -1 & -1 & 1 \\ -1 & 1 & -1 \\ 1 & -1 & -1 \end{bmatrix}, \quad D_{\{0,1\}} = \begin{bmatrix} 0\,0\,0 \\ 1\,1\,0 \\ 1\,0\,1 \\ 0\,1\,1 \end{bmatrix}.$$

Le plan d'expérience pour facteurs qualitatifs obtenu est bien orthogonal puisque :

$$N_{12} = N_{13} = N_{23} = \begin{bmatrix} 1\,1 \\ 1\,1 \end{bmatrix}.$$

Avec les codages $\{0, 1\}$ la sélection des expériences de la fraction régulière a été réalisée en ne gardant que les lignes de la matrice du plan complet dont la **somme** des codages des modalités est multiple de 2. En d'autres termes, en désignant respectivement par x_1, x_2 et x_3 les codages des modalités des facteurs 1, 2 et 3 on a conservé ici uniquement les expériences telles que la somme de ces trois quantités donne toujours un reste nul lors de la division euclidienne par 2 :

$$x_1 + x_2 + x_3 \equiv 0\,[2]\,.$$

Considérons maintenant la fraction régulière de résolution I définie (pour des facteurs quantitatifs) par la relation $\mathbb{I}$ =**1**. Elle est donc associée à la matrice suivante pour facteurs qualitatifs :

$$D_{\{0,1\}} = \begin{bmatrix} 0\,0\,0 \\ 0\,1\,0 \\ 0\,0\,1 \\ 0\,1\,1 \end{bmatrix}.$$

Il en découle immédiatement qu'un tel plan n'est **pas orthogonal** car la proposition 8.4 n'est pas vérifiée dans la mesure où le nombre d'occurences des modalités de chacun des facteurs n'est pas constante (en effet $r_1(0) = 4$ mais $r_1(1) = 0$).

Considérons ensuite la fraction régulière de résolution II définie (pour des facteurs quantitatifs) par la relation $\mathbb{I}$ =12. Elle est donc associée à la matrice suivante pour facteurs qualitatifs :

$$D_{\{0,1\}} = \begin{bmatrix} 0\,0\,0 \\ 0\,0\,1 \\ 1\,1\,0 \\ 1\,1\,1 \end{bmatrix}.$$

Une nouvelle fois un tel plan n'est **pas orthogonal** car $N_{12} = 2I_2 \neq \lambda_{12}J_2$. On constate donc sur cet exemple que, tout comme pour des facteurs quantitatifs, il semble nécessaire d'utiliser encore une fraction régulière de résolution III afin de conserver la propriété d'orthogonalité.

8.4.2 Cas général

Considérons ici de manière générale m facteurs qualitatifs ayant chacun h modalités. Généralisons l'addition présentée au paragraphe 8.4.1 (toujours notée simplement $+$) en considérant que la somme de deux entiers s'entend maintenant **modulo h** (*i.e.* on ne conserve donc que le reste de la division euclidienne par l'entier h). L'exemple ci-dessous présente la matrice du plan D associée à la fraction régulière obtenue pour $m = 3$ facteurs qualitatifs à $h = 3$ modalités en ne conservant que les expériences du plan factoriel vérifiant la relation $x_1 + x_2 + x_3 \equiv 0\,[3]$:

$$D = \begin{bmatrix} 0\,0\,0 \\ 0\,1\,2 \\ 0\,2\,1 \\ 1\,2\,0 \\ 1\,0\,2 \\ 1\,1\,1 \\ 2\,1\,0 \\ 2\,0\,1 \\ 2\,2\,2 \end{bmatrix}.$$

Le plan d'expérience ainsi défini est bien orthogonal puisque :

$$N_{12} = N_{13} = N_{23} = \begin{bmatrix} 1\,1\,1 \\ 1\,1\,1 \\ 1\,1\,1 \end{bmatrix}.$$

Il est dans certains cas plus facile d'écrire le plan d'expérience sous forme complexe. Il s'agit alors d'utiliser non pas la matrice du plan D en codage naturel mais de manière équivalente la **matrice complexe** $D_{\mathbb{C}}$ selon la règle suivante : la modalité i de D est représentée dans $D_{\mathbb{C}}$ par ω^i où ω est un nombre complexe tel que $\omega^h = 1$. On a donc ici :

$$D_{\mathbb{C}} = \begin{bmatrix} \omega^0 & \omega^0 & \omega^0 \\ \omega^0 & \omega^1 & \omega^2 \\ \omega^0 & \omega^2 & \omega^1 \\ \omega^1 & \omega^2 & \omega^0 \\ \omega^1 & \omega^0 & \omega^2 \\ \omega^1 & \omega^1 & \omega^1 \\ \omega^2 & \omega^1 & \omega^0 \\ \omega^2 & \omega^0 & \omega^1 \\ \omega^2 & \omega^2 & \omega^2 \end{bmatrix}.$$

En d'autres termes on désigne alors par ω toute racine h-ième de l'unité (par exemple $\omega = \exp(i2\pi/h)$). Le lecteur pourra se référer à l'annexe A pour plus d'informations concernant ces matrices. L'utilisation de la forme complexe du plan d'expérience rend alors plus aisée la définition de la fraction régulière utilisée car en désignant les colonnes de la matrice complexe du plan factoriel complet par $\mathtt{1}$, $\mathtt{2}$ et $\mathtt{3}$ la matrice $D_{\mathbb{C}}$ de la fraction régulière présentée ci-dessus correspond a la sélection des expériences telles que $\mathbb{I} = \mathtt{123}$ (en désignant toujours multiplicativement le produit d'Hadamard de deux vecteurs). On a donc la correspondance suivante :

$$x_1 + x_2 + x_3 \equiv 0\,[3] \text{ dans } D \Leftrightarrow \mathbb{I} = \mathtt{123} \text{ dans } D_{\mathbb{C}}.$$

Que la matrice de la fraction régulière soit écrite sous forme de codage naturel ou bien sous forme complexe on la décrira toujours dans la suite par une relation mutliplicative de la forme $\mathbb{I} = \mathtt{123}$ et on dit encore que $\mathtt{123}$ est un **générateur** de la fraction. L'intérêt d'utiliser ce type d'écriture est lié à sa simplicité mais aussi au fait qu'elle généralise naturellement les notations introduites à la section 3.4 pour des facteurs quantitatifs. Deux autres exemples de fractions régulières sont présentés ci-dessous toujours dans le cas de $m = 3$ facteurs à $h = 3$ modalités.

Exemple

La fraction régulière définie par :
$\mathbb{I} = \mathtt{12^23}$
(*i.e.* $x_1 + 2x_2 + x_3 \equiv 0\,[3]$) a pour matrice :

$$D = \begin{bmatrix} 0 & 0 & 0 \\ 0 & 1 & 1 \\ 0 & 2 & 2 \\ 1 & 0 & 2 \\ 1 & 1 & 0 \\ 1 & 2 & 1 \\ 2 & 0 & 1 \\ 2 & 1 & 2 \\ 2 & 2 & 0 \end{bmatrix}$$

La fraction régulière définie par :
$\omega\mathbb{I} = \mathtt{1^22^23}$
(*i.e.* $2x_1 + 2x_2 + x_3 \equiv 1\,[3]$) a pour matrice :

$$D = \begin{bmatrix} 0 & 0 & 1 \\ 0 & 1 & 2 \\ 0 & 2 & 0 \\ 1 & 0 & 2 \\ 1 & 1 & 0 \\ 1 & 2 & 1 \\ 2 & 0 & 0 \\ 2 & 1 & 1 \\ 2 & 2 & 2 \end{bmatrix}$$

On obtient encore dans ces deux cas des plans orthogonaux.

8.4.3 Générateurs d'une fraction régulière

Formalisons le type de constructions présentées précédemment à l'aide de la notion de générateur. Dans le cas de m facteurs qualitatifs à h modalités on considère toutes les quantités de la forme suivante (avec 1, 2,..., m les colonnes de la matrice du plan factoriel complet et le produit d'Hadamard noté multiplicativement) :

$$M = \mathtt{1}^{\alpha_1}\mathtt{2}^{\alpha_2}\mathtt{3}^{\alpha_3}...(\mathtt{m}-\mathtt{1})^{\alpha_{m-1}}\,\mathtt{m}^{\alpha_m}$$

avec $\alpha_1, ..., \alpha_m$ entiers naturels tels que $(\forall\ i = 1, ..., m)\ 0 \leq \alpha_i < h$ puisque, par hypothèse, $\mathtt{i}^h = \mathbb{I}$. On dit toujours que M est un **mot** de **longueur** k où l'entier k désigne le nombre des entiers α_i non-nuls. Etant donné un ensemble de mots on définit alors la notion de famille indépendante à l'aide de la définition suivante :

Définition 8.8. *Soit l'ensemble $\{M_1, M_2, ..., M_q\}$ de q mots relatifs à m facteurs qualitatifs à h modalités. Cette famille est* **liée** *si et seulement si :*

$$\exists\ i \in \{1, ..., q\}\ /\ M_i = \bigodot_{j \in J} M_j^{\beta_j}$$

avec $J \subset \{1, ..., q\} - \{i\}$ et $\forall\ j \in J$, $0 \leq \beta_j < h$. Une famille qui n'est pas liée est une famille **indépendante**.

Illustrons ceci à l'aide d'un exemple :

Exemple

Dans le cas où $h = 5$ modalités sont considérées la famille $\{\mathtt{1}\mathtt{2}^2\mathtt{3}^2, \mathtt{1}^2\mathtt{2}^4\mathtt{3}^3, \mathtt{1}^3\mathtt{2}\}$ est une famille liée car :

$$(\mathtt{1}\mathtt{2}^2\mathtt{3}^2)(\mathtt{1}^2\mathtt{2}^4\mathtt{3}^3) = \mathtt{1}^3\mathtt{2}^6\mathtt{3}^5 = \mathtt{1}^3\mathtt{2} \text{ puisque } \mathtt{3}^5 = \mathbb{I} \text{ et } \mathtt{2}^6 = \mathtt{2}\,(\mathtt{2}^5).$$

A partir de ceci une fraction régulière est une nouvelle fois définie par :

Définition 8.9. *Une* **fraction régulière** *de plan factoriel complet est déterminée par la donnée d'une famille de q mots indépendants $\{M_1, M_2, ..., M_q\}$ appelés* **générateurs**. *On note alors :*

$$\mathbb{I} = M_1 = M_2 = ... = M_q.$$

On désigne de même dans la suite par $\mathcal{G}$ le groupe engendré par les q générateurs de la fraction régulière.

Remarque. La définition 8.9 introduit une fraction régulière en ne conservant que les expériences telles que le produit d'Hadamard des diverses colonnes considérées du plan complet soit toujours égal au vecteur $\mathbb{I}$. Seulement ce type de fraction, parfois qualifiée de **fraction principale**, sera considéré dans la suite. Il ne faut cependant pas oublier que lorsque h modalités interviennent on peut utiliser la fraction régulière principale définie par $\mathbb{I} = \mathtt{123}$ mais aussi les fractions régulières telles que (avec toujours $\omega = \exp(i2\pi/h)$) :

$$\omega\mathbb{I} = \mathtt{123}\ ,\ \omega^2\mathbb{I} = \mathtt{123}\ ,\ \ldots\ ,\ \omega^{h-1}\mathbb{I} = \mathtt{123}.$$

A partir d'un même générateur on peut donc utiliser h fractions régulières différentes.

Connaissant les générateurs d'une fraction régulière le problème de la détermination complète du groupe $\mathcal{G}$ se pose ensuite. On a alors le résultat suivant :

Proposition 8.10. [$\triangleleft$] *Soit m facteurs qualitatifs tels que chacun d'eux a un* **nombre premier** *h de modalités. Le groupe $\mathcal{G}$ engendré par les q générateurs d'une fraction régulière est un* **groupe fini** *constitué par h^q éléments.*

Illustrons ceci à l'aide d'un exemple :

Exemple

Considérons la fraction régulière du plan factoriel complet pour $m = 4$ facteurs à $h = 3$ modalités définie par :

$$\mathbb{I} = \mathtt{123} = \mathtt{23^24}.$$

D'après la démonstration de la proposition 8.10 on obtient les $3^2 = 9$ éléments du groupe $\mathcal{G}$ en considérant l'élément neutre $\mathbb{I}$, toutes les puissances successives de chacun des générateurs (*i.e.* $\mathtt{123}$ et $\mathtt{1^22^23^2}$ puis $\mathtt{23^24}$ et $\mathtt{2^234^2}$) et enfin tous les produits possibles deux à deux (*i.e.* $(\mathtt{123})\left(\mathtt{23^24}\right) = \mathtt{12^24}$, $\left(\mathtt{1^22^23^2}\right)\left(\mathtt{23^24}\right) = \mathtt{1^234}$, $(\mathtt{123})\left(\mathtt{2^234^2}\right) = \mathtt{13^24^2}$ et $\left(\mathtt{1^22^23^2}\right)\left(\mathtt{2^234^2}\right) = \mathtt{1^224^2}$). Le groupe $\mathcal{G}$ est donc :

$$\mathcal{G} = \left\{\mathbb{I}, \mathtt{123}, \mathtt{23^24}, \mathtt{1^22^23^2}, \mathtt{2^234^2}, \mathtt{12^24}, \mathtt{1^234}, \mathtt{13^24^2}, \mathtt{1^224^2}\right\}.$$

Le problème se pose ensuite de savoir sous quelles conditions une fraction régulière va générer un plan d'expérience orthogonal. On généralise alors naturellement la notion de résolution d'une fraction régulière à plus de deux modalités (avec la définition de longueur d'un mot proposée au début de cette section) :

Définition 8.11. *On appelle* **résolution** *d'une fraction régulière l'entier R égal à la plus petite longueur des éléments de $\mathcal{G}$.*

Il est prouvé dans la section suivante que l'on a tout intérêt en pratique à utiliser des fractions régulières associées à la résolution la plus élevée possible.

Exemple

Reprenons l'exemple précédent pour $m = 4$ facteurs à $h = 3$ modalités et la fraction régulière définie par :

$$\mathbb{I} = \mathtt{123} = \mathtt{23^2 4}.$$

La structure du groupe $\mathcal{G}$ des générateurs de la fraction a été déterminé et ce groupe n'est constitué que par des éléments de longueur égale à 3 (l'élément neutre $\mathbb{I}$ étant exclu). Il en résulte donc que la fraction régulière considérée ici est de résolution III.

Tout comme dans le cas où seulement deux niveaux étaient considérés le nombre d'expériences d'une fraction régulière est lié au nombre de générateurs par :

Proposition 8.12. [⊲ (Annexe A)] *Soit m facteurs qualitatifs à h modalités avec h nombre premier. Le nombre d'expériences de toute fraction régulière obtenue à l'aide de q générateurs est donné par :*

$$n = h^{m-q}.$$

Ceci conduit dans la suite à noter $\mathbb{I}_{h^{m-q}}$ au lieu de $\mathbb{I}$ dans la définition des générateurs afin de préciser le nombre d'expériences à réaliser. De même on notera h_R^{m-q} pour désigner une fraction régulière de résolution R pour m facteurs à h modalités obtenue à l'aide de q générateurs.

8.4.4 Fractions régulières de résolution III

Il a été montré au chapitre 3 (pour un modèle d'ordre un) qu'il faut obligatoirement des fractions régulières de résolution III afin d'obtenir la propriété d'orthogonalité. On a maintenant le résultat similaire suivant :

Proposition 8.13. [⊲ (Annexe A)] *Soit m facteurs qualitatifs à h modalités avec h nombre premier. Toute fraction régulière de plan factoriel complet de résolution égale à III (ou plus) est un plan d'expérience* **orthogonal**.

Illustrons ceci à l'aide d'un exemple.

Exemple

Reprenons l'exemple de la fraction régulière définie dans la section précédente (pour $m = 4$ facteurs à $h = 3$ modalités) avec :

$$\mathbb{I} = \mathtt{123} = \mathtt{23^2 4}.$$

Il a été montré qu'il s'agit d'une fraction régulière de type 3_{III}^{4-2}. Elle est donnée en codage naturel par :

$$D = \begin{bmatrix} 0\,0\,0\,0 \\ 0\,1\,2\,1 \\ 0\,2\,1\,2 \\ 1\,0\,2\,2 \\ 1\,2\,0\,1 \\ 1\,1\,1\,0 \\ 2\,0\,1\,1 \\ 2\,1\,0\,2 \\ 2\,2\,2\,0 \end{bmatrix}.$$

On obtient donc bien ici un plan d'expérience orthogonal. Ce plan est de plus uniformément orthogonal puisque :

$$\forall\ i,j = 1,...,4 \text{ avec } i \neq j\ ,\ N_{ij} = J_3 \text{ (donc } \lambda = 1).$$

Remarquons de plus que ce plan d'expérience est saturé puisqu'il est constitué par $n = 9$ expériences et le modèle additif considéré a aussi $p = 9$ paramètres inconnus à estimer.

8.5 Autres types de plans fractionnaires

Abordons dans cette section le vaste problème de la recherche d'un plan d'expérience, de préférence orthogonal, dans le cas général où les nombres de modalités de chacun des facteurs ne sont plus tous égaux à un nombre premier comme dans la théorie développée pour les fractions régulières.

8.5.1 Existence de plans orthogonaux de petite taille

Dans le cas général le problème de l'existence éventuelle d'un plan d'expérience orthogonal de petite taille se pose immédiatement. En effet, il a déjà été montré (voir le paragraphe 8.3.2) qu'il est toujours possible d'obtenir un plan d'expérience orthogonal par le biais du plan factoriel complet. Le nombre d'expériences de celui-ci étant souvent prohibitif une condition nécessaire d'existence d'un plan orthogonal de plus petite taille peut être utile. Une telle condition nécessaire (mais pas suffisante) a déjà été donnée à la proposition 8.4 puisque si un plan d'expérience est orthogonal alors le nombre d'expériences vérifie (avec $h_1, ..., h_m$ nombre de modalités de chacun des facteurs) :

$$n \geq PPCM\,(h_i h_j \ /\ i,j = 1,...,m \text{ avec } i \neq j)\,.$$

Cette relation permet de déterminer la taille minimale théorique d'un plan orthogonal. Elle est particulièrement utile dans tous les cas où il est impossible de réduire la taille du plan factoriel complet. Ceci est illustré dans l'exemple suivant.

Exemple

Considérons un phénomène aléatoire dépendant de $m = 3$ facteurs à $h_1 = 2$, $h_2 = 3$ et $h_3 = 4$ modalités. Le nombre d'expérience de tout plan orthogonal vérifie alors :

$$n \geq PPCM\,(6, 8, 12) = 24.$$

On en déduit qu'il est ici **impossible** d'obtenir un plan d'expérience orthogonal plus petit que le plan d'expérience factoriel complet à $n = 2 \times 3 \times 4 = 24$ expériences.

De manière plus générale la table 8.1 détaille toutes les situations pouvant se présenter lorsque 2, 3 ou 4 modalités interviennent (cas très courant en pratique).

Table 8.1. Tailles minimales des plans orthogonaux.

Rep. Fact.	Taille PC.	Taille PO.	**Reduc. Impossible**
$(m_2, 0, 0)$	2^{m_2}	4	si $m_2 = 2$
$(0, m_3, 0)$	3^{m_3}	9	si $m_3 = 2$
$(0, 0, m_4)$	4^{m_4}	16	si $m_4 = 2$
$(m_2, 1, 0)$	$2^{m_2}3$	12	si $m_2 = 2$
$(m_2, 0, 1)$	$2^{m_2}4$	8	-
$(1, m_3, 0)$	2.3^{m_3}	18	si $m_3 = 2$
$(0, m_3, 1)$	$3^{m_3}4$	36	si $m_3 = 2$
$(1, 0, m_4)$	2.4^{m_4}	16	-
$(0, 1, m_4)$	3.4^{m_4}	48	si $m_4 = 2$
$(m_2, m_3, 0)$	$2^{m_2}3^{m_3}$	36	si $(m_2, m_3) = (2, 2)$
$(m_2, 0, m_4)$	$2^{m_2}4^{m_4}$	16	-
$(0, m_3, m_4)$	$3^{m_3}4^{m_4}$	144	si $(m_3, m_4) = (2, 2)$
$(m_1, 1, 1)$	12.2^{m_1}	12	-
$(1, m_2, 1)$	8.3^{m_2}	72	si $m_2 = 2$
$(1, 1, m_3)$	6.4^{m_4}	48	-
$(m_2, m_3, 1)$	$2^{m_2}3^{m_3}4$	72	-
$(m_2, 1, m_4)$	$2^{m_2}3.4^{m_4}$	48	-
$(1, m_3, m_4)$	$2.3^{m_3}4^{m_4}$	144	-
(m_2, m_3, m_4)	$2^{m_2}3^{m_3}4^{m_4}$	144	-

La colonne "Rep. Fact." permet de repérer la répartition des différents facteurs de la manière suivante : le triplet (m_2, m_3, m_4) signifie que m_2 facteurs à 2 modalités, m_3 facteurs à 3 modalités et enfin m_4 facteurs à 4 modalités sont utilisés. Remarquons que les lettres m_2, m_3 et m_4 sont utilisées dans le tableau uniquement pour désigner des nombres de facteurs strictement supérieurs à un (*i.e.* $m_i \geq 2$). La colonne "Taille PC." donne la taille du plan factoriel complet alors que la colonne "PO." donne la taille du plus petit plan orthogonal possible (mais son existence n'est pas assurée !). Une dernière colonne intitulée "Réduc. Impossible" résume les résultats précédents en précisant dans quelles conditions il apparait impossible de réduire la taille du plan factoriel complet tout en conservant la propriété d'orthogonalité. On constate alors qu'il est impossible de réduire la taille des plans factoriels complets principalement lorsque peu de facteurs sont utilisés.

8.5.2 Fractions pour nombre de modalités non premier

La plupart des résultats de la section 8.4 relatifs aux fractions régulières ont été énoncés et démontrés uniquement dans le cas où tous les facteurs qualitatifs considérés ont un même nombre de modalités h avec obligatoirement h **nombre premier**. Une telle hypothèse peut bien entendu s'avérer très contraignante lors d'une étude pratique où, par exemple, tous les facteurs étudiés ont 4 ou bien 6 modalités.

Rappelons que dans la section 8.4 l'hypothèse "h est un nombre premier" a été principalement utilisée afin de démontrer la proposition 8.10 disant que le groupe $\mathcal{G}$ engendré par les q générateurs d'une fraction régulière est de cardinal h^q. Ce résultat est basé en effet, entre autre (voir la démonstration de cette proposition), sur le fait que puisque h est premier alors tout générateur engendre un groupe de cardinal h (*i.e.* par analogie lorsque h est premier alors tout élément de $\mathbb{Z}/h\mathbb{Z}$ est bien un générateur du groupe). Lorsque le nombre de modalités h n'est plus premier il faut prendre garde au fait que cette propriété n'est plus vraie (*i.e.* par analogie lorsque h est quelconque alors un élement z de $\mathbb{Z}/h\mathbb{Z}$ est bien un générateur du groupe si et seulement si z et h sont premiers entre eux). Deux situations peuvent alors se présenter.

1) Soit le groupe $\mathcal{G}$ engendré par les q générateurs est bien un groupe de cardinal égal à h^q. La proposition 8.10 est alors bien vérifiée dans ce cas.

2) Soit le groupe $\mathcal{G}$ engendré par les q générateurs est un groupe de cardinal strictement inférieur à h^q. La proposition 8.10 n'est alors pas vérifiée dans ce cas et on ne peut plus affirmer que la fraction régulière obtenue est constituée par $n = h^{m-q}$ expériences.

L'exemple présenté ci-dessous illustre ces deux cas de figure.

Exemple

Considérons ici $m = 3$ facteurs qualitatifs à $h = 4$ modalités. La matrice D_1 est celle de la fraction régulière définie par $\mathbb{I}$ =123, la matrice D_2 est celle de la fraction régulière définie par $\mathbb{I} = 1^2 2^2 3^2$.
La fraction régulière de matrice D_1 ne pose pas de problème particulier, elle est bien constituée par $n = 4^{3-1}$ expériences. Ceci est

dû au fait que le groupe $\mathcal{G} = \{\mathbb{I}, \mathtt{123}, \mathtt{1}^2\mathtt{2}^2\mathtt{3}^2, \mathtt{1}^3\mathtt{2}^3\mathtt{3}^3\}$ comporte 4 éléments et permet donc bien de réduire la taille du plan factoriel complet par 4. La fraction régulière de matrice D_2 comporte par contre $n = 4^3/2 = 32$ expériences. Ceci est dû au fait qu'elle est définie par la relation $\mathbb{I} = \mathtt{1}^2\mathtt{2}^2\mathtt{3}^2$ mais $\mathtt{1}^2\mathtt{2}^2\mathtt{3}^2$ engendre un groupe de cardinal seulement égal à 2 (*i.e.* $\mathcal{G} = \{\mathbb{I}, \mathtt{1}^2\mathtt{2}^2\mathtt{3}^2\}$). Il en résulte donc que cette fraction régulière ne permet de diviser que par 2 le nombre total d'expériences du plan factoriel complet.

$$D_1 = \begin{bmatrix} 0\,0\,0 \\ 0\,1\,3 \\ 0\,2\,2 \\ 0\,3\,1 \\ 1\,0\,3 \\ 1\,1\,2 \\ 1\,2\,1 \\ 1\,3\,0 \\ 2\,0\,2 \\ 2\,1\,1 \\ 2\,2\,0 \\ 2\,3\,3 \\ 3\,0\,1 \\ 3\,1\,0 \\ 3\,2\,3 \\ 3\,3\,2 \end{bmatrix} \text{ et } D_2 = \begin{bmatrix} 0\,0\,0 \\ 0\,0\,2 \\ 0\,1\,1 \\ 0\,1\,3 \\ 0\,2\,0 \\ 0\,2\,2 \\ 0\,3\,1 \\ 0\,1\,3 \\ 1\,0\,1 \\ 1\,0\,3 \\ 1\,1\,0 \\ 1\,1\,2 \\ 1\,2\,1 \\ 1\,2\,3 \\ 1\,3\,0 \\ 1\,3\,2 \\ 2\,0\,0 \\ 2\,0\,2 \\ 2\,1\,1 \\ 2\,1\,3 \\ 2\,2\,0 \\ 2\,2\,2 \\ 2\,3\,1 \\ 2\,3\,3 \\ 3\,0\,1 \\ 3\,0\,3 \\ 3\,1\,0 \\ 3\,1\,2 \\ 3\,2\,1 \\ 3\,2\,3 \\ 3\,3\,0 \\ 3\,3\,2 \end{bmatrix}.$$

Un certain nombre de théories mathématiques (initiées par Bose [6]) permettent d'obtenir des résultats sur les fractions régulières non pas lorsque le nombre de modalités h est premier mais, de manière plus générale, lorsque le nombre de modalités est une puissance de nombre premier (donc de la forme h^k avec h premier). Ceci permet, par exemple, d'obtenir des résultats pour le cas, courant en pratique, où $h = 4$ modalités sont considérées.

8.5.3 Fractions asymétriques

Intéressons-nous maintenant au cas le plus général possible où l'on cherche à réduire la taille d'un plan factoriel complet à m facteurs qualitatifs pour $h_1, h_2, ..., h_m$ modalités, ces nombres de modalités n'étant **plus identiques** (on dit alors que l'on a un plan asymétrique). Afin de réduire la taille du plan factoriel complet il est encore possible de ne sélectionner qu'un sous-ensemble d'expériences à l'aide de la technique utilisée tout au long de ce chapitre, c'est-à-dire à partir de la somme $x_1 + ... + x_m$ où x_i est la valeur du codage naturel du facteur i pour chacune des expériences. Lorsque tous les facteurs sont à h modalités on a naturellement considéré cette somme **modulo** h. La difficulté provient ici du fait qu'il n'existe pas une quantité h unique. Ceci amène donc à définir une fraction asymétrique à l'aide d'un des h_i $(i = 1, ..., m)$ en ne gardant que l'ensemble des expériences vérifiant la relation suivante :

$$x_1 + ... + x_m \equiv 0\,[h_i] .$$

Par analogie avec les notations multiplicatives utilisées dans les sections précédentes on désigne dorénavant une telle fraction en notant :

$$\mathbb{I} = \texttt{123...m}\,[h_i] .$$

Les théories présentées précédemment pour des fractions régulières symétriques ne s'appliquent plus à ce type de constructions. C'est pourquoi il n'est pas possible d'énoncer ici des résultats généraux concernant l'orthogonalité ou bien encore le nombre d'expériences obtenues. L'exemple suivant illustre ces diverses situations.

Exemple

Considérons le cas où $m = 3$ facteurs qualitatifs à $h_1 = 3$, $h_2 = 4$ et $h_3 = 5$ modalités interviennent. Le plan factoriel complet de type $FD(3 \times 4 \times 5)$ comporte un total de $n = 60$ expériences. Réduisons alors ce nombre d'expériences en construisant toutes les fractions possibles obtenues à l'aide du générateur 123. Elles sont données ci-dessous (en codage naturel) par les matrices D_1, D_2 et D_3 obtenues respectivement à l'aide des relations :

$$\mathbb{I} = \texttt{123}\,[3] \;\; , \mathbb{I} = \texttt{123}\,[4] \text{ et } \mathbb{I} = \texttt{123}\,[5] .$$

Remarquons au préalable que toute réduction de la taille du plan factoriel complet conduit ici forcément à une structure qui n'est pas orthogonale puisque, d'après la proposition 8.4, le nombre d'expériences d'un plan orthogonal doit vérifier :

$$n \geq PPCM\,(12, 15, 20) = 60.$$

On a alors les résultats suivants.

1) Concernant la fraction définie par $\mathbb{I} = \mathtt{123}$ [5] (matrice D_3) le fait d'utiliser une égalité modulo 5 entraîne bien ici que la fraction est constituée par 5 fois moins d'expériences que le plan complet ($n = 12$). Le plan obtenu n'est pas orthogonal car, par exemple, les nombres d'occurences de chacunes des modalités du facteur 3 ne sont pas égales puisque :

$$r_3\,(0) = r_3\,(1) = r_3\,(4) = 2 \text{ et } r_3\,(2) = r_3\,(3) = 3.$$

On peut aussi remarquer que :

$$N_{13} = \begin{bmatrix} 1\,0\,1\,1\,1 \\ 0\,1\,1\,1\,1 \\ 1\,1\,1\,1\,0 \end{bmatrix} \neq J_{35}.$$

2) Concernant la fraction définie par $\mathbb{I} = \mathtt{123}$ [4] (matrice D_2) les constatations sont identiques sauf que cette fois la taille du plan factoriel complet a été divisée par 4 pour donner un total de $n = 15$ expériences.

3) Concernant la fraction définie par $\mathbb{I} = \mathtt{123}$ [3] (matrice D_1) les constatations sont identiques sauf que cette fois la taille du plan factoriel complet a été divisée par 3 pour donner un total de $n = 20$ expériences.

$$D_1 = \begin{bmatrix} 0\,0\,0 \\ 0\,0\,3 \\ 0\,1\,2 \\ 0\,2\,1 \\ 0\,2\,4 \\ 0\,3\,0 \\ 0\,3\,3 \\ 1\,0\,2 \\ 1\,1\,1 \\ 1\,1\,4 \\ 1\,2\,0 \\ 1\,2\,3 \\ 1\,3\,2 \\ 2\,0\,1 \\ 2\,0\,4 \\ 2\,1\,0 \\ 2\,1\,3 \\ 2\,2\,2 \\ 2\,3\,1 \\ 2\,3\,3 \end{bmatrix},\ D_2 = \begin{bmatrix} 0\,0\,0 \\ 0\,0\,4 \\ 0\,1\,3 \\ 0\,2\,2 \\ 0\,3\,1 \\ 1\,0\,3 \\ 1\,1\,2 \\ 1\,2\,1 \\ 1\,3\,0 \\ 1\,3\,4 \\ 2\,0\,2 \\ 2\,1\,1 \\ 2\,2\,0 \\ 2\,2\,4 \\ 2\,3\,3 \end{bmatrix},\ D_3 = \begin{bmatrix} 0\,0\,0 \\ 0\,1\,4 \\ 0\,2\,3 \\ 0\,3\,2 \\ 1\,0\,4 \\ 1\,1\,3 \\ 1\,2\,2 \\ 1\,3\,1 \\ 2\,0\,3 \\ 2\,1\,2 \\ 2\,2\,1 \\ 2\,3\,0 \end{bmatrix}.$$

8.6 Plans en carrés latins

8.6.1 Utilisation de carrés latins

Le concept de **carré latin** (ou carré magique dans certaines applications ludiques) remonte à la nuit des temps. Certains documents de l'époque mongole (XIIème siècle) représentent des carrés latins de petite taille. Au XVIIème siècle les carrés latins apparaissent dans des documents en Europe, principalement liés à des jeux ou "énigmes mathématiques". Ils étaient alors définis de la manière suivante. A partir d'un ensemble E à h éléments distincts on appelle **carré latin** d'ordre h une grille de h^2 cases dans laquelle "*toute ligne et toute colonne contient une fois et une fois seulement chaque élément de* E". Pour l'ensemble $E = \{✠, ▲, ★, ✓\}$ la grille suivante (à gauche) est un carré latin d'ordre quatre :

✠	▲	★	✓
▲	★	✓	✠
★	✓	✠	▲
✓	✠	▲	★

0	1	2	3
1	2	3	0
2	3	0	1
3	0	1	2

D'un point de vue algébrique maintenant il est clair que l'on peut toujours identifier l'ensemble E à celui des h premiers entiers et on appelle alors **carré latin** d'ordre h toute matrice carrée d'ordre h telle que ses lignes et ses colonnes sont des permutations différentes de l'ensemble $\{0, 1, ..., h-1\}$. On construit classiquement une telle matrice par permutations circulaires de sa première ligne. L'exemple ci-dessus (à droite) en donne un exemple toujours pour $h = 4$ (et évidemment les deux carrés latins présentés sont équivalents). Nous garderons par la suite cette présentation standard des carrés latins qui peut être identifiée algébriquement à la **table d'addition** (table de Cayley) du groupe additif $\mathbb{Z}/h\mathbb{Z}$. Il en découle qu'il est toujours possible de construire un carré latin quelle que soit la valeur de h. Remarquons enfin que pour tout carré latin les sommes par ligne et par colonne sont donc égales, c'est cette propriété qui est généralement recherchée dans les problèmes faisant intervenir des "carrés magiques".

Ce type de structure a été utilisée initialement dans un cadre statistique par Fisher. L'objectif était alors de résoudre des problèmes agronomiques à l'aide d'un petit nombre d'expériences lorsque **trois facteurs** (à h modalités) interviennent. Le protocole expérimental se déduit d'un carré latin de la manière suivante : le numéro de la ligne donne la modalité du facteur 1, le numéro de la colonne donne la modalité du facteur 2 et enfin la valeur figurant dans le carré à l'intersection de la ligne et de la colonne donne la modalité du facteur 3 (toujours avec la convention habituelle pour des numérotations allant de 0 à $h - 1$). En d'autres termes pour trois facteurs qualitatifs à h modalités et un carré latin C d'ordre h on propose d'ajuster le modèle additif à l'aide d'un plan d'expérience $\mathcal{D}$ en h^2 expériences tel que :

$$\mathcal{D} = \{(i, j, C_{ij}) \ / \ 0 \leq i \leq h-1 \text{ et } 0 \leq j \leq h-1\}$$

où i et j repèrent respectivement (en codage naturel) les lignes et les colonnes du carré latin de terme général C_{ij}. Pour l'exemple précédant la matrice du plan D est donc donnée par :

$$D = \begin{bmatrix} 0\,0\,0 \\ 0\,1\,1 \\ 0\,2\,2 \\ 0\,3\,3 \\ 1\,0\,1 \\ 1\,1\,2 \\ 1\,2\,3 \\ 1\,3\,0 \\ 2\,0\,2 \\ 2\,1\,3 \\ 2\,2\,0 \\ 2\,3\,1 \\ 3\,0\,3 \\ 3\,1\,0 \\ 3\,2\,1 \\ 3\,3\,2 \end{bmatrix} \quad \text{pour le carré latin} \quad \begin{array}{|c|c|c|c|} \hline 0 & 1 & 2 & 3 \\ \hline 1 & 2 & 3 & 0 \\ \hline 2 & 3 & 0 & 1 \\ \hline 3 & 0 & 1 & 2 \\ \hline \end{array} \,.$$

Il découle immédiatement de la définition d'un carré latin que pour tout choix de deux facteur (parmi les trois utilisés) tout couple de modalités va apparaître une fois et une seule. Il en résulte que tout carré latin est un plan d'expérience **orthogonal** (et même uniformément orthogonal).

Remarquons aussi qu'un carré latin peut toujours être identifié à une fraction régulière d'un plan factoriel complet. En effet, si le carré latin est construit selon une table de Cayley on peut donc dire que son terme général (dans le cas général où les trois facteurs sont à h modalités) est $C_{ij} = (i+j)\,[h]$. Il en résulte donc que l'on ne conserve que les expériences (x_1, x_2, x_3) du plan factoriel complet telles que :

$$x_1 = i \ , \ x_2 = j \text{ et } x_3 = C_{ij} \text{ donc } (h-1)\,x_1 + (h-1)\,x_2 + x_3 \equiv 0\,[h] \,.$$

En d'autres termes un tel carré latin n'est autre que la fraction régulière du plan factoriel complet définie par la relation :

$$\mathbb{I}_{h^2} = \mathsf{1}^{h-1}\mathsf{2}^{h-1}\mathsf{3}.$$

Pour l'exemple présenté ci-dessus seules les expériences vérifiant la relation $3x_1 + 3x_2 + x_3 \equiv 0\,[4]$ ont été sélectionnées.

Exemple

Considérons une application en agronomie où l'objectif est de maximiser le rendement à l'hectare d'une variété de blé. On veut tout particulièrement tester ici l'efficacité de trois engrais. On sait aussi que le rendement est directement influencé par l'ensoleillement du champ ainsi que par sa pente. Supposons alors que ces trois facteurs prennent les $h = 3$ modalités distinctes suivantes :

	Modalité 0	*Modalité* 1	*Modalité* 2
Ensoleil.	Fort	Moyen	Faible
Pente	Nulle	Légère	Forte
Engrais	Type I	Type II	Type III

Il est alors possible de réaliser seulement $n = 9$ expériences selon le carré latin donné ci-desous (qui n'est autre que la fraction régulière définie par la relation $\mathbb{I}_9 = \mathtt{1}^2\mathtt{2}^2\mathtt{3}$). Les réponses mesurées (c'est-à-dire les diverses masses récoltées par unité de surface) sont données parallèlement.

0	1	2
1	2	0
2	0	1

Réponses :

162	110	89
108	91	134
65	102	50

D'après la proposition 8.5 les estimateurs des effets des modalités des engrais vérifient alors :

$$\widehat{\beta}_3^{[0]} = \overline{Y}_3^{[0]} - \overline{Y} \simeq 31.4, \widehat{\beta}_3^{[1]} = \overline{Y}_3^{[1]} - \overline{Y} \simeq -11.9, \widehat{\beta}_3^{[2]} = \overline{Y}_3^{[2]} - \overline{Y} \simeq -19.6$$

Il apparait donc clairement que l'engrais de type I semble nettement préférable aux deux autres.

8.6.2 Utilisation de carrés gréco-latins

Le concept de **carré gréco-latin** est plus complexe que celui de carré latin présenté précédemment. Il trouve aussi son origine dans des problèmes ludiques du XVIIIème siècle. Dès 1725 le problème suivant est posé : comment placer dans une grille 4×4 des cartes à jouer telles que chaque colonne et chaque ligne contienne à la fois toutes les hauteurs supérieures (valet, dame, roi et as) ainsi que toutes les couleurs (coeur, carreau, pique et trèfle) ? Ce type de structure a été étudiée et formalisée plus tard par Euler (les carré gréco-latins sont aussi parfois appelés carrés eulériens) qui avait présenté de son coté le célèbre problème des "36 officiers" identique au problème présenté ci-dessus mais avec cette fois une grille 6×6 sur laquelle on cherche à positionner 36 officiers de 6 grades distincts appartenant à 6 corps d'armes différents. Voici une solution pour le premier problème des cartes à jouer :

A♠	R♡	D♢	V♣
D♣	V♢	A♡	R♠
V♡	D♠	R♣	A♢
R♢	A♣	V♠	D♡

Dans ce tableau les 16 cartes sont bien toutes utilisées une fois et une seule (*i.e.* chaque couple de modalités "hauteur / couleur" apparait un même nombre de fois).

La construction mathématique de ce type de structure n'est plus aussi aisée que dans le cas des carrés latins. On pourrait en effet penser qu'il suffit de "superposer" deux carrés latins de même taille afin d'obtenir un carré gréco-latin mais ceci n'est pas systématiquement vrai (car alors rien ne nous assure que dans chaque cellule tous les couples de modalités seront représentés une fois et une seule). Lorsque le fait de superposer deux carrés latins conduit bien à un carré gréco-latin alors les carrés latins initiaux sont qualifiés d'**orthogonaux.** Les techniques de construction de carrés latins orthogonaux dépassent le cadre de cet ouvrage, précisons seulement qu'il a été montré qu'il existe toujours au moins un carré gréco-latin d'ordre $h \geq 3$ sauf pour $h = 6$ (*i.e.* le problème des 36 officiers d'Euler n'a pas de solution). Présentons une technique simple de construction utilisable lorsque h est un nombre premier (voir Dugue [37]). Utilisons encore l'ensemble $\{0, 1, ..., h-1\}$ afin de noter de manière standard les éléments distincts du carré. Cet ensemble peut une nouvelle fois être identifié à $\mathbb{Z}/h\mathbb{Z}$ et lorsque h est un nombre premier $(\mathbb{Z}/h\mathbb{Z}, +, \times)$ a cette fois une structure de **corps** (les deux opérations étant toujours définies modulo h). Un tel corps est fini, il est aussi parfois qualifié de corps de Galois. Une méthode afin d'obtenir des carrés latins orthogonaux deux-à-deux consiste alors à construire les carrés latins $C^{[\alpha]}$ (pour $1 \leq \alpha \leq h-1$) de terme général donné par :

$$C_{ij}^{[\alpha]} = (\alpha i + j)\,[h]\,.$$

En d'autres termes ce type de construction généralise la méthode d'obtention d'un carré latin par la table de Cayley qui n'est autre que $C^{[1]}$ ici. Superposer deux carrés latins ainsi construits amène à un carré gréco-latin. Considérons à titre d'exemple le cas où $h = 5$ et les deux carrés latins suivants :

$C^{[1]}$:

0	1	2	3	4
1	2	3	4	0
2	3	4	0	1
3	4	0	1	2
4	0	1	2	3

et $C^{[3]}$:

0	1	2	3	4
3	4	0	1	2
1	2	3	4	0
4	0	1	2	3
2	3	4	0	1

Le carré gréco-latin suivant est obtenu en superposant $C^{[1]}$ et $C^{[3]}$:

00	11	22	33	44
13	24	30	41	02
21	32	43	04	10
34	40	01	12	23
42	03	14	20	31

Dans un cadre statistique les carrés gréco-latins sont adaptés à des situations où **quatre facteurs** (à h modalités) interviennent. Ils induisent alors la réalisation de h^2 expériences. Le protocole expérimental se déduit d'un carré gréco-latin de la manière suivante : le numéro de la ligne donne la modalité du facteur 1, le numéro de la colonne donne la modalité du facteur 2 et enfin les deux valeurs figurant dans le carré à l'intersection de la ligne et de la colonne donnent les modalités des facteurs 3 et 4 (toujours avec la convention habituelle pour des numérotations allant de 0 à $h-1$). Il découle immédiatement de la définition d'un carré gréco-latin que pour tout choix de deux facteur (parmi les quatre utilisés) tout couple de modalités va apparaître une fois et une seule. Il en résulte que tout carré gréco-latin est un plan d'expérience **orthogonal** (et même uniformément orthogonal).

Remarquons enfin que si le carré gréco-latin est obtenu par superposition de deux carrés latins orthogonaux $C^{[\alpha_1]}$ et $C^{[\alpha_2]}$ ($\alpha_1 \neq \alpha_2$) obtenus par la méthode présentée ci-dessus alors il correspond en fait à la réalisation des expériences (x_1, x_2, x_3, x_4) du plan factoriel complet telles que :

$$\begin{cases} x_1 = i \ , \ x_2 = j \text{ et } x_3 = (\alpha_1 i + j)\,[h] & \text{d'après le premier carré latin,} \\ x_1 = i \ , \ x_2 = j \text{ et } x_4 = (\alpha_2 i + j)\,[h] & \text{d'après le second carré latin.} \end{cases}$$

Il en découle donc que :

$$(h-\alpha_1)\,x_1 + (h-1)\,x_2 + x_3 \equiv 0\,[h] \quad \text{et} \quad (h-\alpha_2)\,x_1 + (h-1)\,x_2 + x_4 \equiv 0\,[h]\,.$$

En d'autres termes un tel carré gréco-latin n'est autre que la fraction régulière du plan factoriel complet définie par les deux relations suivantes :

$$\mathbb{I}_{h^2} = \mathsf{1}^{h-\alpha_1}\mathsf{2}^{h-1}\mathsf{3} = \mathsf{1}^{h-\alpha_2}\mathsf{2}^{h-1}\mathsf{4}.$$

Exemple

Reprenons l'exemple de culture du blé du paragraphe 8.6.1 mais supposons maintenant qu'un quatrième facteur (toujours à 3 modalités) intervienne maintenant : la type d'arrosage effectué. Il est nécessaire ici de construire tout d'abord deux carrés latins orthogonaux. A partir de l'ensemble $\mathbb{Z}/3\mathbb{Z}$ et de la méthode présentée ci-dessus on peut proposer les structures suivantes :

$C^{[1]}$:

0	1	2
1	2	0
2	0	1

et $C^{[2]}$:

0	1	2
2	0	1
1	2	0

En combinant ces deux carrés latins orthogonaux on obtient ainsi le plan d'expérience suivant :

$$D = \begin{bmatrix} 0\,0\,0\,0 \\ 0\,1\,1\,1 \\ 0\,2\,2\,2 \\ 1\,0\,1\,2 \\ 1\,1\,2\,0 \\ 1\,2\,0\,1 \\ 2\,0\,2\,1 \\ 2\,1\,0\,2 \\ 2\,2\,1\,0 \end{bmatrix}$$ pour le carré gréco-latin

00	11	22
12	20	01
21	02	10

Remarquons que ce plan d'expérience est aussi la fraction régulière du plan factoriel complet définie par la relation $\mathbb{I}_9 = 1^2 2^2 3 = 12^2 4$ (il s'agit bien d'une fraction régulière de résolution égale à III). Ce plan d'expérience étant orthogonal l'estimation des paramètres du modèle peut être réalisée de manière très simple à l'aide la proposition 8.5.

8.6.3 Utilisation de carrés hyper-gréco-latins

Le passage des carrés latins aux carrés gréco-latins s'est traduit par le fait que chaque cellule du carré contenait non plus un unique élément mais deux. La généralisation de ceci conduit naturellement aux carrés **hyper-gréco-latins** qui vont donc contenir cette fois trois éléments par cellule en imposant toujours que chaque couple de modalités apparaisse une fois et une seule. Nous allons nous limiter ici à la présentation d'un exemple (classique) d'un carré hyper-gréco-latin d'ordre $h = 4$ donné ci-dessous (en utilisant encore l'ensemble $\{0, 1, ..., h-1\}$ afin de désigner ses éléments) :

000	111	222	333
231	320	013	102
312	203	130	021
123	032	301	210

On remarquera que ce carré hyper-gréco-latin n'est autre que la superposition de trois carrés latins orthogonaux.

D'un point de vue statistique les carrés hyper-gréco-latins sont adaptés à des situations où **cinq facteurs** (à h modalités) interviennent. Ils induisent alors la réalisation de h^2 expériences. Le protocole expérimental se déduit d'un carré hyper-gréco-latin de la manière suivante : le numéro de la ligne donne la modalité du facteur 1, le numéro de la colonne donne la modalité du facteur 2 et enfin les trois valeurs figurant dans le carré à l'intersection de la ligne et de la colonne donnent les modalités des facteurs 3, 4 et 5 (toujours avec la convention habituelle pour des numérotations allant de 0 à $h-1$). Il découle immédiatement de la définition d'un carré hyper-gréco-latin que pour tout choix de deux facteurs (parmi les cinq utilisés) tout couple de modalités va apparaître une fois et une seule. Il en résulte que tout carré hyper-gréco-latin est un plan d'expérience **orthogonal** (et même uniformément orthogonal). L'exemple présenté ci-dessus correspond alors au plan d'expérience suivant :

$$D = \begin{bmatrix} 0\,0\,0\,0\,0 \\ 0\,1\,1\,1\,1 \\ 0\,2\,2\,2\,2 \\ 0\,3\,3\,3\,3 \\ 1\,0\,2\,3\,1 \\ 1\,1\,3\,2\,0 \\ 1\,2\,0\,1\,3 \\ 1\,3\,1\,0\,2 \\ 2\,0\,3\,1\,2 \\ 2\,1\,2\,0\,3 \\ 2\,2\,1\,3\,0 \\ 2\,3\,0\,2\,1 \\ 3\,0\,1\,2\,3 \\ 3\,1\,0\,3\,2 \\ 3\,2\,3\,0\,1 \\ 3\,3\,2\,1\,0 \end{bmatrix}$$

pour le carré hyper-gréco-latin

000	111	222	333
231	320	013	102
312	203	130	021
123	032	301	210

8.7 Autres types de plans d'expérience

La propriété d'orthogonalité a été jusqu'à présent le fil conducteur pour les constructions de plans d'expérience. Lorsque les expériences sont particulièrement coûteuses et qu'un plan orthogonal de petite taille n'existe pas il est courant que l'objectif d'orthogonalité soit alors secondaire par rapport à l'objectif de **réduction** du nombre des expériences. Un grand nombre de méthodes ont été développées afin de construire de tels plans d'expérience, nous présentons brièvement ci-dessous certaines d'entre elles. Le lecteur désireux d'approfondir ce sujet pourra consulter l'ouvrage de Benoist et *al.* [3] qui propose la construction explicite d'un grand nombre de configurations à l'aide de méthodes variées. Remarquons que lorsque le plan d'expérience utilisé n'est pas orthogonal il est, bien entendu, impossible d'estimer les paramètres du modèle additif à l'aide des formules explicites de la proposition 8.5. Il faut alors résoudre les équations normales sous forme générale (le plus souvent de manière numérique) sans oublier d'utiliser les contraintes classiques de la proposition 8.1 afin de garantir l'unicité de la solution.

8.7.1 Tables de Taguchi

Lorsque l'expérimentateur recherche un plan d'expérience pour facteurs qualitatifs de petite taille il est possible de se référer à des catalogues de plans classiques appelés tables de Taguchi. La plupart de ces tables ont été proposées par le professeur G. Taguchi [96] dont les travaux ont eu pour principal objectif de populariser l'utilisation des plans d'expérience dans le milieu industriel. La spécificité d'une table de Taguchi est d'être associée à un graphe permettant de sélectionner les différents facteurs selon leur facilité ou non à être modifiés. Cette problèmatique n'est pas abordée ici (voir l'ouvrage de Pillet [72] pour plus de détails ou de manière plus succinte l'ouvrage de Souvay [92]). Concernant maintenant le choix d'une table, Benoist et *al.* [3] en proposent un grand nombre en annexe. Avec les notations de Taguchi elles sont désignées par $L_n h_1^{a_1} h_2^{\alpha_2} ... h_m^{\alpha_m}$ où n est le nombre d'expériences à réaliser et α_i est le nombre de facteurs à h_i modalités.

Exemple

Voici la table de Taguchi $L_{12}2^3 3^1$ permettant d'étudier trois facteurs à 2 modalités ainsi qu'un facteur à 3 modalités à l'aide de 12 expériences. Le plan d'expérience proposé ici est orthogonal et de taille minimale d'après la proposition 8.4.

$$D = \begin{bmatrix} 0\,0\,0\,0 \\ 0\,0\,1\,1 \\ 0\,1\,0\,0 \\ 0\,1\,1\,1 \\ 1\,0\,0\,0 \\ 1\,0\,1\,1 \\ 1\,1\,0\,1 \\ 1\,1\,1\,0 \\ 2\,0\,0\,1 \\ 2\,0\,1\,0 \\ 2\,1\,0\,1 \\ 2\,1\,1\,0 \end{bmatrix}.$$

8.7.2 Transformations conservant l'orthogonalité

Lorsque la situation étudiée ne figure pas de manière exacte dans les tables classiques il est alors courant de combiner celles-ci de diverses manières afin d'obtenir de nouveaux plans d'expérience conservant l'orthogonalité des plans initiaux. Deux techniques sont principalement utilisées, elles consistent (consulter l'ouvrage de Benoist et *al.* [3] pour plus de détails) :

1) soit à remplacer un facteur par un plan,
2) soit, réciproquement, à remplacer un sous-plan par un facteur.

Ces techniques conservent l'orthogonalité lorsqu'elles sont appliquées à des plans eux-mêmes orthogonaux et conservent aussi le nombre d'expériences.

La méthode 1 conduit à une augmentation du nombre des facteurs considérés alors que la méthode 2 entraîne une réduction du nombre des facteurs. L'exemple ci-dessous détaille l'utilisation d'une de ces méthodes.

Exemple

Considérons ici 3 facteurs qualitatifs à 4 modalités. Ces différents facteurs peuvent être analysés en 16 expériences à l'aide de la fraction régulière définie par $\mathbb{I}$ =123 de matrice D_1 (on a bien un plan orthogonal). Remplaçons alors la colonne du facteur trois (en gras) par un plan. Ce facteur ayant 4 modalités il est nécessaire d'utiliser un plan en 4 expériences. Utilisons alors le plan factoriel complet (orthogonal) pour 2 facteurs à 2 modalités de matrice D_2.

$$D_1 = \begin{bmatrix} 0\,0\,\mathbf{0} \\ 0\,1\,\mathbf{3} \\ 0\,2\,\mathbf{2} \\ 0\,3\,\mathbf{1} \\ 1\,0\,\mathbf{3} \\ 1\,1\,\mathbf{2} \\ 1\,2\,\mathbf{1} \\ 1\,3\,\mathbf{0} \\ 2\,0\,\mathbf{2} \\ 2\,1\,\mathbf{1} \\ 2\,2\,\mathbf{0} \\ 2\,3\,\mathbf{3} \\ 3\,0\,\mathbf{1} \\ 3\,1\,\mathbf{0} \\ 3\,2\,\mathbf{3} \\ 3\,3\,\mathbf{2} \end{bmatrix} \quad \text{et } D_2 = \begin{bmatrix} 0\,0 \\ 0\,1 \\ 1\,0 \\ 1\,1 \end{bmatrix}.$$

$$D = \begin{bmatrix} 0\,0\,0\,0 \\ 0\,1\,1\,1 \\ 0\,2\,1\,0 \\ 0\,3\,0\,1 \\ 1\,0\,1\,1 \\ 1\,1\,1\,0 \\ 1\,2\,0\,1 \\ 1\,3\,0\,0 \\ 2\,0\,1\,0 \\ 2\,1\,0\,1 \\ 2\,2\,0\,0 \\ 2\,3\,1\,1 \\ 3\,0\,0\,1 \\ 3\,1\,0\,0 \\ 3\,2\,1\,1 \\ 3\,3\,1\,0 \end{bmatrix}.$$

A partir de ces deux plans on construit le plan de matrice D de la manière suivante : on remplace toute modalité i (en codage naturel) du facteur 3 sélectionné ici par la $(i+1)$-ième ligne complète de la matrice D_2. Le plan d'expérience de matrice D est un plan orthogonal en 16 expériences pour 4 facteurs qualitatifs, deux d'entre eux étant à 4 modalités et les deux autres à 2 modalités (on a donc un plan de type $L_{16}2^24^2$).

8.7.3 Plans produit

Afin d'obtenir de nouveaux plans orthogonaux il est aussi possible d'utiliser la technique suivante, dite des plans produit. Considérons deux plans orthogonaux de matrices D_1 et D_2 ayant respectivement m_1 facteurs et n_1 expériences pour le premier, m_2 facteurs et n_2 expériences pour le second. Le plan **produit** construit à partir de ces deux plans est de matrice D telle que chaque ligne de D_1 est répétée n_2 fois en lui adjoignant toutes les expériences possibles de D_2.

Exemple

Considérons le plan de type $L_{24}2^43^1$ de matrice D ci-dessous :

$$D = \left[\begin{array}{cc|ccc}
0 & 0 & 0 & 0 & 0 \\
0 & 0 & 0 & 1 & 1 \\
0 & 0 & 1 & 0 & 1 \\
0 & 0 & 1 & 1 & 0 \\
\hline
0 & 1 & \mathbf{0} & \mathbf{0} & \mathbf{0} \\
0 & 1 & \mathbf{0} & \mathbf{1} & \mathbf{1} \\
0 & 1 & \mathbf{1} & \mathbf{0} & \mathbf{1} \\
0 & 1 & \mathbf{1} & \mathbf{1} & \mathbf{0} \\
\hline
0 & 2 & 0 & 0 & 0 \\
0 & 2 & 0 & 1 & 1 \\
0 & 2 & 1 & 0 & 1 \\
0 & 2 & 1 & 1 & 0 \\
1 & 0 & 0 & 0 & 0 \\
1 & 0 & 0 & 1 & 1 \\
1 & 0 & 1 & 0 & 1 \\
1 & 0 & 1 & 1 & 0 \\
1 & 1 & 0 & 0 & 0 \\
1 & 1 & 0 & 1 & 1 \\
1 & 1 & 1 & 0 & 1 \\
1 & 1 & 1 & 1 & 0 \\
1 & 2 & 0 & 0 & 0 \\
1 & 2 & 0 & 1 & 1 \\
1 & 2 & 1 & 0 & 1 \\
1 & 2 & 1 & 1 & 0
\end{array}\right]$$

Ce plan d'expérience n'est autre que le plan produit obtenu à partir du plan factoriel complet de type $L_6 2^1 3^1$ (décrit par la matrice D_1 donnée ci-dessous) et de la fraction régulière de type $L_4 2^3$ définie par $\mathbb{I}$ =123 (matrice D_2 donnée ci-dessous).

$$D_1 = \begin{bmatrix} 0\,0 \\ \hline 0\,1 \\ \hline 0\,2 \\ 1\,0 \\ 1\,1 \\ 1\,2 \end{bmatrix}, \; D_2 = \begin{bmatrix} 0\,0\,0 \\ 0\,1\,1 \\ 1\,0\,1 \\ 1\,1\,0 \end{bmatrix}.$$

Deux traits horizontaux dans la matrice D encadrent les lignes obtenues à partir du développement de la deuxième ligne de la matrice D_1. Ces deux plans étant orthogonaux il en résulte que le plan produit est lui-même orthogonal. Remarquons cependant qu'il existe peut-être un plan d'expérience orthogonal de plus petite taille car d'après la proposition 8.4 le nombre d'expériences d'un tel plan doit vérifier :

$$n \geq PPCM\,(4, 6) = 12.$$

Il en résulte que le plan produit est un plan d'expérience pour $m_1 + m_2$ facteurs en $n_1 n_2$ expériences (voir l'exemple). Lorsque les deux plans initiaux sont orthogonaux le plan produit est alors lui-aussi orthogonal (il est même orthogonal pour des modèles plus complexes que le modèle additif étudié ici, voir l'ouvrage de Benoist et *al.* [3]).

8.7.4 Tableaux orthogonaux

Une méthode classique afin d'obtenir la matrice d'un plan d'expérience consiste à rechercher celle-ci dans la classe des **tableaux orthogonaux.** D'un point de vue théorique un tableau $D \in \mathcal{M}\,(n, m)$ à éléments dans un groupe abélien fini G est qualifié de tableau orthogonal de force t $(1 \leq t \leq m)$ sur G^m si dans tout bloc formé de t colonnes de D les éléments de G^t figurent un même nombre de fois λ. Tout l'intérêt de ce type de structure, d'après la définition 8.2, est lié au fait qu'un plan d'expérience orthogonal pour le modèle additif est donc associé à une matrice qui est forcément un **tableau orthogonal de force 2**. Pour plus d'informations concernant la classe des tableaux orthogonaux ainsi que le lien existant entre tableau orthogonal de force t et fraction régulière de résolution R le lecteur pourra se référer aux ouvrages de Hedayat et *al.* [51], Collombier [19] ou bien à la thèse de Jourdan [53]. Concernant maintenant la classe particulière des tableaux orthogonaux de force 2, une méthode classique de construction est celle dite des différences, proposée initialement par Bose et Bush [8]. L'ouvrage de Benoist et *al.* [3] s'intéresse en détails à ce type de construction et propose en annexe bon nombre de configurations classiques (voir l'exemple ci-dessous). La plupart des méthodes classiques de construction font intervenir des facteurs ayant un même nombre h de modalités (plans symétriques). Les travaux de Wang et Wu [104] proposent une extension au cas asymétrique.

Exemple

Considérons la matrice D suivante :

$$D = \begin{bmatrix} 0\,0\,0 \\ 0\,1\,1 \\ 1\,0\,0 \\ 1\,1\,1 \\ 2\,0\,0 \\ 2\,1\,1 \\ 3\,0\,1 \\ 3\,1\,0 \\ 4\,0\,1 \\ 4\,1\,0 \\ 5\,0\,1 \\ 5\,1\,0 \end{bmatrix}.$$

Il s'agit de la matrice (en codage naturel) d'un plan d'expérience pour deux facteurs à 2 niveaux et un facteur à 6 niveaux obtenue à partir d'une table dite à différences orthogonales (voir l'annexe 8 de Benoist et *al.* [3]). Un tel plan d'expérience, de type $L_{12}2^26^1$, est orthogonal et de taille minimale.

8.7.5 Plans obtenus numériquement

Lorsque la plupart des méthodes théoriques de construction ne donnent pas de bons résultats il est possible de s'orienter alors vers des algorithmes de construction de plans d'expérience. Malgré la puissance de calcul des ordinateurs modernes il est impossible en général de construire tous les plans possibles (sauf dans les cas où très peu de facteurs interviennent) afin de sélectionner le où les plans intéressants selon divers critères. En effet si, par exemple, $m = 4$ facteurs à $h = 3$ modalités interviennent une recherche exhaustive de tous les plans d'expérience susceptibles d'être orthogonaux et de taille minimale (c'est-à-dire $n = 9$ ici) conduit à un total de $3^{36} \simeq 10^{17}$ possibilités différentes (puisque trois modalités peuvent intervenir dans chacun des $9 \times 4 = 36$ termes de la matrice du plan). Voila donc pourquoi il est nécessaire d'utiliser des algorithmes capables de construire des plans d'expérience vérifiant, de manière le plus souvent approchée, certaines conditions dites d'optimalité (voir le chapitre 10 consacré à ces notions). Le lecteur souhaitant en savoir plus pourra consulter, une nouvelle fois, l'ouvrage de Benoist et *al.* [3]. Citons ici brièvement quelques techniques algorithmiques classiques :

1) les algorithmes basés sur le principe de **propagation des contraintes** ont pour but de réduire au maximum la classe des plans à étudier. Pour la

recherche, par exemple, d'un plan orthogonal il est inutile de considérer des configurations ne vérifiant pas au préalable la contrainte selon laquelle chacune des modalités des facteurs apparait un même nombre de fois, *etc...*

2) l'algorithme **d'échange** consiste, partant d'un plan d'expérience initial donné ou bien déterminé au hasard, à rajouter itérativement (on supprimer dans certains cas) des expériences de manière à optimiser au mieux un critère d'optimalité choisi au préalable. Les principales versions en sont la méthode DetMax proposée par Mitchell [65] ou bien la méthode de Federov [40].

Exemple

Reprenons l'exemple du paragraphe 8.7.3 avec 4 facteurs à deux modalités et 1 facteur à trois modalités. Un plan orthogonal de type $L_{24}2^4 3^1$ a alors été proposé à l'aide de la technique des plans produits. Il existe cependant un plan d'expérience orthogonal plus petit, de type $L_{12}2^4 3^1$, obtenu de façon algorithmique. Sa matrice est donnée par (voir l'ouvrage de Benoist et *al.* [3]) :

$$D = \begin{bmatrix} 0\,0\,0\,0\,0 \\ 0\,0\,0\,1\,1 \\ 0\,1\,1\,0\,0 \\ 0\,1\,1\,1\,1 \\ 1\,0\,0\,0\,1 \\ 1\,0\,1\,1\,0 \\ 1\,1\,0\,1\,0 \\ 1\,1\,1\,0\,1 \\ 2\,0\,1\,0\,0 \\ 2\,0\,1\,1\,1 \\ 2\,1\,0\,0\,1 \\ 2\,1\,0\,1\,0 \end{bmatrix}.$$

8.8 Introduction d'effets d'interaction

Si le modèle additif étudié tout au long de ce chapitre s'avère peu performant afin de modéliser correctement un phénomène aléatoire il est alors naturel d'utiliser un modèle plus riche. Ceci est réalisé le plus souvent à l'aide de modèles à **effets d'interactions** (appelés encore modèles croisés). Une présentation sommaire de ce type de modèle est faite ici (le lecteur souhaitant aller plus loin pourra consulter les ouvrages de Cottrell et Coursol [23] ou Collombier [19]). La plupart des techniques développées afin d'analyser un tel modèle et construire des plans d'expérience adaptés sont similaires à celles déjà présentées pour le modèle additif.

D'une manière générale considérons m facteurs qualitatifs ayant respectivement h_1, h_2, ..., h_m modalités. Considérons toujours le modèle statistique

$Y(x) = f(x) + \varepsilon(x)$ avec $x = (i_1, i_2, ..., i_m) \in \mathcal{E}$ vecteur associé aux différents codages naturels de l'expérience réalisée (voir le paragraphe 8.2.2). On utilise alors un **modèle à effets d'interactions** si et seulement si :

$$f(i_1, i_2, ..., i_m) = \beta_0 + \beta_1^{[i_1]} + \beta_2^{[i_2]} + ... + \beta_m^{[i_m]} + \beta_{12}^{[i_1 i_2]} + \beta_{13}^{[i_1 i_3]} + ... + \beta_{(m-1)m}^{[i_{m-1} i_m]}.$$

On dit (pour $i, j = 1, ..., m$ avec $i < j$, $k = 1, ..., h_i$ et $l = 1, ..., h_j$) que $\beta_{ij}^{[kl]}$ est l'**effet d'interaction** entre les modalités k et l des facteurs i et j. Un tel modèle est qualifié de complet car tous les effets d'interactions possibles entre couples de facteurs sont considérés. Comme il existe $h_i h_j$ effets d'interactions de la forme $\beta_{ij}^{[kl]}$ le nombre total de paramètres d'un tel modèle est donc donné par :

$$p^* = 1 + \sum_{i=1}^{m} h_i + \sum_{i<j}\sum h_i h_j.$$

Matriciellement il est donc possible de réécrire le modèle à effets d'interactions sous la forme $Y = X\beta + \varepsilon$ avec :

$$X = \left[\mathbb{I}_n \mid X_1 \mid ... \mid X_m \mid X_{12} \mid ... \mid X_{(m-1)m} \right]$$

où $X_i \in \mathcal{M}(n, h_i)$ $(i = 1, ..., m)$ est toujours la matrice des indicatrices des modalités du facteur i et maintenant $X_{ij} \in \mathcal{M}(n, h_i h_j)$ $(i, j = 1, ..., m$ avec $i < j)$ est la matrice des indicatrices des modalités des interactions entre les facteurs i et j.

Exemple

Considérons ici $m = 2$ facteurs à $h_1 = 2$ et $h_2 = 3$ modalités. Le modèle à effets d'interactions est donné par (pour $i_1 \in \{0, 1\}$ et $i_2 \in \{0, 1, 2\}$) :

$$f(i_1, i_2) = \beta_0 + \beta_1^{[i_1]} + \beta_2^{[i_2]} + \beta_{12}^{[i_1 i_2]}.$$

Il est donc constitué par un total de $p^* = 12$ paramètres qui sont :

$$\beta_0,\ \beta_1^{[0]},\ \beta_1^{[1]},\ \beta_2^{[0]},\ \beta_2^{[1]},\ \beta_2^{[2]},\ \beta_{12}^{[00]},\ \beta_{12}^{[01]},\ \beta_{12}^{[02]},\ \beta_{12}^{[10]},\ \beta_{12}^{[11]},\ \beta_{12}^{[12]}.$$

Tout comme pour le modèle additif il est clair que la matrice X du modèle à effets d'interactions ne peut jamais être, par construction, de plein rang. On utilise alors classiquement les contraintes d'identifications données ci-dessous afin de la rendre régulière. On considère dans un premier temps les mêmes contraintes que pour le modèle additif, c'est-à-dire :

$$\forall\ i = 1, ..., m\ ,\ \sum_{j=0}^{h_i - 1} \beta_i^{[j]} = 0$$

puis on rajoute les nouvelles contraintes relatives aux effets d'interactions (pour tous les $i, j = 1, ..., m$ tels que $i < j$) :

$$\forall\ k = 0, ..., h_i - 1 \text{ et } \forall\ l = 0, ..., h_j - 1\ ,\ \sum_{l=0}^{h_j-1} \beta_{ij}^{[kl]} = \sum_{k=0}^{h_i-1} \beta_{ij}^{[kl]} = 0.$$

Exemple

Pour l'exemple présenté précedemment, les effets des modalités de chacun des facteurs doivent vérifier les contraintes suivantes :

$$\beta_1^{[0]} + \beta_1^{[1]} = 0 \text{ et } \beta_2^{[0]} + \beta_2^{[1]} + \beta_2^{[2]} = 0$$

Concernant maintenant les interactions on impose que :

$$\begin{cases} \beta_{12}^{[00]} + \beta_{12}^{[01]} + \beta_{12}^{[02]} = 0 \text{ et } \beta_{12}^{[10]} + \beta_{12}^{[11]} + \beta_{12}^{[12]} = 0 \\ \beta_{12}^{[00]} + \beta_{12}^{[10]} = 0\ ,\ \beta_{12}^{[01]} + \beta_{12}^{[11]} = 0 \text{ et } \beta_{12}^{[02]} + \beta_{12}^{[12]} = 0. \end{cases}$$

Il en résulte donc que seulement $p = 6$ des $p^* = 12$ paramètres du modèle sont réellement à estimer (attention les 5 contraintes imposées aux effets d'interactions ne forment que 4 équations linéairement indépendantes).

Dans le cas général ces contraintes font qu'un des paramètres n'est plus à estimer pour le facteur i et de même $(h_i + h_j - 1)$ des paramètres sont déduits immédiatement des contraintes pour l'interaction entre les facteurs i et j. Le nombre de paramètres inconnus du modèle à effets d'interactions est donc :

$$p = p^* - m - \sum_{i<j}\sum (h_i + h_j - 1) = 1 + \sum_{i=1}^{m} (h_i - 1) + \sum_{i<j}\sum (h_i - 1)(h_j - 1).$$

Le problème de la détermination de plans d'expérience adaptés à un tel modèle se pose maintenant. On vérifie dans un premier temps que tout plan d'expérience **factoriel complet** permet d'analyser le modèle à effets d'interactions de manière très simple (voir Cottrell et Coursol [23] pour plus de détails). On obtient en effet (pour $i, j = 1, ..., m$ avec $i < j$, $k = 0, ..., h_i - 1$ et $l = 0, ..., h_j - 1$) les estimateurs des moindres carrés donnés explicitement par les formules suivantes (en notant toujours $\overline{Y}_i^{[k]}$ la moyenne des réponses où seule la modalité k du facteur i intervient et de même $\overline{Y}_{ij}^{[kl]}$ la moyenne des réponses où seules les modalités k et l des facteurs respectifs i et j interviennent) :

$$\widehat{\beta}_0 = \overline{Y} \text{ et } \begin{cases} \widehat{\beta}_i^{[k]} = \overline{Y}_i^{[k]} - \overline{Y}, \\ \widehat{\beta}_{ij}^{[kl]} = \overline{Y}_{ij}^{[kl]} - \overline{Y}_i^{[k]} - \overline{Y}_j^{[l]} + \overline{Y}. \end{cases}$$

Les dispersions de ces différents estimateurs vérifient de plus :

$$\operatorname{Var}\widehat{\beta}_0 = \frac{\sigma^2}{n},\ \operatorname{Var}\widehat{\beta}_i^{[k]} = \frac{\sigma^2}{n}(h_i - 1),\ \operatorname{Var}\widehat{\beta}_{ij}^{[kl]} = \frac{\sigma^2}{n}(h_i h_j - h_i - h_j + 1).$$

Exemple

Toujours pour le même exemple développé durant toute cette section on peut envisager d'utiliser un plan factoriel complet constitué des $n = 6$ expériences décrites par la matrice D (en codage naturel) suivante.

$$D = \begin{bmatrix} 0\,0 \\ 0\,1 \\ 0\,2 \\ 1\,0 \\ 1\,1 \\ 1\,2 \end{bmatrix}, Y = \begin{bmatrix} 1 \\ 2 \\ 6 \\ 8 \\ 2 \\ 5 \end{bmatrix}.$$

Considérons alors le vecteurs Y des réponses donné parallèlement à cette matrice. Ce plan d'expérience est ici saturé ($n = p$) et les estimateurs des moindres carrés des paramètres du modèle sont :

$$\begin{cases} \widehat{\beta}_0 = +4.0, \\ \widehat{\beta}_1^{[0]} = -1.0, \;\; \widehat{\beta}_1^{[1]} = +1.0, \\ \widehat{\beta}_2^{[0]} = +0.5, \;\; \widehat{\beta}_2^{[1]} = -2.0, \;\; \widehat{\beta}_2^{[2]} = +1.5, \\ \widehat{\beta}_{12}^{[00]} = -2.5, \widehat{\beta}_{12}^{[01]} = +1.0, \widehat{\beta}_{12}^{[02]} = +1.5, \\ \widehat{\beta}_{12}^{[10]} = +2.5, \widehat{\beta}_{12}^{[11]} = -1.0, \widehat{\beta}_{12}^{[12]} = -1.5. \end{cases}$$

Remarquons enfin que l'utilisation d'un plan factoriel complet peut rapidement s'avérer être trop lourde. Il est alors possible de n'utiliser qu'une partie de la totalité des expériences. On montre qu'une fraction régulière adaptée au modèle à effets d'interactions doit être **de résolution égale à V** (ou plus). Un catalogue de fractions de ce type est proposé dans l'ouvrage de Benoist et *al.* [3].

8.9 Exemple d'application

Considérons ici un fabriquant d'automobiles dont l'objectif est de choisir un nouveau train de pneumatiques devant équiper un de ses modèles. L'intérêt principal du constructeur est d'effectuer ce choix de manière à obtenir une consommation du véhicule la plus faible possible. Ce choix a été réduit à $m = 3$ facteurs principaux à $h = 4$ modalités résumés dans le tableau suivant (avec affectation arbitraire des diverses modalités à un codage naturel) :

	Modalité 0	*Modalité* 1	*Modalité* 2	*Modalité* 3
Structure	Diagonale	Radiale	Bidiagonale	Renforcée
Modèle	Classique	Sport	Economique	Mixte
Gomme	Type 1	Type 2	Type 3	Type 4

Pour chaque type de pneumatique testé la réponse est la consommation moyenne (exprimée en litres pour 100 km) mesurée suite à la réalisation de plusieurs parcours types effectués sur des pistes privées dans des conditions facilement reproductibles. Supposons que pour des raisons de coût de fabrication et de temps d'expérimentation le constructeur ne souhaite pas tester tous les pneus possibles (ce qui représenterait ici $n = 4^3 = 64$ expériences à réaliser). D'après les résultats obtenus dans ce chapitre il est possible d'utiliser une fraction régulière du plan factoriel complet. Considérons, par exemple, la fraction régulière définie par la relation suivante :

$$\mathbb{I} = \mathsf{123}.$$

Le plan d'expérience ainsi obtenu (déjà présenté au paragraphe 8.5.2) est bien orthogonal, constitué par seulement $n = 4^{3-1} = 16$ expériences différentes. La fraction régulière obtenue est de plus de résolution égale à III (car $\mathcal{G} = \{\mathbb{I}, \mathsf{123}, \mathsf{1^2 2^2 3^2}, \mathsf{1^3 2^3 3^3}\}$). La matrice de ce plan est donnée ci-dessous en codage naturel :

$$D = \begin{bmatrix} 0\,0\,0 \\ 0\,1\,3 \\ 0\,2\,2 \\ 0\,3\,1 \\ 1\,0\,3 \\ 1\,1\,2 \\ 1\,2\,1 \\ 1\,3\,0 \\ 2\,0\,2 \\ 2\,1\,1 \\ 2\,2\,0 \\ 2\,3\,3 \\ 3\,0\,1 \\ 3\,1\,0 \\ 3\,2\,3 \\ 3\,3\,2 \end{bmatrix}.$$

Ceci correspond au protocole expérimental suivant (le vecteur des réponse mesurées Y, en litres par 100 km, est donné parallèlement) :

	Structure	*Modèle*	*Gomme*	Y
Exp 1	Diagonale	Classique	Type 1	7.34
Exp 2	Diagonale	Sport	Type 4	7.79
Exp 3	Diagonale	Economique	Type 3	7.48
Exp 4	Diagonale	Mixte	Type 2	7.25
Exp 5	Radiale	Classique	Type 4	7.16
Exp 6	Radiale	Sport	Type 3	7.74
Exp 7	Radiale	Economique	Type 2	7.08
Exp 8	Radiale	Mixte	Type 1	7.48
Exp 9	Bidiagonale	Classique	Type 3	7.36
Exp 10	Bidiagonale	Sport	Type 2	7.64
Exp 11	Bidiagonale	Economique	Type 1	7.60
Exp 12	Bidiagonale	Mixte	Type 4	7.78
Exp 13	Renforcée	Classique	Type 2	7.21
Exp 14	Renforcée	Sport	Type 1	8.06
Exp 15	Renforcée	Economique	Type 4	7.66
Exp 16	Renforcée	Mixte	Type 3	7.72

Le programme SAS suivant permet d'entrer ces données. La table "donnees" contient ici la matrice du plan en codage naturel, il est tout à fait possible d'entrer aussi le protocole expérimental (noter str$, mod$ et gom$ pour entrer les modalités sous forme non-numérique).

```
Data Donnees;
  Input str mod gom y;
  Cards;
  0  0  0  7.34
  0  1  3  7.79
         ⋮
   expérience i et réponse i
         ⋮
  3  2  3  7.66
  3  3  2  7.72
Run;
```

On obtient alors le tableau d'analyse de la variance donné ci-dessous :

Source	*ddl*	*S. carrés*	*M. Carrés*	*St. Test*	*Proba.*
Régression	9	1.099	0.122	46.68	0.0002 •••
Erreur	6	0.016	0.003		
Total	15	1.114			

La procédure SAS suivante peut être utilisée pour obtenir ces résultats (la commande "class" indique au logiciel d'utiliser les trois facteurs déclarés en tant que variables qualitatives).

```
Proc Glm data=Donnees;
  Class str mod gom;
  Model y = str mod gom;
Run;
```

Ces résultats montrent que le modèle est valide puisque l'hypothèse "tous les paramètres du modèle (sauf β_0) sont nuls" peut être très clairement rejetée. Ce modèle est de plus globalement bien ajusté puisque (valeur "R-Square" de la sortie SAS) :

$$R^2 = 1 - \frac{SSE}{SST} \simeq 0.986.$$

Un estimateur sans biais de la variance des résidus σ^2 est donné par (valeur "Root MSE" de la sortie SAS) :

$$\widehat{\sigma}^2 = MSE = 0.003 \text{ (donc } \widehat{\sigma} \simeq 0.051).$$

Voici maintenant les valeurs des différents estimateurs des moindres carrés des paramètres du modèle. Le plan d'expérience utilisé étant orthogonal ces estimateurs (ainsi que leurs dispersions) peuvent être obtenus explicitement à l'aide des formules de la proposition 8.5.

Param.	*Estimat.*	*Ec. type*	*St. Test*	*Proba.*
β_0	7.522	0.013	588.4	0.0001 •••
$\beta_1^{[0]}$	−0.057	0.022*v*	−2.57	0.0416 •◦◦
$\beta_1^{[1]}$	−0.157	0.022	−7.09	0.0006 •••
$\beta_1^{[2]}$	0.073	0.022	3.30	0.0164 •••
$\beta_1^{[3]}$	0.141	0.022	6.35	0.0009 •••
$\beta_2^{[0]}$	−0.254	0.022	−11.49	0.0001 ••◦
$\beta_2^{[1]}$	0.286	0.022	12.90	0.0001 •••
$\beta_2^{[2]}$	−0.067	0.022	−3.02	0.0232 •◦◦
$\beta_2^{[3]}$	0.036	0.022	1.61	0.1570 ◦◦◦
$\beta_3^{[0]}$	0.098	0.022	4.43	0.0047 ••◦
$\beta_3^{[1]}$	−0.227	0.022	−10.25	0.0001 •••
$\beta_3^{[2]}$	0.053	0.022	2.40	0.0533 ◦◦◦
$\beta_3^{[3]}$	0.076	0.022	3.42	0.0143 •◦◦

Attention au fait que la méthode d'estimation des paramètres du modèle utilisée par SAS diffère de celle présentée dans ce chapitre. En effet, au lieu d'utiliser les contraintes d'identification de la proposition 8.1 ce logiciel utilise la contrainte suivante : l'estimateur de la dernière modalité de chaque facteur est égal à zéro. Pour les modalité du facteur "structure" SAS propose, par exemple, les résultats suivants (ces estimateurs sont notés $\widetilde{\beta}$ pour les distinguer des estimateurs $\hat{\beta}$ construits dans ce chapitre) :

$$\widetilde{\beta}_1^{[0]} = -0.1975 \ , \ \widetilde{\beta}_1^{[1]} = -0.2975 \ , \ \widetilde{\beta}_1^{[2]} = -0.0675 \text{ et } \widetilde{\beta}_1^{[3]} = 0.$$

Afin de retrouver un résultat compatible avec les contraintes de la proposition 8.1 on vérifie facilement que (pour la première modalité du facteur "structure") :

$$\hat{\beta}_1^{[0]} = \left(1 - \frac{1}{4}\right) \widetilde{\beta}_1^{[0]} - \frac{1}{4}\widetilde{\beta}_1^{[1]} - \frac{1}{4}\widetilde{\beta}_1^{[2]} - \frac{1}{4}\widetilde{\beta}_1^{[3]}.$$

De manière générale il suffit donc de centrer chacun des vecteurs $\tilde{\beta}_i$. Cette manipulation peut être introduite dans la procédure de la manière suivante :

```
Proc Glm data=Donnees;
  Class str mod gom;
  Model y = str mod gom;
  Estimate 'Beta1 [0]' Str 0.75 -0.25 -0.25 -0.25;
  Estimate 'Beta1 [1]' Str -0.25 0.75 -0.25 -0.25;
     ⋮
Run;
```

Ces résultats sont parfois résumés à l'aide du graphique suivant (source : logiciel Nemrod) donnant une représentation directe des diverses valeurs des estimateurs (les trois facteurs étant ici désignés par les lettres A, B et C).

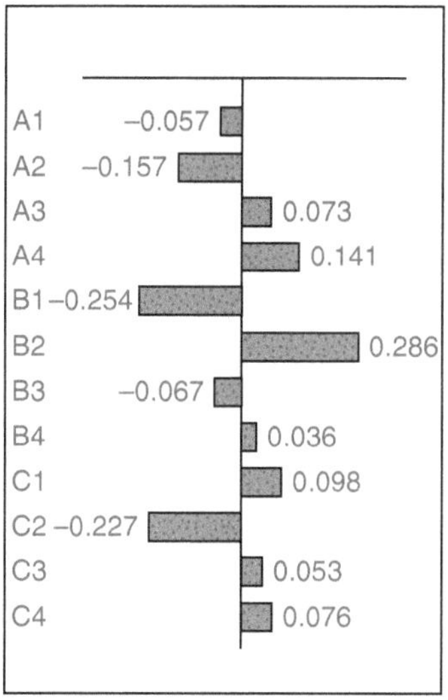

Fig. 8.1. Graphe des effets des modalités.

Considérons enfin le tableau suivant comparant les réponses observées (Y *obs.*) aux réponses moyennes prédites par le modèle ($\widehat{Y}$ *pred.*). La différence entre ces deux valeurs donne les résidus estimés mesurant l'erreur commise. La dernière colonne donne enfin l'écart-type associé à chacune des prédictions (d'après la proposition 8.6 cette valeur est commune à toutes les expériences).

De manière générale on constate que la plupart des valeurs théoriques prédites sont très proches des valeurs observées. Ceci est bien en accord avec la valeur élevée du coefficient R^2 obtenue précédemment. Ces résultats peuvent une nouvelle fois être obtenus directement avec le logiciel SAS en rajoutant l'option "clm" après l'écriture du modèle utilisé.

	Y *obs.*	$\widehat{Y}$ *pred.*	$Y-\widehat{Y}$	*Ec. type*
Exp 1	7.34	7.31	0.03	0.043
Exp 2	7.79	7.83	−0.04	0.043
Exp 3	7.48	7.45	0.03	0.043
Exp 4	7.25	7.27	−0.02	0.043
Exp 5	7.16	7.19	−0.03	0.043
Exp 6	7.74	7.70	0.04	0.043
Exp 7	7.08	7.07	0.01	0.043
Exp 8	7.48	7.50	−0.02	0.043
Exp 9	7.36	7.39	−0.03	0.043
Exp 10	7.64	7.65	−0.01	0.043
Exp 11	7.60	7.63	−0.03	0.043
Exp 12	7.78	7.71	0.07	0.043
Exp 13	7.21	7.18	0.03	0.043
Exp 14	8.06	8.05	0.01	0.043
Exp 15	7.66	7.67	−0.01	0.043
Exp 16	7.72	7.75	−0.03	0.043

Conclusion

Tous les résultats obtenus précédemment entraînent que :

1) Le modèle additif mis en oeuvre sur une fraction régulière de résolution III semble capable de décrire le phénomène étudié de façon tout à fait satisfaisante ici.

2) Concernant les différentes structures de pneumatiques étudiées il apparaît clairement que la structure **radiale** permet de diminuer significativement la consommation du véhicule. A l'opposé les structures bidiagonale et surtout renforcée augmentent significativement cette même consommation.

3) Concernant les différents modèles de pneumatiques il apparaît finalement que le modèle **classique** est celui qui présente les meilleurs résultats vis-à-vis de la consommation. A l'opposé le modèle sport a un effet clairement défavorable sur la consommation du véhicule. Le modèle économique semble avoir un effet positif sur la consommation (mais moindre que le modèle classique) alors que le modèle mixte ne présente aucun effet significatif sur la consommation du véhicule.

4) Concernant le type de gomme utilisé pour la fabrication des pneumatiques le résultat est ici très clair puisque seule la gomme de **type 2** a un effet intéressant (et très significatif) au niveau de la diminution de la consommation du véhicule.

En regroupant maintenant toutes ces constatations on en déduit d'après la modélisation effectuée que le type de pneumatiques permettant de réduire au maximum la consommation du véhicule a les caractéristiques suivantes :

Facteur	*Modalité*
Structure	Radiale
Modèle	Classique
Gomme	Type 2

Pour un tel type de pneumatiques le modèle théorique ajusté prédit une consommation moyenne de :

6.88 litres par 100 km.

Ce résultat est toujours donné avec une précision de 0.043 pour son écart-type. Le minimum détecté ici ne fait pas partie des expériences réalisées. Il convient donc maintenant de fabriquer ce type de pneumatique afin de vérifier si la réalité est conforme aux prévisions du modèle mathématique.

8.10 Résumé

Diverses configurations adaptées à l'analyse d'un modèle additif pour m facteurs qualitatifs ont été présentées durant ce chapitre. On retiendra donc :

1) les plans factoriels complets,

2) les fractions régulières de résolution III (ou plus),

3) les plans en carrés latins,

4) les tables de Taguchi,

5) les plans obtenus par diverses transformations sur d'autres plans (conservation de l'orthogonalité, plans produits),

6) les tableaux orthogonaux,

7) les plans obtenus numériquement.

Un résumé exhaustif (sous forme de tableau par exemple) de ces configurations n'est évidemment plus possible ici à cause du trop grand nombre de modalités pouvant intervenir de manière différente (h_1 modalités pour le facteur 1, ..., h_m modalités pour le facteur m).

COMPLEMENTS

8.11 (Compléments) Démonstrations

Durant tout ce chapitre la matrice X du modèle est une matrice d'indicatrices des modalités, elle n'est donc jamais de plein rang. D'après la proposition 8.1 une contrainte d'identification classique consiste à imposer à chaque sous-vecteur β_i $(i = 1, ..., m)$ des effets relatifs au facteur i d'être un contraste de $\mathbb{R}^{h_i}$. Ceci conduit alors à une nouvelle matrice du modèle, de plein rang cette fois, tenant compte de cette contrainte. Cette matrice sera qualifiée dans la suite de matrice du modèle centrée et notée X^*. Le lemme ci-dessous précise le lien existant entre X et X^* ainsi que certaines propriétés de cette nouvelle matrice.

Lemme 8.A. (matrice du modèle centrée). *Soit un modèle additif à m facteur représenté par la matrice $X \in \mathcal{M}(n,p)$ sur un plan d'expérience donné. La prise en compte des contraintes d'identification classiques transforme X en la* **matrice du modèle centrée** *$X^* \in \mathcal{M}(n,p^*)$ donnée explicitement par :*

$$X^* = \left[\mathbb{I}_n \mid X_1 A_1 \mid ... \mid X_m A_m\right] \text{ avec } A_i = \left[\frac{I_{h_i-1}}{-{}^t\mathbb{I}_{h_i-1}}\right].$$

Chacune des matrices A_i $(i = 1, ..., m)$ vérifie de plus :

$${}^t\mathbb{I}_{h_i} A_i = 0 \text{ et } {}^tA_i A_i = I_{h_i-1} + J_{h_i-1}.$$

Démonstration. La forme de la matrice X^* proposée ici est une simple réécriture matricielle des contraintes d'identification classiques. Détaillons ceci sur un exemple simple. Considérons la matrice X_i des indicatrices du facteur i à $h_i = 3$ modalités. Les contraintes classiques d'identification imposent alors que :

$$\sum_{j=0}^{2} \beta_i^{[j]} = 0 \Leftrightarrow \beta_i^{[2]} = -\beta_i^{[0]} - \beta_i^{[1]}.$$

Ceci montre donc qu'il est possible à l'aide de cette relation de supprimer la dernière modalité du facteur i (*i.e.* la dernière colonne de X_i) puisqu'on peut l'exprimer à l'aide des deux premières modalités (*i.e.* des deux premières colonnes de X_i). On obtient donc par exemple (pour $n = 6$ expériences) :

$$X_i = \begin{bmatrix} 1\,0\,0 \\ 1\,0\,0 \\ 1\,0\,0 \\ 0\,1\,0 \\ 0\,0\,1 \\ 0\,0\,1 \end{bmatrix} \Rightarrow X_i^* = \begin{bmatrix} 1 & 0 \\ 1 & 0 \\ 1 & 0 \\ 0 & 1 \\ -1 & -1 \\ -1 & -1 \end{bmatrix} = X_i A_i \text{ avec } A_i = \begin{bmatrix} 1 & 0 \\ 0 & 1 \\ -1 & -1 \end{bmatrix}.$$

Ce résultat est généralisable sans la moindre difficulté au cas où h_i modalités interviennent. Les propriétés énoncées pour la matrice A_i sont immédiates. La relation ${}^t\mathbb{I}_{h_i}A_i$ découle simplement du fait que, par construction, les colonnes de X_i sont des contrastes de $\mathbb{R}^n$. Pour la deuxième relation, il vient :

$${}^tA_iA_i = \left[I_{h_i-1} \middle| -\mathbb{I}_{h_i-1} \right] \left[\frac{I_{h_i-1}}{-{}^t\mathbb{I}_{h_i-1}} \right] = I_{h_i-1} + \mathbb{I}_{h_i-1}{}^t\mathbb{I}_{h_i-1} \blacksquare$$

Proposition 8.5. *Soit un plan d'expérience* **orthogonal** *pour m facteurs qualitatifs à $h_1, ..., h_m$ modalités, analysé à l'aide du modèle additif. Les* **estimateurs des moindres carrés** *de l'effet moyen général β_0 ainsi que de chacun des paramètres $\beta_i^{[j]}$ ($\forall\ i = 1, ..., m$ et $\forall\ j = 0, ..., h_i - 1$) sont donnés par :*

$$\widehat{\beta}_0 = \overline{Y} \ \text{et}\ \widehat{\beta}_i^{[j]} = \overline{Y}_i^{[j]} - \overline{Y}.$$

Concernant la **dispersion** *de ces estimateurs il vient :*

$$\operatorname{Var} \widehat{\beta}_0 = \frac{\sigma^2}{n} \ \text{et}\ \operatorname{Var} \widehat{\beta}_i^{[j]} = \frac{\sigma^2}{n}(h_i - 1).$$

Démonstration. Le modèle statistique sous contraintes est :

$$Y = X^*\beta^* + \varepsilon$$

où (d'après le lemme 8.A) la matrice du modèle centrée est donnée par :

$$X^* = \left[\mathbb{I}_n | X_1A_1 | ... | X_mA_m \right].$$

Le vecteur $\beta^* \in \mathbb{R}^{p^*}$ des paramètres inconnus du modèle sous contrainte est :

$${}^t\beta^* = {}^t\left(\beta_0 | {}^t\beta_1^* | ... | {}^t\beta_m^* \right)$$

où $\beta_i^* \in \mathbb{R}^{h_i-1}$ ($i = 1, ..., m$) regroupe les effets $\beta_i^{[0]}, ..., \beta_i^{[h_i-2]}$ relatifs au facteur i (*i.e.* le dernier effet a été supprimé). Il en découle immédiatement que :

$${}^tX^*X^* = \left[\begin{array}{c|c|c|c} n & {}^t\mathbb{I}_nX_1A_1 & \dots & {}^t\mathbb{I}_nX_mA_m \\ \hline {}^tA_1{}^tX_1\mathbb{I}_n & {}^tA_1{}^tX_1X_1A_1 & \dots & {}^tA_1{}^tX_1X_mA_m \\ \hline \vdots & \vdots & & \vdots \\ \hline {}^tA_m{}^tX_m\mathbb{I}_n & {}^tA_m{}^tX_mX_1A_1 & \dots & {}^tA_m{}^tX_mX_mA_m \end{array} \right].$$

Or, le plan d'expérience utilisé ayant été supposé orthogonal il vient donc pour $i, j = 1, ..., m$ avec $i \neq j$ (voir la proposition 8.4 pour les propriétés des plans orthogonaux ainsi que le lemme 8.A pour les propriétés de la matrice A_i) :

$$\begin{cases} {}^t\mathbb{I}_nX_iA_i = \left({}^t\mathbb{I}_nX_i\right)A_i = r_i{}^t\mathbb{I}_{h_i}A_i = 0, \\ {}^tA_i{}^tX_iX_iA_i = r_i{}^tA_iI_{h_i}A_i = r_i{}^tA_iA_i = r_i\left(I_{h_i-1} + J_{h_i-1}\right), \\ {}^tA_i{}^tX_iX_jA_j = {}^tA_iN_{ij}A_j = \lambda_{ij}{}^tA_iJ_{h_ih_j}A_j = \lambda_{ij}\left({}^tA_i\mathbb{I}_{h_i}\right)\left({}^t\mathbb{I}_{h_j}A_j\right) = 0. \end{cases}$$

Ceci prouve donc que lorsque le plan d'expérience est orthogonal la matrice ${}^tX^*X^*$ est diagonale par blocs, donnée explicitement par :

$$ {}^tX^*X^* = \mathrm{diag}\left(n, r_1\left(I_{h_1-1}+J_{h_1-1}\right), ..., r_m\left(I_{h_m-1}+J_{h_m-1}\right)\right). $$

Chaque bloc est donc complètement symétrique et d'après le lemme 5.A :

$$ \left(I_{h_i-1}+J_{h_i-1}\right)^{-1} = I_{h_i-1} - \frac{1}{h_i}J_{h_i-1}. $$

La matrice des covariances de $\mathbb{V}\left(\hat{\beta}^*\right) = \sigma^2\left({}^tX^*X^*\right)^{-1}$ est donc donnée par :

$$ \mathbb{V}\left(\hat{\beta}^*\right) = \sigma^2\,\mathrm{diag}\left(\frac{1}{n}, \frac{1}{r_1}\left(I_{h_1-1} - \frac{1}{h_1}J_{h_1-1}\right), ..., \frac{1}{r_m}\left(I_{h_m-1} - \frac{1}{h_m}J_{h_m-1}\right)\right). $$

On en déduit immédiatement les diverses dispersions des composantes de $\widehat{\beta}^*$ par lecture des termes diagonaux de cette matrice :

$$ \forall\ i = 1, ..., m \text{ et } \forall\ j = 0, ..., h_i - 2,\ \mathrm{Var}\,\widehat{\beta}_0 = \frac{\sigma^2}{n} \text{ et } \mathrm{Var}\,\widehat{\beta}_i^{[j]} = \frac{\sigma^2}{r_i}\left(\frac{h_i-1}{h_i}\right) $$

Remarquons aussi que les covariances non-nulles ne concernent que les couples de composantes de chacun des vecteurs β_i^* relatif au facteur i et sont données par :

$$ \forall\ i = 1, ..., m \text{ et } \forall\ j, j' = 0, ..., h_i - 2 \text{ avec } j < j',\ \mathrm{Cov}\left(\widehat{\beta}_i^{[j]}, \widehat{\beta}_i^{[j']}\right) = -\frac{\sigma^2}{r_i h_i}. $$

Ce dernier résultat montre que la dispersion des paramètres estimés de la forme $\widehat{\beta}_i^{[h_i-1]}$ (*i.e.* les paramètres supprimés dans la matrice centrée X^*) est bien identique aux dispersion déjà obtenues puisqu'il vient :

$$ \beta_i^{[h_i-1]} = -\sum_{j=0}^{h_i-2}\beta_i^{[j]} $$

$$ \begin{aligned} \Rightarrow \mathrm{Var}\,\widehat{\beta}_i^{[h_i-1]} &= \sum_{j=0}^{h_i-2}\mathrm{Var}\,\widehat{\beta}_i^{[j]} + \sum_{j<j'}\sum \mathrm{Cov}\left(\widehat{\beta}_i^{[j]}, \widehat{\beta}_i^{[j']}\right) \\ &= \sigma^2\left[\frac{(h_i-1)^2}{r_i h_i} - \frac{2C_{h_i-1}^2}{r_i h_i}\right] = \frac{\sigma^2}{r_i}\left(\frac{h_i-1}{h_i}\right). \end{aligned} $$

Il est enfin possible de simplifier toutes ces expressions puisque le plan d'expérience étant orthogonal on peut toujours remplacer r_i par n/h_i d'après la proposition 8.4. Revenons maintenant aux équations normales afin de déterminer la forme explicite des divers estimateurs. Ces équations sous la contrainte utilisée sont :

$$\widehat{\beta}^* = \left({}^tX^*X^*\right)^{-1} {}^tX^*Y.$$

Il a été prouvé précédemment que lorsque le plan est orthogonal la matrice ${}^tX^*X^*$ est diagonale par blocs. On en déduit alors, dans un premier temps, que l'estimateur des moindres carrés de l'effet moyen général est donné par :

$$\widehat{\beta}_0 = \frac{1}{n}{}^t\mathbb{I}_nY = \overline{Y}.$$

Le fait que ${}^tX^*X^*$ soit diagonale par blocs implique aussi que les vecteurs $\beta_i^* \in \mathbb{R}^{h_i-1}$ sont estimés indépendemment les uns des autres à l'aide des relations suivantes :

$$\forall\ i = 1, ..., m\ ,\ \widehat{\beta}_i^* = \frac{1}{r_i}\left(I_{h_i-1} - \frac{1}{h_i}J_{h_i-1}\right){}^tA_i{}^tX_iY. \tag{1}$$

Comme X_i est la matrice des indicatrices des modalités du facteur i il vient alors :

$${}^tX_iY = \begin{bmatrix} Y_i^{[0]} \\ \vdots \\ Y_i^{[h_i-1]} \end{bmatrix} \text{ et donc } {}^tA_i{}^tX_iY = \begin{bmatrix} Y_i^{[0]} - Y_i^{[h_i-1]} \\ \vdots \\ Y_i^{[h_i-2]} - Y_i^{[h_i-1]} \end{bmatrix}$$

d'après la forme générale de la matrice A_i (voir le lemme 8.A). Etudions maintenant l'effet de l'opérateur $(I_{h-1} - (1/h)\,J_{h-1})$ sur un vecteur $v \in \mathbb{R}^{h-1}$. On a alors :

$$\left(I_{h-1} - \frac{1}{h}J_{h-1}\right)v = v - \frac{1}{h}\mathbb{I}_{h-1}\left({}^t\mathbb{I}_{h-1}v\right) = v - \left(\frac{h-1}{h}\right)\overline{v}\mathbb{I}_{h-1}.$$

Ce dernier résultat permet donc d'affirmer que, d'après la relation (1) :

$$\begin{aligned}\widehat{\beta}_i^{[j]} &= \frac{1}{r_i}\left[Y_i^{[j]} - Y_i^{[h_i-1]} - \left(\frac{h_i-1}{h_i}\right)\left(\frac{1}{h_i-1}\sum_{k=0}^{h_i-2}Y_i^{[k]} - Y_i^{[h_i-1]}\right)\right] \\ &= \frac{1}{r_i}Y_i^{[j]} - \frac{1}{r_i}\left[Y_i^{[h_i-1]} + \frac{1}{h_i}\sum_{k=0}^{h_i-2}Y_i^{[k]} - \left(\frac{h_i-1}{h_i}\right)Y_i^{[h_i-1]}\right] \\ &= \overline{Y}_i^{[j]} - \frac{1}{r_ih_i}\sum_{k=0}^{h_i-1}Y_i^{[k]} = \overline{Y}_i^{[j]} - \frac{1}{h_i}\sum_{k=0}^{h_i-1}\overline{Y}_i^{[k]} = \overline{Y}_i^{[j]} - \overline{Y}.\end{aligned}$$

Concernant maintenant l'effet de la modalité $h_i - 1$ du facteur i sur la réponse on vérifie sans peine que :

$$\sum_{j=0}^{h_i-1}\widehat{\beta}_i^{[j]} = 0 \Leftrightarrow \widehat{\beta}_i^{[h_i-1]} = \overline{Y}_i^{[h_i-1]} - \overline{Y}.$$

La proposition énoncée est donc bien démontrée ■

Proposition 8.6. *Soit un plan d'expérience* **orthogonal** *pour m facteurs qualitatifs à $h_1, ..., h_m$ modalités, analysé à l'aide du modèle additif. La* **dispersion** *de la réponse prédite au point $x = (i_1, i_2, ..., i_m) \in \mathcal{E}$ est :*

$$\operatorname{Var} \hat{Y}(x) = \frac{\sigma^2}{n} \left(1 + \sum_{i=1}^{m} (h_i - 1) \right).$$

Démonstration. La réponse prédite au point $x = (i_1, i_2, ..., i_m)$ est donnée par :

$$\widehat{Y}(x) = \widehat{\beta}_0 + \widehat{\beta}_1^{[i_1]} + \widehat{\beta}_2^{[i_2]} + ... + \widehat{\beta}_m^{[i_m]}.$$

La démonstration de la proposition 8.5 a montré que tous les estimateurs présents dans l'expression de $\widehat{Y}(x)$ sont deux-à-deux non-corrélés. Donc :

$$\operatorname{Var} \widehat{Y}(x) = \operatorname{Var} \widehat{\beta}_0 + \operatorname{Var} \widehat{\beta}_1^{[i_1]} + ... + \operatorname{Var} \widehat{\beta}_m^{[i_m]}.$$

Les résultats de la proposition 8.5 permettent d'en déduire le résultat ■

Proposition 8.10. *Soit m facteurs qualitatifs tels que chacun d'eux a un* **nombre premier** *h de modalités. Le groupe $\mathcal{G}$ engendré par les q générateurs d'une fraction régulière est un* **groupe fini** *constitué par h^q éléments.*

Démonstration. Considérons une fraction régulière définie par la famille des q générateurs $\mathcal{F} = \{M_1, M_2, ..., M_q\}$. On sait alors (voir par exemple l'ouvrage de Calais [17]) que le groupe $\mathcal{G}$ engendré par les éléments de $\mathcal{F}$ est :

$$\mathcal{G} = \left\{ M_1 M_2 ... M_n \text{ , } n \in \mathbb{N}^* \text{ , } M_i \in \mathcal{F} \text{ ou } M_i^{-1} \in \mathcal{F} \right\}.$$

Remarquons que, par définition, on a : $\forall\ M_i \in \mathcal{F}$, $M_i^h = \mathbb{I}$. Il en résulte qu'il est inutile de répéter les éléments de $\mathcal{F}$ plus de $(h-1)$ fois et :

$$\mathcal{G} = \left\{ M_1^{\beta_1} M_2^{\beta_2} ... M_q^{\beta_q} \text{ , } 0 \leq \beta_i < h \text{ , } M_i \in \mathcal{F} \text{ ou } M_i^{-1} \in \mathcal{F} \right\}.$$

Détaillons maintenant la condition $M_i^{-1} \in \mathcal{F}$. On a alors :

$$\begin{aligned} M_i^{-1} \in \mathcal{F} &\Leftrightarrow \exists\ M \in \mathcal{F} \text{ tel que } M_i^{-1} = M \\ &\Leftrightarrow M_i^{h-1} = M \text{ puisque } M_i^h = \mathbb{I} \\ &\Leftrightarrow M_i^{(h-1)^2} = M^{h-1} \\ &\Leftrightarrow M_i = M^{h-1} \text{ puisque } M_i^{(h-1)^2} = M_i M_i^{h(h-2)} = M_i. \end{aligned}$$

Cette condition n'apporte donc aucune contrainte supplémentaire et :

$$\mathcal{G} = \left\{ M_1^{\beta_1} M_2^{\beta_2} ... M_q^{\beta_q} \ , 0 \leq \beta_i < h \ , M_i \in \mathcal{F} \right\}.$$

Déterminons maintenant le nombre maximal d'éléments distincts que peut avoir l'ensemble $\mathcal{G}$. Dénombrons ses éléments de la manière suivante (en les supposant provisoirement tous distincts dans le raisonnement ci-dessous) :

0) L'ensemble $\mathcal{G}$ contient un seul élément n'utilisant aucun des éléments de $\mathcal{F}$. Il s'agit de l'élément neutre $\mathbb{I}$.

1) L'ensemble $\mathcal{G}$ contient $q\,(h-1)$ éléments (différents de l'élément neutre) obtenus à partir d'un seul élément de $\mathcal{F}$. En effet, à tout élément M_i de $\mathcal{F}$ correspondent les $(h-1)$ éléments M_i, M_i^2,..., M_i^{h-1} de $\mathcal{G}$. Cette construction peut être faite avec q éléments de $\mathcal{F}$ distincts pour un total de $q\,(h-1)$ constructions possibles.

2) L'ensemble $\mathcal{G}$ contient $C_q^2\,(h-1)^2$ éléments (différents de l'élément neutre) de la forme $M_i^{\beta_i} M_j^{\beta_j}$ obtenus à partir de deux éléments M_i et M_j de $\mathcal{F}$.

⋮

q) L'ensemble $\mathcal{G}$ contient $C_q^q\,(h-1)^q = (h-1)^q$ éléments (différents de l'élément neutre) obtenus avec la totalité des éléments de l'ensemble $\mathcal{F}$.

En regroupant ces résultats et en utilisant la formule du binôme de Newton il vient donc :

$$\text{card}\,(\mathcal{G}) \leq \sum_{i=0}^{q} C_q^i\,(h-1)^i = h^q.$$

Le cardinal de $\mathcal{G}$ est maintenant exactement égal à h^q si et seulement si tous les éléments obtenus ci-dessus sont distincts. Remarquons dans un premier temps qu'il est nécessaire que le résultat énoncé en 1 soit vrai c'est-à-dire que chacun des générateurs M_i doit engendrer les h éléments distincts $\mathbb{I}$, M_i, M_i^2, ..., M_i^{h-1}. On sait cependant que tout générateur M_i engendre à l'aide de ses puissances successives un groupe monogène qui est dans le cas général isomorphe au groupe $\mathbb{Z}/q\mathbb{Z}$ avec q diviseur de h (voir Calais [17]). Lorsque h est premier tout générateur M_i engendre bien un groupe constitué par h éléments distincts. Justifions enfin que tous les couples d'éléments de $\mathcal{G}$ sont alors distincts. Supposons donc qu'il existe deux vecteurs distincts $(\beta_1, ..., \beta_q) \in \{0, ..., h-1\}^q$ et $(\gamma_1, ..., \gamma_q) \in \{0, ..., h-1\}^q$ tels que :

$$M_1^{\beta_1} M_2^{\beta_2} ... M_q^{\beta_q} = M_1^{\gamma_1} M_2^{\gamma_2} ... M_q^{\gamma_q}.$$

En supposant maintenant (sans perte de généralité) que $\beta_1 \neq 0$ il vient en multipliant les deux membres de l'égalité par $M_1^{h-\gamma_1}$:

$$M_1^{h-\gamma_1+\beta_1} \left(M_2^{\beta_2} ... M_q^{\beta_q} \right) = M_2^{\gamma_2} ... M_q^{\gamma_q}$$

En effectuant de même une multiplication par $M_2^{h-\beta_2}...M_q^{h-\beta_q}$ on peut affirmer qu'il existe des coefficients $\Delta_1,...,\Delta_q \in \{0,...,h-1\}$ tels que :

$$M_1^{\Delta_1} = M_2^{\Delta_2}...M_q^{\Delta_q}.$$

Comme h est un nombre premier on en déduit que Δ_1 est toujours un générateur du groupe $\mathbb{Z}/h\mathbb{Z}$ donc il existe un entier a tel que $a\Delta_1 \equiv 1\,[h]$. En élevant les deux membres de l'égalité à la puissance a on aboutit à la forme équivalente suivante :

$$M_1 = M_2^{\Delta_2'}...M_q^{\Delta_q'}$$

avec $\Delta_1',...,\Delta_q' \in \{0,...,h-1\}$. Une telle égalité est cependant impossible à obtenir puisque par hypothèse $\mathcal{F}$ est une famille indépendante. On en déduit alors que les h^q éléments de $\mathcal{G}$ sont bien deux à deux distincts ■

9

Plans d'expérience en blocs pour facteurs qualitatifs

9.1 Introduction

La problématique des plans d'expérience en blocs a déjà été introduite au chapitre 6 pour des facteurs quantitatifs. Elle s'impose de la même manière pour des facteurs qualitatifs lorsque les expériences réalisées semblent être **hétérogènes**. Les expériences homogènes sont alors regroupées en sous-ensembles appelés blocs (issus d'un même arrivage de matière première, du travail d'un même ouvrier, *etc...*) et le modèle est enrichi en introduisant divers effets de bloc.

Ce chapitre introduit tout d'abord des généralités concernant l'utilisation d'un modèle à effets de blocs pour facteurs qualitatifs. Le problème de l'écriture du modèle, des diverses matrices remarquables et enfin des techniques permettant de décomposer les équations normales en équations normales réduites est abordé. Tous ces résultats sont ensuite appliqués aux trois grandes classes de plans en blocs que sont les plans en blocs complets, les plans en blocs incomplets équilibrés et enfin les plans en blocs partiellement équilibrés. L'analyse statistique de tous ces plans d'expérience peut, une nouvelle fois, être menée de manière explicite et très simple.

La plupart de ces configurations permettent facilement d'estimer les effets des traitements. Ceci constitue la finalité de l'étude lorsque les effets des blocs sont considérés comme des effets de nuisance dont l'estimation importe peu. Il est cependant prouvé qu'il est facile d'estimer aussi les effets des blocs lorsque cette information peut s'avérer utile.

Une extension est ensuite proposée en fin de chapitre concernant la classe des plans d'expérience en blocs cycliques. Les techniques d'analyse de telles configurations sont rapidement exposées. Un exemple d'application pratique, mis en œuvre à l'aide du logiciel SAS, termine ce chapitre.

W. Tinsson, *Plans d'expérience: constructions et analyses statistiques*, Mathématiques et Applications 67, DOI 10.1007/978-3-642-11472-4_9,

© Springer-Verlag Berlin Heidelberg 2010

9.2 Généralités

9.2.1 Modèle pour plans en blocs

Considérons ici le modèle classique pour plan en blocs où un facteur qualitatif à h modalités est analysé à l'aide d'un plan d'expérience en b blocs constitués respectivement par $k_1, ..., k_b$ expériences (le nombre total d'expériences est donc $n = \sum k_i$). De manière usuelle il est courant dans ce contexte de qualifier de **traitements** les diverses modalités considérées. Afin de les associer à une quantité numérique on utilise souvent dans la suite le codage naturel (voir le paragraphe 8.2.1) et on note de manière abrégée le premier traitement par $T0$, le second par $T1$, ... , le dernier par $T(h-1)$ (ou bien seulement par $0, 1, ..., h-1$ s'il n'y a pas d'ambiguité). De même chacun des blocs est désigné parfois de manière plus rapide par $B1$, $B2$, ..., Bb. Notons classiquement $Y_l(i)$ la réponse observée lorsque le traitement i $(0 \leq i \leq h-1)$ est mis en oeuvre dans le bloc l $(1 \leq l \leq b)$. Le modèle (classique) à effets de blocs est alors le modèle statistique tel que les réponses associées au bloc l vérifient la relation $Y_l(i) = f_l(i) + \varepsilon(i)$ avec :

$$f_l(i) = \beta_0 + \gamma^{[l]} + \beta_T^{[i]}.$$

On peut encore écrire ce modèle sous la forme complète donnée ci-dessous :

$$f_l(i) = \beta_0 + \sum_{j_1=1}^{b} \gamma^{[j_1]}\delta_{lj_1} + \sum_{j_2=0}^{h-1} \beta_T^{[j_2]}\delta_{ij_2}$$

où δ_{ij} est le symbole de Kronecker (*i.e.* $\delta_{ij} = 1$ si $i = j$, $\delta_{ij} = 0$ sinon). Pour ce modèle on dit que (avec $l = 1, ..., b$ et $i = 0, ..., h-1$) :

$$\begin{cases} \beta_0 \ (i.e. \text{ la constante}) \text{ est l'}\textbf{effet moyen général}, \\ \gamma^{[l]} \text{ est l'}\textbf{effet du bloc l}, \\ \beta_T^{[i]} \text{ est l'}\textbf{effet du traitement i}. \end{cases}$$

Le nombre total de paramètres d'un tel modèle est donc :

$$p^* = 1 + b + h.$$

Matriciellement ce modèle peut être mis sous la forme classique $Y = X\beta + \varepsilon$ avec :

$$X = \left[\ \mathbb{I}_n \mid X_B \mid X_T\ \right]$$

où $X_B \in \mathcal{M}(n, b)$ est la matrice des indicatrices des blocs (notée aussi simplement B comme dans les chapitres précédents) et $X_T \in \mathcal{M}(n, h)$ est la matrice des indicatrices des traitements. Le vecteur $\beta \in \mathbb{R}^{p^*}$ peut alors être partitionné en :

$$^t\beta = {}^t\left(\beta_0 \mid {}^t\gamma \mid {}^t\beta_T\right)$$

où le sous-vecteur $\gamma \in \mathbb{R}^b$ regroupe tous les effets des blocs et le sous-vecteur $\beta_T \in \mathbb{R}^h$ regroupe tous les effets des traitements.

Remarque. Le modèle pour plans en blocs n'est donc qu'un cas particulier du modèle additif étudié en détails lors du chapitre 8 car il peut être identifié naturellement à un modèle additif où seulement deux facteurs qualitatifs interviennent : celui quantifiant les effets des traitements et celui quantifiant les effets des blocs.

9.2.2 Matrices et valeurs remarquables

Voici quelques valeurs numériques et matricielles spécifiques à l'analyse des plans d'expérience en blocs pour facteurs qualitatifs. Un plan d'expérience en blocs est qualifié de **complet** lorsque tous les h traitements sont présents dans chacun des blocs. Si ce n'est pas le cas le plan d'expérience est dit **incomplet**. Lorsque le nombre de traitements ou le nombre de blocs est grand il est, bien entendu, primordial de rechercher des configurations incomplètes afin de diminuer le nombre d'expériences à réaliser. Concernant la structure des blocs on pose :

$$K = {}^tBB = \operatorname{diag}(k_1, ..., k_b).$$

Lorsque le plan est en blocs de **même taille** k il vient donc simplement $K = kI_b$. Concernant cette fois les traitements on pose :

$$R = {}^tX_TX_T = \operatorname{diag}(r_1, ..., r_h)$$

où r_i désigne le nombre d'occurences du traitement i dans le plan d'expérience. Lorsque tous les traitements apparaissent un même nombre r de fois le plan est qualifié d'**équiréplIqué** et il vient $R = rI_h$. Tout comme pour les plans d'expérience présentés dans le chapitre précédent la **matrice d'incidence** $N \in \mathcal{M}(h, b)$ est définie par :

$$N = {}^tX_TB.$$

Son terme général à l'intersection de la ligne i et la colonne j indique donc le nombre de fois où le traitement i est appliqué au bloc j. Par sommation par ligne ou par colonne cette matrice vérifie toujours les relations suivantes :

$$N\mathbb{I}_b = {}^t(r_1, ..., r_h) \text{ et } {}^tN\mathbb{I}_h = {}^t(k_1, ..., k_b).$$

On limite par la suite l'étude (afin de réduire le nombre d'expériences) aux plans d'expérience **binaires** c'est-à-dire pour lesquels la matrice N est uniquement constituée par les valeurs 0 ou 1 (en d'autres termes chacun des traitements ne peut être appliqué plus d'une fois par bloc). On considère enfin la matrice suivante, qualifiée de matrice de **concordance** et définie pour tout plan d'expérience binaire par :

$$C = N^t N = \begin{bmatrix} r_1 & \lambda_{12} & \dots & \lambda_{1h} \\ \lambda_{12} & r_2 & \dots & \lambda_{2h} \\ \vdots & \vdots & & \vdots \\ \lambda_{1h} & \lambda_{2h} & \dots & r_h \end{bmatrix}.$$

La matrice C est carrée d'ordre h et lorsque le plan est binaire ses éléments sont (puisqu'elle est obtenue, par définition, par produits scalaires des lignes de N) :

1) les r_i $(i = 1, ..., h)$ sur la diagonale donnant le nombre d'occurences du traitement i dans le plan d'expérience,

2) les λ_{ij} $(i, j = 1, ..., h$ avec $i \neq j)$ hors de la diagonale donnant le nombre d'apparitions simultanées des traitements i et j dans le plan d'expérience.

On peut dire aussi, de manière équivalente (dans le cas d'un plan binaire), que r_i est le nombre de blocs contenant le traitement i alors que λ_{ij} est le nombre de blocs contenant simultanément les traitements i et j.

Exemple

Considérons un phénomène aléatoire pour $h = 3$ traitements, analysé à l'aide du plan d'expérience en $b = 2$ blocs suivant :

0	1		Bloc 1
	1	2	Bloc 2

Cette notation classique traduit le fait que le bloc 1 est constitué par les traitements 0 et 1 (en codage naturel) alors que le bloc 2 fait intervenir les traitements 1 et 2. Les expériences réalisées ici sont associées au modèle linéaire de matrice $X = \left[\ \mathbb{I}_n \mid B \mid X_T \ \right]$ où (en commençant par les expériences du bloc 1 et en terminant par celles du bloc 2) :

$$B = \begin{bmatrix} 1 & 0 \\ 1 & 0 \\ 0 & 1 \\ 0 & 1 \end{bmatrix} \text{ et } X_T = \begin{bmatrix} 1 & 0 & 0 \\ 0 & 1 & 0 \\ 0 & 1 & 0 \\ 0 & 0 & 1 \end{bmatrix}.$$

Il en découle immédiatement que :

$$K = \begin{bmatrix} 2 & 0 \\ 0 & 2 \end{bmatrix} \text{ et } R = \begin{bmatrix} 1 & 0 & 0 \\ 0 & 2 & 0 \\ 0 & 0 & 1 \end{bmatrix}.$$

Ces deux matrices traduisent bien le fait que le plan d'expérience utilisé ici est en blocs de même taille (puisque $k = 2$) mais par contre le plan n'est pas équirépliqué (puisque $r_1 = r_3 = 1$ mais $r_2 = 2$). Concernant maintenant les matrices d'incidence et de concordance il vient :

$$N = {}^tX_TB = \begin{bmatrix} 1 & 0 \\ 1 & 1 \\ 0 & 1 \end{bmatrix} \quad \text{et } C = N^tN = \begin{bmatrix} 1 & 1 & 0 \\ 1 & 2 & 1 \\ 0 & 1 & 1 \end{bmatrix}.$$

Le plan d'expérience considéré ici est donc bien binaire. On retrouve les diverses valeurs r_i $(i = 1, 2, 3)$ sur la diagonale de C. Les valeurs sur l'extra-diagonale indiquent que les traitements 1 et 2 ainsi que 2 et 3 apparaissent simultanément dans un bloc. Par contre aucun des blocs ne contient à la fois les traitements 1 et 3.

9.2.3 Contraintes d'identification

Le modèle à effets de blocs est toujours surparamétré pour les mêmes raison qu'avec le modèle pour facteurs qualitatifs (voir le paragraphe 8.2.6). Plus précisemment la matrice du modèle $X = \left[\ \mathbb{I}_n \mid B \mid X_T\ \right]$ a toujours un rang inférieur à $(p^* - 2)$ puisque la somme des colonnes de chacune des matrices B et X_T est toujours égale à $\mathbb{I}_n$. On supposera dans la suite que l'on utilise un plan d'expérience tel que la matrice X ne présente aucun autre lien entre ses colonnes, c'est-à-dire que :

$$rg\,(X) = p^* - 2.$$

D'après les résultats généraux obtenus pour le modèle additif on peut rendre le modèle étudié régulier à l'aide des contraintes d'identification classiques suivantes :

Proposition 9.1. *Des* **contraintes d'identification** *pour le modèle à effets de blocs consistent à utiliser pour vecteur des effets des blocs γ (resp. des traitements β_T) un contraste de $\mathbb{R}^b$ (resp. de $\mathbb{R}^h$). En d'autres termes :*

$$\sum_{l=1}^{b} \gamma^{[l]} = 0 \text{ et } \sum_{i=0}^{h-1} \beta_T^{[i]} = 0.$$

Ces contraintes seront dites contraintes d'identification **classiques**. *Il en résulte que le nombre de paramètres inconnus du modèle est alors :*

$$p = p^* - 2 = b + h - 1.$$

9.2.4 Equations normales

Les équations normales du modèle à effets de blocs peuvent facilement être décomposées en équations normales réduites permettant de déterminer séparément les estimateurs des effets des blocs et des traitements. La résolution explicite de ces diverses équations sera menée dans les sections suivantes en fonction des plans d'expérience utilisés. Partant de la forme matricielle

$Y = X\beta + \varepsilon$ du modèle avec ici $X = \left[\ \mathbb{I}_n \mid B \mid X_T\ \right]$ les équations normales sont données par $({}^tXX)\,\widehat{\beta} = {}^tXY$ avec donc :

$$
{}^tXX = \begin{bmatrix} n & {}^t\mathbb{I}_nB & {}^t\mathbb{I}_nX_T \\ {}^tB\mathbb{I}_n & {}^tBB & {}^tBX_T \\ {}^tX_T\mathbb{I}_n & {}^tX_TB & {}^tX_TX_T \end{bmatrix} = \begin{bmatrix} n & {}^t\mathbb{I}_nB & {}^t\mathbb{I}_nX_T \\ {}^tB\mathbb{I}_n & K & {}^tN \\ {}^tX_T\mathbb{I}_n & N & R \end{bmatrix}.
$$

On en déduit que les équations normales sont toujours obtenues explicitement par le sytème d'équations suivant :

$$
\left\{ \begin{array}{rrrl} n\widehat{\beta}_0 + & ({}^t\mathbb{I}_nB)\,\widehat{\gamma} + & ({}^t\mathbb{I}_nX_T)\,\widehat{\beta}_T = & {}^t\mathbb{I}_nY \\ ({}^tB\mathbb{I}_n)\,\widehat{\beta}_0 + & K\widehat{\gamma} + & {}^tN\widehat{\beta}_T = & {}^tBY \\ ({}^tX_T\mathbb{I}_n)\,\widehat{\beta}_0 + & N\widehat{\gamma} + & R\widehat{\beta}_T = & {}^tX_TY \end{array} \right. \qquad \text{(E)}
$$

Recherche de $\widehat{\beta}_T$

Partant du système d'équations (E) il est possible d'obtenir l'estimateur des effets des traitements à l'aide du résultat ci-dessous :

Proposition 9.2. [$\triangleleft$] *L'estimateur des moindres carrés des* **effets des traitements** *est solution des équations :*

$$
C_T\widehat{\beta}_T = Q_T
$$

$$
\textit{avec} \left\{ \begin{array}{ll} C_T \in \mathcal{M}(h,h) \textit{ définie par} & :\ C_T = {}^tX_TP_{(\mathrm{Im}\,B)^\perp}X_T \\ Q_T \textit{ contraste de } \mathbb{R}^h \textit{ défini par} & :\ Q_T = {}^tX_TP_{(\mathrm{Im}\,B)^\perp}Y \end{array} \right.
$$

où $P_{(\mathrm{Im}\,B)^\perp}$ désigne le projecteur orthogonal sur $(\mathrm{Im}\,B)^\perp$ c'est-à-dire que $P_{(\mathrm{Im}\,B)^\perp} = I_n - P_{\mathrm{Im}\,B} = I_n - B\,({}^tBB)^{-1}\,{}^tB$.

Les équations présentées à la proposition 9.2 sont d'un grand intérêt, elles sont souvent qualifiées d'équations normales réduites ou encore d'**équations intrablocs**. De même la matrice $C_T = {}^tX_TP_{(\mathrm{Im}\,B)^\perp}X_T$ est parfois qualifiée de matrice **intrablocs réduite**. Lorsque le plan d'expérience considéré est à la fois équirépliqué et en blocs de même taille (ce qui sera souvent le cas par la suite) il vient alors simplement :

$$
C_T = R - \frac{1}{k}{}^tX_TB{}^tBX_T = R - \frac{1}{k}N{}^tN = rI_h - \frac{1}{k}C.
$$

La structure de la matrice C_T est donc dans ce cas très proche de celle de la matrice de concordance C. Concernant le vecteur Q_T remarquons que sa détermination pratique est simple. En effet :

$$
Q_T = {}^tX_TP_{(\mathrm{Im}\,B)^\perp}Y = {}^tX_TY - {}^tX_TP_{\mathrm{Im}\,B}Y.
$$

En supposant les observations du vecteur Y rangées dans l'ordre des blocs alors $P_{\text{Im}\,B}$ est une matrice diagonale par blocs donnée par la relation $P_{\text{Im}\,B} = diag\left(1/k_1 J_{k_1}, ..., 1/k_b J_{k_b}\right)$ et en désignant par $\overline{Y}_{Bi}$ la moyenne des réponses observées dans le bloc i il vient :

$$P_{\text{Im}\,B} Y = {}^t \left(\overline{Y}_{B1}, ..., \overline{Y}_{B1}, ..., \overline{Y}_{Bb}, ..., \overline{Y}_{Bb}\right)$$

avec chacune des quantités $\overline{Y}_{Bi}$ apparaissant k_i fois dans ce vecteur. On en déduit que les composantes du vecteur $Q_T \in \mathbb{R}^h$ sont données par (avec $i = 0, ..., h-1$ et $Y_l(i)$ la réponse obervée lorque le traitement i est appliqué au bloc l) :

$$(Q_T)_i = \sum_{l \;/\; Ti \in Bl} \left(Y_l(i) - \overline{Y}_{Bl}\right)$$

où la somme est réalisée sur tous les l $(1 \leq l \leq b)$ tels que le traitement i appartient au bloc l (voir l'exemple ci-dessous). Ce résultat permet de qualifier dans la suite le vecteur Q_T de vecteur des sommes par traitements ajustées par bloc.

Exemple

Reprenons l'exemple du paragraphe 9.2.2 et supposons que les $n = 4$ réponses sont données par :

$$Y = {}^t \left(Y_1(0), Y_1(1), Y_2(1), Y_2(2)\right) = {}^t (10, 4, 6, 2).$$

Les moyennes par bloc vérifient $\overline{Y}_{B1} = 7$ et $\overline{Y}_{B2} = 4$ donc :

$$Q_T = \begin{bmatrix} (10-7) \\ (4-7)+(6-4) \\ (2-4) \end{bmatrix} = \begin{bmatrix} 3 \\ -1 \\ -2 \end{bmatrix}.$$

Remarque. On ne détaille pas dans cet ouvrage les techniques d'analyse simultanée intrablocs et interblocs mais notons que parallèlement aux équations intrablocs de la proposition 9.2 les équations dites interblocs sont :

$$\left({}^t X_T P_{\text{Im}\,B} X_T\right) \widehat{\beta}_T^* = {}^t X_T P_{\text{Im}\,B} Y.$$

Recherche de $\widehat{\gamma}$

Déterminons ici les équations normales réduites conduisant à l'estimation des moindres carrés des effets des blocs. On montre alors, de manière similaire à l'estimation des effets des traitements, que :

Proposition 9.3. [$\lhd$] *L'estimateur des moindres carrés des* **effets des blocs** *est solution des équations :*

$$C_B \widehat{\gamma} = Q_B$$

$$\text{avec} \begin{cases} C_B \in \mathcal{M}(b,b) \text{ définie par} & : C_B = {}^tBP_{(\mathrm{Im}\, X_T)^\perp}B \\ Q_B \text{ contraste de } \mathbb{R}^b \text{ défini par} & : Q_B = {}^tBP_{(\mathrm{Im}\, X_T)^\perp}Y \end{cases}$$

où $P_{(\mathrm{Im}\, X_T)^\perp}$ *désigne le projecteur orthogonal sur* $(\mathrm{Im}\, X_T)^\perp$ *c'est-à-dire que* $P_{(\mathrm{Im}\, X_T)^\perp} = I_n - P_{\mathrm{Im}\, X_T} = I_n - X_T\left({}^tX_TX_T\right)^{-1}{}^tX_T$.

Les équations normales réduites obtenues ici sont (logiquement) identiques en tout point à celles de la proposition 9.2 modulo une permutation des matrices X_T et B (et donc aussi des vecteurs β_T et γ). Lorsque le plan d'expérience est à la fois équiréppliqué et en blocs de même taille alors la matrice C_B prend la forme simplifiée donnée ci-dessous :

$$C_B = K - \frac{1}{r}{}^tBX_T{}^tX_TB = kI_b - \frac{1}{r}{}^tNN.$$

Concernant maintenant le vecteur $Q_B \in \mathbb{R}^b$ on montre (en suivant la même démarche que pour le vecteur Q_T) que ses composantes sont données par (avec $i = 1, ..., b$) :

$$(Q_B)_i = \sum_{j\ /\ Tj \in Bi} \left(Y_i(j) - \overline{Y}_{Tj}\right)$$

où la somme est réalisée sur tous les j ($0 \leq j \leq h-1$) tels que le traitement j appartient au bloc i (voir l'exemple ci-dessous). Ce résultat permet de qualifier dans la suite le vecteur Q_B de vecteur des sommes par blocs ajustées par traitement.

Exemple

Reprenons l'exemple du paragraphe 9.2.2 et supposons toujours que les $n = 4$ réponses sont données par :

$$Y = {}^t\left(Y_1(0), Y_1(1), Y_2(1), Y_2(2)\right) = {}^t(10, 4, 6, 2).$$

Comme les moyennes par traitement vérifient ici $\overline{Y}_{T0} = 10$, $\overline{Y}_{T1} = 5$ et $\overline{Y}_{T2} = 2$ on en déduit alors que :

$$Q_B = \begin{bmatrix} (10-10) + (4-5) \\ (6-5) + (2-5) \end{bmatrix} = \begin{bmatrix} -1 \\ 1 \end{bmatrix}.$$

Recherche de $\widehat{\beta}_0$

Terminons par l'estimateur des moindres carrés de l'effet moyen général β_0. Une fois les estimateurs $\widehat{\beta}_T$ et $\widehat{\gamma}$ déterminés il est obtenu aisément.

Proposition 9.4. [$\lhd$] *L'estimateur des moindres carrés de l'***effet moyen général** *est :*

$$\widehat{\beta}_0 = \frac{1}{n}\left[{}^t\mathbb{I}_nY - \left({}^t\mathbb{I}_nB\right)\widehat{\gamma} - \left({}^t\mathbb{I}_nX_T\right)\widehat{\beta}_T\right]$$

où $\widehat{\gamma}$ et $\widehat{\beta}_T$ sont respectivement les estimateurs des moindres carrés des effets des blocs et des effets des traitements. Lorsque le plan d'expérience est équiréplIqué en blocs de même taille il vient simplement (avec les contraintes d'identifications classiques) :

$$\widehat{\beta}_0 = \frac{1}{n} {}^t\mathbb{I}_n Y = \overline{Y} \text{ et } \operatorname{Var} \widehat{\beta}_0 = \frac{\sigma^2}{n}.$$

9.3 Plans en blocs complets

9.3.1 Définition et propriétés

Considérons ici la classe des plans en blocs pour facteurs qualitatifs la plus simple à mettre en oeuvre, définie de la manière suivante :

Définition 9.5. *Soit un phénomène aléatoire analysé à l'aide de h traitements répartis en b blocs. On appelle plan d'expérience* **en blocs complets** *toute configuration telle que chacun des b blocs contient l'ensemble des h traitements.*

Seuls les plans d'expérience binaires sont étudiés donc lorsque les quantités h et b sont données il existe un unique plan en blocs complets (où chaque traitement apparaît une fois et une seule dans chacun des blocs). Un tel plan sera désigné dans la suite par la notation $CBD\,(h, b)$ issue de la terminologie *Complete Block Design*. Les propriétés suivantes sont immédiates.

1) Chacun des blocs contient tous les traitements donc tout $CBD\,(h, b)$ est un plan d'expérience en blocs de **même taille** (avec $k = h$) et **équiréplIqué** (avec $r = b$). Le nombre total d'expériences réalisées est $n = bk = rh$.

2) Chacun des blocs contient tous les traitements donc la **matrice d'incidence** d'un $CBD\,(h, b)$ est donnée par :

$$N = J_{hb} = \mathbb{I}_h {}^t\mathbb{I}_b.$$

3) La **matrice de concordance** d'un $CBD\,(h, b)$ est alors :

$$C = N^t N = J_{hb} J_{bh} = \left(\mathbb{I}_h {}^t\mathbb{I}_b\right)\left(\mathbb{I}_b {}^t\mathbb{I}_h\right) = bJ_h.$$

Exemple

Considérons $h = 3$ traitements à analyser en $b = 2$ blocs. On peut alors proposer le plan d'expérience $CBD\,(3, 2)$ donné par :

0	1	2	Bloc 1
0	1	2	Bloc 2

Ce plan d'expérience est bien équiréplique puisque chacun des traitements figure dans $r = 2$ blocs, chacun des blocs étant de taille $k = 3$. Le nombre total d'expériences à réaliser est $n = bk = rh = 6$. Les matrices d'incidence et de concordance sont données ici par :

$$N = \begin{bmatrix} 1 & 1 \\ 1 & 1 \\ 1 & 1 \end{bmatrix} \text{ et } C = \begin{bmatrix} 2 & 2 & 2 \\ 2 & 2 & 2 \\ 2 & 2 & 2 \end{bmatrix}.$$

9.3.2 Estimation des divers effets

Déterminons tout d'abord les formules explicites donnant les estimateurs des effets des traitements ainsi que leur dispersion. D'après le paragraphe 9.2.4 l'estimateur des effets des traitements est solution des équations normales réduites suivantes :

$$C_T \widehat{\beta}_T = Q_T.$$

Dans le cas d'un plan en blocs complets la matrice C_T est très simple, donnée par :

$$C_T = rI_h - \frac{1}{k}C = bI_h - \frac{b}{h}J_h \text{ puisque } b = k \text{ et } r = b.$$

La matrice C_T est donc toujours ici une matrice complètement symétrique **singulière** car $b-(b/h)\,h = 0$ (voir le lemme 5.A). Il en découle une infinité de solutions pour le système des équations normales réduites. On montre cependant qu'il existe une unique solution vérifiant les contraintes d'identification classiques :

Proposition 9.6. [$\lhd$] *Soit un plan d'expérience en blocs complets de type $CBD\,(h,b)$. L'estimateur des moindres carrés des effets des traitements vérifiant les contraintes d'identification classiques est donné par :*

$$\widehat{\beta}_T = \frac{1}{b}Q_T \quad \textit{et } \forall\, i = 0, ..., h-1 \ , \ \operatorname{Var} \widehat{\beta}_T^{[i]} = \sigma^2 \frac{(h-1)}{n}.$$

En d'autres termes chacune des composantes de $\widehat{\beta}_T$ est obtenue ici de manière très simple puisque :

$$\forall\, i = 0, ..., h-1 \ , \ \widehat{\beta}_T^{[i]} = a\,(Q_T)_i \ \text{ avec } a = \frac{1}{b}.$$

D'après le paragraphe 9.2.4, $(Q_T)_i = \sum_{l \;/\; Ti \in Bl} \left(Y_l\,(i) - \overline{Y}_{Bl}\right)$ et donc :

$$\forall\, i = 0, ..., h-1 \ , \ \widehat{\beta}_T^{[i]} = \frac{1}{b} \sum_{l \;/\; Ti \in Bl} \left(Y_l\,(i) - \overline{Y}_{Bl}\right).$$

Lorsque le plan d'expérience est complet chaque traitement i est présent dans la totalité des b blocs, on a donc aussi l'expression suivante :

$$\forall\, i = 0, ..., h-1 \ , \ \widehat{\beta}_T^{[i]} = \overline{Y}_{Ti} - \overline{Y}$$

avec $\overline{Y}_{Ti}$ moyenne des observations associées au traitement i.

Exemple

Reprenons l'exemple du paragraphe 9.3.1 et montrons que dans le cas d'une réponse déterministe la proposition 9.6 permet bien de retrouver de manière exacte les divers effets des traitements du modèle utilisé. Considérons le modèle à effets de blocs tel que :

$$\left|\ \beta_0 = 20 \quad \left| \begin{array}{l} \beta_T^{[0]} = -5 \\ \beta_T^{[1]} = 1 \\ \beta_T^{[2]} = 4 \end{array} \right. \quad \left| \begin{array}{l} \gamma^{[1]} = -4 \\ \gamma^{[2]} = 4 \end{array} \right. \right.$$

Le plan d'expérience utilisé, de type $CBD\,(3,2)$, ainsi que les $n = 6$ réponses sont alors données ci-dessous :

0	1	2	`Bloc 1`
0	1	2	`Bloc 2`

Réponses :

11	17	20
19	25	28

Par application de la proposition 9.6 il faut déterminer le vecteur Q_T des sommes par traitements ajustées par bloc afin de retrouver les divers effets des traitements. Les moyennes par blocs valent :

$$\overline{Y}_{B1} = 16 \text{ et } \overline{Y}_{B2} = 24.$$

On en déduit ensuite que :

$$Q_T = \begin{bmatrix} (11 - \overline{Y}_{B1}) + (19 - \overline{Y}_{B2}) \\ (17 - \overline{Y}_{B1}) + (25 - \overline{Y}_{B2}) \\ (20 - \overline{Y}_{B1}) + (28 - \overline{Y}_{B2}) \end{bmatrix} = \begin{bmatrix} -10 \\ 2 \\ 8 \end{bmatrix}.$$

Vu que $b = 2$ blocs sont utilisés on retrouve bien les différentes valeurs des effets des traitements avec l'estimateur $\widehat{\beta}_T = (1/2)\, Q_T$.

Si l'estimation des effets des blocs est recherchée on démontre alors (de manière tout à fait similaire ici au cas des traitements) que pour tout plan d'expérience en **blocs complets** de type $CBD\,(h, b)$ l'estimateur des moindres carrés des effets des blocs vérifiant les contraintes d'identification classiques est donné par :

$$\widehat{\gamma} = \frac{1}{h} Q_B \ \text{ et } \ \forall\, l = 1, ..., b \ , \ \operatorname{Var} \widehat{\gamma}^{[l]} = \sigma^2 \frac{(b-1)}{n}.$$

Là aussi cette formule peut être réécrite sous la forme suivante :

$$\forall\, l = 1, ..., b \ , \ \widehat{\gamma}^{[l]} = \overline{Y}_{Bl} - \overline{Y}$$

avec $\overline{Y}_{Bl}$ moyenne des observations du bloc l. Concernant enfin l'estimation de l'effet moyen général, la proposition 9.4 permet d'affirmer que pour tout plan d'expérience en **blocs complets** de type $CBD\,(h,b)$ l'estimateur des moindres carrés de l'effet moyen général est donné par :

$$\widehat{\beta}_0 = \overline{Y} \text{ et } \mathrm{Var}\,\widehat{\beta}_0 = \frac{\sigma^2}{n}.$$

Exemple

Reprenons encore l'exemple utilisé dans les deux paragraphes précédents. Concernant l'effet moyen général on retrouve bien que :

$$\widehat{\beta}_0 = \overline{Y} = 20.$$

Afin d'estimer maintenant les divers effets des blocs il faut au préalable déterminer les moyennes par traitements :

$$\overline{Y}_{T0} = 15 \;,\; \overline{Y}_{T1} = 21 \text{ et } \overline{Y}_{T2} = 24.$$

On en déduit que :

$$Q_B = \begin{bmatrix} \left(11 - \overline{Y}_{T0}\right) + \left(17 - \overline{Y}_{T1}\right) + \left(20 - \overline{Y}_{T2}\right) \\ \left(19 - \overline{Y}_{T0}\right) + \left(25 - \overline{Y}_{T1}\right) + \left(28 - \overline{Y}_{T2}\right) \end{bmatrix} = \begin{bmatrix} -12 \\ 12 \end{bmatrix}.$$

Vu que $h = 3$ traitements interviennent ici on retrouve donc bien les différentes valeurs des effets des blocs à l'aide de $\widehat{\gamma} = (1/3)\,Q_B$.

9.4 Plans en blocs incomplets équilibrés

9.4.1 Définition et propriétés

Lorsque les expériences sont coûteuses ou longues à réaliser l'utilisation d'un plan en blocs complets peut s'avérer très contraignante puisqu'il est nécessaire de réaliser toutes les expériences possibles. C'est pourquoi il est naturel de rechercher une classe de plans d'expérience en blocs de plus petite taille présentant cependant la même facilité d'analyse que les plans complets. Ceci conduit à la classe des plans en blocs incomplets équilibrés définie de la manière suivante :

Définition 9.7. *Soit un phénomène aléatoire analysé à l'aide de h traitements répartis en b blocs. On appelle plan en* **blocs incomplets équilibré** *tout plan binaire vérifiant les conditions suivantes :*

1) *chaque bloc est constitué par k expériences (avec $k < h$),*

2) *chaque traitement apparaît dans r blocs,*

3) *chaque paire de traitements apparaît dans λ* blocs.

Un plan d'expérience en blocs vérifiant ces trois conditions sera désormais désigné par la notation $BIBD\,(h,b,k,r,\lambda)$ issue de la terminologie *Balanced Incomplete Bloc Design*. Les propriétés suivantes sont alors immédiates pour tout $BIBD$:

1) Tout $BIBD$ est (par hypothèse) un plan d'expérience en **blocs de même taille** et **équirépliqué**. Le nombre total d'expériences à réaliser est donc $n = bk = rh$.

2) La matrice d'incidence d'un $BIBD$ ne peut pas être déterminée facilement de manière générale mais, par contre, les hypothèses 2 et 3 de la définition 9.7 entraînent que la **matrice de concordance** de tout $BIBD\,(h,b,k,r,\lambda)$ est :

$$C = N^t N = (r-\lambda)\, I_h + \lambda J_h.$$

Remarquons qu'il existe le lien suivant entre les paramètres h, b, k, r et λ :

Proposition 9.8. [$\triangleleft$] *Pour tout $BIBD\,(h,b,k,r,\lambda)$ on a la relation :*

$$r\,(k-1) = \lambda\,(h-1)\,.$$

Illustrons tout ceci à l'aide de l'exemple ci-dessous.

Exemple

Considérons $h = 3$ traitements à analyser en $b = 3$ blocs. Un plan d'expérience classique est donné par la configuration suivante :

0	1		`Bloc 1`
	1	2	`Bloc 2`
0		2	`Bloc 3`

De manière équivalente ce plan d'expérience peut aussi être décrit par le tableau suivant (déjà présenté à la section 5.4 afin de construire des plans de Box et Behnken) où l'appartenance d'un traitement à un bloc est signifiée par une croix.

	Trait. 0	Trait. 1	Trait. 2
Bloc 1	×	×	
Bloc 2		×	×
Bloc 3	×		×

On constate sans difficulté que ce plan d'expérience est bien en blocs incomplets équilibré de type $BIBD\,(3,3,2,2,1)$ (*i.e.* $h = 3$, $b = 3$, $k = 2$, $r = 2$ et $\lambda = 1$). Sa matrice de concordance est :

$$C = \begin{bmatrix} 2 & 1 & 1 \\ 1 & 2 & 1 \\ 1 & 1 & 2 \end{bmatrix} = I_3 + J_3.$$

On a bien $r\,(k-1) = \lambda\,(h-1) = 2$.

9.4.2 Estimation des divers effets

L'objectif principal d'une étude menée à l'aide d'un BIBD est l'estimation des divers effets des traitements. On a alors le résultat suivant :

Proposition 9.9. [$\lhd$] *Soit un plan d'expérience en* **blocs incomplets équilibré** *de type$BIBD\,(h,b,k,r,\lambda)$. L'estimateur des moindres carrés des effets des traitements vérifiant les contraintes d'identification classiques est :*

$$\widehat{\beta}_T = \frac{k}{\lambda h} Q_T \quad et \quad \forall\ i = 0, ..., h-1 \ , \ \mathrm{Var}\, \widehat{\beta}_T^{[i]} = \sigma^2 \frac{k\,(h-1)}{\lambda h^2}.$$

On constate donc qu'une nouvelle fois chacune des composantes du vecteur $\widehat{\beta}_T$ est obtenue de manière très simple puisque :

$$\forall\ i = 0, ..., h-1 \ , \ \widehat{\beta}_T^{[i]} = a\,(Q_T)_i \ \text{ avec } a = \frac{k}{\lambda h}.$$

Dans le "cas limite" du plan en blocs complets il vient $\lambda = b$ et $k = h$ et on retrouve bien la valeur $a = 1/b$ de la proposition 9.6. D'après le paragraphe 9.2.4 on sait aussi que $(Q_T)_i = \sum_{l\ /\ Ti \in Bl} \left(Y_l\,(i) - \overline{Y}_{Bl} \right)$ donc, de manière équivalente :

$$\forall\ i = 0, ..., h-1 \ , \ \widehat{\beta}_T^{[i]} = \frac{k}{\lambda h} \sum_{l\ /\ Ti \in Bl} \left(Y_l\,(i) - \overline{Y}_{Bl} \right).$$

Exemple

Reprenons l'exemple du paragraphe 9.4.1 et montrons que dans le cas d'une réponse déterministe la proposition 9.9 permet bien de retrouver les valeurs exactes des divers effets des traitements du modèle étudié. Considérons le modèle à effets de blocs tel que :

$\beta_0 = 20$	$\beta_T^{[0]} = -5$	$\gamma^{[1]} = -4$
	$\beta_T^{[1]} = 1$	$\gamma^{[2]} = 4$
	$\beta_T^{[2]} = 4$	$\gamma^{[3]} = 0$

Le plan d'expérience complet impose ici la réalisation d'un total de 9 expériences. L'utilisation du $BIBD\,(3,3,2,2,1)$ présenté dans le paragraphe précédent réduit ce nombre à $n = 6$:

				Réponses :			
0	1		Bloc 1		11	17	
	1	2	Bloc 2			25	28
0		2	Bloc 3		15		24

Le vecteur Q_T des sommes par traitements ajustées par bloc est donné par (puisque $\overline{Y}_{B1} = 14$, $\overline{Y}_{B2} = 26.5$ et $\overline{Y}_{B3} = 19.5$) :

$$Q_T = \begin{bmatrix} (11-\overline{Y}_{B1})+(15-\overline{Y}_{B3}) \\ (17-\overline{Y}_{B1})+(25-\overline{Y}_{B2}) \\ (28-\overline{Y}_{B2})+(24-\overline{Y}_{B3}) \end{bmatrix} = \begin{bmatrix} -7.5 \\ 1.5 \\ 6.0 \end{bmatrix}.$$

On retrouve bien les différentes valeurs des effets des traitements utilisées à l'aide de l'estimateur $\widehat{\beta}_T = (2/3)\, Q_T$.

Si l'estimation des effets des blocs est recherchée alors tout BIBD permet aussi d'atteindre facilement cet objectif. On vérifie en effet que pour tout plan d'expérience en **blocs incomplets équilibré** de type $BIBD\,(h, b, k, r, \lambda)$ l'estimateur des moindres carrés des effets des blocs vérifiant les contraintes d'identification classiques est :

$$\widehat{\gamma} = \frac{1}{k}\left(I_b + \frac{1}{\lambda h}{}^tNN\right) Q_B.$$

Concernant les différentes dispersions il vient :

$$\forall\ l = 1, ..., b\ ,\ \mathrm{Var}\,\widehat{\gamma}^{[l]} = \sigma^2\left(\frac{1}{k} - \frac{1}{rh} + \frac{(h-k)}{h^2\lambda}\right).$$

Pour un calcul plus direct, les divers éléments de la matrice ${}^tNN$ sont obtenus par produits scalaires des colonnes de N. Il en résulte que le terme général de ${}^tNN$ est δ_{ij} ($\forall\ i, j = 1, ..., b$), entier naturel égal au nombre de traitements communs aux blocs i et j (en particulier $\delta_{ii} = k$ puisque le plan est en blocs de même taille k et $\delta_{ij} = 0$ lorsque les blocs i et j sont d'intersection vide). Chacun des estimateurs des effets des blocs est donc obtenu par la relation suivante ($\forall\ l = 1, ..., b$) :

$$\widehat{\gamma}^{[l]} = \sum_{i=1}^{b} a_{li}\,(Q_B)_i$$

où :

$$a_{ll} = \frac{1}{k} + \frac{\delta_{ll}}{k\lambda h} = \frac{1}{k} + \frac{1}{\lambda h} \text{ et } a_{li} = \frac{\delta_{li}}{k\lambda h} \text{ pour } i \neq l.$$

Tout plan en blocs incomplets équilibré est à la fois équirépliqué et en blocs de même taille. La proposition 9.4 permet donc d'affirmer que pour tout plan d'expérience en **blocs incomplets équilibré** de type $BIBD\,(h, b, k, r, \lambda)$ l'estimateur des moindres carrés de l'effet moyen général est donné par :

$$\widehat{\beta}_0 = \overline{Y} \text{ et } \mathrm{Var}\,\widehat{\beta}_0 = \frac{\sigma^2}{n}.$$

Exemple

Reprenons l'exemple utilisé dans les paragraphes précédents. Concernant l'effet moyen général on retrouve bien que :

$$\widehat{\beta}_0 = \overline{Y} = 20.$$

Les moyennes par traitement sont $\overline{Y}_{T0} = 13$, $\overline{Y}_{T1} = 21$ et $\overline{Y}_{T2} = 26$ donc le vecteur Q_B des sommes par blocs ajustées par traitement est donné par :

$$Q_B = \begin{bmatrix} \left(11 - \overline{Y}_{T0}\right) + \left(17 - \overline{Y}_{T1}\right) \\ \left(25 - \overline{Y}_{T1}\right) + \left(28 - \overline{Y}_{T2}\right) \\ \left(15 - \overline{Y}_{T0}\right) + \left(24 - \overline{Y}_{T2}\right) \end{bmatrix} = \begin{bmatrix} -6 \\ 6 \\ 0 \end{bmatrix}.$$

On retrouve bien (par exemple) l'estimateur de l'effet du premier bloc à l'aide de la formule suivante :

$$\widehat{\gamma}^{[1]} = a_{11} \left(Q_B\right)_1 + a_{12} \left(Q_B\right)_2 + a_{13} \left(Q_B\right)_3$$

avec $\delta_{12} = \delta_{13} = 1$ (nombre de traitements communs aux blocs 1 et 2 ainsi que 1 et 3) ce qui entraîne que :

$$a_{11} = \frac{1}{k} + \frac{1}{\lambda h} = \frac{5}{6} \text{ et } a_{12} = a_{13} = \frac{\delta_{li}}{k\lambda h} = \frac{1}{6}.$$

En conclusion il vient donc :

$$\widehat{\gamma}^{[1]} = \frac{5}{6}(-6) + \frac{1}{6}(6) = -4.$$

9.4.3 Construction des BIBD

Il vient d'être montré que l'analyse statistique d'un BIBD est très simple à mener. Le problème de l'utilisation de cette classe de plans d'expérience se situe cependant en amont car il peut s'avérer complexe pour une situation donnée, voire impossible, de construire une configuration en blocs incomplets équilibrés. En effet le $BIBD\,(4,3,2,1,1)$, par exemple, n'existe pas car la relation $\lambda\,(h-1) = r\,(k-1)$ n'est pas vérifiée. Le problème de la construction de ce type de plans a été historiquement abordé par un grand nombre d'auteurs. Les tous premiers résultats sont dus à Bose [7] sous forme d'un "catalogue" de BIBD pour des tailles de blocs et des nombre de réplications relativement faibles. La méthode classique dite des différences est présentée ici, d'autres méthodes algébriques de construction des BIBD sont exposées, par exemple, dans l'ouvrage de John [52].

Considérons h traitements codés usuellement par l'ensemble $\{0, 1, ..., h-1\}$ identifié au groupe $\mathbb{Z}/h\mathbb{Z}$ muni de l'addition modulo h. Soit un sous-ensemble $\varPhi$ de $\{0, 1, ..., h-1\}$ à h^* éléments. On s'intéresse dans la suite à toutes les différences de couples d'éléments de $\varPhi$, il en existe donc un total de $A_{h^*}^2 = h^*\,(h^*-1)$ à évaluer (non forcément distinctes).

Exemple

Pour $h = 7$ traitements considérons $\varPhi = \{0, 1, 2\}$. Les différences de tous les couples d'éléments de $\varPhi$ sont données ici par :

$$0 - 1 = \mathbf{6},\, 0 - 2 = \mathbf{5},\, 1 - 0 = \mathbf{1},$$
$$1 - 2 = \mathbf{6},\, 2 - 0 = \mathbf{2},\, 2 - 1 = \mathbf{1}.$$

On définit alors la notion d'ensemble aux différences de la manière suivante :

Définition 9.10. *Soit $\varPhi$ un sous-ensemble à h^* élements de l'ensemble des traitements $\{0, 1, ..., h-1\}$. On dit que $\varPhi$ est un* **ensemble aux différences** *si et seulement si les $h^*(h^*-1)$ différences obtenues dans $\varPhi$ font apparaître tous les élements non-nuls de $\{0, 1, ..., h-1\}$ un* **même nombre** *de fois (noté λ par la suite).*

Illustrons ceci à l'aide des exemples suivants.

Exemple

L'exemple traité précédemment pour $h = 7$ et $\varPhi = \{0, 1, 2\}$ n'est pas un ensemble aux différences puisque les différences ne font jamais apparaître le traitement 3. Toujours pour $h = 7$ traitements on peut par contre remarquer que $\varPhi = \{0, 1, 3\}$ est bien un ensemble aux différences puisqu'alors toutes les différences sont données par :

$$0 - 1 = \mathbf{6},\, 0 - 3 = \mathbf{4},\, 1 - 0 = \mathbf{1},$$
$$1 - 3 = \mathbf{5},\, 3 - 0 = \mathbf{3},\, 3 - 1 = \mathbf{2}.$$

Tous les éléments non nuls de l'ensemble des traitements $\{0, 1, 2, 3, 4, 5, 6\}$ apparaissent donc bien $\lambda = 1$ fois.

Ceci étant posé le résultat principal suivant est dû à Bose [7] (dans l'énoncé on appelle plan cyclique tout plan d'expérience en blocs dont les blocs sont obtenus par permutations circulaires de l'ensemble $\varPhi$, voir la section 9.6 pour plus de détails) :

Proposition 9.11. *Soit un phénomène aléatoire où h traitements sont étudiés et $\varPhi$ un ensemble aux différences à h^* éléments (tel que chaque différence non-nulle apparaît exactement λ fois). Le plan d'expérience* **cyclique** *engendré par le bloc $\varPhi$ est alors toujours un plan en blocs incomplets équilibré de type $BIBD(h, b, k, r, \lambda)$ avec :*

$$b = h \text{ et } r = k = h^*.$$

Un $BIBD(h, b, k, r, \lambda)$ tel que $b = h$ et $r = k$ est souvent qualifié de **symétrique**. Illustrons une nouvelle fois ceci à l'aide d'un exemple.

Exemple

On vérifie que pour $h = 4$ traitements l'ensemble $\varPhi = \{0, 1, 2\}$ est bien un ensemble aux différences. On en déduit que le plan d'expérience suivant, engendré par le bloc $\varPhi$, est bien un BIBD de type $BIBD(4, 4, 3, 3, 2)$:

0	1	2		Bloc 1
	1	2	3	Bloc 2
0		2	3	Bloc 3
0	1		3	Bloc 4

9.5 Plans en blocs partiellement équilibrés

9.5.1 Définition et propriétés

D'après les résultats précédents l'utilisation des plans en blocs incomplets équilibré est très simple mais leur construction peut s'avérer complexe. Ceci est dû principalement aux hypothèses très contraignantes (voir la définition 9.7) que doivent vérifier de tels plans. En particulier d'après la proposition 9.8 il est nécessaire que l'on ait (puisque $bk = rh$) :

$$\lambda = \frac{r\,(k-1)}{h-1} = \frac{bk\,(k-1)}{h\,(h-1)} \in \mathbb{N}.$$

L'idée à la base de la classe des plans en blocs partiellement équilibrés est de s'affranchir de cette contrainte. En d'autres termes on n'impose plus ici que chaque paire de traitements apparaisse dans exactement λ blocs. De manière équivalente, mais exprimé cette fois en terme de matrice de concordance, il existe une seule valeur λ extradiagonale dans le cas des plans en blocs incomplets équilibrés alors que pour les plans partiellement équilibrés plusieurs valeurs différentes pourront être prises. On se limite ici au cas où la matrice de concordance ne peut avoir que deux valeurs extradiagonales λ_1 et λ_2, les plans d'expérience vérifiant une telle propriété sont dits à **deux schémas d'association**.

Définition 9.12. *Soit un phénomène aléatoire où h traitements sont étudiés et codés par l'ensemble $\{0, 1, ..., h-1\}$. Supposons cet ensemble partitionné en n_2 sous-ensembles $\Delta_1, ..., \Delta_{n_2}$ chacun étant constitué de n_1 éléments (donc $h = n_1 n_2$). Deux traitements différents sont alors qualifiés d'***associés d'ordre 1** *s'ils appartiennent à un même ensemble Δ_i $(i = 1, ..., n_2)$,* d'**associés d'ordre 2** *sinon.*

Illustrons ceci à l'aide d'un exemple élémentaire.

Exemple

Considérons $h = 4$ traitements codés à l'aide de l'ensemble $\{0, 1, 2, 3\}$. On peut alors, par exemple, effectuer la décomposition suivante :

$$\{0, 1, 2, 3\} = \Delta_1 \cup \Delta_2 \text{ avec } \Delta_1 = \{0, 1\} \text{ et } \Delta_2 = \{2, 3\}.$$

L'ensemble des traitements est ainsi partitionné en $n_2 = 2$ ensembles constitués chacun par $n_1 = 2$ éléments. Les traitements 0 et 1 sont associés d'ordre 1, les traitements 0 et 2 sont associés d'ordre 2, *etc* ...

Ceci permet de définir ci-dessous le type de plans d'expérience étudiés ici :

Définition 9.13. *Soit un phénomène aléatoire analysé à l'aide de h traitements répartis en b blocs. Suppposons l'ensemble des traitements partitionné en n_2 sous-ensembles à n_1 éléments. On appelle alors plan* **partiellement équilibré à deux schémas d'association** *tout plan binaire vérifiant les conditions suivantes :*

1) *chaque bloc est constitué par k expériences (avec $k < h$),*

2) *chaque traitement apparaît dans r blocs,*

3) *chaque paire de traitements associés d'ordre 1 apparaît dans λ_1 blocs,*

4) *chaque paire de traitements associés d'ordre 2 apparaît dans λ_2 blocs.*

Un plan d'expérience en blocs vérifiant les quatre conditions imposées à la définition 9.13 sera désormais désigné par la notation $GDD\,(h, b, k, r, \lambda_1, \lambda_2)$ issue de la terminologie *Group Divisible Design.* Les propriétés suivantes sont immédiates :

1) Tout GDD est (par hypothèse) un plan en **blocs de même taille** et **équirépliqué**, le nombre total d'expériences à réaliser est donc $n = bk = rh$.

2) La classe des GDD généralise celle des BIBD dans le sens où un BIBD n'est autre qu'un GDD où l'ensemble des traitements n'est pas partitionné (*i.e.* toutes les paires de traitements sont associés d'ordre 1).

3) La matrice d'incidence d'un GDD ne peut pas être déterminée facilement de manière générale mais, par contre, les hypothèse 2, 3 et 4 de la définition 9.13 entraînent que la **matrice de concordance** de tout $GDD\,(h, b, k, r, \lambda_1, \lambda_2)$ peut toujours être ramenée (en recodant éventuellement de manière différente les diverses modalités) à une matrice en blocs de la forme suivante :

$$C = N^t N =$$
$$\begin{bmatrix} (r-\lambda_1)\, I_{n_1} + \lambda_1 J_{n_1} & \lambda_2 J_{n_1} & \dots & \lambda_2 J_{n_1} \\ \lambda_2 J_{n_1} & (r-\lambda_1)\, I_{n_1} + \lambda_1 J_{n_1} & \dots & \lambda_2 J_{n_1} \\ \vdots & \vdots & & \vdots \\ \lambda_2 J_{n_1} & \lambda_2 J_{n_1} & \dots & (r-\lambda_1)\, I_{n_1} + \lambda_1 J_{n_1} \end{bmatrix}.$$

Il existe encore un lien entre les paramètres h, b, k, r, λ_1 et λ_2 donné par :

Proposition 9.14. [$\lhd$] *Pour tout $GDD\,(h, b, k, r, \lambda_1, \lambda_2)$ tel que l'ensemble des traitements est partitionné en n_2 sous-ensembles à n_1 éléments on a :*

$$r\,(k-1) = \lambda_1\,(n_1 - 1) + \lambda_2 n_1\,(n_2 - 1)\,.$$

Illustrons tout ceci.

Exemple

Considérons toujours $h = 4$ traitements à analyser en $b = 4$ blocs. A partir de la partition de l'ensemble des traitements $\{0, 1, 2, 3\} = \{0, 1\} \cup \{2, 3\}$ en $n_2 = 2$ sous-ensembles à $n_1 = 2$ éléments on peut proposer la configuration donnée ci-dessous :

0		2		Bloc 1
0			3	Bloc 2
	1	2		Bloc 3
	1		3	Bloc 4

Tous les couples associés à l'ordre 1 n'apparaissent jamais ensemble dans un bloc alors que tous les couples associés à l'ordre 2 apparaissent tous une fois ($\lambda_1 = 0$ et $\lambda_2 = 1$). Il en résulte que le plan d'expérience présenté est de type $GDD\,(4, 4, 2, 2, 0, 1)$. Sa matrice de concordance est :

$$C = \begin{bmatrix} 2 & 0 & 1 & 1 \\ 0 & 2 & 1 & 1 \\ 1 & 1 & 2 & 0 \\ 1 & 1 & 0 & 2 \end{bmatrix}.$$

Un tel plan ne nécessite que $n = 8$ expériences soit la moitié du nombre requis par le plan complet correspondant (il n'existe pas de plus de BIBD constitué par des blocs de taille 2).

9.5.2 Estimation des divers effets

Une nouvelle fois l'objectif principal lors de la mise en oeuvre d'un plan d'expérience partiellement équilibré est l'estimation des divers effets des traitements. On a alors le résultat suivant :

Proposition 9.15. [$\lhd$] *Soit un plan d'expérience* **partiellement équilibré à deux schémas d'association** *de type $GDD\,(h, b, k, r, \lambda_1, \lambda_2)$ tel que l'ensemble des traitements est partitionné en n_2 sous-ensembles à n_1* éléments. *L'estimateur des moindres carrés des effets des traitements vérifiant les contraintes d'identification classiques est donné par (avec U matrice d'ordre h diagonale par blocs telle que $U = diag\,(J_{n_1}, ..., J_{n_1})$):*

$$\widehat{\beta}_T = \frac{k}{r\,(k-1) + \lambda_1} \left[I_h - \frac{(\lambda_2 - \lambda_1)}{h\lambda_2} U \right] Q_T.$$

Concernant les différentes dispersions il vient :

$$\forall\, i = 0, ..., h-1 \;,\; \mathrm{Var}\,\widehat{\beta}_T^{[i]} = \frac{\sigma^2 k}{(r\,(k-1) + \lambda_1)^2} \left[r\,(k-1) + \frac{\lambda_2 n_1\,(n_2 - 1)\,(\lambda_2 - \lambda_1)}{h\lambda_2} \left(n_1 \frac{(\lambda_2 - \lambda_1)}{h\lambda_2} - 2 \right) \right].$$

Remarque. Contrairement à la situation pour les plans complets ou les plans en blocs incomplets équilibrés, un plan partiellement équilibré à deux schémas d'associations n'est pas toujours **régulier** (*i.e.* l'estimateur des effets des traitements d'un GDD peut ne pas exister). En effet, la formule obtenue à la proposition 9.15 montre qu'il est impossible de déterminer l'estimateur $\widehat{\beta}_T$ lorsque :

$$r\,(k-1)+\lambda_1=0 \text{ ou } \lambda_2=0.$$

La première condition est facile à éviter en pratique (car généralement $k \geq 2$) mais il conviendra dans la suite d'éviter toute configuration telle que $\lambda_2 = 0$ (*i.e.* toute configuration telle que les traitements associés à l'ordre deux n'apparaissent jamais simultanément dans un bloc). Le lecteur pourra consulter l'ouvrage de John [52] (chapitre 5) pour plus d'informations concernant la nature d'un GDD.

Chaque composante du vecteur $\widehat{\beta}_T$ peut aussi être écrite sous la forme suivante :

$$\forall\ i=0,...,h-1\ ,\ \widehat{\beta}_T^{[i]}=a\left[(Q_T)_i-b\left((Q_T)_i+\sum_{j\ /\ \{i,j\}\propto 1}(Q_T)_j\right)\right]$$

où $a = k/\left(r\,(k-1)+\lambda_1\right)$, $b = (\lambda_2-\lambda_1)\,/h\lambda_2$ et la notation $(i,j) \propto 1$ traduit le fait que le couple de traitements i et j sont associés à l'ordre 1 (par hypothèse la somme $\sum_{j\ /\ \{i,j\}\propto 1}$porte toujours sur $n_1 - 1$ éléments).

Exemple

Considérons une nouvelle fois l'exemple du $GDD\,(4,4,2,2,0,1)$ du paragraphe 9.5.1 et supposons que les réponses observées sont déterministes, obtenues à partir du modèle à effets de blocs tel que :

$$\left|\ \beta_0 = 20\quad\right|\ \begin{array}{l}\beta_T^{[0]}=-5\\ \beta_T^{[1]}=2\\ \beta_T^{[2]}=2\\ \beta_T^{[3]}=1\end{array}\ \left|\ \begin{array}{l}\gamma^{[1]}=-6\\ \gamma^{[2]}=-2\\ \gamma^{[3]}=0\\ \gamma^{[3]}=8\end{array}\right.$$

L'utilisation du plan partiellement équilibré à deux schémas d'association conduit donc à l'observation des réponses suivantes.

0		2		Bloc 1		9		16	
0			3	Bloc 2	Réponses :	13			19
	1	2		Bloc 3			22	22	
	1		3	Bloc 4			30		29

Le vecteur Q_T des sommes par traitements ajustées par bloc est alors donné par (car $\overline{Y}_{B1} = 12.5$, $\overline{Y}_{B2} = 16$, $\overline{Y}_{B3} = 22$ et $\overline{Y}_{B4} = 29.5$) :

$$Q_T = \begin{bmatrix} (9-12.5)+(13-16) \\ (22-22)+(30-29.5) \\ (16-12.5)+(22-22) \\ (19-16)+(29-29.5) \end{bmatrix} = \begin{bmatrix} -6.5 \\ 0.5 \\ 3.5 \\ 2.5 \end{bmatrix}.$$

Pour appliquer les formules établies suite à la proposition 9.15 il faut déterminer les constantes suivantes :

$$a = \frac{k}{r\,(k-1)+\lambda_1} = 1 \text{ et } b = \frac{(\lambda_2-\lambda_1)}{h\lambda_2} = \frac{1}{4}.$$

L'estimateur $\widehat{\beta}_T^{[0]}$ de l'effet du traitement 0 est alors (puisque le traitement 0 n'est associé à l'ordre 1 qu'avec le traitement 1) :

$$\widehat{\beta}_T^{[0]} = \left[\frac{3}{4}\,(Q_T)_0 - \frac{1}{4} \sum_{j\ /\ \{0,j\}\propto 1} (Q_T)_j\right] = \frac{3}{4}\,(-6.5) - \frac{1}{4}\,(0.5) = -5.$$

Il en va de même pour la détermination de tous les autres estimateurs.

Une formulation explicite pour l'estimateur des effets des blocs s'avère être ici complexe. C'est pourquoi nous conseillons à l'expérimentateur intéressé par la connaissance d'une telle quantité de s'orienter vers la résolution numérique du système des équations normales réduites obtenues à la proposition 9.3. Remarquons cependant que tout plan partiellement équilibré à deux schémas d'association est à la fois équirépliqué et en blocs de même taille. Il en résulte que (voir la proposition 9.4) pour tout un plan d'expérience **partiellement équilibré à deux schémas d'association** de type $GDD\,(h,b,k,r,\lambda_1,\lambda_2)$ l'estimateur des moindres carrés de l'effet moyen général est donné par :

$$\widehat{\beta}_0 = \overline{Y} \text{ et } \operatorname{Var}\widehat{\beta}_0 = \frac{\sigma^2}{n}.$$

Illustrons ces résultats à partir de l'exemple suivant.

Exemple

Toujours pour l'exemple du $GDD\,(4,4,2,2,0,1)$ du paragraphe 9.5.1 on retrouve bien que l'effet moyen général est donné ici par :

$$\widehat{\beta}_0 = \overline{Y} = 20.$$

Concernant maintenant les divers estimateurs des effets des blocs ils sont solutions de l'équation normale réduite $C_B\widehat{\gamma} = Q_B$ où :

$$C_B = {}^tBP_{(\operatorname{Im} X_T)^\perp}B = \begin{bmatrix} 1 & -1/2 & -1/2 & 0 \\ -1/2 & 1 & 0 & -1/2 \\ -1/2 & 0 & 1 & -1/2 \\ 0 & -1/2 & -1/2 & 1 \end{bmatrix} \text{ et } Q_B = \begin{bmatrix} -5 \\ -3 \\ -1 \\ 9 \end{bmatrix}.$$

Ce système d'équations admet alors une infinité de solutions, il convient de ne garder que celle vérifiant les contraintes d'identification classiques (*i.e.* $\widehat{\gamma}^{[1]} + \widehat{\gamma}^{[2]} + \widehat{\gamma}^{[3]} + \widehat{\gamma}^{[4]} = 0$).

9.5.3 Construction des GDD

Une nouvelle fois le problème principal de la classe des plans partiellement équilibrés réside dans leur construction qui peut s'avérer difficile, voire impossible dans certains cas (pour un nombre de traitements impairs il est par exemple impossible d'avoir $h = n_1 n_2$ avec $n_1 \in \mathbb{N}$ et $n_2 \in \mathbb{N}$). Une méhode algébrique de construction est présentée ici, elle est dérivée de celle de Bose [6] exposée au paragraphe 9.4.3 dans le cadre des BIBD (voir l'ouvrage de John [52] pour plus de détails).

Proposition 9.16. *Soit un phénomène aléatoire où h traitements sont étudiés avec $h = n_1 n_2$ ($n_1 \in \mathbb{N}$ et $n_2 \in \mathbb{N}$). Supposons ces traitements classiquement codés par $0, 1, ..., h-1$ et cet ensemble muni de l'addition modulo h. Supposons enfin l'ensemble des traitements partitionné en n_2 sous-ensembles à n_1 éléments tels que le i-ème de ces sous-ensembles ($i = 0, ..., n_2 - 1$) est donné par $\{i, i+n_2, i+2n_2, ..., i+(n_1-1)\, n_2\}$. Soit Φ un ensemble à h^* éléments vérifiant la propriété suivante pour les $h^*\,(h^*-1)$ différences de ses couples d'éléments :*

$$\begin{cases} \textit{tous les associés d'ordre un de } 0 \textit{ apparaissent } \lambda_1 \textit{ fois,} \\ \textit{tous les autres traitements non-nuls apparaissent } \lambda_2 \textit{ fois.} \end{cases}$$

On peut alors affirmer que le plan d'expérience **cyclique** *engendré par le bloc Φ est un plan partiellement équilibré à deux schémas d'association de type $GDD\,(h, b, k, r, \lambda_1, \lambda_2)$ avec ici :*

$$b = h \textit{ et } r = k = h^*.$$

D'après la décomposition de l'ensemble des traitements effectuée dans cette proposition on a pour $i = 0$ le sous-ensemble $\{0, n_2, 2n_2, ..., (n_1-1)\, n_2\}$ donc les associés d'ordre un de 0 sont tout simplement les traitements repérés par des multiples de n_2. Cette méthode de construction conduit encore à des plans d'expérience **symétriques** puisque $b = h$ et $r = k$.

Exemple

Considérons un phénomène aléatoire dépendant de $h = 6$ traitements et posons $h = n_1 n_2$ avec $n_1 = 2$ et $n_2 = 3$. Ce choix est donc lié d'après la proposition 9.16 à la partition de l'ensemble des traitements en 3 sous-ensembles à deux éléments donnés explicitement par :

$$\{0,1,2,3,4,5\} = \{0,3\} \cup \{1,4\} \cup \{2,5\}\,.$$

Afin de construire une configuration en blocs de taille 3 considérons l'ensemble $\Phi = \{0,1,4\}$. Les différences de tous les couples d'éléments de Φ sont alors données par :

$$0-1=\mathbf{5},\ 0-4=\mathbf{2},\ 1-0=\mathbf{1},$$
$$1-4=\mathbf{3},\ 4-0=\mathbf{4},\ 4-1=\mathbf{3}.$$

On constate bien que le seul associé d'ordre un de 0 (c'est-à-dire 3) apparait $\lambda_1 = 2$ fois dans ces différences alors que tous les autres traitements non-nuls (c'est-à-dire 1, 2, 4 et 5) apparaissent tous $\lambda_2 = 1$ fois. La proposition 9.16 permet donc d'affirmer que le plan d'expérience cyclique engendré par le bloc $\Phi = \{0, 1, 4\}$ (donné ci-dessous) est bien un plan en blocs partiellement équilibré à deux schémas d'association de type $GDD\,(6, 6, 3, 3, 2, 1)$.

0	1			4		Bloc 1
	1	2			5	Bloc 2
0		2	3			Bloc 3
	1		3	4		Bloc 4
		2		4	5	Bloc 5
0			3		5	Bloc 6

Remarquons qu'un $BIBD$ avec les mêmes paramètres est impossible à construire car :

$$\lambda = \frac{bk\,(k-1)}{h\,(h-1)} = \frac{6}{5} \notin \mathbb{N}.$$

9.5.4 Généralisations

La classe des plans partiellement équilibrés à deux schémas d'association de type GDD vient d'être présentée. Il est alors naturellement possible de généraliser ce type de structure suivant l'une ou l'autre des voies présentées ci-dessous (voir par exemple l'ouvrage de John [52] pour plus de détails).

1) La structure des GDD peut s'avérer contraignante dans le sens où il est nécessaire de partitionner l'ensemble des traitements en sous-ensembles tels que **tous** les couples de traitements d'un même sous-ensemble sont forcément associés d'ordre un. Une technique plus souple consiste à utiliser des plans pour lesquels un certain nombre de couples de traitements sont associés d'ordre un (et apparaissent donc dans λ_1 blocs) alors que tous les autres sont associés d'ordre deux (et apparaissent donc dans λ_2 blocs). De tels plans d'expérience sont qualifiés de plans en blocs **partiellement équilibrés** de type $PBIBD$ (pour *Partially Balanced Incomplet Bloc Design*). Un exemple de tel plan d'expérience pour $h = 6$ traitements en $b = 6$ blocs de taille $k = 3$ est donné ci-dessous :

0	1		3			Bloc 1
	1	2		4		Bloc 2
		2	3		5	Bloc 3
0			3	4		Bloc 4
	1			4	5	Bloc 5
0		2			5	Bloc 6

Remarquons que ce plan d'expérience a une structure très proche de l'exemple du paragraphe 9.5.3 puisqu'il s'agit ici d'un plan cyclique engendré par le bloc $\Phi = \{0, 1, 3\}$ (au lieu du bloc $\Phi = \{0, 1, 4\}$). Ce plan d'expérience n'est cependant pas de type *GDD*. Il s'agit bien par contre d'un plan partiellement équilibré de type *PBIBD* tel que les couples de traitements $\{0, 3\}$, $\{1, 4\}$ et $\{2, 5\}$ sont associés d'ordre 1 avec $\lambda_1 = 2$. Tous les autres couples de traitements sont associés d'ordre 2 avec cette fois $\lambda_2 = 1$. La difficulté principale pour l'analyse de ce type de plans d'expérience par rapport aux *GDD* réside dans le fait que la matrice de concordance n'a plus la structure en blocs présentée au paragraphe 9.5.1.

2) La deuxième voie naturelle pour la généralisation des *GDD* consiste à ne plus se limiter à deux schémas d'associations mais à un nombre quelconque (*i.e.* pour s schémas s'association alors la matrice de concordance présente p valeurs extradiagonales λ_1,..., λ_p). Ce type de structure devient bien évidemment rapidement complexe à manier, le cas où $s = 3$ est le plus courant en pratique. Un exemple classique est le plan d'expérience suivant proposé par Vartak [102] :

				4	5		7	8		10	11	Bloc 1
	1	2					7	8		10	11	Bloc 2
	1	2		4	5					10	11	Bloc 3
	1	2		4	5		7	8				Bloc 4
			3		5	6		8	9		11	Bloc 5
0		2				6		8	9		11	Bloc 6
0		2	3		5				9		11	Bloc 7
0		2	3		5	6		8				Bloc 8
			3	4		6	7		9	10		Bloc 9
0	1					6	7		9	10		Bloc 10
0	1		3	4					9	10		Bloc 11
0	1		3	4		6	7					Bloc 12

Il s'agit d'un plan d'expérience pour $h = 12$ traitements en $b = 12$ blocs de taille $k = 6$. Les schémas d'associations sont donnés par le tableau suivant :

0	1	2
3	4	5
6	7	8
9	10	11

Tout couple de traitements figurant sur une même ligne de ce tableau sont associés d'ordre 1 et apparaissent $\lambda_1 = 3$ fois simultanément dans des blocs (c'est le cas, par exemple, pour le couple $\{1, 2\}$). De même tout couple figurant dans une même colonne sont associés d'ordre 2 et apparaissent simultanément dans $\lambda_2 = 4$ blocs (c'est le cas, par exemple, pour le couple $\{0, 3\}$). Enfin les autres couples sont associés à l'ordre 3 et apparaissent simultanément dans $\lambda_3 = 2$ blocs (c'est le cas, par exemple, pour le couple $\{0, 5\}$).

9.6 Plans cycliques

9.6.1 Définition

Les méthodes présentées afin de construire des plans en blocs incomplets équilibrés ou bien des plans en blocs partiellement équilibrés (voir les paragraphes 9.4.3 et 9.5.3) utilisent des plans dits cycliques. Cette classe de plans d'expérience est présentée ici dans le cas général. Considérons h traitements codés usuellement par l'ensemble $\{0, 1, ..., h-1\}$ identifié au groupe $\mathbb{Z}/h\mathbb{Z}$ muni de l'addition modulo h. La construction de tout plan cyclique est liée au choix préalable d'un **générateur**, c'est-à-dire d'un sous-ensemble Φ de $\{0, 1, ..., h-1\}$ constitué par $h^* \leq h$ éléments. La notion d'ensemble translaté est primordiale pour la suite :

Définition 9.17. *Soit un sous-ensemble Φ de $\{0, 1, ..., h-1\}$ identifié au groupe $\mathbb{Z}/h\mathbb{Z}$ ainsi qu'un entier naturel θ tel que $0 \leq \theta \leq h-1$. On appelle* **θ-translation** *de Φ l'ensemble :*

$$\Phi_\theta = \Phi + \theta = \{\phi + \theta \ , \ \phi \in \Phi\}.$$

Cette définition entraîne que l'ensemble initial Φ peut aussi être désigné par Φ_0. Les ensembles translatés $\Phi_1, ..., \Phi_{h-1}$ sont généralement tous distincts mais cette propriété n'est pas toujours vraie (voir l'exemple suivant).

Exemple

Pour $h = 4$ traitements le sous ensemble $\Phi = \{0, 1\}$ conduit par translations successives aux trois ensembles distincts suivants :

$$\Phi_1 = \{1, 2\} \ , \ \Phi_2 = \{2, 3\} \ , \ \Phi_3 = \{0, 3\}.$$

Pour $h = 4$ traitements le sous ensemble $\Phi = \{0, 2\}$ ne conduit pas cette fois par translations successives à trois ensembles distincts car :

$$\Phi_1 = \Phi_3 = \{1, 3\} \ , \ \Phi_2 = \{0, 2\}.$$

Un plan d'expérience cyclique est défini de la manière suivante :

Définition 9.18. *Soit un phénomène aléatoire analysé à l'aide de h traitements et un sous ensemble Φ de l'ensemble des traitements $\{0, 1, ..., h-1\}$ appelé* **générateur**. *On appelle* **plan cyclique complet** *engendré par Φ le plan d'expérience constitué par les h blocs :*

$$\Phi_0 = \Phi \ , \ \Phi_1 \ , \ \Phi_2 \ , \ ... \ , \ \Phi_{h-1}.$$

Le plan d'expérience est qualifié de **cyclique incomplet** *lorsque tous les h blocs ne sont pas utilisés.*

Une généralisation possible pour cette définition consiste à utiliser (de manière identique) plus d'un générateur.

Exemple

Considérons encore le cas où $h = 4$ traitements interviennent ainsi que le générateur $\Phi = \{0, 1\}$ déjà utilisé précédemment. Le plan cyclique complet est présenté à gauche ci-dessous. Un plan cyclique incomplet issu du même générateur (avec trois blocs) est présenté à droite.

0	1			Bloc 1
	1	2		Bloc 2
		2	3	Bloc 3
0			3	Bloc 4

0	1			Bloc 1
		2	3	Bloc 2
0			3	Bloc 3

9.6.2 Propriétés

Voici un certain nombre de propriétés et de remarques relatives à la classe des plans d'expériences cycliques. La plupart d'entre elles sont immédiates à vérifier.

1) Tout plan d'expérience cyclique est un plan en blocs de **même taille** (cette taille est égale au nombre d'éléments h^* du générateur utilisé). Il en résulte que le nombre d'expériences à réaliser est $n = bh^*$ où b est le nombre de blocs (donc $n = hh^*$ dans le cas d'un plan cyclique complet puisqu'alors h blocs sont utilisés).

2) Tout plan d'expérience cyclique complet est un plan en blocs **équirépliqué**. Le nombre de réplications de chacun des traitements vérifie :

$$n = bh^* = rh \text{ donc } r = \frac{bh^*}{h} = h^*$$

Il en résulte (voir le paragraphe 9.4.3) qu'un plan cyclique complet est un plan en blocs **symétrique**. Cette propriété n'est pas vérifiée généralement par les plans cycliques incomplets.

3) Tout comme pour le cas des GDD un plan d'expérience cyclique n'est pas forcément **régulier** (*i.e.* l'estimation des paramètres du modèle sous contrainte d'identification classique n'est pas toujours possible). Une condition nécessaire (mais non suffisante) de régularité est évidemment que le nombre d'expériences réalisées soit supérieur ou égal au nombre de paramètres inconnus du modèle, donc :

$$n = bh^* \geq b + h - 1.$$

Il n'existe pas de formule explicite permettant de déterminer les différents estimateurs d'un modèle analysé à l'aide d'un plan cyclique. On montre cependant en annexe, à l'aide d'un exemple d'application, qu'il est possible d'obtenir cependant facilement toutes ces quantités en utilisant un simple logiciel incluant les opérations de base du calcul matriciel.

9.7 Exemple d'application

Considérons une entreprise agronomique dont l'objectif est d'améliorer la production de blé. Pour cela ses laboratoires de recherche ont mis au point des nouvelles variétés et 7 d'entre elles ont été jugées prometteuses et sont donc retenues afin d'être mises en culture (ceci va constituer les $h = 7$ traitements). L'entreprise souhaite de plus tester ces variétés sur plusieurs parcelles différentes afin de juger de leur capacité d'adaptation à divers types de sols et de climats. Afin d'utiliser un plan symétrique on peut proposer ici d'effectuer les expériences sur 7 parcelles différentes (ceci va constituer les $b = 7$ blocs). Si cette solution est jugée réalisable par l'entreprise (*i.e.* si les spécialistes estiment que tester les diverses variétés sur sept sites différents est suffisant) une première solution consiste à proposer l'utilisation d'un plan en blocs complet. Cette solution conduit donc ici à la réalisation de $n = 7^2 = 49$ expériences. Supposons que ce nombre d'expériences soit jugé beaucoup trop important (en effet, une expérience est relativement longue et complexe ici puisqu'elle va de la préparation de la parcelle jusqu'à la récolte finale en attendant obligatoirement que les diverses pousses soient arrivées à maturité). A partir des méthodes de construction présentées au paragraphe 9.4.3 il est possible d'utiliser un BIBD engendré par l'ensemble $\Phi = \{0, 1, 3\}$ (qui est bien un ensemble aux différences). On peut donc proposer la configuration suivante de type $BIBD(7, 7, 3, 3, 1)$:

0	1		3				Bloc 1
	1	2		4			Bloc 2
		2	3		5		Bloc 3
			3	4		6	Bloc 4
0				4	5		Bloc 5
	1				5	6	Bloc 6
0		2				6	Bloc 7

Cette configuration permet de réduire le nombre total d'expériences à $n = 21$ (soit une réduction de 57% par rapport au plan complet). Une fois la récolte effectuée la réponse qui intéresse les chercheurs est naturellement la quantité de blé produite par unité de surface. Plus précisemment on considère ici le rendement à l'hectare obtenu c'est-à-dire le rapport Q/Q^* où Q est la quantité de blé produite à l'hectare alors que Q^* est la valeur minimale recherchée pour se lancer dans une production à grande échelle. Il en résulte que l'objectif est ici de maximiser le rendement (ou tout au moins d'obtenir des valeurs supérieures à 1).

Afin que les techniciens puissent facilement réaliser les expériences le protocole expérimental est donné ci-dessous. La variété i $(0 \leq i \leq 6)$ est désignée par Vi alors que la parcelle j $(1 \leq j \leq 7)$ est désignée par Pj. Le vecteur des réponses mesurées (*i.e.* les divers rendements observés) est donné à droite du tableau.

	Variété	*Parcelle*	Y
Exp 1	*V*0	*P*1	1.05
Exp 2	*V*1	*P*1	1.08
Exp 3	*V*3	*P*1	1.17
Exp 4	*V*1	*P*2	1.15
Exp 5	*V*2	*P*2	0.97
Exp 6	*V*4	*P*2	1.23
Exp 7	*V*2	*P*3	0.88
Exp 8	*V*3	*P*3	1.10
Exp 9	*V*5	*P*3	0.82
Exp 10	*V*3	*P*4	1.11
Exp 11	*V*4	*P*4	1.22
Exp 12	*V*6	*P*4	0.61
Exp 13	*V*0	*P*5	0.90
Exp 14	*V*4	*P*5	1.19
Exp 15	*V*5	*P*5	0.77
Exp 16	*V*1	*P*6	1.04
Exp 17	*V*5	*P*6	0.83
Exp 18	*V*6	*P*6	0.55
Exp 19	*V*0	*P*7	1.01
Exp 20	*V*2	*P*7	0.84
Exp 21	*V*6	*P*7	0.53

Le programme SAS suivant permet d'entrer ces données. La table "donnees" contient ici la matrice du plan d'expérience avec les codages naturels. La dernière colonne est constituée par les différentes réponses.

```
Data Donnees;
  Input var par y;
  Cards;
  0  1  1.05
  1  1  1.08
        ⋮
   expérience i et réponse i
        ⋮
  2  7  0.84
  6  7  0.53
Run;
```

Voici le tableau d'analyse de la variance :

Source	*ddl*	*S. carrés*	*M. Carrés*	*St. Test*	*Proba.*
Régression	12	0.9054	0.0754	66.23	0.0001 •••
Erreur	8	0.0091	0.0011		
Total	20	0.9145			

La procédure SAS suivante permet d'obtenir ces résultats avec la commande "class" qui indique, comme dans le chapitre précédent, de traiter les facteurs déclarés en tant que variables qualitatives :

```
Proc Glm date=Donnees;
  Class var par;
  Model y = var par;
Run;
```

Le modèle utilisé est donc valide puisque l'hypothèse "tous les paramètres du modèle (sauf β_0) sont nuls" peut être ici très clairement rejetée. Ce modèle est de plus globalement très bien ajusté puisque (valeur "R-Square de la sortie SAS) :

$$R^2 = 1 - \frac{SSE}{SST} \simeq 0.990.$$

Un estimateur sans biais de la variance σ^2 des résidus est donné par (valeur "Root MSE" de la sortie SAS) :

$$\hat{\sigma}^2 = MSE = 0.00125 \text{ (donc } \hat{\sigma} \simeq 0.03532).$$

Déterminons alors les différents estimateurs des moindres carrés des effets des traitements. Remarquons au préalable que puisque le plan d'expérience utilisé est à la fois équirépliqué et en blocs de même taille on a donc (voir la proposition 9.4) :

$$\hat{\beta}_0 = \overline{Y} \simeq 0.9548 \text{ et } \operatorname{Var} \widehat{\beta}_0 = \frac{\sigma^2}{n} \simeq 5.952.10^{-5}.$$

Concernant maintenant les effets des traitements, leurs différentes valeurs et dispersions sont résumées dans le tableau ci-dessous (voir la proposition 9.9 pour les formules explicites).

Param.	*Estimat.*	*Ec. type*	*St. Test*	*Proba.*
β_0	0.9548	0.0077	123.9	0.0001 •••
$\beta_T^{[0]}$	0.0486	0.0214	2.27	0.0530 ∘∘∘
$\beta_T^{[1]}$	0.1057	0.0214	4.94	0.0011 ••∘
$\beta_T^{[2]}$	−0.0657	0.0214	−3.07	0.0154 •∘∘
$\beta_T^{[3]}$	0.1571	0.0214	7.34	0.0001 •••
$\beta_T^{[4]}$	0.2529	0.0214	11.81	0.0001 •••
$\beta_T^{[5]}$	−0.1171	0.0214	−5.47	0.0006 •••
$\beta_T^{[6]}$	−0.3814	0.0214	−17.82	0.0001 •••

Ces divers estimateurs peuvent êtres obtenus à l'aide de la procédure :

```
Proc Glm date=Donnees;
  Class var par;
  Model y = var par / solution;
Run;
```

La commande "solution" force le logiciel à afficher les estimateurs de tous les paramètres du modèle (effet moyen général, effets des traitements et effets des blocs). Attention au fait que, tout comme lors du chapitre précédent, SAS n'utilise pas les mêmes contraintes d'identification que celles de cet ouvrage puisqu'il lève la singularité des équations normales en annulant systématiquement la dernière modalité de chacun des facteurs. Il est possible de retrouver les estimateurs donnés ici en rajoutant dans la procédure "glm" des commandes du type suivant (pour la première modalité des effets des traitements) :

```
Estimate 'Variete0' var 6/7 -1/7 -1/7 -1/7 -1/7 -1/7 -1/7;
```

Ce type d'instruction permet de "centrer" le vecteur des paramètres estimés et de retrouver ainsi la contrainte imposée ici (somme des composantes nulle). Voir l'exemple final du chapitre 8 pour plus de détails (attention d'un point de vue technique à remplacer les fractions par leurs valeurs approchées contenant assez de décimales sinon le logiciel va refuser d'effectuer le calcul).

Dans l'exemple étudié ici l'estimation des effets des blocs peut être intéressante dans le sens où ceci va apporter des informations concernant l'effet de chacune des parcelles sur le rendement final. Les divers effets des blocs sont alors résumés dans le tableau suivant (voir la fin du paragraphe 9.4.2 pour les formules explicites). La technique d'obtention à l'aide du logiciel SAS est en tout point identique à celle utilisée pour les effets des traitements.

Param.	*Estimat.*	*Ec. type*	*St. Test*	*Proba.*
$\gamma^{[1]}$	0.0414	0.0214	1.94	0.0890 ∘∘∘
$\gamma^{[2]}$	0.0643	0.0214	3.00	0.0170 •∘∘
$\gamma^{[3]}$	−0.0129	0.0214	−0.60	0.5447 ∘∘∘
$\gamma^{[4]}$	0.0157	0.0214	0.73	0.4839 ∘∘∘
$\gamma^{[5]}$	−0.0629	0.0214	−2.94	0.0188 •∘∘
$\gamma^{[6]}$	−0.0171	0.0214	−0.80	0.4464 ∘∘∘
$\gamma^{[7]}$	−0.0286	0.0214	−1.33	0.2187 ∘∘∘

Conclusion

Voici les conclusions qu'il est possible de tirer suite à tous les résultats obtenus précédemment.

1) Le modèle à effets de blocs utilisé ici semble décrire correctement le phénomène aléatoire étudié.

2) Le rendement moyen résultant de la totalité des $n = 21$ expériences réalisées est de 0.95.

3) Concernant les effets des divers traitements (*i.e.* des diverses variétés de blé testées) il apparaît que la meilleure variété est, très significativement, la 4. Viennent ensuite les variétés 3 et 1 qui ont aussi des rendements supérieurs à la moyenne. La variété 0 n'a pas un effet significatif sur le rendement. Enfin il apparaît que les variétés 2, 5 et 6 sont peu efficaces puisque associées à des estimateurs des effets des traitements négatifs. Ceci est particulièrement flagrant pour la variété 6 qui manifestement donne de très mauvais résultats sur le terrain puisque l'estimateur associé vaut -0.38.

4) Concernant maintenant les effets des blocs (*i.e.* les effets des diverses parcelles cultivées) il apparaît qu'ils sont globalement peu significatifs. Seules les parcelles 2 et 5 se distinguent légèrement par, respectivement, une différence à la moyenne de 0.06 pour l'une et de -0.06 pour l'autre. Lors d'une étude concrète il peut être intéressant de transmettre ce type d'information aux spécialistes afin de voir si cela corrobore ou non leurs connaissances pratiques (*i.e.* est-il par exemple clair à leurs yeux que la parcelle 2 est constitué d'un sol ou d'un environnement un peu plus favorable que les autres ?).

5) Afin maintenant de revenir à la problématique initiale (*i.e.* déterminer une variété de blé maximisant le rendement) il est ici très clair que la variété 4 est la meilleure du lot. Ceci se trouve confirmé par le fait que cette variété de blé a bien été testée sur la parcelle 5 (c'est-à-dire la parcelle la plus difficle à cultiver) et le rendement observé est quand même très satisfaisant puique égal à 1.19 (si cette expérience n'avait pas été menée il aurait été intéressant de la réaliser *a posteriori* afin de vérifier les résultats prédits par le modèle). De manière théorique le modèle prédit un rendement moyen pour cette variété de blé égal à :

$$\hat{Y}_l\,(4) = \hat{\mu} + \hat{\gamma}^{[l]} + \hat{\beta}_T^{[i]} = 1.2077 + \hat{\gamma}^{[l]}.$$

9.8 Résumé

Diverses configurations adaptées à l'analyse d'un modèle en blocs pour facteurs qualitatifs ont été présentées tout au long de ce chapitre. On retiendra donc parmi les plans d'expérience binaires :

1) les plans en blocs complets,

2) les plans en blocs incomplets équilibrés (BIBD),

3) les plans en blocs partiellement équilibrés (GDD),

4) les plans cycliques.

Les plans en blocs complets présentent l'avantage de toujours exister et d'être d'analyse aisée mais l'inconvénient de conduire souvent à un nombre d'expériences prohibitif.

Les plans en blocs incomplets équilibrés (BIBD) sont souvent constitués par un nombre d'expériences correct tout en menant à des estimateurs des paramètres du modèle simples à déterminer. Ils sont de plus le meilleur choix possible en terme d'efficité (voir le chapitre 10). Ils présentent cependant le gros défaut de ne pas toujours exister.

La classe des plans en blocs partiellement équilibrés (GDD) englobe celle des BIBD. Il est donc possible de les utiliser plus fréquemment que les BIBD mais leur existence n'est cependant pas assurée dans tous les cas. L'analyse du modèle à effets de blocs reste faisable explicitement, bien qu'étant plus complexe à mener que pour un BIBD.

Enfin, les plans cycliques sont aisés à construire et peuvent s'adapter à n'importe quelle situation et à n'importe quel nombre d'expériences souhaité (en jouant sur le ou les générateurs et sur les blocs sélectionnés). En contrepartie leur analyse est moins aisée que les plans précédents et nécessite obligatoirement l'utilisation d'un outil informatique.

COMPLEMENTS

9.9 (Compléments) Résultats théoriques

9.9.1 Analyse d'un plan cyclique

Considérons ici une configuration non standard. Analysons-là à l'aide de tout logiciel permettant d'effectuer les opérations de base du calcul matriciel. Soit une situation où $h = 7$ traitements interviennent mais seulement $b = 3$ blocs sont requis. Il est bien entendu possible de réaliser alors les $n = 21$ expériences du plan complet mais supposons qu'une telle démarche s'avère beaucoup trop coûteuse. On peut donc s'orienter vers un plan cyclique incomplet tel que celui-ci (obtenu à l'aide du générateur $\Phi = \{0, 1, 2\}$) :

0	1	2					Bloc 1
		2	3	4			Bloc 2
				4	5	6	Bloc 3

Un tel plan permet de réduire le nombre d'expériences à seulement $n = 9$ (il est donc saturé puisque le nombre de paramètres inconnus du modèle est $p = b + h - 1 = 9$). Considérons maintenant les réponses suivantes (générées ici à l'aide d'un modèle déterministe sans aucun résidu aléatoire) :

17	14	17					Bloc 1
		22	17	20			Bloc 2
				25	29	21	Bloc 3

1) Analyse des effets des traitements

Les effets des différents traitements peuvent être obtenus *via* la résolution des équations normales réduites données sous forme générale à la proposition 9.2 par :

$$C_T \widehat{\beta}_T = Q_T \text{ où } C_T = {}^t X_T P_{(\mathrm{Im}\, B)^\perp} X_T \text{ et } Q_T = {}^t X_T P_{(\mathrm{Im}\, B)^\perp} Y.$$

Le plan d'expérience étant ici en blocs de même taille (avec $k = 3$) la matrice C_T a la forme suivante :

$$C_T = {}^t X_T \left(I_n - B \left({}^t B B \right)^{-1} {}^t B \right) X_T = {}^t X_T \left(I_n - \frac{1}{3} B {}^t B \right) X_T.$$

Il vient donc simplement (avec $R = {}^t X_T X_T$ et $N = {}^t X_T B$) :

$$C_T = R - \frac{1}{3} N {}^t N.$$

La matrice R contient sur la diagonale les nombres des diverses réplications donc $R = diag\,(1, 1, 2, 1, 2, 1, 1)$. La matrice C_T est alors déterminée à l'aide de la matrice de concordance $N^t N$ donnée par :

$$N^t N = \begin{bmatrix} 1\,1\,1\,0\,0\,0\,0 \\ 1\,1\,1\,0\,0\,0\,0 \\ 1\,1\,2\,1\,1\,0\,0 \\ 0\,0\,1\,1\,1\,0\,0 \\ 0\,0\,1\,1\,2\,1\,1 \\ 0\,0\,0\,0\,1\,1\,1 \\ 0\,0\,0\,0\,1\,1\,1 \end{bmatrix}.$$

Déterminons maintenant le vecteur Q_T. D'après les remarques faisant suite à la proposition 9.2 la i-ème composante de Q_T est :

$$(Q_T)_i = \sum_{l\ /\ Ti \in Bl} \left(Y_l\,(i) - \overline{Y}_{Bl} \right).$$

On en déduit que la matrice C_T et le vecteur Q_T sont donnés par (puisque $\overline{Y}_{B1} = 16$, $\overline{Y}_{B2} = 19.667$ et $\overline{Y}_{B3} = 25$) :

$$C_T = \frac{1}{3} \begin{bmatrix} 2 & -1 & -1 & 0 & 0 & 0 & 0 \\ -1 & 2 & -1 & 0 & 0 & 0 & 0 \\ -1 & -1 & 4 & -1 & -1 & 0 & 0 \\ 0 & 0 & -1 & 2 & -1 & 0 & 0 \\ 0 & 0 & -1 & -1 & 4 & -1 & -1 \\ 0 & 0 & 0 & 0 & -1 & 2 & -1 \\ 0 & 0 & 0 & 0 & -1 & -1 & 2 \end{bmatrix} \text{ et } Q_T = \begin{bmatrix} 1.000 \\ -2.000 \\ 3.333 \\ -2.667 \\ 0.333 \\ 4.000 \\ -4.000 \end{bmatrix}.$$

Il est clair que la matrice C_T est singulière puisque la somme de tous ses vecteurs colonne est égale au vecteur nul de $\mathbb{R}^7$. Utilisons donc les contraintes d'identification classiques afin de surmonter ce problème. Il vient :

$$\sum_{i=0}^{6} \hat{\beta}_T^{[i]} = 0 \text{ donc } \hat{\beta}_T^{[6]} = -\sum_{i=0}^{5} \hat{\beta}_T^{[i]}.$$

Il est possible de supprimer l'effet du traitement 6 afin de rendre ce problème régulier. Le système linéaire des équations normales devient alors $C_T^* \widehat{\beta}_T^* = Q_T^*$ où C_T^* et Q_T^* sont une matrice et un vecteur centrés selon la terminologie du chapitre 8 (voir aussi le lemme 8.A de l'annexe A) donnés par :

$$C_T^* = \frac{1}{3} \begin{bmatrix} 2 & -1 & -1 & 0 & 0\,0 \\ -1 & 2 & -1 & 0 & 0\,0 \\ -1 & -1 & 4 & -1 & -1\,0 \\ 0 & 0 & -1 & 2 & -1\,0 \\ 1 & 1 & 0 & 0 & 5\,0 \\ 1 & 1 & 1 & 1 & 0\,3 \end{bmatrix} \text{ et } Q_T^* = \begin{bmatrix} 1.000 \\ -2.000 \\ 3.333 \\ -2.667 \\ 0.333 \\ 4.000 \end{bmatrix}.$$

La matrice C_T^* est maintenant régulière, son inverse est (utiliser ici un logiciel de calcul scientifique) :

$$(C_T^*)^{-1} = \begin{bmatrix} 3 & 2 & 10/7 & 5/7 & 3/7 & 0 \\ 2 & 3 & 10/7 & 5/7 & 3/7 & 0 \\ 1 & 1 & 10/7 & 5/7 & 3/7 & 0 \\ 0 & 0 & 3/7 & 12/7 & 3/7 & 0 \\ -1 & -1 & -4/7 & -2/7 & 3/7 & 0 \\ -2 & -2 & -11/7 & -9/7 & -4/7 & 1 \end{bmatrix}.$$

Le vecteur des effets des traitements estimés est alors $\hat{\beta}_T^* = (C_T^*)^{-1} Q_T^*$ ce qui conduit aux résultats suivants (sachant que $\hat{\beta}_T^{[6]}$ est simplement obtenu par vérification de la contrainte d'identification classique) :

$$\boxed{\text{Effets des traitements}} \quad \begin{cases} \hat{\beta}_T^{[0]} = 2,\ \hat{\beta}_T^{[1]} = -1,\ \hat{\beta}_T^{[2]} = 2, \quad \hat{\beta}_T^{[3]} = -3, \\ \hat{\beta}_T^{[4]} = 0,\ \hat{\beta}_T^{[5]} = 4, \quad \hat{\beta}_T^{[6]} = -4. \end{cases}$$

Les dispersions de ces estimateurs peuvent être obtenues numériquement de la manière suivante. Les vecteurs Q_T et Q_T^* sont ici liés par la relation $Q_T^* = AQ_T$ où $A \in \mathcal{M}(h-1,h)$ est définie par $A = \left[I_{h-1} | 0 \right]$. Il vient donc :

$$\hat{\beta}_T^* = (C_T^*)^{-1} Q_T^* = (C_T^*)^{-1} AQ_T = (C_T^*)^{-1} A^t X_T P_{(\operatorname{Im} B)^\perp} Y.$$

En d'autres termes on a simplement $\hat{\beta}_T^* = \Delta Y$ où Δ est la matrice :

$$\Delta = (C_T^*)^{-1} A^t X_T (I_n - P_{\operatorname{Im} B}) = (C_T^*)^{-1} A^t X_T \left(I_n - \frac{1}{3} B^t B \right).$$

On en déduit que la matrice des covariances du vecteur $\hat{\beta}_T^*$ est donnée par :

$$\mathbb{V}\left(\widehat{\beta}_T^*\right) = \sigma^2 \Delta^t \Delta \text{ puisque } \mathbb{V}(Y) = \sigma^2 I_n.$$

Une fois ce calcul effectué on obtient alors (par exemple) :

$$\operatorname{Var} \widehat{\beta}_T^{[0]} = \frac{94}{49}\sigma^2 \simeq 1.92\sigma^2 \text{ et } \operatorname{Var} \widehat{\beta}_T^{[2]} = \frac{38}{49}\sigma^2 \simeq 0.776\sigma^2.$$

Ce résultat n'est pas étonnant car dans le plan d'expérience utilisé le traitement 0 n'apparaît que dans un seul bloc alors que le traitement 2 apparaît à deux reprises et la qualité de son estimation est donc logiquement meilleure.

2) Analyse des effets des blocs.

Supposons maintenant qu'il soit intéressant de connaître les valeurs des différents effets des blocs. La démarche à suivre est similaire à celle menée pour les traitements sauf que cette fois les équations normales réduites à résoudre sont données par (voir la proposition 9.3) :

$$C_B \widehat{\gamma} = Q_B \text{ où } C_B = {}^t B P_{(\operatorname{Im} X_T)^\perp} B \text{ et } Q_B = {}^t B P_{(\operatorname{Im} X_T)^\perp} Y.$$

La matrice C_B peut alors être réécrite sous la forme :

$$C_B = {}^tB\left(I_n - X_T\left({}^tX_TX_T\right)^{-1}{}^tX_T\right)B$$

avec toujours $R = {}^tX_TX_T = diag\,(1,1,2,1,2,1,1)$. Le détail de la procédure de résolution de ce système linéaire d'équations est en tout point similaire à ce qui a été fait avec les effets des traitements (*i.e.* comme la matrice C_B est singulière on la rend régulière en supprimant un des effets des blocs par utilisation des contraintes d'identification classiques). Il vient alors :

Effets des blocs	$\gamma^{[1]} = -5$, $\gamma^{[2]} = 0$ et $\gamma^{[3]} = 5$.

3) Analyse de l'effet moyen général.

Déterminons pour terminer l'effet moyen général du modèle linéaire. Prenons garde au fait que le plan d'expérience utilisé ici n'est pas équirépliqué en blocs de même taille et la relation $\hat{\beta}_0 = \overline{Y}$ n'est plus forcément vraie. Il faut donc utiliser la relation générale de la proposition 9.4 :

$$\widehat{\beta}_0 = \frac{1}{n}\left[{}^t\mathbb{I}_nY - \left({}^t\mathbb{I}_nB\right)\widehat{\gamma} - \left({}^t\mathbb{I}_nX_T\right)\widehat{\beta}_T\right].$$

Comme ${}^t\mathbb{I}_nY = 182$, $({}^t\mathbb{I}_nB)\,\widehat{\gamma} = 0$ et $({}^t\mathbb{I}_nX_T)\,\widehat{\beta}_T = 2$ on en déduit donc que :

Effet moyen général	$\hat{\beta}_0 = 180/9 = 20$.

Le résultat obtenu est donc bien différent de la valeur $\overline{Y} = 182/9$.

9.10 (Compléments) Démonstrations

Tout comme dans le chapitre 8 les modèle considérés ici sont toujours associés à une matrice X qui n'est jamais de plein rang (voir le paragraphe 9.2.3) donc ${}^tXX$ est toujours singulière. Afin de pouvoir manier facilement les équations normales malgré ce problème de singularité on utilise dans ce chapitre la notion d'inverse généralisée d'une matrice :

Définition 9.A. *Soit A une matrice de dimension quelconque (non forcément carrée). On appelle* **inverse généralisée** *de A (ou encore G-inverse de A) toute matrice, notée A^-, telle que :*

$$AA^-A = A.$$

Il ne sera pas nécessaire ici d'aller bien au delà de cette simple définition. Le lecteur souhaitant en savoir plus sur le sujet pourra se référer à l'ouvrage de Rao et Mitra [78]. Lorsque A est une matrice carrée régulière alors la notion d'inverse généralisée coïncide (logiquement) avec la notion classique de matrice inverse. Dans tous les autres cas elle permet de généraliser ce concept d'inversion matricielle. Remarquons que, mis à part le cas où A est carrée régulière, il n'y a généralement pas unicité de l'inverse généralisée. Dans l'optique de la résolution du système linéaire des équations normales on utilise dans la suite le résultat suivant (voir par exemple le livre de Searle [88]) relatif à tout système d'équations linéaires compatible (*i.e.* admettant au moins une solution) :

Proposition 9.B. *Soit un système d'équations linéaires compatible de la forme $Ax = y$ où $A \in \mathcal{M}(n,p)$. L'ensemble des solutions de ce système est :*

$$S = \left\{A^- y + \left(A^- A - I\right) z \;/\; z \in \mathbb{R}^p\right\}$$

où A^- désigne une inverse généralisée particulière de la matrice A.

Passons maintenant aux diverses démonstrations.

Proposition 9.2. *L'estimateur des moindres carrés des* **effets des traitements** *est solution des équations :*

$$C_T \widehat{\beta}_T = Q_T$$

$$\text{avec} \begin{cases} C_T \in \mathcal{M}(h,h) \text{ définie par} & : C_T = {}^t X_T P_{(\operatorname{Im} B)^\perp} X_T \\ Q_T \text{ contraste de } \mathbb{R}^h \text{ défini par} & : Q_T = {}^t X_T P_{(\operatorname{Im} B)^\perp} Y \end{cases}$$

où $P_{(\operatorname{Im} B)^\perp}$ désigne le projecteur orthogonal sur $(\operatorname{Im} B)^\perp$ c'est-à-dire que $P_{(\operatorname{Im} B)^\perp} = I_n - P_{\operatorname{Im} B} = I_n - B\left({}^t BB\right)^{-1} {}^t B$.

Démonstration. Partons de la forme générale des équations normales (E) donnée au paragraphe 9.2.4. Remarquons que, par définition, la matrice ${}^t BB$ est toujours inversible. En multipliant alors la deuxième ligne du système (E) par $-N\left({}^t BB\right)^{-1}$ et en la rajoutant à la troisième ligne il vient :

$$\begin{aligned} &\left[{}^t X_T \mathbb{I}_n - N\left({}^t BB\right)^{-1}\left({}^t B \mathbb{I}_n\right)\right] \widehat{\beta}_0 + \left[R - N\left({}^t BB\right)^{-1} {}^t N\right] \widehat{\beta}_T \\ &\qquad = \left[{}^t X_T - N\left({}^t BB\right)^{-1} {}^t B\right] Y. \end{aligned}$$

Comme par définition $N = {}^t X_T B$ et $R = {}^t X_T X_T$ on a donc encore :

$$\begin{aligned} &{}^t X_T \left(I_n - B\left({}^t BB\right)^{-1t} B\right) \mathbb{I}_n \widehat{\beta}_0 + {}^t X_T \left[I_n - B\left({}^t BB\right)^{-1} {}^t B\right] X_T \widehat{\beta}_T \\ &\qquad = {}^t X_T \left(I_n - B\left({}^t BB\right)^{-1} {}^t B\right) Y. \end{aligned}$$

En désignant maintenant par $P_{\operatorname{Im} B}$ l'expression matricielle du projecteur orthogonal sur $\operatorname{Im} B$ on sait que $P_{\operatorname{Im} B} = B\left({}^t BB\right)^{-1} {}^t B$ et donc :

$$I_n - B\left({}^tBB\right)^{-1}{}^tB = I_n - P_{\operatorname{Im} B} = P_{(\operatorname{Im} B)^\perp}.$$

On en déduit que $\widehat{\beta}_T$ est obtenu *via* la résolution des équations normales réduites :

$${}^tX_T P_{(\operatorname{Im} B)^\perp} \mathbb{I}_n \widehat{\beta}_0 + {}^tX_T P_{(\operatorname{Im} B)^\perp} X_T \widehat{\beta}_T = {}^tX_T P_{(\operatorname{Im} B)^\perp} Y.$$

Comme de plus (par construction de la matrice B) $\mathbb{I}_n \subset \operatorname{Im} B$ on en déduit que $P_{(\operatorname{Im} B)^\perp}\mathbb{I}_n = 0$ et il vient finalement:

$${}^tX_T P_{(\operatorname{Im} B)^\perp} X_T \widehat{\beta}_T = {}^tX_T P_{(\operatorname{Im} B)^\perp} Y.$$

Justifions que le vecteur $Q_T = {}^tX_T P_{(\operatorname{Im} B)^\perp} Y$ est bien un contraste de $\mathbb{R}^h$:

$${}^t\mathbb{I}_h Q_T = {}^t\mathbb{I}_h {}^tX_T P_{(\operatorname{Im} B)^\perp} Y$$

mais X_T est une matrice d'indicatrices donc on a toujours $X_T\mathbb{I}_h = \mathbb{I}_n$ et :

$${}^t\mathbb{I}_h Q_T = \left({}^t\mathbb{I}_n P_{(\operatorname{Im} B)^\perp}\right) Y = 0$$

car $\mathbb{I}_n \in \operatorname{Im} B$ d'où $P_{(\operatorname{Im} B)^\perp}\mathbb{I}_n = 0$ ■

Proposition 9.3. *L'estimateur des moindres carrés des* **effets des blocs** *est solution des équations :*

$$C_B\widehat{\gamma} = Q_B$$

$$\textit{avec} \begin{cases} C_B \in \mathcal{M}(b,b) \ \textit{définie par} & : C_B = {}^tBP_{(\operatorname{Im} X_T)^\perp}B \\ Q_B \ \textit{contraste de}\ \mathbb{R}^b \ \textit{défini par} & : Q_B = {}^tBP_{(\operatorname{Im} X_T)^\perp}Y \end{cases}$$

où $P_{(\operatorname{Im} X_T)^\perp}$ *désigne le projecteur orthogonal sur* $(\operatorname{Im} X_T)^\perp$ *c'est-à-dire que* $P_{(\operatorname{Im} X_T)^\perp} = I_n - P_{\operatorname{Im} X_T} = I_n - X_T\left({}^tX_TX_T\right)^{-1}{}^tX_T$.

Démonstration. La démonstration de ce résultat est similaire à la démonstration de la proposition 9.2 à une permutation près des matrices X_T et B. Le point de départ est toujours le système d'équations normales (E) . On remarque alors que la matrice R est toujours inversible et l'addition de la deuxième ligne avec la troisième multipliée au préalable par $-{}^tNR^{-1}$ conduit à :

$$\begin{aligned}\left[{}^tB\mathbb{I}_n - {}^tN\left({}^tX_TX_T\right)^{-1}\left({}^tX_T\mathbb{I}_n\right)\right]\widehat{\beta}_0 + \left[K - {}^tN\left({}^tX_TX_T\right)^{-1}N\right]\widehat{\gamma} \\ = \left[{}^tB - {}^tN\left({}^tX_TX_T\right)^{-1}{}^tX_T\right]Y.\end{aligned}$$

La matrice X_T est tout comme B une matrice d'indicatrices la simplification de ces équations normales réduites s'effectue à l'aide des mêmes arguments que ceux de la proposition 9.2 ■

Proposition 9.4. *L'estimateur des moindres carrés de l'***effet moyen général** *est :*

$$\widehat{\beta}_0 = \frac{1}{n}\left[{}^t\mathbb{I}_n Y - \left({}^t\mathbb{I}_n B\right)\widehat{\gamma} - \left({}^t\mathbb{I}_n X_T\right)\widehat{\beta}_T\right]$$

où $\widehat{\gamma}$ et $\widehat{\beta}_T$ sont respectivement les estimateurs des moindres carrés des effets des blocs et des effets des traitements. Lorsque le plan d'expérience est équiréplíqué en blocs de même taille il vient simplement (avec les contraintes d'identifications classiques) :

$$\widehat{\beta}_0 = \frac{1}{n}{}^t\mathbb{I}_n Y = \overline{Y} \text{ et } \operatorname{Var}\widehat{\beta}_0 = \frac{\sigma^2}{n}.$$

Démonstration. La forme donnée ici pour l'estimateur $\widehat{\beta}_0$ est évidente puisqu'il ne s'agit que d'une réécriture de la première équation du système (E) des équations normales. Considérons maintenant un plan d'expérience équiréplíqué en blocs de même taille. On a donc ${}^t\mathbb{I}_n B = k{}^t\mathbb{I}_b$ et ${}^t\mathbb{I}_n X_T = r{}^t\mathbb{I}_h$ d'où :

$$\widehat{\beta}_0 = \frac{1}{n}\left[{}^t\mathbb{I}_n Y - k\left({}^t\mathbb{I}_b\widehat{\gamma}\right) - r\left({}^t\mathbb{I}_h\widehat{\beta}_T\right)\right].$$

Lorsque les contraintes d'identification classiques sont utilisées les vecteurs $\widehat{\gamma}$ et $\widehat{\beta}_T$ sont alors des contrastes ce qui entraîne bien que : $\widehat{\beta}_0 = \overline{Y}$. Concernant enfin la dispersion de $\widehat{\beta}_0$ il vient :

$$\operatorname{Var}\widehat{\beta}_0 = \frac{1}{n^2}\operatorname{Var}\left({}^t\mathbb{I}_n Y\right) = \frac{\sigma^2}{n^2}{}^t\mathbb{I}_n\mathbb{I}_n = \frac{\sigma^2}{n} \quad \blacksquare$$

Proposition 9.6. *Soit un plan d'expérience en blocs complets de type $CBD(h,b)$. L'estimateur des moindres carrés des effets des traitements vérifiant les contraintes d'identification classiques est donné par :*

$$\widehat{\beta}_T = \frac{1}{b}Q_T \text{ et } \forall\, i = 0, ..., h-1 \text{ , } \operatorname{Var}\widehat{\beta}_T^{[i]} = \sigma^2\frac{(h-1)}{n}.$$

Démonstration. Les équations normales réduites permettant d'estimer les effets des traitements sont :

$$C_T\widehat{\beta}_T = Q_T \text{ où } C_T = bI_h - \frac{b}{h}J_h.$$

Le déterminant de la matrice C_T est nul (voir le lemme 5.A) donc la matrice C_T n'est pas inversible. Utilisons alors la proposition 9.B afin de déterminer l'ensemble des solutions de ce système d'équations. Procédons pour cela en plusieurs étapes.

1) Recherche d'une inverse généralisée de C_T.
Cherchons une telle matrice sous la forme complètement symétrique $\alpha I_h + \beta J_h$. Il faut donc vérifier la relation :

$$C_T\left(\alpha I_h+\beta J_h\right)C_T=C_T.$$

Or il vient (puisque $J_h^2=hJ_h$) :

$$\begin{aligned}C_T\left(\alpha I_h+\beta J_h\right)C_T&=b^2\left(I_h-\frac{1}{h}J_h\right)\left(\alpha I_h+\beta J_h\right)\left(I_h-\frac{1}{h}J_h\right)\\&=b^2\left(\alpha I_h-\frac{\alpha}{h}J_h\right)\left(I_h-\frac{1}{h}J_h\right)=\alpha b^2\left(I_h-\frac{1}{h}J_h\right).\end{aligned}$$

On en déduit alors que toute matrice de la forme :

$$C_T^-=\frac{1}{b}I_h+\beta J_h\ \left(\beta\in\mathbb{R}\text{ quelconque}\right)$$

est bien une inverse généralisée de la matrice C_T (en particulier si une seule inverse généralisée de C_T est requise on pourra donc poser simplement $\beta=0$).

2) Recherche de l'ensemble des solutions de $C_T\widehat{\beta}_T=Q_T$.
D'après la proposition 9.B toute solution de cette équation normale réduite peut être écrite sous la forme suivante (en prenant ici $C_T^-=(1/b)\,I_h$) :

$$\widehat{\beta}_T=\frac{1}{b}Q_T+\left(\frac{1}{b}C_T-I_h\right)z=\frac{1}{b}Q_T-\frac{1}{h}J_hz\text{ avec }z\in\mathbb{R}^h.$$

3) Recherche de la solution sous contrainte.
Parmi ces solutions on ne garde que celle vérifiant les contraintes d'identification classiques, c'est-à-dire ${}^t\mathbb{I}_h\widehat{\beta}_T=0$. Or d'après la proposition 9.2 Q_T est toujours un contraste de $\mathbb{R}^h$ donc cet objectif est atteint si et seulement si $z=0$ dans l'expression ci-dessus, d'où :

$$\widehat{\beta}_T=\frac{1}{b}Q_T.$$

4) Dispersion du vecteur $\widehat{\beta}_T$.
Par définition $Q_T={}^tX_TP_{(\operatorname{Im}B)^\perp}Y$ donc le vecteur $\widehat{\beta}_T$ peut aussi être écrit sous la forme suivante :

$$\widehat{\beta}_T=\left(\frac{1}{b}{}^tX_TP_{(\operatorname{Im}B)^\perp}\right)Y.\text{ D'où :}$$

$$\begin{aligned}\mathbb{V}\left(\widehat{\beta}_T\right)&=\frac{1}{b^2}{}^tX_TP_{(\operatorname{Im}B)^\perp}\mathbb{V}\left(Y\right){}^tP_{(\operatorname{Im}B)^\perp}X_T\\&=\frac{\sigma^2}{b^2}{}^tX_TP_{(\operatorname{Im}B)^\perp}{}^tP_{(\operatorname{Im}B)^\perp}X_T\text{ puisque }\mathbb{V}\left(Y\right)=\sigma^2I_n\\&=\frac{\sigma^2}{b^2}{}^tX_TP_{(\operatorname{Im}B)^\perp}X_T\text{ puisque }P_{(\operatorname{Im}B)^\perp}\text{ est un projecteur orthogonal.}\end{aligned}$$

On a de plus ici $P_{(\operatorname{Im}B)^\perp}=I_n-B\left({}^tBB\right)^{-1}{}^tB=I_n-\frac{1}{k}B{}^tB\ P_{(\operatorname{Im}B)^\perp}=I_n-B\left({}^tBB\right)^{-1}{}^tB$ donc :

$$\mathbb{V}\left(\widehat{\beta}_T\right) = \frac{\sigma^2}{b^2}\left({}^tX_TX_T - \frac{1}{k}{}^tX_TB^tBX_T\right) = \frac{\sigma^2}{b^2}\left(rI_h - \frac{1}{k}N^tN\right).$$

Or, on a déjà montré (voir le paragraphe 9.3.1) que pour tout plan en blocs il vient $r = b$, $k = h$ et $C = N^tN = bJ_h$ donc :

$$\mathbb{V}\left(\widehat{\beta}_T\right) = \frac{\sigma^2}{b}\left(I_h - \frac{1}{h}J_h\right).$$

On en déduit bien la relation suivante (puisque $bh = n$ ici) :

$$\forall\ i = 0, ..., h-1\ ,\ \text{Var}\,\widehat{\beta}_T^{[i]} = \sigma^2\frac{(h-1)}{n}\ \blacksquare$$

Proposition 9.8. *Pour tout $BIBD\,(h,b,k,r,\lambda)$ on a la relation suivante :*

$$r\,(k-1) = \lambda\,(h-1)\,.$$

Démonstration. Considérons un plan en blocs de type $BIBD\,(h,b,k,r,\lambda)$ et un traitement i $(i = 0, ..., h-1)$ de référence. On sait, par hypothèse, que ce traitement apparaît dans exactement r blocs. Chaque bloc étant de taille k le nombre total des autres traitements apparaissant dans ces blocs est donc ϕ donné par :

$$\phi = r\,(k-1)\,.$$

De même chaque traitement $i' \neq i$ apparaît aussi λ fois dans ces blocs. Comme il existe $(h-1)$ traitements différents de i ceci donne alors comme total des traitements autres que i figurant dans ces r blocs :

$$\phi = \lambda\,(h-1)\,.$$

D'où le résultat énoncé par identification de ces deux quantités $\blacksquare$

Proposition 9.9. *Soit un plan d'expérience en* **blocs incomplets équilibré** *de type$BIBD\,(h,b,k,r,\lambda)$. L'estimateur des moindres carrés des effets des traitements vérifiant les contraintes d'identification classiques est :*

$$\widehat{\beta}_T = \frac{k}{\lambda h}Q_T \ \ \text{et}\ \ \forall\ i = 0, ..., h-1\ ,\ \text{Var}\,\widehat{\beta}_T^{[i]} = \sigma^2\frac{k\,(h-1)}{\lambda h^2}.$$

Démonstration. D'après la proposition 9.2 les équations normales réduites permettant d'estimer les effets des traitements sont données par (puisque tout BIBD est à la fois équiréпliqué et en blocs de même taille) :

$$C_T\widehat{\beta}_T = Q_T \text{ avec } C_T = rI_h - \frac{1}{k}C.$$

La matrice de concordance est de plus ici $C = (r-\lambda)\,I_h + \lambda J_h$ donc :

$$C_T = \left(r - \frac{r}{k} + \frac{\lambda}{k}\right) I_h - \frac{\lambda}{k} J_h.$$

Le plan d'expérience utilisé étant un $BIBD$ on a aussi la relation suivante :

$$r - \frac{r}{k} + \frac{\lambda}{k} = \frac{r(k-1)+\lambda}{k} = \frac{\lambda(h-1)+\lambda}{k} = \frac{\lambda h}{k}.$$

Il en résulte que la matrice du système à résoudre est encore une matrice complètement symétrique non inversible d'après le lemme 5.A. Résolvons alors ce système d'équations en procédant en quatre étapes identiques à celles utilisées dans le cas des plans complets (proposition 9.6).

1) Recherche d'une inverse généralisée de C_T.
En réutilisant les résultats de la démonstration de la proposition 9.6 on peut dire que toute matrice de la forme :

$$C_T^- = \frac{k}{\lambda h} I_h + \beta J_h \ (\beta \in \mathbb{R} \text{ quelconque})$$

est bien une inverse généralisée de la matrice C_T.

2) Recherche de l'ensemble des solutions de $C_T \widehat{\beta}_T = Q_T$.
La proposition 9.B appliquée avec l'inverse généralisée particulière obtenue lorsque $\beta = 0$ entraine que toute solution de cette équation normale réduite peut être écrite sous la forme suivante :

$$\widehat{\beta}_T = \frac{k}{\lambda h} Q_T + \left(\frac{k}{\lambda h} C_T - I_h\right) z = \frac{k}{\lambda h} Q_T - \frac{\lambda}{k} J_h z \text{ avec } z \in \mathbb{R}^h.$$

3) Recherche de la solution sous contrainte.
Parmi ces solutions on garde alors uniquement celle vérifiant les contraintes d'identification classiques, c'est-à-dire ${}^t\mathbb{I}_h \widehat{\beta}_T = 0$. Or d'après la proposition 9.2 Q_T est toujours un contraste de $\mathbb{R}^h$ donc cet objectif est atteint si et seulement si $z = 0$ dans l'expression ci-dessus, d'où :

$$\widehat{\beta}_T = \frac{k}{\lambda h} Q_T.$$

4) Dispersion du vecteur $\widehat{\beta}_T$.
Un raisonnement identique à celui proposé dans la démonstration de la proposition 9.6 (seule la constante $k/\lambda h$ est différente) conduit à :

$$\mathbb{V}\left(\widehat{\beta}_T\right) =$$

$$\sigma^2 \left(\frac{k}{\lambda h}\right)^2 \left({}^tX_T X_T - \frac{1}{k} {}^tX_T B^t B X_T\right) = \sigma^2 \left(\frac{k}{\lambda h}\right)^2 \left(r I_h - \frac{1}{k} N^t N\right).$$

Or il a déjà été montré (voir le paragraphe 9.4.1) que pour tout plan en blocs incomplets équilibré on a $C = N^tN = (r-\lambda)\, I_h + \lambda J_h$ donc :

$$\mathbb{V}\left(\widehat{\beta}_T\right) = \sigma^2 \left(\frac{k}{\lambda h}\right)^2 \left(\left(r - \frac{r}{k} + \frac{\lambda}{k}\right) I_h - \frac{\lambda}{k} J_h\right) = \sigma^2 \frac{k}{\lambda h}\left(I_h - \frac{1}{h} J_h\right).$$

On en déduit que :

$$\forall\ i = 0, ..., h-1\ ,\ \operatorname{Var} \widehat{\beta}_T^{[i]} = \sigma^2 \frac{k}{\lambda h}\left(1 - \frac{1}{h}\right) = \sigma^2 \frac{k\,(h-1)}{\lambda h^2}\ \blacksquare$$

Proposition 9.14. *Pour tout $GDD\,(h, b, k, r, \lambda_1, \lambda_2)$ tel que l'ensemble des traitements est partitionné en n_2 sous-ensembles à n_1 éléments on a :*

$$r\,(k-1) = \lambda_1\,(n_1 - 1) + \lambda_2 n_1\,(n_2 - 1)\,.$$

Démonstration. Considérons un plan en blocs de type $GDD\,(h, b, k, r, \lambda_1, \lambda_2)$ et un traitement i ($i = 0, ..., h-1$) de référence. Par hypothèse ce traitement apparaît dans exactement r blocs. Chaque bloc étant de taille k le nombre total des autres traitements apparaissant dans ces blocs est donc égal à ϕ donné par :

$$\phi = r\,(k-1)\,.$$

De même chaque traitement $i' \neq i$ apparaît aussi dans ces blocs :

$$\begin{cases} \lambda_1 \text{ fois comme associé d'ordre 1,} \\ \lambda_2 \text{ fois comme associé d'ordre 2.} \end{cases}$$

Or le traitement i a par hypothèse $(n_1 - 1)$ traitements associés à l'ordre 1 et donc $h - 1 - (n_1 - 1) = h - n_1 = n_1\,(n_2 - 1)$ traitements associés à l'ordre 2. Ceci donne comme total des traitements autres que i figurant dans ces r blocs :

$$\phi = \lambda_1\,(n_1 - 1) + \lambda_2 n_1\,(n_2 - 1)\,.$$

D'où le résultat énoncé par identification de ces deux quantités $\blacksquare$

Proposition 9.15. *Soit un plan d'expérience* **partiellement équilibré à deux schémas d'association** *de type $GDD\,(h, b, k, r, \lambda_1, \lambda_2)$ tel que l'ensemble des traitements est partitionné en n_2 sous-ensembles à n_1* éléments. *L'estimateur des moindres carrés des effets des traitements vérifiant les contraintes d'identification classiques est donné par (avec U matrice d'ordre h diagonale par blocs telle que $U = diag\,(J_{n_1}, ..., J_{n_1})$):*

$$\widehat{\beta}_T = \frac{k}{r\,(k-1) + \lambda_1}\left[I_h - \frac{(\lambda_2 - \lambda_1)}{h\lambda_2} U\right] Q_T.$$

Concernant les différentes dispersions il vient :

$$\forall\, i = 0, ..., h-1\ ,\ \operatorname{Var} \widehat{\beta}_T^{[i]} =$$
$$\frac{\sigma^2 k}{\left(r\left(k-1\right)+\lambda_1\right)^2}\left[r\left(k-1\right)+\frac{\lambda_2 n_1\left(n_2-1\right)\left(\lambda_2-\lambda_1\right)}{h\lambda_2}\left(n_1\frac{\left(\lambda_2-\lambda_1\right)}{h\lambda_2}-2\right)\right].$$

Démonstration. D'après la proposition 9.2 les équations normales réduites permettant d'estimer les effets des traitements sont données par (puisque tout GDD est à la fois équirépliqué et en blocs de même taille) :

$$C_T\widehat{\beta}_T = Q_T \text{ avec } C_T = rI_h - \frac{1}{k}C.$$

La structure de la matrice de concordance C est connue pour tout plan de type $GDD\,(h, b, k, r, \lambda_1, \lambda_2)$ (voir le paragraphe 9.5.1) et il vient :

$$C = (r-\lambda_1)\, I_h + (\lambda_1 - \lambda_2)\, U + \lambda_2 J_h$$

où U est la matrice diagonale par blocs telle que $U = diag\,(J_{n_1}, ..., J_{n_1})$. Remarquons que les règles de calcul vis-à-vis des trois matrices I_h, et J_h engendrant C sont très simples avec notamment :

$$J_h^2 = hJ_h\ ,\ UJ_h = J_hU = n_1 J_h \text{ et } U^2 = n_1 U.$$

On peut donc dire que la matrice C_T est donnée ici par :

$$C_T = \frac{1}{k}\left[\left(r\left(k-1\right)+\lambda_1\right)I_h + \left(\lambda_2-\lambda_1\right)U - \lambda_2 J_h\right].$$

Cette matrice est, une nouvelle fois, toujours singulière. En effet, la somme de chacune de ses lignes vaut :

$$\frac{r\left(k-1\right)-\lambda_1\left(n_1-1\right)-\lambda_2 n_1\left(n_2-1\right)}{k}$$

et cette quantité est toujours nulle d'après la proposition 9.14. Résolvons alors le système d'équations $C_T\widehat{\beta}_T = Q_T$ à l'aide des trois étapes suivantes.

1) Recherche d'une inverse généralisée de C_T.
Cherchons ici une inverse généralisée de la matrice C_T sous la forme $\alpha I_h + \beta U$. En notant pour simplifier $C_T = a^* I_h + b^* U + c^* J_h$ (avec donc $a^* = \left(r\left(k-1\right)+\lambda_1\right)/k$, $b^* = \left(\lambda_2-\lambda_1\right)/k$ et $c^* = -\lambda_2/k$) on a alors :

$$C_T\left(\alpha I_h + \beta T\right) = \left(a^*\alpha\right)I_h + \left(a^*\beta + b^*\alpha + n_1 b^*\beta\right)U + c^*\left(\alpha + n_1\beta\right)J_h.$$

On en déduit que :

$$C_T\left(\alpha I_h + \beta U\right)C_T =$$
$$\left(a^{*2}\alpha\right)I_h + \left[\left(a^*+n_1 b^*\right)\left(a^*\beta + b^*\alpha + n_1 b^*\beta\right) + a^* b^*\alpha\right]U$$
$$+c^*\left[\left(a^*+n_1 b^* + hc^*\right)\left(\alpha+n_1\beta\right) + a^*\alpha + n_1\left(a^*\beta + b^*\alpha + n_1 b^*\beta\right)\right]J_h.$$

La matrice $\alpha I_h + \beta U$ est bien une inverse généralisée de C_T si et seulement si $C_T\left(\alpha I_h + \beta U\right) C_T = C_T$. On vérifie alors, par identification des divers coefficients, que cette égalité est bien vérifiée dès lors que :

$$\alpha = \frac{1}{a^*} = \frac{k}{r\,(k-1)+\lambda_1} \text{ et } \beta = \frac{-b^*}{a^*\,(a^*+n_1 b^*)} = \frac{k\,(\lambda_2-\lambda_1)}{[r\,(k-1)+\lambda_1]\,h\lambda_2}.$$

2) Recherche de l'ensemble des solutions de $C_T\widehat{\beta}_T = Q_T$.
La proposition 9.B appliquée avec l'inverse généralisée particulière obtenue précédemment conduit à la conclusion que toute solution de cette équation normale réduite est de la forme suivante :

$$\widehat{\beta}_T = C_T^- Q_T + \left(C_T^- C_T - I_h\right) z \text{ avec } z \in \mathbb{R}^h.$$

Les divers résultats obtenus à la partie 1 permettent maintenant de simplifier cette expression en affirmant qu'il existe un unique couple de réels (c_1, c_2) (dont la détermination explicite est sans intérêt pour la suite) tel que :

$$\widehat{\beta}_T = \frac{k}{r\,(k-1)+\lambda_1}\left[I_h - \frac{(\lambda_2-\lambda_1)}{h\lambda_2}U\right] Q_T + \left(c_1 U + c_2 J_h\right) z.$$

3) Recherche de la solution sous contrainte.
Parmi toutes ces solutions il faut une nouvelle fois garder uniquement celle vérifiant les contraintes d'identification classiques ${}^t\mathbb{I}_h\widehat{\beta}_T = 0$. Or :

$$\begin{cases} {}^t\mathbb{I}_h Q_T = 0 \text{ car } Q_T \text{ est un contraste de } \mathbb{R}^h, \\ {}^t\mathbb{I}_h U Q_T = \left({}^t\mathbb{I}_h U\right) Q_T = n_1\left({}^t\mathbb{I}_h Q_T\right) = 0. \end{cases}$$

On en déduit que la solution sous contrainte est obtenue en posant $z = 0$, d'où :

$$\widehat{\beta}_T = \frac{k}{r\,(k-1)+\lambda_1}\left[I_h - \frac{(\lambda_2-\lambda_1)}{h\lambda_2}U\right] Q_T.$$

4) Dispersion du vecteur $\widehat{\beta}_T$.
On vient de prouver ici que :

$$\widehat{\beta}_T = \frac{1}{a^*}\left(I_h - \frac{b^*}{a^*+n_1 b^*}U\right) Q_T = \frac{1}{a^*}\left(I_h - \frac{b^* k}{h\lambda_2}U\right) Q_T$$

avec $a^* = \left(r\,(k-1)+\lambda_1\right)/k$ et $b^* = \left(\lambda_2-\lambda_1\right)/k$. On peut donc dire aussi (d'après la définition du vecteur Q_T) que :

$$\widehat{\beta}_T = \frac{1}{a^*}\left(I_h - \frac{b^* k}{h\lambda_2}U\right) {}^t X_T P_{(\mathrm{Im}\,B)^\perp} Y.$$

D'où (puisque $\mathbb{V}\left(Y\right) = \sigma^2 I_n$ et $P_{(\mathrm{Im}\,B)^\perp}$ est un projecteur orthogonal) :

$$\mathbb{V}\left(\widehat{\beta}_T\right) = \frac{\sigma^2}{a^{*2}}\left(I_h - \frac{b^* k}{h\lambda_2}U\right) {}^t X_T P_{(\mathrm{Im}\,B)^\perp} X_T \left(I_h - \frac{b^* k}{h\lambda_2}U\right).$$

Le plan utilisé étant de plus en blocs de même taille il vient :

$$P_{(\mathrm{Im}\,B)^\perp} = I_n - B\left({}^tBB\right)^{-1}{}^tB = I_n - \frac{1}{k}B^tB.$$

Donc :

$$\begin{aligned}\mathbb{V}\left(\widehat{\beta}_T\right) &= \frac{\sigma^2}{a^{*2}}\left(I_h - \frac{b^*k}{h\lambda_2}U\right)\left({}^tX_TX_T - \frac{1}{k}{}^tX_TB^tBX_T\right)\left(I_h - \frac{b^*k}{h\lambda_2}U\right)\\ &= \frac{\sigma^2}{a^{*2}}\left(I_h - \frac{b^*k}{h\lambda_2}U\right)C_T\left(I_h - \frac{b^*k}{h\lambda_2}U\right).\\ &= \frac{\sigma^2}{a^{*2}}\left[C_T - 2\frac{b^*k}{h\lambda_2}UC_T + \left(\frac{b^*k}{h\lambda_2}\right)^2 UC_TU\right].\end{aligned}$$

Simplifions maintenant cette expression sachant que l'on a (par hypothèse) la relation $C_T = a^*I_h + b^*U + c^*J_h$, donc :

i) la matrice UC_T est donnée par :

$$UC_T = U\left(a^*I_h + b^*U + c^*J_h\right) = \left(a^* + n_1b^*\right)U + n_1c^*J_h.$$

ii) la matrice UC_TU est donnée par :

$$UC_TU = \left(\left(a^* + n_1b^*\right)U + n_1c^*J_h\right)U = n_1UC_T.$$

On en déduit alors (puisque $a^* + n_1b^* = h\lambda_2/k$) que tous les termes diagonaux de la matrice UC_T sont égaux à :

$$\frac{h\lambda_2}{k} + n_1c^* = \frac{\lambda_2\left(h - n_1\right)}{k} = \frac{n_1\lambda_2\left(n_2 - 1\right)}{k}$$

alors que tous les termes diagonaux de la matrice UC_TU sont égaux à :

$$n_1\left(\frac{h\lambda_2}{k} + n_1c^*\right) = \frac{n_1^2\lambda_2\left(n_2 - 1\right)}{k}.$$

Comme tous les termes diagonaux de la matrice C_T sont de plus égaux à $r\left(k-1\right)/k$ ceci permet donc d'affirmer que toutes les dispersions $\mathrm{Var}\,\widehat{\beta}_T^{[i]}$ sont égales pour $i = 0, ..., h-1$ à la valeur donnée explicitement par :

$$\mathrm{Var}\,\widehat{\beta}_T^{[i]} =$$

$$\frac{\sigma^2}{a^{*2}}\left[\frac{r\left(k-1\right)}{k} - 2\frac{b^*k}{h\lambda_2}\left(\frac{\lambda_2n_1\left(n_2-1\right)}{k}\right) + n_1\left(\frac{b^*k}{h\lambda_2}\right)^2\left(\frac{\lambda_2n_1\left(n_2-1\right)}{k}\right)\right]$$

donc :

$$\mathrm{Var}\,\widehat{\beta}_T^{[i]} = \frac{\sigma^2}{a^{*2}}\left[\frac{r\left(k-1\right)}{k} + \frac{b^*k}{h\lambda_2}\left(\frac{\lambda_2n_1\left(n_2-1\right)}{k}\right)\left(n_1\frac{b^*k}{h\lambda_2} - 2\right)\right]$$

ceci donne alors à partir des valeurs de a^* et b^* :

$$\operatorname{Var} \widehat{\beta}_T^{[i]} =$$
$$\frac{\sigma^2 k}{\left(r\left(k-1\right)+\lambda_1\right)^2}\left[r\left(k-1\right)+\lambda_2 n_1\left(n_2-1\right)\frac{\left(\lambda_2-\lambda_1\right)}{h\lambda_2}\left(n_1\frac{\left(\lambda_2-\lambda_1\right)}{h\lambda_2}-2\right)\right].$$

D'où le résultat énoncé ∎

Partie IV

Optimalité des plans d'expérience

10

Critères d'optimalité

10.1 Introduction

Divers types de plan d'expérience ont été présentés et construits dans les chapitres précédents. Il a été montré à plusieurs reprises que face à un même problème plusieurs configurations équivalentes en terme de coût expérimental (*i.e.* avec un même nombre d'expériences) peuvent exister. Dans un tel cas l'expérimentateur souhaite, bien entendu, mettre en œuvre le **meilleur** de tous ces plans. L'objet de ce chapitre est de proposer des pistes afin de résoudre un tel problème. Ceci est généralement complexe car il n'existe pas de critère naturel et universel permettant d'affirmer qu'un plan est meilleur qu'un autre. C'est pourquoi divers critères mathématiques vont être étudiés, chacun ayant pour but d'ordonner les plans d'expérience dans un sens particulier. De manière générale ces critères pourront ensuite être étendus à des classes entières de plans d'expérience (éventuellement infinies) afin de déterminer des configurations **optimales**. Les bases mathématiques de la théorie des plans d'expérience optimaux ont été établies principalement par Kiefer (voir, par exemple, [58]). Le lecteur souhaitant approfondir ce thème pourra se référer principalement aux ouvrages de Pukelsheim [75], Shah et Sinha [91] ou Collombier [19], aux articles de Wynn [105], [106], Srivastava [94], [95] *etc...*

Ce chapitre débute par une section dédiée à des rappels et des compléments principalement axés sur la notion d'ensemble ordonné ainsi que la notion de matrice d'information associée à un estimateur donné. Les sections suivantes abordent ensuite trois types classiques d'optimalité pour les plans d'expérience : l'optimalité uniforme, la ϕ_q-optimalité et enfin l'optimalité universelle. Tous ces critères d'optimalité sont présentés ici de manière simple en se ramenant toujours à un ordre sur des vecteurs bien choisis.

Une dernière partie propose enfin d'appliquer toutes ces notions à diverses configurations étudiées dans les chapitres précédents. Ceci met alors en

W. Tinsson, *Plans d'expérience: constructions et analyses statistiques*, Mathématiques et Applications 67, DOI 10.1007/978-3-642-11472-4_10,

© Springer-Verlag Berlin Heidelberg 2010

lumière tout l'intérêt d'utiliser des plans d'expérience construits algébriquement car on obtient ainsi le plus souvent des configurations optimales.

10.2 Rappels et compléments

10.2.1 Ensembles ordonnés

Rappelons ici au préalable les axiomes mathématiques liés à la notion d'ordre. Considérons de manière générale un ensemble E et une relation binaire (notée $\preceq$) sur les couples d'éléments de E. Cette relation définit une **relation d'ordre** sur l'ensemble E si et seulement si ($\forall\ x, y, z \in E$) :

1) elle est **réflexive** : $x \preceq x$,
2) elle est **antisymétrique** : $(x \preceq y\ et\ y \preceq x) \Rightarrow x = y$,
3) elle est **transitive** : $(x \preceq y\ et\ y \preceq z) \Rightarrow x \preceq z$.

Si tous les couples d'éléments de E sont comparables, c'est-à-dire lorsque :

$$\forall\ x, y \in E\ ,\ x \preceq y \text{ ou } y \preceq x$$

on a alors une relation d'ordre **total** (*i.e.* E est un ensemble totalement ordonné). Dans le cas contraire l'ordre est **partiel**. Lorsque les trois hypothèses de la relation d'ordre sont trop contraignantes il est possible de considérer une relation seulement réflexive et transitive munissant l'ensemble E d'un **préordre**.

10.2.2 Ordres sur les vecteurs

Voici maintenant quelques relations d'ordre sur l'ensemble des vecteurs de $\mathbb{R}_+^n$. On se limite à cet ensemble car tous les vecteurs considérés par la suite afin de manier la notion d'optimalité seront à composantes positives ou nulles. Désignons dans cette section par u et v deux vecteurs de $\mathbb{R}_+^n$ et par $(u_i)_{i=1,\ldots,n}$ et $(v_i)_{i=1,\ldots,n}$ leurs composantes respectives supposées **ordonnées** de manière décroissante (*i.e.* $u_1 \geq u_2 \geq \ldots \geq u_n$, *idem* pour le vecteur v).

1) Ordre de Lœwner. L'ordre de Lœwner est un ordre classique défini sur l'ensemble des matrices symétriques (voir la section 10.3). On l'étend naturellement aux vecteurs en disant que (et en le notant $\preceq_L$) :

$$u \preceq_L v \text{ si et seulement si } \forall\ i = 1, \ldots, n\ ,\ u_i \leq v_i.$$

Cette relation binaire définit bien un ordre sur $\mathbb{R}_+^n$ mais seulement partiel.

Exemple

Considérons les vecteurs de $\mathbb{R}_+^3$ suivants :

$$u = \begin{bmatrix} 7 \\ 4 \\ 2 \end{bmatrix} \text{ et } v = \begin{bmatrix} 9 \\ 5 \\ 4 \end{bmatrix}, \; w = \begin{bmatrix} 8 \\ 7 \\ 1 \end{bmatrix} \text{ et } z = \begin{bmatrix} 9 \\ 4 \\ 3 \end{bmatrix}.$$

Les vecteurs u et v vérifient $u \preceq_L v$. Les vecteurs w et z ne sont pas comparables puisque aucune des relation $w \preceq_L z$ ou $z \preceq_L w$ n'est vérifiée.

2) Q-ordre. Il s'agit ici d'ordonner deux vecteurs de $\mathbb{R}_+^n$ selon la q-norme classique définie par la relation suivante :

$$\forall\, 0 < q < +\infty \;,\; \|u\|_q = \left(\sum_{i=1}^{n} u_i^q \right)^{1/q} .$$

Par passage à la limite en 0 et $+\infty$ on pose aussi (attention au fait que $\|.\|_\infty$ est encore une norme sur $\mathbb{R}_+^n$ mais ce n'est plus le cas pour $\|.\|_0$) :

$$\|u\|_0 = \prod_{i=1}^{n} u_i \text{ et } \|u\|_\infty = \max_{i=1,\ldots,n} u_i.$$

Pour tout $0 \leq q \leq +\infty$ fixé on dit alors que :

$$u \preceq_q v \text{ si et seulement si } \|u\|_q \leq \|v\|_q .$$

Tous les couples de vecteurs de $\mathbb{R}_+^n$ sont bien comparables mais cette relation binaire définit cette fois seulement un préordre sur $\mathbb{R}_+^n$.

Exemple

Considérons les vecteurs de $\mathbb{R}_+^3$ suivants :

$$u = \begin{bmatrix} 8 \\ 2 \\ 1 \end{bmatrix} \text{ et } v = \begin{bmatrix} 7 \\ 6 \\ 5 \end{bmatrix}, \; w = \begin{bmatrix} 4 \\ 2 \\ 0 \end{bmatrix} \text{ et } z = \begin{bmatrix} 5 \\ 1 \\ 0 \end{bmatrix}.$$

Concernant les vecteurs u et v il vient par exemple $u \succeq_\infty v$ (car $\|u\|_\infty = 8 \geq \|v\|_\infty = 7$) et $u \preceq_1 v$ (car $\|u\|_1 = 11 \leq \|v\|_1 = 18$). Pour les vecteurs w et z il est clair que $w \preceq_1 z$ et $z \preceq_1 w$ mais ces deux relations n'impliquent pas que $w = z$.

3) Ordre de Schur. On définir de même l'ordre de Schur sur deux vecteurs de $\mathbb{R}_+^n$ (noté simplement $\preceq$ par la suite) en disant que :

$$u \preceq v \text{ si et seulement si } \begin{cases} \sum_{i=1}^{n} u_i = \sum_{i=1}^{n} v_i, \\ \forall\, k = 1, ..., n-1 \ , \ \sum_{i=1}^{k} u_i \leq \sum_{i=1}^{k} v_i. \end{cases}$$

Cette relation binaire définit bien une relation d'ordre sur l'ensemble $\mathbb{R}_+^n$ mais l'ordre est partiel puisque deux vecteurs u et v ne sont pas forcément comparables (une condition nécessaire mais non suffisante pour qu'ils le soit est que $\|u\|_1 = \|v\|_1$). Remarquons que si $u_{k\downarrow} \in \mathbb{R}_+^k$ est le sous-vecteur de u constitué par ses k premières composantes (toujours ordonnées) il vient :

$$u \preceq v \Leftrightarrow (\|u\|_1 = \|v\|_1 \text{ et } \forall\, k = 1, ..., n-1 \ , \ \|u_{k\downarrow}\|_1 \leq \|v_{k\downarrow}\|_1).$$

Exemple

Considérons les vecteurs de $\mathbb{R}_+^3$ suivants :

$$u = \begin{bmatrix} 5 \\ 4 \\ 2 \end{bmatrix} \text{ et } v = \begin{bmatrix} 7 \\ 3 \\ 1 \end{bmatrix}, \ w = \begin{bmatrix} 4 \\ 3 \\ 1 \end{bmatrix} \text{ et } z = \begin{bmatrix} 5 \\ 0 \\ 3 \end{bmatrix}.$$

Concernant les vecteurs u et v on a ici $u \preceq v$. Les vecteurs w et z, par contre, ne sont pas comparables puisque :

$$\sum_{i=1}^{3} w_i = \sum_{i=1}^{3} z_i \text{ et } w_1 \leq z_1 \text{ mais } \sum_{i=1}^{2} w_i \geq \sum_{i=1}^{2} z_i.$$

4) Ordre faible de Schur. Lorsque la condition $\sum_{i=1}^n u_i = \sum_{i=1}^n v_i$ est jugée trop contraignante on cherche alors naturellement à introduire un ordre plus faible que l'ordre de Schur. Afin de définir un tel ordre remarquons au préalable que :

$$u \preceq v \Rightarrow \forall\, k = 1, ..., n \ , \ \sum_{i=1}^{k} u_i \leq \sum_{i=1}^{k} v_i.$$

Comme $u \preceq v$ entraîne cependant (par définition) que $\sum_{i=1}^n u_i = \sum_{i=1}^n v_i$, on a donc aussi (remplacer dans la première inégalité un des u_i par $\sum_j v_j - \sum_{j \neq i} u_j$) :

$$u \preceq v \Rightarrow \forall\, k = 1, ..., n \ , \ \sum_{i=k+1}^{n} u_i \geq \sum_{i=k+1}^{n} v_i.$$

Cette dernière relation est de même vraie lorsque $k = 0$ (toujours par définition). On vient donc de montrer que si $u \preceq v$ alors on a forcément les deux inégalités ci-dessus. Ceci permet de définir deux ordres faibles de Schur (notés classiquement $\preceq_\omega$ et $\preceq^\omega$ avec la lettre ω pour *weak*) de la manière suivante :

$$\left| \begin{array}{l} u \preceq_\omega v \;\Leftrightarrow \forall\, k = 1, ..., n \;,\; \sum_{i=1}^{k} u_i \leq \sum_{i=1}^{k} v_i, \\ u \preceq^\omega v \;\Leftrightarrow \forall\, k = 1, ..., n \;,\; \sum_{i=k}^{n} u_i \geq \sum_{i=k}^{n} v_i. \end{array} \right.$$

Lorsque $u \preceq_\omega v$ (*resp.* $u \preceq^\omega v$) on dit que u est faiblement inférieurement (*resp.* supérieurement) majoré par v. Une nouvelle fois on obtient ainsi pour $\preceq_\omega$ ou $\preceq^\omega$ un ordre partiel sur $\mathbb{R}_+^n$ (mais il n'est plus nécessaire maintenant que $\|u\|_1 = \|v\|_1$ pour que les vecteurs u et v puissent être comparés). Voici deux propriétés liées à ces ordres faibles (elles figurent, parmi bien d'autres, dans l'ouvrage de Marshall et Olkin [63]).

1) L'ordre de Schur entraîne les deux ordres faibles de Schur. On vérifie que la réciproque est également vraie donc :

$$(u \preceq_\omega v \text{ et } u \preceq^\omega v) \Leftrightarrow u \preceq v.$$

2) Il existe la relation suivante entre les deux ordres faibles :

$$u \preceq_\omega v \Leftrightarrow -u \preceq^\omega -v.$$

Exemple

Considérons les vecteurs u et v de $\mathbb{R}_+^3$ suivants :

$$u = \begin{bmatrix} 4 \\ 2 \\ 1 \end{bmatrix} \text{ et } v = \begin{bmatrix} 8 \\ 3 \\ 2 \end{bmatrix}.$$

On a $u \preceq_\omega v$ mais la relation $u \preceq^\omega v$ est ici fausse. Ces deux vecteurs ne sont donc pas comparables pour l'ordre (classique) de Schur.

10.2.3 Matrice d'information

Il est très fréquent en pratique de considérer un plan d'expérience $\mathcal{D}$ utilisé avec un modèle linéaire de la forme :

$$Y = X_{\mathcal{D}}\beta + \varepsilon$$

tel que la matrice du modèle $X_{\mathcal{D}}$ soit de plein rang (comme plusieurs plans différents vont souvent être comparés on note alors $X_{\mathcal{D}}$ la matrice du modèle obtenue avec le plan $\mathcal{D}$). Lorsque le paramètre d'intérêt est le vecteur β dans sa totalité la matrice des covariances de l'estimateur des moindres carrés $\hat{\beta}$ est donnée par (voir la proposition 2.6) :

$$\mathbb{V}\left(\hat{\beta}\right) = \sigma^2 \left({}^t X_{\mathcal{D}} X_{\mathcal{D}}\right)^{-1}.$$

La matrice $\left({}^t X_{\mathcal{D}} X_{\mathcal{D}}\right)^{-1}$, appelée matrice de dispersion, est primordiale car elle mesure, à une constante multiplicative près, la dispersion du vecteur des paramètres estimés. C'est pourquoi cette matrice sera très souvent utilisée par la suite pour construire divers critères ayant pour but d'évaluer la qualité du plan d'expérience utilisé. L'inversion matricielle n'étant pas toujours simple à effectuer on exprimera le plus souvent possible tous ces critères en fonction de la seule matrice ${}^t X_{\mathcal{D}} X_{\mathcal{D}}$ appelée matrice d'information.

L'objectif est ici de généraliser la notion de matrice d'information à des modèles linéaires plus complexes (modèle à effets de blocs, modèles pour facteurs qualitatifs, *etc...*). Ce sujet à été longuement abordé dans l'ouvrage de Pukelsheim [75] ainsi que dans celui de Collombier [19]. Considérons à partir de maintenant un modèle linéaire quelconque utilisé avec un plan d'expérience $\mathcal{D}$ permettant d'estimer un certain nombre de paramètres d'intérêt contenus dans un vecteur α. On définit alors, de manière générale, la **matrice de dispersion** (notée $V_{\mathcal{D}}$) obtenue sur le plan $\mathcal{D}$ pour l'estimation de α par la relation :

$$\mathbb{V}_{\mathcal{D}}\left(\hat{\alpha}\right) = \sigma^2 V_{\mathcal{D}}.$$

De même, la **matrice d'information** obtenue sur ce plan d'expérience pour réaliser l'estimation de α (notée $C_{\mathcal{D}}$ ou encore $C_{\mathcal{D}}\left(\alpha\right)$) est la **matrice des coefficients** de l'équation normale permettant d'obtenir l'estimateur des moindres carrés $\hat{\alpha}$.

De manière générale les matrices d'information et de dispersion sont liées par la relation suivante (voir Collombier [19]) :

Proposition 10.1. *Soit un modèle linéaire et un plan d'expérience $\mathcal{D}$ tels que la matrice d'information $C_{\mathcal{D}}$ pour le vecteur des paramètres α soit régulière. Les matrices d'***information** *et de* **dispersion** *vérifient alors :*

$$V_{\mathcal{D}} = C_{\mathcal{D}}^{-1}.$$

Voici maintenant ci-dessous divers exemples de matrices d'information (permettant de traiter tous les modèles utilisés dans cet ouvrage).

1) Modèle classique avec $X_{\mathcal{D}}$ de plein rang et estimation de β.

Il s'agit du cas déjà évoqué au début de ce paragraphe où le modèle ainsi que le vecteur α des paramètres à estimer sont donnés par :

$$Y = X_{\mathcal{D}}\beta + \varepsilon \text{ et } \alpha = \beta.$$

Les équations normales sont alors (voir la proposition 2.5) :

$$\left({}^t X_{\mathcal{D}} X_{\mathcal{D}}\right)\hat{\alpha} = {}^t X_{\mathcal{D}} Y.$$

Il en découle que la matrice d'information est donnée par :

$$C_{\mathcal{D}} = {}^tX_{\mathcal{D}}X_{\mathcal{D}}$$

La proposition 10.1 est bien vérifiée puisque la matrice $X_{\mathcal{D}}$ est de plein rang donc ${}^tX_{\mathcal{D}}X_{\mathcal{D}}$ est inversible avec (voir la proposition 2.6) :

$$\mathbb{V}_{\mathcal{D}}\left(\hat{\beta}\right) = \sigma^2\left({}^tX_{\mathcal{D}}X_{\mathcal{D}}\right)^{-1} \Rightarrow V_{\mathcal{D}} = \left({}^tX_{\mathcal{D}}X_{\mathcal{D}}\right)^{-1} = C_{\mathcal{D}}^{-1}.$$

2) Modèle classique avec $X_{\mathcal{D}}$ de plein rang et estimation de $K\beta$.

On ne cherche pas à estimer ici le vecteur β mais le vecteur transformé $K\beta$ avec $K \in \mathcal{M}(\omega, p)$. Le modèle utilisé et le vecteur des paramètres à estimer sont alors :

$$Y = X_{\mathcal{D}}\beta + \varepsilon \text{ et } \alpha = K\beta.$$

Supposons, pour simplifier, que la matrice K est carrée et inversible. On a alors $\beta = K^{-1}\alpha$ et le modèle linéaire utilisé peut aussi être écrit :

$$Y = X_{\mathcal{D}}\beta + \varepsilon = \left(X_{\mathcal{D}}K^{-1}\right)\alpha + \varepsilon.$$

Il en découle (proposition 2.5) que les équations normales d'un tel modèle sont données par :

$$\left({}^tK^{-1t}X_{\mathcal{D}}X_{\mathcal{D}}K^{-1}\right)\hat{\alpha} = {}^tK^{-1t}X_{\mathcal{D}}Y.$$

Comme ${}^tK^{-1t}X_{\mathcal{D}}X_{\mathcal{D}}K^{-1} = \left(K\left({}^tX_{\mathcal{D}}X_{\mathcal{D}}\right)^{-1}{}^tK\right)^{-1}$ la matrice d'information est :

$$C_{\mathcal{D}} = \left(K\left({}^tX_{\mathcal{D}}X_{\mathcal{D}}\right)^{-1}{}^tK\right)^{-1}$$

De manière plus générale remarquons que :

$$\mathbb{V}_{\mathcal{D}}(\hat{\alpha}) = \mathbb{V}_{\mathcal{D}}\left(K\hat{\beta}\right) = K\mathbb{V}_{\mathcal{D}}\left(\hat{\beta}\right){}^tK = \sigma^2K\left({}^tX_{\mathcal{D}}X_{\mathcal{D}}\right)^{-1}{}^tK.$$

Donc $V_{\mathcal{D}} = K\left({}^tX_{\mathcal{D}}X_{\mathcal{D}}\right)^{-1}{}^tK$ et la proposition 10.1 est bien vérifiée car :

$$C_{\mathcal{D}} = \left(K\left({}^tX_{\mathcal{D}}X_{\mathcal{D}}\right)^{-1}{}^tK\right)^{-1} = V_{\mathcal{D}}^{-1}.$$

Dans le cas général (c'est-à-dire avec K carrée non-inversible ou même non-carrée) l'obtention de la matrice d'information pour α est complexe (consulter par exemple l'ouvrage de Pukelsheim [75]) mais garde cette forme générale.

3) Modèle partitionné.

Considérons ici, de manière très générale, un modèle linéaire dépendant de deux groupes de paramètres inconnus regroupés dans les vecteurs β et γ (c'est le cas, par exemple, pour les effets des traitements et les effets des blocs). Supposons que seule l'estimation de β soir recherchée (*i.e.* les effets du vecteur γ sont identifiés à des effets de nuisance). Le modèle considéré ainsi que le vecteur d'intérêt α sont donc :

$$Y = X_{\mathcal{D}}\beta + Z_{\mathcal{D}}\gamma + \varepsilon \text{ et } \alpha = \beta.$$

On peut aussi utiliser l'écriture suivante :

$$Y = \widetilde{X}_{\mathcal{D}}\widetilde{\beta} + \varepsilon \text{ avec } \widetilde{X}_{\mathcal{D}} = \begin{bmatrix} X_{\mathcal{D}} & Z_{\mathcal{D}} \end{bmatrix} \text{ et } \widetilde{\beta} = \begin{bmatrix} \alpha \\ \gamma \end{bmatrix}.$$

Il en résulte que les équations normales sont données par :

$$\begin{bmatrix} {}^tX_{\mathcal{D}}X_{\mathcal{D}} & {}^tX_{\mathcal{D}}Z_{\mathcal{D}} \\ {}^tZ_{\mathcal{D}}X_{\mathcal{D}} & {}^tZ_{\mathcal{D}}Z_{\mathcal{D}} \end{bmatrix} \begin{bmatrix} \hat{\alpha} \\ \hat{\gamma} \end{bmatrix} = \begin{bmatrix} {}^tX_{\mathcal{D}}Y \\ {}^tZ_{\mathcal{D}}Y \end{bmatrix} \Leftrightarrow \begin{cases} \left({}^tX_{\mathcal{D}}X_{\mathcal{D}}\right)\hat{\alpha} + \left({}^tX_{\mathcal{D}}Z_{\mathcal{D}}\right)\hat{\gamma} = {}^tX_{\mathcal{D}}Y \\ \left({}^tZ_{\mathcal{D}}X_{\mathcal{D}}\right)\hat{\alpha} + \left({}^tZ_{\mathcal{D}}Z_{\mathcal{D}}\right)\hat{\gamma} = {}^tZ_{\mathcal{D}}Y \end{cases}.$$

En supposant la matrice $Z_{\mathcal{D}}$ de plein rang (ce qui sera toujours le cas dans les exemples traités) on peut multiplier à gauche tous les termes de la seconde égalité par $\left({}^tZ_{\mathcal{D}}Z_{\mathcal{D}}\right)^{-1}$. On obtient alors :

$$\left({}^tZ_{\mathcal{D}}Z_{\mathcal{D}}\right)^{-1}{}^tZ_{\mathcal{D}}X_{\mathcal{D}}\hat{\alpha} + \hat{\gamma} = \left({}^tZ_{\mathcal{D}}Z_{\mathcal{D}}\right)^{-1}{}^tZ_{\mathcal{D}}Y.$$

La multiplication à gauche par $-{}^tX_{\mathcal{D}}Z_{\mathcal{D}}$ donne maintenant :

$$-{}^tX_{\mathcal{D}}P_{\operatorname{Im} Z_{\mathcal{D}}}X_{\mathcal{D}}\hat{\alpha} - \left({}^tX_{\mathcal{D}}Z_{\mathcal{D}}\right)\hat{\gamma} = -{}^tX_{\mathcal{D}}P_{\operatorname{Im} Z_{\mathcal{D}}}Y$$

avec toujours $P_{\operatorname{Im} Z_{\mathcal{D}}} = Z_{\mathcal{D}}\left({}^tZ_{\mathcal{D}}Z_{\mathcal{D}}\right)^{-1}{}^tZ_{\mathcal{D}}$ le projecteur orthogonal sur l'image de $Z_{\mathcal{D}}$. Rajouter cette équation à la première ligne des équations normales conduit à :

$$\left({}^tX_{\mathcal{D}}\left(I_n - P_{\operatorname{Im} Z_{\mathcal{D}}}\right)X_{\mathcal{D}}\right)\hat{\alpha} = {}^tX_{\mathcal{D}}\left(I_n - P_{\operatorname{Im} Z_{\mathcal{D}}}\right)Y.$$

Sachant que $I_n - P_{\operatorname{Im} Z_{\mathcal{D}}}$ n'est autre que le projecteur sur l'orthogonal de l'image de la matrice $Z_{\mathcal{D}}$ (noté $P_{(\operatorname{Im} Z_{\mathcal{D}})^\perp}$) on en déduit que la matrice d'information relative à l'estimation du paramètre α est donnée par :

$$C_{\mathcal{D}} = {}^tX_{\mathcal{D}}\left(I_n - P_{\operatorname{Im} Z_{\mathcal{D}}}\right)X_{\mathcal{D}} = {}^tX_{\mathcal{D}}P_{(\operatorname{Im} Z_{\mathcal{D}})^\perp}X_{\mathcal{D}}.$$

La proposition 10.1 est bien vérifiée puisque si $C_{\mathcal{D}}$ est inversible $\mathbb{V}_{\mathcal{D}}(\hat{\alpha})$ est égale à :

$$\mathbb{V}_{\mathcal{D}}\left(\left({}^tX_{\mathcal{D}}P_{(\operatorname{Im} Z_{\mathcal{D}})^\perp}X_{\mathcal{D}}\right)^{-1}{}^tX_{\mathcal{D}}P_{(\operatorname{Im} Z_{\mathcal{D}})^\perp}Y\right) =$$
$${}^tX_{\mathcal{D}}P_{(\operatorname{Im} Z_{\mathcal{D}})^\perp}X_{\mathcal{D}}^{-1t}X_{\mathcal{D}}P_{(\operatorname{Im} Z_{\mathcal{D}})^\perp}\mathbb{V}_{\mathcal{D}}(Y)\,P_{(\operatorname{Im} Z_{\mathcal{D}})^\perp}X_{\mathcal{D}}\left({}^tX_{\mathcal{D}}P_{(\operatorname{Im} Z_{\mathcal{D}})^\perp}X_{\mathcal{D}}\right)^{-1}$$
$$= \sigma^2\left({}^tX_{\mathcal{D}}P_{(\operatorname{Im} Z_{\mathcal{D}})^\perp}X_{\mathcal{D}}\right)^{-1}{}^tX_{\mathcal{D}}P_{(\operatorname{Im} Z_{\mathcal{D}})^\perp}X_{\mathcal{D}}\left({}^tX_{\mathcal{D}}P_{(\operatorname{Im} Z_{\mathcal{D}})^\perp}X_{\mathcal{D}}\right)^{-1}$$

car $P_{(\operatorname{Im} Z_{\mathcal{D}})^\perp}P_{(\operatorname{Im} Z_{\mathcal{D}})^\perp} = P_{(\operatorname{Im} Z_{\mathcal{D}})^\perp}$ puisque $P_{(\operatorname{Im} Z_{\mathcal{D}})^\perp}$ est un projecteur. Donc il vient :

$$\mathbb{V}_{\mathcal{D}} = \left({}^t X_{\mathcal{D}} P_{(\operatorname{Im} Z_{\mathcal{D}})^{\perp}} X_{\mathcal{D}}\right)^{-1} = C_{\mathcal{D}}^{-1}.$$

4) Modèle à matrice d'information non-inversible.

Considérons maintenant un modèle partitionné de la forme :

$$Y = X_{\mathcal{D}}\beta + Z_{\mathcal{D}}\gamma + \varepsilon \text{ et } \alpha = \beta$$

mais avec cette fois la matrice d'information $C_{\mathcal{D}} = {}^t X_{\mathcal{D}} P_{(\operatorname{Im} Z_{\mathcal{D}})^{\perp}} X_{\mathcal{D}}$ non-inversible. Une telle situation se présente systématiquement dans le cas des plans en blocs pour facteurs qualitatifs (voir le chapitre 9). Une première technique consiste soit à supprimer des facteurs soit à utiliser des contraintes d'identification afin de rendre cette matrice régulière et se ramener ainsi à la situation déjà abordée précédemment (cas numéro trois). Il est cependant possible de travailler directement avec la matrice ${}^t X_{\mathcal{D}} P_{(\operatorname{Im} Z_{\mathcal{D}})^{\perp}} X_{\mathcal{D}}$ initiale. Attention au fait qu'ici la proposition 10.1 n'est plus applicable mais on vérifie facilement, en reconduisant le raisonnement du cas des modèles partitionnés, que le équations normales pour l'estimation du paramètre α sont :

$$\left({}^t X_{\mathcal{D}} P_{(\operatorname{Im} Z_{\mathcal{D}})^{\perp}} X_{\mathcal{D}}\right) \hat{\alpha} = {}^t X_{\mathcal{D}} P_{(\operatorname{Im} Z_{\mathcal{D}})^{\perp}} Y.$$

Il en découle que la matrice d'information est encore :

$$C_{\mathcal{D}} = {}^t X_{\mathcal{D}} P_{(\operatorname{Im} Z_{\mathcal{D}})^{\perp}} X_{\mathcal{D}}.$$

La difficulté réside ici dans le lien entre la matrice d'information $C_{\mathcal{D}}$ et la matrice de dispersion $V_{\mathcal{D}}$. Le fait que $C_{\mathcal{D}}$ soit singulière entraîne que les équations normales admettent une infinité de solutions. On sait alors (voir la proposition 9.B) que l'ensemble des solutions est donné par :

$$S = \left\{ C_{\mathcal{D}}^{-} \left({}^t X_{\mathcal{D}} P_{(\operatorname{Im} Z_{\mathcal{D}})^{\perp}} Y\right) + \left(C_{\mathcal{D}}^{-} C_{\mathcal{D}} - I_h\right) z \;/\; z \in \mathbb{R}^h \right\}$$

où h est le nombre de paramètres du vecteur β et $C_{\mathcal{D}}^{-}$ désigne une inverse généralisée quelconque de la matrice $C_{\mathcal{D}}$ (voir la définition 9.A). Soit alors une solution quelconque des équations normales, *i.e.* :

$$\hat{\alpha} = C_{\mathcal{D}}^{-} \left({}^t X_{\mathcal{D}} P_{(\operatorname{Im} Z_{\mathcal{D}})^{\perp}} Y\right) + \left(C_{\mathcal{D}}^{-} C_{\mathcal{D}} - I_h\right) z^* \text{ avec } z^* \in \mathbb{R}^h \text{ fixé.}$$

La quantité $\left(C_{\mathcal{D}}^{-} C_{\mathcal{D}} - I_h\right) z^*$ n'étant pas aléatoire il vient :

$$\begin{aligned}\mathbb{V}_{\mathcal{D}}(\hat{\alpha}) &= \mathbb{V}_{\mathcal{D}}\left(C_{\mathcal{D}}^{-} \left({}^t X_{\mathcal{D}} P_{(\operatorname{Im} Z_{\mathcal{D}})^{\perp}} Y\right)\right) \\ &= C_{\mathcal{D}}^{-}\,{}^t X_{\mathcal{D}} P_{(\operatorname{Im} Z_{\mathcal{D}})^{\perp}} \mathbb{V}(Y) P_{(\operatorname{Im} Z_{\mathcal{D}})^{\perp}} X_{\mathcal{D}} C_{\mathcal{D}}^{-} = \sigma^2 C_{\mathcal{D}}^{-} C_{\mathcal{D}} C_{\mathcal{D}}^{-}.\end{aligned}$$

Ce dernier résultat montre donc que dans le cas général la relation liant les matrices de dispersion et d'information est donnée par $V_{\mathcal{D}} = C_{\mathcal{D}}^{-} C_{\mathcal{D}} C_{\mathcal{D}}^{-}$ où $C_{\mathcal{D}}^{-}$ désigne une inverse généralisée de la matrice d'information $C_{\mathcal{D}}$. Remarquons enfin que pour retrouver une formule similaire à celle de la proposition 10.1 il est très courant de considérer une inverse généralisée particulière de la matrice $C_{\mathcal{D}}$, appelée inverse généralisée de Moore-Penrose (notée $C_{\mathcal{D}}^{+}$) vérifiant (entre autre) la propriété supplémentaire $C_{\mathcal{D}}^{+} C_{\mathcal{D}} C_{\mathcal{D}}^{+} = C_{\mathcal{D}}^{+}$. On a bien ainsi :

$$V_{\mathcal{D}} = C_{\mathcal{D}}^{+}.$$

Consulter pour plus de détails l'ouvrage de Rao et Mitra [78].

10.2.4 Complément d'analyse spectrale

Les valeurs propres de la matrice de dispersion $V_{\mathcal{D}}$ associée au plan d'expérience $\mathcal{D}$ vont souvent être utilisées. Il a été montré qu'une telle matrice est généralement liée à la matrice d'information $C_{\mathcal{D}}$ par la relation $V_{\mathcal{D}} = C_{\mathcal{D}}^{-1}$. La seule connaissance des valeurs et vecteurs propres de $C_{\mathcal{D}}$ est alors suffisante afin de réaliser l'analyse spectrale de $V_{\mathcal{D}}$. En effet si A est une matrice carrée inversible admettant un vecteur propre u associé à la valeur propre λ (non-nulle puisque A est inversible) alors :

$$Au = \lambda u \Leftrightarrow A^{-1}(Au) = \lambda A^{-1}u \Leftrightarrow A^{-1}u = \frac{1}{\lambda}u.$$

Ceci permet donc d'énoncer la proposition suivante :

Proposition 10.2. *Si u est un vecteur propre de la matrice inversible A associé à la valeur propre λ alors u est aussi un* **vecteur propre** *de la matrice A^{-1} associé à la* **valeur propre** $1/\lambda$.

On va souvent considérer la **suite pleine décroissante** des valeurs propres de la matrice d'information $C_{\mathcal{D}}$. Il s'agit de la totalité de ses p valeurs propres ordonnées $\lambda_{\mathcal{D}}^{[1]} \geq ... \geq \lambda_{\mathcal{D}}^{[p]}$ (avec donc éventuellement des répétitions si certaines valeurs propres ont un ordre de multiplicité strictement supérieur à un). D'après la proposition 10.1 si la matrice $C_{\mathcal{D}}$ est régulière et si l'on pose :

$$\forall\, i = 1, ..., p \ , \ \mu_{\mathcal{D}}^{[i]} = \frac{1}{\lambda_{\mathcal{D}}^{[i]}}$$

alors $\mu_{\mathcal{D}}^{[1]} \leq ... \leq \mu_{\mathcal{D}}^{[p]}$ est cette fois la suite pleine croissante des valeurs propres de la matrice de dispersion $V_{\mathcal{D}} = C_{\mathcal{D}}^{-1}$.

Lorsque la matrice d'information $C_{\mathcal{D}}$ n'est pas inversible (cas numéro 4 présenté au paragraphe 10.2.3) on a alors $V_{\mathcal{D}} = C_{\mathcal{D}}^{+}$ avec $C_{\mathcal{D}}^{+}$ inverse généralisée de Moore-Penrose. On vérifie que les résultats énoncés ici restent vrais mais appliqués cette fois seulement aux valeurs propres non-nulles de $C_{\mathcal{D}}$ (puisque la singularité de $C_{\mathcal{D}}$ se traduit par l'existence d'au moins une valeur propre nulle).

10.3 Optimalité uniforme

10.3.1 Exemple introductif

Considérons ici un phénomène aléatoire dépendant de m facteurs et un modèle linéaire à ajuster supposé contenir un effet moyen général β_0. Supposons que l'expérimentateur dispose de deux plans d'expérience (notés $\mathcal{D}_1$ et $\mathcal{D}_2$) de même taille et qu'il est tout particulièrement intéressé par la qualité de l'estimation de β_0. Désignons par $\text{Var}_{\mathcal{D}}\,\hat{\beta}_0$ la variance de l'estimateur sans biais $\hat{\beta}_0$ obtenue à l'aide d'un plan $\mathcal{D}$ et supposons que les plans d'expérience $\mathcal{D}_1$ et $\mathcal{D}_2$ vérifient :

$$\text{Var}_{\mathcal{D}_1}\,\hat{\beta}_0 \leq \text{Var}_{\mathcal{D}_2}\,\hat{\beta}_0.$$

Il est clair qu'ici le choix de l'expérimentateur va se porter sur le plan d'expérience $\mathcal{D}_1$ afin d'avoir un estimateur de meilleure qualité. On dit dans ce cas que le plan d'expérience $\mathcal{D}_1$ est **plus efficace** que $\mathcal{D}_2$ pour l'estimation de β_0 ($\mathcal{D}_1$ sera dit strictement plus efficace si $\text{Var}_{\mathcal{D}_1}\,\hat{\beta}_0 < \text{Var}_{\mathcal{D}_2}\,\hat{\beta}_0$).

Supposons maintenant que le problème ne se limite pas à la comparaison de deux plans d'expérience mais à un choix au sein d'une classe entière (éventuellement infinie) notée Θ. Un plan d'expérience $\mathcal{D}^*$ est alors qualifié **d'optimal** au sein de la classe Θ (pour l'estimation de β_0) si et seulement si :

$$\forall\ \mathcal{D} \in \Theta\ ,\ \text{Var}_{\mathcal{D}^*}\,\hat{\beta}_0 \leq \text{Var}_{\mathcal{D}}\,\hat{\beta}_0.$$

A partir de ceci on appelle **efficacité** d'un plan d'expérience $\mathcal{D}$ (toujours pour l'estimation de β_0) le rapport :

$$\text{Eff}\,(\mathcal{D}) = \frac{\text{Var}_{\mathcal{D}^*}\,\hat{\beta}_0}{\text{Var}_{\mathcal{D}}\,\hat{\beta}_0}.$$

Cet indicateur numérique (vérifiant $0 \leq \text{Eff}\,(\mathcal{D}) \leq 1$) traduit donc la qualité d'un plan d'expérience en ramenant la variance de l'estimateur étudié à celle du plan optimal. Un plan d'expérience est dit aussi efficace que le plan optimal $\mathcal{D}^*$ si et seulement si $\text{Eff}(\mathcal{D}) = 1$.

Exemple

Considérons ici l'exemple des plans d'expérience usuels pour modèle d'ordre un (voir le chapitre 3 paragraphe 3.2.4). Supposons qu'un tel plan est utilisé pour ajuster un phénomène aléatoire dépendant de m facteurs quantitatifs, que n expériences sont réalisées et enfin que, classiquement, les points expérimentaux sont disposés dans la boule centrée de rayon $\sqrt{m}$ (en coordonnées codées). Quel plan d'expérience usuel faut-il choisir alors afin d'estimer au mieux les divers effets linéaires ? Il a été prouvé à la proposition 3.4 que la dispersion de tous les effets linéaires est la même, donnée par :

$$\forall\, i = 1, ..., m \ , \quad \operatorname{Var} \hat{\beta}_i = \frac{\sigma^2}{s_2}.$$

Il est alors clair qu'un plan usuel est optimal (pour l'estimation des β_i) si et seulement si la quantité s_2 est maximisée. Or :

$$s_2 = \sum_{u=1}^{n} z_{ui}^2 \text{ donc } \sum_{i=1}^{m} \sum_{u=1}^{n} z_{ui}^2 = m s_2.$$

De même :

$$m s_2 = \sum_{i=1}^{m} \sum_{u=1}^{n} z_{ui}^2 = \sum_{u=1}^{n} \left(\sum_{i=1}^{m} z_{ui}^2 \right) = \sum_{u=1}^{n} d_u^2$$

où d_u $(u = 1, ..., n)$ désigne la distance du u-ième point du plan à l'origine. Cette somme de carrés est donc maximale dès lors que toutes les distance d_u sont maximisées. On en déduit qu'un plan d'expérience usuel est **optimal** (pour l'estimation des effets linéaires) si et seulement si tous ses points sont à la surface de la sphère de rayon $\sqrt{m}$. Remarquons que c'est bien le cas pour tout plan factoriel complet ou toute fraction régulière de ce type de plan.

10.3.2 Extension au cas vectoriel

On n'utilise généralement pas un plan d'expérience pour se focaliser sur un seul paramètre mais sur la totalité des p paramètres inconnus du modèle contenus dans le vecteur β. La qualité de l'estimation globale est alors quantifiée pour le plan d'expérience $\mathcal{D}$ par la matrice des covariances telle que (voir le paragraphe 10.2.3) :

$$\mathbb{V}_{\mathcal{D}} \left(\hat{\beta} \right) = \sigma^2 \left({}^t X_{\mathcal{D}} X_{\mathcal{D}} \right)^{-1}$$

où $X_{\mathcal{D}}$ est la matrice du modèle pour le plan $\mathcal{D}$ supposée ici (dans un premier temps) de plein rang. Tout comme les plans d'expérience de l'exemple précédent ont été ordonnés suivant les différentes variances considérées on peut généraliser ici ce procédé en ordonnant maintenant les matrices des covariances à l'aide de l'**ordre de Lœwner** sur les matrices. Etant données deux matrices carrées symétriques A et B, de même dimension, l'ordre de Lœwner est défini par :

$$A \geq B \Leftrightarrow (A - B) \text{ est semi-définie positive.}$$

Ceci entraîne la notion statistique suivante de plan uniformément optimal (sous-entendu pour l'estimation de tous les paramètres du vecteur β) :

Définition 10.3. *Un plan d'expérience* $\mathcal{D}^* \in \Theta$ *est dit* **uniformément optimal** *au sein de la classe* Θ *si et seulement si :*

$$\forall\, \mathcal{D} \in \Theta \ , \ \mathbb{V}_{\mathcal{D}^*}\left(\hat{\beta}\right) \leq \mathbb{V}_{\mathcal{D}}\left(\hat{\beta}\right).$$

Ce type d'optimalité est parfois qualifiée dans la littérature de U-optimalité (pour *uniform optimality*).

10.3.3 Propriétés

La notion d'optimalité uniforme généralise ce qui a été vu dans l'exemple introductif puisque si $\mathcal{D}^* \in \Theta$ est un plan d'expérience uniformément optimal il vient alors pour tout $\mathcal{D} \in \Theta$, où $\hat{\beta}_{(i)}$ désigne ici de manière très générale la i-ème composante du vecteur $\hat{\beta}$:

$$\mathbb{V}_{\mathcal{D}^*}\left(\hat{\beta}\right) \leq \mathbb{V}_{\mathcal{D}}\left(\hat{\beta}\right) \Leftrightarrow \forall\, x \in \mathbb{R}^p \ , \ {}^t x \mathbb{V}_{\mathcal{D}^*}\left(\hat{\beta}\right) x \leq {}^t x \mathbb{V}_{\mathcal{D}}\left(\hat{\beta}\right) x,$$
$$\Rightarrow \forall\, i = 1, ..., p \ , \ \mathrm{Var}_{\mathcal{D}^*}\, \hat{\beta}_{(i)} \leq \mathrm{Var}_{\mathcal{D}}\, \hat{\beta}_{(i)}.$$

Cette implication est immédiatement démontrée par utilisation des vecteurs particuliers de la forme $x_i = {}^t\left(\delta_{i1}, \delta_{i2}, ..., \delta_{ip}\right)$ avec δ_{ij} symbole de Kronecker (*i.e.* $\delta_{ij} = 1$ si $i = j$, $\delta_{ij} = 0$ sinon). Réciproquement on vérifie immédiatement que :

Proposition 10.4. *Soit une classe Θ de plans d'expérience telle que pour tout $\mathcal{D} \in \Theta$ la matrice du modèle $X_{\mathcal{D}}$ est de plein rang. Un plan d'expérience $\mathcal{D}^* \in \Theta$ est* **uniformément optimal** *au sein de cette classe si et seulement si :*

$$\forall\, k \in \mathbb{R}^p \ , \ \mathrm{Var}_{\mathcal{D}^*}\left({}^t k \hat{\beta}\right) \leq \mathrm{Var}_{\mathcal{D}}\left({}^t k \hat{\beta}\right).$$

L'optimalité uniforme peut donc être vue comme une notion équivalente à l'optimalité de toutes les fonctions paramétriques de la forme ${}^t k \beta$.

Sachant maintenant que pour l'ordre de Lœwner on a toujours la relation suivante :

$$A \geq B \Leftrightarrow A^{-1} \leq B^{-1}$$

(ceci peut être démontré, par exemple, à partir du théorème de représentation extrémale utilisé pour la démonstration de la proposition 10.6) il vient :

Proposition 10.5. *Soit une classe Θ de plans d'expérience telle que pour tout $\mathcal{D} \in \Theta$ la matrice du modèle $X_{\mathcal{D}}$ est de plein rang. Un plan d'expérience* $\mathcal{D}^* \in \Theta$ est alors **uniformément optimal** au sein de cette classe si et seulement si *:*

$$\forall\, \mathcal{D} \in \Theta \ , \ {}^t X_{\mathcal{D}^*} X_{\mathcal{D}^*} \geq {}^t X_{\mathcal{D}} X_{\mathcal{D}}.$$

Ce résultat montre donc que pour obtenir l'optimalité uniforme il n'est pas nécessaire d'inverser la matrice ${}^t XX$. Ceci peut s'avérer très utile en pratique dans tous les cas de figure où cette inversion est complexe à réaliser explicitement.

La notion d'optimalité uniforme peut enfin être aussi facilement traduite en terme de valeurs propres. On obtient alors le résultat donné ci-dessous faisant intervenir cette fois l'ordre de Lœwner sur les vecteurs (voir le paragraphe 10.2.2) :

Proposition 10.6. [$\lhd$] *Soit une classe Θ de plans d'expérience telle que pour tout $\mathcal{D} \in \Theta$ la matrice du modèle $X_{\mathcal{D}}$ est de plein rang. Soit $\lambda_{\mathcal{D}}^{[1]} \geq \ldots \geq \lambda_{\mathcal{D}}^{[p]}$ la suite pleine décroissante des valeurs propres de la matrice ${}^tX_{\mathcal{D}}X_{\mathcal{D}}$ et $\lambda_{\mathcal{D}} \in \mathbb{R}^p$ le vecteur contenant ces différentes valeurs dans le même ordre. L'***optimalité uniforme** *d'un plan d'expérience $\mathcal{D}^* \in \Theta$ se traduit par :*

$$\forall\, \mathcal{D} \in \Theta \;,\; \lambda_{\mathcal{D}^*} \succeq_L \lambda_{\mathcal{D}}.$$

Tout l'intérêt pratique de cette proposition réside dans le fait que l'on ramène ici une propriété matricielle (liée à l'ordre de Lœwner sur les matrices d'information) à une propriété vectorielle plus facile à manier en général.

Exemple

Considérons ici $m = 3$ facteurs quantitatifs à deux niveaux. Comparons les deux configurations suivantes constituées par 8 expériences : le plan factoriel complet $\mathcal{D}_1$ et le plan $\mathcal{D}_2$ de type "un facteur à la fois" (avec deux expériences centrales afin que $n = 8$). Pour l'ajustement d'un modèle polynomial d'ordre un il vient :

$$X_{\mathcal{D}_1} = \begin{bmatrix} 1 & -1 & -1 & -1 \\ 1 & 1 & -1 & -1 \\ 1 & -1 & 1 & -1 \\ 1 & 1 & 1 & -1 \\ 1 & -1 & -1 & 1 \\ 1 & 1 & -1 & 1 \\ 1 & -1 & 1 & 1 \\ 1 & 1 & 1 & 1 \end{bmatrix} \text{ et } X_{\mathcal{D}_2} = \begin{bmatrix} 1 & -1 & 0 & 0 \\ 1 & 1 & 0 & 0 \\ 1 & 0 & -1 & 0 \\ 1 & 0 & 1 & 0 \\ 1 & 0 & 0 & -1 \\ 1 & 0 & 0 & 1 \\ 1 & 0 & 0 & 0 \\ 1 & 0 & 0 & 0 \end{bmatrix}.$$

On en déduit que :

$${}^tX_{\mathcal{D}_1}X_{\mathcal{D}_1} = \begin{bmatrix} 8 & 0 & 0 & 0 \\ 0 & 8 & 0 & 0 \\ 0 & 0 & 8 & 0 \\ 0 & 0 & 0 & 8 \end{bmatrix} \text{ et } {}^tX_{\mathcal{D}2}X_{\mathcal{D}_2} = \begin{bmatrix} 8 & 0 & 0 & 0 \\ 0 & 2 & 0 & 0 \\ 0 & 0 & 2 & 0 \\ 0 & 0 & 0 & 2 \end{bmatrix}.$$

Il est clair que ${}^tX_{\mathcal{D}_1}X_{\mathcal{D}_1} \geq {}^tX_{\mathcal{D}_2}X_{\mathcal{D}_2}$ donc la proposition 10.5 permet d'affirmer que le plan d'expérience factoriel complet $\mathcal{D}_1$ est uniformément **plus efficace** que le plan de type "un facteur à la fois" $\mathcal{D}_2$. Pour faire le lien avec les valeurs propres et la proposition 10.6 on a bien ici :

$${}^t\lambda_{\mathcal{D}_1} = (8, 8, 8, 8) \succeq_L {}^t\lambda_{\mathcal{D}_2} = (8, 2, 2, 2)\,.$$

Remarquons enfin que la principale difficulté d'utilisation de l'optimalité uniforme est due au fait qu'elle repose sur un **ordre partiel** (*i.e.* une matrice n'est pas forcément semi-définie positive ou semi-définie négative). Il en résulte que l'optimalité uniforme induit un ordre sur les plans d'expérience ne permettant pas toujours de les comparer entre eux. C'est pourquoi des critères d'optimalité plus faibles vont être présentés par la suite.

10.3.4 Généralisation

La notion d'optimalité uniforme vient d'être présentée dans le cas particulier où la matrice du modèle est de plein rang et où tous les paramètres du vecteur β sont estimés. Dans un contexte plus général il a déjà été montré au paragraphe 10.2.3 que l'on peut utiliser les notions de matrice de dispersion ($V_{\mathcal{D}}$) et de matrice d'information ($C_{\mathcal{D}}$) en lieu et place des matrices $({}^tX_{\mathcal{D}}X_{\mathcal{D}})^{-1}$ et ${}^tX_{\mathcal{D}}X_{\mathcal{D}}$ considérées ici. Ceci conduit à la définition suivante (généralisant à la fois la définition 10.3 et la proposition 10.5) :

Définition 10.7. *Soit une classe Θ de plans d'expérience et $V_{\mathcal{D}}$ la matrice de dispersion associée au vecteur des paramètres estimés pour tout $\mathcal{D} \in \Theta$. Un plan d'expérience $\mathcal{D}^* \in \Theta$ est alors dit* **uniformément optimal** *au sein de la classe Θ si et seulement si :*

$$\forall\, \mathcal{D} \in \Theta \ , \ V_{\mathcal{D}^*} \leq V_{\mathcal{D}}.$$

De manière équivalente si $C_{\mathcal{D}}$ désigne la matrice d'information associée au vecteur des paramètres estimés, un plan d'expérience $\mathcal{D}^* \in \Theta$ est **uniformément optimal** *au sein de la classe Θ si et seulement si :*

$$\forall\, \mathcal{D} \in \Theta \ , \ C_{\mathcal{D}^*} \geq C_{\mathcal{D}}.$$

On retrouve bien ici les résultats énoncés précédemment dans le cas particulier où $C_{\mathcal{D}} = {}^tX_{\mathcal{D}}X_{\mathcal{D}}$ et $V_{\mathcal{D}} = ({}^tX_{\mathcal{D}}X_{\mathcal{D}})^{-1}$ (situation 1 du paragraphe 10.2.3). Intéressons-nous maintenant aux cas de figure où une telle proposition peut être utile et justifions les résultats énoncés ici.

1) Optimalité uniforme pour certains paramètres.

On a considéré jusqu'à présent la totalité des composantes du vecteur β. L'objectif cherché est parfois différent dans la mesure où des configurations optimales pour certains des paramètres du modèle (par exemple les effets quadratiques) ou certaines combinaisons linéaires de ceux-cis (par exemple la somme des effets linéaires) sont préférables. D'un point de vue mathématique on ne s'intéresse donc plus ici à l'estimation du vecteur $\beta \in \mathbb{R}^p$ mais à l'estimation du vecteur $K\beta \in \mathbb{R}^w$ $(w \leq p)$ avec $K \in \mathcal{M}\,(w,p)$. Un plan d'expérience $\mathcal{D}^* \in \Theta$ est alors **uniformément optimal** au sein de la classe Θ pour l'estimation de $K\beta$ si et seulement si (en supposant ici $X_{\mathcal{D}}$ toujours de plein rang comme à la situation 2 du paragraphe 10.2.3) la matrice de dispersion de $K\widehat{\beta}$ est la "plus petite possible" avec le plan d'expérience $\mathcal{D}^*$ c'est-à-dire si ($\forall\ \mathcal{D} \in \Theta$) :

$$V_{\mathcal{D}^*} = K\left({}^tX_{\mathcal{D}^*}X_{\mathcal{D}^*}\right)^{-1}{}^tK \leq V_{\mathcal{D}} = K\left({}^tX_{\mathcal{D}}X_{\mathcal{D}}\right)^{-1}{}^tK$$

ce qui est équivalent à dire (puisque $A \geq B \Leftrightarrow A^{-1} \leq B^{-1}$) que :

$$C_{\mathcal{D}^*} = \left(K\left({}^tX_{\mathcal{D}^*}X_{\mathcal{D}^*}\right)^{-1}{}^tK\right)^{-1} \geq C_{\mathcal{D}} = \left(K\left({}^tX_{\mathcal{D}}X_{\mathcal{D}}\right)^{-1}{}^tK\right)^{-1}.$$

On retrouve donc bien ce qui a été énoncé à la proposition 10.7.

2) Optimalité uniforme pour configurations singulières.

On a supposé jusqu'à présent que les plans utilisés ont une matrice d'information $C_{\mathcal{D}}$ régulière. Cette hypothèse n'est pas toujours vraie, elle est notamment impossible à vérifier pour un plan d'expérience à facteurs qualitatifs (voir le chapitre 8). Deux techniques sont alors classiquement utilisées afin de définir l'optimalité de telles configurations.

La première solution consiste à **rendre la matrice d'information régulière** afin de se ramener au cas classique. Ceci peut être réalisé en supprimant certains paramètres du modèle (comme pour les modèles à effets de blocs en supprimant l'effet moyen général) ou bien en imposant des contraintes d'identification (comme pour les modèles à facteurs qualitatifs). L'une ou l'autre de ces méthodes conduisent mathématiquement à réduire le nombre de colonnes de la matrice du modèle ce qui permet dans la plupart des cas de rendre la matrice d'information régulière.

La deuxième solution consiste à **ne pas modifier** la matrice du modèle et à appliquer directement la seconde relation de la proposition 10.7 disant que le plan d'expérience $\mathcal{D}^*$ est uniformément optimal au sein de la classe Θ si et seulement si :

$$\forall\ \mathcal{D} \in \Theta\ ,\ C_{\mathcal{D}^*} \geq C_{\mathcal{D}}.$$

Le fait que la matrice d'information $C_{\mathcal{D}}$ soit singulière ici n'empèche pas la vérification d'une telle relation (cette matrice admet juste un certain nombre de valeurs propres nulles). Justifions qu'une telle généralisation au cas singulier est mathématiquement licite. Lorsque la matrice d'information $C_{\mathcal{D}}$ est singulière alors le système des équations normales admet une infinité de solutions. D'après le paragraphe 10.2.3 il est classique de considérer une inverse généralisée particulière de cette matrice qui est l'inverse généralisée au sens de Moore-Penrose (notée $C_{\mathcal{D}}^+$). L'intérêt de ce choix est de vérifier les équations normales tout en ayant la relation $V_{\mathcal{D}} = C_{\mathcal{D}}^+$ généralisant le lien existant entre les matrice de dispersion et d'information dans le cas régulier. A partir de ceci il est naturel de dire qu'un plan d'expérience $\mathcal{D}^*$ est uniformément optimal au sein de la classe Θ dès lors que :

$$\forall\, \mathcal{D} \in \Theta \;,\; V_{\mathcal{D}^*} \leq V_{\mathcal{D}} \Leftrightarrow \forall\, \mathcal{D} \in \Theta \;,\; C^+_{\mathcal{D}^*} \leq C^+_{\mathcal{D}}.$$

On montre alors (voir par exemple Collombier [19]) que dans le cadre des inverses généralisées de Moore-Penrose on a encore la relation suivante :

$$A \geq B \Leftrightarrow A^+ \leq B^+.$$

Ceci permet donc d'affirmer en conclusion qu'un plan d'expérience $\mathcal{D}^*$ est uniformément optimal au sein de la classe Θ si et seulement si :

$$\forall\, \mathcal{D} \in \Theta \;,\; V_{\mathcal{D}^*} \leq V_{\mathcal{D}} \Leftrightarrow \forall\, \mathcal{D} \in \Theta \;,\; C_{\mathcal{D}^*} \geq C_{\mathcal{D}}.$$

L'extension de la proposition 10.7 au cas des matrices d'information singulières est ainsi justifiée.

10.4 Critères d'efficacité

10.4.1 Généralités et hypothèses

Le critère d'optimalité uniforme est lié (proposition 10.6) à l'ordre de Lœwner sur les vecteurs des valeurs propres de la matrice ${}^tX_{\mathcal{D}}X_{\mathcal{D}}$ (ou de la matrice d'information $C_{\mathcal{D}}$ de manière plus générale). Ceci peut dans certaines situations poser problème car d'une part ces conditions sont parfois très contraignantes et d'autre part l'ordre est seulement partiel. De plus le critère d'optimalité uniforme ne permet pas d'associer à un plan d'expérience un indicateur numérique rendant compte de la qualité de la matrice d'information. Afin de corriger tout ceci tout en gardant des critères dépendant des valeurs propres de la matrice $C_{\mathcal{D}}$ il est courant de proposer divers **critères d'efficacité**. Les trois principaux sont présentés à la suite.

Supposons tout au long de cette partie que la matrice d'information $C_{\mathcal{D}}$ est régulière quel que soit le plan d'expérience $\mathcal{D}$ utilisé dans la classe Θ. D'après les résultats du paragraphe 10.2.3 ceci permet donc d'affirmer que les matrice d'information $C_{\mathcal{D}}$ et de dispersion $V_{\mathcal{D}}$ sont liées par la relation $C_{\mathcal{D}} = V_{\mathcal{D}}^{-1}$. Si la matrice d'information n'est pas de plein rang alors les résultats obtenus par la suite seront toujours vrais en les appliquant uniquement aux valeurs propres non-nulles de cette matrice.

Tous les critères étudiés ici sont des applications de l'ensemble des plans de la classe Θ dans $\mathbb{R}^+$. Désignons maintenant de manière générale par Φ une telle application :

$$\Phi \;:\; \Theta \rightarrow \mathbb{R}^+ \text{ telle que } \mathcal{D} \in \Theta \longmapsto \Phi\,(\mathcal{D})\,.$$

L'objectif est d'utiliser des applications dépendant seulement de la matrice d'information du plan considéré donc :

$$\forall \mathcal{D} \in \Theta \ , \varPhi(\mathcal{D}) = \varPhi(C_{\mathcal{D}}) \, .$$

Les critères proposés à la suite sont tous construits de manière à ce qu'un plan d'expérience est d'autant plus efficace que la quantité $\varPhi(C_{\mathcal{D}})$ est **faible**. On cherchera donc à minimiser $\varPhi(C_{\mathcal{D}})$ ou, de manière équivalente, à maximiser $\varPhi^{-1}(C_{\mathcal{D}})$. Un plan d'expérience $\mathcal{D}^*$ est qualifié d'**optimal** au sein de la classe Θ si et seulement si :

$$\forall \mathcal{D} \in \Theta \ , \varPhi(C_{\mathcal{D}^*}) \leq \varPhi(C_{\mathcal{D}}) \, .$$

Afin de normaliser l'efficacité des plans d'expérience il est courant en pratique de ne pas mesurer directement l'efficacité du plan $\mathcal{D}$ mais son efficacité **relative** (par rapport à un plan optimal $\mathcal{D}^*$) donnée par :

$$\widetilde{\varPhi}(\mathcal{D}) = \frac{\varPhi(C_{\mathcal{D}^*})}{\varPhi(C_{\mathcal{D}})} .$$

L'avantage principal de cette notion est de ramener toutes les efficacités à une valeur de l'intervalle $[0, 1]$. Un plan d'expérience est alors d'autant meilleur qu'il a une efficacité relative proche de 1.

10.4.2 Le critère de A-efficacité

Pour ce critère un plan d'expérience est d'autant meilleur (pour l'estimation du vecteur β) que la **variance moyenne** des composantes de l'estimateur $\widehat{\beta}$ est faible. Ces diverses variances étant sur la diagonale de la matrice des covariances le critère de A-efficacité (avec A pour *average*) est donc naturellement défini à partir de la trace de la matrice $({}^tX_{\mathcal{D}}X_{\mathcal{D}})^{-1}$. Ceci entraîne la définition plus générale suivante :

Définition 10.8. *Soit un plan d'expérience $\mathcal{D}$ et $C_{\mathcal{D}}$ la matrice d'information associée au vecteur des paramètres estimés. La* **A-efficacité** *de ce plan d'expérience est donnée par :*

$$\varPhi_1(C_{\mathcal{D}}) = \frac{1}{p} \, \mathrm{Trace}\left(C_{\mathcal{D}}^{-1}\right) .$$

Remarques et propriétés.

1) L'application $\varPhi_1$ peut être facilement exprimée en fonction des valeurs propres $\mu_{\mathcal{D}}^{[1]} \leq ... \leq \mu_{\mathcal{D}}^{[p]}$ de la matrice de dispersion $V_{\mathcal{D}}$ puisque $V_{\mathcal{D}} = C_{\mathcal{D}}^{-1}$. D'après le paragraphe 10.2.4 il est donc possible d'exprimer aussi $\varPhi_1$ en fonction des valeurs propres $\lambda_{\mathcal{D}}^{[1]} \geq ... \geq \lambda_{\mathcal{D}}^{[p]}$ de la matrice d'information $C_{\mathcal{D}}$ (généralement plus facile à manier) avec :

$$\mathrm{Trace}\left(C_{\mathcal{D}}^{-1}\right) = \mathrm{Trace}\left(V_{\mathcal{D}}\right) = \sum_{i=1}^{p} \mu_{\mathcal{D}}^{[i]} \quad \text{donc} \quad \varPhi_1(C_{\mathcal{D}}) = \frac{1}{p} \sum_{i=1}^{p} \left(\lambda_{\mathcal{D}}^{[i]}\right)^{-1} .$$

2) D'un point de vue géométrique ce critère est lié à la minimisation de la somme des diamètres de l'ellipsoïde associé à la matrice $V_{\mathcal{D}}$ (voir de manière plus générale la notion d'ellipsoïdes de concentration d'un vecteur aléatoire).

10.4.3 Le critère de D-efficacité

Un des reproches qui peut être fait au critère de A-efficacité (pour l'estimation du vecteur β) est qu'il ne tient pas compte de tous les termes de la matrice de dispersion $({}^tX_{\mathcal{D}}X_{\mathcal{D}})^{-1}$ puisque seule la diagonale est utilisée (*i.e.* les diverses covariances entre couples de composantes de $\hat{\beta}$ sont négligées). Afin de corriger ce problème il est courant d'utiliser le déterminant de la matrice de dispersion $({}^tX_{\mathcal{D}}X_{\mathcal{D}})^{-1}$ comme critère d'efficacité. Un tel déterminant est toujours positif (puisque ${}^tX_{\mathcal{D}}X_{\mathcal{D}}$ ainsi que son inverse sont des matrices définies positives) et plus les éléments de $({}^tX_{\mathcal{D}}X_{\mathcal{D}})^{-1}$ seront "petits" plus ce déterminant sera lui même proche de zéro. Ceci conduit donc au critère de D-efficacité (avec D pour *determinant*) présenté ci-dessous de manière générale à partir de la notion de matrice d'information (en désignant toujours par $|A|$ le déterminant de la matrice A) :

Définition 10.9. *Soit un plan d'expérience $\mathcal{D}$ et $C_{\mathcal{D}}$ la matrice d'information associée au vecteur des paramètres estimés. La* **D-efficacité** *de ce plan d'expérience est donnée par :*

$$\Phi_0(C_{\mathcal{D}}) = \left|C_{\mathcal{D}}^{-1}\right|^{1/p}.$$

Remarques et propriétés.

1) Par propriété des déterminant il n'est pas nécessaire de déterminer l'inverse de la matrice d'information $C_{\mathcal{D}}$ puisque :

$$\Phi_0(C_{\mathcal{D}}) = \left|C_{\mathcal{D}}^{-1}\right|^{1/p} = |C_{\mathcal{D}}|^{-1/p}.$$

Ceci entraîne que Φ_0 peut être exprimé en fonction des valeurs propres $\lambda_{\mathcal{D}}^{[1]} \geq \ldots \geq \lambda_{\mathcal{D}}^{[p]}$ de la matrice $C_{\mathcal{D}}$ (généralement plus facile à manier) avec donc :

$$\Phi_0(C_{\mathcal{D}}) = \left(\prod_{i=1}^{p} \lambda_{\mathcal{D}}^{[i]}\right)^{-1/p}.$$

Remarquons enfin que l'objectif de minimisation de $\Phi_0(C_{\mathcal{D}})$ est équivalent ici à celui de maximisation de la quantité suivante souvent utilisée en pratique :

$$\ln\left(\frac{1}{\Phi_0(C_{\mathcal{D}})}\right) = \frac{1}{p}\sum_{i=1}^{p} \ln \lambda_{\mathcal{D}}^{[i]}.$$

2) Le critère de D-efficacité est **invariant par reparamétrisation affine**. En effet, supposons que l'estimation recherchée soit celle du vecteur $\theta = H\beta + h$

avec H matrice connue et h vecteur connu. La matrice des covariances de l'estimateur des moindres carrés de θ est alors donnée pour tout plan d'expérience $\mathcal{D} \in \Theta$ par :

$$\mathbb{V}\left(\widehat{\theta}\right) = \mathbb{V}\left(H\hat{\beta} + h\right) = H\mathbb{V}\left(\hat{\beta}\right){}^tH = \sigma^2 H \left({}^tX_{\mathcal{D}}X_{\mathcal{D}}\right)^{-1}{}^tH.$$

Il vient par propriété des déterminants :

$$\left|H\left({}^tX_{\mathcal{D}}X_{\mathcal{D}}\right)^{-1}{}^tH\right| = \left|{}^tHH\left({}^tX_{\mathcal{D}}X_{\mathcal{D}}\right)^{-1}\right| = \left|{}^tHH\right|\left|\left({}^tX_{\mathcal{D}}X_{\mathcal{D}}\right)^{-1}\right|$$

avec $|{}^tHH|$ valeur constante quel que soit le plan $\mathcal{D}$ de la classe Θ utilisé (cette valeur ne dépend que du changement de variable effectué). Il en résulte donc que tout plan d'expérience D-optimal pour l'estimation de β est encore D-optimal pour l'estimation de $\theta = H\beta + h$. Une application très intéressante de ce résultat concerne les plans pour facteurs quantitatifs. En effet, tout plan d'expérience D-optimal exprimé en **coordonnées codées** (voir le paragraphe 3.2.1) est encore D-optimal relativement aux coordonnées initiales. Cette robustesse par rapport au changement de variable affine utilisé classiquement pour le codage des facteurs rend ce critère de D-efficacité très populaire en pratique.

3) D'un point de vue géométrique ce critère est lié à la minimisation du volume de l'ellipsoïde associé à la matrice $V_{\mathcal{D}}$ (voir de manière plus générale la notion d'ellipsoïdes de concentration d'un vecteur aléatoire).

10.4.4 Le critère de E-efficacité

Un dernier critère d'usage courant consiste à déterminer (pour l'estimation du vecteur β) le maximum de la forme quadratique ${}^tx\left({}^tX_{\mathcal{D}}X_{\mathcal{D}}\right)^{-1}x$ lorsque x décrit l'ensemble des vecteurs de $\mathbb{R}^p$ de norme 1. Ceci conduit alors au critère de E-efficacité (avec E pour *extremal*) présenté ci-dessous dans le cas général où la matrice ${}^tX_{\mathcal{D}}X_{\mathcal{D}}$ est remplacée par la matrice d'information :

Définition 10.10. *Soit un plan d'expérience $\mathcal{D}$ et $C_{\mathcal{D}}$ la matrice d'information associée au vecteur des paramètres estimés. La* **E-efficacité** *de ce plan d'expérience est donnée par :*

$$\Phi_\infty\left(C_{\mathcal{D}}\right) = \max_{\|x\|=1}\left({}^txC_{\mathcal{D}}^{-1}x\right).$$

Remarques et propriétés.

1) D'après le théorème de représentation extrémale on peut exprimer directement Φ_∞ en fonction des valeurs propres $\mu_{\mathcal{D}}^{[1]} \leq ... \leq \mu_{\mathcal{D}}^{[p]}$ de la matrice de dispersion $V_{\mathcal{D}} = C_{\mathcal{D}}^{-1}$ puisque :

$$\Phi_\infty(\mathcal{D}) = \mu_{\mathcal{D}}^{[p]} = \frac{1}{\lambda_{\mathcal{D}}^{[p]}}.$$

Un plan d'expérience est donc d'autant meilleur pour ce critère de E-efficacité qu'il maximise la quantité $\lambda_{\mathcal{D}}^{[p]}$.

2) D'un point de vue géométrique ce critère est lié à la minimisation du plus grand des diamètres de l'éllipsoïde associé à la matrice $V_{\mathcal{D}}$ (voir de manière plus générale la notion d'ellipsoïdes de concentration d'un vecteur aléatoire).

10.4.5 Le critère général de Φ_q-efficacité

Les trois critères d'efficacité présentés ici ne sont que des cas particuliers d'une classe très générale de critères dits de Φ_q-efficacité. Ces critères, directement liés aux valeurs propres de la matrice d'information $C_{\mathcal{D}}$, sont définis de la manière suivante :

Définition 10.11. *Soit un plan d'expérience $\mathcal{D}$ et $C_{\mathcal{D}}$ la matrice d'information associée au vecteur des paramètres estimés. Désignons par $\lambda_{\mathcal{D}}^{[1]} \geq \ldots \geq \lambda_{\mathcal{D}}^{[p]}$ la suite pleine décroissante des valeurs propres de la matrice $C_{\mathcal{D}}$. Pour tout $0 < q < +\infty$ la* **Φ_q-efficacité** *de ce plan d'expérience est donnée par :*

$$\Phi_q(C_{\mathcal{D}}) = \left(\frac{1}{p}\sum_{i=1}^{p}\left(\lambda_{\mathcal{D}}^{[i]}\right)^{-q}\right)^{\frac{1}{q}}.$$

Lorsque $q = 1$ on retrouve bien le critère de A-efficacité (d'où la notation Φ_1 de la définition 10.8). Remarquons qu'en terme de matrice de dispersion il vient aussi :

$$\Phi_q(C_{\mathcal{D}}) = \left(\frac{1}{p}\operatorname{Trace} C_{\mathcal{D}}^{-q}\right)^{\frac{1}{q}} = \left(\frac{1}{p}\operatorname{Trace} V_{\mathcal{D}}^{q}\right)^{\frac{1}{q}}.$$

Par passage à la limite sur q (en 0 et en $+\infty$) on obtient naturellement les deux généralisations suivantes :

Proposition 10.12. [$\triangleleft$] *Un prolongement par continuité de la fonction Φ_q en 0 ainsi qu'en $+\infty$ permet d'obtenir les deux critères supplémentaires :*

$$\Phi_0(C_{\mathcal{D}}) = \left(\prod_{i=1}^{p}\lambda_{\mathcal{D}}^{[i]}\right)^{-\frac{1}{p}} \text{ et } \Phi_\infty(C_{\mathcal{D}}) = \frac{1}{\lambda_{\mathcal{D}}^{[p]}}.$$

Ceci permet alors de retrouver respectivement les critères de D et E-efficacités (définitions 10.9 et 10.10). De manière générale un plan d'expérience $\mathcal{D}^*$ est qualifié de **Φ_q-optimal** au sein de la classe Θ si et seulement si :

$$\forall\, \mathcal{D} \in \Theta\,,\ \Phi_q(C_{\mathcal{D}^*}) \leq \Phi_q(C_{\mathcal{D}}).$$

10.4.6 Propriétés

Présentons ici quelques propriétés générales de la Φ_q-efficacité valables quelle que soit la valeur de q (elles seront donc directement applicables dans les cas particuliers de A, D et E-efficacité). Ces propriétés sont classiques, une démonstration ne sera pas proposée systématiquement.

Les résultats du paragraphe 10.4.5 montrent que tout critère de Φ_q-efficacité dépend de la matrice d'information $C_\mathcal{D}$ mais peut toujours être ramené à un critère vectoriel par le biais du vecteur des valeurs propres de cette même matrice. En effet, on a (avec toujours $\mu_\mathcal{D}^{[i]} = 1/\lambda_\mathcal{D}^{[i]}$ les valeurs propres de la matrice de dispersion $V_\mathcal{D}$) :

$$\Phi_q\left(C_\mathcal{D}\right) = \left(\frac{1}{p}\sum_{i=1}^{p}\left(\lambda_\mathcal{D}^{[i]}\right)^{-q}\right)^{\frac{1}{q}} = \left(\frac{1}{p}\sum_{i=1}^{p}\left(\mu_\mathcal{D}^{[i]}\right)^{q}\right)^{\frac{1}{q}}.$$

En désignant alors par $\mu_\mathcal{D} \in \mathbb{R}^p$ le vecteur contenant toutes les valeurs propres de la matrice de dispersion $V_\mathcal{D}$ il en résulte que tout critère de Φ_q-efficacité n'est autre qu'une **norme vectorielle** de $\mu_\mathcal{D}$ (à une constante multiplicative près) puisqu'il vient d'après la paragraphe 10.2.2 :

$$\forall\ 0 < q < +\infty\ ,\ \Phi_q\left(C_\mathcal{D}\right) = \left(\frac{1}{p}\right)^{\frac{1}{q}} \left\|\mu_\mathcal{D}\right\|_q.$$

De même pour les valeurs $q = 0$ et $q = +\infty$ la proposition 10.12 entraîne le résultat suivant :

$$\Phi_0\left(C_\mathcal{D}\right) = \left(\left\|\mu_\mathcal{D}\right\|_0\right)^{\frac{1}{p}} \text{ et } \Phi_\infty\left(C_\mathcal{D}\right) = \left\|\mu_\mathcal{D}\right\|_\infty.$$

Il est intéressant maintenant de faire le lien entre les notions de Φ_q-efficacité et d'optimalité uniforme. On a pour cela le résultat suivant :

Proposition 10.13. [$\triangleleft$] *Tout critère de Φ_q-efficacité (avec $0 \leq q \leq +\infty$) est une fonction* **croissante** *pour l'ordre de Lœwner sur les matrices de dispersion, donc :*

$$V_{\mathcal{D}1} \leq V_{\mathcal{D}2} \Rightarrow \Phi_q\left(V_{\mathcal{D}1}\right) \leq \Phi_q\left(V_{\mathcal{D}2}\right).$$

Il est donc équivalent d'énoncer que tout critère de Φ_q-efficacité est une fonction décroissante relativement à l'ordre de Lœwner sur les matrices d'information puisque dès lors que $C_\mathcal{D} = V_\mathcal{D}^{-1}$ on a (puisque $A \geq B \Leftrightarrow A^{-1} \leq B^{-1}$) :

$$C_{\mathcal{D}_1} \geq C_{\mathcal{D}_2} \Rightarrow \Phi_q\left(C_{\mathcal{D}_1}\right) \leq \Phi_q\left(C_{\mathcal{D}_2}\right).$$

Le résultat énoncé à la proposition 10.13 est intéressant car si le plan d'expérience $\mathcal{D}_1$ est uniformément plus efficace que le plan $\mathcal{D}_2$ (*i.e.* $C_{\mathcal{D}_1} \geq C_{\mathcal{D}_2}$ d'après la proposition 10.7) alors ceci implique forcément que le plan $\mathcal{D}_1$

est aussi **Φ_q-plus efficace** que le plan $\mathcal{D}_2$ et ceci pour toute valeur q ($0 \leq q \leq +\infty$). L'optimalité uniforme entraîne donc la Φ_q-optimalité pour toutes les valeur possibles du paramètre q.

La propriété suivante est un résultat d'invariance valable pour tout critère de Φ_q-efficacité. On désigne ici par $O(\mathbb{R}^p)$ le **groupe orthogonal** de $\mathbb{R}^p$ c'est-à-dire l'ensemble des matrices orthogonales de dimension p (cet ensemble muni du produit matriciel a bien une structure de groupe).

Proposition 10.14. [$\triangleleft$] *Tout critère de Φ_q-efficacité (avec $0 \leq q \leq +\infty$) est* **orthogonalement invariant**, *donc :*

$$\forall\, P \in O(\mathbb{R}^p)\ ,\ \Phi_q(C_\mathcal{D}) = \Phi_q\left(PC_\mathcal{D}{}^tP\right).$$

Concrètement, dans le cas où $C_\mathcal{D} = {}^tX_\mathcal{D}X_\mathcal{D}$, la Φ_q-efficacité de tout plan d'expérience est donc identique pour l'estimation du paramètre β ou bien du paramètre $P\beta$ avec P matrice orthogonale. En effet, la matrice des covariances de l'estimateur des moindres carrés $P\hat{\beta}$ est alors donnée par :

$$\mathbb{V}_\mathcal{D}\left(P\hat{\beta}\right) = P\mathbb{V}_\mathcal{D}\left(\hat{\beta}\right){}^tP = \sigma^2 P\left({}^tX_\mathcal{D}X_\mathcal{D}\right)^{-1}{}^tP.$$

Il en résulte donc que la Φ_q-efficacité (avec $0 < q < +\infty$) relative à l'estimation de $P\beta$ (notée Φ_q^*) est :

$$\Phi_q^* = \left(\frac{1}{p}\,\mathrm{Trace}\left(P\left({}^tX_\mathcal{D}X_\mathcal{D}\right)^{-1}{}^tP\right)^q\right)^{\frac{1}{q}}.$$

La matrice P est orthogonale donc $\left(P\left({}^tX_\mathcal{D}X_\mathcal{D}\right)^{-1}{}^tP\right)^{-1} = P\left({}^tX_\mathcal{D}X_\mathcal{D}\right){}^tP$ et :

$$\Phi_q^* = \left(\frac{1}{p}\,\mathrm{Trace}\left(P^tX_\mathcal{D}X_\mathcal{D}{}^tP\right)^{-q}\right)^{\frac{1}{q}} = \Phi_q\left(P^tX_\mathcal{D}X_\mathcal{D}{}^tP\right).$$

D'après la proposition 10.14 on a $\Phi_q\left(P^tX_\mathcal{D}X_\mathcal{D}{}^tP\right) = \Phi_q\left({}^tX_\mathcal{D}X_\mathcal{D}\right)$ et on en déduit donc que la Φ_q-efficacité relative à l'estimation de $P\beta$ est bien égale à la Φ_q-efficacité (classique) relative à l'estimation de β. Ce raisonnement peut être généralisé sans difficulté aux cas $q = 0$ et $q = +\infty$. Remarquons que cette propriété entraîne, de manière tout à fait logique, que si P est une matrice de permutation alors la Φ_q-efficacité est la même pour l'estimation de β et pour l'estimation de $P\beta$.

Enonçons enfin une dernière propriété liée à la convexité de tout critère de Φ_q-efficacité. Considérons ici le critère de Φ_q-efficacité comme fonction des valeurs propres de la matrice d'information $C_\mathcal{D}$. Donc pour $0 < q < +\infty$:

$$\Phi_q(C_\mathcal{D}) = \Phi_q\left(\lambda_\mathcal{D}^{[1]}, \ldots, \lambda_\mathcal{D}^{[p]}\right) = \left(\frac{1}{p}\sum_{i=1}^{p}\left(\lambda_\mathcal{D}^{[i]}\right)^{-q}\right)^{\frac{1}{q}}$$

et pour les cas limites :

$$\Phi_0\left(\lambda_{\mathcal{D}}^{[1]},...,\lambda_{\mathcal{D}}^{[p]}\right)=\left(\prod_{i=1}^{p}\lambda_{\mathcal{D}}^{[i]}\right)^{-\frac{1}{p}} \text{ et } \Phi_\infty\left(\lambda_{\mathcal{D}}^{[1]},...,\lambda_{\mathcal{D}}^{[p]}\right)=\frac{1}{\lambda_{\mathcal{D}}^{[p]}}.$$

Proposition 10.15. *Considérons le critère de Φ_q-efficacité comme fonction des valeurs propres de la matrice d'information $C_{\mathcal{D}}$. Cette fonction de $]0,+\infty[^p$ dans $\mathbb{R}^+$ est* **convexe** *pour tout $0 \leq q \leq +\infty$.*

La démonstration de ce résultat, très calculatoire, n'est pas donnée ici. Il suffit techniquement de déterminer la forme des dérivées partielles secondes de la fonction Φ_q puis de démontrer que la matrice hessienne associée à cette fonction est définie positive (voir, par exemple, Collombier [19]).

10.4.7 Caractérisation des plans d'expérience Φ_q-optimaux

La définition ainsi que les principales propriétés relatives à la notion de Φ_q-efficacité viennent d'être détaillées. Etant donnée une classe Θ de plans d'expérience la recherche d'un plan Φ_q-optimal n'a généralement rien d'évident. C'est pourquoi on propose ici un critère relativement simple, dû à Kiefer [57], permettant de caractériser de telles configurations.

Proposition 10.16. [$\triangleleft$] *Soit une classe de plans d'expérience Θ et $C_{\mathcal{D}}$ la matrice d'information associée au vecteur des paramètres estimés. Notons $\lambda_{\mathcal{D}}^{[1]} \geq ... \geq \lambda_{\mathcal{D}}^{[p]}$ la suite pleine décroissante des valeurs propres de la matrice $C_{\mathcal{D}}$ et $\omega_{\mathcal{D},1},...,\omega_{\mathcal{D},p}$ les éléments diagonaux de cette même matrice. Soit un critère d'efficacité de la forme suivante :*

$$\Phi\left(C_{\mathcal{D}}\right)=\sum_{i=1}^{p} f\left(\lambda_{\mathcal{D}}^{[i]}\right)$$

avec f fonction convexe sur $]0,+\infty[$. Supposons enfin qu'il existe un plan d'expérience $\mathcal{D}^* \in \Theta$ tel que :

$$\textbf{1)}\ C_{\mathcal{D}^*}=aI_p \text{ avec } a\neq 0, \qquad \textbf{2)}\ \sum_{i=1}^{p} f\left(\omega_{\mathcal{D}^*,i}\right)=\min_{\mathcal{D}\in\Theta}\sum_{i=1}^{p} f\left(\omega_{\mathcal{D},i}\right).$$

Le plan $\mathcal{D}^*$ est alors **Φ-optimal** *dans la classe Θ.*

Justifions au préalable que cette proposition peut être appliquée à la plupart des critères de Φ_q-efficacité.

1) Pour la Φ_q-optimalité (avec $0 < q < +\infty$). Le plan d'expérience $\mathcal{D}_1$ est alors Φ_q-plus efficace que le plan $\mathcal{D}_2$ si et seulement si :

$$\begin{aligned}\Phi_q\left(C_{\mathcal{D}_1}\right) \leq \Phi_q\left(C_{\mathcal{D}_2}\right) &\Leftrightarrow \left(\frac{1}{p}\sum_{i=1}^{p}\left(\lambda_{\mathcal{D}_1}^{[i]}\right)^{-q}\right)^{\frac{1}{q}} \leq \left(\frac{1}{p}\sum_{i=1}^{p}\left(\lambda_{\mathcal{D}_2}^{[i]}\right)^{-q}\right)^{\frac{1}{q}} \\ &\Leftrightarrow \sum_{i=1}^{p}\left(\lambda_{\mathcal{D}_1}^{[i]}\right)^{-q} \leq \sum_{i=1}^{p}\left(\lambda_{\mathcal{D}_2}^{[i]}\right)^{-q}.\end{aligned}$$

Il est possible d'utiliser le critère alternatif tel que :

$$\Phi\left(C_{\mathcal{D}}\right) = \sum_{i=1}^{p} f\left(\lambda_{\mathcal{D}}^{[i]}\right) \text{ où } f(x) = \frac{1}{x^q}.$$

Cette fonction f est convexe sur $]0, +\infty[$ (car $f''(x) = q(q+1)x^{-q-2} \geq 0$), la proposition 10.16 englobe donc bien tout critère de Φ_q-efficacité pour $0 < q < +\infty$. En particulier le critère de A-efficacité correspond à l'utilisation de la fonction f telle que $f(x) = 1/x$.

2) Pour la D-optimalité ($q = 0$). Le plan d'expérience $\mathcal{D}_1$ est D-plus efficace que le plan $\mathcal{D}_2$ si et seulement si :

$$\begin{aligned}\Phi_0\left(C_{\mathcal{D}_1}\right) \leq \Phi_0\left(C_{\mathcal{D}_2}\right) &\Leftrightarrow \left(\prod_{i=1}^{p}\lambda_{\mathcal{D}_1}^{[i]}\right)^{-\frac{1}{p}} \leq \left(\prod_{i=1}^{p}\lambda_{\mathcal{D}_2}^{[i]}\right)^{-\frac{1}{p}} \\ &\Leftrightarrow \left(\prod_{i=1}^{p}\lambda_{\mathcal{D}_1}^{[i]}\right)^{-1} \leq \left(\prod_{i=1}^{p}\lambda_{\mathcal{D}_2}^{[i]}\right)^{-1} \\ &\Leftrightarrow \sum_{i=1}^{p} -\ln\left(\lambda_{\mathcal{D}_1}^{[i]}\right) \leq \sum_{i=1}^{p} -\ln\left(\lambda_{\mathcal{D}_2}^{[i]}\right).\end{aligned}$$

On peut donc ici comparer deux plans d'expérience à l'aide du critère alternatif :

$$\Phi\left(C_{\mathcal{D}}\right) = \sum_{i=1}^{p} f\left(\lambda_{\mathcal{D}}^{[i]}\right) \text{ où } f(x) = -\ln(x).$$

La fonction f ainsi définie est convexe sur $]0, +\infty[$ (car $f''(x) = 1/x^2 \geq 0$), la proposition 10.16 englobe donc bien le critère de D-efficacité.

3) Pour la E-optimalité ($q = +\infty$). On a alors :

$$\Phi_\infty\left(C_{\mathcal{D}}\right) = \left(\lambda_{\mathcal{D}}^{[p]}\right)^{-1}.$$

Il n'est pas possible de déterminer une fonction f convexe permettant d'écrire ce critère sous la forme proposée à la proposition 10.16. Cette proposition ne permet donc pas d'obtenir directement des résultats relatifs à la E-optimalité d'un plan d'expérience (on peut néanmoins en obtenir éventuellement sous forme de prolongement par continuité comme dans l'exemple ci-dessous).

Exemple

Considérons un phénomène aléatoire dépendant de $m = 2$ facteurs quantitatifs et cherchons une configuration en $n = 4$ expériences permettant d'ajuster un modèle d'ordre un. Considérons la classe très générale Θ (incluant celle des plans usuels) des plans d'expérience à support dans le domaine expérimental sphérique de rayon $\sqrt{m}$ tels que :

$$\forall\, i, j = 1, ..., m \text{ avec } i \neq j,\, n\,[i] = s_1 \;,\, n\,[ij] = s_{11} \text{ et } n\left[i^2\right] = s_2.$$

D'après le chapitre 3 il est classique dans ce cas de proposer l'utilisation d'un plan factoriel complet $\mathcal{D}^*$. Prouvons que ce choix est le meilleur possible en terme de Φ_q-efficacité. Pour un tel plan d'expérience la première condition de la proposition 10.16 est bien vérifiée puisqu'on a (avec $p = m + 1 = 3$)

$$C_{\mathcal{D}^*} = {}^tX_{\mathcal{D}^*}X_{\mathcal{D}^*} = 4I_p.$$

Si f est la fonction telle que $f\,(x) = 1/x^q$ $(0 < q < +\infty)$ alors :

$$\sum_{i=1}^{p} f\left(\omega_{\mathcal{D}^*,i}\right) = \sum_{i=1}^{3} f\,(4) = 3\left(\frac{1}{4}\right)^q.$$

Soit maintenant un plan $\mathcal{D} \in \Theta$. Par construction la diagonale de la matrice d'information ${}^tX_{\mathcal{D}}X_{\mathcal{D}}$ est le vecteur $(4, s_2, s_2)$, donc :

$$\sum_{i=1}^{p} f\left(\omega_{\mathcal{D},i}\right) = f\,(4) + 2f\,(s_2) = \left(\frac{1}{4}\right)^q + 2\left(\frac{1}{s_2}\right)^q.$$

La seconde condition de la proposition 10.16 est alors vérifiée si et seulement si :

$$\forall\; \mathcal{D} \in \Theta \;,\; \sum_{i=1}^{p} f\left(\omega_{\mathcal{D},i}\right) \geq \sum_{i=1}^{p} f\left(\omega_{\mathcal{D}^*,i}\right)$$

$$\Longleftrightarrow \forall\; \mathcal{D} \in \Theta \;,\; s_2 \leq 4.$$

Or, par hypothèse, tout point est inclu dans la boule $B\,(\sqrt{m})$ donc :

$$\forall\; u = 1, ..., n \;,\; \sum_{i=1}^{m} z_{ui}^2 \leq 2.$$

Il en découle que (puisque $s_2 = \sum_u z_{ui}^2$) :

$$ms_2 = \sum_{i=1}^{m}\sum_{u=1}^{n} z_{ui}^2 = \sum_{u=1}^{n}\left(\sum_{i=1}^{m} z_{ui}^2\right) \leq 2n.$$

Comme ici $n = 4$ et $m = 2$ on obtient bien $s_2 \leq 4$ et donc le plan factoriel complet est $\mathbf{\Phi}_q$**-optimal** pour toute valeur $0 < q < +\infty$. Les D et E-efficacités étant obtenues à l'aide d'un prolongement par continuité de la fonction Φ_q en 0 et $+\infty$ on en déduit (puisque le plan factoriel complet est Φ_q-optimal pour tout q de $\mathbb{R}_+^*$) que ce plan d'expérience est donc aussi **D et E-optimal.**

10.4.8 Plans Φ_q-optimaux obtenus numériquement

On qualifie ici de plan d'expérience Φ_q-optimal "numérique" toute configuration Φ_q-optimale construite de façon algorithmique. De tels plans d'expérience sont proposés par la plupart des logiciels spécialisés. Ils ont un intérêt pratique lorsque les configuration classiques sont jugées de trop grande taille.

Concrètement la recherche de ce type de configuration commence par le choix d'un plan d'expérience de départ, le plus souvent classique, qui va contenir l'ensemble des n points expérimentaux candidats (il s'agit donc en général du plan d'expérience qui est jugé de trop grande taille). L'utilisateur fixe ensuite le nombre maximal $n' < n$ d'expériences qu'il souhaite conserver et l'algorithme utilisé a pour objectif d'extraire des n points initiaux le "meilleur" sous-ensemble en n' points selon le critère de Φ_q-efficacité. Remarquons que le recours à des techniques algorithmiques est ici nécessaire car, même sur des exemples de petite taille, il est généralement impossible d'avoir une approche exhaustive du problème. L'exemple suivant traite le cas (très simple) de la recherche d'un sous-ensemble de 8 points parmi les 16 que constituent les points expérimentaux d'un plan factoriel complet de type $FD\left(2^4, 0\right)$. Les sous-ensembles possibles sont au nombre de $C_{16}^8 = 12870$ ce qui est déjà conséquent.

L'algorithme le plus couramment utilisé pour ce type de recherche est une nouvelle fois l'**algorithme d'échange** déjà présenté au paragraphe 8.7.5 du chapitre 8. Il est mis en oeuvre le plus souvent afin de rechercher des configurations D-optimales. Diverses versions de cet algorithme existent (voir l'ouvrage de Benoist et *al.* [3]) mais elles sont toutes basées sur un principe commun. Dans un premier temps un choix aléatoire de n' expériences est réalisé au sein du plan d'expérience de départ. L'algorithme procède ensuite à divers type d'échanges des expériences (par exemple en remplaçant une expérience à chaque itération) dans le but de converger itérativement vers une valeur maximale du déterminant de la matrice d'information $C_{\mathcal{D}}$. Le choix aléatoire des expériences initiales pouvant avoir une influence sur le résultat final il est courant de réaliser plusieurs tirages initialisant l'algorithme afin de sélectionner au final la meilleure de toutes les solutions.

Exemple

Considérons ici un phénomène aléatoire dépendant de $m = 4$ facteurs quantitatifs et un modèle polynomial de degré un. Partons de la configuration classique qu'est le plan d'expérience factoriel complet constitué par $n = 2^4 = 16$ expériences. Supposons que la réalisation de la totalité de ces 16 expériences est trop coûteuse et que l'on souhaite en effectuer seulement la moitié. D'après l'algorithme d'échange le meilleur plan constitué par $n' = 8$ expériences extraites du plan factoriel complet est alors le plan $\mathcal{D}_1$ défini par la matrice D_1 suivante (source : logiciel Nemrod) :

$$D_1 = \begin{bmatrix} -1 & -1 & -1 & -1 \\ -1 & 1 & -1 & -1 \\ 1 & -1 & 1 & -1 \\ 1 & 1 & 1 & -1 \\ 1 & -1 & -1 & 1 \\ 1 & 1 & -1 & 1 \\ -1 & -1 & 1 & 1 \\ -1 & 1 & 1 & 1 \end{bmatrix}.$$

Le recours à des techniques algorithmiques était inutile ici puisque le plan d'expérience proposé ci-dessus n'est autre que la fraction régulière de résolution III définie par la relation $-\mathbb{I}_8$=`134`. Une telle configuration est bien D-optimale (parmi tous les plans en $n = 8$ expériences extraites du plan factoriel complet) d'après la proposition 10.16. Remarquons que diverses solutions peuvent être proposées par l'algorithme d'échange puisqu'il n'y a pas unicité au niveau de la construction de la fraction régulière (il peut aussi converger vers la fraction régulière telle que $\mathbb{I}_8$=`134`, $\mathbb{I}_8$=`1234`, *etc...*). Réduisons maintenant au maximum la taille du plan d'expérience à utiliser. On peut s'orienter cette fois vers une configuration saturée en $n'' = 5$ expériences. L'algorithme d'échange propose alors le plan d'expérience $\mathcal{D}_2$ défini par la matrice D_2 suivante (source : logiciel Nemrod) :

$$D_2 = \begin{bmatrix} 1 & -1 & -1 & -1 \\ -1 & 1 & -1 & -1 \\ 1 & 1 & 1 & -1 \\ 1 & 1 & -1 & 1 \\ -1 & -1 & 1 & 1 \end{bmatrix}.$$

Il vient (avec la matrice du modèle donnée par $X_{\mathcal{D}_2} = [\ \mathbb{I}_5 \mid D_2\ ]$) :

$$\Phi_0(C_{\mathcal{D}_2}) = \Phi_0({}^tX_{\mathcal{D}_2}X_{\mathcal{D}_2}) = \left|{}^tX_{\mathcal{D}_2}X_{\mathcal{D}_2}\right|^{-1/p} = (2304)^{-1/5} \simeq 0.213.$$

Si l'algorithme d'échange a bien convergé vers une solution qui est un minimum global du déterminant de la matrice d'information alors la configuration sélectionnée ci-dessus est optimale dans la classe des plans en $n'' = 5$ expériences (issues du plan factoriel complet initial). L'extraction de tout autre ensemble de 5 expériences parmi les 16 du plan initial doit donc conduire à des configurations moins efficaces. Les deux exemples suivants (plans $\mathcal{D}_3$ et $\mathcal{D}_4$ de matrices D_3 et D_4) illustrent le fait qu'un tel choix effectué "au hasard" peut s'avérer très mauvais :

$$D_3 = \begin{bmatrix} 1 & -1 & 1 & 1 \\ 1 & -1 & -1 & -1 \\ 1 & -1 & 1 & -1 \\ -1 & -1 & 1 & 1 \\ 1 & -1 & -1 & 1 \end{bmatrix}, \; D_4 = \begin{bmatrix} 1 & 1 & 1 & 1 \\ -1 & -1 & -1 & -1 \\ -1 & 1 & -1 & -1 \\ -1 & -1 & 1 & -1 \\ -1 & -1 & -1 & 1 \end{bmatrix}.$$

Le plan $\mathcal{D}_3$ est inutilisable pour l'estimation de tous les paramètres du modèle (puisque la deuxième colonne de D_3 est colinéaire au vecteur $\mathbb{I}_5$). Concernant maintenant $\mathcal{D}_4$ il vient :

$$\Phi_0(C_{\mathcal{D}_4}) = \Phi_0({}^tX_{\mathcal{D}_4}X_{\mathcal{D}_4}) = \left|{}^tX_{\mathcal{D}_4}X_{\mathcal{D}_4}\right|^{-1/p} = (256)^{-1/5} \simeq 0.330.$$

Ce plan d'expérience est donc moins efficace que $\mathcal{D}_2$ en terme de D-efficacité. Ce type de recherche informatique d'une configuration D-optimale peut aussi être menée avec le logiciel SAS à l'aide de la procédure "Optex" (voir Azaïs et Bardet [1] pour plus de détails). Cette procédure ne fait cependant pas partie de la version de base de ce logiciel.

10.5 Optimalité universelle

10.5.1 Définition

L'exemple du paragraphe 10.4.7 a conduit à la construction de plans Φ_q-optimaux pour toute les valeurs positives de q. Il est évident qu'en pratique on a tout intérêt, si cela est possible, à travailler avec de telles configurations "uniformément" Φ_q-optimales. Ceci est l'objectif principal du critère d'optimalité universelle étudié ici. Ce type de critère a été historiquement introduit par Kiefer [57] puis modifié ou enrichi par bon nombre d'auteurs par la suite. La définition de l'optimalité universelle utilisée dans cette section a été proposée par Bondar [4] et présente l'avantage d'être directement liée aux valeurs propres de la matrice d'information (et donc d'être facilement interprétable par rapport aux critères d'optimalité précédents). De tels critères d'optimalité nécessitent l'utilisation de fonctions nécessairement Schur-convexes. Définissons au préalable cette notion.

Définition 10.17. *Soit Φ une application de $\mathbb{R}^p$ dans $\mathbb{R}$. Une telle application est qualifiée de* **Schur-convexe** *si et seulement si (en désignant encore l'ordre de Schur sur les vecteurs par $\preceq$) :*

$$\forall\, u, v \in \mathbb{R}^p \ , \ u \preceq v \Rightarrow \Phi(u) \leq \Phi(v) \, .$$

Voici la définition de l'optimalité universelle retenue ici. Il a déjà été montré que tout critère de Φ_q-efficacité est orthognalement invariant (proposition 10.14). Une telle propriété va donc obligatoirement être requise pour l'optimalité universelle dans le but à la fois d'englober toute Φ_q-efficacité et aussi d'obtenir un critère dépendant uniquement des valeurs propres de la matrice d'information utilisée.

Définition 10.18. *Soit une classe Θ de plans d'expérience et, pour tout $\mathcal{D} \in \Theta$, $\lambda_{\mathcal{D}} \in \mathbb{R}^p$ le vecteur contenant la suite pleine décroissante des valeurs propres de la matrice d'information $C_{\mathcal{D}}$. Un plan d'expérience $\mathcal{D}^* \in \Theta$ est dit* **universellement optimal** *dans la classe Θ si et seulement si il est optimal pour tout critère Φ à valeurs dans $\mathbb{R}$ vérifiant les propriétés suivantes :*

1) *Φ est* **invariant** *par toute transformation orthogonale,*

2) *Φ est* **décroissant** *par rapport à chacune des composantes $\lambda_{\mathcal{D}}^{[i]}$,*

3) *Φ est une fonction* **Schur-convexe** *en $\lambda_{\mathcal{D}} \in \mathbb{R}^p$.*

La classe de critères proposés à la définition 10.18 englobe bien la classe des critères de Φ_q-efficacité. Ceci découle du fait que :

1) Tout critère de Φ_q-efficacité ($0 \leq q \leq +\infty$) est bien orthogonalement invariant d'après la proposition 10.14.

2) Tout critère de Φ_q-efficacité ($0 \leq q \leq +\infty$) est bien décroisant par rapport à chacune des composantes $\lambda_{\mathcal{D}}^{[i]}$ (ceci découle simplement de la définition générale).

3) Tout critère de Φ_q-efficacité ($0 \leq q \leq +\infty$) est bien une fonction Schur-convexe de $\lambda_{\mathcal{D}} \in \mathbb{R}^p$. Cette propriété est moins évidente à cerner que les deux précédentes. Il est cependant possible d'utiliser un lemme classique (voir par exemple Druilhet [35], lemme 13) disant que pour tout critère $\Phi = \Phi(C)$ avec C matrice carrée on a (en désignant par λ_C le vecteur contenant la suite pleine décroissante des valeurs propres de C) :

$$\begin{aligned} &\Phi \text{ est orthogonalement invariant et } \Phi \text{ est convexe} \\ &\Rightarrow \Phi \text{ est une fonction Schur-convexe en } \lambda_C . \end{aligned}$$

Ceci permet alors de conclure facilement puisque tout critère de Φ_q-efficacité est orthogonalement invariant et il est de même convexe d'après la proposition 10.15.

10.5.2 Propriétés

Voici tout d'abord une caractérisation de l'optimalité universelle en terme d'ordre faible de Schur. Ce résultat est classique (voir par exemple Collombier [19]).

Proposition 10.19. [$\lhd$] *Soit une classe Θ de plans d'expérience et, pour tout $\mathcal{D} \in \Theta$, $\lambda_{\mathcal{D}} \in \mathbb{R}^p$ le vecteur contenant la suite pleine décroissante des valeurs propres de la matrice d'information $C_{\mathcal{D}}$. Un plan d'expérience $\mathcal{D}^* \in \Theta$ est* **universellement optimal** *au sein de la classe Θ si et seulement si :*

$$\forall\, \mathcal{D} \in \Theta \;,\; \lambda_{\mathcal{D}^*} \preceq^{\omega} \lambda_{\mathcal{D}}.$$

Remarquons que ce résultat est proche de celui de la proposition 10.6 relative à l'optimalité uniforme puisqu'on compare dans les deux cas les vecteurs des valeurs propres des matrices d'information (seul l'ordre utilisé change). Il découle aussi de ce résultat que l'optimalité uniforme entraîne l'optimalité universelle. En effet, d'après la proposition 10.6, si un plan d'expérience $\mathcal{D}^*$ est uniformément optimal dans la classe Θ alors ceci entraîne que :

$$\forall\, \mathcal{D} \in \Theta \;,\; \lambda_{\mathcal{D}^*} \succeq_L \lambda_{\mathcal{D}}$$

avec de manière générale $\lambda_{\mathcal{D}} \in \mathbb{R}^p$ vecteur contenant la suite pleine décroissante des valeurs propres de la matrice d'information $C_{\mathcal{D}}$. La définition de l'ordre de Loewner sur les vecteurs (voir le paragraphe 10.2.2) entraîne cependant la relation suivante pour l'ordre faible de Schur sur les vecteurs :

$$u \preceq_L v \Longrightarrow v \preceq^{\omega} u.$$

Il découle donc de cette relation que si $\mathcal{D}^*$ est uniformément optimal dans Θ alors $\lambda_{\mathcal{D}^*} \preceq^{\omega} \lambda_{\mathcal{D}}$ (pour tout $\mathcal{D} \in \Theta$) donc $\mathcal{D}^*$ est universellement optimal dans Θ.

Afin de pouvoir manier plus facilement la notion d'optimalité universelle la condition suffisante d'optimalité présentée ci-dessous est souvent utilisée.

Proposition 10.20. [$\lhd$] *Soit une classe Θ de plans d'expérience et $C_{\mathcal{D}}$ la matrice d'information de $\mathcal{D}$. Soit $\mathcal{D}^* \in \Theta$ un plan d'expérience tel que :*

1) *$C_{\mathcal{D}^*}$ est multiple de l'identité,*

2) $\mathrm{Trace}\,(C_{\mathcal{D}^*}) = \max\limits_{\mathcal{D} \in \Theta} \mathrm{Trace}\,(C_{\mathcal{D}})\,.$

Le plan d'expérience $\mathcal{D}^*$ est alors **universellement optimal** *dans la classe Θ.*

Cette proposition donne donc deux conditions relativement simples à vérifier en pratique permettant dans de nombreux cas de caractériser des configurations universellement optimales (voir la section 10.6 pour des exemple d'applications). La proposition 10.20 n'est cependant applicable que dans des situations où il est possible que la matrice d'information soit multiple de l'identité, c'est-à-dire dans des cas où elle est forcément de plein rang. On a cependant déjà vu qu'il existe des situations où il est structurellement impossible de vérifier une telle propriété. Voici alors une généralisation de la proposition 10.20 adaptée au cas où la matrice d'information est telle que les sommes par lignes ou par colonne sont nulles (c'est par exemple le cas pour des plans d'expérience en blocs à facteurs qualitatifs).

Proposition 10.21. [$\lhd$] *Soit une classe Θ de plans d'expérience et $C_{\mathcal{D}}$ la matrice d'information de $\mathcal{D}$ telle que la somme de ses lignes ou de ses colonnes est égale au vecteur nul. Soit $\mathcal{D}^* \in \Theta$ un plan d'expérience tel que :*

1) *$C_{\mathcal{D}^*}$ est complètement symétrique,*

2) $\text{Trace}\,(C_{\mathcal{D}^*}) = \max\limits_{\mathcal{D}\in\Theta} \text{Trace}\,(C_{\mathcal{D}})$.

Le plan d'expérience $\mathcal{D}^*$ est alors **universellement optimal** *dans la classe Θ.*

10.6 Exemples d'applications

Appliquons maintenant les résultats d'optimalité présentés ici à des configurations étudiées dans les divers chapitres de cet ouvrage. Ceci va permettre de retrouver ce qui avait été énoncé en introduction c'est-à-dire que l'intérêt principal des plans d'expérience classiques construits algébriquement réside dans le fait qu'ils sont bien souvent les "meilleurs" plans possibles selon de multiples critères.

Prenons garde au fait que par la suite la recherche de plans d'expérience optimaux sera effectuée uniquement en comparant des configurations ayant :

1) le même nombre d'expériences,
2) un domaine expérimental identique.

Si la première hypothèse n'est pas vérifiée alors la comparaison n'a concrètement pas de sens en terme de coût expérimental et va bien souvent amener à la conclusion que le meilleur des deux plans d'expérience est tout simplement celui qui a le plus d'expériences. De même si la seconde hypothèse n'est pas vérifiée alors on aboutira souvent à la conclusion que le meilleur des deux plans d'expérience est celui qui a le domaine expérimental le plus étendu. Les deux hypothèses formulées ici vont donc permettre de réaliser des comparaisons licites.

10.6.1 Plans optimaux pour modèles d'ordre un

Ce type de configurations ont été étudiées en détails dans le troisième chapitre de cet ouvrage. La classe des plans usuels (voir la définition 3.3) a été considérée alors. Il s'agit des plans d'expériences tels que les seuls moments non-nuls jusqu'à l'ordre deux sont donnés par :

$$\forall\ i = 1, ..., m\ ,\ n\left[i^2\right] = \sum_{u=1}^{n} z_{ui}^2 = s_2.$$

Il a été prouvé que les configurations de ce type sont d'analyse aisée. Un autre argument en leur faveur est la propriété d'optimalité donnée ci-dessous (en désignant à partir de maintenant par $B(\alpha)$ la boule centrée de rayon α) :

Proposition 10.22. [$\triangleleft$] *Soit un phénomène aléatoire dépendant de m facteurs ajusté à l'aide d'un modèle linéaire d'ordre un et Θ la classe des plans en n expériences distribuées dans le domaine expérimental $B(\sqrt{m})$. Tout plan d'expérience* **usuel** *en n* expériences *tel que :*

$$s_2 = n$$

est **universellement optimal** *dans la classe Θ.*

Ce résultat d'optimalité universelle peut être appliqué à la plupart des configurations du chapitre 3 (voir respectivement les propositions 3.6, 3.16, 3.18 et 3.20) :

1) Tout plan d'expérience **factoriel complet** de type $FD(2^m, 0)$ est universellement optimal dans la classe des configurations en 2^m expériences distribuées dans le domaine expérimental $B(\sqrt{m})$.

2) Toute **fraction régulière** de plan complet de type $FD\left(2_{\text{III}}^{m-q}, 0\right)$ est universellement optimale dans la classe des configurations en 2^{m-q} expériences distribuées dans le domaine expérimental $B(\sqrt{m})$.

3) Tout **plan simplexe** de type $SD(m, 0)$ est universellement optimal dans la classe des configurations saturées en $(m+1)$ expériences distribuées dans le domaine expérimental $B(\sqrt{m})$.

4) Tout plan de **Plackett et Burman** est universellement optimal dans la classe des configurations saturées en $(m+1)$ expériences distribuées dans le domaine expérimental $B(\sqrt{m})$.

Les trois résultats énoncés précedemment ne sont valables que pour des configurations n'ayant pas d'expérience au centre du domaine. Rajouter au moins une expérience centrale à l'un de ces plans optimaux va poser problème car leur matrice d'information relative au vecteur β (contenant l'effet moyen général ainsi que les effets linéaires) ne sera plus multiple de l'identité, ce qui rend donc impossible l'application directe de la proposition 10.20.

Si n_0 points centraux sont ajoutés à un plan d'expérience usuel vérifiant la proposition 10.22 une alternative pour contourner cette difficulté consiste à ne s'intéresser qu'à l'estimation des effets linéaires. La matrice d'information relative à l'estimation de ces effets peut facilement être déterminée d'après les résultats du paragraphe 10.2.3 (troisième point). On vérifie alors aisément que tout plan d'expérience usuel en n expériences, tel que $s_2 = n$, auquel on a rajouté n_0 expériences centrales est encore **universellement optimal** dans la classe des plans d'expériences en n expériences distribuées dans $B\left(\sqrt{m}\right)$ avec n_0 expériences centrales.

10.6.2 Plans optimaux pour modèles avec interactions

Considérons ici les modèles incluant des effets d'interactions d'ordre deux, étudiés en détails dans le quatrième chapitre de cet ouvrage. Il a été alors présenté, de manière très générale, la classe des plans dits usuels (voir la définition 4.1). Il s'agit donc des plans d'expérience tels que tous les moments impairs jusqu'à l'ordre quatre sont nuls et ($\forall\ i, j = 1, ..., m$ tels que $i \neq j$) :

$$n\left[i^2\right] = \sum_{u=1}^{n} z_{ui}^2 = s_2 \text{ et } n\left[i^2 j^2\right] = \sum_{u=1}^{n} z_{ui}^2 z_{uj}^2 = s_{22}.$$

L'analyse statistique de telles configurations est très aisée. Un autre argument en faveur de leur utilisation est la propriété d'optimalité donnée ci-dessous :

Proposition 10.23. [$\triangleleft$] *Soit un phénomène aléatoire dépendant de m facteurs ajusté à l'aide d'un modèle linéaire à effets d'interactions d'ordre deux et Θ la classe des plans en n expériences distribuées dans le domaine expérimental $B\left(\sqrt{m}\right)$. Tout plan d'expérience* **usuel** *en n* expériences *tel que :*

$$s_2 = s_{22} = n$$

est **universellement optimal** *dans la classe Θ.*

Ce résultat d'optimalité universelle peut maintenant être appliqué à la plupart des configurations pour interactions d'ordre deux étudiées dans le chapitre 4. Il vient alors (voir respectivement les propositions 4.4 et 4.5) :

1) Tout plan d'expérience **factoriel complet** de type $FD\left(2^m, 0\right)$ est universellement optimal dans la classe des configurations en 2^m expériences distribuées dans le domaine expérimental $B\left(\sqrt{m}\right)$.

2) Toute **fraction régulière** de plan complet de type $FD\left(2_{\mathrm{V}}^{m-q}, 0\right)$ est universellement optimale dans la classe des configurations en 2^{m-q} expériences distribuées dans le domaine expérimental $B\left(\sqrt{m}\right)$.

Tout comme dans le paragraphe précédent remarquons que les deux résultats énoncés ici ne sont plus valables lorsqu'au moins une expérience centrale a été rajoutée (car alors la matrice d'information relative au vecteur β n'est plus multiple de l'identité de donc la proposition 10.20 n'est plus applicable). Une nouvelle fois il est cependant possible de garder des configurations **universellement optimales** en se restreignant à l'estimation des effets linéaires et d'interaction (*i.e.* en supprimant l'estimation de l'effet moyen général).

10.6.3 Plans optimaux pour surfaces de réponse

Considérons ici les plans d'expérience pour surface de réponse, c'est-à-dire pour modèles d'ordre deux complets. De telles configurations ont été étudiées en détails dans le cinquième chapitre de cet ouvrage. Il a été prouvé que l'introduction d'effets quadratiques rend impossible l'obtention d'une matrice d'information diagonale. La situation est donc plus complexe maintenant car la proposition 10.20 n'est pas applicable. C'est pourquoi on s'oriente vers des techniques permettant de déterminer des configurations A, D ou bien E-optimales. Considérons une nouvelle fois la classe générale des plans d'expérience usuels pour surfaces de réponse (voir la définition 5.1). Il s'agit donc des plans tels que tous les moments impairs jusqu'à l'ordre quatre sont nuls et ($\forall\ i,j=1,...,m$ tels que $i\neq j$) :

$$n\left[i^2\right]=\sum_{u=1}^{n} z_{ui}^2=s_2,\ n\left[i^2j^2\right]=\sum_{u=1}^{n} z_{ui}^2 z_{uj}^2=s_{22},\ n\left[i^4\right]=\sum_{u=1}^{n} z_{ui}^4=s_4.$$

On vérifie que les A, D et E-efficacités de tout plan d'expérience usuel peuvent facilement être déterminées explicitement à l'aide des relations suivantes :

Proposition 10.24. [$\lhd$] *Soit un phénomène aléatoire dépendant de m facteurs ajusté à l'aide d'un modèle linéaire d'ordre deux. Pour tout plan d'expérience* **usuel** *on a les résultats suivants pour l'estimation de tous les paramètres du modèle :*

1) *La* **A-efficacité** *du plan d'expérience est donnée par :*

$$\Phi_1\left(C_{\mathcal{D}}\right)=\frac{1}{p}\left[\frac{(m-1)}{s_4-s_{22}}+\frac{m}{s_2}+\frac{m\,(m-1)}{2s_{22}}+\frac{n+s_4+(m-1)\,s_{22}}{\Delta_1}\right]$$

en notant $\Delta_1=n\left(s_4+(m-1)\,s_{22}\right)-ms_2^2$.

2) *La* **D-efficacité** *du plan d'expérience est donnée par :*

$$\Phi_0\left(C_{\mathcal{D}}\right)=\left(\left(s_4-s_{22}\right)^{m-1}s_2^m s_{22}^{m(m-1)/2}\Delta_1\right)^{-1/p}$$

3) *La* **E-efficacité** *du plan d'expérience est donnée par :*

$$\Phi_\infty\left(C_\mathcal{D}\right) = \min\left(\frac{1}{s_4 - s_{22}}, \frac{1}{s_2}, \frac{1}{s_{22}}, \frac{2}{\Delta_2}\right)$$

en notant $\Delta_2 = ns_4 + (m-1)\,s_{22} - \sqrt{\left(n - s_4 - (m-1)\,s_{22}\right)^2 + 4ms_2^2}$.

Les résulats de la proposition 10.24 permettent de comparer très facilement des plans d'expérience usuels entre eux sans avoir recours aux moyens informatiques nécessaires à la recherche numérique des valeurs propres des différentes matrices d'information. Ces résultats sont particulièrement intéressants pour le problème de choix du paramètre α (distance des points axiaux au centre du domaine) des plans d'expérience composites centrés. Il a été montré au paragraphe 5.3.2 que la valeur du paramètre α peut être choisie dans le but d'obtenir certaines propriétés (isovariance par transformations orthogonales, presque-orthognalité, *etc...*). Ce choix peut aussi naturellement être effectué dans le but d'obtenir une configuration la plus efficace possible. Pour tout plan composite centré sous forme générale (voir la définition 5.7) il est possible d'appliquer la proposition 10.24 avec les valeurs suivantes :

$$s_2 = 2^{m-q} + 2\alpha^2 \ , \ s_4 = 2^{m-q} + 2\alpha^4 \text{ et } s_{22} = 2^{m-q}.$$

Utilisons ceci afin de déterminer des valeurs optimales pour le paramètre α. Voici tout d'abord quelques exemples graphiques. Chacun de ces exemples donne une représentation du critère d'efficacité choisi lorsque le paramètre α varie (classiquement) dans l'intervalle $[\,0, \sqrt{m}\,]$. Afin de se ramener systématiquement à un objectif de maximisation on représente ici des **efficacités relatives** (voir le paragraphe 10.4.1) qui sont donc égales au rapport $\Phi\left(C_{\mathcal{D}^*}\right)/\Phi\left(C_\mathcal{D}\right)$ où $\mathcal{D}^*$ est le plan d'expérience optimal trouvé (*i.e.* associé ici à la valeur α^* optimale).

La figure 10.1 représente la A-efficacité pour des plans d'expérience composites centrés à 3 facteurs.

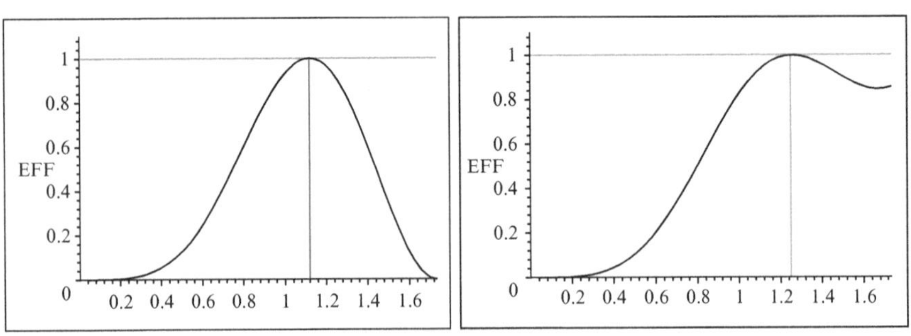

Fig. 10.1.
A-efficacité relative du $CCD\left(2^3, \alpha, n_0\right)$ pour $n_0 = 0$ et $n_0 = 1$.

La figure de gauche correspond au cas sans expérience au centre du domaine, la figure de droite en contient $n_0 = 1$. Les valeurs optimales pour le paramètre α sont alors respectivement égales à 1.12 et 1.255. La figure 10.2 représente cette fois le critère de D-efficacité pour des plans composites centré à 4 facteurs.

La figure de gauche correspond au cas où il n'y a pas d'expérience au centre du domaine, la figure de droite en contient $n_0 = 2$. Les valeurs optimales pour le paramètre α sont alors respectivement égales à 1.767 et 2 (*i.e.* la situation optimale est obtenue dans le second cas lorsque les points axiaux sont positionnés à la limite du domaine expérimental).

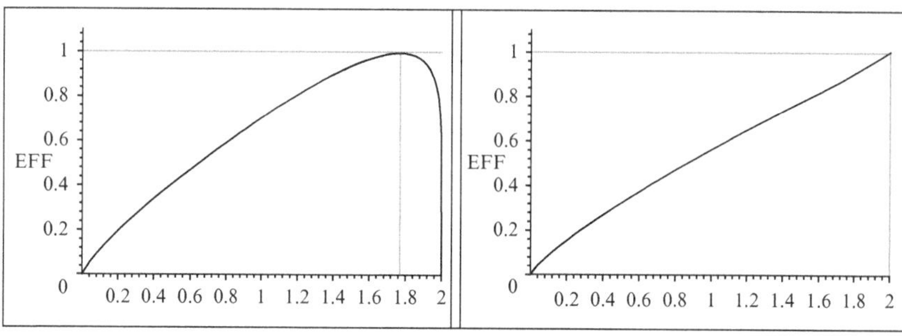

Fig. 10.2.
D-efficacité relative du $CCD\left(2^4, \alpha, n_0\right)$ pour $n_0 = 0$ et $n_0 = 2$.

Enfin, la figure 10.3 représente le critère de E-efficacité pour des plans composites centré à 5 facteurs (en utilisant ici pour la partie factorielle une fraction régulière de résolution V). La figure de gauche correspond au cas où il n'y a pas d'expérience au centre du domaine, la figure de droite en contient $n_0 = 3$. Les valeurs optimales pour le paramètre α sont alors respectivement égales à 1.183 et 1.294.

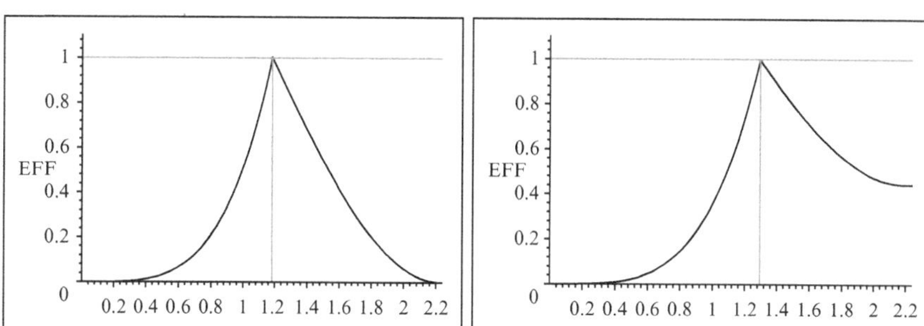

Fig. 10.3.
E-efficacité relative du $CCD\left(2^{5-1}, \alpha, n_0\right)$ pour $n_0 = 0$ et $n_0 = 3$.

De manière plus générale les diverses valeurs optimales pour le paramètre α sont résumées dans les deux tables suivantes (pour un nombre de facteurs allant de 2 à 10 et l'utilisation pour la partie factorielle des fractions régulières de résolution V de plus petite taille possible).

Table 10.1. Valeurs de α optimales (pas d'expérience centrale).

	A-optimalité	D-optimalité	E-optimalité
$CCD\left(2^2, \alpha, 0\right)$	0.869	1.075	0.817
$CCD\left(2^3, \alpha, 0\right)$	1.120	1.466	0.971
$CCD\left(2^4, \alpha, 0\right)$	1.327	1.767	1.094
$CCD\left(2_V^{5-1}, \alpha, 0\right)$	1.496	2.036	1.183
$CCD\left(2_V^{6-1}, \alpha, 0\right)$	1.661	2.260	1.271
$CCD\left(2_V^{7-1}, \alpha, 0\right)$	1.810	2.464	1.356
$CCD\left(2_V^{8-2}, \alpha, 0\right)$	1.941	2.661	1.407
$CCD\left(2_V^{9-2}, \alpha, 0\right)$	2.070	2.838	1.467
$CCD\left(2_V^{10-3}, \alpha, 0\right)$	2.186	3.010	1.518

On constate pour les trois représentations graphiques précédentes que l'efficacité relative est chaque fois nulle lorsque les points axiaux sont positionnés à la limite du domaine expérimental (*i.e.* $\alpha = \sqrt{m}$) et qu'aucune expérience au centre n'est réalisée. Ce phénomène est très général, il est dû au fait que dans une telle situation toutes les expériences du plan composite centré sont situées à la même distance de l'origine et donc le plan d'expérience est à matrice d'information non-inversible d'après la proposition 5.2 (*i.e.* admet au moins une valeur propre nulle) donc tout critère de Φ_q-efficacité a une valeur infinie (ou de manière équivalente l'efficacité relative est nulle). Voila donc pourquoi il est structurellement **impossible**, en l'absence d'expériences au centre du domaine expérimental, d'obtenir une configuration efficace en rejetant les points axiaux aux limites du domaine expérimental (sphérique de rayon $\sqrt{m}$). La table 10.1 résume ces différentes situations avec pour chaque plan d'expérience de type $CCD\left(2_V^{m-q}, \alpha, n_0\right)$ les valeurs optimales du paramètre α permettant d'atteindre les objectifs de A, D ou bien E-efficacité.

Considérons maintenant la situation où au moins une expérience a été menée au centre du domaine expérimental. Dans ce cas là le plan d'expérience composite centré est bien régulier pour toute valeur du paramètre α dans l'intervalle $\left]\, 0, \sqrt{m}\, \right]$. La table 10.2 donne les différentes valeurs de ce paramètre permettant d'atteindre l'objectif de A, D ou E-optimalité. Pour chaque situation trois valeurs ont été déterminées, elles correspondent (de haut en bas) aux nombres d'expériences centrales égales à 1, 2 et 3 (valeurs très courantes en pratique).

Table 10.2.
Valeurs de α optimales (au moins une expérience centrale).

	A-optimalité	D-optimalité	E-optimalité
$CCD\,(2^2, \alpha, n_0)$	1.031	1.414	0.887
	1.414	1.414	0.947
	1.414	1.414	1.000
$CCD\,(2^3, \alpha, n_0)$	1.255	1.732	1.027
	1.732	1.732	1.077
	1.732	1.732	1.122
$CCD\,(2^4, \alpha, n_0)$	1.443	2.000	1.140
	1.598	2.000	1.183
	2.000	2.000	1.222
$CCD\,(2_V^{5-1}, \alpha, n_0)$	1.605	2.236	1.222
	1.743	2.236	1.259
	2.236	2.236	1.294
$CCD\,(2_V^{6-1}, \alpha, n_0)$	1.757	2.499	1.306
	1.866	2.499	1.339
	2.014	2.499	1.370
$CCD\,(2_V^{7-1}, \alpha, n_0)$	1.897	2.646	1.377
	1.992	2.646	1.407
	2.102	2.646	1.436
$CCD\,(2_V^{8-2}, \alpha, n_0)$	2.023	2.828	1.436
	2.112	2.828	1.463
	2.213	2.828	1.489
$CCD\,(2_V^{9-2}, \alpha, n_0)$	2.147	3.000	1.493
	2.228	3.000	1.518
	2.317	3.000	1.542
$CCD\,(2_V^{10-3}, \alpha, n_0)$	2.259	3.162	1.542
	2.336	3.162	1.565
	2.419	3.162	1.588

Les résultats relatifs à la D-optimalité sont particuliers car à chaque fois le paramètre α optimal prend la plus grande valeur possible. Ceci traduit en fait un comportement classique car généralement un plan d'expérience est d'autant plus D-efficace que ses points sont rejetés aux limites du domaine expérimental (si, bien entendu, cela n'engendre pas une singularité). Ces valeurs permettant d'obtenir la D-optimalité du plan composite centré sont de plus encore les mêmes quel que soit le nombre d'expériences centrales réalisées. Ce type de configuration est intéressante car elle coïncide donc avec la notion de plan d'expérience équiradial (exception faite des expériences centrales) et parfois aussi avec celle de plan d'expérience isovariant. Remarquons enfin que la valeur de α associée à la A-optimalité atteint aussi toujours la valeur extrême $\alpha = \sqrt{m}$ dès lors que le nombre d'expériences centrales est suffisamment grand (par exemple pour $m = 10$ facteurs on vérifie que ce résultat est obtenu dès lors que $n_0 \geq 6$).

10.6.4 Plans optimaux pour modèles à effets de blocs

Considérons ici les plans d'expérience incluant des effets de blocs. De telles configurations ont été étudiées en détails dans le sixième chapitre de cet ouvrage. Plaçons-nous dans la classe très générale des plans d'expériences usuels (voir la définition 6.1). Il s'agit donc de considérer des plans usuels pour le modèle d'ordre deux tels que tous leurs moments par blocs impairs sont nuls jusqu'à l'ordre deux et tous les moments pairs d'ordre deux sont égaux à une même valeur (notée μ_l) pour le bloc l ($l = 1, ..., b$). Réaliser une analyse comparable à celle du paragraphe précédent devient beaucoup plus complexe ici. En effet, la recherche directe des différentes efficacités découle de la connaissance des valeurs propres de la matrice d'information qui est maintenant (à un coefficient près) la **matrice des moments généralisée** (plus difficile à manier que la matrice des moments du cas sans bloc). Dans une optique de recherche de Φ_q-efficacité le critère obtenu va encore dépendre des caractéristiques s_2, s_4 et s_{22} associées à la géométrie du plan d'expérience mais aussi de la façon dont le blocage à été réalisé.

Il est cependant possible d'obtenir certains résultats dans le cas particulier de la D-efficacité. La proposition suivante permet de réaliser un choix optimal pour les blocs du plan d'expérience considéré avec comme objectif l'obtention de la meilleure D–efficacité pour l'ensemble de tous les paramètres inconnus du modèle (effets de blocs, linéaires, quadratiques et d'interactions).

Proposition 10.25. [$\lhd$] *Soit un phénomène aléatoire en m facteurs, un plan d'expérience $\mathcal{D}$ et $\Theta(k_1, ..., k_b)$ la classe des plans usuels en b blocs, de tailles respectives $k_1, ..., k_b$, obtenus à partir du plan $\mathcal{D}$. S'il existe dans cette classe un plan* **bloqué orthogonalement** *alors il est* **D-optimal** *dans la classe $\Theta(k_1, ..., k_b)$.*

Ce résultat montre donc qu'il est préférable (si cela est possible) d'utiliser des configurations bloquées orthogonalement. Ceci avait déjà été conseillé dans le chapitre six afin de pouvoir simplifier l'analyse du modèle à effets de blocs. De manière plus générale on a aussi le résultat suivant si aucune contrainte n'est imposée relativement à la taille de chacun des blocs :

Proposition 10.26. [$\lhd$] *Soit un phénomène aléatoire en m facteurs, un plan d'expérience $\mathcal{D}$ et Θ la classe des plans usuels en b blocs obtenus à partir du plan $\mathcal{D}$. S'il existe dans cette classe un plan* **bloqué orthogonalement en blocs de même taille** *alors il est* **D-optimal** *dans la classe Θ.*

Relativement à la D-efficacité la meilleure structure en blocs possible est donc celle d'un plan d'expérience à la fois bloqué orthogonalement et en blocs constitués par le même nombre d'expériences. Le résultat suivant fait maintenant le lien entre la recherche d'un plan en blocs D-optimal et la même recherche sans bloc :

Proposition 10.27. [$\lhd$] *Soit un phénomène aléatoire en m facteurs ajusté à l'aide d'un modèle linéaire d'ordre deux en blocs, Θ une classe de plans d'expérience usuels et $\Theta(k_1, ..., k_b)$ la classe de ces mêmes plans décomposés en plans usuels en blocs de tailles respectives $k_1, ..., k_b$. Si $\mathcal{D}$ est un plan d'expérience D-optimal dans Θ pour le cas sans bloc et si $\mathcal{D}$ peut être* **bloqué orthogonalement** *alors le plan d'expérience $\mathcal{D}$ est encore* **D-optimal** *dans la classe $\Theta(k_1, ..., k_b)$ pour le modèle à effets de blocs.*

Illustrons ceci à l'aide d'un exemple de plans d'expérience classiques.

Exemple

Considérons ici la classe $\Theta(8 + n_1, 6 + n_2)$ des plans d'expérience composites centrés pour $m = 3$ facteurs de type $CCD\left(2^3, \alpha, n_0\right)$ (avec $0 < \alpha \leq \sqrt{3}$) décomposés selon les deux blocs suivants :

`Bloc 1` : partie factorielle et n_1 points centraux,
`Bloc 2` : partie axiale et n_2 points centraux.

On sait que lorsque le nombre d'expériences centrales $n_0 = n_1 + n_2$ est strictement supérieur à zéro la D-optimalité est obtenue, pour le cas sans bloc, lorsque $\alpha = \sqrt{3}$. Le blocage orthogonal est vérifié pour cette valeur de α si et seulement si :

$$\mu_1 = \mu_2 \Leftrightarrow \frac{8}{8 + n_1} = \frac{6}{6 + n_2} \Leftrightarrow 3n_1 = 4n_2.$$

On en déduit que, par exemple, le plan d'expérience composite centré de type $CCD\left(2^3, \sqrt{3}, 7\right)$ avec $n_1 = 3$ expériences centrales dans le bloc 1 et $n_2 = 4$ dans le bloc 2 est D-optimal dans la classe $\Theta(11, 10)$.

10.6.5 Plans optimaux pour modèles à facteurs qualitatifs

Considérons pour terminer la situation des plans d'expérience pour facteurs qualitatifs et plus particulièrement le cas des configurations décomposées en blocs. Ce sujet a été étudié en détails dans le chapitre 9. Il a été montré qu'afin de pouvoir analyser facilement le modèle à l'aide d'un petit nombre d'expériences il est recommandé d'utiliser des plans en blocs incomplets équilibrés (BIBD). Rappelons que lorsque h traitements sont répartis en b blocs une configuration est un BIBD si et seulement si :

1) chaque bloc est constitué par k expériences (avec $k < h$),
2) chaque traitement apparaît dans r blocs,
3) chaque paire de traitements apparaît dans λ blocs.

Tout BIBD vérifie aussi la propriété suivante d'optimalité :

Proposition 10.28 [$\lhd$] *Soit un phénomène aléatoire faisant intervenir un facteur qualitatif à h modalités analysé à l'aide d'un plan d'expérience en b blocs. Soit Θ la classe des plans d'expérience binaires en blocs de même taille k pour l'estimation des effets des traitements. Tout plan d'expérience en* **blocs incomplets équilibrés** *(BIBD) est alors* **universellement optimal** *dans la classe Θ.*

Illustrons ce résultat à l'aide d'un exemple d'application.

Exemple

Considérons un plan d'expérience pour un facteur qualitatif à $h = 7$ traitements en $b = 7$ blocs constitués chacun par $k = 3$ expériences. Voici deux configurations possibles :

Plan d'expérience 1

0	1		3				Bloc 1
	1	2		4			Bloc 2
		2	3		5		Bloc 3
			3	4		6	Bloc 4
0				4	5		Bloc 5
	1				5	6	Bloc 6
0		2				6	Bloc 7

Plan d'expérience 2

0	1	2					Bloc 1
	1	2	3				Bloc 2
		2	3	4			Bloc 3
			3	4	5		Bloc 4
				4	5	6	Bloc 5
0					5	6	Bloc 6
0	1					6	Bloc 7

Le plan 1 est un BIBD de type $BIBD(7,7,3,3,1)$. Ce BIBD, qui n'est autre qu'un plan cyclique obtenu à l'aide du générateur $\Phi = \{0,1,3\}$, a déjà été utilisé pour l'exemple d'application du chapitre 9 (voir la section 9.7), il est construit à l'aide de la méthode des différences. Le plan d'expérience 2 est un plan cyclique obtenu à l'aide du générateur $\Phi = \{0,1,2\}$ et n'est pas un BIBD (car chaque paire de traitements n'apparait pas dans un même nombre de blocs).
Vérifions que (par exemple) le plan d'expérience 1 est bien plus efficace que le plan d'expérience 2 pour les critères usuels de A, D et E-efficacité. Le plan 1 étant un BIBD la matrice d'information pour l'estimation des effets des traitements est donnée par (voir le paragraphe 9.4) :

$$C_T^{[1]} = rI_h - \frac{1}{k}N^tN = \left(r - \frac{r}{k} + \frac{\lambda}{k}\right) I_h - \frac{\lambda}{k} J_h = \frac{1}{3}\left(7I_7 - J_7\right)$$

puisque $r = 3$ (nombre d'occurence de chacun des traitements) et $\lambda = 1$ (nombre d'apparitions de chaque paire de traitements au sein des blocs). On en déduit que la matrice d'information du plan d'expérience 1 admet alors pour unique valeur propre non-nulle :

$$\frac{7}{3} \simeq 2.333 \text{ d'ordre de multiplicité égal à } 6.$$

Considérons maintenant le plan d'expérience numéro 2. Comme il est à la fois équiréplіqué et en blocs de même taille sa matrice d'information pour l'estimation des effets des traitements est encore donnée par :

$$C_T^{[2]} = rI_h - \frac{1}{k}N^tN = 3I_h - \frac{1}{3}N^tN.$$

D'après la structure du plan la matrice de concordance est ici :

$$N^tN = \begin{bmatrix} 3 & 2 & 1 & 0 & 0 & 1 & 2 \\ 2 & 3 & 2 & 1 & 0 & 0 & 1 \\ 1 & 2 & 3 & 2 & 1 & 0 & 0 \\ 0 & 1 & 2 & 3 & 2 & 1 & 0 \\ 0 & 0 & 1 & 2 & 3 & 2 & 1 \\ 1 & 0 & 0 & 1 & 2 & 3 & 2 \\ 2 & 1 & 0 & 0 & 1 & 2 & 3 \end{bmatrix}.$$

On en déduit que :

$$C_T^{[2]} = \begin{bmatrix} 2 & -2/3 & -1/3 & 0 & 0 & -1/3 & -2/3 \\ -2/3 & 2 & -2/3 & -1/3 & 0 & 0 & -1/3 \\ -1/3 & -2/3 & 2 & -2/3 & -1/3 & 0 & 0 \\ 0 & -1/3 & -2/3 & 2 & -2/3 & -1/3 & 0 \\ 0 & 0 & -1/3 & -2/3 & 2 & -2/3 & -1/3 \\ -1/3 & 0 & 0 & -1/3 & -2/3 & 2 & -2/3 \\ -2/3 & -1/3 & 0 & 0 & -1/3 & -2/3 & 2 \end{bmatrix}.$$

Les valeurs propres non-nulles de cette matrice d'information sont alors (utiliser un logiciel) :

1.317 d'ordre de multiplicité égal à 2,
2.786 d'ordre de multiplicité égal à 2,
2.897 d'ordre de multiplicité égal à 2.

En se limitant aux seules valeurs propres non-nulles (donc avec $p = 6$) on obtient donc les efficacités suivantes pour les deux plans :

Pour la A-efficacité :

$$\Phi_1\left(C_T^{[1]}\right) = 0.429 < \Phi_1\left(C_T^{[2]}\right) = 0.488.$$

Pour la D-efficacité :

$$\Phi_0\left(C_T^{[1]}\right) = 0.429 < \Phi_0\left(C_T^{[2]}\right) = 0.455.$$

Pour la E-efficacité :

$$\Phi_\infty\left(C_T^{[1]}\right) = 0.429 < \Phi_\infty\left(C_T^{[2]}\right) = 0.759.$$

Ceci montre bien que le plan d'expérience 1 est **meilleur** que le plan d'expérience 2 concernant à la fois les critères de A, D et E efficacité. Ce résultat est logique puisque d'après la proposition 10.28 le plan d'expérience 1 est universellement optimal et cette optimalité entraîne l'optimalité relativement à tout critère de Φ_p-efficacité pour $0 \leq p \leq +\infty$. Remarquons aussi que pour le plan 1 les A, D et E efficacités sont identiques. Ceci est toujours le cas pour un plan d'expérience à matrice d'information complètement symétrique.

10.7 Résumé

Divers types d'optimalités pour les plans d'expérience ont été présentées durant ce chapitre. Il s'agit de :

1) l'optimalité **uniforme**, basée sur l'ordre de Lœwner sur les matrices de dispersion ou d'information (relation très forte mais parfois impossible à obtenir),

2) les **A, D et E** optimalités, basées respectivement sur la comparaison des traces, déterminants et plus grande valeur propre de la matrice de dispersion,

3) la $\mathbf{\Phi_q}$-optimalité, qui a pour but de généraliser les trois types d'optimalités précédentes,

4) l'optimalité **universelle**, qui a pour but d'englober l'ensemble des critères de $\mathbf{\Phi_q}$-optimalité.

D'après tous les résultats de ce chapitre les liens entre ces diverses optimalités sont résumés dans la figure ci-dessous (par Φ_q-optimalité "uniforme" on entend ici une Φ_q-optimalité vérifiée pour tout $0 \leq q \leq +\infty$).

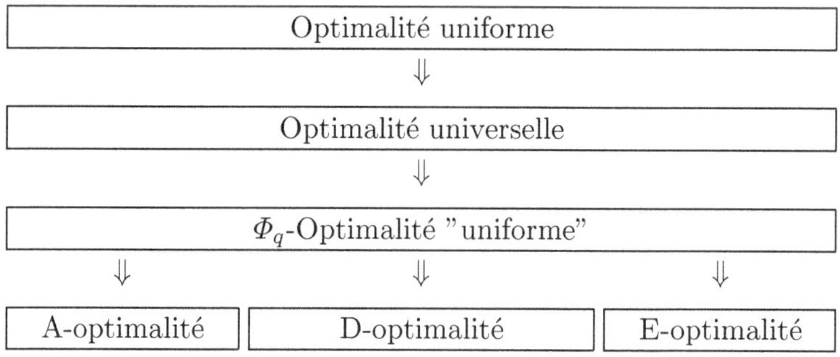
Optimalité uniforme
Optimalité universelle
Φ_q-Optimalité "uniforme"
A-optimalité
D-optimalité
E-optimalité

COMPLEMENTS

10.8 (Compléments) Démonstrations

Commençons par énoncer le lemme suivant, très utile par la suite afin de déterminer l'ensemble des valeurs propres des matrices d'information de la forme ${}^tX_{\mathcal{D}}X_{\mathcal{D}}$ lorsqu'un modèle polynomial du second degré est utilisé.

Lemme 10.A. *Soit la matrice M carrée d'ordre $(m+1)$ telle que (avec $a,b,c \in \mathbb{R}$) :*

$$M = \begin{bmatrix} n & a\,{}^t\mathbb{I}_m \\ a\mathbb{I}_m & (b-c)\,I_m + cJ_m \end{bmatrix}$$

Cette matrice admet alors un maximum de trois valeurs propres distinctes données explicitement par :

$$\begin{cases} b-c \\ \dfrac{1}{2}\left(n+b+(m-1)\,c+\sqrt{(n-b-(m-1)\,c)^2+4ma^2}\right) \\ \dfrac{1}{2}\left(n+b+(m-1)\,c-\sqrt{(n-b-(m-1)\,c)^2+4ma^2}\right) \end{cases}$$

Leurs ordres de multiplicité sont de plus respectivement $(m-1)$, 1 et 1.

Démonstration. Remarquons au préalable que la sous-matrice $(b-c)\,I_m + cJ_m$ est complètement symétrique et admet donc tout contraste de $\mathbb{R}^m$ comme vecteur propre. Ceci incite à chercher des vecteurs propres de la matrice M sous la forme :

$$v = \left(\frac{0}{w}\right) \in \mathbb{R}^{m+1} \text{ avec } w \text{ contraste de } \mathbb{R}^m \;(i.e.\ {}^t\mathbb{I}_m w = 0).$$

Il est alors clair que pour tout vecteur v de cette forme il vient :

$$Mv = [(b-c)\,I_m + cJ_m]\,w = (b-c)\,w.$$

On en déduit (puisque l'espace vectoriel des contrastes de $\mathbb{R}^m$ a pour dimension $m-1$) que la matrice M admet $(b-c)$ pour valeur propre d'ordre au moins égal à $(m-1)$. Déterminons maintenant les deux dernières valeurs propres (notées λ et μ). La somme de toutes les valeurs propres de la matrice M est égale à Trace(M) et leur produit vaut $\det(M) = |M|$. En utilisant la notion de complément de Schur (voir le lemme 5.B) il vient :

$$|M| = n\left|(b-c)\,I_m + cJ_m - \frac{1}{n}a^2\mathbb{I}_m{}^t\mathbb{I}_m\right| = n\left|(b-c)\,I_m + \left(c-\frac{a^2}{n}\right)J_m\right|.$$

Le calcul du déterminant de la matrice M se ramène donc à celui d'une matrice complètement symétrique et donc (lemme 5.A) :

$$|M| = (b-c)^{m-1}\left[n\,(b-c) + m\left(nc-a^2\right)\right].$$

Les deux dernières valeurs propres sont donc solutions du système suivant :

$$\begin{cases} (m-1)(b-c)+\lambda+\mu = n+mb \\ (b-c)^{m-1}\lambda\mu \qquad\qquad = (b-c)^{m-1}\left[n(b-c)+m\left(nc-a^2\right)\right] \end{cases}.$$

Il s'agit donc ici, en d'autres termes, de déterminer deux réels λ et μ sachant que leur somme S et leur produit P valent :

$$S = n+b+(m-1)c \quad \text{et} \quad P = n\left[b+(m-1)c\right] - ma^2.$$

On obtient bien alors les résultats énoncés dans la proposition pour λ et μ ■

Proposition 10.6. *Soit une classe Θ de plans d'expérience telle que pour tout $\mathcal{D} \in \Theta$ la matrice du modèle $X_{\mathcal{D}}$ est de plein rang. Soit $\lambda_{\mathcal{D}}^{[1]} \geq ... \geq \lambda_{\mathcal{D}}^{[p]}$ la suite pleine décroissante des valeurs propres de la matrice ${}^tX_{\mathcal{D}}X_{\mathcal{D}}$ et $\lambda_{\mathcal{D}} \in \mathbb{R}^p$ le vecteur contenant ces différentes valeurs dans le même ordre. L'***optimalité uniforme*** *d'un plan d'expérience $\mathcal{D}^* \in \Theta$ se traduit par :*

$$\forall\, \mathcal{D} \in \Theta \;,\; \lambda_{\mathcal{D}^*} \succeq_L \lambda_{\mathcal{D}}.$$

Démonstration. Le plan $\mathcal{D}^*$ est, par définition, uniformément optimal dans la classe Θ si et seulement si (proposition 10.5) :

$$\forall\, \mathcal{D} \in \Theta \;,\; {}^tX_{\mathcal{D}^*}X_{\mathcal{D}^*} \geq {}^tX_{\mathcal{D}}X_{\mathcal{D}}.$$

D'après la définition de l'ordre de Lœwner ceci équivaut donc à dire que la matrice $({}^tX_{\mathcal{D}^*}X_{\mathcal{D}^*} - {}^tX_{\mathcal{D}}X_{\mathcal{D}})$ est semi-définie positive, *i.e.* :

$$\forall\, \mathcal{D} \in \Theta \text{ et } \forall\, x \in \mathbb{R}^p \;,\; {}^tx\left({}^tX_{\mathcal{D}^*}X_{\mathcal{D}^*}\right)x \geq {}^tx\left({}^tX_{\mathcal{D}}X_{\mathcal{D}}\right)x.$$

Utilisons maintenant le théorème de représentation extrémale :

$$\max_{{}^txx=1} {}^tx\left({}^tX_{\mathcal{D}}X_{\mathcal{D}}\right)x = \lambda_{\mathcal{D}}^{[1]} \text{ et } \min_{{}^txx=1} {}^tx\left({}^tX_{\mathcal{D}}X_{\mathcal{D}}\right)x = \lambda_{\mathcal{D}}^{[p]}.$$

Ceci montre donc bien que si $\mathcal{D}^*$ est uniformément optimal dans Θ alors $\lambda_{\mathcal{D}^*}^{[1]} \geq \lambda_{\mathcal{D}}^{[1]}$ et $\lambda_{\mathcal{D}^*}^{[p]} \geq \lambda_{\mathcal{D}}^{[p]}$. Ce type de raisonnement peut être généralisé sans difficulté à toutes les valeurs propres de la matrice ${}^tX_{\mathcal{D}}X_{\mathcal{D}}$ *via* le théorème de représentation extrémale généralisé (voir l'ouvrage de Marshall et Olkin [63], chapitre 20) et on montre alors que si $\mathcal{D}^*$ est uniformément optimal dans Θ alors :

$$\forall\, i = 1, ..., p \;,\; \lambda_{\mathcal{D}^*}^{[i]} \geq \lambda_{\mathcal{D}}^{[i]} \text{ c'est-à-dire } \lambda_{\mathcal{D}^*} \succeq_L \lambda_{\mathcal{D}} \;■$$

Proposition 10.12. *Un prolongement par continuité de la fonction Φ_q en 0 ainsi qu'en $+\infty$ permet d'obtenir les deux critères suivants :*

$$\Phi_0\left(C_{\mathcal{D}}\right) = \left(\prod_{i=1}^{p} \lambda_{\mathcal{D}}^{[i]}\right)^{-\frac{1}{p}} \text{ et } \Phi_\infty\left(C_{\mathcal{D}}\right) = \frac{1}{\lambda_{\mathcal{D}}^{[p]}}.$$

Démonstration. Intéressons-nous, pour commencer, au prolongement de Φ_q en 0. On sait que pour $q > 0$ il vient par définition :

$$\ln\left(\Phi_q\left(C_{\mathcal{D}}\right)\right) = \frac{1}{q}\ln\left(\varphi\left(q\right)\right) \text{ avec } \varphi\left(q\right) = \frac{1}{p}\sum_{i=1}^{p}\left(\lambda_{\mathcal{D}}^{[i]}\right)^{-q}.$$

La quantité $\varphi(q)$ converge vers 1 lorsque q tend vers 0. Il en résulte que :

$$\varphi\left(q\right) - 1 = \frac{1}{p}\sum_{i=1}^{p}\left[\left(\lambda_{\mathcal{D}}^{[i]}\right)^{-q} - 1\right]$$

converge vers 0 lorsque q tend vers 0. Comme un équivalent de $\ln(1+t)$ au voisinage de 0 est t on peut donc en conclure à ce stade que :

$$\ln\left(\Phi_q\left(C_{\mathcal{D}}\right)\right) \underset{0}{\sim} \frac{1}{p}\sum_{i=1}^{p}\delta_i\left(q\right) \text{ avec } \delta_i\left(q\right) = \frac{\left(\lambda_{\mathcal{D}}^{[i]}\right)^{-q} - 1}{q}.$$

Considérons chacune des quantités $\delta_i(q)$. On a (avec $f_i(q) = \left(\lambda_{\mathcal{D}}^{[i]}\right)^{-q}$) :

$$\delta_i(q) = \frac{f_i(q) - f_i(0)}{q} \text{ donc } \lim_{q\to 0}\delta_i(q) = f_i^{'}(0) \text{ où } f_i^{'}(q) = \left(-\ln\lambda_{\mathcal{D}}^{[i]}\right)\left(\lambda_{\mathcal{D}}^{[i]}\right)^{-q}.$$

Il vient alors :

$$\lim_{q\to 0^+}\left[\ln\left(\Phi_q\left(C_{\mathcal{D}}\right)\right)\right] = \frac{-1}{p}\sum_{i=1}^{p}\ln\lambda_{\mathcal{D}}^{[i]} = \ln\left(\prod_{i=1}^{p}\lambda_{\mathcal{D}}^{[i]}\right)^{-\frac{1}{p}}.$$

Ceci permet bien de conclure. Considérons maintenant le prolongement de Φ_q en $+\infty$. Partons de l'expression suivante :

$$\lambda_{\mathcal{D}}^{[p]}\Phi_q\left(C_{\mathcal{D}}\right) = \lambda_{\mathcal{D}}^{[p]}\left(\frac{1}{p}\sum_{i=1}^{p}\left(\lambda_{\mathcal{D}}^{[i]}\right)^{-q}\right)^{\frac{1}{q}}.$$

Pour tout $x > 0$ il vient maintenant $x = (x^q)^{1/q}$ et, en appliquant cette relation à $x = \lambda_{\mathcal{D}}^{[p]}$:

$$\lambda_{\mathcal{D}}^{[p]}\Phi_q\left(C_{\mathcal{D}}\right) = \left(\frac{1}{p}\sum_{i=1}^{p}\left(\frac{\lambda_{\mathcal{D}}^{[p]}}{\lambda_{\mathcal{D}}^{[i]}}\right)^q\right)^{\frac{1}{q}} = \left(\frac{1}{p}\left(\delta + \sum_{i=1}^{p-\delta}\left(\frac{\lambda_{\mathcal{D}}^{[p]}}{\lambda_{\mathcal{D}}^{[i]}}\right)^q\right)\right)^{\frac{1}{q}}$$

où $\delta \in \mathbb{N}^*$ désigne l'ordre de multiplicité de la valeur propre $\lambda_{\mathcal{D}}^{[p]}$. Remarquons maintenant que $\lambda_{\mathcal{D}}^{[p]}$ est la plus petite des valeurs propres de la matrice $C_{\mathcal{D}}$, il en découle donc que pour $i = 1, ..., p - \delta$ on a $\lambda_{\mathcal{D}}^{[p]} / \lambda_{\mathcal{D}}^{[i]} < 1$ ce qui implique que :

$$\lim_{q \to +\infty} \sum_{i=1}^{p-\delta} \left(\frac{\lambda_{\mathcal{D}}^{[p]}}{\lambda_{\mathcal{D}}^{[i]}} \right)^{q} = 0 \text{ donc } \lim_{q \to +\infty} \lambda_{\mathcal{D}}^{[p]} \Phi_q (C_{\mathcal{D}}) = \lim_{q \to +\infty} \left(\frac{\delta}{p} \right)^{\frac{1}{q}} = 1.$$

En notant $\Phi_\infty (C_{\mathcal{D}}) = 1/\lambda_{\mathcal{D}}^{[p]}$ on vient donc de montrer que :

$$\lim_{q \to +\infty} \frac{\Phi_q (C_{\mathcal{D}})}{\Phi_\infty (C_{\mathcal{D}})} = 1 \text{ d'où } \lim_{q \to +\infty} \Phi_q (C_{\mathcal{D}}) = \Phi_\infty (C_{\mathcal{D}}) \;\blacksquare$$

Proposition 10.13. *Tout critère de Φ_q-efficacité (avec $0 \leq q \leq +\infty$) est une fonction* **croissante** *pour l'ordre de Lœwner sur les matrices de dispersion, donc :*

$$V_{\mathcal{D}1} \leq V_{\mathcal{D}2} \Rightarrow \Phi_q (V_{\mathcal{D}1}) \leq \Phi_q (V_{\mathcal{D}2}) .$$

Démonstration. Considérons deux plans d'expérience $\mathcal{D}_1$ et $\mathcal{D}_2$ associés aux matrices de dispersion $V_{\mathcal{D}1}$ et $V_{\mathcal{D}2}$ telles que $V_{\mathcal{D}1} \leq V_{\mathcal{D}2}$. On sait que, de manière équivalente, il vient pour les matrices d'information $C_{\mathcal{D}1} \geq C_{\mathcal{D}2}$. Cette relation se traduit sur les valeurs propres de ces deux matrices par (voir l'ouvrage de Marshall et Olkin [63], chapitre 20) :

$$\forall\; i = 1, ..., p \;,\; \lambda_{\mathcal{D}1}^{[i]} \geq \lambda_{\mathcal{D}2}^{[i]} \geq 0.$$

Il en découle que $\sum_{i=1}^{p} \left(\lambda_{\mathcal{D}1}^{[i]} \right)^{-q} \leq \sum_{i=1}^{p} \left(\lambda_{\mathcal{D}2}^{[i]} \right)^{-q}$ et donc ($\forall\; 0 < q < +\infty$):

$$V_{\mathcal{D}1} \leq V_{\mathcal{D}2} \Rightarrow \Phi_q (C_{\mathcal{D}1}) \leq \Phi_q (C_{\mathcal{D}2}) .$$

Cette relation est encore vérifiée, sans difficulté, lorsque $q = 0$ et $q = +\infty$ $\blacksquare$

Proposition 10.14. *Tout critère de Φ_q-efficacité (avec $0 \leq q \leq +\infty$) est* **orthogonalement invariant**, *donc :*

$$\forall\; P \in O (\mathbb{R}^p) \;,\; \Phi_q (C_{\mathcal{D}}) = \Phi_q \left(P C_{\mathcal{D}} {}^t P \right) .$$

Démonstration. Considérons une matrice $P \in \mathcal{M}(p, p)$ qui soit orthogonale. On a (pour $0 < q < +\infty$) :

$$\Phi_q(C_{\mathcal{D}}) = \left(\frac{1}{p} \operatorname{Trace} C_{\mathcal{D}}^{-q} \right)^{\frac{1}{q}} \text{ et donc } \Phi_q(P C_{\mathcal{D}} {}^t P) = \left(\frac{1}{p} \operatorname{Trace}(P C_{\mathcal{D}} {}^t P)^{-q} \right)^{\frac{1}{q}} .$$

Or puisque P est une matrice orthogonale il vient ${}^t P = P^{-1}$. Il en résulte donc que $P C_{\mathcal{D}} {}^t P = P C_{\mathcal{D}} P^{-1}$ et cette dernière expression n'est autre que l'écriture de la matrice $C_{\mathcal{D}}$ dans une nouvelle base définie par la matrice de passage P. La trace étant invariante par changement de base on en déduit alors que :

$$\begin{aligned}\Phi_q\left(PC_{\mathcal{D}}{}^tP\right) &= \left(\frac{1}{p}\operatorname{Trace}\left(PC_{\mathcal{D}}P^{-1}\right)^{-q}\right)^{\frac{1}{q}} \\ &= \left(\frac{1}{p}\operatorname{Trace}\left(C_{\mathcal{D}}\right)^{-q}\right)^{\frac{1}{q}} = \Phi_q\left(C_{\mathcal{D}}\right).\end{aligned}$$

D'où le résultat cherché. Concernant les cas associés à la D-efficacité ($q = 0$) ainsi que la E-efficacité ($q = +\infty$) il est possible de tenir un raisonnement identique car, de manière plus générale, les valeurs propres sont invariantes par changement de base ■

Proposition 10.16. *Soit une classe de plans d'expérience Θ et $C_{\mathcal{D}}$ la matrice d'information associée au vecteur des paramètres estimés. Notons $\lambda_{\mathcal{D}}^{[1]} \geq ... \geq \lambda_{\mathcal{D}}^{[p]}$ la suite pleine décroissante des valeurs propres de la matrice $C_{\mathcal{D}}$ et $\omega_{\mathcal{D},1}, ..., \omega_{\mathcal{D},p}$ les éléments diagonaux de cette même matrice. Soit un critère d'efficacité de la forme suivante :*

$$\Phi\left(C_{\mathcal{D}}\right) = \sum_{i=1}^{p} f\left(\lambda_{\mathcal{D}}^{[i]}\right)$$

avec f fonction convexe sur $]0, +\infty[$. Supposons enfin qu'il existe un plan d'expérience $\mathcal{D}^* \in \Theta$ tel que :

$$\textbf{1)}\ C_{\mathcal{D}^*} = aI_p \text{ avec } a \neq 0, \qquad \textbf{2)} \sum_{i=1}^{p} f\left(\omega_{\mathcal{D}^*,i}\right) = \min_{\mathcal{D}\in\Theta} \sum_{i=1}^{p} f\left(\omega_{\mathcal{D},i}\right).$$

Le plan $\mathcal{D}^*$ est alors **Φ-optimal** *dans la classe Θ.*

Démonstration. La matrice d'information $C_{\mathcal{D}}$ étant toujours symétrique elle admet donc une base orthonormale de vecteurs propres. Désignons par P la matrice de terme général p_{ij} contenant ces vecteurs propres en colonne et notons $e_{ij} = p_{ij}^2$. La base de vecteurs propres étant orthogonale on a ${}^tPP = I_p$ c'est-à-dire que :

$$\forall\, j = 1, ..., p\ , \sum_{i=1}^{p} e_{ij} = 1.$$

De plus il vient par changement de base :

$$C_{\mathcal{D}} = P diag\left(\lambda_{\mathcal{D}}^{[i]}, i = 1, ..., p\right){}^tP \text{ donc } \omega_{\mathcal{D},i} = \sum_{j=1}^{p} \lambda_{\mathcal{D}}^{[j]} e_{ij}.$$

Par hypothèse f est une fonction convexe donc ($\forall\, i = 1, ..., p$) :

$$f\left(\omega_{\mathcal{D},i}\right)=f\left(\sum_{j=1}^{p}\lambda_{\mathcal{D}}^{[j]}e_{ij}\right)\leq\sum_{j=1}^{p}e_{ij}f\left(\lambda_{\mathcal{D}}^{[j]}\right).$$

Remarquons que si toutes les valeurs propres $\lambda_{\mathcal{D}}^{[1]},...,\lambda_{\mathcal{D}}^{[p]}$ sont égales alors il y a une égalité dans la relation ci-dessus (cette condition est même l'unique possibilité d'égalité lorsque f est strictement convexe). Il vient alors :

$$\sum_{i=1}^{p}f\left(\omega_{\mathcal{D},i}\right)\leq\sum_{i=1}^{p}\sum_{j=1}^{p}e_{ij}f\left(\lambda_{\mathcal{D}}^{[j]}\right)=\sum_{j=1}^{p}f\left(\lambda_{\mathcal{D}}^{[j]}\right)\underbrace{\sum_{i=1}^{p}e_{ij}}_{=1}$$

En d'autres termes d'après la forme du critère d'efficacité utilisé ici il vient :

$$\forall\ \mathcal{D}\in\Theta\ ,\ \sum_{i=1}^{p}f\left(\omega_{\mathcal{D},i}\right)\leq\Phi\left(\mathcal{D}\right)$$

avec égalité dans cette relation lorsque toutes les valeurs propres $\lambda_{\mathcal{D}}^{[1]},...,\lambda_{\mathcal{D}}^{[p]}$ sont égales. Considérons maintenant un plan d'expérience $\mathcal{D}^*\in\Theta$ vérifiant les hypothèses 1 et 2 de la proposition 10.16. L'hypothèse 1 entraîne que les valeurs propres $\lambda_{\mathcal{D}}^{[1]},...,\lambda_{\mathcal{D}}^{[p]}$ sont égales à la quantité a et donc :

$$\sum_{i=1}^{p}f\left(\omega_{\mathcal{D}^*,i}\right)=\Phi\left(\mathcal{D}^*\right).$$

D'après l'hypothèse 2 le plan $\mathcal{D}^*$ minimise la quantité $\sum f\left(\omega_{\mathcal{D},i}\right)$, donc :

$$\forall\ \mathcal{D}\in\Theta\ ,\ \Phi\left(C_{\mathcal{D}^*}\right)=\sum_{i=1}^{p}f\left(\omega_{\mathcal{D}^*,i}\right)\leq\sum_{i=1}^{p}f\left(\omega_{\mathcal{D},i}\right)\leq\Phi\left(C_{\mathcal{D}}\right).$$

Ceci démontre bien que le plan d'expérience $\mathcal{D}^*$ est Φ-optimal dans la classe Θ ■

Proposition 10.19. *Soit une classe Θ de plans d'expérience et, pour tout $\mathcal{D}\in\Theta$, $\lambda_{\mathcal{D}}\in\mathbb{R}^p$ le vecteur contenant la suite pleine décroissante des valeurs propres de la matrice d'information $C_{\mathcal{D}}$. Un plan d'expérience $\mathcal{D}^*\in\Theta$ est* **universellement optimal** *au sein de la classe Θ si et seulement si :*

$$\forall\ \mathcal{D}\in\Theta\ ,\ \lambda_{\mathcal{D}^*}\preceq^{\omega}\lambda_{\mathcal{D}}.$$

Démonstration. Considérons un plan d'expérience $\mathcal{D}^*$ vérifiant la condition de cette proposition. Il est prouvé dans l'ouvrage de Marshall et Olkin [63] que :

$$\lambda_{\mathcal{D}^*}\preceq^{\omega}\lambda_{\mathcal{D}}\Rightarrow\Phi\left(\lambda_{\mathcal{D}^*}\right)\leq\Phi\left(\lambda_{\mathcal{D}}\right)$$

si et seulement si Φ est une application à la fois Schur-convexe et décroissante par rapport à chacune de ses composantes. Or les critère considérés ici vérifient bien ces deux contraintes (voir les hypothèses 2 et 3 de la définition 10.18) donc le plan $\mathcal{D}^*$ est bien universellement optimal. Réciproquement considérons un plan d'expérience $\mathcal{D}^*$ universellement optimal. Il vient pour tout critère Φ vérifiant les hypothèses de la définition 10.18 :

$$\forall\ \mathcal{D} \in \Theta\ ,\ \Phi\left(\lambda_{\mathcal{D}^*}\right) \leq \Phi\left(\lambda_{\mathcal{D}}\right).$$

Il est possible d'utiliser la famille de critère $\Phi^{[k]}$ (pour $k = 1, ..., n$) tels que :

$$\Phi^{[k]}\left(\lambda_{\mathcal{D}}\right) = -\sum_{i=k}^{p} \lambda_{\mathcal{D}}^{[i]}.$$

On obtient alors :$\forall\ \mathcal{D} \in \Theta\ ,\forall\ k = 1, ..., n\ ,\ \sum\limits_{i=k}^{p} \lambda_{\mathcal{D}^*}^{[i]} \geq \sum\limits_{i=k}^{p} \lambda_{\mathcal{D}}^{[i]}$. Ceci équivaut à dire que $\lambda_{\mathcal{D}^*} \preceq^{\omega} \lambda_{\mathcal{D}}$, la proposition réciproque est démontrée ∎

Proposition 10.20. *Soit une classe Θ de plans d'expérience et $C_{\mathcal{D}}$ la matrice d'information de $\mathcal{D}$. Soit $\mathcal{D}^* \in \Theta$ un plan d'expérience tel que :*

1) *$C_{\mathcal{D}^*}$ est multiple de l'identité,*

2) $\mathrm{Trace}\left(C_{\mathcal{D}^*}\right) = \max\limits_{\mathcal{D} \in \Theta} \mathrm{Trace}\left(C_{\mathcal{D}}\right).$

Le plan d'expérience $\mathcal{D}^*$ est alors **universellement optimal** *dans la classe Θ.*

Démonstration. Soit $\mathcal{D}^* \in \Theta$ un plan d'expérience vérifiant cette proposition. Montrons qu'il est universellement optimal dans Θ c'est-à-dire qu'il vérifie la relation suivante d'après la proposition 10.19 (avec $\lambda_{\mathcal{D}} \in \mathbb{R}^p$ le vecteur contenant la suite pleine décroissante des valeurs propres de la matrice d'information $C_{\mathcal{D}}$) :

$$\forall\ \mathcal{D} \in \Theta\ ,\ \lambda_{\mathcal{D}^*} \preceq^{\omega} \lambda_{\mathcal{D}}$$

$$\Leftrightarrow \forall\ \mathcal{D} \in \Theta\ ,\forall\ k = 1, ..., p\ ,\ \sum_{i=k}^{p} \lambda_{\mathcal{D}^*}^{[i]} \geq \sum_{i=k}^{p} \lambda_{\mathcal{D}}^{[i]}. \qquad (1)$$

Remarquons que lorsque $k = 1$ les deux sommes intervenant ci-dessus ne sont autre que les traces des matrices d'information $C_{\mathcal{D}^*}$ et $C_{\mathcal{D}}$. L'inégalité est donc bien vérifiée dans ce cas là d'après l'hypothèse 2 de la proposition. Montrons maintenant que le rajout de l'hypothèse 1 permet de vérifier cette inégalité pour toute valeur de k comprise entre 1 et p. Cette hypothèse se traduit par :

$$\exists\ a \in \mathbb{R}^*\ /\ C_{\mathcal{D}^*} = aI_p.$$

La matrice d'information $C_{\mathcal{D}^*}$ admet donc pour unique valeur propre a d'où :

$$(1) \Leftrightarrow \forall\, \mathcal{D} \in \Theta \;, \forall\, k = 1, ..., p \;, \; \sum_{i=k}^{p} \lambda_{\mathcal{D}}^{[i]} \leq (p+1-k)\, a.$$

L'hypothèse 2 permet maintenant d'affirmer que :

$$\forall\, \mathcal{D} \in \Theta \;, \; \mathrm{Trace}\,(C_{\mathcal{D}}) \leq \mathrm{Trace}\,(C_{\mathcal{D}^*}) \; \Leftrightarrow \; \sum_{i=1}^{p} \lambda_{\mathcal{D}}^{[i]} \leq pa \; \Leftrightarrow \; \overline{\lambda}_{\mathcal{D}} \leq a \qquad (2)$$

avec donc $\overline{\lambda}_{\mathcal{D}}$ la moyenne des p valeurs propres de la matrice d'information du plan $\mathcal{D}$. Prouvons que (pour tout plan d'expérience $\mathcal{D} \in \Theta$ et pour tout $k = 1, ..., p$) :

$$\begin{aligned}
\sum_{i=k}^{p} \lambda_{\mathcal{D}}^{[i]} \leq (p+1-k)\, \overline{\lambda}_{\mathcal{D}} &\Leftrightarrow p \sum_{i=k}^{p} \lambda_{\mathcal{D}}^{[i]} \leq (p+1-k) \sum_{i=1}^{p} \lambda_{\mathcal{D}}^{[i]} \\
&\Leftrightarrow p\Big(\lambda_{\mathcal{D}}^{[k]} + ... + \lambda_{\mathcal{D}}^{[p]}\Big) \leq (p+1-k)\Big(\lambda_{\mathcal{D}}^{[1]} + ... + \lambda_{\mathcal{D}}^{[p]}\Big) \\
&\Leftrightarrow \overline{\lambda}_{\mathcal{D}}^{[k,...,p]} \leq \overline{\lambda}_{\mathcal{D}}
\end{aligned}$$

avec $\overline{\lambda}_{\mathcal{D}}^{[k,...,p]}$ moyenne des valeurs propres d'indices $k, k+1, ..., p$. Cette dernière inégalité est toujours vraie puisque, par hypothèse, $\lambda_{\mathcal{D}}$ est constitué par la suite pleine décroissante des valeurs propres de la matrice d'information (donc $\lambda_{\mathcal{D}}^{[p]} \leq ... \leq \lambda_{\mathcal{D}}^{[1]}$). En utilisant maintenant la relation (2) il vient :

$$\forall\, k = 1, ..., p \;, \; \sum_{i=k}^{p} \lambda_{\mathcal{D}}^{[i]} \leq (p+1-k)\, \overline{\lambda}_{\mathcal{D}} \leq (p+1-k)\, a = \sum_{i=k}^{p} \lambda_{\mathcal{D}^*}^{[i]}.$$

La relation (1) est donc toujours vérifiée, ceci démontre la proposition ■

Proposition 10.21. *Soit une classe Θ de plans d'expérience et $C_{\mathcal{D}}$ la matrice d'information de $\mathcal{D}$ telle que la somme de ses lignes ou de ses colonnes est égale au vecteur nul. Soit $\mathcal{D}^* \in \Theta$ un plan d'expérience tel que :*

1) *$C_{\mathcal{D}^*}$ est complètement symétrique,*

2) $\mathrm{Trace}\,(C_{\mathcal{D}^*}) = \max\limits_{\mathcal{D} \in \Theta} \mathrm{Trace}\,(C_{\mathcal{D}})$.

Le plan d'expérience $\mathcal{D}^*$ est alors **universellement optimal** *dans la classe Θ.*

Démonstration. Soit $\mathcal{D}^* \in \Theta$ un plan d'expérience vérifiant cette proposition. Tout comme pour la proposition 10.20 montrons qu'il est universellement optimal dans Θ c'est-à-dire qu'il vérifie la relation suivante d'après la proposition 10.19 (avec $\lambda_{\mathcal{D}} \in \mathbb{R}^p$ le vecteur contenant la suite pleine décroissante des valeurs propres de la matrice d'information $C_{\mathcal{D}}$) :

$$\forall\, \mathcal{D} \in \Theta \;,\; \lambda_{\mathcal{D}^*} \preceq^{\omega} \lambda_{\mathcal{D}} \Leftrightarrow \forall\, \mathcal{D} \in \Theta \;, \forall\, k = 1, ..., p \;,\; \sum_{i=k}^{p} \lambda_{\mathcal{D}^*}^{[i]} \geq \sum_{i=k}^{p} \lambda_{\mathcal{D}}^{[i]}.$$

Lorsque $k = 1$ les deux sommes intervenant ci-dessus sont les traces des matrices d'information $C_{\mathcal{D}^*}$ et $C_{\mathcal{D}}$. L'inégalité est bien vérifiée dans ce cas d'après l'hypothèse 2 de la proposition. Montrons que le rajout de l'hypothèse 1 permet de vérifier cette inégalité pour toute valeur de k comprise entre 1 et p. D'après cette hypothèse :

$$\exists\, a, b \in \mathbb{R} \;/\; C_{\mathcal{D}^*} = aI_p + bJ_p.$$

La somme des colonnes de $C_{\mathcal{D}^*}$ est de plus égale au vecteur nul. En d'autres termes le vecteur $\mathbb{I}_p$ est vecteur propre de $C_{\mathcal{D}^*}$ associé à la valeur propre $\lambda_{\mathcal{D}^*}^{[p]} = 0$, d'où :

$$C_{\mathcal{D}^*}\mathbb{I}_p = 0 \Leftrightarrow (aI_p + bJ_p)\,\mathbb{I}_p = (a + bp)\,\mathbb{I}_p = 0 \Leftrightarrow b = -\frac{a}{p}.$$

On en déduit que la matrice d'information $C_{\mathcal{D}^*}$ est donc telle que :

$$\exists\, a \in \mathbb{R}^* \;/\; C_{\mathcal{D}^*} = aQ_p \text{ avec } Q_p = I_p - \frac{1}{p}J_p.$$

La matrice d'information $C_{\mathcal{D}^*}$ admet donc uniquement deux valeurs propres distinctes qui sont :

$$\begin{cases} a \text{ d'ordre de multiplicité } (p-1) \text{ (associée à tout contraste de } \mathbb{R}^p), \\ 0 \text{ d'ordre de multiplicité } 1 \text{ (associée au vecteur propre } \mathbb{I}_p). \end{cases}$$

Toute matrice d'information admettant ici une valeur propre nulle on a :

$$(1) \Leftrightarrow \forall\, \mathcal{D} \in \Theta \;, \forall\, k = 1, ..., p-1 \;,\; \sum_{i=k}^{p-1} \lambda_{\mathcal{D}}^{[i]} \leq (p-k)\, a.$$

L'hypothèse 2 permet maintenant d'affirmer que :

$$\forall\, \mathcal{D} \in \Theta \;,\; \text{Trace}\,(C_{\mathcal{D}}) \leq \text{Trace}\,(C_{\mathcal{D}^*}) \Leftrightarrow \sum_{i=1}^{p} \lambda_{\mathcal{D}}^{[i]} \leq (p-1)\, a$$

$$\Leftrightarrow \sum_{i=1}^{p-1} \lambda_{\mathcal{D}}^{[i]} \leq (p-1)\, a \Leftrightarrow \overline{\lambda}_{\mathcal{D}}^{[1,\ldots,p-1]} \leq a \tag{2}$$

avec donc $\overline{\lambda}_{\mathcal{D}}^{[1,\ldots,p-1]}$ la moyenne des $(p-1)$ valeurs propres non-nulles de la matrice d'information du plan d'expérience $\mathcal{D}$. Prouvons que (pour tout plan d'expérience $\mathcal{D} \in \Theta$ et pour tout $k = 1, ..., p-1$) :

$$\sum_{i=k}^{p-1} \lambda_{\mathcal{D}}^{[i]} \leq (p-k)\, \overline{\lambda}_{\mathcal{D}}^{[1,\ldots,p-1]} \Leftrightarrow (p-1) \sum_{i=k}^{p-1} \lambda_{\mathcal{D}}^{[i]} \leq (p-k) \sum_{i=1}^{p-1} \lambda_{\mathcal{D}}^{[i]}$$

$$\Leftrightarrow (p-1) \left(\lambda_{\mathcal{D}}^{[k]} + \ldots + \lambda_{\mathcal{D}}^{[p-1]} \right) \leq (p-k) \left(\lambda_{\mathcal{D}}^{[1]} + \ldots + \lambda_{\mathcal{D}}^{[p-1]} \right)$$

$$\Leftrightarrow \overline{\lambda}_{\mathcal{D}}^{[k,\ldots,p-1]} \leq \overline{\lambda}_{\mathcal{D}}^{[1,\ldots,p-1]} .$$

Cette dernière égalité est toujours vraie puisque, par hypothèse, $\lambda_{\mathcal{D}}$ *est* constitué par la suite pleine décroissante des valeurs propres de la matrice d'information (donc $\lambda_{\mathcal{D}}^{[p]} \leq \ldots \leq \lambda_{\mathcal{D}}^{[1]}$). En utilisant maintenant la relation (2) il vient alors :

$$\forall\ k = 1, \ldots, p-1\ ,\ \sum_{i=k}^{p-1} \lambda_{\mathcal{D}}^{[i]} \leq (p-k)\, \overline{\lambda}_{\mathcal{D}}^{[1,\ldots,p-1]} \leq (p-k)\, a = \sum_{i=k}^{p-1} \lambda_{\mathcal{D}^*}^{[i]}.$$

La relation (1) est donc toujours vérifiée, ceci démontre la proposition ■

Proposition 10.22. *Soit un phénomène aléatoire dépendant de m facteurs ajusté à l'aide d'un modèle linéaire d'ordre un et Θ la classe des plans en n expériences distribuées dans le domaine expérimental $B(\sqrt{m})$. Tout plan d'expérience* **usuel** *en n* expériences *tel que :*

$$s_2 = n$$

est **universellement optimal** *dans la classe Θ.*

Démonstration. Utilisons la proposition 10.20 afin de prouver qu'un tel plan d'expérience (désigné dans la suite par $\mathcal{D}^*$) est bien universellement optimal au sein de la classe Θ. Il faut donc montrer dans un premier temps que la matrice d'information $C_{\mathcal{D}^*} = {}^t X_{\mathcal{D}^*} X_{\mathcal{D}^*}$ est multiple de l'identité. Par définition des plans d'expérience usuels pour modèles d'ordre un (définition 3.3) on a :

$$C_{\mathcal{D}^*} = {}^t X_{\mathcal{D}^*} X_{\mathcal{D}^*} = \mathrm{diag}\,(n, s_2, \ldots, s_2)\,.$$

Imposer la contrainte $s_2 = n$ entraîne bien que la matrice d'information est multiple de l'identité. Vérifions ensuite que :

$$\mathrm{Trace}\,(C_{\mathcal{D}^*}) = \max_{\mathcal{D} \in \Theta} \mathrm{Trace}\,(C_{\mathcal{D}})\,.$$

Remarquons au préalable que si $\mathcal{D}^*$ est un plan usuel avec $s_2 = n$ il vient donc :

$$\mathrm{Trace}\,(C_{\mathcal{D}^*}) = \mathrm{Trace}\,(n I_p) = np = n\,(m+1)\,.$$

Soit maintenant un plan d'expérience $\mathcal{D}$ en n expériences inclues dans la boule $B(\sqrt{m})$. La matrice du modèle associée à ce plan d'expérience est $X_{\mathcal{D}} = [\mathbb{I}_n \mid D]$ donc sa matrice d'information est donnée par :

$$C_{\mathcal{D}} = {}^t X_{\mathcal{D}} X_{\mathcal{D}} = \begin{bmatrix} n & {}^t\mathbb{I}_n D \\ {}^t D\mathbb{I}_n & {}^t DD \end{bmatrix}.$$

Il en résulte que :

$$\text{Trace}\,(C_{\mathcal{D}}) = n + \text{Trace}\left({}^t DD\right).$$

On doit prouver ici que pour tout plan $\mathcal{D}$ en n expériences dans $B\left(\sqrt{m}\right)$:

$$\text{Trace}\,(C_{\mathcal{D}}) \leq \text{Trace}\,(C_{\mathcal{D}^*}) \Leftrightarrow \text{Trace}\left({}^t DD\right) \leq nm.$$

Or les éléments diagonaux de la matrice ${}^t DD$ ne sont autres que les normes au carré des colonnes de la matrice du plan D, c'est-à-dire $\sum_u z_{u1}^2, ..., \sum_u z_{um}^2$ (avec toujours z_{ui} désignant la i-ème coordonnée du u-ème point expérimental). Donc :

$$\text{Trace}\,(C_{\mathcal{D}}) \leq \text{Trace}\,(C_{\mathcal{D}^*}) \Leftrightarrow \sum_{i=1}^{m}\sum_{u=1}^{n} z_{ui}^2 \leq nm$$

Remarquons alors que :

$$\sum_{i=1}^{m}\sum_{u=1}^{n} z_{ui}^2 = \sum_{u=1}^{n}\left(\sum_{i=1}^{m} z_{ui}^2\right) = \sum_{u=1}^{n} \|z_u\|^2.$$

On a supposé ici que les expériences du plan $\mathcal{D}$ sont dans la boule $B\left(\sqrt{m}\right)$ donc :

$$\forall\ u = 1, ..., n\ ,\ \|z_u\|^2 \leq m \Rightarrow \sum_{i=1}^{m}\sum_{u=1}^{n} z_{ui}^2 \leq nm.$$

La relation cherchée est donc bien prouvée ■

Proposition 10.23. *Soit un phénomène aléatoire dépendant de* m *facteurs ajusté à l'aide d'un modèle linéaire à effets d'interactions d'ordre deux et* Θ *la classe des plans en* n *expériences distribuées dans le domaine expérimental* $B\left(\sqrt{m}\right)$. *Tout plan d'expérience* **usuel** *en* n expériences *tel que :*

$$s_2 = s_{22} = n$$

est **universellement optimal** *dans la classe* Θ.

Démonstration. Utilisons la proposition 10.20 afin de prouver qu'un tel plan d'expérience (désigné dans la suite par $\mathcal{D}^*$) est bien universellement optimal au sein de la classe Θ. Vérifions dans un premier temps que la matrice d'information $C_{\mathcal{D}^*} = {}^t X_{\mathcal{D}^*} X_{\mathcal{D}^*}$ est multiple de l'identité. Par définition des plans usuels pour modèles à effets d'interaction (définition 4.1) la matrice d'information est :

$$C_{\mathcal{D}^*} = {}^t X_{\mathcal{D}^*} X_{\mathcal{D}^*} = \text{diag}\,(n, s_2, ..., s_2, s_{22}, ..., s_{22}).$$

Imposer la contrainte $s_2 = s_{22} = n$ entraîne bien que la matrice d'information est multiple de l'identité. Vérifions ensuite que :

$$\mathrm{Trace}\,(C_{\mathcal{D}^*}) = \max_{\mathcal{D}\in\Theta} \mathrm{Trace}\,(C_{\mathcal{D}})\,.$$

Remarquons que si $\mathcal{D}^*$ est un plan usuel avec $s_2 = s_{22} = n$ il vient donc :

$$\mathrm{Trace}\,(C_{\mathcal{D}^*}) = \mathrm{Trace}\,(nI_p) = np \text{ avec ici } p = 1 + m + C_m^2.$$

Soit maintenant un plan $\mathcal{D}$ en n expériences inclues dans la boule $B\left(\sqrt{m}\right)$. La matrice du modèle associée à ce plan est $X_{\mathcal{D}} = [\mathbb{I}_n \mid D \mid D_I]$ donc :

$$C_{\mathcal{D}} = {}^tX_{\mathcal{D}}X_{\mathcal{D}} = \begin{bmatrix} n & {}^t\mathbb{I}_nD & {}^t\mathbb{I}_nD_I \\ {}^tD\mathbb{I}_n & {}^tDD & {}^tDD_I \\ {}^tD_I\mathbb{I}_n & {}^tD_ID & {}^tD_ID_I \end{bmatrix}.$$

Il en résulte que :

$$\mathrm{Trace}\,(C_{\mathcal{D}}) = n + \mathrm{Trace}\left({}^tDD\right) + \mathrm{Trace}\left({}^tD_ID_I\right).$$

On doit prouver que pour tout plan $\mathcal{D}$ en n expériences inclues dans $B\left(\sqrt{m}\right)$ il vient :

$$\mathrm{Trace}\,(C_{\mathcal{D}}) \leq \mathrm{Trace}\,(C_{\mathcal{D}^*}) \Leftrightarrow \mathrm{Trace}\left({}^tDD\right) + \mathrm{Trace}\left({}^tD_ID_I\right) \leq n\,(p-1)\,.$$

Les éléments diagonaux de la matrice ${}^tDD$ sont encore $\sum_u z_{u1}^2, ..., \sum_u z_{um}^2$ (voir la démonstration de la proposition 10.22) et de même les éléments diagonaux de la matrice ${}^tD_ID_I$ sont les normes au carré des colonnes de la matrice D_I c'est-à-dire les $\sum_u z_{ui}^2 z_{uj}^2$ pour tout $i < j$. Il en résulte que :

$$\mathrm{Trace}\,(C_{\mathcal{D}}) \leq \mathrm{Trace}\,(C_{\mathcal{D}^*}) \Leftrightarrow$$
$$\sum_{i=1}^{m}\sum_{u=1}^{n} z_{ui}^2 + \sum\sum_{i<j}\sum_{u=1}^{n} z_{ui}^2 z_{uj}^2 \leq n\,(p-1) = nm + nC_m^2.$$

Il a déjà été prouvé à la proposition 10.22 que l'on a toujours :

$$\sum_{i=1}^{m}\sum_{u=1}^{n} z_{ui}^2 \leq nm \tag{1}$$

Montrons maintenant que pour tout plan d'expérience dans $B\left(\sqrt{m}\right)$ on a :

$$\sum\sum_{i<j}\left(\sum_{u=1}^{n} z_{ui}^2 z_{uj}^2\right) \leq nC_m^2. \tag{2}$$

Considérons au préalable le problème d'optimisation sous contraintes suivant (pour $u = 1, ..., n$ fixé) :

$$(P) : \text{Maximiser} \sum\sum_{i<j} z_{ui}^2 z_{uj}^2 \text{ avec } \sum_{i=1}^{m} z_{ui}^2 \leq m.$$

Il est clair ici, vu la forme de la fonction à optimiser, que le maximum sera atteint lorsque les diverses coordonnées z_{ui} des points z_u seront les plus grandes possibles (en valeur absolue), c'est-à-dire lorsque les points z_u seront situés à la surface de la boule $B\left(\sqrt{m}\right)$. Il est donc possible de remplacer la contrainte $\sum z_{ui}^2 \leq m$ par la contrainte $\sum z_{ui}^2 = m$. En utilisant la technique des multiplicateurs de Lagrange on vérifie sans peine que toutes les coordonnées z_{ui} $(i = 1, ..., m)$ doivent donc être égales en valeur absolue pour atteindre cet objectif. La contrainte imposée est de plus de rester à la surface de la boule $B\left(\sqrt{m}\right)$ donc on considère maintenant des points z_u tels que :

$$\forall\, j = 1, ..., m \;,\; z_{ui} = \pm 1.$$

On montre sans difficulté que tout point critique de cette forme maximise bien la fonction étudiée à la surface de la boule $B\left(\sqrt{m}\right)$ et la valeur du maximum est égale à C_m^2 (c'est-à-dire au nombre de termes intervenant dans la double somme). On en déduit que pour tout plan d'expérience dans le domaine $B\left(\sqrt{m}\right)$ il vient :

$$\sum\sum_{i<j} \left(\sum_{u=1}^{n} z_{ui}^2 z_{uj}^2 \right) = \sum_{u=1}^{n} \left(\sum\sum_{i<j} z_{ui}^2 z_{uj}^2 \right) \leq \sum_{u=1}^{n} C_m^2 = n C_m^2.$$

La relation (2) est donc prouvée. En combinant maintenant les relations (1) et (2) on en déduit que pour tout plan $\mathcal{D}$ en n expériences inclues dans la boule $B\left(\sqrt{m}\right)$ on a bien :

$$\text{Trace}\left(C_{\mathcal{D}}\right) \leq \text{Trace}\left(C_{\mathcal{D}^*}\right)$$

La proposition est démontrée ■

Proposition 10.24. *Soit un phénomène aléatoire dépendant de m facteurs ajusté à l'aide d'un modèle linéaire d'ordre deux. Pour tout plan d'expé rience* **usuel** *on a les résultats suivants pour l'estimation de tous les paramètres du modèle :*

1) *La* **A-efficacité** *du plan d'expérience est donnée par :*

$$\Phi_1\left(C_{\mathcal{D}}\right) = \frac{1}{p}\left[\frac{(m-1)}{s_4 - s_{22}} + \frac{m}{s_2} + \frac{m\,(m-1)}{2 s_{22}} + \frac{n + s_4 + (m-1)\, s_{22}}{\Delta_1}\right]$$

en notant $\Delta_1 = n\left(s_4 + (m-1)\, s_{22}\right) - m s_2^2$.

2) *La* **D-efficacité** *du plan d'expérience est donnée par :*

$$\Phi_0\left(C_{\mathcal{D}}\right) = \left(\left(s_4 - s_{22}\right)^{m-1} s_2^m s_{22}^{m(m-1)/2} \Delta_1\right)^{-1/p}$$

3) *La* **E-efficacité** *du plan d'expérience est donnée par :*

$$\Phi_\infty\left(C_{\mathcal{D}}\right) = \min\left(\frac{1}{s_4 - s_{22}}, \frac{1}{s_2}, \frac{1}{s_{22}}, \frac{2}{\Delta_2}\right)$$

en notant $\Delta_2 = ns_4 + (m-1)\, s_{22} - \sqrt{\left(n - s_4 - (m-1)\, s_{22}\right)^2 + 4ms_2^2}$.

Démonstration. Considérons un plan usuel $\mathcal{D}$. En écrivant le vecteur des paramètres inconnus ainsi que la matrice du modèle sous la forme ${}^t\beta = (\beta_0 \mid {}^t\beta_Q \mid {}^t\beta_L \mid {}^t\beta_I)$ et $X = [\mathbb{I}_n \mid D_Q \mid D_L \mid D_I]$ la matrice d'information relative à l'estimation de β est donnée par :

$$C_{\mathcal{D}} = \begin{bmatrix} n & s_2{}^t\mathbb{I}_m & 0 & 0 \\ s_2\mathbb{I}_m & \left(s_4 - s_{22}\right) I_m + s_{22} J_m & 0 & 0 \\ 0 & 0 & s_2 I_m & 0 \\ 0 & 0 & 0 & s_{22} I_{m(m-1)/2} \end{bmatrix}.$$

La structure diagonale par blocs de cette matrice permet d'affirmer qu'elle admet pour valeurs propres :

1) s_2 d'ordre de multiplicité m,

2) s_{22} d'ordre de multiplicité $m\,(m-1)/2$.

Les autres valeurs propres sont maintenant celles du premier bloc et sont données d'après le lemme 10.A par :

3) $\left(s_4 - s_{22}\right)$ d'ordre de multiplicité $(m-1)$,

4) $\left(A + \sqrt{B}\right)/2$ d'ordre de multiplicité 1,

5) $\left(A - \sqrt{B}\right)/2$ d'ordre de multiplicité 1 avec :

$$A = n + s_4 + (m-1)\, s_{22} \text{ et } B = \left(n - s_4 - (m-1)\, s_{22}\right)^2 + 4ms_2^2.$$

Les valeurs de $\Phi_1\left(C_{\mathcal{D}}\right)$, $\Phi_0\left(C_{\mathcal{D}}\right)$ et $\Phi_\infty\left(C_{\mathcal{D}}\right)$ données dans la proposition sont obtenues à partir des expressions des critères d'efficacité en fonction des valeurs propres de la matrice d'information (voir les paragraphes 10.4.2, 10.4.3 et 10.4.4) ■

Proposition 10.25. *Soit un phénomène aléatoire en m facteurs, un plan d'expérience $\mathcal{D}$ et $\Theta\left(k_1, ..., k_b\right)$ la classe des plans usuels en b blocs, de tailles respectives $k_1, ..., k_b$, obtenus à partir du plan $\mathcal{D}$. S'il existe dans cette classe un plan* **bloqué orthogonalement** *alors il est* **D-optimal** *dans la classe $\Theta\left(k_1, ..., k_b\right)$.*

Démonstration. Considérons un plan d'expérience usuel obtenu à partir de la décomposition du plan initial $\mathcal{D}$ en b blocs constitués par respectivement $k_1, ..., k_b$ expériences. Il a déjà été prouvé au chapitre 6 que le déterminant de la matrice des moments généralisée est donné par :

$$\text{Det}\left({}^tXX\right)$$
$$= \left(\prod_{l=1}^{b} k_l\right) s_2^m s_{22}^{\frac{m(m-1)}{2}} \left(s_4 - s_{22}\right)^{m-1} \left[s_4 + (m-1)\, s_{22} - m \sum_{l=1}^{b} k_l \mu_l^2\right].$$

Cherchons des conditions sur les blocs permettant d'obtenir la D-optimalité, c'est à-dire maximisant la valeur de $\text{Det}\left({}^tXX\right)$. Remarquons que :

$$C = C\left(\mathcal{D}\right) = s_2^m s_{22}^{\frac{m(m-1)}{2}} \left(s_4 - s_{22}\right)^{m-1}$$

ne dépend que de la géométrie du plan d'expérience initial $\mathcal{D}$. Cette quantité ne dépend donc pas de la façon dont les blocs sont construits. L'objectif est alors de maximiser :

$$\text{Det}\left({}^tXX\right) = C \left(\prod_{l=1}^{b} k_l\right) \left[s_4 + (m-1)\, s_{22} - m \sum_{l=1}^{b} k_l \mu_l^2\right].$$

Déterminons des conditions sur les divers moments par blocs $\mu_1, ..., \mu_b$ permettant d'atteindre cet objectif. Prenons garde au fait que, par définition, la quantitié μ_l dépend de la taille k_l du bloc considéré. Afin d'utiliser des variables indépendantes des k_l notons :

$$\forall\, l = 1, ..., b \text{ , } \delta_l = k_l \mu_l = \sum_{bloc\ l} x_{ui}^2.$$

La quantité à maximiser devient :

$$\text{Det}\left({}^tXX\right) = C \left(\prod_{l=1}^{b} k_l\right) \left[s_4 + (m-1)\, s_{22} - m \sum_{l=1}^{b} \frac{\delta_l^2}{k_l}\right].$$

Au sein de la classe $\Theta\left(k_1, ..., k_b\right)$ la valeur de $\left(\prod k_l\right)$ est constante et on a toujours $C \geq 0$ (voir le paragraphe 6.2.3). On en déduit que l'objectif se réduit à :

$$\text{Minimiser } f\left(\delta_1, ..., \delta_b\right) = \sum_{l=1}^{b} \frac{\delta_l^2}{k_l} \text{ sous la contrainte } \sum_{l=1}^{b} \delta_l = S_2$$

(la contrainte découle des relations entre moments et moments par blocs d'un plan d'expérience). La méthode des multiplicateurs de Lagrange conduit à la conclusion que le minimum de cette fonction est obtenu si et seulement si :

$$\frac{\delta_1}{k_1} = \frac{\delta_2}{k_2} = ... = \frac{\delta_b}{k_b}.$$

Par définition de la quantité δ_l la plus grande valeur possible de Det $({}^tXX)$ est donc obtenue au sein de la classe $\Theta(k_1, ..., k_b)$ si et seulement si :

$$\mu_1 = \mu_2 = ... = \mu_b$$

c'est à dire si et seulement si le plan d'expérience est bloqué orthogonalement ■

Proposition 10.26. *Soit un phénomène aléatoire en m facteurs, un plan d'expérience $\mathcal{D}$ et Θ la classe des plans usuels en b blocs obtenus à partir du plan $\mathcal{D}$. S'il existe dans cette classe un plan* **bloqué orthogonalement en blocs de même taille** *alors il est* **D-optimal** *dans la classe Θ.*

Démonstration. Considérons cette fois tous les blocages possibles en b blocs (de tailles quelconques) obtenus à partir du plan d'expérience initial $\mathcal{D}$. On vient de voir précédemment que lorsque les tailles $k_1, ..., k_b$ des blocs sont fixées il faut imposer à la configuration d'être bloquée orthogonalement afin de maximiser Det $({}^tXX)$ par rapport aux moments par blocs et il vient (puisque $\mu_1 = ... = \mu_b = s_2/n$) :

$$\text{Det}\left({}^tXX\right) = C\left(\prod_{l=1}^{b} k_l\right)\left[s_4 + (m-1)\,s_{22} - m\frac{s_2^2}{n}\right].$$

La quantité obtenue est alors maximale si et seulement si le problème d'optimisation suivant est résolu :

$$\text{Maximiser } g\,(k_1, ..., k_b) = \prod_{l=1}^{b} k_l \text{ sous la contrainte } \sum_{l=1}^{b} k_l = n.$$

La méthode des multiplicateurs de Langrange conduit au résultat classique disant que le maximum est atteint si et seulement si :

$$k_1 = k_2 = ... = k_b = (n/b)\,.$$

Ceci démontre bien la proposition ■

Proposition 10.27. *Soit un phénomène aléatoire en m facteurs ajusté à l'aide d'un modèle linéaire d'ordre deux en blocs, Θ une classe de plans d'expérience usuels et $\Theta(k_1, ..., k_b)$ la classe de ces mêmes plans décomposés en plans usuels en blocs de tailles respectives $k_1, ..., k_b$. Si $\mathcal{D}$ est un plan d'expérience D-optimal dans Θ pour le cas sans bloc et si $\mathcal{D}$ peut être* **bloqué**

orthogonalement *alors le plan d'expérience* $\mathcal{D}$ *est encore* **D-optimal** *dans la classe* $\Theta(k_1, ..., k_b)$ *pour le modèle à effets de blocs.*

Démonstration. Considérons un plan d'expérience usuel $\mathcal{D}$ qui est D-optimal dans la classe des plans (sans bloc) Θ. On peut donc dire que $\mathcal{D}$ maximise au sein de la classe Θ la quantité :

$$\text{Det}\left({}^tXX\right)$$
$$= nC\left[s_4 + (m-1)\,s_{22} - \frac{ms_2^2}{n}\right] \text{ avec } C = s_2^m s_{22}^{\frac{m(m-1)}{2}}\left(s_4 - s_{22}\right)^{m-1}.$$

Soit maintenant $\mathcal{D}'$ un plan d'expérience de Θ décomposé en b blocs de tailles $k_1, ..., k_b$. D'après les résultats obtenus dans la démonstration de la proposition 10.25 on sait que si $\mathcal{D}'$ est bloqué orthogonalement il vient (en désignant par X^* la matrice du modèle ainsi obtenue) :

$$\text{Det}\left({}^tX^*X^*\right) = C\left(\prod_{l=1}^{b} k_l\right)\left[s_4 + (m-1)\,s_{22} - \frac{ms_2^2}{n}\right].$$

Il a été prouvé dans la démonstration de la proposition 10.25 qu'une telle valeur est maximale, uniquement atteinte par les configurations bloquées orthogonalement. On en déduit alors que pour toute configuration quelconque de la classe $\Theta(k_1, ..., k_b)$ on aura :

$$\text{Det}\left({}^tX^*X^*\right) \leq C\left(\prod_{l=1}^{b} k_l\right)\left[s_4 + (m-1)\,s_{22} - \frac{ms_2^2}{n}\right].$$

En faisant le lien entre l'efficacité pour le modèle classique et l'efficacité pour le modèle à effets de blocs on obtient immédiatement :

$$\text{Det}\left({}^tX^*X^*\right) \leq \frac{1}{n}\left(\prod_{l=1}^{b} k_l\right)\text{Det}\left({}^tXX\right)$$

avec égalité si et seulement si le plan d'expérience est bloqué orthogonalement. L'utilisation d'un plan d'expérience bloqué orthogonalement obtenu à partir d'un plan initial $\mathcal{D}$ D-optimal (*i.e.* maximisant $\text{Det}\left({}^tXX\right)$) permet donc bien de maximiser la valeur de $\text{Det}\left({}^tX^*X^*\right)$ au sein de la classe $\Theta(k_1, ..., k_b)$ ■

Proposition 10.28. *Soit un phénomène aléatoire faisant intervenir un facteur qualitatif à h modalités analysé à l'aide d'un plan d'expérience en b blocs. Soit* Θ *la classe des plans d'expérience binaires en blocs de même taille k pour l'estimation des effets des traitements. Tout plan d'expérience en* **blocs incomplets équilibrés** *(BIBD) est alors* **universellement optimal** *dans la classe* Θ.

Démonstration. Pour l'estimation des divers effets des traitements il a été montré au chapitre 9 que la matrice d'information de tout plan d'expérience $\mathcal{D} \in \Theta$ est :

$$C_T = {}^t X_T P_{(\operatorname{Im} B)^\perp} X_T$$

avec X_T matrice des indicatrices des traitements et $P_{(\operatorname{Im} B)^\perp}$ matrice du projecteur orthogonal sur $(\operatorname{Im} B)^\perp$. Une telle matrice d'information ne peut jamais être diagonale (car la somme de ses colonnes est toujours égale au vecteur nul). Utilisons alors la proposition 10.21 afin de prouver qu'un BIBD est bien universellement optimal au sein de la classe Θ. Il faut donc montrer dans un premier temps que la matrice d'information du BIBD est complètement symétrique. Il a été prouvé au chapitre 9 que pour tout plan d'expérience de type $BIBD\,(h, b, k, r, \lambda)$ la matrice d'information C_T est complètement symétrique avec de manière explicite :

$$C_T = \left(r - \frac{r}{k} + \frac{\lambda}{k}\right) I_h - \frac{\lambda}{k} J_h.$$

Vérifions ensuite que la trace de C_T est maximale dans Θ pour tout BIBD. Considérons ici un plan d'expérience binaire quelconque en b blocs de taille k pour h traitements. La matrice d'information pour l'estimation des traitements est donnée pour tout plan d'expérience de la classe Θ par :

$$C_T = {}^t X_T P_{(\operatorname{Im} B)^\perp} X_T = {}^t X_T X_T - \frac{1}{k} \left({}^t X_T B\right) \left({}^t B X_T\right).$$

On sait que la matrice ${}^t X_T B$ n'est autre que la matrice d'incidence (notée classiquement N) donc :

$$C_T = {}^t X_T X_T - \frac{1}{k} N^t N.$$

Or (voir le paragraphe 9.2.2) les termes diagonaux de la matrice ${}^t X_T X_T$ ainsi que de la matrice de concordance $N^t N$ sont pour tout plan binaire $r_1, ..., r_h$ avec r_i nombre d'occurences du traitement i dans le plan d'expérience. Il vient donc pour tout plan de la classe Θ :

$$\operatorname{Trace}(C_T) = \sum_{i=1}^{h} r_i - \frac{1}{k} \sum_{i=1}^{h} r_i = n \left(\frac{k-1}{k}\right).$$

Cette trace est constante sur la classe Θ, la trace de la matrice d'information de tout BIBD est bien maximale dans la classe Θ ■

Partie V

Annexes

A

Plans factoriels et représentation linéaire des groupes

Cette annexe est consacrée à l'interprétation algébrique des fractions régulières de plans d'expérience factoriels. Ceci permet une bonne compréhension des principaux résultats énoncés dans les chapitres 3, 4, 5 et 6 relatifs aux plans d'expérience pour facteurs quantitatifs ainsi qu'au chapitre 8 pour des facteur qualitatifs. L'objectif est de présenter ici les bases de cette théorie ainsi que les principaux résultats. Pour une vision plus complète on pourra se référer aux ouvrages de Serre [90] ou Rauch [79] concernant la théorie de représentation linéaire des groupes finis ainsi qu'à l'ouvrage de Collombier [19] pour une application plus détaillée de cette théorie aux fractions de plans factoriels.

A.1 Représentation linéaire des groupes finis

Considérons un espace vectoriel V, de dimension n, sur le corps des nombres complexes $\mathbb{C}$ et un groupe fini G muni d'une loi de composition interne notée multiplicativement. On note dans la suite $|G|$ le cardinal du groupe G (*i.e.* le nombre de ses éléments). Rappelons que $GL(V)$ désigne le groupe linéaire sur V, c'est-à-dire le groupe constitué par les isomorphismes de V dans V (la loi interne étant la composition des applications notée $\circ$). Une base de V étant fixée, chaque élément de $GL(V)$ peut être représenté par une matrice. La représentation linéaire des groupes consiste à identifier un groupe fini à un groupe de matrices selon la définition suivante :

Définition A.1. *On appelle* **représentation linéaire** *d'un groupe fini G tout morphisme ρ du groupe G dans le groupe $GL(V)$. En d'autres termes :*

$$\rho : G \to GL(V) \text{ et } \forall\, g, h \in G \;,\; \rho(gh) = \rho(g) \circ \rho(h) \,.$$

L'espace vectoriel V est appelé **espace de la représentation**, *sa dimension est le* **degré** *de la représentation.*

On note dans la suite ρ_g au lieu de $\rho(g)$ afin de ne pas alourdir les notations.

Définition A.2. *Soient* ρ et ρ' *deux représentations linéaires du groupe* G *dans les espaces vectoriels* V *et* V'. *On dit qu'elles sont* **isomorphes** *s'il existe un isomorphisme linéaire* τ *de* V dans V' *vérifiant :*

$$\forall\ g \in G\ ,\ \rho_g = \tau^{-1} \circ \rho'_g \circ \tau.$$

Matriciellement, cette définition dit que si deux représentations sont isomorphes alors il existe une matrice de passage permettant de ramener une des deux représentations à l'autre par simple changement de base. Deux représentations isomorphes sont donc identifiables de manière naturelle (et ont même degré). Etant donné une représentation la question se pose alors de savoir si elle admet des sous-représentations (*i.e.* des représentations obtenues à partir d'un sous-espace vectoriel de V). Ceci conduit à la notion suivante :

Définition A.3. *Soit* $\rho : G \to GL(V)$ *une représentation linéaire du groupe fini* G. *On dit qu'elle est* **irréductible** *si aucun sous-espace vectoriel propre de* V *n'est stable par* G.

On montre ensuite qu'il n'est pas nécessaire de connaitre tous les ρ_g afin de caractériser une représentation. En effet, la connaissance de la trace de ces isomorphismes est suffisante. Ceci amène la définition des caractères d'une représentation :

Définition A.4. *Soit* $\rho : G \to GL(V)$ *une représentation linéaire du groupe fini* G. *On appelle* **caractère** *de cette représentation tout vecteur de* $\mathbb{C}^{|G|}$, noté χ_ρ *(ou simplement* χ*), tel que ses composantes sont données par :*

$$\forall\ g \in G\ ,\ (\chi_\rho)(g) = \mathrm{Trace}(\rho_g)\,.$$

Remarquons que quelle que soit la représentation ρ la composante associée à l'élément neutre 1 du groupe G vérifie (puisque ρ est un morphisme) :

$$(\chi_\rho)(1) = Tr(\rho_1) = Tr(Id_V) = n.$$

Considérons maintenant deux caractères χ et χ' d'un même groupe fini. Leur produit scalaire est alors défini de la manière naturelle suivante :

$$\langle \chi \mid \chi' \rangle = \frac{1}{|G|} \sum_{g \in G} \overline{\chi_g} \chi'_g = \frac{1}{|G|} {}^t\overline{\chi}\chi'.$$

Les relations ci-dessous, dites d'orthogonalité des caractères, sont toujours vérifiées (voir l'ouvrage de Serres [90] pour une démonstration) :

Proposition A.5. *Pour tout groupe G fini on peut dire que :*

1) *si χ est le caractère d'une* **représentation irréductible** alors :

$$\langle \chi \mid \chi \rangle = 1.$$

2) *les caractères χ et χ' de* **deux représentations irréductibles non-isomorphes** *sont orthogonaux:*

$$\langle \chi \mid \chi' \rangle = 0.$$

On manipule souvent dans la suite des groupes obtenus comme produit cartésien de deux ou plusieurs autres groupes. Rappelons que si G_1 et G_2 sont deux groupes finis, de cardinaux respectifs $|G_1|$ et $|G_2|$, munis d'une même loi de composition interne (notée multiplicativement) alors le **groupe produit** (direct) de G_1 et G_2 est l'ensemble :

$$G_1 \times G_2 = \left\{ \begin{pmatrix} g_1 \\ g_2 \end{pmatrix} \ / \ g_1 \in G_1 \text{ et } g_2 \in G_2 \right\}$$

muni du produit d'Hadamard comme loi de composition interne :

$$\forall\ g_1, h_1 \in G_1 \text{ et } \forall\ g_2, h_2 \in G_2\ ,\ \begin{pmatrix} g_1 \\ g_2 \end{pmatrix} \odot \begin{pmatrix} h_1 \\ h_2 \end{pmatrix} = \begin{pmatrix} g_1 h_1 \\ g_2 h_2 \end{pmatrix}.$$

Remarquons que $(G_1 \times G_2, \odot)$ est un groupe fini d'ordre $|G_1| . |G_2|$. Il sera souvent utile de déterminer de manière simple les caractères de tels groupes. Ceci est possible en utilisant l'opérateur de produit tensoriel :

Définition A.6. *Soient deux vecteurs $u \in \mathbb{R}^n$ et $v \in \mathbb{R}^m$. On appelle* **produit tensoriel** *de u et v le vecteur de $\mathbb{R}^{nm}$ noté $u \otimes v$ défini par :*

$$u \otimes v = \begin{pmatrix} v_1 u \\ v_2 u \\ \vdots \\ v_m u \end{pmatrix}.$$

Remarque. Attention au fait que la définition proposée ici ne correspond pas à l'ordre usuel des éléments du produit tensoriel de deux vecteurs. En effet on désigne classiquement par $u \otimes v$ le vecteur dont les éléments sont $u_1 v, u_2 v, ..., u_n v$. En d'autres termes, ce que nous écrivons ici $u \otimes v$ correspond à $v \otimes u$ dans d'autres ouvrages. On utilisera cependant cette convention car elle permet d'avoir des résultats très faciles à écrire dans la suite.

Considérons maintenant deux groupes finis G_1 et G_2 associés à deux représentations linéaires ρ^1 et ρ^2 dont les caractères sont connus. Le problème se pose d'en déduire les caractères du groupe produit $G_1 \times G_2$. On montre que :

Proposition A.7. *Si χ_1 et χ_2 sont deux caractères des groupes G_1 et G_2 alors $\chi_1 \otimes \chi_2$ est un* **caractère** *du groupe produit $G_1 \times G_2$.*

Terminons enfin par les propriétés spécifiques des groupes commutatifs (voir aussi le paragraphe 13 de l'ouvrage de Hall [47]) :

Proposition A.8. *Soit un groupe abélien fini G d'ordre h. Ce groupe admet h* **représentations irréductibles** *(non-isomorphes) de degré un et l'ensemble des caractères constitue un groupe abélien fini (pour le produit d'Hadamard), noté G^*, isomorphe à G. Le groupe G^* est appelé* **dual** *de G.*

A.2 Application aux plans à deux niveaux

A.2.1 Cas des plans factoriels complets

Considérons un plan d'expérience factoriel complet à m facteurs (sans aucune réplications centrales) et deux niveaux par facteur. Comme cela a été montré au chapitre 3 il est donc constitué par les expériences situées aux sommets du cube $[-1,1]^m$, c'est-à-dire l'ensemble des points $\{-1,1\}^m$. Il est possible de munir cet ensemble de la loi de composition interne qu'est le produit d'Hadamard de $\mathbb{R}^m$. Cette loi est associative et commutative, elle admet un élément neutre ($\mathbb{I}$) et tout élément de $\{-1,1\}^m$ est son propre symétrique. D'où :

Proposition A.9. *Tout plan factoriel complet à m facteurs peut être identifié au* **groupe abélien** $(\{-1,1\}^m, \odot)$.

Déterminons maintenant les caractères du groupe $(\{-1,1\}^m, \odot)$. Comme il s'agit d'un groupe produit il suffit donc de connaitre uniquement les caractères du groupe $(\{-1,1\}, \times)$ obtenu lorsque $m = 1$. Ce groupe étant abélien d'ordre 2 admet deux représentations irréductibles et donc deux caractères distincts. Comme on a toujours $\chi(1) = 1$ la table des caractères de ce groupe est obtenue immédiatement par :

élémt. du groupe	caractère χ_0	caractère χ_1
-1	1	-1
1	1	1

Ecrivons maintenant les produits tensoriels de χ_0 avec χ_1. On obtient alors la matrice suivante qui n'est autre que la matrice du plan factoriel complet à deux facteurs écrite selon l'ordre de Yates :

$$\left[\chi_1 \otimes \chi_0 \;\; \chi_0 \otimes \chi_1\right] = \begin{bmatrix} -1 & -1 \\ 1 & -1 \\ -1 & 1 \\ 1 & 1 \end{bmatrix}$$

De même, écrivons maintenant tous les produits tensoriels à trois vecteurs ne faisant intervenir qu'une fois χ_1. Ceci donne la matrice ci-dessous qui est cette fois la matrice du plan factoriel complet à trois facteurs :

$$\left[\chi_1 \otimes \chi_0 \otimes \chi_0 \; \chi_0 \otimes \chi_1 \otimes \chi_0 \; \chi_0 \otimes \chi_0 \otimes \chi_1\right] = \begin{bmatrix} -1 & -1 & -1 \\ 1 & -1 & -1 \\ -1 & 1 & -1 \\ 1 & 1 & -1 \\ -1 & -1 & 1 \\ 1 & -1 & 1 \\ -1 & 1 & 1 \\ 1 & 1 & 1 \end{bmatrix}.$$

Ce raisonnement est généralisable sans difficulté pour m facteurs et on obtient le résultat suivant avec δ_{ij} le symbole de Kronecker (*i.e.* $\delta_{ij} = 1$ si $i = j$ et $\delta_{ij} = 0$ sinon) :

Proposition A.10. *Soit un plan d'expérience factoriel complet à m facteurs et D la matrice de ce plan écrite selon l'ordre de Yates. La colonne de D associée à l'effet linéaire β_i est aussi le* **caractère** *du groupe* $(\{-1,1\}^m, \odot)$ *donné par :*

$$\bigotimes_{k=1}^{m} \chi_{\delta_{ik}}$$

On vient donc de voir qu'il est possible d'identifier les m colonnes de la matrice d'un plan factoriel complet à m caractères du groupe $(\{-1,1\}^m, \odot)$. Montrons maintenant qu'il en est de même pour les colonnes des effets d'interactions. Ces colonnes sont obtenues en réalisant le produit d'Hadamard des colonnes des effets linéaires intervenant dans l'interaction considérée. Utilisons le résultat suivant (évident à démontrer) liant les opérateurs produit d'Hadamard et produit tensoriel :

Lemme A.11. *Soient a, b, c et d quatre vecteurs de $\mathbb{R}^n$. Alors :*

$$(a \otimes b) \odot (c \otimes d) = (a \odot c) \otimes (b \odot d).$$

Reprenons maintenant l'exemple du plan factoriel complet à 3 facteurs et déterminons la colonne de la matrice X du modèle associée à l'effet d'interaction β_{12}. Elle est obtenue en réalisant le produit d'Hadamard des colonnes associées à β_1 et β_2 ce qui donne d'après le lemme $A.11$:

$$(\chi_1 \otimes \chi_0 \otimes \chi_0) \odot (\chi_0 \otimes \chi_1 \otimes \chi_0) = (\chi_1 \odot \chi_0) \otimes (\chi_0 \odot \chi_1) \otimes (\chi_0 \odot \chi_0).$$

On a les règles de calculs suivantes (d'après la définition de χ_0 et χ_1) :

$$\chi_0 \odot \chi_0 = \chi_0 \text{ , } \chi_1 \odot \chi_1 = \chi_0 \text{ et } \chi_0 \odot \chi_1 = \chi_1$$

donc :

$$(\chi_1 \otimes \chi_0 \otimes \chi_0) \odot (\chi_0 \otimes \chi_1 \otimes \chi_0) = \chi_1 \otimes \chi_1 \otimes \chi_0.$$

On vérifie de même que :

$$\begin{cases} \text{la colonne associée à } \beta_{13} \text{ est } \chi_1 \otimes \chi_0 \otimes \chi_1, \\ \text{la colonne associée à } \beta_{23} \text{ est } \chi_0 \otimes \chi_1 \otimes \chi_1, \\ \text{la colonne associée à } \beta_{123} \text{ est } \chi_1 \otimes \chi_1 \otimes \chi_1. \end{cases}$$

En d'autres termes si A est l'ensemble des indices utilisés pour l'interaction étudiée (par exemple $A = \{1, 2\}$ pour β_{12}), la colonne correspondante dans la matrice du modèle est obtenue par produit tensoriel des χ_i où $i = 1$ si i est dans A et $i = 0$ sinon. Ce résultat est généralisable sans difficulté et on obtient alors la proposition suivante étendant la proposition A.10 aux effets d'interactions :

Proposition A.12. *Considérons un plan d'expérience factoriel complet à m facteurs de matrice D écrite selon l'ordre de Yates. Soit une interaction à k facteurs et A l'ensemble des k indices intervenant dans cette interaction. La colonne associée à cette interaction dans la matrice X du modèle est aussi le* **caractère** *du groupe $(\{-1, 1\}^m, \odot)$ donné par :*

$$\bigotimes_{k=1}^{m} \chi_{\mathbb{I}_A(k)}$$

Tout ceci permet alors d'énoncer le résultat principal suivant :

Proposition A.13. *Considérons un plan d'expérience factoriel complet à m facteurs et soit X la matrice du modèle contenant toutes les interactions possibles. On peut alors affirmer que :*

1) *le carré de la norme de toute colonne est égale à 2^m,*

2) *deux colonnes distinctes de X sont toujours* **orthogonales**.

Démonstration. Les résultats énoncés ici sont la conséquence directe des relations d'orthogonalité des caractères énoncées à la proposition A.5. En effet, il suffit de remarquer que si X est la matrice du modèle contenant toutes les interactions possibles (d'ordre 2, 3 ... m) alors elle est constituée par les colonnes suivantes :

1) $\bigotimes_{k=1}^{m} \chi_0 = \mathbb{I}_{2^m}$ associée à l'effet moyen général β_0,

2) $\bigotimes_{k=1}^{m} \chi_{\delta_{ik}}$ associées aux m effets linéaires β_i,

3) $\bigotimes_{k=1}^{m} \chi_{\mathbb{I}_A(k)}$ associées à toutes les interactions possibles β_{ij}, β_{ijk}, *etc...*

On obtient donc ainsi 2^m vecteurs distincts et chacun d'eux est un caractère du groupe $(\{-1,1\}^m, \odot)$. Ce groupe ayant pour cardinal 2^m il s'agit donc de tous les caractères de ce groupe et la proposition $A.13$ découle alors directement des relations d'orthogonalité des caractères (proposition $A.5$) ■

Application 1

Autre démonstration de la proposition 3.7 :

" *Tout plan factoriel complet est un plan d'expérience usuel pour un modèle d'ordre un, vérifiant de plus* $s_2 = 2^m$".

On peut dire que :

1) la colonne associée à l'effet linéaire β_i $(i = 1, ..., m)$ est orthogonale à la colonne associée à β_0 donc $[i] = 0$,

2) les colonnes associées aux effets linéaires β_i et β_j $(i, j = 1, ..., m$ avec $i \neq j)$ sont orthogonales donc $[ij] = 0$,

3) la colonne associée à l'effet linéaire β_i $(i = 1, ..., m)$ a une norme carrée égale à 2^m donc $n\left[i^2\right] = 2^m$.

Tout plan factoriel complet est donc bien un plan d'expérience usuel pour un modèle d'ordre un (rajouter d'éventuelles réplications centrales ne change en rien les résultats précédents).

Application 2

Autre démonstration de la proposition 3.10 :

"*Les colonnes de* D, *matrice d'un plan factoriel complet, sont des contrastes non-unitaires de* $\{-1,1\}^{2^m}$ *et le produit d'Hadamard de* k *colonnes distinctes de* D *est aussi un contraste non-unitaire de* $\{-1,1\}^{2^m}$".

On peut dire que :

1) la colonne associée à l'effet linéaire β_i $(i = 1, ..., m)$ est orthogonale à la colonne associée à β_0 donc $[i] = 0$. En d'autres termes, la colonne associée à β_i est bien un contraste non-unitaire de $\{-1,1\}^{2^m}$.

2) considérons la colonne de X obtenue en réalisant le produit d'Hadamard de k colonnes distinctes de D. Cette colonne est donc associée à une interaction d'ordre k et la proposition $A.13$ assure qu'elle est en particulier orthogonale à la colonne associée à β_0, il s'agit donc bien d'un contraste non-unitaire de $\{-1,1\}^{2^m}$.

Application 3

Autre démonstration de la proposition 4.4 :

" *Tout plan factoriel complet est un plan d'expérience usuel pour un modèle à effets d'interactions d'ordre deux, vérifiant de plus* $s_2 = 2^m$ *et* $s_{22} = 2^m$".

On peut dire que :

1) concernant les moments impairs, on a l'orthogonalité entre les couples de colonnes associés aux effets suivants ($i, j, k, l = 1, ..., m$ avec $i < j < k < l$) :

$$\begin{array}{ll} \beta_i \text{ et } \beta_0 \text{ donc } [i] = 0, & \beta_{ij} \text{ et } \beta_k \text{ donc } [ijk] = 0, \\ \beta_{ij} \text{ et } \beta_0 \text{ donc } [ij] = 0, & \beta_{ij} \text{ et } \beta_{ik} \text{ donc } \left[i^2jk\right] = 0, \\ \beta_{ij} \text{ et } \beta_i \text{ donc } \left[i^2j\right] = 0, & \beta_{ij} \text{ et } \beta_{kl} \text{ donc } [ijkl] = 0. \end{array}$$

Ceci montre bien que tous les moments impairs sont nuls jusqu'à l'ordre 4.

2) la colonne associée à l'effet linéaire β_i ($i = 1, ..., m$) ainsi que la colonne associée à l'effet d'interaction β_{ij} ($i, j = 1, ..., m$ avec $i < j$) ont une norme carrée égale à 2^m donc :

$$n\left[i^2\right] = 2^m \text{ et } n\left[i^2j^2\right] = 2^m.$$

Tout plan factoriel complet est donc bien un plan d'expérience usuel pour un modèle à effets d'interactions d'ordre deux (rajouter d'éventuelles réplications centrales ne change en rien les résultats précédents).

A.2.2 Cas des fractions régulières

Le paragraphe précédent a montré tout l'intérêt de la théorie de représentation linéaire des groupes finis afin de formaliser la construction ainsi que les principales propriétés des plans factoriels complets. Etendons maintenant ceci aux fractions régulières de plans factoriels. Commençons tout d'abord par donner la définition algébrique des fractions régulières.

Définition A.14. *Soit un plan factoriel complet à m facteurs identifié au groupe abélien* $G = \{-1, 1\}^m$ *muni du produit d'Hadamard. On appelle* **fraction régulière** *(principale) tout plan d'expérience associé à un* **sous-groupe** *S de G.*

Illustrons ceci par un exemple pour $m = 3$ facteurs. Le tableau ci-dessous est la table des caractères du groupe $G = \{-1, 1\}^3$ c'est-à-dire la matrice du modèle contenant toutes les interactions (on note, pour des raisons de place, χ_{ijk} au lieu de $\chi_i \otimes \chi_j \otimes \chi_k$). Chaque élément du groupe G est identifié aux trois valeurs (en gras dans le tableau) prises par χ_{100}, χ_{010} et χ_{001} (*i.e.* à ses coordonnées dans le plan d'expérience d'après la proposition $A.10$).

Elément	χ_{000}	χ_{100}	χ_{010}	χ_{001}	χ_{110}	χ_{101}	χ_{011}	χ_{111}
$(-1,-1,-1)$	1	-1	-1	-1	1	1	1	-1
$(1,-1,-1)$	1	1	-1	-1	-1	-1	1	1
$(-1,1,-1)$	1	-1	1	-1	-1	1	-1	1
$(1,1,-1)$	1	1	1	-1	1	-1	-1	-1
$(-1,-1,1)$	1	-1	-1	1	1	-1	-1	1
$(1,-1,1)$	1	1	-1	1	-1	1	-1	-1
$(-1,1,1)$	1	-1	1	1	-1	-1	1	-1
$(1,1,1)$	1	1	1	1	1	1	1	1

Considérons alors non plus le groupe G mais le sous-groupe S constitué des éléments suivants :

$$S = \{(1,1,1), (1,-1,-1), (-1,1,-1), (-1,-1,1)\}.$$

La fraction régulière du plan factoriel complet associée à S est alors obtenue en ne conservant que les expériences (*i.e.* les lignes du tableau) associées aux éléments de S. Les expériences retenues figurent dans la table en caractères de grande taille. En désignant par G^* le dual du groupe G (voir la proposition A.8) on définit maintenant l'orthogonal du groupe S dans G^* par (voir Lang [62]) :

Définition A.15. *Soit un sous-groupe S de $G = \{-1,1\}^m$. On appelle* **orthogonal** *de S (dans G^*) l'ensemble, noté $S^\perp$, des caractères χ de G^* tels que $\chi(g) = 1$ pour tout $g \in S$. Donc :*

$$S^\perp = \{\chi \in G^* \ / \ g \in S \Longrightarrow \chi(g) = 1\}.$$

Les éléments de $S^\perp$ sont appelés **contrastes de définition** *de la fraction régulière utilisée.*

On a les propriétés suivantes (voir Lang [62]) :

Proposition A.16. *Soit S un sous-groupe de $G = \{-1,1\}^m$ et $S^\perp$ l'orthogonal de S dans G^*. Alors, $S^\perp$ est un* **sous-groupe** *de G^* et le nombre d'éléments de $S^\perp$ vérifie :*

$$\operatorname{card}\left(S^\perp\right) = \frac{\operatorname{card}(G)}{\operatorname{card}(S)}.$$

Remarque. La notion de contraste de définition présentée en A.15 est bien identique à celle introduite au chapitre 3 (définition 3.12). En effet, le groupe $S^\perp$ ou le groupe des contrastes de définition $\mathcal{G}$ sont **identiques** (seules les notations diffèrent). Pour l'exemple présenté ici on a :

$$S^\perp = \{\chi_{000}, \chi_{111}\} \text{ et } \mathcal{G} = \{\mathbb{I}, \mathtt{123}\}.$$

La colonne associée à $\chi_{000} = \chi_0 \otimes \chi_0 \otimes \chi_0$ correspond bien à l'effet moyen général du modèle et la colonne associée à $\chi_{111} = \chi_1 \otimes \chi_1 \otimes \chi_1$ correspond à l'interaction **123** entre les trois facteurs étudiés.

La proposition $A.16$ permet de démontrer le résultat suivant (relation 1 de la proposition 3.15) :

Proposition A.17. *Soit un plan d'expérience factoriel complet à m facteurs et une fraction régulière obtenue à l'aide de q générateurs. Une telle fraction régulière est constituée par 2^{m-q}* **expériences**.

Démonstration. Le plan factoriel complet peut être identifié au groupe $G = \{-1, 1\}^m$ ayant pour cardinal 2^m. De même, il a été prouvé (voir la proposition 3.13) que si une fraction régulière est définie par q générateurs alors le groupe $\mathcal{G}$ des contrastes de définition (ou de manière identique le groupe $S^\perp$) est un groupe fini de cardinal 2^q. Le résultat est alors immédiat d'après la proposition $A.16$ puisque :

$$\text{card}\,(S) = \frac{\text{card}\,(G)}{\text{card}\,(S^\perp)} = 2^{m-q} \qquad \blacksquare$$

On a maintenant le résultat principal suivant permettant d'étendre la proposition $A.13$ au cas des fractions régulières :

Proposition A.18. *Considérons une fraction régulière de plan d'expérience factoriel à m facteurs et désignons par X la matrice du modèle contenant toutes les interactions possibles. On peut alors affirmer que :*

1) *le carré de la norme de toute colonne est égale à 2^{m-q},*

2) *deux colonnes distinctes de X sont soit* **orthogonales** *soit* **colinéaires**.

Démonstration. La proposition énoncée en 1 découle immédiatement de la proposition $A.17$ disant que la matrice X a 2^{m-q} lignes. Concernant la proposition énoncée en 2, considérons au préalable la matrice carrée, élément de $\mathcal{M}\,(2^m, 2^m)$, du modèle contenant tous les effets d'interactions du plan factoriel complet.

Il convient de distinguer, dans un premier temps, la sous-matrice X du modèle obtenue avec la fraction régulière considérée. Cette matrice, élément de $\mathcal{M}\,(2^{m-q}, 2^m)$, est obtenue en supprimant 2^q lignes de la matrice complète. Puisque la fraction régulière est identifiable à un groupe abélien fini S, d'ordre 2^{m-q}, on peut aussi considérer ensuite la table $\widetilde{X}$ des 2^{m-q} caractères des représentations irréductibles non-isomorphes de ce groupe. Cette matrice $\widetilde{X}$, élément de $\mathcal{M}\,(2^{m-q}, 2^{m-q})$, est obtenue en supprimant 2^q colonnes de X.

On peut ainsi démontrer la relation 2 puisque pour deux colonnes distinctes de X deux situations peuvent alors se présenter :

1) soit les deux colonnes considérées correspondent à deux représentations irréductibles non-isomorphes de S (*i.e.* les deux colonnes appartiennent à $\widetilde{X}$) et sont donc orthogonales (voir la proposition $A.5$),

2) soit les deux colonnes considérées correspondent à deux représentations irréductibles isomorphes de S et sont colinéaires ∎

Remarque 1. Puisque seuls les plans factoriels à deux niveaux sont considérés dans cette section on peut donc affiner la relation 2 en disant que deux colonnes colinéaires sont alors obligatoirement égales ou opposées. Deux colonnes colinéaires sont de plus obligatoirement égales si l'on utilise une fraction principale.

Remarque 2. Rappelons que pour déterminer tous les couples de colonnes de X colinéaires il suffit de construire la **table des confusions d'effets** telle qu'elle a été présentée au paragraphe 3.4.3. Pour l'exemple précédent où $\mathcal{G} = \{\mathbb{I}, \texttt{123}\}$ il y a donc colinéarité des couples de colonnes suivants :

$$\{\mathbb{I}, \texttt{123}\} \ , \ \{\texttt{1}, \texttt{23}\} \ , \ \{\texttt{2}, \texttt{13}\} \ , \ \{\texttt{3}, \texttt{12}\} .$$

Application

Démontrons la fin de la proposition 3.15 dont l'énoncé est :

"*si D est la matrice d'une fraction régulière alors les colonnes de D sont des contrastes de $\{-1,1\}^{2^{m-q}}$ et le produit d'Hadamard de k colonnes distinctes de D ($2 \leq k \leq m$) est aussi un contraste de $\{-1,1\}^{2^{m-q}}$*".

On sait que :

1) la colonne associée à l'effet linéaire β_i ($i = 1, ..., m$) est soit orthogonale soit colinéaire à la colonne associée à β_0. En d'autres termes, la colonne associée à β_i est donc bien un contraste de l'ensemble $\{-1,1\}^{2^m}$ (non-unitaire uniquement dans le cas où l'on a l'orthogonalité),

2) considérons la colonne de X obtenue en réalisant le produit d'Hadamard de k colonnes distinctes de D. Cette colonne est donc associée à une interaction d'ordre k et la proposition $A.18$ nous dit qu'elle est en particulier soit orthogonale soit colinéaire à la colonne associée à β_0. Il s'agit donc bien d'un contraste de $\{-1,1\}^{2^m}$ (une nouvelle fois non-unitaire uniquement en cas d'orthogonalité).

A.3 Généralisation

Généralisons ici les résultats de la section $A.2$ au cas où plus de deux niveaux interviennent pour chacun des facteurs. Ceci est donc en rapport avec le chapitre 8 lorsque m facteurs qualitatifs à h modalités sont considérés (on dit alors que le plan d'expérience est symétrique car le nombre le modalités est identique pour tous les facteurs).

A.3.1 Cas des plans factoriels complets

Il a été montré au paragraphe 8.2.1 du chapitre 8 qu'un plan d'expérience pour facteurs qualitatifs peut facilement être décrit à l'aide du codage naturel. Dans le cas où chaque facteur est à h modalités il s'agit donc de coder chacune des modalités par un élément de l'ensemble $\{0, 1, ..., h-1\}$. Il en résulte que, comme cela a déjà été énoncé dans un cas plus général à la définition 8.7, tout plan d'expérience factoriel complet à m facteurs est constitué par l'ensemble des points de l'ensemble $\{0, 1, ..., h-1\}^m$. Remarquons que $\{0, 1, ..., h-1\}$ peut être considéré comme l'ensemble des restes de la division euclidienne par h. Muni classiquement de l'addition modulo h on obtient alors le groupe $(\mathbb{Z}/h\mathbb{Z}, +)$. Lorsque m facteurs sont considérés on peut donc réaliser l'identification suivante :

Proposition A.19. *Tout plan factoriel complet pour m facteurs qualitatifs à h modalités peut être identifié au groupe abélien $((\mathbb{Z}/h\mathbb{Z})^m, +)$.*

Remarque. Ceci est bien une généralisation de la définition A.9 relative aux plans factoriels complets à 2 niveaux puisque (pour un seul facteur) les groupes $(\mathbb{Z}/2\mathbb{Z}, +)$ ou $(\{-1, 1\}, \times)$ peuvent être mis en bijection à l'aide de l'isomorphisme élémentaire suivant :

$$\phi : (\{-1, 1\}, \times) \to (\mathbb{Z}/2\mathbb{Z}, +) \text{ tel que } \phi(-1) = 1 \text{ et } \phi(1) = 0.$$

Déterminons maintenant les caractères du groupe $((\mathbb{Z}/h\mathbb{Z})^m, +)$. Comme il s'agit d'un groupe produit il suffit donc de connaître uniquement les caractères du groupe $(\mathbb{Z}/h\mathbb{Z}, +)$ obtenu lorsque $m = 1$. Il s'agit d'un groupe abélien d'ordre h qui peut aussi être vu de manière équivalente comme le groupe cyclique C_h des racines complexes de l'unité ou encore, géométriquement, comme le groupe des rotations d'angles multiples de $(2\pi/h)$ autour d'un axe donné. On sait alors (voir Serre [90] ainsi que la section A.1) qu'il existe h caractères et ces caractères sont obtenus à partir du vecteur contenant toutes les racines h-ièmes de l'unité. L'exemple suivant détaille les caractères dans le cas où $h = 3$. En notant $\omega = e^{i(2\pi/3)}$ une des racines troisième complexe de l'unité les trois caractères du groupe $(\mathbb{Z}/3\mathbb{Z}, +)$ sont :

élémt. du groupe	caractère χ_0	caractère χ_1	caractère χ_2
0	ω^0	ω^0	ω^0
1	ω^0	ω^1	ω^2
2	ω^0	ω^2	ω^1

Remarquons que l'on a aussi plus simplement (avec les notations symboliques des puissances par rapport au produit d'Hadamard) :

$$\chi_0 = \mathbb{I}_3 = \chi_1^0 \text{ et } \chi_2 = \chi_1 \odot \chi_1 = \chi_1^2.$$

Ce résultat est généralisable à toute valeur de h : à partir du vecteur χ_1 on obtient tous les autres caractères en élevant ce vecteur à toutes les puissances comprises entre 0 et $(h-1)$. Utilisons maintenant ces caractères afin de retrouver la matrice du plan factoriel complet pour $m=2$ facteurs à $h=3$ modalités. Considérons la matrice $D_{\mathbb{C}}$ dont les deux colonnes sont constituées respectivement par les caractères $\chi_1 \otimes \chi_0$ et $\chi_0 \otimes \chi_1$ du groupe $\left((\mathbb{Z}/3\mathbb{Z})^2, +\right)$. Il vient alors (avec parallèlement la matrice D ci-dessous du plan en codage naturel) :

$$D = \begin{bmatrix} 0\,0 \\ 1\,0 \\ 2\,0 \\ 0\,1 \\ 1\,1 \\ 2\,1 \\ 0\,2 \\ 1\,2 \\ 2\,2 \end{bmatrix} \quad \text{et } D_{\mathbb{C}} = \begin{bmatrix} \omega^0\,\omega^0 \\ \omega^1\,\omega^0 \\ \omega^2\,\omega^0 \\ \omega^0\,\omega^1 \\ \omega^1\,\omega^1 \\ \omega^2\,\omega^1 \\ \omega^0\,\omega^2 \\ \omega^1\,\omega^2 \\ \omega^2\,\omega^2 \end{bmatrix}.$$

On constate donc que les matrices D et $D_{\mathbb{C}}$ sont **identiques** à l'isomorphisme suivant près (pour tout k de $\{0, 1, ..., h-1\}$) :

$$\varphi : (C_h, \times) \rightarrow \left(\frac{\mathbb{Z}}{h\mathbb{Z}}, +\right) \text{ tel que } \varphi\left(e^{i\left(k\frac{2\pi}{h}\right)}\right) = \varphi\left(\omega^k\right) = k.$$

On qualifie dans la suite $D_{\mathbb{C}}$ de **matrice complexe** du plan. On généralise alors sans difficulté ce type de construction dans le cas où m facteurs à h modalités sont considérés et il vient (en désignant toujours par δ_{ij} le symbole de Kronecker) :

Proposition A.20. *Soit un plan d'expérience factoriel complet pour m facteurs à h modalités. Désignons par $D_{\mathbb{C}}$ la matrice complexe de ce plan écrite selon l'ordre de Yates et considérons les caractères χ_0 et χ_1 du groupe $(\mathbb{Z}/h\mathbb{Z}, +)$ tels que $\chi_0 = \mathbb{I}_h$ et $\chi_1 = {}^t\left(\omega^0, \omega^1, ..., \omega^{h-1}\right)$ avec $\omega = e^{i(2\pi/h)}$. La colonne de $D_{\mathbb{C}}$ associée aux modalités du facteur i est alors aussi le* **caractère** *du groupe $((\mathbb{Z}/h\mathbb{Z})^m, +)$ donné par :*

$$\bigotimes_{k=1}^{m} \chi_{\delta_{ik}}$$

Prouvons maintenant qu'un tel plan d'expérience est toujours orthogonal. On sait que l'orthogonalité dans le cas de facteurs qualitatifs se traduit facilement par le biais des matrices d'incidences $N_{ij} = {}^tX_iX_j$. C'est pourquoi on cherche dans un premier temps à établir le lien mathématique existant entre la matrice complexe du plan et les diverses matrices X_i des indicatrices des modalités des facteurs. Considérons pour cela la matrice complexe du modèle additif $X_{\mathbb{C}}$ définie naturellement par $X_{\mathbb{C}} = [\mathbb{I}_n \mid D_{\mathbb{C}}]$ ainsi que la matrice F telle que (avec toujours $\omega = e^{i(2\pi/h)}$) :

$$F = F_h = \begin{bmatrix} 1 & 1 & 1 \dots & 1 \\ 1 & \omega & \omega^2 \dots & \omega^{h-1} \\ 1 & \omega^2 & \omega^4 \dots & \omega^{2(h-1)} \\ \vdots & \vdots & \vdots & \vdots \\ 1 & \omega^{h-1} & \omega^{2(h-1)} & \dots \omega^{(h-1)^2} \end{bmatrix}.$$

Une telle matrice est classique, elle est souvent qualifiée de **matrice de Fourier** d'ordre h. Les colonnes de F forment une base orthonormée de $\mathbb{C}^h$ pour le produit scalaire de la proposition $A.5$ (car elles sont constituées par tous les caractères du groupe $(\mathbb{Z}/h\mathbb{Z}, +)$ et ces caractères sont orthogonaux d'après les propositions $A.5$ et $A.8$). La matrice F est donc orthogonale dans le sens où $F^*F = hI_h$ avec F^* matrice adjointe de F. Introduisons maintenant les matrices complexes G_i définies par la relation :

$$\forall\, i = 1, ..., m \;,\; G_i = X_i F$$

avec X_i matrice des indicatrices des modalités du facteur i. En illustrant ceci à l'aide de l'exemple précédent pour $m = 2$ facteurs à $h = 3$ niveaux il vient :

$$X_1 = \begin{bmatrix} 1\,0\,0 \\ 0\,1\,0 \\ 0\,0\,1 \\ 1\,0\,0 \\ 0\,1\,0 \\ 0\,0\,1 \\ 1\,0\,0 \\ 0\,1\,0 \\ 0\,0\,1 \end{bmatrix}, \; X_2 = \begin{bmatrix} 1\,0\,0 \\ 1\,0\,0 \\ 1\,0\,0 \\ 0\,1\,0 \\ 0\,1\,0 \\ 0\,1\,0 \\ 0\,0\,1 \\ 0\,0\,1 \\ 0\,0\,1 \end{bmatrix} \text{ et } F = \begin{bmatrix} 1 & 1 & 1 \\ 1 & \omega & \omega^2 \\ 1 & \omega^2 & \omega \end{bmatrix}.$$

Les matrices G_1 et G_2 sont donc données ici par :

$$G_1 = X_1 F = \begin{bmatrix} 1 & \boldsymbol{\omega^0} & \omega^0 \\ 1 & \boldsymbol{\omega^1} & \omega^2 \\ 1 & \boldsymbol{\omega^2} & \omega^1 \\ 1 & \boldsymbol{\omega^0} & \omega^0 \\ 1 & \boldsymbol{\omega^1} & \omega^2 \\ 1 & \boldsymbol{\omega^2} & \omega^1 \\ 1 & \boldsymbol{\omega^0} & \omega^0 \\ 1 & \boldsymbol{\omega^1} & \omega^2 \\ 1 & \boldsymbol{\omega^2} & \omega^1 \end{bmatrix} \text{ et } G_2 = X_2 F = \begin{bmatrix} 1 & \boldsymbol{\omega^0} & \omega^0 \\ 1 & \boldsymbol{\omega^0} & \omega^0 \\ 1 & \boldsymbol{\omega^0} & \omega^0 \\ 1 & \boldsymbol{\omega^1} & \omega^2 \\ 1 & \boldsymbol{\omega^1} & \omega^2 \\ 1 & \boldsymbol{\omega^1} & \omega^2 \\ 1 & \boldsymbol{\omega^2} & \omega^1 \\ 1 & \boldsymbol{\omega^2} & \omega^1 \\ 1 & \boldsymbol{\omega^2} & \omega^1 \end{bmatrix}.$$

On constate donc que (par exemple) la matrice G_1 permet de retrouver la colonne (en caractères gras) relative aux diverses modalités, sous forme complexe, du facteur 1. Les deux autres colonnes de G_1 sont engendrées par cette même colonne puisque, en la désignant par 1, il s'agit de $\mathtt{1}^0 = \mathbb{I}$ et $\mathtt{1}^2 = \mathtt{1} \odot \mathtt{1}$. Ce résultat concernant la forme des matrices G_i est généralisable sans difficulté car il est dû au fait que, par définition, la matrice de Fourier F est elle-même engendrée par les puissances successives d'une même colonne. On obtient donc le résultat général suivant :

Proposition A.21. *Soit un plan d'expérience pour m facteurs qualitatifs à h modalités. Désignons par $X_i \in \mathcal{M}(n,h)$ la matrice des modalités du facteur i, par $F \in \mathcal{M}(h,h)$ la matrice de Fourier d'ordre h et indroduisons les matrices $G_i \in \mathcal{M}(n,h)$ par la relation suivante :*

$$\forall\ i = 1,...,m\ ,\ G_i = X_i F.$$

En désignant par $\mathtt{i}$ *la colonne de la matrice complexe $D_{\mathbb{C}}$ relative au facteur i on a alors (avec $\mathtt{i}^2 = \mathtt{i} \odot \mathtt{i}$, $\mathtt{i}^3 = \mathtt{i} \odot \mathtt{i} \odot \mathtt{i}$, etc ...) :*

$$G_i = \left[\mathbb{I}_n \mid \mathtt{i} \mid \mathtt{i}^2 \mid ... \mid \mathtt{i}^{h-1} \right].$$

Remarquons que puisque la matrice de Fourier F est orthogonale il en résulte qu'elle est toujours inversible avec de plus $F^{-1} = (1/h)\,F^*$. On en déduit donc que :

$$\forall\ i = 1,...,m\ ,\ G_i = X_i F\ \Leftrightarrow\ \forall\ i = 1,...,m\ ,\ X_i = \frac{1}{h} G_i F^*.$$

Le résultat suivant est alors immédiat :

Proposition A.22. *Soit un plan d'expérience pour m facteurs qualitatifs à h modalités. La* **matrice d'incidence** *associée aux facteurs i et j ($i,j = 1,...,m$ avec $i \neq j$) est donnée par :*

$$N_{ij} = {}^t X_i X_j = \frac{1}{h^2} \left(G_i F^*\right)^* \left(G_j F^*\right) = \frac{1}{h^2} F \left(G_i^* G_j\right) F^*.$$

Application

Autre démonstration, dans le **cas particulier** où $h_1 = ... = h_m = h$, du résultat suivant du paragraphe 8.3.2 :

"tout plan factoriel complet pour m facteurs qualitatifs à $h_1, ..., h_m$ modalités est un plan d'expérience orthogonal tel que :

$$\forall\ i,j = 1,...,m \text{ avec } i \neq j\ ,\ \lambda_{ij} = \frac{n}{h_i h_j} \text{ où } n = \prod_{k=1}^{m} h_k\text{"}.$$

Pour deux facteurs i et j tels que $i \neq j$ considérons la matrice d'incidence N_{ij}. D'après la proposition $A.22$ on a :

$$N_{ij} = \frac{1}{h^2} F \left(G_i^* G_j\right) F^*$$

avec $G_i = \left[\mathbb{I}_n \mid \mathtt{i} \mid \mathtt{i}^2 \mid ... \mid \mathtt{i}^{h-1}\right]$ et $G_j = \left[\mathbb{I}_n \mid \mathtt{j} \mid \mathtt{j}^2 \mid ... \mid \mathtt{j}^{h-1}\right]$. Ces deux matrices sont donc constituées par un total de $2h$ vecteurs colonne qui sont tous des caractères du groupe $\left((\mathbb{Z}/h\mathbb{Z})^m, +\right)$. Les propositions $A.5$ et $A.8$ permettent d'affirmer que ces différents caractères sont orthogonaux entre eux et il vient donc (avec le produit scalaire de la proposition $A.5$) :

$$\forall\ k,l = 0, ..., h-1 \text{ avec } (k,l) \neq (0,0)\ ,\ \left(\mathtt{i}^k \mid \mathtt{j}^l\right) = 0.$$

Pour le cas particulier où $(k,l) = (0,0)$ le même caractère est alors sélectionné dans les deux matrices et donc :

$$\left(\mathtt{i}^0 \mid \mathtt{j}^0\right) = (\mathbb{I}_n \mid \mathbb{I}_n) = 1.$$

Tous ces résultats d'orthogonalité se traduisent matriciellement par :

$$G_i^* G_j = \left[\begin{array}{c|ccc} n & 0 & \ldots & 0 \\ \hline 0 & 0 & \ldots & 0 \\ \vdots & \vdots & & \vdots \\ 0 & 0 & \ldots & 0 \end{array}\right].$$

Il en résulte que la matrice d'incidence des facteurs i et j est donc (d'après la forme générale de F donnée précédemment) :

$$N_{ij} = \frac{1}{h^2} F\left(G_i^* G_j\right) F^* = \frac{1}{h^2} \begin{bmatrix} n & \ldots & n \\ \vdots & & \vdots \\ n & \ldots & n \end{bmatrix} = \frac{n}{h^2} J_h.$$

Le résultat est ainsi bien démontré dans le cas où tous les facteurs sont à h modalités puisque :

$$n = h^m \text{ donc } \lambda_{ij} = \frac{n}{h^2} = h^{m-2}.$$

Remarquons que ce dernier résultat est indépendant du choix de i et j, le plan d'expérience obtenu dans ce cas est donc **uniformément orthogonal**.

A.3.2 Cas des fractions régulières

Utilisons une nouvelle fois la théorie de représentation linéaire des groupes finis afin d'étendre les propriétés vues précedemment aux fractions régulières de plans factoriels. L'interprétation algébrique des fractions régulières est tout d'abord donnée ci-dessous :

Définition A.23. *Soit un plan factoriel complet à m facteurs qualitatifs à h modalités identifié au groupe abélien $G = \left((\mathbb{Z}/h\mathbb{Z})^m, +\right)$. On appelle alors* **fraction régulière** *(principale) tout plan d'expérience associé à un* **sous-groupe** *S de G.*

Illustrons ceci par un exemple pour $m = 2$ facteurs qualitatifs à $h = 3$ modalités. Le tableau ci-dessous est la table des caractères du groupe $G = \left((\mathbb{Z}/3\mathbb{Z})^2, +\right)$ en notant, pour des raisons de place, χ_{ij} au lieu de $\chi_i \otimes \chi_j$. Pour simplifier la lecture on note de même simplement i au lieu de la forme complexe ω^i où $\omega = e^{i(2\pi/3)}$ (on utilise donc le codage naturel des modalités des facteurs). Chaque élément du groupe G est identifié aux deux valeurs (en gras dans le tableau) prises par χ_{10} et χ_{01} (*i.e.* à ses coordonnées en codage naturel dans le plan d'expérience d'après la proposition A.20). Pour rendre la lecture de ce tableau plus aisée il a été aussi rajouté en première ligne une interprétation plus intuitive de chacun des résultats à partir des colonnes 1 et 2 associées respectivement aux premier et deuxième facteur dans la matrice du plan d'expérience factoriel complet puisque (voir le paragraphe A.3.1) :

$$\chi_0 = \mathbb{I}_3 = \chi_1^0 \text{ et } \chi_2 = \chi_1 \odot \chi_1 = \chi_1^2.$$

Les caractères du groupe $\left((\mathbb{Z}/3\mathbb{Z})^2, +\right)$ sont alors donnés par :

	$\mathbb{I}$	1	2	12	1^2	2^2	$1^2 2$	12^2	$1^2 2^2$
Elément	χ_{00}	χ_{10}	χ_{01}	χ_{11}	χ_{20}	χ_{02}	χ_{12}	χ_{21}	χ_{22}
$(0,0)$	0	**0**	**0**	0	0	0	0	0	0
$(1,0)$	0	**1**	**0**	1	2	0	2	1	2
$(2,0)$	0	**2**	**0**	2	1	0	1	2	1
$(0,1)$	0	**0**	**1**	1	0	2	1	2	2
$(1,1)$	0	**1**	**1**	2	2	2	0	0	1
$(2,1)$	0	**2**	**1**	0	1	2	2	1	0
$(0,2)$	0	**0**	**2**	2	0	1	2	1	1
$(1,2)$	0	**1**	**2**	0	2	1	1	2	0
$(2,2)$	0	**2**	**2**	1	1	1	0	0	2

Considérons alors non plus le groupe G mais le sous-groupe S constitué des éléments suivants :

$$S = \{(0,0), (2,1), (1,2)\}.$$

La fraction régulière du plan factoriel complet associée à S est alors obtenue en ne conservant que les expériences (*i.e.* les lignes du tableau) associées aux éléments de S. Les expériences retenues figurent dans la table en caractères de grande taille. On définit ensuite, tout comme au paragraphe A.2.2 où seulement deux niveaux intervenaient, l'orthogonal du groupe S dans G^* par :

$$S^{\perp} = \{\chi \in G^* \ / \ g \in S \Longrightarrow \chi(g) = 0\}.$$

Remarquons alors que les notions d'orthogonal du groupe S ou bien de groupe des générateurs de la fraction régulière (voir le paragraphe 8.4.3) sont encore **identiques** (seules les notations diffèrent). Il vient pour l'exemple présenté ici :

$$S^{\perp} = \{\chi_{00}, \chi_{11}, \chi_{22}\} \text{ et } \mathcal{G} = \{\mathbb{I}, 12, 1^2 2^2\}.$$

Ceci permet alors de démontrer le résultat suivant (énoncé à la proposition 8.12 du chapitre 8) :

Proposition A.24. *Soit m facteurs qualitatifs à h modalités avec h nombre premier. Le nombre d'expériences de toute fraction régulière obtenue à l'aide de q générateurs est alors :*

$$n = h^{m-q}.$$

Démonstration. Pour tout groupe fini G il est encore possible d'utiliser le résultat présenté à la proposition $A.16$ disant (voir Lang [62]) que l'orthogonal $S^{\perp}$ de tout sous-groupe S est lui-même un sous-groupe dont le nombre d'éléments est donné par :

$$\operatorname{card}\left(S^{\perp}\right) = \frac{\operatorname{card}(G)}{\operatorname{card}(S)}.$$

Or on sait que $\operatorname{card}(G) = h^m$ (nombre d'expériences du plan factoriel complet) et $S^{\perp}$ et $\mathcal{G}$ sont isomorphes donc (voir la proposition 8.10) $\operatorname{card}\left(S^{\perp}\right) = h^q$. On en déduit immédiatement que :

$$\operatorname{card}(S) = \frac{\operatorname{card}(G)}{\operatorname{card}(S^{\perp})} = h^{m-q} \qquad \blacksquare$$

Démontrons maintenant le résultat suivant, primordial afin de pouvoir faire le lien entre fractions régulières et notion d'orthogonalité :

Proposition A.25. *Soit m facteurs qualitatifs à h modalités avec h nombre premier. Soit T la table des caractères du groupe G associé au plan factoriel complet et X la restriction de cette table correspondant à une fraction régulière. Deux colonnes distinctes de X sont alors toujours soit* **orthogonales** *soit* **colinéaires**.

Démonstration. La démonstration de cette proposition est similaire à celle de la propostion $A.18$ énoncée dans le cas particulier où $G = \{-1, 1\}^m$. On sait en effet que la matrice T, élément de $\mathcal{M}(h^m, h^m)$, est constituée de colonnes orthogonales puisque G est un groupe abélien d'ordre h^m. On a déjà vu que considérer une fraction régulière définie par q générateurs équivaut donc à ne garder que la matrice $X \in \mathcal{M}(h^{m-q}, h^m)$ obtenue en supprimant h^q lignes de T. Enfin la fraction régulière étant associée à un groupe abélien fini S d'ordre h^{m-q} on peut aussi considérer la sous-matrice $\widetilde{X} \in \mathcal{M}(h^{m-q}, h^{m-q})$ de X constituée par tous les caractères des représentations irréductibles de ce sous-groupe. La matrice $\widetilde{X}$ est donc obtenue en supprimant h^q colonnes de X et ses colonnes sont orthogonales. On peut ainsi démontrer la proposition $A.25$ puisque si l'on considère deux colonnes distinctes de X alors deux situations peuvent se présenter :

1) soit les deux colonnes considérées correspondent à deux représentations irréductibles non-isomorphes de S (*i.e.* les deux colonnes appartiennent à $\widetilde{X}$) et sont donc orthogonales (voir la proposition $A.5$),

2) soit les deux colonnes considérées correspondent à deux représentations irréductibles isomorphes de S et sont alors colinéaires ■

Ceci permet maintenant de démontrer le résultat principal suivant (proposition 8.13 du chapitre 8) :

Proposition A.26. *Soit m facteurs qualitatifs à h modalités avec h nombre premier. Toute fraction régulière de plan factoriel complet de résolution égale à III (ou plus) est un plan d'expérience* **orthogonal**.

Démonstration. Justifions tout d'abord que l'utilisation d'une fraction régulière de résolution inférieure à III est toujours incompatible avec la propriété d'orthogonalité du plan d'expérience.

1) Considérons une fraction régulière de résolution I. Il existe donc au moins un mot de longueur égale à 1 dans le groupe $\mathcal{G}$. On peut supposer, sans perte de généralité, qu'il s'agit de $\mathtt{1}^{\alpha_1}$. Le nombre de modalités h étant premier on est alors assuré que les éléments $\mathtt{1}, \mathtt{1}^2, \ldots, \mathtt{1}^{h-1}$ sont aussi dans le groupe $\mathcal{G}$. Il vient donc en particulier : $\mathbb{I} = \mathtt{1}$. Cette relation est incompatible avec la propriété d'orthogonalité puisqu'elle impose d'utiliser toujours la même modalité pour le facteur 1 tout au long des expériences (ce qui est en contradiction avec la propriété 2 de la proposition 8.4).

2) Considérons maintenant une fraction régulière de résolution II. Il existe donc au moins un mot de longueur égale à 2 dans le groupe $\mathcal{G}$. Supposons, toujours sans perte de généralité, qu'il s'agit de $\mathtt{1}^{\alpha_1}\mathtt{2}^{\alpha_2}$. On peut alors affirmer que :

$$\mathbb{I} = \mathtt{1}^{\alpha_1}\mathtt{2}^{\alpha_2} \Leftrightarrow \mathtt{1}^{h-\alpha_1} = \mathtt{2}^{\alpha_2}.$$

Ceci montre donc qu'il existe forcément un lien entre les modalités des facteurs 1 et 2 apparaissant dans le plan d'expérience. Ceci est une nouvelle fois incompatible avec la propriété d'orthogonalité qui impose à chaque couple de modalités d'apparaître un même nombre de fois λ_{12} (on peut remarquer, par exemple, que $0 \leq \alpha_2 < h$ donc la modalité 0 du facteur 1 et la modalité 1 du facteur 2 ne peuvent pas apparaître simultanément).

Justifions maintenant que le plan d'expérience considéré est bien orthogonal dès lors que l'on utilise une fraction régulière de résolution égale à III (ou plus). Pour deux facteurs i et j distincts considérons leur matrice d'incidence N_{ij}. D'après la proposition $A.22$ il vient :

$$N_{ij} = \frac{1}{h^2} F \left(G_i^* G_j \right) F^*$$

avec $G_i = \left[\mathbb{I}_n \mid \mathtt{i} \mid \mathtt{i}^2 \mid ... \mid \mathtt{i}^{h-1}\right]$ et $G_j = \left[\mathbb{I}_n \mid \mathtt{j} \mid \mathtt{j}^2 \mid ... \mid \mathtt{j}^{h-1}\right]$ où $\mathtt{i}$ et $\mathtt{j}$ désignent respectivement les colonnes relatives aux facteurs i et j de la matrice complexe associée à la fraction régulière. D'après la proposition $A.25$ on sait que lorsqu'une fraction régulière est utilisée alors tout couple de colonnes choisi parmi la totalité des $2h$ colonnes de G_i et G_j correspond soit à deux colonnes orthogonales (selon le produit scalaire de la proposition $A.5$) soit à deux colonnes colinéaires. Tout élément de la matrice $G_i^* G_j$ est alors un produit scalaire ayant une des formes présentées ci-dessous.

1) Produit scalaire de la forme $(\mathbb{I}_n, \mathbb{I}_n)$. On a alors :

$$(\mathbb{I}_n \mid \mathbb{I}_n) = \left(\mathtt{i}^0 \mid \mathtt{j}^0\right) = 1.$$

2) Produits scalaires de la forme $\left(\mathtt{i}^k \mid \mathbb{I}_n\right)$ avec $k = 1, ..., h-1$. D'après les résultats précédents ce produit scalaire est non-nul si et seulement si les colonnes $\mathtt{i}^k$ et $\mathbb{I}_n$ sont colinéaires, c'est-à-dire si et seulement si :

$$\exists\ \alpha_i \in \{1, ..., h-1\} \text{ multiple de } k \text{ tel que } \mathbb{I}_n = \mathtt{i}^{\alpha_1}.$$

Cette relation ne peut être vérifiée ici puisque la fraction régulière n'est pas de résolution égale à I. On en déduit que les colonnes $\mathtt{i}^k$ et $\mathbb{I}_n$ sont forcément orthogonales et donc :

$$\forall\ k \in \{1, ..., h-1\}\ ,\ \left(\mathtt{i}^k \mid \mathbb{I}_n\right) = 0.$$

3) Produits scalaires de la forme $\left(\mathtt{i}^k \mid \mathtt{j}^l\right)$ avec $k, l = 1, ..., h-1$. D'après les résultats précédents ce produit scalaire est non-nul si et seulement si les colonnes $\mathtt{i}^k$ et $\mathtt{j}^l$ sont colinéaires, c'est-à-dire si et seulement si :

$$\exists\ \alpha_i \in \{1, ..., h-1\} \text{ multiple de } k \text{ tel que } \mathtt{i}^{\alpha_1} = \mathtt{j}^l.$$

Cette relation ne peut être vérifiée ici puisque $\mathtt{i}^{\alpha_1} = \mathtt{j}^l$ équivaut à $\mathbb{I}_n = \mathtt{i}^{h-\alpha_1}\mathtt{j}^l$ mais la fraction régulière utilisée n'est pas de résolution égale à II. On en déduit alors que les colonnes $\mathtt{i}^k$ et $\mathtt{j}^l$ sont forcément orthogonales et donc :

$$\forall\ k, l \in \{1, ..., h-1\}\ ,\ \left(\mathtt{i}^k \mid \mathtt{j}^l\right) = 0.$$

Tous ces résultats d'orthogonalité se traduisent donc matriciellement (tout comme pour les plans factoriels complets) par :

$$G_i^* G_j = \left[\begin{array}{c|ccc} n & 0 & \dots & 0 \\ \hline 0 & 0 & \dots & 0 \\ \vdots & \vdots & & \vdots \\ 0 & 0 & \dots & 0 \end{array}\right].$$

Il en résulte que la matrice d'incidence des facteurs i et j est alors donnée par (d'après la forme générale de F donnée au paragraphe $A.3.1$) :

$$N_{ij} = \frac{1}{h^2} F \left(G_i^* G_j \right) F^* = \frac{1}{h^2} \begin{bmatrix} n & \dots & n \\ \vdots & & \vdots \\ n & \dots & n \end{bmatrix} = \frac{n}{h^2} J_h.$$

Le plan d'expérience utilisé est donc bien orthogonal (et même uniformément orthogonal ici) ■

B

Plans d'expérience classiques

Cette annexe présente brièvement les différents plans d'expérience les plus courants introduits dans cet ouvrage. Pour chacun d'eux les points suivants sont détaillés :

1) présentation succinte du plan (et lien vers la section du livre associée),
2) rappel du ou des modèles statistiques ajustables,
3) principales propriétés du plan d'expérience,
4) présentation d'un exemple simple.

B.1 Plans factoriels complets

Objectif. Utiliser une configuration simple en positionnant, pour m facteurs, les expériences au niveau de tous les sommets de l'hypercube $[-1,1]^m$ (le nombre d'expériences est donc $n = 2^m$). Voir la section 3.3 pour une présentation détaillée.

Modèles ajustables. Le modèle d'ordre un, le modèle à effets d'interactions classique (interactions d'ordre 2), le modèle à effets d'interactions d'ordre quelconque.

Propriétés. Plans à deux niveaux, plans usuels, plans isovariants (si le modèle d'ordre un est utilisé), plans saturés (si le modèle à interactions d'ordre m est utilisé), plans universellement optimaux.

Exemple. Pour $m = 2$ facteurs il s'agit de réaliser les expériences suivantes aux sommets du carré unité :

$$D = \begin{bmatrix} -1 & -1 \\ 1 & -1 \\ -1 & 1 \\ 1 & 1 \end{bmatrix}.$$

B.2 Fractions régulières de plans complets

Objectif. Réduire la taille des plans factoriels en ne conservant qu'une fraction des sommets de l'hypercube $[-1,1]^m$ (c'est à dire la moitié, le quart, le huitième, *etc* ...). Voir la section 3.4 pour une présentation détaillée.

Modèles ajustables. Le modèle d'ordre un si la fraction régulière est de résolution au moins égale à III, le modèle à effets d'interactions classique (ordre 2) si la fraction régulière est de résolution au moins égale à V (dans le cas général le modèle à effets d'interactions d'ordre λ si la fraction régulière est de résolution au moins égale à $2\lambda + 1$).

Propriétés. Plans à deux niveaux, plans usuels, plans isovariants (si le modèle d'ordre un est utilisé), plans parfois saturés (pour $m = 3$ ou $m = 7$ facteurs par exemple dans le cas du modèle d'ordre un), plans universellement optimaux.

Exemple. Pour $m = 3$ facteurs la fraction régulière, de résolution III, définie par :

$$\mathbb{I} = 123$$

est constituée des $n = 4$ expériences présentées ci-dessous (on ne conserve que celles telles que $x_1x_2x_3 = +1$) :

$$D = \begin{bmatrix} -1 & -1 & 1 \\ -1 & 1 & -1 \\ 1 & -1 & -1 \\ 1 & 1 & 1 \end{bmatrix}.$$

B.3 Plans simplexes

Objectif. Obtenir des configurations saturées pour le modèle d'ordre un (donc en $n = m + 1$ expériences lorsque m facteurs interviennent). Voir la section 3.5 pour une présentation détaillée.

Modèle ajustable. Le modèle d'ordre un.

Propriétés. Plans usuels, plans isovariants, plans toujours saturés, plans universellement optimaux.

Exemple. Pour $m = 4$ facteurs on peut, par exemple, utiliser le plan simplexe cyclique de matrice présentée ci-dessous :

$$D = \begin{bmatrix} -1 & -1 & -1 & -1 \\ 0.309 & 0.691 & 1.309 & -1.309 \\ 0.691 & 1.309 & -1.309 & 0.309 \\ 1.309 & -1.309 & 0.309 & 0.691 \\ -1.309 & 0.309 & 0.691 & 1.309 \end{bmatrix}.$$

B.4 Plans de Plackett et Burman

Objectif. Obtenir des configurations saturées pour le modèle d'ordre un (donc en $n = m + 1$ expériences lorsque m facteurs interviennent) avec des niveaux ne prenant que les valeurs codées ± 1. Ces configurations n'existent que pour un nombre de facteurs tel que $m = 3 \bmod 4$. Voir la section 3.6 pour une présentation détaillée.

Modèle ajustable. Le modèle d'ordre un.

Propriétés. Plans à deux niveaux, plans usuels, plans isovariants, plans toujours saturés, plans universellement optimaux.

Exemple. Pour $m = 7$ facteurs on peut, par exemple, utiliser le plan de Plackett et Burman de matrice présentée ci-dessous :

$$D = \begin{bmatrix} -1 & -1 & -1 & -1 & -1 & -1 & -1 \\ 1 & 1 & 1 & -1 & 1 & -1 & -1 \\ -1 & 1 & 1 & 1 & -1 & 1 & -1 \\ -1 & -1 & 1 & 1 & 1 & -1 & 1 \\ 1 & -1 & -1 & 1 & 1 & 1 & -1 \\ -1 & 1 & -1 & -1 & 1 & 1 & 1 \\ 1 & -1 & 1 & -1 & -1 & 1 & 1 \\ 1 & 1 & -1 & 1 & -1 & -1 & 1 \end{bmatrix}.$$

B.5 Plans composites centrés

Objectif. Compléter les plans d'expérience factoriels (complets ou fractionaires de résolution V) de manière à pouvoir ajuster un modèle pour surface de réponse. Ceci est possible de manière économique par ajout (dans le cas de m facteurs) de $2m$ points situés sur les axes du repère à une distance commune α du centre du domaine. Voir la section 5.3 pour une présentation détaillée.

Modèles ajustables. Le modèle d'ordre deux, le modèle à effets de blocs

Propriétés. Plans usuels, plans isovariants (pour un choix adapté de α), plans équiradiaux (pour un choix adapté de α), plans à trois niveaux (pour un choix adapté de α), plans bloqués orthogonalement (pour un choix adapté de α), plans A, D ou E-optimaux (pour un choix adapté de α).

Exemple. Pour $m = 2$ facteurs le plan composite centré (sans expérience au centre du domaine) est défini par la matrice présentée ci-dessous :

$$D = \begin{bmatrix} -1 & -1 \\ -1 & 1 \\ 1 & -1 \\ 1 & 1 \\ \alpha & 0 \\ -\alpha & 0 \\ 0 & \alpha \\ 0 & -\alpha \end{bmatrix}.$$

B.6 Plans de Box et Behnken

Objectif. Proposer des plans d'expérience pour surfaces de réponse n'utilisant que 3 niveaux par facteur et découlant de la structure des $BIBD$. Voir la section 5.4 pour une présentation détaillée.

Modèles ajustables. Le modèle d'ordre deux, le modèle à effets de blocs.

Propriétés. Plans à trois niveaux, plans équiradiaux, plans parfois usuels, plans parfois isovariants, plans parfois bloqués orthogonalement.

Exemple. Pour $m = 3$ facteurs le plan de Box et Behnken (sans expérience au centre du domaine) est défini par la matrice présentée ci-dessous :

$$D = \begin{bmatrix} -1 & -1 & 0 \\ 1 & -1 & 0 \\ -1 & 1 & 0 \\ 1 & 1 & 0 \\ -1 & 0 & -1 \\ 1 & 0 & -1 \\ -1 & 0 & 1 \\ 1 & 0 & 1 \\ 0 & -1 & -1 \\ 0 & 1 & -1 \\ 0 & -1 & 1 \\ 0 & 1 & 1 \end{bmatrix}.$$

B.7 Plans simplexes augmentés

Objectif. Rajouter des points à un plan simplexe de manière à pouvoir ajuster un modèle d'ordre deux. Les nouveaux points sont obtenus en réalisant la somme de tous les couples de points du simplexe initial, à un coefficient multiplicatif α près. Voir la section 5.5 pour une présentation détaillée.

Modèle ajustable. Le modèle d'ordre deux.

Propriétés. Plans saturés, plans équiradiaux (pour un choix adapté de α).

Exemple. Pour $m = 3$ facteurs et un plan simplexe initial qui est aussi un plan de Plackett et Burman on obtient (avec la valeur $\alpha = -1/2$ préconisée par Morris [66]) le plan simplexe augmenté défini par la matrice présentée ci-dessous :

$$D = \begin{bmatrix} -1 & -1 & -1 \\ 1 & 1 & -1 \\ -1 & 1 & 1 \\ 1 & -1 & 1 \\ 0 & 0 & 1 \\ 1 & 0 & 0 \\ 0 & 1 & 0 \\ 0 & -1 & 0 \\ -1 & 0 & 0 \\ 0 & 0 & -1 \end{bmatrix}.$$

B.8 Plans hybrides

Objectif. Obtenir des plans d'expérience de petite taille pour l'ajustement d'un modèle d'ordre deux. Dans le cas de m facteurs ces plans (proposés par Roquemore [81]) sont construits à partir d'un plan composite centré pour $(m-1)$ facteurs (et complétés de manière adéquate). Voir la section 5.6 pour une présentation détaillée.

Modèles ajustables. Le modèle d'ordre deux, le modèle à effets de blocs.

Propriétés. Plans parfois usuels, plans parfois isovariants, plans parfois saturés, plans bloqués orthogonalement.

Exemple. Pour $m = 3$ facteurs le plan Hybride de type $311A$ est défini par la matrice présentée ci-dessous :

$$D = \begin{bmatrix} -1 & -1 & 1/\sqrt{2} \\ 1 & -1 & 1/\sqrt{2} \\ -1 & 1 & 1/\sqrt{2} \\ 1 & 1 & 1/\sqrt{2} \\ \sqrt{2} & 0 & -1/\sqrt{2} \\ -\sqrt{2} & 0 & -1/\sqrt{2} \\ 0 & \sqrt{2} & -1/\sqrt{2} \\ 0 & -\sqrt{2} & -1/\sqrt{2} \\ 0 & 0 & \sqrt{2} \\ 0 & 0 & -\sqrt{2} \\ 0 & 0 & 0 \end{bmatrix}.$$

B.9 Réseaux de Scheffé

Objectif. Proposer des plans d'expérience pour des situations de mélanges. Les réseaux de Scheffé sont de type $\{m, q\}$ où m est le nombre de composants et q l'ordre du réseau. Il contiennent toutes les expériences dont les coordonnées barycentriques sont des multiples de $1/q$. Voir la section 7.4 pour une présentation détaillée.

Modèles ajustables. Le réseau de Scheffé de type $\{m, q\}$ permet d'ajuster le modèle pour mélanges d'ordre q.

Propriétés. Plans saturés pour le modèle d'ordre q pour mélanges.

Exemple. Pour $m = 3$ composants et $q = 3$ le réseau de Scheffé de type $\{3, 3\}$ est défini par la matrice présentée ci-dessous :

$$D = \begin{bmatrix} 1 & 0 & 0 \\ 0 & 1 & 0 \\ 0 & 0 & 1 \\ 1/3 & 2/3 & 0 \\ 2/3 & 1/3 & 0 \\ 1/3 & 0 & 2/3 \\ 2/3 & 0 & 1/3 \\ 0 & 1/3 & 2/3 \\ 0 & 2/3 & 1/3 \\ 1/3 & 1/3 & 1/3 \end{bmatrix}.$$

B.10 Réseaux de Scheffé centrés

Objectif. Proposer des plans d'expérience pour des situations de mélanges. Les réseaux de Scheffé centrés sont de type $\{m, q\}_C$ où m est le nombre de composants et q l'ordre du réseau. Il contiennent tous les corps purs, tous les mélanges binaires équilibrés, *etc*... jusqu'à tous les mélanges équilibrés à q composants. Voir la section 7.5 pour une présentation détaillée.

Modèles ajustables. Le réseau de Scheffé de type $\{m, q\}_C$ permet d'ajuster le modèle synergique pour mélanges d'ordre q.

Propriétés. Plans saturés pour le modèle synergique d'ordre q pour mélanges, plans séquentiels ($\{m, 1\}_C \subset \{m, 2\}_C \subset ... \subset \{m, m\}_C$).

Exemple. Pour $m = 3$ composants et $q = 3$ le réseau de Scheffé centré de type $\{3, 3\}$ est défini par la matrice présentée ci-dessous :

$$D = \begin{bmatrix} 1 & 0 & 0 \\ 0 & 1 & 0 \\ 0 & 0 & 1 \\ 1/2 & 1/2 & 0 \\ 1/2 & 0 & 1/2 \\ 0 & 1/2 & 1/2 \\ 1/3 & 1/3 & 1/3 \end{bmatrix}.$$

B.11 Plans factoriels complets pour facteurs qualitatifs

Objectif. Utiliser une configuration simple en réalisant, pour m facteurs à $h_1, ..., h_m$ modalités, toutes les expériences possibles (le nombre d'expériences est donc $n = h_1 h_2 ... h_m$). Voir la section 8.3 pour une présentation détaillée.

Modèles ajustables. Le modèle additif, le modèle à effets d'interactions.

Propriété. Plans orthogonaux.

Exemple. Pour $m = 2$ facteurs à $h_1 = 2$ et $h_2 = 3$ modalités ce plan est défini par la matrice présentée ci-dessous (en repérant les modalités en codage naturel) :

$$D = \begin{bmatrix} 0 & 0 \\ 1 & 0 \\ 0 & 1 \\ 1 & 1 \\ 0 & 2 \\ 1 & 2 \end{bmatrix}.$$

B.12 Fractions régulières de plans complets pour facteurs qualitatifs

Objectif. Réduire la taille des plans factoriels en ne conservant qu'une fraction des expériences du plan factoriel complet. Voir la section 8.4 pour une présentation détaillée.

Modèles ajustables. Le modèle additif si la fraction régulière est de résolution au moins égale à III, le modèle à effets d'interactions si la fraction régulière est de résolution au moins égale à V.

Propriétés. Plans orthogonaux, plans parfois saturés.

Exemple. Pour $m = 3$ facteurs ayant tous $h = 3$ modalités la fraction régulière, de résolution III, définie par :

$$\mathbb{I} = 12^2 3$$

est constituée des $n = 9$ expériences présentées ci-dessous (on ne conserve donc que celles telles que $x_1 + 2x_2 + x_3 \equiv 0\,[3]$) :

$$D = \begin{bmatrix} 0\,0\,0 \\ 0\,1\,1 \\ 0\,2\,2 \\ 1\,0\,2 \\ 1\,1\,0 \\ 1\,2\,1 \\ 2\,0\,1 \\ 2\,1\,2 \\ 2\,2\,0 \end{bmatrix}.$$

B.13 Plans en carrés latins

Objectif. Etant donnés 3 facteurs qualitifs ayant tous h modalités les plans en carré latin ont pour objectif de proposer une configuration efficace constituées de h^2 expériences (les plans en carré gréco-latins généralisent ceci au cas de 4 facteurs et les hyper-gréco-latins au cas de 5 facteurs). Voir la section 8.6 pour une présentation détaillée.

Modèle ajustable. Le modèle additif.

Propriété. Plans orthogonaux.

Exemple. Pour $m = 3$ facteurs ayant tous $h = 4$ modalités le carré latin suivant peut être utilisé :

0	1	2	3
1	2	3	0
2	3	0	1
3	0	1	2

Le plan d'expérience qui en découle est de matrice présentée ci-dessous en repérant les modalités en codage naturel (voir la section 8.6 pour la correspondance entre le carré latin et la matrice D) :

$$D = \begin{bmatrix} 0\,0\,0 \\ 0\,1\,1 \\ 0\,2\,2 \\ 0\,3\,3 \\ 1\,0\,1 \\ 1\,1\,2 \\ 1\,2\,3 \\ 1\,3\,0 \\ 2\,0\,2 \\ 2\,1\,3 \\ 2\,2\,0 \\ 2\,3\,1 \\ 3\,0\,3 \\ 3\,1\,0 \\ 3\,2\,1 \\ 3\,3\,2 \end{bmatrix}.$$

B.14 Tables de Taguchi

Objectif. Proposer des plans d'expériences (construits par diverses méthodes) pour la plupart des situations faisant intervenir des facteurs qualitatifs. Voir la section 8.7.1 pour une présentation détaillée.

Modèles ajustables. Le modèle additif, le modèle à effets d'interactions.

Propriétés. Plans parfois orthogonaux, plans parfois saturés.

Exemple. La table de Taguchi $L_{12}2^3 3^1$ permet d'étudier trois facteurs à 2 modalités ainsi qu'un facteur à 3 modalités (pour le modèle additif) à l'aide de 12 expériences. Le plan d'expérience proposé est orthogonal, il est défini par la matrice présentée ci-dessous (avec les modalités en codage naturel) :

$$D = \begin{bmatrix} 0\,0\,0\,0 \\ 0\,0\,1\,1 \\ 0\,1\,0\,0 \\ 0\,1\,1\,1 \\ 1\,0\,0\,0 \\ 1\,0\,1\,1 \\ 1\,1\,0\,1 \\ 1\,1\,1\,0 \\ 2\,0\,0\,1 \\ 2\,0\,1\,0 \\ 2\,1\,0\,1 \\ 2\,1\,1\,0 \end{bmatrix}.$$

B.15 Plans en blocs complets

Objectif. Utiliser une configuration simple dans le cas où h traitements peuvent être répartis en b blocs. Chaque bloc contient alors la totalité des traitements possibles (pour donc $n = bk$ expériences). Voir la section 9.3 pour une présentation détaillée.

Modèle ajustable. Le modèle à effets de blocs pour facteurs qualitatifs.

Propriétés. Plans en blocs de même taille, plans équirépliqués, plans universellement optimaux.

Exemple. Pour $h = 3$ traitements à analyser en $b = 2$ blocs on peut considérer le plan d'expérience en blocs complets suivant (en repérant les traitements en codage naturel) :

0	1	2	Bloc 1
0	1	2	Bloc 2

B.16 Plans en blocs incomplets équilibrés

Objectif. Proposer des plans d'expérience de plus petite taille que les plans en blocs complets, ne contenant pas cette fois tous les traitements dans chaque bloc. Voir la section 9.4 pour une présentation détaillée.

Modèle ajustable. Le modèle à effets de blocs pour facteurs qualitatifs.

Propriétés. Plans en blocs de même taille, plans équirépliqués, plans universellement optimaux.

Exemple. Pour $h = 3$ traitements à analyser en $b = 3$ blocs on peut considérer le plan d'expérience en blocs incomplets (BIBD) suivant (en repérant les traitements en codage naturel) :

0	1		Bloc 1
	1	2	Bloc 2
0		2	Bloc 3

B.17 Plans en blocs partiellement équilibrés

Objectif. Proposer une classe de plans d'expérience généralisant celle des plans en blocs incomplets équilibrés. Voir la section 9.5 pour une présentation détaillée.

Modèle ajustable. Le modèle à effets de blocs pour facteurs qualitatifs.

Propriétés. Plans en blocs de même taille, plans équirépliqués.

Exemple. Pour $h = 4$ traitements à analyser en $b = 4$ blocs on peut considérer le plan d'expérience en blocs incomplets partiellement équilibré (GDD) suivant (en repérant les traitements en codage naturel) :

0		2		Bloc 1
0			3	Bloc 2
	1	2		Bloc 3
	1		3	Bloc 4

Notons qu'il est impossible dans ce cas de construire un plan en blocs complets équilibrés (BIBD).

C

Notations utilisées

Voici un résumé des principales notations utilisées dans cet ouvrage. Dans quelques rares cas une même notation est utilisée pour désigner deux notions différentes (rencontrées dans des chapitres différents afin d'éviter tout risque de confusion). Les deux définitions sont alors regroupées sous une même accolade.

$1, ..., n$ - la notation $i = 1, ..., n$ est utilisé pour traduire que $i \in \{1, 2, ..., n\}$.

$\mathbb{I}_n$ - indicatrice d'ordre n (vecteur dont les n composantes valent 1).

b $\begin{cases} \text{nombre de blocs } (\in \mathbb{N}^*), \\ \text{vecteur des paramètres inconnus d'un modèle pour mélanges } (\in \mathbb{R}^p). \end{cases}$

B - matrice ($\in \mathcal{M}(n, b)$) des indicatrices des blocs.

β - vecteur des paramètres inconnus d'un modèle polynomial ($\in \mathbb{R}^p$).

β_0 - effet moyen général.

β_L - vecteur des effets linéaires ($\in \mathbb{R}^m$) à composantes β_i.

β_I - vecteurs des effets d'interactions ($\in \mathbb{R}^{m(m-1)/2}$) à composantes β_{ij}.

β_Q - vecteur des effets quadratiques ($\in \mathbb{R}^m$) à composantes β_{ii}.

β_T - vecteur des effets des traitements ($\in \mathbb{R}^h$).

$\beta_i^{[j]}$ - effet de la modalité j du i-ème facteur qualitatif.

$C_{\mathcal{D}}$ - matrice d'information du plan d'expérience $\mathcal{D}$.

c_i - nombre de répétitions de la i-ème expérience.

$\mathcal{D}$ - plan d'expérience utilisé.

D - matrice ($\in \mathcal{M}(n, m)$) du plan d'expérience.

D_I - matrice ($\in \mathcal{M}(n, m(m-1)/2)$) des effets d'interactions.

D_Q - matrice $\mathcal{M}(n, m)$ des effets quadratiques.

ε - vecteur des résidus ($\in \mathbb{R}^n$).
γ - vecteur des effetx des blocs ($\in \mathbb{R}^b$).
h - nombre de traitements.
h_i - nombre de modalités du i-ème facteur qualitatif.
J_n - matrice ($\in \mathcal{M}(n,n)$) formée de 1 (donc $J_n = \mathbb{I}_n{}^t\mathbb{I}_n$).
K - matrice diagonale telle que $K = \mathrm{diag}(k_1, ..., k_b)$.
k_l - taille (nombre d'expériences) du bloc l ($1 \leq l \leq b$).
λ_{ij} - nombre d'occurences des modalités des facteurs i et j.
m - nombre de facteurs.
$\mathcal{M}(a,b)$ - ensemble des matrices ayant a lignes et b colonnes.
M - matrice des moments ($\in \mathcal{M}(p,p)$) du plan d'expérience.
MSE - moyenne des carrés due à l'erreur.
$MSLOF$ - moyenne des carrés due au manque d'ajustement.
$MSPE$ - moyenne des carrés due à l'erreur pure.
MSR - moyenne des carrés due à la régression.
μ_l - valeur de $[i^2]_l$ pour tout plan en blocs usuel.
n - nombre d'expériences.
n^* - nombre d'expériences distinctes ($n^* \leq n$)
n_0 - nombre d'expériences au centre du domaine.
N_{ij} - matrice d'incidence des facteurs qualitatifs i et j.
p - nombre de paramètres inconnus du modèle utilisé.
p^* - nombre total de paramètres du modèle utilisé ($p \leq p^*$).
q { nombre de générateurs d'une fraction régulière,
ordre d'un réseau de Scheffé ou d'un réseau centré de Scheffé.
R - matrice diagonale telle que $R = \mathrm{diag}(r_1, ..., r_h)$.
R^2 - coefficient de corrélation linéaire multiple.
r_i - nombre d'occurrences de chacunes des modalités du facteur i.
s_2 - valeur de $n\,[i^2]$ pour tout plan usuel.
s_{22} - valeur de $n\,[i^2j^2]$ pour tout plan usuel.
s_4 - valeur de $n\,[i^4]$ pour tout plan usuel.
SSE - somme des carrés due à l'erreur.
$SSLOF$ - somme des carrés due au manque d'ajustement.
$SSPE$ - somme des carrés due à l'erreur pure.
SSR - somme des carrés due à la régression.
SST - somme totale des carrés centrés.

τ - vecteur ${}^t({}^t\beta_L \mid {}^t\beta_Q \mid {}^t\beta_I)$.

U_r - sphère centrée (en l'origine) de rayon r.

W - matrice $\left[D \middle| D_Q \middle| D_I\right]$

X - matrice ($\in \mathcal{M}(n,p)$) du modèle.

X_i - matrice ($\in \mathcal{M}(n,q_i)$) des indicatrices des modalités du facteur i.

Y - vecteur des observations (dont les n composant sont les Y_i).

$\overline{Y}$ - moyenne des observations.

$\overline{Y}_i$ - moyenne des c_i répétitions $Y_i^{(1)}...Y_i^{(r_i)}$.

$\overline{Y}_i^{[j]}$ - moyenne des réponses avec la modalité j du facteur qualitatif i.

$\overline{Y}_{Bl}$ - moyenne des observations du bloc l $(1 \leq l \leq b)$.

Bibliographie

1. Azaïs J.M. et Bardet J.M. (2006), *Le modèle linéaire par l'exemple.* Sciences Sup, Dunod.
2. Babouin P. (1958), Application d'un plan factoriel à la détermination des conditions optimum de coulée d'un polymère synthétique. *Revue de Statistique Appliquée,* tome 6, No. 3, 17-22.
3. Benoist D., Tourbier Y. et Germain-Tourbier S. (1994), *Plans d'expériences : construction et analyse.* Technique et Documentation, Lavoisier.
4. Bondar J. V. (1983), Universal optimality of experimental designs: definition and a criterion. *Canadian Journal of Statistics,* 11, 325-331.
5. Borkowski J. J. (1995), Spherical prediction-variance properties of central composite and box-behnken designs. *Technometrics,* 37, 4, 399-410.
6. Bose R. C. (1947), Mathematical theory of symmetric factorial design. *Sankhya,* 8, 107-166.
7. Bose R. C. (1939), On the construction of balanced incomplete block designs. *Annals of Eugenics,* 9, 353-399.
8. Bose R.C. et Bush K. A. (1952), Orthogonal arrays of strengh two and three. *Annals of Mathematic Statistics,* 23, 508-524.
9. Box G. E. P. (1952), Multi-factor designs of first order. *Biometrika* 39, 49-57.
10. Box G. E. P. et Benhken D. W. (1960), Some new three levels designs for the study of quantitative variables. *Technometrics,* 2, No. 4, 455-475.
11. Box G. E. P. et Benhken D. W. (1960), Simplex-sum designs; a class of second order rotatable designs derivable from those of first order. *Annals of Mathematical Statistics,* 31, 838-864.
12. Box G. E. P. et Draper N. R. (1987), *Empirical Model-Building and Response Surfaces.* New York, John Wiley.

13. Box G. E. P. et Hunter J. S. (1961), The 2^{k-p} fractionnal factorial designs, Part *I*. *Technometrics,* 3, 311-351.

14. Box G. E. P. et Hunter J. S. (1961), The 2^{k-p} fractionnal factorial designs, Part *II*. *Technometrics,* 3, 449-458.

15. Box G. E. P. et Hunter J. S. (1957), Multi-factor experimental designs for exploring responses surfaces. *Annals of Mathematical Statistics*, 28, 195-241.

16. Box G. E. P. et Wilson K. B. (1951), On the experimental attainment of optimum conditions. *Journal of the Royal Statistical Society*, Ser. B, 13, 1-45.

17. Calais J. (1984), *Eléments de théorie des groupes.* Presses Universitaires de France.

18. Ciarlet P. G. (1990), *Introduction à l'analyse numérique matricielle et à l'optimisation.* Masson.

19. Collombier D. (1996), *Plans d'experience factoriels.* Mathématiques et Applications, volume 21, Springer.

20. Comtet L. (1970), *Analyse combinatoire (tome premier).* Presses Universitaires de France, Collection Sup.

21. Cornell J. A. (1975), Some comments on designs for Cox's mixture polynomial. *Technometrics*, 17, 25-35.

22. Cornell J. A. (1990), *Experiments with mixtures designs, models and analysis of mixture data.* Wiley Series in Probability and Mathematical Statistics.

23. Cottrell M. et Coursol J. (1989), *La planification des expériences : théorie et exemples.* Collection "Economie et Statistiques Avancées". Economica.

24. Cox D. R. (1992), *Planning of experiments.* Wiley-Interscience (reprint edition).

25. Cox D. R. et Reid N. (2000), *The theory of the design of experiment.* Monographs on Statistics and Applied Probability 86. Chapman et Hall / CRC.

26. Crosier R. B. (1996), Symmetric orientation for simplex designs. *Journal of Quality Technology*, 28, No. 2, 148-152.

27. Dagnelie P. (2003), *Principes d'expérimentation, planification des expériences et analyse de leurs résultats.* Presses agronomiques de Gembloux.

28. Davis P. J. (1979), *Circulant Matrices.* Pure & Applied Mathematics, Wiley-Interscience Series of Texts, Monographs and Tracts.

29. Dodge Y. (1985), *Analysis of experiments with missing data.* John Wiley & Sons.

30. Dossou-Gbete S. et Tinsson W. (2006), A note on experimental designs for generalized linear model. *SORT,* Volume 29, Number 2, 249-268.

31. Draper N. R. (1982), Center points in second-order response surface designs. *Technometrics*, 24, No. 2, 127-133.

32. Draper R., Gaffke N. et Pukelsheim F. (1993), Rotatability of variance surfaces and moment matrices. *Journal of Statistical Planning and Inference*, Vol. 36, 347-356.

33. Draper N. R. et Lin K. J. (1990), Capacity considerations for two-level fractional factorial designs. *Journal of Statistical Planning and Inference,* 24, 25-35.

34. Draper N. R. et Lin K. J. (1990), Small response-surface designs. *Technometrics*, 32, No. 2, 187-194.

35. Druilhet P. (2004), Conditions for optimality in experimental designs. *Linear Algebra and its Applications,* 388, 147-157.

36. Druilhet P. (1995). *Optimalité des plans d'expériences équilibrés pour les voisinages.* Thèse de Doctorat, Université Paul Sabatier, Toulouse.

37. Dugue D. (1964), Un mélange d'algèbre et de statistique : le plan d'expériences. *Revue de Statistique Appliquée*, 12, No. 1, 7-15.

38. El Mossadeq A., Kobilinsky A. et Collombier D. (1985), Construction d'orthogonaux dans les groupes abéliens finis et confusion d'effets dans les plans factoriels. *Linear Algebra and its Applications*, 70, 303-320.

39. Federer W. T. et King F. (2007). *Variations on split plot ans split block experiment designs.* Wiley-Interscience.

40. Federov V. V. (1972). *Theory of optimal experiments.* Academic Press Inc. (London) LTD.

41. Fisher R. A. (1935). *The design of experiments.* Edinburgh: Olivier and Boyd (later editions: 1937, 1942, 1947, 1949, 1951, 1960 and 1966).

42. Gardiner D. A., Grandage A. H. E. et Hader R. J. (1959), Third order rotatable designs for exploring response surfaces. *Annals of Mathematical Statistics,* Vol 30, 1082-1096.

43. Gauchy J.P. (1997), Rédaction des chapitres 7, 8 et 9 de l'ouvrage : *Plans d'expériences : applications à l'entreprise.* Editions Technip (Droesbeke J. J., Fine J. et Saporta G. éditeurs).

44. Giovannitti-Jensen A. et Myers R.H. (1989), Graphical assessment of the prediction capability of response surface designs. *Technometrics*, Vol. 31, No. 2, 159-171.

45. Goupy J. (1999), *Plans d'Expériences pour Surfaces de Réponse.* Dunod, collection Technique et Ingénierie, série Génie Industriel.

46. Goupy J. (2005), *Pratiquer les plans d'expériences.* Dunod / L'Usine Nouvelle, collection Technique et Ingénierie.

47. Hall M. (1959), *The Theory of Groups.* Macmillan, New-York.

48. Hartley H. O. (1959), Smallest composite designs for quadratic response surface. *Biometrics*, 15, 611-624.

49. Hedayat A. et Afsarinejad K. (1975). Repeated measurements designs. *A Survey of Statistical Design and linear Model*, 229-242, Amsterdam, North Holland.

50. Hedayat A. et Afsarinejad K. (1978). Repeated measurements designs. *Annals of Statistics*, 6, 619-628.

51. Hedayat A., Sloane N. et Stufken J. (1999), *Orthogonal arrays: theory and applications.* Springer-Verlag, New-York.

52. John P. W. M. (1980), *Incomplete block designs.* Lecture Notes in Statistics, Volume 1, Marcel Dekker.

53. Jourdan A. (2000). *Analyse statistique et échantillonnage d'expériences simulées.* Thèse de doctorat. Université de Pau et des Pays de l'Adour.

54. Khuri A. I. (1994), Effect of blocking on the estimation of a response surface. *Journal of Applied Statistics*; 21; 305-316.

55. Khuri A. I. (1992), Response surface models with random block effects. *Technometrics*, 34, No 1, 26-37.

56. Khuri A.I. et Cornell J. A. (1996), *Response Surfaces : designs and analyses.* Statistics: textbooks and monographs, Volume 152, Marcel Dekker.

57. Kiefer J. (1975), Construction and optimality of generalized Youden designs. *A Survey of Statistical Design and Linear Models (J.N. Srivastava ed.)*, North-Holland, Amsterdam, 333-353.

58. Kiefer J. (1959), Optimum experimental designs (with discussion). *J. Roy. Statis. Soc.*, B21, 272-319.

59. Kobilinsky A. (1985), Coufounding in relation to duality of finite abelian group. *Linear Algebra and its Applications*, 70, 321-347.

60. Kobilinsky A. et Monod H. (1991), Experimental designs generated by group morphisms: an introduction. *Scandinavian Jouranl of Statistics*, 18, 119-134.

61. Lambrakis D. P. (1968), Experiments with mixtures: a generalisation of the simplex-lattice design. *Journal of the Royal Statistical Society*, Ser. B, 123-136.

62. Lang S. (1965), *Algebra.* Addison-Wesley.

63. Marshall A. W. et Olkin I. (1979), *Inequalities : Theory of Majorization and its Applications.* Mathematics in Science and Engineering. Academic Press.

64. Mee R. W. (2002), Three-level Simplex Designs and their use in sequential experimentations. *Journal of Quality Technology*, 43, No. 2.

65. Mitchell T. J. (1974), An algorithm for the construction of D-optimal experimental designs. *Technometrics*, Vol. 16, No. 2.

66. Morris M. D. (2000), A class of three-level experimental designs for response surface modelling. *Technometrics*, 42, No. 2, 111-121.

67. Nigam A. K. (1970), Block designs for mixture experiments. *Annals of Mathematical Statistics*, Vol. 41, 1861-1869.

68. Parker E. T. (1959), Orthogonal Latin Squares. *Proceeding Nat. Acad. Sci. USA*, Vol. 45, 859-862.

69. Park S. H. et Jang D. H. (1999), Measures for evaluating the effect of blocking in response surface designs. *Communications in Statistics, Theory and Methods*, 28(7), 1599-1616.

70. Petersen R. G. (1985), *Design and analysis of experiments.* Statsitics: textbooks and monographs. Marcel Dekker.

71. Phan-Tan-Luu R. et Mathieu D. (1997), Rédaction des chapitres 5, 6 et 9 de l'ouvrage : *Plans d'expériences : applications à l'entreprise.* Editions Technip (Droesbeke J. J., Fine J. et Saporta G. éditeurs).

72. Pillet M. (1997), *Les plans d'expériences par la méthode Taguchi.* Les éditions d'organisation.

73. Plackett R.L. et Burman J.P. (1946), The Design of Optimum Multifactorial Experiments. *Biometrika*, 33, 305-325.

74. Preece D.A. (1990), R.A. Fisher and experimental design: a review. *Biometrics*, 46, 925-935.

75. Pukelsheim F. (1993), *Optimal Design of Experiments.* Wiley Series in Probability and Mathematical Statistics: Probability and Mathematical Statistics Section.

76. Queysanne M. (1964), *Algèbre, premier cycle scientifique et préparation aux grandes écoles.* Armand Colin, collection U.

77. Raktoe B.L., Hedayat A. et Federer W.T. (1981), *Factorial Designs.* Wiley Series in Probability and Mathematical Statsitics.

78. Rao C.R. et Mitra S.K. (1971), *Generalized Inverse of Matrices and its Applications.* John Wiley, Wiley Series in Probability and Mathematical Statistics.

79. Rauch G. (2000), *Les groupes finis et leurs représentations.* Mathématiques 2ème cycle. Ellipses.

80. Raviart P.A. et Thomas J.M. (1988), *Introduction à l'analyse numérique des équations aux dérivées partielles.* Masson.

81. Roquemore K. G. (1976), Hybrid designs for quadratic response surfaces. *Technometrics*, 18, No. 4, 419-423.

82. Sado G. et Sado M.C. (1991), *Les plans d'expériences : de l'expérimentation à l'assurance qualité.* AFNOR Technique.

83. Saporta G. (1990), *Probabilités, Analyse des données et Statistique.* Editions Technip.

84. Saporta G., Droesbeke J. J. et Fine J. (1997), *Plans d'expériences : applications à l'entreprise.* Editions Technip.

85. Scheffé H. (1958), Experiments with mixtures. *Journal of the Royal Statistical Society*, Ser. B, 20, No. 2, 344-360.

86. Scheffé H. (1963), Simplex centroid design for experiments with mixtures. *Journal of the Royal Statistical Society*, Ser. B, 25, No. 2, 235-263.

87. Scheffé H. (1959), *The analysis of variance.* Wiley Series in Probability and Mathematical Statistics.

88. Searle S. R. (1971), *Linear Models.* John Wiley & Sons, New York.

89. Searle S. R., Casella G. et McCulloch C. E. (1992), *Variance Components.* Wiley Series in Probability and Mathematical Statistics.

90. Serre J. P. (1967), *Représentations Linéaires des Groupes Finis.* Hermann, Collection Méthodes.

91. Shah K.R. et Sinha B.K. (1989), *Theory of optimal designs.* Lecture Notes #54, Springer-Verlag, New-York.

92. Souvay P. (2002), *Plans d'expériences : Méthode Taguchi.* Collection "A Savoir", AFNOR.

93. Spendley W., Hext G. R. et Himsworth F. R. (1962), Sequential application of simplex sum designs in optimisation and evolutionary operation. *Technometrics*, 4, 441-461.

94. Srivastava J. N. et Siddiqui M.M. (1987), When A- and D-optimality conflict. *Commun. Stat. Theory Methods,* 16, 1675-1682.

95. Srivastava J. N. et Throop D. (1990), Orthogonal arrays obtainable as solutions to linear equations over finite fields. *Linear Algebra Appl.*, 127, 283-300.

96. Taguchi G. et Konishi S. (1987). *Orthogonal arrays and linear graphs.* American Supplier Institute Press.

97. Tinsson W. (2000), Analyse des plans composites centrés de petite taille construits avec des fractions régulières de résolution III*. *Publication interne de l'université de Pau et des pays de l'Adour*, 2000/29.

98. Tinsson W. (2007), A note on small size augmented pair designs. *Sankhya*, Vol. 69, Issue 1.

99. Tinsson W. (1998), *Plans d'Expérience à Facteurs Quantitatifs et Effets de Blocs Aléatoires.* Thèse de doctorat, Université de Pau et des Pays de l'Adour.

100. Tinsson W. (2004), Prediction of the mean response for the fixed block effecfs model using a usual design. *Publication interne de l'université de Pau et des pays de l'Adour*, 2004.

101. Tipett L. H. C. (1934), Applications of Statistical Methods to the Control of Quality in Industrial Production. *Manchester Statistical Society.*

102. Vartak M. N. (1955), On the application of Kronecker product of matrices to statistical designs. *Ann. Math. Statist.*, 26, 420-438.

103. Vining G. G. (1993), A computer program for generating variance dispersion graphs. *Journal of Quality Technology*, Vol. 25, No. 1, 45-58.

104. Wang J. C. et Wu C. F. J. (1989), An approach to the construction of asymetrical orthogonal arrays. *IIQP Research Report*, RR-89-01.

105. Wynn H. P. (1970), The sequential generation of D-optimum experimental designs. *Ann. Math. Stat.*, 41, 1655-1664.

106. Wynn H. P. (1972), Results in the theory and construction of D-optimum experimental designs. *Journal of the Royal Statistical Society*, Ser. B, 34, 133-147.

107. Yates F. (1939), The Recovery of Inter-Block Information in Varietal Trials Arranged in Three Dimensional Lattices. *Annals of Eugenics*, 9, 136-156.

108. Yates F. (1940), The Recovery of Inter-Block Information in Balanced Incomplete Block Designs. *Annals of Eugenics*, 10, 317-325.

Index

Déjà parus dans la même collection

1. T. Cazenave, A. Haraux : Introduction aux problèmes d'évolution semi-linéaires. 1990
2. P. Joly : Mise en œuvre de la méthode des éléments finis. 1990

3/4. E. Godlewski, P.-A. Raviart : Hyperbolic systems of conservation laws. 1991

5/6. Ph. Destuynder : Modélisation mécanique des milieux continus. 1991

7. J. C. Nedelec : Notions sur les techniques d'éléments finis. 1992
8. G. Robin : Algorithmique et cryptographie. 1992
9. D. Lamberton, B. Lapeyre : Introduction au calcul stochastique appliqué. 1992
10. C. Bernardi, Y. Maday : Approximations spectrales de problèmes aux limites elliptiques. 1992
11. V. Genon-Catalot, D. Picard : Eléments de statistique asymptotique. 1993
12. P. Dehornoy : Complexité et décidabilité. 1993
13. O. Kavian : Introduction à la théorie des points critiques. 1994
14. A. Bossavit : Électromagnétisme, en vue de la modélisation. 1994
15. R. Kh. Zeytounian : Modélisation asymptotique en mécanique des fluides Newtoniens. 1994
16. D. Bouche, F. Molinet : Méthodes asymptotiques en électromagnétisme. 1994
17. G. Barles : Solutions de viscosité des équations de Hamilton-Jacobi. 1994
18. Q. S. Nguyen : Stabilité des structures élastiques. 1995
19. F. Robert : Les systèmes dynamiques discrets. 1995
20. O. Papini, J. Wolfmann : Algèbre discrète et codes correcteurs. 1995
21. D. Collombier : Plans d'expérience factoriels. 1996
22. G. Gagneux, M. Madaune-Tort : Analyse mathématique de modèles non linéaires de l'ingénierie pétrolière. 1996
23. M. Duflo : Algorithmes stochastiques. 1996
24. P. Destuynder, M. Salaun : Mathematical Analysis of Thin Plate Models. 1996
25. P. Rougee : Mécanique des grandes transformations. 1997
26. L. Hörmander : Lectures on Nonlinear Hyperbolic Differential Equations. 1997
27. J. F. Bonnans, J. C. Gilbert, C. Lemaréchal, C. Sagastizábal : Optimisation numérique. 1997
28. C. Cocozza-Thivent : Processus stochastiques et fiabilité des systèmes. 1997
29. B. Lapeyre, É. Pardoux, R. Sentis : Méthodes de Monte-Carlo pour les équations de transport et de diffusion. 1998
30. P. Sagaut : Introduction à la simulation des grandes échelles pour les écoulements de fluide incompressible. 1998
31. E. Rio : Théorie asymptotique des processus aléatoires faiblement dépendants. 1999
32. J. Moreau, P.-A. Doudin, P. Cazes (Eds.) : L'analyse des correspondances et les techniques connexes. 1999
33. B. Chalmond : Eléments de modélisation pour l'analyse d'images. 1999
34. J. Istas : Introduction aux modélisations mathématiques pour les sciences du vivant. 2000
35. P. Robert : Réseaux et files d'attente : méthodes probabilistes. 2000
36. A. Ern, J.-L. Guermond : Eléments finis : théorie, applications, mise en œuvre. 2001
37. S. Sorin : A First Course on Zero-Sum Repeated Games. 2002

38. J. F. Maurras : Programmation linéaire, complexité. 2002
39. B. Ycart : Modèles et algorithmes Markoviens. 2002
40. B. Bonnard, M. Chyba : Singular Trajectories and their Role in Control Theory. 2003
41. A. Tsybakov : Introdution à l'estimation non-paramétrique. 2003
42. J. Abdeljaoued, H. Lombardi : Méthodes matricielles – Introduction à la complexité algébrique. 2004
43. U. Boscain, B. Piccoli : Optimal Syntheses for Control Systems on 2-D Manifolds. 2004
44. L. Younes : Invariance, déformations et reconnaissance de formes. 2004
45. C. Bernardi, Y. Maday, F. Rapetti : Discrétisations variationnelles de problèmes aux limites elliptiques. 2004
46. J.-P. Françoise : Oscillations en biologie : Analyse qualitative et modèles. 2005
47. C. Le Bris : Systèmes multi-échelles : Modélisation et simulation. 2005
48. A. Henrot, M. Pierre : Variation et optimisation de formes : Une analyse géometric. 2005
49. B. Bidégaray-Fesquet : Hiérarchie de modèles en optique quantique : De Maxwell-Bloch à Schrödinger non-linéaire. 2005
50. R. Dáger, E. Zuazua : Wave Propagation, Observation and Control in $1-d$ Flexible Multi-Structures. 2005
51. B. Bonnard, L. Faubourg, E. Trélat : Mécanique céleste et contrôle des véhicules spatiaux. 2005
52. F. Boyer, P. Fabrie : Eléments d'analyse pour l'étude de quelques modèles d'écoulements de fluides visqueux incompressibles. 2005
53. E. Cancès, C. L. Bris, Y. Maday : Méthodes mathématiques en chimie quantique. Une introduction. 2006
54. J-P. Dedieu : Points fixes, zeros et la methode de Newton. 2006
55. P. Lopez, A. S. Nouri : Théorie élémentaire et pratique de la commande par les régimes glissants. 2006
56. J. Cousteix, J. Mauss : Analyse asympotitque et couche limite. 2006
57. J.-F. Delmas, B. Jourdain : Modèles aléatoires. 2006
58. G. Allaire : Conception optimale de structures. 2007
59. M. Elkadi, B. Mourrain : Introduction à la résolution des systèmes polynomiaux. 2007
60. N. Caspard, B. Leclerc, B. Monjardet : Ensembles ordonnés finis : concepts, résultats et usages. 2007
61. H. Pham : Optimisation et contrôle stochastique appliqués à la finance. 2007
62. H. Ammari : An Introduction to Mathematics of Emerging Biomedical Imaging. 2008
63. C. Gaetan, X. Guyon : Modélisation et statistique spatiales. 2008
64. Rakotoson, J.-M. : Réarrangement Relatif. 2008
65. M. Choulli : Une introduction aux problèmes inverses elliptiques et paraboliques. 2009
66. W. Liu : Elementary Feedback Stabilization of the Linear Reaction-Convection-Diffusion Equation and the Wave Equation. 2010
67. W. Tinsson : Plans d'expérience: constructions et analyses statistiques. 2010

FSC
www.fsc.org
MIX
Papier | Fördert
gute Waldnutzung
FSC® C083411

Zeitfracht Medien GmbH
Ferdinand-Jühlke-Straße 7
99095 Erfurt, Deutschland
produktsicherheit@kolibri360.de